国家出版基金资助项目

现代数学中的著名定理纵横谈丛书

丛书主编　王梓坤

KENDALL CONJECTURE—BIRTH AND DEATH PROCESS

Kendall猜想——生灭过程

侯振挺　刘再明　张汉君　李俊平　邹捷中　袁成桂　著

哈爾濱工業大學出版社
HARBIN INSTITUTE OF TECHNOLOGY PRESS

内容简介

本书第 1 ~4 章对马尔可夫过程的基础理论进行了介绍，后面各章给出了生灭过程的构造、随机单调性、转移函数的各种收敛性、生灭过程的第一特征值问题、D. G. Kendall 猜想等内容。最后，为了应用的需要，本书还引入并初步讨论了半马尔可夫生灭过程。

本书可作为高等学校相关专业的教科书，也可作为科学研究工作者的参考用书。

图书在版编目(CIP)数据

Kendall 猜想：生灭过程/侯振挺等著. —哈尔滨：哈尔滨工业大学出版社，2024. 1

(现代数学中的著名定理纵横谈丛书)

ISBN 978 -7 -5767 -0399 -3

Ⅰ. ①K… Ⅱ. ①侯… Ⅲ. ①生灭过程 - 研究 Ⅳ. ①O211. 6

中国版本图书馆 CIP 数据核字(2022)第 179401 号

Kendall CAIXIANG：SHEGNMIE GUOCHEGN

策划编辑 刘培杰 张永芹
责任编辑 李广鑫
封面设计 孙茵艾
出版发行 哈尔滨工业大学出版社
社　　址 哈尔滨市南岗区复华四道街 10 号 邮编 150006
传　　真 0451 -86414749
网　　址 http://hitpress. hit. edu. cn
印　　刷 辽宁新华印务有限公司
开　　本 787mm ×960mm 1/16 印张 36. 75 字数 387 千字
版　　次 2024 年 1 月第 1 版 2024 年 1 月第 1 次印刷
书　　号 ISBN 978 -7 -5767 -0399 -3
定　　价 98. 00 元

⊙代序

读书的乐趣

你最喜爱什么——书籍.

你经常去哪里——书店.

你最大的乐趣是什么——读书.

这是友人提出的问题和我的回答.真的,我这一辈子算是和书籍,特别是好书结下了不解之缘.有人说,读书要费那么大的劲,又发不了财,读它做什么?我却至今不悔,不仅不悔,反而情趣越来越浓.想当年,我也曾爱打球,也曾爱下棋,对操琴也有兴趣,还登台伴奏过.但后来却都一一断交,“终身不复鼓琴”.那原因便是怕花费时间,玩物丧志,误了我的大事——求学.这当然过激了一些.剩下来唯有读书一事,自幼至今,无日少废,谓之书痴也可,谓之书橱也可,管它呢,人各有志,不可相强.我的一生大志,便是教书,而当教师,不多读书是不行的.

读好书是一种乐趣,一种情操;一种向全世界古往今来的伟人和名人求教的方法，一种和他们展开讨论的方式；一封出席各种活动、体验各种生活、结识各种人物的邀请信；一张迈进科学宫殿和未知世界的入场券；一股改造自己、丰富自己的强大力量．书籍是全人类有史以来共同创造的财富，是永不枯竭的智慧的源泉．失意时读书，可以使人重整旗鼓；得意时读书，可以使人头脑清醒；疑难时读书，可以得到解答或启示；年轻人读书，可明奋进之道；年老人读书，能知健神之理．浩浩乎！洋洋乎！如临大海，或波涛汹涌，或清风微拂，取之不尽，用之不竭．吾于读书，无疑义矣，三日不读，则头脑麻木，心摇摇无主．

潜能需要激发

我和书籍结缘，开始于一次非常偶然的机会．大概是八九岁吧，家里穷得揭不开锅，我每天从早到晚都要去田园里帮工．一天，偶然从旧木柜阴湿的角落里，找到一本蜡光纸的小书，自然很破了．屋内光线暗淡，又是黄昏时分，只好拿到大门外去看．封面已经脱落，扉页上写的是《薛仁贵征东》．管它呢，且往下看．第一回的标题已忘记，只是那首开卷诗不知为什么至今仍记忆犹新：

日出遥遥一点红，飘飘四海影无踪．

三岁孩童千两价，保主跨海去征东．

第一句指山东，二、三两句分别点出薛仁贵（雪、人贵）．那时识字很少，半看半猜，居然引起了我极大的兴趣，同时也教我认识了许多生字．这是我有生以来独立看的第一本书．尝到甜头以后，我便千方百计去找书，向小朋友借，到亲友家找，居然断断续续看了《薛丁山征西》《彭公案》《二度梅》等，樊梨花便成了我心中的女英雄.我真入迷了.从此,放牛也罢,车水也罢,我总要带一本书,还练出了边走田间小路边读书的本领,读得津津有味,不知人间别有他事.

当我们安静下来回想往事时,往往会发现一些偶然的小事却影响了自己的一生.如果不是找到那本《薛仁贵征东》,我的好学心也许激发不起来.我这一生,也许会走另一条路.人的潜能,好比一座汽油库,星星之火,可以使它雷声隆隆、光照天地;但若少了这粒火星,它便会成为一潭死水,永归沉寂.

抄,总抄得起

好不容易上了中学,做完功课还有点时间,便常光顾图书馆.好书借了实在舍不得还,但买不到也买不起,便下决心动手抄书.抄,总抄得起.我抄过林语堂写的《高级英文法》,抄过英文的《英文典大全》,还抄过《孙子兵法》,这本书实在爱得狠了,竟一口气抄了两份.人们虽知抄书之苦,未知抄书之益,抄完毫末俱见,一览无余,胜读十遍.

始于精于一,返于精于博

关于康有为的教学法,他的弟子梁启超说:"康先生之教,专标专精、涉猎二条,无专精则不能成,无涉猎则不能通也."可见康有为强烈要求学生把专精和广博(即"涉猎")相结合.

在先后次序上,我认为要从精于一开始.首先应集中精力学好专业,并在专业的科研中做出成绩,然后逐步扩大领域,力求多方面的精.年轻时,我曾精读杜布(J. L. Doob)的《随机过程论》,哈尔莫斯(P. R. Halmos)的《测度论》等世界数学名著,使我终身受益.简言之,即"始于精于一,返于精于博".正如中国革命一样，必须先有一块根据地，站稳后再开创几块，最后连成一片.

丰富我文采，澡雪我精神

辛苦了一周，人相当疲劳了，每到星期六，我便到旧书店走走，这已成为生活中的一部分，多年如此.一次，偶然看到一套《纲鉴易知录》，编者之一便是选编《古文观止》的吴楚材.这部书提纲挈领地讲中国历史，上自盘古氏，直到明末，记事简明，文字古雅，又富于故事性，便把这部书从头到尾读了一遍.从此启发了我读史书的兴趣.

我爱读中国的古典小说，例如《三国演义》和《东周列国志》.我常对人说，这两部书简直是世界上政治阴谋诡计大全.即以近年来极时髦的人质问题(伊朗人质、劫机人质等)，这些书中早就有了，秦始皇的父亲便是受害者，堪称"人质之父".

《庄子》超尘绝俗，不屑于名利.其中"秋水""解牛"诸篇，诚绝唱也.《论语》束身严谨，勇于面世，"己所不欲，勿施于人"，有长者之风.司马迁的《报任少卿书》，读之我心两伤，既伤少卿，又伤司马；我不知道少卿是否收到这封信，希望有人做点研究.我也爱读鲁迅的杂文，果戈理、梅里美的小说.我非常敬重文天祥、秋瑾的人品，常记他们的诗句："人生自古谁无死，留取丹心照汗青""休言女子非英物，夜夜龙泉壁上鸣".唐诗、宋词、《西厢记》《牡丹亭》，丰富我文采，澡雪我精神，其中精粹，实是人间神品.

读了邓拓的《燕山夜话》，既叹服其广博，也使我动了写《科学发现纵横谈》的心.不料这本小册子竟给我招来了上千封鼓励信.以后人们便写出了许许多多的“纵横谈”.

从学生时代起,我就喜读方法论方面的论著.我想,做什么事情都要讲究方法,追求效率、效果和效益,方法好能事半而功倍.我很留心一些著名科学家、文学家写的心得体会和经验.我曾惊讶为什么巴尔扎克在51年短短的一生中能写出上百本书,并从他的传记中去寻找答案.文史哲和科学的海洋无边无际,先哲们的明智之光沐浴着人们的心灵,我衷心感谢他们的恩惠.

读书的另一面

以上我谈了读书的好处,现在要回过头来说说事情的另一面.

读书要选择.世上有各种各样的书:有的不值一看,有的只值看20分钟,有的可看5年,有的可保存一辈子,有的将永远不朽.即使是不朽的超级名著,由于我们的精力与时间有限,也必须加以选择.决不要看坏书,对一般书,要学会速读.

读书要多思考.应该想想,作者说得对吗?完全吗?适合今天的情况吗?从书本中迅速获得效果的好办法是有的放矢地读书,带着问题去读,或偏重某一方面去读.这时我们的思维处于主动寻找的地位,就像猎人追找猎物一样主动,很快就能找到答案,或者发现书中的问题.

有的书浏览即止,有的要读出声来,有的要心头记住,有的要笔头记录.对重要的专业书或名著,要勤做笔记,“不动笔墨不读书”.动脑加动手,手脑并用,既可加深理解,又可避忘备查,特别是自己的灵感,更要及时抓住.清代章学诚在《文史通义》中说:“札记之功必不可少,如不札记,则无穷妙绪如雨珠落大海矣.”

许多大事业、大作品,都是长期积累和短期突击相结合的产物.涓涓不息,将成江河;无此涓涓,何来江河?

爱好读书是许多伟人的共同特性,不仅学者专家如此,一些大政治家、大军事家也如此.曹操、康熙、拿破仑、毛泽东都是手不释卷,嗜书如命的人.他们的巨大成就与毕生刻苦自学密切相关.

王梓坤

序

在马尔可夫过程中，生灭过程无疑是其中极为重要的一类。这不仅因为生灭过程模型有很强的应用背景，直观明确，强烈地吸引着应用工作者的兴趣，而且在理论研究中，由于其模型精练，往往是一般的马尔可夫过程研究的切入点：一种研究方法或一类研究课题的提出往往是先以生灭过程为对象，再逐步向更一般的马尔可夫过程推进。例如，王梓坤院士首创的“极限过渡法”，首先就是从生灭过程切入，构造了全部生灭过程，侯振挺、郭青峰继而将之推广至齐次可列马尔可夫过程；侯振挺发表的论文《生灭过程的 0^+ - 系统》就是首先从生灭过程的角度肯定了 D. G. Kendall 对马尔可夫过程的著名猜想；陈木法教授对第一特征值问题的研究取得了第一流成果，也是如此。

我国对生灭过程的研究一直处于国际前沿。1958 年，王梓坤发表论文《生灭过程的分类》，成功地构造了全稳定保守

的全部 Q 过程，继而杨向群教授构造了全稳定的全部 Q 过程。至此，对于全稳定状态的生灭过程的构造论已彻底完成，接下去就是含瞬时态生灭过程的研究。

含瞬时态生灭过程的研究，由于其样本轨道的复杂性，则需创造一种新方法和新技巧。1987 年，陈安岳博士创造了“禁止概率法”，用于含瞬时 Q 过程的研究，十分有效。唐令琪、费志凌等人用此方法研究生灭过程，使得含瞬时态生灭过程的研究有了突破性的进展。1993 年，刘再明、侯振挺的论文《含瞬时态生灭 Q－矩阵问题》最终完成了含瞬时态生灭过程的定性理论。此外，我们还完成了含有限个瞬时态生灭过程的全部构造。近些年，陈木法及张汉君对生灭过程的随机单调性、转移函数的各种收敛性，以及第一特征值问题的研究取得了重大成果。本书就是这些成果的总结。

本书由侯振挺和邹捷中主持撰写，并制订了书的框架结构和写作大纲。全书分为五编，共 17 章。其中，邹捷中撰写第 0 章至第 4 章和第 16 章，刘再明撰写第 5 章至第 10 章，张汉君撰写第 11 章和第 12 章，李俊平撰写第 13 章至第 15 章，袁成桂撰写第 17 章。

在我们的研究和本书的写作过程中，得到了王寿仁、梁之舜、王梓坤、严士健、苗邦均、陈希孺、马志明、严加安、胡迪鹤、吴荣、戴永隆、刘文、陈木法、吴今培、李致中、肖果能、刘国欣、罗交晚、于贵穴、黄炳焱、方小斌、胡达轩、言军等同志的支持和帮助。

由于作者才疏学浅，书中不当之处在所难免，唯望各位专家和读者不吝指正。

侯振挺

⊙ 目录

第 3 编　随机单调性与收敛性

第 4 编　第一特征值问题

绪论

第0章

马尔可夫过程是一类重要的随机过程,它的原始模型马尔可夫链,由俄国数学家 A. A. 马尔可夫于 1907 年提出. 粗略说来,所谓马尔可夫性可以用下述直观语言来刻画:在已知系统目前状态(现在)的条件下,它未来的演变(将来)不依赖于它以往的演变(过去),简言之,在已知“现在”的条件下,“将来”与“过去”无关,具有这种特性的随机过程称为马尔可夫过程.

我们可以给出马尔可夫过程的严格数学定义. 设 E 为可列集(例如 $E=\{0,1,2,\cdots\}$),$X=(x_t,t\geqslant 0)$ 为取值于 E 的随机过程. 如果 X 具有马尔可夫性:

对任意 $n\geqslant 2$,任意 $0\leqslant t_1<t_2<\cdots<t_n$ 和任意使 $P(X_{t_1}=i_1,X_{t_2}=i_2,\cdots,X_{t_{n-1}}=i_{n-1})>0$ 的 $i_1,i_2,\cdots,i_{n-1}\in E$ 有

$$P(X_{t_n}=i_n\mid X_{t_1}=i_1,X_{t_2}=i_2,\cdots,X_{t_{n-1}}=i_{n-1})=P(X_{t_n}=i_n\mid X_{t_{n-1}}=i_{n-1})\tag{1}$$

上式的直观解释是在已知“现在”($X_{t_{n-1}}=i_{n-1}$)的条件下,“将来”($X_{t_n}=i_n$)与“过去”($X_{t_1}=i_1,X_{t_2}=i_2,\cdots,X_{t_{n-2}}=i_{n-2}$)无关.

因此,如 $P(X_t=i)>0$,可定义

$$P_{ij}(s,t)=p(X_t=j|X_s=i),i,j\in E,s\leqslant t$$

称 $P_{ij}(s,t)$ 为过程于 s 时处于状态 i 的条件下于 t 时转移至 j 的转移概率,一般说来,四元函数 $P_{ij}(s,t)$ 依赖于 i,j,s,t. 如果对一切 $i,j,P_{ij}(s,t)$ 只依赖于差 $t-s$,也即

$$P_{ij}(s,t)=P_{ij}(0,t-s),s\leqslant t$$

那么称其对应的马尔可夫过程为齐次马尔可夫过程,记为 $P_{ij}(t)=P_{ij}(0,t),t\geqslant0$,则有

$$\begin{cases}P_{ij}(t)\geqslant 0\\ \sum\limits_{j\in E}P_{ij}(t)\leqslant 1\\ P_{ij}(s+t)=\sum\limits_{k\in E}P_{ik}(s)P_{kj}(t)\end{cases}\tag{2}$$

由于($P_{ij}(t)$)完全刻画了齐次马尔可夫过程 X,因此,以后我们经常称满足条件(2)的实函数族($P_{ij}(t),i,j\in E,t\geqslant0$)为一个马尔可夫过程.

如果还有

$$\lim_{t\downarrow 0}P_{ij}(t)=P_{ij}(0)=\begin{cases}1,如果\ i=j\\0,如果\ i\neq j\end{cases}\tag{3}$$

则称 $P_{ij}(t)$ 为一个标准马尔可夫过程.

对于标准马尔可夫过程,其转移概率具有较好的解析性质,例如

$$q_{ij}\triangleq P'_{ij}(0)=\lim_{t\downarrow 0}\frac{P_{ij}(t)-P_{ij}(0)}{t}\tag{4}$$

存在,且满足下列 Doob-Kolmogorov 条件:

$$(\mathrm{DK})\qquad \begin{cases} 0 \leqslant q_{ij} < \infty, i \neq j \\ \sum\limits_{j\neq i} q_{ij} \leqslant -q_{ii} \triangleq q_i \leqslant \infty \end{cases} \tag{5}$$

称矩阵 $\boldsymbol{Q}=(q_{ij})$ 为标准马尔可夫过程 $\boldsymbol{P}(t)=(P_{ij}(t))$ 的密度矩阵,习惯也称为 $\boldsymbol{Q}$-矩阵,而把具有密度矩阵 $\boldsymbol{Q}$ 的标准马尔可夫过程 $\boldsymbol{P}$ 称为一个 $\boldsymbol{Q}$ 过程,以示 $\boldsymbol{P}$ 和 $\boldsymbol{Q}$ 有关系(4).

在(5)中,如果 $q_i<\infty$,称状态 i 为稳定的,否则称为瞬时的. 如果 $q_i=\sum\limits_{j\neq i} q_{ij}$,称状态 i 为保守的,否则称为非保守的.

设 E 为非负整数集 $\mathbf{Z}_+$ 或整数集 $\mathbf{Z}$,考虑 E 上满足如下条件的矩阵 $\boldsymbol{Q}=(q_{ij})$:

(ⅰ) $q_{ij}=0, |i-j|>1; 0<q_{ij}<\infty, |i-j|=1$; (6)

(ⅱ) $\sum\limits_{j\neq i} q_{ij} \leqslant q_i \leqslant \infty$; (7)

(ⅲ) 若 $q_i<\infty$,则 $q_i=q_{i,i-1}+q_{i,i+1}$. (8)

(若 $E=\mathbf{Z}_+$,允许 $q_0>q_{01}$)

我们称这种满足以上条件的矩阵为生灭拟 $\boldsymbol{Q}$-矩阵,进一步,若 $\boldsymbol{Q}$ 还是 $\boldsymbol{Q}$-矩阵,即存在马氏过程 $\boldsymbol{P}(t)$,使(4)成立,则称 $\boldsymbol{Q}$ 为生灭 $\boldsymbol{Q}$-矩阵,相应的 $\boldsymbol{Q}$ 过程 $\boldsymbol{P}(t)$ 称为生灭过程,当不致混淆 $\boldsymbol{Q}$ 时,也直接称 $\boldsymbol{P}(t)$ 为生灭过程.

于是,当 $E=\mathbf{Z}_+$ 时,生灭拟 $\boldsymbol{Q}$-矩阵有下列形式

$$\boldsymbol{Q}=\begin{pmatrix} -c_0 & b_0 & & & \\ a_1 & -c_1 & b_1 & & \\ & a_2 & -c_2 & b_2 & \\ & & \ddots & \ddots & \ddots \end{pmatrix}$$

其中，$a_i>0,b_i>0,0<c_i\leqslant\infty$.

$c_0\geqslant b_0,c_i\geqslant a_i+b_i,i\geqslant 1$.

若 $c_i<\infty$，则 $c_i=a_i+b_i,i\geqslant 0$.

我们称以上矩阵为单边生灭拟 $\boldsymbol{Q}$ - 矩阵，相应的生灭 $\boldsymbol{Q}$ 过程称为单边生灭过程.

当 $E=\mathbf{Z}$ 时，生灭拟$\boldsymbol{Q}$ - 矩阵有下列形式

$$\boldsymbol{Q}=\begin{pmatrix} \ddots & \ddots & \ddots & & & & \\ & a_{-1} & -c_{-1} & b_{-1} & & & \\ & & a_0 & -c_0 & b_0 & & \\ & & & a_1 & -c_1 & b_1 & \\ & & & & a_2 & -c_2 & b_2 \\ & & & & & \ddots & \ddots & \ddots \end{pmatrix}$$

其中 $a_i>0,b_i>0,0<c_i\leqslant\infty$.

若 $c_i<\infty$，则 $c_i=a_i+b_i$.

称该 $\boldsymbol{Q}$ - 矩阵为双边生灭拟 $\boldsymbol{Q}$ - 矩阵，相应的生灭 $\boldsymbol{Q}$ 过程称为双边生灭过程.

生灭过程在 $\boldsymbol{Q}$ 过程理论与应用中占有极其重要的地位. 首先，生灭过程模型描述了系统内部相邻状态依次转移的消长状态，在生物学、物理学、控制论等学科中有着良好的应用，而且生灭过程作为一类特殊的随机过程，在理论上有着十分重要的启发意义. 例如，生灭过程可以看作扩散过程的某种离散模型. 因此，国内外概率论学者对生灭过程均给予了极大的关注，为之做了大量的研究工作. 例如，王梓坤院士为我国马尔可夫过程研究的先行者，他和杨向群教授对马尔可夫过程，特别是生灭过程理论的研究，成果卓著. 他们在国际上率先对全稳定态生灭过程理论的诸多方向，如

构造理论、状态分类、极限理论、积分型泛函等完成了全面系统而深入的研究,得到了丰富而深刻的完整结果.

研究生灭过程理论,首要就是其构造问题,一般 $\boldsymbol{Q}$ 过程的构造问题首先由 Kolmogorov 于 1931 年提出. 构造问题的具体提法是:给定一个满足 DK 条件的拟 $\boldsymbol{Q}$ – 矩阵,是否存在 $\boldsymbol{Q}$ 过程 $\boldsymbol{P}(t)$,满足(4),即存在性问题,如果存在 $\boldsymbol{Q}$ 过程,是否唯一? 即唯一性问题. 最后,如果 $\boldsymbol{Q}$ 过程不唯一,如何构造全部 $\boldsymbol{Q}$ 过程. 人们一般将存在性问题和唯一性问题,称为 $\boldsymbol{Q}$ – 矩阵问题或 $\boldsymbol{Q}$ 过程的定性理论. 关于一般 $\boldsymbol{Q}$ 过程的构造论的结果和历史发展状况,可见侯振挺等的专著[1]①.

就生灭过程而言,王梓坤院士早在 20 世纪 50 年代末即开展了对全稳定全保守生灭过程的研究,并用他独创的概率方法(极限过渡法)构造了全部全稳定全保守的单边生灭过程. 随后杨向群教授在全稳定的情况下,使用分析方法构造了全部单边(0 状态不必保守)生灭过程和双边生灭过程,关于以上结果及相关论题的系统叙述和精辟分析已包含于王梓坤[2]和杨向群[1]等的专著中. 至于含瞬时态的生灭过程,由于其复杂性,结果甚少. 1976 年 D. Williams 解决了一般的全瞬时态 $\boldsymbol{Q}$ 过程的定性理论问题,从而对全瞬时生灭过程定性理论给出完整的答案,但对于既含瞬时态又含稳定态即混合态的生灭过程的定性理论却毫无进展. 直到陈安岳创造性地提出禁止概率方法,为研究混

① [1]代表参考书目中引用相应作者的文献序号. 下同.

合态 Q 过程的构造问题提供了一套系统的新方法，这才使得彻底解决生灭过程的定性理论成为可能. 利用该方法我们彻底解决了生灭过程的定性理论和有限个瞬时态生灭过程的全部构造问题.

在王梓坤院士等人对生灭过程研究的基础上，侯振挺教授及其学生们潜心研究生灭过程多年，积累了丰富的成果，本书即是对这些成果的一个总结. 本书的第 1 ~4 章是关于马尔可夫过程的基础理论，以后各章包括了生灭过程的定性理论，含有限个瞬时态生灭过程的全部构造，随机单调性，转移函数的收敛性，生灭过程的第一特征值，Kendall 猜想等内容. 最后，为了应用的需要，我们还引入并初步讨论了半马氏生灭过程.

第 1 编

基础理论

第1章 问题的提出

1.1 马尔可夫过程

设 E 为可列集.

定义 1.1.1 一个马尔可夫过程(以下简称马氏过程或过程),是指具有下列性质的一族实值函数 $p_{ij}(t)$ $(i,j\in E,t\geqslant 0)$:

$$p_{ij}(t)\geqslant 0,i,j\in E,t\geqslant 0 \tag{1.1.1}$$

$$\sum_{j\in E}p_{ij}(t)\leqslant 1,i\in E,t\geqslant 0 \tag{1.1.2}$$

$$p_{ij}(s+t)=\sum_{j\in E}p_{ik}(s)p_{kj}(t)\ ,i,j\in E,s,t\geqslant 0 \tag{1.1.3}$$

$$p_{ij}(0)=\delta_{ij}=\begin{cases}1,i=j\\0,i\neq j\end{cases}\quad(i,j\in E) \tag{1.1.4}$$

记为$(p_{ij}(t);i,j\in E)$或$(p_{ij}(t))$,或用矩阵形式记为 $\boldsymbol{P}(t)$.

一个马尔可夫过程 $\boldsymbol{P}(t)=(p_{ij}(t))$，如果满足条件

$$\lim_{t\downarrow 0} p_{ij}(t)=p_{ij}(0) \tag{1.1.5}$$

则称之为标准马尔可夫过程.

以后，除非另有声明，本书讨论的过程均指标准马尔可夫过程.

若还有

$$\sum_{j\in E} p_{ij}(t)=1, i\in E, t\geqslant 0 \tag{1.1.6}$$

则称 $(p_{ij}(t))$ 为诚实的（或不中断的）马氏过程，否则称为非诚实的（或中断的）马氏过程.

条件(1.1.1)～(1.1.4)也可用矩阵形式写为

$$\boldsymbol{P}(t)\geqslant \boldsymbol{0}, t\geqslant 0 \tag{1.1.1$'$}$$

$$\boldsymbol{P}(t)\boldsymbol{1}\leqslant \boldsymbol{1}, t\geqslant 0 \tag{1.1.2$'$}$$

$$\boldsymbol{P}(s+t)=\boldsymbol{P}(s)\boldsymbol{P}(t), s,t\geqslant 0 \tag{1.1.3$'$}$$

$$\boldsymbol{P}(0)=\boldsymbol{I} \tag{1.1.4$'$}$$

其中 $\boldsymbol{I}$ 为单位矩阵 $(\delta_{ij}, i,j\in E)$，$\boldsymbol{1}$ 表示每个分量均为1的列向量，$\boldsymbol{0}$ 表示每个分量均为0的矩阵.

条件(1.1.5)和(1.1.6)也相应地可以写为

$$\lim_{t\downarrow 0}\boldsymbol{P}(t)=\boldsymbol{P}(0) \tag{1.1.5$'$}$$

$$\boldsymbol{P}(t)\boldsymbol{1}=\boldsymbol{1}, t\geqslant 0 \tag{1.1.6$'$}$$

注1 在本书中记号 $(p_{ij}(t))$ 或 $\boldsymbol{P}(t)$ 有两种意义，它或者表示一个马氏过程，或者表示函数 $p_{ij}(t)$ 构成的矩阵 $(p_{ij}(t))$，因含义甚明，不再一一叙述.

注2 条件(1.1.1)，(1.1.2)称为范条件，(1.1.3)称为K-C(Kolmogorov-Chapman)方程或预解方程，条件(1.1.5)称为标准性条件.

下面的定理说明,对于一个非诚实的马氏过程,总可以化为诚实的马氏过程.

定理 1.1.1　设 $\boldsymbol{P}(t)=(p_{ij}(t);i,j\in E)$ 为一个马氏过程,任取 $\Delta\notin E$,令 $\hat{E}=E\cup\{\Delta\}$.

$$\hat{p}_{ij}(t)=\begin{cases}p_{ij}(t), & i,j\in E\\ 1-\sum_{k\in E}p_{ik}(t), & i\in E,j=\Delta\\ 0, & i=\Delta,j\in E\\ 1, & i=j=\Delta\end{cases}.$$

则 $\hat{\boldsymbol{P}}(t)=(\hat{p}_{ij}(t);i,j\in\hat{E})$ 是一个诚实的马氏过程.

证明　显然有

$$\hat{p}_{ij}(t)\geqslant 0,i,j\in\hat{E} \tag{1.1.7}$$

$$\sum_{j\in E}\hat{p}_{ij}(t)=1,i\in\hat{E} \tag{1.1.8}$$

注意到 $\hat{p}_{\Delta j}(t)=0(j\in E)$,得

$$\hat{p}_{\Delta j}(t+s)=0=\sum_{k\in E}\hat{p}_{\Delta k}(t)\hat{p}_{kj}(s),j\in E \tag{1.1.9}$$

注意

$$\hat{p}_{i\Delta}(t)=1-\sum_{k\in E}p_{ik}(t),i\in E$$

得

$$\begin{aligned}\hat{p}_{i\Delta}(t+s)&=1-\sum_{j\in E}p_{ij}(t+s)\\&=\sum_{k\in E}\hat{p}_{ik}(t)-\sum_{j\in E}\sum_{k\in E}p_{ik}(t)p_{kj}(s)\\&=\sum_{k\in E}p_{ik}(t)+\hat{p}_{i\Delta}(t)-\sum_{k\in E}p_{ik}(t)\sum_{j\in E}p_{kj}(s)\\&=\sum_{k\in E}p_{ik}(t)\Big(1-\sum_{j\in E}p_{kj}(s)\Big)+\hat{p}_{i\Delta}(t)\end{aligned}$$

$$= \sum_{k \in E} p_{ik}(t)\hat{p}_{k\Delta}(s) + \hat{p}_{i\Delta}(t)\hat{p}_{\Delta\Delta}(s)$$

$$= \sum_{k \in E} \hat{p}_{ik}(t)\hat{p}_{k\Delta}(s), i \in E \tag{1.1.10}$$

$$\hat{p}_{ij}(t+s) = p_{ij}(t+s)$$

$$= \sum_{k \in E} p_{ik}(t)p_{kj}(s) = \sum_{k \in E} \hat{p}_{ik}(t)\hat{p}_{kj}(s)$$

$$= \sum_{k \in E} \hat{p}_{ik}(t)\hat{p}_{kj}(s), i,j \in E \tag{1.1.11}$$

$$\hat{p}_{\Delta\Delta}(t+s) = 1 = \hat{p}_{\Delta\Delta}(t)\hat{p}_{\Delta\Delta}(s)$$

$$= \sum_{k \in E} \hat{p}_{\Delta k}(t)\hat{p}_{k\Delta}(s) + \hat{p}_{\Delta\Delta}(t)\hat{p}_{\Delta\Delta}(s)$$

$$= \sum_{k \in E} \hat{p}_{\Delta k}(t)\hat{p}_{k\Delta}(s) \tag{1.1.12}$$

又显然有

$$\hat{p}_{ij}(0) = \delta_{ij}, i,j \in E \tag{1.1.13}$$

$$\hat{p}_{\Delta j}(0) = 0, j \in E \tag{1.1.14}$$

$$\hat{p}_{\Delta\Delta}(0) = 1 \tag{1.1.15}$$

$$\hat{p}_{i\Delta}(0) = 1 - \sum_{j \in E} p_{ij}(0) = 0 \tag{1.1.16}$$

由(1.1.7) ~ (1.1.16) 知 $\hat{\boldsymbol{P}}(t)$ 是一个诚实的马氏过程.

定理 1.1.2 设 $\boldsymbol{P}(t) = (p_{ij}(t); i,j \in E)$ 为一个诚实的马氏过程,对任意 $\lambda > 0$,令

$$\tilde{p}_{ij}(t) = e^{-\lambda t} p_{ij}(t) \tag{1.1.17}$$

则 $\tilde{\boldsymbol{P}}(t) = (\tilde{p}_{ij}(t); i,j \in E)$ 为一个非诚实的马氏过程.

证明 显然有

$$\tilde{p}_{ij}(t) \geqslant 0 \tag{1.1.18}$$

$$\tilde{p}_{ij}(s+t) = e^{-\lambda(s+t)} p_{ij}(s+t)$$

$$= e^{-\lambda(s+t)} \sum_{k \in E} p_{ik}(s) p_{kj}(t)$$
$$= \sum_{k \in E} (e^{-\lambda s} p_{ik}(s))(e^{-\lambda t} p_{kj}(t))$$
$$= \sum_{k \in E} \tilde{p}_{ik}(s) \tilde{p}_{kj}(t) \tag{1.1.19}$$

$$\tilde{p}_{ij}(0) = p_{ij}(0) = \delta_{ij} \tag{1.1.20}$$

$$\sum_{j \in E} \tilde{p}_{ij}(t) = \sum_{j \in E} e^{-\lambda t} p_{ij}(t) = e^{-\lambda t} \sum_{j \in E} p_{ij}(t) = e^{-\lambda t} < 1 \tag{1.1.21}$$

由(1.1.18)～(1.1.21)知，$\tilde{\boldsymbol{P}}(t)$为一个非诚实的马氏过程.

1.2　$p_{ij}(t)$的连续性

定理 1.2.1　对任意马氏过程$(p_{ij}(t))$下列条件等价：

(ⅰ)$(p_{ij}(t))$是标准的.

(ⅱ)每一$p_{ij}(t)$在$[0,+\infty)$上一致连续，而且该一致性对j也成立.

证明　(ⅰ)→(ⅱ)：设$(p_{ij}(t))$是标准的. 为证明(ⅱ)，只需证对任意$t \geqslant 0, h > 0, i, j \in E$有

$$|p_{ij}(t+h) - p_{ij}(t)| \leqslant 1 - p_{ii}(h) \tag{1.2.1}$$

但这由下式得到

$$|p_{ij}(t+h) - p_{ij}(t)|$$
$$= \left| \sum_{k \in E} p_{ik}(h) p_{kj}(t) - p_{ij}(t) \right|$$
$$= \left| (p_{ii}(h) - 1) p_{ij}(t) + \sum_{k \neq i} p_{ik}(h) p_{kj}(t) \right|$$

$$= \left| \sum_{k\neq i} p_{ik}(h)p_{kj}(t) - (1-p_{ii}(h))p_{ij}(t) \right|$$

$$\leqslant \max\left\{ \sum_{k\neq i} p_{ik}(h)p_{kj}(t), (1-p_{ii}(h))p_{ij}(t) \right\}$$

$$\leqslant \max\left\{ \sum_{k\neq i} p_{ik}(h), 1-p_{ii}(h) \right\} = 1-p_{ii}(h)$$

(ⅱ)→(ⅰ)显然成立.

1.3　$p'_{ij}(0)$ 的存在性

定理 1.3.1　设 $(p_{ij}(t))$ 为标准马氏过程,则对于任意 $i\in E$,极限

$$\lim_{t\to 0}\frac{1-p_{ii}(t)}{t} = -p'_{ii}(0) \tag{1.3.1}$$

存在(但可能为 $+\infty$).

证明　由(1.1.3)得

$$p_{ii}(s+t) \geqslant p_{ii}(s)p_{ii}(t) \tag{1.3.2}$$

由标准性条件及(1.3.2)知

$$0 < p_{ii}(t) \leqslant 1, t\geqslant 0 \tag{1.3.3}$$

令

$$\varphi(t) = -\ln(p_{ii}(t)) \tag{1.3.4}$$

由(1.3.3)知,$\varphi(t)$ 取有限值,由标准性条件和(1.3.2)得

$$\lim_{t\to 0}\varphi(t) = 0 \tag{1.3.5}$$

$$\varphi(s+t) \leqslant \varphi(s)+\varphi(t) \tag{1.3.6}$$

令

$$q_i = \sup_{0<t<\infty}\frac{\varphi(t)}{t} \leqslant +\infty \tag{1.3.7}$$

如 $q_i < +\infty$，则存在 t_0 使

$$\frac{\varphi(t_0)}{t_0} > q_i - \varepsilon$$

其中 $\varepsilon > 0$. 又对任意的 $t > 0$，存在非负整数 n 及 δ 使

$$t_0 = nt + \delta, 0 \leqslant \delta < t \tag{1.3.8}$$

于是由(1.3.6)得

$$q_i - \varepsilon < \frac{\varphi(t_0)}{t_0} \leqslant \frac{n\varphi(t) + \varphi(\delta)}{t_0} = \frac{nt}{t_0} \cdot \frac{\varphi(t)}{t} + \frac{\varphi(\delta)}{t_0} \tag{1.3.9}$$

由(1.3.5)和(1.3.8)得

$$\lim_{t \to 0} \delta = \lim_{t \to 0} \varphi(\delta) = 0 \tag{1.3.10}$$

及

$$\lim_{t \to 0} \frac{nt}{t_0} = 1 \tag{1.3.11}$$

由(1.3.9)，(1.3.10)和(1.3.11)得

$$q_i - \varepsilon \leqslant \varliminf_{t \to 0} \frac{\varphi(t)}{t} \leqslant \varlimsup_{t \to 0} \frac{\varphi(t)}{t} \leqslant q_i \tag{1.3.12}$$

由 ε 的任意性得

$$\lim_{t \to 0} \frac{\varphi(t)}{t} = q_i \tag{1.3.13}$$

如 $q_i = +\infty$，那么为了得到这个结果，以任给的任意大的正数 M 代替 $q_i - \varepsilon$ 进行讨论就可以了. 再由标准性及微积分中一个简单事实

$$\lim_{x \to 0} \frac{\ln(1 - x)}{x} = -1$$

得

$$q_i = \lim_{t\to 0}\frac{\varphi(t)}{t} = \lim_{t\to 0}\frac{-\ln[1-(1-p_{ii}(t))]}{t}$$

$$= \lim_{t\to 0}\frac{-\ln[1-(1-p_{ii}(t))]}{1-p_{ii}(t)}\cdot\lim_{t\to 0}\frac{1-p_{ii}(t)}{t}$$

$$= \lim_{t\to 0}\frac{1-p_{ii}(t)}{t}$$

定理 1.3.2　对任意 $i,j\in E, i\neq j$,有

$$p'_{ij}(0) = \lim_{t\to 0}\frac{p_{ij}(t)}{t} \qquad (1.3.14)$$

存在且有限.

证明　任意固定 $h>0$,那么 $(p_{ij}(h))$ 是离散时间马氏链 $\{X(nh), n\geqslant 0\}$ 的转移概率矩阵. 固定 $i\neq j$, $i,j\in E$,定义

$${}_jp_{ii}^{(0)}(h) = 1$$

$${}_jp_{ii}^{(n)}(h) = \sum_{k_1\neq j}\sum_{k_2\neq j}\cdots\sum_{k_{n-1}\neq j}p_{ik_1}(h)p_{k_1k_2}(h)\cdots p_{k_{n-1}i}(h), n\geqslant 1$$

$$f_{ij}^{(n)}(h) = \sum_{k_1\neq j}\sum_{k_2\neq j}\cdots\sum_{k_{n-1}\neq j}p_{ik_1}(h)p_{k_1k_2}(h)\cdots p_{k_{n-1}j}(h), n\geqslant 1$$

则由离散马氏链的性质可得(若读者不熟悉离散时间马氏链,只需跳过本定理的证明,不影响本书的阅读)

$$p_{ij}(nh)\geqslant\sum_{m=0}^{n-1}{}_jp_{ii}^{(m)}(h)p_{ij}(h)p_{jj}((n-m-1)h) \qquad (1.3.15)$$

$$p_{ii}(mh) = {}_jp_{ii}^{(m)}(h) + \sum_{a=1}^{m-1}f_{ij}^{(a)}(h)p_{ji}((m-a)h) \qquad (1.3.16)$$

$$p_{ij}(mh) = \sum_{a=1}^{m}f_{ij}^{(a)}(h)p_{jj}((m-a)h) \qquad (1.3.17)$$

因$\lim\limits_{t\to 0} p_{ij}(t)=\delta_{ij}$，故对$0<\varepsilon<\dfrac{1}{2}$，存在$t_0>0$，使对给定的$i,j$，有

$$\begin{cases}\max\limits_{0\leqslant t\leqslant t_0} p_{ij}(t)<\varepsilon,\ \max\limits_{0\leqslant t\leqslant t_0} p_{ji}(t)<\varepsilon \\ \min\limits_{0\leqslant t\leqslant t_0} p_{ii}(t)>1-\varepsilon,\ \min\limits_{0\leqslant t\leqslant t_0} p_{jj}(t)>1-\varepsilon\end{cases} \tag{1.3.18}$$

对于$0<t\leqslant t_0$及已给的h，令$n=\left[\dfrac{t}{h}\right]$，则当$m\leqslant n$时

$$\begin{aligned}\varepsilon \geqslant p_{ij}(mh) &= \sum_{a=1}^{m} f_{ij}^{(a)}(h)p_{jj}((m-a)h) \\ &> \sum_{a=1}^{m} f_{ij}^{(a)}(h)(1-\varepsilon)\end{aligned}$$

$$\sum_{a=1}^{m} f_{ij}^{(a)}(h) \leqslant 1 \tag{1.3.19}$$

由(1.3.16)及(1.3.19)得

$$\begin{aligned}p_{ii}(mh) &\leqslant {}_jp_{ii}^{(m)}(h) + \sum_{a=1}^{m-1} f_{ij}^{(a)}(h) \max_{0\leqslant t\leqslant t_0} p_{ji}(t) \\ &< {}_jp_{ii}^{(m)}(h) + \varepsilon\end{aligned}$$

故有

$${}_jp_{ii}^{(m)}(h)>p_{ii}(mh)-\varepsilon\geqslant \min_{0\leqslant t\leqslant t_0} p_{ii}(t)-\varepsilon>1-2\varepsilon$$

再由(1.3.15)得

$$\begin{aligned}p_{ij}(nh) &\geqslant (1-2\varepsilon)\sum_{m=0}^{n-1} p_{ij}(h)(1-\varepsilon) \\ &= n(1-\varepsilon)(1-2\varepsilon)p_{ij}(h) \\ &\geqslant (1-3\varepsilon)np_{ij}(h)\end{aligned}$$

从而

$$\frac{p_{ij}(nh)}{nh}\geqslant(1-3\varepsilon)\frac{p_{ij}(h)}{h} \tag{1.3.20}$$

令

$$q_{ij}=\overline{\lim_{t\to 0}}\frac{p_{ij}(t)}{t}$$

在(1.3.20)中，令 $h\to 0$，则 $nh\to t$. 因 $p_{ij}(t)$ 关于 t 连续，故

$$\frac{p_{ij}(t)}{t}\geqslant(1-3\varepsilon)q_{ij}\qquad(1.3.21)$$

在上式中又令 $t\to 0$ 得

$$\underline{\lim_{t\to 0}}\left(\frac{p_{ij}(t)}{t}\right)\geqslant(1-3\varepsilon)q_{ij}$$

由 ε 的任意性得

$$\underline{\lim_{t\to 0}}\frac{p_{ij}(t)}{t}\geqslant q_{ij}=\overline{\lim_{t\to 0}}\frac{p_{ij}(t)}{t}$$

故

$$q_{ij}=\lim_{t\to 0}\frac{p_{ij}(t)}{t}$$

由(1.3.21)知，$q_{ij}<\infty$.

今后我们用 q_{ij} 表示 $p'_{ij}(0)$，常以 q_i 表示 $-p'_{ii}(0)$，即 $q_i=-q_{ii}$.

定义 1.3.1 设$(p_{ij}(t))$是标准马氏过程，$(q_{ij})=(p'_{ij}(0))$. 对任意 $i\in E$，若 $q_i<\infty$，则称 i 为 $\boldsymbol{P}(t)$ 的稳定状态；若 $q_i=\infty$，则称 i 为 $\boldsymbol{P}(t)$ 的瞬时状态. 如果对任意$i\in E$，i 均为 $\boldsymbol{P}(t)$ 的稳定状态，则称 $\boldsymbol{P}(t)$ 是全稳定的；否则称 $\boldsymbol{P}(t)$ 为带瞬时态的.

定理 1.3.3 设$(p_{ij}(t))$为标准马氏过程，则对任意 $i\in E$，有

$$0\leqslant\sum_{j\neq i}q_{ij}\leqslant q_i\leqslant\infty\qquad(1.3.22)$$

证明 由于 $\sum_{j\in E} p_{ij}(t) \leqslant 1$，故

$$\sum_{j\neq i} \frac{p_{ij}(t)}{t} \leqslant \frac{1-p_{ii}(t)}{t}$$

令 $t\to 0$，由 Fatou 引理得

$$0 \leqslant \sum_{j\neq i} q_{ij} \leqslant q_i \leqslant \infty$$

1.4 $p'_{ij}(t)$ 在 $(0,\infty)$ 上的存在性及连续性

引理 1.4.1 设 $(p_{ij}(t))$ 为标准马氏过程，则对一切 $i\in E$，$p_{ii}(t)$ 在某区间 $[0,t_i]$ 中具有有界变差.

证明 固定 $i\in E$，因 $p_{ii}(t)$ 在任一有限区间中一致连续，故只需证明存在 $t>0$ 使得

$$\sum_{r=1}^{N} \left| p_{ii}\left(\frac{r-1}{N}t\right) - p_{ii}\left(\frac{r}{N}t\right) \right| \leqslant M < +\infty \quad (1.4.1)$$

其中，上界 M 与 N 无关(可能与 i 有关)，从而 $p_{ii}(t)$ 在 $[0,t]$ 中的变差也不会超过 M.

设 $s>0$，令

$$G_{ij}^{(1)}(s) = 1 - p_{ij}(s),\ i,j\in E \quad (1.4.2)$$

$$\begin{aligned} G_{ij}^{(n)}(s) = {} & 1 - p_{ij}(s) - \sum_{k_1\neq j} p_{ik_1}(s) p_{k_1 j}(s) - \\ & \sum_{k_1\neq j}\sum_{k_2\neq j} p_{ik_1}(s) p_{k_1k_2}(s) p_{k_2 j}(s) - \cdots - \\ & \sum_{k_1\neq j}\sum_{k_2\neq j}\cdots\sum_{k_{n-1}\neq j} p_{ik_1}(s) p_{k_1k_2}(s)\cdots p_{k_{n-1}j}(s) \\ & i,j\in E,\ n\geqslant 1 \end{aligned} \quad (1.4.3)$$

往证对任意 $i,j\in E$，任意正整数 n，$G_{ij}^{(n)}(s)\geqslant 0$.

当 $n=1$ 时，结论显然成立；设对 n 结论成立，则

$$G_{ij}^{(n+1)}(s) \geqslant \sum_{k\in E} p_{ik}(s) - p_{ij}(s) - \sum_{k_1\neq j} p_{ik_1}(s)p_{k_1j}(s) - \cdots - \sum_{k_1\neq j}\sum_{k_2\neq j}\cdots\sum_{k_n\neq j} p_{ik_1}(s)p_{k_1k_2}(s)\cdots p_{k_nj}(s)$$

$$= \sum_{k_1\neq j} p_{ik_1}(s)\Big[1 - p_{k_1j}(s) - \sum_{k_2\neq j} p_{k_1k_2}(s)p_{k_2j}(s) - \cdots - \sum_{k_2\neq j}\sum_{k_3\neq j}\cdots\sum_{k_n\neq j} p_{k_1k_2}(s)p_{k_2k_3}(s)\cdots p_{k_nj}(s)\Big] \geqslant 0$$

故由归纳法知

$$G_{ij}^{(n)}(s) \geqslant 0, i,j\in E, n\geqslant 1 \tag{1.4.4}$$

记

$$u_n = p_{ii}(ns), n=0,1,2,\cdots \tag{1.4.5}$$

$$W_n = \min\{u_1,u_2,\cdots,u_n\}, n\geqslant 1; W_0 = 1 \tag{1.4.6}$$

今定义

$$f_1 = u_1 \tag{1.4.7}$$

$$f_{n+1} = \sum_{k_1\neq i}\sum_{k_2\neq i}\cdots\sum_{k_n\neq i} p_{ik_1}(s)p_{k_1k_2}(s)\cdots p_{k_ni}(s), n\geqslant 1 \tag{1.4.8}$$

$$g_n = G_{ii}^{(n)}(s) = 1 - \sum_{r=1}^{n} f_r, n\geqslant 1 \tag{1.4.9}$$

则

$$u_n \geqslant W_n > 0, n\geqslant 0 \tag{1.4.10}$$

$$f_n \geqslant 0, n\geqslant 1 \tag{1.4.11}$$

由(1.4.4)知

$$g_n \geqslant 0, n\geqslant 1 \tag{1.4.12}$$

$$\sum_{r=1}^{n} f_r \leqslant 1, n\geqslant 1 \tag{1.4.13}$$

由

$$u_n = p_{ii}(ns) = \sum_{k_1 \in E} \cdots \sum_{k_{n-1} \in E} p_{ik_1}(s) p_{k_1 k_2}(s) \cdots p_{k_{n-1} i}(s)$$

可得

$$u_n = \sum_{r=1}^{n} f_r u_{n-r}, n \geqslant 1 \qquad (1.4.14)$$

往证

$$1 - u_n = \sum_{r=1}^{n} g_r u_{n-r}, n \geqslant 1 \qquad (1.4.15)$$

因 $1 - u_1 = 1 - f_1 = g_1 = g_1 u_0$，故(1.4.15)当 $n = 1$ 时成立.

设对 $k \leqslant n$，(1.4.15)成立. 则由(1.4.14)得

$$\begin{aligned} 1 - u_{n+1} &= g_{n+1} + \sum_{r=1}^{n+1} f_r - \sum_{r=1}^{n+1} f_r u_{n+1-r} \\ &= g_{n+1} + \sum_{r=1}^{n+1} f_r (1 - u_{n+1-r}) \\ &= g_{n+1} + \sum_{r=1}^{n+1} f_r \sum_{s=1}^{n+1-r} g_s u_{n+1-r-s} \\ &= g_{n+1} + \sum_{s=1}^{n} g_s \sum_{r=1}^{n+1-s} f_r u_{n+1-r-s} \\ &= g_{n+1} + \sum_{s=1}^{n} g_s u_{n+1-s} \\ &= \sum_{s=1}^{n+1} g_s u_{n+1-s} \end{aligned}$$

由归纳法，(1.4.15)得证.

因此，我们有

$$1 - W_N \geqslant 1 - u_N = \sum_{r=1}^{N} g_r u_{N-r} \geqslant W_{N-1} \sum_{r=1}^{N} g_r \geqslant W_N \sum_{r=1}^{N} g_r$$

从而

$$\sum_{r=1}^{N} g_r \leqslant \frac{1 - W_N}{W_N} \qquad (1.4.16)$$

又

$$\begin{aligned}\sum_{s=1}^{N}(s-1)f_s &= \sum_{s=1}^{N}(s-1)(g_{s-1}-g_s)\\ &= \sum_{s=1}^{N} g_s - Ng_N\\ &\leqslant \sum_{s=1}^{N} g_s \leqslant \frac{1-W_N}{W_N} \qquad (1.4.17)\end{aligned}$$

当 $r \geqslant 1$ 时

$$\begin{aligned}u_{r-1} - u_r &= u_{r-1}\Big(g_r + \sum_{s=1}^{r} f_s\Big) - \sum_{s=1}^{r} f_s u_{r-s}\\ &= u_{r-1}g_r + \sum_{s=1}^{r} f_s (u_{r-1} - u_{r-s})\end{aligned}$$

故

$$\sum_{r=1}^{N} |u_{r-1} - u_r| \leqslant \sum_{r=1}^{N} u_{r-1}g_r + \sum_{r=1}^{N}\sum_{s=1}^{r} f_s |u_{r-1} - u_{r-s}| \qquad (1.4.18)$$

由于$|u_{r-1} - u_{r-s}| \leqslant |u_{r-1} - u_{r-2}| + \cdots + |u_{r-(s-1)} - u_{r-s}|$,故(1.4.18)右边第二项为

$$\begin{aligned}\sum_{s=1}^{N} f_s \sum_{r=s}^{N} |u_{r-1} - u_{r-s}| &\leqslant \sum_{s=1}^{N} f_s (s-1) \sum_{r=1}^{N-1} |u_{r-1} - u_r|\\ &\leqslant \frac{1-W_N}{W_N} \sum_{r=1}^{N} |u_{r-1} - u_r|\end{aligned}$$

式(1.4.18)右边第一项

$$\sum_{r=1}^{N} u_{r-1}g_r \leqslant \sum_{r=1}^{N} g_r \leqslant \frac{1-W_N}{W_N}$$

故

$$\sum_{r=1}^{N} | u_{r-1} - u_r | \leqslant \{1 + \sum_{r=1}^{N} | u_{r-1} - u_r | \}\frac{1 - W_N}{W_N}$$

从而,如果 $W_N > \frac{1}{2}$,则

$$\sum_{r=1}^{N} | u_{r-1} - u_r | \leqslant \frac{1 - W_N}{2W_N - 1}$$

因$\lim\limits_{t\to 0} p_{ii}(t) = 1$,故存在 $t > 0$,使当 $s \in [0,t]$ 时,$p_{ii}(s) > \frac{1}{2}$. 不妨设

$$D_i \triangleq \min_{0\leqslant s\leqslant t} p_{ii}(s) \geqslant \frac{3}{4}$$

令 $s = \frac{t}{N}$,则

$$u_r = p_{ii}(rs) = p_{ii}\left(\frac{r}{N}t\right); W_N \geqslant D_i \geqslant \frac{3}{4} \qquad (1.4.19)$$

注意到函数$f(x) = \frac{1-x}{2x-1}$是单调递减的,故有

$$\sum_{r=1}^{N} \left| p_{ii}\left(\frac{r-1}{N}t\right) - p_{ii}\left(\frac{r}{N}t\right) \right|$$

$$\leqslant \frac{1 - W_N}{2W_N - 1} \leqslant \frac{1 - D_i}{2D_i - 1} \leqslant \frac{1}{2} \qquad (1.4.20)$$

引理 1.4.2 设$(p_{ij}(t))$为标准马氏过程,则$p_{ij}(t)$在$[0,t_i]$中具有有界变差,这里 t_i 与引理 1.4.1 中的相同.

证明 设 $t = t_i$ 为引理 1.4.1 中所确定,只需证明对任意 N,有

$$\sum_{r=1}^{N} \sum_{j\in E} \left| p_{ij}\left(\frac{r-1}{N}t\right) - p_{ij}\left(\frac{r}{N}t\right) \right| \leqslant M < \infty \quad (1.4.21)$$

其中上界 M 与 N 无关(可能与 i 有关). 记

$$u_r = p_{ii}\left(\frac{r}{N}t\right) \tag{1.4.22}$$

$$\boldsymbol{P}^{(r)} = \left(p_{i0}\left(\frac{r}{N}t\right), p_{i1}\left(\frac{r}{N}t\right), \cdots\right), r \geqslant 0 \tag{1.4.23}$$

对 $r=0,1,2,\cdots$ 归纳定义一序列 $\boldsymbol{g}^{(r)} = (g_0^{(r)}, g_1^{(r)}, \cdots)$ 如下

$$\boldsymbol{g}^{(1)} = \boldsymbol{P}^{(1)} \tag{1.4.24}$$

$$g_j^{(r+1)} = \sum_{k \neq i} g_k^{(r)} p_{kj}\left(\frac{t}{N}\right), r \geqslant 1$$

先证

$$\boldsymbol{P}^{(n)} = \sum_{i=1}^{n} u_{n-i} \boldsymbol{g}^{(i)} \tag{1.4.25}$$

事实上,当 $n=1$ 时,(1.4.25)显然成立. 设(1.4.25)对某 n 成立,而欲证

$$\boldsymbol{P}^{(n+1)} = \sum_{i=1}^{n+1} u_{n+1-i} \boldsymbol{g}^{(i)} \tag{1.4.26}$$

由(1.4.25)得

$$\begin{aligned}\sum_{k \neq i} p_{ik}\left(\frac{r}{N}t\right) p_{kj}\left(\frac{t}{N}\right) &= \sum_{i=1}^{n} u_{n-i} \sum_{k \neq i} g_k^{(i)} p_{kj}\left(\frac{t}{N}\right) \\ &= \sum_{i=1}^{n} u_{n-i} g_j^{(i+1)} = \sum_{i=2}^{n+1} u_{n+1-i} g_j^{(i)}\end{aligned}$$

两边同时加上 $u_n g_j^{(1)} = p_{ii}\left(\frac{n}{N}t\right) p_{ij}\left(\frac{t}{N}\right)$ 得

$$P_j^{(n+1)} = \sum_{k \in E} p_{ik}\left(\frac{n}{N}t\right) p_{kj}\left(\frac{t}{N}\right) = \sum_{i=1}^{n+1} u_{n+1-i} g_j^{(i)}$$

故(1.4.25)对 $n+1$ 成立. 由归纳法,(1.4.25)得证.

令 $\|\boldsymbol{g}\| = \sum_{j \in E} |g_j|$,则由(1.4.25)得

$$\sum_{i=1}^{N} u_{N-i} \|\boldsymbol{g}^{(i)}\| = \|\boldsymbol{P}^{(N)}\| \leqslant 1$$

又因为 $D_i \triangleq \min\limits_{0\leqslant s\leqslant t} p_{ii}(s) \geqslant \frac{3}{4}$，故

$$u_{N-i} = p_{ii}\left(\frac{N-i}{N}t\right) > \frac{1}{2}$$

从而

$$\frac{1}{2}\sum_{i=1}^{N} \| \boldsymbol{g}^{(i)} \| < \sum_{i=1}^{N} u_{N-i} \| \boldsymbol{g}^{(i)} \| \leqslant 1$$

故

$$\sum_{i=1}^{N} \| \boldsymbol{g}^{(i)} \| \leqslant 2 \qquad (1.4.27)$$

其次，由(1.4.25)，我们有

$$\boldsymbol{P}^{(r-1)} - \boldsymbol{P}^{(r)} = \sum_{i=1}^{r} (u_{r-1-i} - u_{r-i})\boldsymbol{g}^{(i)}, u_{-1} = 0$$

$$\begin{aligned}\sum_{r=1}^{N} \| \boldsymbol{P}^{(r-1)} - \boldsymbol{P}^{(r)} \| &\leqslant \sum_{r=1}^{N}\sum_{i=1}^{r} \| (u_{r-1-i} - u_{r-i})\boldsymbol{g}^{(i)} \| \\ &\leqslant \sum_{i=1}^{N}\sum_{r=i}^{N} \| (u_{r-1-i} - u_{r-i})\boldsymbol{g}^{(i)} \|\end{aligned}$$

利用(1.4.20)，并注意 $u_0 - u_{-1} = 1$ 及(1.4.27)得

$$\sum_{r=1}^{N} \| \boldsymbol{P}^{(r-1)} - \boldsymbol{P}^{(r)} \| \leqslant 2\sum_{i=1}^{N} \| \boldsymbol{g}^{(i)} \| \leqslant 4$$

此即

$$\sum_{r=1}^{N}\sum_{j\in E}\left| p_{ij}\left(\frac{r-1}{N}t\right) - p_{ij}\left(\frac{r}{N}t\right)\right| \leqslant 4 \qquad (1.4.28)$$

下面以 $v_{ij}(s,t)$ 记 $p_{ij}(u)$ 在 $[s,t]$ 中的全变差，其中 $0\leqslant s<t<\infty$.

引理 1.4.3　设 $(p_{ij}(t))$ 为标准马氏过程，则每个 $p_{ij}(t)$ 在任意有限区间上有有界变差，且

$$\sum_{j\in E} v_{ij}(0,t) < \infty, \forall t > 0 \qquad (1.4.29)$$

证明 若 $u>0$，则

$$
\begin{aligned}
v_{ij}(s,s+u) &= \lim_{N\to\infty}\sum_{r=1}^{N}\left|p_{ij}\left(s+\frac{r-1}{N}u\right)-p_{ij}\left(s+\frac{r}{N}u\right)\right| \\
&\leqslant \lim_{N\to\infty}\sum_{r=1}^{N}\sum_{k\in E}\left|p_{ik}\left(\frac{r-1}{N}u\right)-p_{ik}\left(\frac{r}{N}u\right)\right|p_{kj}(s) \\
&= \lim_{N\to\infty}\sum_{k\in E}\sum_{r=1}^{N}\left|p_{ik}\left(\frac{r-1}{N}u\right)-p_{ik}\left(\frac{r}{N}u\right)\right|p_{kj}(s) \\
&= \sum_{k\in E}\lim_{N\to\infty}\sum_{r=1}^{N}\left|p_{ik}\left(\frac{r-1}{N}u\right)-p_{ik}\left(\frac{r}{N}u\right)\right|p_{kj}(s) \\
&= \sum_{k\in E}v_{ik}(0,u)p_{kj}(s)
\end{aligned}
$$

从而

$$
\sum_{j\in E}v_{ij}(s,s+u) = \sum_{k\in E}v_{ik}(0,u)\sum_{j\in E}p_{kj}(s) \leqslant \sum_{k\in E}v_{ik}(0,u) \tag{1.4.30}
$$

由(1.4.28)，(1.4.30)知，$p_{ij}(t)$ 在每个有限区间上有有界变差，且(1.4.29)成立.

引理 1.4.4 对任意 $j\in E$，存在一单调增函数 $\beta_j(t)$，使对任意 $t\geqslant 0$，

$$
v_{ij}(0,t)\leqslant\beta_j(t),i\in E \tag{1.4.31}
$$

证明 不妨设 $i\neq j$，任意固定 $t>0$，令

$$
s=\frac{t}{N}
$$

$$
W_r=p_{ij}(rs),r\geqslant 0 \tag{1.4.32}
$$

$$
u_r=p_{jj}(rs),r\geqslant 0 \tag{1.4.33}
$$

又定义序列 $\{f_r\}$ 如下

$$\begin{cases} f_1 = W_1 = p_{ij}(s) \\ f_{n+1} = \sum_{k_1 \neq j} \sum_{k_2 \neq j} \cdots \sum_{k_n \neq j} p_{ik_1}(s) p_{k_1 k_2}(s) \cdots p_{k_n j}(s) \end{cases} \tag{1.4.34}$$

则由(1.4.34)知

$$f_r \geqslant 0, r \geqslant 1; \sum_{r \geqslant 1} u_{n-r} f_r \leqslant 1 \tag{1.4.35}$$

可以证明

$$W_n = \sum_{r=1}^{n} f_r u_{n-r}, n \geqslant 1 \tag{1.4.36}$$

此外,我们有

$$W_{r-1} - W_r = \sum_{s=1}^{r} f_s (u_{r-1-s} - u_{r-s}), u_{-1} = 0 \tag{1.4.37}$$

从而

$$\begin{aligned} \sum_{r=1}^{N} | W_{r-1} - W_r | &\leqslant \sum_{r=1}^{N} \sum_{s=1}^{r} f_s | u_{r-1-s} - u_{r-s} | \\ &= \sum_{s=1}^{N} f_s \left(\sum_{r=s}^{N} | u_{r-1-s} - u_{r-s} | \right) \\ &\leqslant \sum_{s=1}^{N} f_s \sum_{r=1}^{N} | u_{r-2} - u_{r-1} | \\ &\leqslant \sum_{s=1}^{N} f_s v_{jj}(0,t) \end{aligned} \tag{1.4.38}$$

因此

$$v_{ij}(0,t) \leqslant v_{jj}(0,t), i \in E \tag{1.4.39}$$

取

$$\beta_j(t) = v_{jj}(0,t) \tag{1.4.40}$$

$\beta_j(t)$即为所求.

定理 1.4.1 标准马氏过程$(p_{ij}(t))$的每一元$p_{ij}(t)$在$(0,\infty)$中都有有穷导数$p'_{ij}(t)$，而且满足方程

$$p'_{ij}(s+t)=\sum_{k\in E}p'_{ik}(s)p_{kj}(t),s>0,t\geqslant 0,i,j\in E \tag{1.4.41}$$

又$\sum_{j\in E}|p'_{ij}(t)|$有穷$(t>0)$，对$t$不上升.

证明 不妨设$E=\{0,1,2,\cdots\}$且只对$i=0$证明. 由引理 1.4.3，$p_{0j}(t)$在任意有限区间具有有界变差. 因而对$t>0$几乎处处存在有穷导数. 由于E为可列集，故对任意$\eta>0$，总存在t_1，$0<t_1<\eta$，使一切$p_{ij}(t)$在t_1有有穷导数. 以下分为三步：

（ⅰ）先证对任意$\varepsilon>0$，存在整数k，使对一切α，$0<\alpha<\frac{t_1}{4}$，有

$$\sum_{j=k}^{\infty}\frac{|p_{0j}(t_1)-p_{0j}(t_1+\alpha)|}{\alpha}<\varepsilon \tag{1.4.42}$$

事实上，对已给$0<\alpha<\frac{t_1}{4}$，可取$t'_0\in\left(\frac{t_1}{2},t_1\right)$及正偶数$N$，使$\frac{t'_0}{N}\leqslant\alpha$. 然后以$t'_0$代替$t_0$来定义$\boldsymbol{g}^{(i)}$. 由参考书目中侯振挺等[1]中定理 1,2,3 的系，对$0<\varepsilon_1<\frac{\varepsilon}{8}\cdot\frac{t_1}{2}\cdot\frac{1}{2}$，存在$k_1$，使

$$\sum_{j\geqslant k_1}p_{0j}(t)<\varepsilon_1,\forall t<t_1 \tag{1.4.43}$$

记 $\|\boldsymbol{g}\|_k=\sum\limits_{j\geqslant k}|g_j|$,我们有

$$\begin{aligned}\sum_{i=1}^{N}\|\boldsymbol{g}^{(i)}\|_{k_1}&=\sum_{i=1}^{N}\sum_{j\geqslant k_1}|g_j^{(i)}|=\sum_{j\geqslant k_1}\sum_{i=1}^{N}|g_j^{(i)}|\\&\leqslant\frac{4}{3}\sum_{j\geqslant k_1}\sum_{i=0}^{N}u_{N-i}|g_j^{(i)}|\\&=\frac{4}{3}\sum_{j\geqslant k_1}p_{0j}(t_0')<2\varepsilon_1\end{aligned}$$

故

$$\begin{aligned}\sum_{s=0}^{N-1}\|P^{s+1}-P^s\|_{k_1}&=\sum_{s=0}^{N-1}\left\|\sum_{i=0}^{s+1}(u_{s+1-i}-u_{s-i})\boldsymbol{g}^{(i)}\right\|_{k_1}\\&\leqslant\sum_{i=0}^{N}\sum_{s=i-1}^{N-1}|u_{s+1-i}-u_{s-i}|\ \|\boldsymbol{g}^{(i)}\|_{k_1}\\&\leqslant 2\sum_{i=1}^{N}\|\boldsymbol{g}^{(i)}\|_{k_1}<4\varepsilon_1\end{aligned}$$

由此即有

$$\sum_{s=0}^{N-1}\sum_{j=k_1}^{\infty}|p_{0j}((s+1)\alpha)-p_{0j}(s\alpha)|<4\varepsilon_1\quad(1.4.44)$$

于是至少有$\frac{N}{2}$个整数 s,使

$$\sum_{j=k_1}^{\infty}|p_{0j}((s+1)\alpha)-p_{0j}(s\alpha)|<\frac{8\varepsilon_1}{N}\quad(1.4.45)$$

且由(1.4.27)可见,对其中之一,如 r,有

$$\sum_{j=0}^{k_1}|p_{0j}((r+1)\alpha)-p_{0j}(r\alpha)|<\frac{8}{N}\quad(1.4.46)$$

今对正数 $\varepsilon_2<\frac{\varepsilon_1}{8}\cdot\frac{t_1}{2}\cdot\frac{1}{2}$,存在 $k>k_1$,使

$$\sum_{j=k}^{\infty} p_{ij}(t) < \varepsilon_2, \forall t < t_1, i \leqslant k_1 \tag{1.4.47}$$

于是

$$\begin{aligned}
&\sum_{j=k}^{\infty} | p_{0j}(t_1) - p_{0j}(t_1 + \alpha) | \\
\leqslant & \sum_{m=k}^{\infty} \sum_{j=0}^{\infty} | p_{0j}((r+1)\alpha) - p_{0j}(r\alpha) | p_{jm}(t_1 - r\alpha) \\
\leqslant & \left(\sum_{m=k}^{\infty} \sum_{j=k_1+1}^{\infty} + \sum_{m=k}^{\infty} \sum_{j=0}^{k_1} \right) (| p_{0j}((r+1)\alpha) - \\
& p_{0j}(r\alpha) | p_{jm}(t_1 - r\alpha))
\end{aligned}$$

右方第一项由(1.4.45)小于$\frac{8\varepsilon_1}{N}$,又由(1.4.46)

$$\sum_{j=0}^{k_1} | p_{0j}((r+1)\alpha) - p_{0j}(r\alpha) | < \frac{8}{N}$$

再利用(1.4.47),即知右方第二项也小于$\frac{8\varepsilon_2}{N}$,因此

$$\sum_{j=k}^{\infty} \frac{| p_{0j}(t_1) - p_{0j}(t_1 + \alpha) |}{\alpha} \leqslant \frac{8(\varepsilon_1 + \varepsilon_2)}{N\alpha} \leqslant \frac{t_1 \varepsilon}{2N\alpha}$$

回忆 $\alpha \geqslant \frac{t_0'}{N}$及 $t_1 < 2t_0'$,即得证(1.4.42).

(ⅱ)对任意 $t_2 > 0, \alpha > 0$,有

$$\begin{aligned}
&\frac{p_{0j}(t_1 + t_2) - p_{0j}(t_1 + t_2 + \alpha)}{\alpha} \\
&= \sum_{k=0}^{\infty} \frac{p_{0k}(t_1) - p_{0k}(t_1 + \alpha)}{\alpha} p_{kj}(t_2)
\end{aligned}$$

由(1.4.42),当 $\alpha \to 0$ 时有

$$p_{0j}^{+}(t_1 + t_2) = \sum_{k \in E} p_{0k}'(t_1) p_{kj}(t_2) \tag{1.4.48}$$

其中 $p_{0j}^{+}(t)$ 表示 $p_{0j}(t)$ 的右导数,由(1.4.42)还知

$$\sum_{k\in E}|p'_{0k}(t_1)|<\infty \tag{1.4.49}$$

故可在求和号下对 t_2 取极限,回忆 $p_{kj}(t_2)$ 对 $t_2\geqslant 0$ 连续,故由(1.4.48)知,$p_{0j}^{+}(t_1+t_2)$ 是 t_2 的连续函数.利用以下事实:一连续函数如有连续右导数,则必有导数,而且导数与右导数一致,故由(1.4.48)得

$$p'_{0j}(t_1+t_2)=\sum_{k\in E}p'_{0k}(t_1)p_{kj}(t_2) \tag{1.4.50}$$

由于 t_1 可任意小,故 $p'_{ij}(t)$ 在$(0,\infty)$中存在,有穷且连续.对任意的 $s>0,t>0$,总可找到 $t_1<s$,使(1.4.50)成立,于是

$$\begin{aligned}p'_{0j}(s+t)&=p'_{0j}(t_1+(s-t_1+t))\\&=\sum_{k\in E}p'_{0k}(t_1)p_{kj}(s-t_1+t)\\&=\sum_{k\in E}p'_{0k}(t_1)\sum_{l\in E}p_{kl}(s-t_1)p_{lj}(t)\\&=\sum_{l\in E}p'_{0l}(s)p_{lj}(t)\end{aligned} \tag{1.4.51}$$

此得证明(1.4.41).

(ⅲ)对 $t>0$,取 $t_1<t$ 使其满足(1.4.49),由(1.4.41)得

$$p'_{0j}(t)=\sum_{k\in E}p'_{0k}(t_1)p_{kj}(t-t_1)$$

$$\sum_{j\in E}|p'_{0j}(t)|\leqslant\sum_{k\in E}|p'_{0k}(t_1)|<\infty,t>0 \tag{1.4.52}$$

仿(1.4.52)之证,即知 $\sum\limits_{j\in E}|p'_{0j}(t)|$ 对 t 不上升.

定理 1.4.2 设$(p_{ij}(t))$为标准马氏过程,则

$$p'_{ij}(s+t) = \sum_{k\in E} p_{ik}(s)p'_{kj}(t), s \geqslant 0, t > 0; i,j \in E \tag{1.4.53}$$

证明 令 $M_{ij}(t) = \max\limits_{0\leqslant s\leqslant t} p_{ij}(s)$,则

$$M_{ij}(t) \leqslant v_{ij}(0,t), i\neq j$$

由引理1.4.4,对每个 $s,t>0$,有

$$\sum_{k\in E} v_{ik}(0,s)v_{kj}(0,t) \leqslant \sum_{k\in E} v_{ik}(0,s)\beta_j(t) < \infty$$

又因 $v_{kj}(0,t) = \int_0^t |p'_{kj}(u)| \mathrm{d}u$,故

$$\sum_{k\in E} M_{ik}(s)\int_0^t |p'_{kj}(u)| \mathrm{d}u \leqslant \sum_{k\in E} v_{ik}(0,s)v_{kj}(0,t) < \infty \tag{1.4.54}$$

从而对每一个 s 和几乎所有的 t(依赖于 s)有

$$\sum_{k\in E} M_{ik}(s) | p'_{kj}(t) | < \infty \tag{1.4.55}$$

由 Fubini 定理知,如果 $t\notin Z, s\notin Z_t$,则式(1.4.55)成立,这里 Z 和 Z_t 是零测度集. 但因为 $M_{ik}(s)$ 关于 s 非减,故(1.4.55)对 $t\notin Z$ 及所有的 s 成立. 特别地,如 $t\notin Z$,级数 $\sum\limits_{k\in E} p_{ik}(s)p'_{kj}(t)$ 关于 s 在每个有限区间一致收敛,故为 s 的连续的函数. 其次,由于 $p'_{ij}(t)$ 连续,故对每一个 s,我们有

$$\begin{aligned} p_{ij}(s+t) - p_{ij}(s) &= \sum_{k\in E} p_{ik}(s)\int_0^t p'_{kj}(u)\mathrm{d}u \\ &= \int_0^t \sum_{k\in E} p_{ik}(s)p'_{kj}(u)\mathrm{d}u \end{aligned} \tag{1.4.56}$$

此处第二个等号成立是由于(1.4.54)的结果,因此,对几乎所有的 t(依赖于 s)有

$$p'_{ij}(s+t)=\sum_{k\in E}p_{ik}(s)p'_{kj}(t) \qquad (1.4.57)$$

又由 Fubini 定理,如 $t\notin Z$,$s\notin Z_t$,则(1.4.57)也成立,此处 Z 和 Z_t 是零测度集,不妨假定它们与前述的 Z 及 Z_t 一致,否则取它们之并. 对于固定的 $t>0$,$t\notin Z$,(1.4.57)的左边是 s 的连续函数,由前述,右边亦是 s 的连续函数,故(1.4.57)对所有的 s 成立,Z_t 为空集. 对任意 $s,t>0$,因 Z 是零测度集,故可选 $t_1<t$,使之满足(1.4.57),于是有

$$\begin{aligned}p'_{ij}(s+t)&=\sum_{k\in E}p_{ik}(s+t-t_1)p'_{kj}(t_1)\\&=\sum_{k\in E}\sum_{l\in E}p_{il}(s)p_{lk}(t-t_1)p'_{kj}(t_1)\\&=\sum_{l\in E}p_{il}(s)p'_{lk}(t)\end{aligned}$$

从而 Z 也为空集,亦即(1.4.53)对所有 $s>0$,$t>0$ 成立. 注意到 $p_{ij}(0)=\delta_{ij}$,则它对 $s=0$ 也成立.

1.5　Q 过程,Q – 矩阵和拟 Q – 矩阵的定义

上面我们证明了,对任一马氏过程 $\boldsymbol{P}(t)=(p_{ij}(t))$,导数

$$\lim_{t\to 0}\frac{p_{ij}(t)-\delta_{ij}}{t}=q_{ij} \qquad (1.5.1)$$

存在,并且

$$\begin{cases}0\leqslant q_{ij}<+\infty, i\neq j\\ \sum_{j\neq i}q_{ij}\leqslant q_i=-q_{ii}\leqslant+\infty, i\in E\end{cases} \qquad (1.5.2)$$

我们称 $\boldsymbol{Q}=(q_{ij})$ 为过程的密度矩阵，而过程 $(p_{ij}(t))$ 则简称为 $\boldsymbol{Q}$ 过程，以表示它与 $\boldsymbol{Q}$ 有(1.5.1)的关系.

定义 1.5.1 设 $\boldsymbol{Q}=(q_{ij})$ 是 $E\times E$ 上的矩阵，称 $\boldsymbol{Q}$ 为 $\boldsymbol{Q}$ - 矩阵，如果它是某个马氏过程 $\boldsymbol{P}(t)$ 的密度矩阵，即 $\boldsymbol{Q}=\boldsymbol{P}'(0)$；称 $\boldsymbol{Q}$ 为拟 $\boldsymbol{Q}$ - 矩阵，如果它满足(1.5.2).

由定义可知，一个 $\boldsymbol{Q}$ - 矩阵必定是一个拟 $\boldsymbol{Q}$ - 矩阵.

设 $\boldsymbol{Q}$ 是一个 $\boldsymbol{Q}$ - 矩阵或拟 $\boldsymbol{Q}$ - 矩阵，$i\in E$，若

$$\sum_{j\neq i} q_{ij} = q_i < +\infty \tag{1.5.3}$$

则称 i 是保守的；若 $\boldsymbol{Q}$ 的每一状态均保守，则称 $\boldsymbol{Q}$ 是保守的.

1.6 两个微分方程组

本节中恒设 $\boldsymbol{Q}$ 过程为全稳定的.

定理 1.6.1 若 $\boldsymbol{P}(t)=(p_{ij}(t))$ 为全稳定 $\boldsymbol{Q}$ 过程，则

$$p'_{ij}(t) \geqslant \sum_{k\in E} q_{ik}p_{kj}(t),\ i,j\in E \tag{1.6.1}$$

证明 由(1.1.3)得

$$p_{ij}(t+h) = \sum_{k\in E} p_{ik}(h)p_{kj}(t)$$

于是

$$\frac{p_{ij}(t+h)-p_{ij}(t)}{h} = \frac{p_{ii}(h)-1}{h}p_{ij}(t) + \sum_{k\neq i}\frac{p_{ik}(h)}{h}p_{kj}(t)$$

在上式中令 $h\to 0$,由 Fatou 引理立得(1.6.1).

同理可证得下列定理.

定理 1.6.2 若 $\boldsymbol{P}(t)=(p_{ij}(t))$ 为全稳定 $\boldsymbol{Q}$ 过程,则

$$p'_{ij}(t) \geqslant \sum_{k\in E} p_{ik}(t) q_{kj}, i,j\in E \qquad (1.6.2)$$

在一切 $\boldsymbol{Q}$ 过程中,往往能使(1.6.1)或(1.6.2)中的"≥"成为"=",所以我们引入下列定义.

定义 1.6.1 方程组

$$p'_{ij}(t) = \sum_{k\in E} q_{ik} p_{kj}(t), i,j\in E \qquad (1.6.3)$$

和

$$p'_{ij}(t) = \sum_{k\in E} p_{ik}(t) q_{kj}, i,j\in E \qquad (1.6.4)$$

分别叫作柯氏(柯尔莫哥洛夫(Kolmogorov))向后微分方程组和柯氏向前微分方程组. 我们把满足(1.6.3)和(1.6.4)的 $\boldsymbol{Q}$ 过程分别叫作 B 型 $\boldsymbol{Q}$ 过程和 F 型 $\boldsymbol{Q}$ 过程.

定理 1.6.3 若 $\boldsymbol{Q}$ 保守,则任一 $\boldsymbol{Q}$ 过程 $\boldsymbol{P}(t)=(p_{ij}(t))$满足柯氏向后微分方程组,即 $\boldsymbol{P}(t)$ 是 B 型 $\boldsymbol{Q}$ 过程,而把(1.6.3)和(1.6.4)分别称为 B 条件和 F 条件.

证明 不妨设 $E=\{0,1,2,\cdots\}$. 我们分两种情况来证明定理.

(ⅰ)设 $\boldsymbol{P}(t)$ 是诚实的. 在定理 1.4.1 的证明第一步中曾指出:对任意的 $t>0, i\in E$;任给 $\varepsilon>0$,存在正整数 k(可能与 t,i 和 ε 有关),使对一切 $0<\alpha<\frac{t}{4}$,有

$$\sum_{j=k}^{\infty} \frac{|p_{ij}(t+\alpha)-p_{ij}(t)|}{\alpha} < \varepsilon \qquad (1.6.5)$$

注意 $\boldsymbol{P}(t)$ 是诚实的,从而

$$\sum_{j=0}^{\infty} \frac{p_{ij}(t+\alpha)-p_{ij}(t)}{\alpha} = 0$$

由式(1.6.5)及上式可知,对一切 $n \geqslant k$,均有

$$-\varepsilon < -\sum_{j=n+1}^{\infty} \frac{p_{ij}(t+\alpha)-p_{ij}(t)}{\alpha}$$

$$= \sum_{j=0}^{n} \frac{p_{ij}(t+\alpha)-p_{ij}(t)}{\alpha} < \varepsilon \qquad (1.6.6)$$

在(1.6.6)中让 $\alpha \to 0$,再注意到 ε 的任意性,得

$$\sum_{j \in E} p'_{ij}(t) = 0 \qquad (1.6.7)$$

由 $i \in E, t > 0$ 的任意性,得(1.6.7)对一切 $i \in E, t > 0$ 均成立.

由定理 1.6.1 有

$$p'_{ij}(t) \geqslant \sum_{k \in E} q_{ik} p_{kj}(t), i, j \in E \qquad (1.6.8)$$

若(1.6.8)对某个 i_0 和 j_0 成立严格不等号,则由

$$\sum_{j \in E} \sum_{k \in E} |q_{ik} p_{kj}(t)| \leqslant \sum_{k \in E} |q_{ik}| \cdot \sum_{j \in E} p_{kj}(t)$$

$$\leqslant \sum_{k \in E} |q_{ik}| \leqslant 2q_i < +\infty$$

及 $\boldsymbol{Q}$ 保守,得

$$\sum_{j \in E} p'_{ij}(t) > \sum_{k \in E} q_{ik} \sum_{j \in E} p_{kj}(t) = \sum_{k \in E} q_{ik} = 0$$

这与(1.6.7)矛盾. 所以必有 $p'_{ij}(t) = \sum_{k \in E} q_{ik} p_{kj}(t)$,即 $\boldsymbol{P}(t)$ 为 B 型 $\boldsymbol{Q}$ 过程.

(ⅱ)设 $\boldsymbol{P}(t) = (p_{ij}(t); i, j \in E)$ 不是诚实的. 我们

按定理 1.1.1 中的办法作一个诚实的马氏过程 $\hat{\boldsymbol{P}}(t)$，以 $\hat{\boldsymbol{Q}}=(\hat{q}_{i,j};i,j\in\hat{E})$ 表示 $\hat{\boldsymbol{P}}(t)$ 的 $\boldsymbol{Q}$ – 矩阵. 显然有

$$\hat{q}_{ij}=\begin{cases}q_{ij},i,j\in E\\0,i=\Delta,j\in\hat{E}\end{cases}\qquad(1.6.9)$$

所以 $\hat{\boldsymbol{P}}(t)$ 是一个全稳定马氏过程，关于 $\hat{q}_{i\Delta}(i\in E)$，我们也可以计算出来. 事实上，由(1.6.2)得

$$-\hat{q}_{ii}\geqslant\sum_{j\in\hat{E}\setminus\{i\}}\hat{q}_{ij},i\in E$$

即

$$-q_{ii}\geqslant\sum_{j\in E\setminus\{i\}}q_{ij}+\hat{q}_{i\Delta},i\in E\qquad(1.6.10)$$

由(1.6.10)和 $\boldsymbol{Q}$ 保守得 $\hat{q}_{i\Delta}\leqslant0$. 于是由 $\hat{q}_{i\Delta}\geqslant0$ 得

$$\hat{q}_{i\Delta}=0,i\in E$$

故

$$-\hat{q}_{ii}=-q_{ii}=\sum_{j\in\hat{E}\setminus\{i\}}q_{ij}=\sum_{j\in\hat{E}\setminus\{i\}}\hat{q}_{ij},i\in E$$

$$\hat{q}_{\Delta\Delta}=0=\sum_{j\in\hat{E}}\hat{q}_{\Delta j}=\sum_{j\in\hat{E}\setminus\{\Delta\}}\hat{q}_{\Delta j}$$

所以，由 $\hat{\boldsymbol{Q}}$ 保守再注意 $\hat{\boldsymbol{P}}(t)$ 是诚实的，使用(ⅰ)中已证明的结果，得

$$p'_{ij}(t+s)=\hat{p}'_{ij}(t+s)=\sum_{k\in\hat{E}}\hat{q}_{ik}\hat{p}_{kj}(t)$$

$$=\sum_{k\in E}q_{ik}p_{kj}(t),i,j\in E$$

故 $\boldsymbol{P}(t)$ 是 B 型 $\boldsymbol{Q}$ 过程，定理证毕.

注　对于带瞬时态的 $\boldsymbol{Q}$ 过程，其 B 型 $\boldsymbol{Q}$ 过程的定义是此处全稳定情况的一般化. 其定义见本书后面.

1.7 讨论的核心问题

上面已经指出,任一马氏过程的密度矩阵是 $\boldsymbol{Q}$ - 矩阵. 现在我们提出相反的问题,对任给的一个矩阵 $\boldsymbol{Q}$:

(1)在什么条件下,$\boldsymbol{Q}$ 成为 $\boldsymbol{Q}$ - 矩阵,即何时 $\boldsymbol{Q}$ 过程存在?

(2)若已知 $\boldsymbol{Q}$ 过程存在,何时 $\boldsymbol{Q}$ 过程唯一?

(3)若已知 $\boldsymbol{Q}$ 过程存在,如何实际求出 $\boldsymbol{Q}$ 过程?特别当 $\boldsymbol{Q}$ 过程不唯一时,如何实际构造出全部 $\boldsymbol{Q}$ 过程?

对于不中断、B 型和 F 型 $\boldsymbol{Q}$ 过程也可提出上述类似的 3 个基本问题.

这 3 个基本问题就称为 $\boldsymbol{Q}$ 过程的构造论问题(前两个问题也称为 $\boldsymbol{Q}$ - 矩阵问题). 此问题是 Kolmogorov [1]于 1931 年提出来的,距今已有 90 多年的历史. 在此期间,各国概率论工作者做了大量的工作,取得了很大的进展.

(4)设 E 为非负整数集 $\mathbf{Z}_+$ 或整数集 $\mathbf{Z}$,考虑 E 上满足如下条件的矩阵 $\boldsymbol{Q}=(q_{ij})$.

(ⅰ)$q_{ij}=0,|i-j|>1;0<q_{ij}<\infty,|i-j|=1$.

(ⅱ)$\sum\limits_{j\neq i} q_{ij}\leqslant q_i\leqslant\infty$.

(ⅲ)若 $q_i<\infty$,则 $q_i=q_{i,i-1}+q_{i,i+1}$.

(若 $E=\mathbf{Z}_+$,允许 $q_0>q_{01}$)

我们称这种满足以上条件的矩阵为生灭拟 $\boldsymbol{Q}$ - 矩

阵,进一步,若 $\boldsymbol{Q}$ 还是 $\boldsymbol{Q}$ - 矩阵,即存在马氏过程 $\boldsymbol{P}(t)$,使(4)成立,则称 $\boldsymbol{Q}$ 为生灭 $\boldsymbol{Q}$ - 矩阵,相应的 $\boldsymbol{Q}$ 过程 $\boldsymbol{P}(t)$ 称为生灭过程,当不致混淆 $\boldsymbol{Q}$ 时,也直接称 $\boldsymbol{P}(t)$ 为生灭过程.

于是,当 $E=\mathbf{Z}_+$ 时,生灭拟 $\boldsymbol{Q}$ - 矩阵有下列形式

$$\boldsymbol{Q}=\begin{pmatrix} -c_0 & b_0 & & & \\ a_1 & -c_1 & b_1 & & \\ & a_2 & -c_2 & b_2 & \\ & & \ddots & \ddots & \ddots \end{pmatrix}$$

其中,$a_i>0,b_i>0,0<c_i\leqslant\infty$.

$c_0\geqslant b_0,c_i\geqslant a_i+b_i,i\geqslant 1.$

若 $c_i<\infty$,则 $c_i=a_i+b_i,i\geqslant 0.$

我们称以上矩阵为单边生灭拟 $\boldsymbol{Q}$ - 矩阵,相应的生灭 $\boldsymbol{Q}$ 过程称为单边生灭过程. 当 $E=\mathbf{Z}$ 时,生灭拟 $\boldsymbol{Q}$ - 矩阵有下列形式

$$\boldsymbol{Q}=\begin{pmatrix} \ddots & \ddots & \ddots & & & & \\ & a_{-1} & -c_{-1} & b_{-1} & & & \\ & & a_0 & -c_0 & b_0 & & \\ & & & a_1 & -c_1 & b_1 & \\ & & & & a_2 & -c_2 & b_2 \\ & & & & & \ddots & \ddots & \ddots \end{pmatrix}$$

其中 $a_i>0,b_i>0,0<c_i\leqslant\infty$.

若 $c_i<\infty$,则 $c_i=a_i+b_i$.

称该 $\boldsymbol{Q}$ - 矩阵为双边生灭拟 $\boldsymbol{Q}$ - 矩阵,相应的生灭 $\boldsymbol{Q}$ 过程称为双边生灭过程. 除非另有申明,本书紧紧围绕生灭过程的构造问题及其他相关论题展开讨论.

第2章 Q过程的拉氏变换

前面提出了Q过程构造理论的三大基本问题,但直接对$(p_{ij}(t))$讨论往往不方便.在这一章里,我们给出Q过程,B型Q过程和F型Q过程的拉氏变换.将$(p_{ij}(t))$的研究归结为研究它的拉氏变换$(r_{ij}(\lambda))$.

2.1 马氏过程的拉氏变换

本章中的马氏过程均指标准马氏过程.

定义 2.1.1 设$\Phi(t)$为定义于$[0,\infty)$的可测函数.如果积分

$$f(\lambda) \triangleq \int_0^{\infty} e^{-\lambda t}\Phi(t)\,dt,\lambda > 0$$

存在且有限,则说$\Phi(t)$的Laplace(拉普拉斯)变换存在,并称$f(\lambda)(\lambda>0)$为$\Phi(t)$的拉普拉斯变换,简称为拉氏变换.

对于马氏过程 $\boldsymbol{P}(t)=(p_{ij}(t))$，令

$$r_{ij}(\lambda)=\int_0^{\infty}\mathrm{e}^{-\lambda t}p_{ij}(t)\,\mathrm{d}t,\lambda>0$$

因 $0\leqslant p_{ij}(t)\leqslant 1$，故上述积分存在且有限. 记 $\boldsymbol{R}(\lambda)=(r_{ij}(\lambda))$，并称 $\boldsymbol{R}(\lambda)$ 为过程 $\boldsymbol{P}(t)$ 的拉氏变换.

定理 2.1.1　一个马氏过程和它的拉氏变换相互唯一决定.

证明　由定理 1.2.1，式(1.1.1)和(1.1.2)知，对于马氏过程 $(p_{ij}(t))$，任一 $p_{ij}(t)$ 是有界函数；且在 $(0,\infty)$ 上连续. 于是，由有界连续函数和其拉氏变换相互唯一确定性立得本定理.

由于上述定理，我们今后也把过程 $\boldsymbol{P}(t)$ 的拉氏变换 $\boldsymbol{R}(\lambda)$ 叫作一个马氏过程.

定义 2.1.2　矩阵族 $\boldsymbol{R}(\lambda)=(r_{ij}(\lambda);i,j\in E,\lambda>0)$ 称为一个马氏预解式，如果它们满足下列条件：

(ⅰ) $\boldsymbol{R}(\lambda)\geqslant\boldsymbol{0},\lambda>0;$　(2.1.1)

$\lambda\boldsymbol{R}(\lambda)\boldsymbol{1}\leqslant\boldsymbol{1},\lambda>0.$　(2.1.2)

(ⅱ) $\boldsymbol{R}(\lambda)-\boldsymbol{R}(\mu)+(\lambda-\mu)\boldsymbol{R}(\lambda)\boldsymbol{R}(\mu)=0,\lambda,\mu>0.$　(2.1.3)

(ⅲ) $\lim\limits_{\lambda\to\infty}\lambda\boldsymbol{R}(\lambda)=\boldsymbol{1}.$　(2.1.4)

我们常称(ⅰ)为马氏预解式的范条件，(ⅱ)为预解方程，(ⅲ)为标准性条件.

定义 2.1.3　称函数 $f(\lambda)(\lambda>0)$ 为完全单调函数，如果 $f(\lambda)$ 在 $(0,\infty)$ 内有各阶导数，且

$$(-1)^n\frac{\mathrm{d}^n f(\lambda)}{\mathrm{d}\lambda^n}\geqslant 0,n=0,1,2,\cdots\quad(2.1.5)$$

定理 2.1.2　设 $\boldsymbol{R}(\lambda)$ 是一个马氏预解式，则

(ⅰ) $\frac{\mathrm{d}^n \boldsymbol{R}(\lambda)}{\mathrm{d}\lambda^n} = (-1)^n n!\ \boldsymbol{R}^{n+1}(\lambda), n \geqslant 0$

(2.1.6)

(ⅱ) $0 \leqslant (-1)^n \frac{\mathrm{d}^n r_{ij}(\lambda)}{\mathrm{d}\lambda^n} \leqslant \frac{n!}{\lambda^{n+1}}, i, j \in E; n \geqslant 0$

(2.1.7)

(ⅲ) $0 \leqslant (-1)^n \frac{\mathrm{d}^n}{\mathrm{d}\lambda^n}\left(\sum_{j \in E} r_{ij}(\lambda)\right) \leqslant \frac{n!}{\lambda^{n+1}}$

$i \in E, n \geqslant 0$ (2.1.8)

证明 (ⅰ)由(2.1.3)得

$$\frac{\boldsymbol{R}(\lambda) - \boldsymbol{R}(\mu)}{\lambda - \mu} = -\boldsymbol{R}(\lambda)\boldsymbol{R}(\mu) \qquad (2.1.9)$$

在上式中令 $\mu \to \lambda$，并注意(2.1.1)，(2.1.2)和 $r_{ij}(\mu)$ 关于 $\mu > 0$ 连续，立得

$$\frac{\mathrm{d}\boldsymbol{R}(\lambda)}{\mathrm{d}\lambda} = -\boldsymbol{R}^2(\lambda) \qquad (2.1.10)$$

又由(2.1.3)得 $\boldsymbol{R}(\lambda)\boldsymbol{R}(\mu) = \boldsymbol{R}(\mu)\boldsymbol{R}(\lambda)$，故

$$\frac{\boldsymbol{R}^n(\lambda) - \boldsymbol{R}^n(\mu)}{\lambda - \mu} =$$

$$\frac{\boldsymbol{R}(\lambda) - \boldsymbol{R}(\mu)}{\lambda - \mu}[\boldsymbol{R}^{n-1}(\lambda) + \boldsymbol{R}^{n-2}(\lambda)\boldsymbol{R}(\mu) + \cdots + \boldsymbol{R}^{n-1}(\mu)]$$

(2.1.11)

在上式中令 $\mu \to \lambda$，并注意(2.1.1)，(2.1.2)和(2.1.10)，得

$$\frac{\mathrm{d}\boldsymbol{R}^n(\lambda)}{\mathrm{d}\lambda} = -n\boldsymbol{R}^{n+1}(\lambda) \qquad (2.1.12)$$

由(2.1.10)，(2.1.12)和归纳法立得(2.1.6).

(ⅱ)由(2.1.2)及归纳法得

$$\boldsymbol{R}^n(\lambda)\mathbf{1}=\frac{\lambda^{n-1}\boldsymbol{R}^{n-1}(\lambda)\lambda\boldsymbol{R}(\lambda)\mathbf{1}}{\lambda^n}\leqslant\frac{\lambda^{n-1}\boldsymbol{R}^{n-1}(\lambda)\mathbf{1}}{\lambda^n}\leqslant\frac{1}{\lambda^n}$$

若记 $\boldsymbol{R}^n(\lambda)$ 的元素为 $r_{ij}^{(n)}(\lambda)$,上式即

$$0\leqslant\sum_{j\in E}r_{ij}^{(n)}(\lambda)\leqslant\frac{1}{\lambda^n},i\in E \qquad (2.1.13)$$

更有

$$0\leqslant r_{ij}^{(n)}(\lambda)\leqslant\frac{1}{\lambda^n} \qquad (2.1.14)$$

由(2.1.6)及(2.1.14)得

$$0\leqslant(-1)^n\frac{\mathrm{d}^n}{\mathrm{d}\lambda^n}r_{ij}(\lambda)\leqslant\frac{n!}{\lambda^{n+1}}$$

(2.1.7)得证.

(ⅲ)由(2.1.9)和(2.1.11)知 $\boldsymbol{R}^n(\lambda)\downarrow(\lambda\uparrow)$, $n=1,2,\cdots$. 从而对每一 n, $\sum_{j\in E}r_{ij}^{(n)}(\lambda)$ 是 $\lambda\in(0,\infty)$ 的连续函数. 由 Dini 定理,对任意 $t,T,0<t<T<\infty$, $\sum_{j\in E}r_{ij}^{(n)}(\lambda)$ 在 $[t,T]$ 中一致收敛. 由(2.1.6)知, 在 $[t,T]$ 中

$$\sum_{j\in E}\frac{\mathrm{d}^n}{\mathrm{d}\lambda^n}r_{ij}(\lambda)=(-1)^n n!\sum_{j\in E}r_{ij}^{(n+1)}(\lambda)$$

一致收敛. 故对任意 n 有

$$\begin{aligned}(-1)^n\frac{\mathrm{d}^n}{\mathrm{d}\lambda^n}\Big(\sum_{j\in E}r_{ij}(\lambda)\Big)&=\sum_{j\in E}(-1)^n\frac{\mathrm{d}^n}{\mathrm{d}\lambda^n}r_{ij}(\lambda)\\&=\sum_{j\in E}n!r_{ij}^{(n+1)}(\lambda)\end{aligned}$$

再由(2.1.13)得

$$0\leqslant(-1)^n\frac{\mathrm{d}^n}{\mathrm{d}\lambda^n}\Big(\sum_{j\in E}r_{ij}(\lambda)\Big)\leqslant\frac{n!}{\lambda^{n+1}}$$

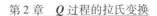

从而(2.1.8)获证.

定理 2.1.3 $\boldsymbol{R}(\lambda)=(r_{ij}(\lambda))$为某个马氏过程$\boldsymbol{P}(t)=(p_{ij}(t))$的拉氏变换,当且仅当$\boldsymbol{R}(\lambda)$是一个马氏预解式. 此外$\lim\limits_{\lambda\to\infty}\lambda r_{ij}(\lambda)=\lim\limits_{t\to 0}p_{ij}(t)$,过程$\boldsymbol{P}(t)$为诚实的当且仅当$\lambda\boldsymbol{R}(\lambda)\boldsymbol{1}=\boldsymbol{1}$.

证明 设$\boldsymbol{R}(\lambda)$为$\boldsymbol{P}(t)$的拉氏变换,则

$$\begin{aligned}\lim_{\lambda\to\infty}\lambda r_{ij}(\lambda)&=\lim_{\lambda\to\infty}\int_0^{\infty}\lambda e^{-\lambda t}p_{ij}(t)\,dt\\&=\lim_{\lambda\to\infty}\int_0^{\infty}e^{-s}p_{ij}\left(\frac{s}{\lambda}\right)ds\\&=\int_0^{\infty}e^{-s}\lim_{\lambda\to\infty}p_{ij}\left(\frac{s}{\lambda}\right)ds\\&=\int_0^{\infty}e^{-s}\lim_{t\to 0}p_{ij}(t)\,ds=\lim_{t\to 0}p_{ij}(t)\end{aligned}\tag{2.1.15}$$

先证必要性.

设$\boldsymbol{R}(\lambda)$为马氏过程$\boldsymbol{P}(t)$的拉氏变换,由$\boldsymbol{P}(t)$的范条件得(2.1.1)和(2.1.2). 我们有

$$\begin{aligned}\int_0^{\infty}e^{-\mu s}p_{ij}(t+s)\,ds&=\int_t^{\infty}e^{-\mu(s-t)}p_{ij}(s)\,ds\\&=e^{\mu t}r_{ij}(\mu)-\int_0^{\infty}e^{\mu(t-s)}p_{ij}(s)\,ds\end{aligned}$$

如$\lambda>\mu$,则

$$\begin{aligned}\int_0^{\infty}e^{-\lambda t}dt\int_0^{\infty}e^{-\mu s}p_{ij}(t+s)\,ds&=\int_0^{\infty}e^{-(\lambda-\mu)t}r_{ij}(\mu)\,dt-\\&\quad\int_0^{\infty}e^{-\lambda t}\int_0^{t}e^{\mu(t-s)}p_{ij}(s)\,ds\,dt\\&=\frac{1}{\lambda-\mu}(r_{ij}(\mu)-r_{ij}(\lambda))\end{aligned}$$

但是

$$\begin{aligned}&\int_0^{\infty}\mathrm{e}^{-\lambda t}\int_0^{\infty}\mathrm{e}^{-\mu s}p_{ij}(t+s)\,\mathrm{d}s\mathrm{d}t\\=&\int_0^{\infty}\mathrm{e}^{-\lambda t}\int_0^{\infty}\mathrm{e}^{-\mu s}\sum_{k\in E}p_{ik}(t)p_{kj}(s)\,\mathrm{d}s\mathrm{d}t\\=&\sum_{k\in E}r_{ik}(\lambda)r_{kj}(\mu)\end{aligned}$$

故

$$\frac{1}{\lambda-\mu}(r_{ij}(\mu)-r_{ij}(\lambda))=\sum_{k\in E}r_{ik}(\lambda)r_{kj}(\mu)\quad(2.1.16)$$

此即

$$\boldsymbol{R}(\lambda)-\boldsymbol{R}(\mu)+(\lambda-\mu)\boldsymbol{R}(\lambda)\boldsymbol{R}(\mu)=0,\lambda,\mu>0$$

(2.1.3)得证.

由(2.1.15)得(2.1.4).

再证充分性.

设 $\boldsymbol{R}(\lambda)$ 为一马氏预解式. 由定理 2.1.2 及“有界连续函数的拉氏变换是完全单调的可导出此函数非负”知,存在可测函数 $f_{ij}(t)(t>0;i,j\in E)$,满足条件

$$0\leqslant f_{ij}(t)\leqslant 1\quad(2.1.17)$$

$$0\leqslant\sum_{j\in E}f_{ij}(t)\leqslant 1\quad(2.1.18)$$

使得 $r_{ij}(\lambda)$ 是 $f_{ij}(t)$ 的拉氏变换. 由预解方程得

$$\begin{aligned}&\int_0^{\infty}\int_0^{\infty}\mathrm{e}^{-\lambda s-\mu t}f_{ij}(s+t)\,\mathrm{d}s\mathrm{d}t\\=&\int_0^{\infty}\int_0^{\infty}\mathrm{e}^{-\lambda s-\mu t}\sum_{k\in E}f_{ik}(s)f_{kj}(t)\,\mathrm{d}s\mathrm{d}t\quad(2.1.19)\end{aligned}$$

从而,除去一个(s,t)零测集外,下式成立

$$f_{ij}(s+t)=\sum_{k\in E}f_{ik}(s)f_{kj}(t)\quad(2.1.20)$$

对 $t>0$,定义

$$
\begin{aligned}
p_{ij}(t) &= \frac{1}{t}\sum_{k\in E}\int_0^1 f_{ik}(u)f_{kj}(t-u)\,\mathrm{d}u \\
&= \frac{1}{t}\int_0^1\Big(\sum_{k\in E}f_{ik}(u)f_{kj}(t-u)\Big)\mathrm{d}u \quad (2.1.21)
\end{aligned}
$$

因式(2. 1. 20)对(s,t)几乎处处成立,故对几乎所有$t>0$,式(2. 1. 21)中的被积函数对几乎所有的$u\in(0,t)$等于$f_{ij}(t)$,从而几乎处处有

$$p_{ij}(t)=f_{ij}(t) \qquad (2.1.22)$$

同时,由(2. 1. 16)知

$$p_{ij}(t)=\frac{1}{t}\sum_{k\in E}g_k(t) \qquad (2.1.23)$$

其中$g_k(t)=\int_0^t f_{ik}(u)f_{kj}(t-u)\,\mathrm{d}u$为连续函数.

由于级数$\sum_{k\in E}g_k(t)$被$\sum_{k\in E}\int_0^t f_{ik}(u)\,\mathrm{d}u$所控制,而后者的每项均为非负连续函数,且其和$\sum_{k\in E}\int_0^t f_{ik}(u)\,\mathrm{d}u=\int_0^t\Big(\sum_{k\in E}f_{ik}(u)\Big)\mathrm{d}u$为连续函数. 由 Dini 定理,在每一有限区间$[0,T]$中,级数$\sum_{k\in E}\int_0^t f_{ik}(u)\,\mathrm{d}u$一致收敛,从而$\sum_{k\in E}g_k(t)$一致收敛,由(2. 1. 21)知$p_{ij}(t)$在$(0,\infty)$连续,再由(2. 1. 17)和(2. 1. 22)知

$$0\leqslant p_{ij}(t)\leqslant 1,\ t>0 \qquad (2.1.24)$$

由(2. 1. 18)和(2. 1. 22)知,对几乎所有$t>0$,有

$$0\leqslant\sum_{j\in E}p_{ij}(t)\leqslant 1 \qquad (2.1.25)$$

由(2. 1. 20)与(2. 1. 22)知,对几乎所有的(s,t),有

$$p_{ij}(s+t)=\sum_{k\in E}p_{ik}(s)p_{kj}(t) \qquad (2.1.26)$$

再证(2.1.25)对所有 $t>0$ 成立,(2.1.26)对所有$s,t>0$ 成立.

任意 $i\in E$,若取 E 的有限子集 $E_n\uparrow E(n\to\infty)$,那么由(2.1.25),对几乎所有 $t>0$, $0\leqslant\sum_{j\in E_n}p_{ij}(t)\leqslant 1$ 成立.注意,E_n 为有限集,从而$\sum_{j\in E_n}p_{ij}(t)$ 为$t>0$的连续函数,故 $0\leqslant\sum_{j\in E_n}p_{ij}(t)\leqslant 1$ 对一切 $t>0$ 成立.由于$\sum_{j\in E}p_{ij}(t)=\lim_{n\to\infty}\sum_{j\in E_n}p_{ij}(t)$,因此,我们证明了对所有$t>0$有

$$0\leqslant\sum_{j\in E}p_{ij}(t)\leqslant 1 \tag{2.1.27}$$

由(2.1.27),$\sum_{j\in E}p_{ik}(s)p_{kj}(t)\leqslant\sum_{j\in E}p_{ik}(s)\leqslant 1$ 对所有 $s>0,t>0$ 成立.从而任意 $s>0$,$p_{ij}(s+t)$,$\sum_{j\in E}p_{ik}(s)p_{kj}(t)$ 均是 $t>0$ 的连续函数.由(2.1.26)知,存在$(0,\infty)$的零测子集Z,使得对$s\notin Z,s>0$以及一切 $t>0$,有

$$p_{ij}(s+t)=\sum_{j\in E}p_{ik}(s)p_{kj}(t) \tag{2.1.28}$$

注意 Z 是零测子集,从而任意 $s\in Z$,必存在 $0<s'<s$ 使$s'\notin Z,s-s'\notin Z$.因此,对所有 $t>0$,由(2.1.28),有

$$\begin{aligned}\sum_{k\in E}p_{ik}(s)p_{kj}(t)&=\sum_{k\in E}\Big(\sum_{l\in E}p_{il}(s')p_{lk}(s-s')\Big)p_{kj}(t)\\&=\sum_{l\in E}p_{il}(s')\Big(\sum_{k\in E}p_{lk}(s-s')p_{kj}(t)\Big)\\&=\sum_{l\in E}p_{il}(s')p_{lj}(s-s'+t)\\&=p_{ij}(s+t)\end{aligned}$$

从而证明了对所有 $s>0,t>0$ 有

$$p_{ij}(s+t)=\sum_{k\in E}p_{ik}(s)p_{kj}(t)$$

定义 $p_{kj}(0)=\delta_{ij}$. 由(2. 1. 24),(2. 1. 27)和(2. 1. 28)知$(p_{ij}(t))$是一个马氏过程. 且由(2. 1. 22)有

$$r_{ij}(\lambda)=\int_0^{\infty}\mathrm{e}^{-\lambda t}f_{ij}(t)\,\mathrm{d}t=\int_0^{\infty}\mathrm{e}^{-\lambda t}p_{ij}(t)\,\mathrm{d}t$$

故$(p_{ij}(t))$以 $\boldsymbol{R}(\lambda)$ 为其拉氏变换.

再由(2. 1. 15)得$(p_{ij}(t))$的标准性.

最后,证明 $\boldsymbol{P}(t)$ 诚实当且仅当 $\lambda\boldsymbol{R}(\lambda)\mathbf{1}=\mathbf{1}(\lambda>0)$. 必要性是显然的. 再证充分性. 设 $\lambda\boldsymbol{R}(\lambda)\mathbf{1}=\mathbf{1}(\lambda>0)$, 即对任意 $i\in E$ 有 $\lambda\sum_{j\in E}r_{ij}(\lambda)=1(\lambda>0)$,则

$$\int_0^{\infty}\mathrm{e}^{-\lambda t}\sum_{j\in E}p_{ij}(t)\,\mathrm{d}t=1$$

由上式知,对几乎一切 $t>0$,有

$$\sum_{j\in E}p_{ij}(t)=1$$

但由定理 1. 2. 1 的(ⅱ)知, $\sum_{j\in E}p_{ij}(t)$ 是$(0,\infty)$上的连续函数,故

$$\sum_{j\in E}p_{ij}(t)=1,t>0$$

注意到 $p_{ij}(0)=\delta_{ij}$,我们有

$$\sum_{j\in E}p_{ij}(t)=1,t\geqslant 0$$

从而 $\boldsymbol{P}(t)$ 为诚实过程.

2.2 Q 预解式

定义 2.2.1 任给一个 Q - 矩阵 Q,一个矩阵 $R(\lambda)=(r_{ij}(\lambda))$ 叫作一个 Q 预解式,如果它满足定义 2.1.2 中的条件(ⅰ)(ⅱ)及下列条件

(ⅲ)′ $$\lim_{\lambda\to\infty}\lambda(\lambda R(\lambda)-I)=Q \tag{2.2.1}$$

以后我们称条件(ⅲ)′为 Q 条件.

显然,若(ⅲ)′成立,则定义 2.1.2 中的条件(ⅲ)也成立. 从而,一个 Q 预解式是一个马氏预解式.

定义 2.2.2 设 Q 为全稳定 Q - 矩阵. 矩阵 $R(\lambda)=(r_{ij}(\lambda))$ 叫作一个 B 型 Q 预解式,如果它满足定义(2.1.2)中条件(ⅰ)(ⅱ)和下列条件

(ⅲ)″ $$(\lambda I-Q)R(\lambda)=I \tag{2.2.2}$$

以后我们称条件(ⅲ)″为 B 条件.

引理 2.2.1 B 型 Q 预解式必是 Q 预解式.

证明 设 $R(\lambda)$ 是一个 B 型 Q 预解式. 由预解方程知,$r_{ij}(\lambda)\downarrow(\lambda\uparrow\infty)$. 由范条件知

$$0\leqslant r_{ij}(\lambda)\leqslant\frac{1}{\lambda}$$

于是

$$r_{ij}(\lambda)\downarrow 0 \quad (\lambda\uparrow\infty)$$

故由(2.2.2)得

$$\lim_{\lambda\to\infty}\lambda r_{ij}(\lambda)=\lim_{\lambda\to\infty}\Big(\delta_{ij}-q_i r_{ij}(\lambda)+\sum_{k\neq i}q_{ik}r_{kj}(\lambda)\Big)=\delta_{ij} \tag{2.2.3}$$

由(2.2.2)又有

$$\lambda(\lambda r_{ij}(\lambda)-\delta_{ij})=\sum_{k\in E}q_{ik}\lambda r_{kj}(\lambda)$$

但

$$\begin{aligned}\sum_{k\in E}|q_{ik}\lambda r_{kj}(\lambda)| &= \sum_{k\in E}|q_{ik}|\lambda r_{kj}(\lambda)\\ &\leqslant \sum_{k\in E}|q_{ik}|\leqslant 2q_i<+\infty\end{aligned}$$

所以由(2.2.3)和控制收敛定理得

$$\begin{aligned}\lim_{\lambda\to\infty}\lambda(\lambda r_{ij}(\lambda)-\delta_{ij}) &= \lim_{\lambda\to\infty}\sum_{k\in E}q_{ik}\lambda r_{kj}(\lambda)\\ &= \sum_{k\in E}q_{ik}\lim_{\lambda\to\infty}\lambda r_{kj}(\lambda)\\ &= \sum_{k\in E}q_{ik}\delta_{kj}=q_{ij}\end{aligned}$$

从而条件(2.2.1)成立. 所以 $\boldsymbol{R}(\lambda)$ 是一个 $\boldsymbol{Q}$ 预解式.

定义 2.2.3 设 $\boldsymbol{Q}$ 为全稳定 $\boldsymbol{Q}$ – 矩阵. 矩阵 $\boldsymbol{R}(\lambda)=(r_{ij}(\lambda))$ 叫作一个 F 型 $\boldsymbol{Q}$ 预解式, 如果它满足定义(2.1.2)中的条件(ⅰ)(ⅱ)和条件

(ⅲ)‴ $\qquad \boldsymbol{R}(\lambda)(\lambda\boldsymbol{I}-\boldsymbol{Q})=\boldsymbol{I} \qquad$ (2.2.4)

以后我们称条件(ⅲ)‴为 F 条件.

引理 2.2.2 F 型 $\boldsymbol{Q}$ 预解式必是 $\boldsymbol{Q}$ 预解式.

证明 设 $\boldsymbol{R}(\lambda)$ 是一个 F 型 $\boldsymbol{Q}$ 预解式. 仍由预解方程和范条件知

$$r_{ij}(\lambda)\downarrow 0\quad(\lambda\uparrow\infty) \qquad (2.2.5)$$

由(2.2.4),(2.2.5)和单调收敛定理得

$$\begin{aligned}\lim_{\lambda\to\infty}\lambda r_{ij}(\lambda)-\delta_{ij} &= \lim_{\lambda\to\infty}(-r_{ij}(\lambda)q_j)+\\ &\quad \lim_{\lambda\to\infty}\sum_{k\neq j}r_{ik}(\lambda)q_{kj}=0\end{aligned}$$

又由预解方程得

$$r_{ik}(\lambda) = r_{ik}(\mu) + (\mu - \lambda)\sum_{s\in E} r_{is}(\mu) r_{sk}(\lambda)$$

所以

$$\begin{aligned}&\sum_{k\neq j} r_{ik}(\lambda) q_{kj}\\ = &\sum_{k\neq j} r_{ik}(\mu) q_{kj} + (\mu - \lambda)\sum_{s\in E} r_{is}(\mu)\sum_{k\neq j} r_{sk}(\lambda) q_{kj}\end{aligned}$$

即

$$\begin{aligned}&\sum_{k\neq j} r_{ik}(\lambda) q_{kj} + \sum_{s\in E} r_{is}(\mu)\sum_{k\in E}\lambda r_{sk}(\lambda) q_{kj}\\ = &\sum_{k\neq j} r_{ik}(\mu) q_{kj} + \mu\sum_{s\in E} r_{is}(\mu)\sum_{k\in E} r_{sk}(\lambda) q_{kj} \quad (2.2.6)\end{aligned}$$

由(2.2.5) 及单调收敛定理得

$$\lim_{\lambda\to\infty}\sum_{k\neq j} r_{ik}(\lambda) q_{kj} = \sum_{k\neq j}\lim_{\lambda\to\infty} r_{ik}(\lambda) q_{kj} = 0 \quad (2.2.7)$$

及

$$\begin{aligned}&\lim_{\lambda\to\infty}\mu\sum_{s\in E} r_{is}(\mu)\sum_{k\in E} r_{sk}(\lambda) q_{kj}\\ &= \mu\sum_{s\in E} r_{is}(\mu)\sum_{k\in E}\lim_{\lambda\to\infty} r_{sk}(\lambda) q_{kj}\\ &= 0 \quad (2.2.8)\end{aligned}$$

根据(2.2.6) ~ (2.2.8)

$$\lim_{\lambda\to\infty}\sum_{s\in E} r_{is}(\mu)\sum_{k\neq j}\lambda r_{sk}(\lambda) q_{kj} = \sum_{s\neq j} r_{is}(\mu) q_{sj} \quad (2.2.9)$$

固定 $s_0, j\in E$,选 $\lambda_n\to\infty$,使 $\lim\limits_{\lambda_n\to\infty}\sum\limits_{k\neq j}\lambda_n r_{s_0k}(\lambda_n) q_{kj} = a_{s_0j}$ 存在,于是

$$\begin{aligned}a_{s_0j} &= \lim_{\lambda_n\to\infty}\sum_{k\neq j}\lambda_n r_{s_0k}(\lambda_n) q_{kj} \geqslant \sum_{k\neq j}\lim_{\lambda_n\to\infty}\lambda_n r_{s_0k}(\lambda_n) q_{kj}\\ &= \begin{cases}0, s_0 = j\\ q_{s_0j}, s_0\neq j\end{cases} \quad (2.2.10)\end{aligned}$$

由(2.2.9) 得

$$\begin{aligned}\sum_{s\neq j} r_{is}(\mu)q_{sj} &= \lim_{\lambda_n\to\infty}\sum_{s\in E} r_{is}(\mu)\sum_{k\neq j}\lambda_n r_{sk}(\lambda_n)q_{kj}\\ &\geqslant \lim_{\lambda_n\to\infty} r_{is_0}(\mu)\sum_{k\neq j}\lambda_n r_{s_0k}(\lambda_n)q_{kj} +\\ &\quad \lim_{\lambda_n\to\infty}\sum_{s\neq s_0} r_{is}(\mu)\sum_{k\neq j}\lambda_n r_{sk}(\lambda_n)q_{kj}\\ &\geqslant r_{is_0}(\mu)a_{s_0j} + \sum_{s\neq s_0} r_{is}(\mu)\sum_{k\neq j}\lim_{\lambda_n\to\infty}\lambda_n r_{sk}(\lambda_n)q_{kj}\\ &= r_{is_0}(\mu)a_{s_0j} + \sum_{s\neq s_0,j} r_{is}(\mu)q_{sj} \qquad (2.2.11)\end{aligned}$$

若 $s_0\neq j$，则由上式得

$$r_{is_0}(\mu)q_{s_0j}\geqslant r_{is_0}(\mu)a_{s_0j}, i\in E \qquad (2.2.12)$$

特别地

$$r_{s_0s_0}(\mu)q_{s_0j}\geqslant r_{s_0s_0}(\mu)a_{s_0j}$$

因为

$$\mu r_{s_0s_0}(\mu)\to 1, \mu\to\infty \qquad (2.2.13)$$

所以可选一个 μ_0，使 $r_{s_0s_0}(\mu_0)>0$，从而有

$$q_{s_0j}\geqslant a_{s_0j} \qquad (2.2.14)$$

由(2.2.10)和(2.2.14)得

$$a_{s_0j}=q_{s_0j}$$

从而 $\lim\limits_{\lambda\to\infty}\sum\limits_{k\neq j}\lambda r_{s_0k}(\lambda)q_{kj}$ 存在且满足

$$\lim_{\lambda\to\infty}\sum_{k\neq j}\lambda r_{s_0k}(\lambda)q_{kj} = q_{s_0j} = \sum_{k\neq j}\lim_{\lambda\to\infty}\lambda r_{s_0k}(\lambda)q_{kj}, s_0\neq j \qquad (2.2.15)$$

若 $s_0=j$，由(2.2.11) 得

$$r_{jj}(\mu)a_{jj}\leqslant 0$$

再由(2.2.13) 及 $a_{jj}\geqslant 0$ 得

$$a_{jj}=0$$

所以$\lim\limits_{\lambda\to\infty}\sum\limits_{k\neq j}\lambda r_{jk}(\lambda)q_{kj}$ 存在且满足

$$\lim_{\lambda\to\infty}\sum_{k\neq j}\lambda r_{jk}(\lambda)q_{kj} = 0 = \sum_{k\neq j}\lim_{\lambda\to\infty}\lambda r_{jk}(\lambda)q_{kj} \tag{2.2.16}$$

综合(2.2.15)和(2.2.16)得

$$\lim_{\lambda\to\infty}\sum_{k\neq j}\lambda r_{ik}(\lambda)q_{kj} = \sum_{k\neq j}\lim_{\lambda\to\infty}\lambda r_{ik}(\lambda)q_{kj}, i,j\in E \tag{2.2.17}$$

由(2.2.4)和(2.2.17)得

$$\begin{aligned}&\lim_{\lambda\to\infty}\lambda(\lambda r_{ij}(\lambda)-\delta_{ij})\\ =&\lim_{\lambda\to\infty}q_{jj}\lambda r_{ij}(\lambda)+\lim_{\lambda\to\infty}\sum_{k\neq j}\lambda r_{ik}(\lambda)q_{kj}\\ =&\lim_{\lambda\to\infty}q_{jj}\lambda r_{ij}(\lambda)+\sum_{k\neq j}\lim_{\lambda\to\infty}\lambda r_{ik}(\lambda)q_{kj}\\ =&\sum_{k\in E}\lim_{\lambda\to\infty}\lambda r_{ik}(\lambda)q_{kj}=q_{ij}\end{aligned}$$

所以 $\boldsymbol{Q}$ 条件成立. 故 $\boldsymbol{R}(\lambda)$ 是一个 $\boldsymbol{Q}$ 预解式.

2.3　$\boldsymbol{Q}$ 过程的拉氏变换的判别准则

定理 2.3.1　设 $\boldsymbol{Q}$ 为一个 $\boldsymbol{Q}$－矩阵. 一族矩阵 $\boldsymbol{R}(\lambda)=(r_{ij}(\lambda))(\lambda>0)$ 为某个 $\boldsymbol{Q}$ 过程 $\boldsymbol{P}(t)=(p_{ij}(t))$ 的拉氏变换的充要条件是 $\boldsymbol{R}(\lambda)$ 为一个 $\boldsymbol{Q}$ 预解式.

证明　先证必要性.

设 $\boldsymbol{P}(t)=(p_{ij}(t))$ 为一个 $\boldsymbol{Q}$ 过程, $\boldsymbol{R}(\lambda)$ 表示它的拉氏变换. 由定理 2.1.3, $\boldsymbol{R}(\lambda)$ 是一个马氏预解式. 由 $|p_{ij}(t)-\delta_{ij}|\leqslant 2$ 及 $p'_{ij}(0)=q_{ij}$ 知, 当 $i\neq j$, 或者 $i=j$ 且 i

为稳定状态时，必存在 $M>0$，使

$$\frac{|p_{ij}(t)-\delta_{ij}|}{t}\leqslant M,t>0$$

于是由控制收敛定理得

$$\begin{aligned}\lim_{\lambda\to\infty}\lambda(\lambda r_{ij}(\lambda)-\delta_{ij}) &= \lim_{\lambda\to\infty}\int_0^{\infty}\lambda^2\mathrm{e}^{-\lambda t}(p_{ij}(t)-\delta_{ij})\mathrm{d}t \\ &= \lim_{\lambda\to\infty}\int_0^{\infty}\frac{t\lambda}{t}\mathrm{e}^{-t}\left(p_{ij}\left(\frac{t}{\lambda}\right)-\delta_{ij}\right)\mathrm{d}t \\ &= \lim_{\lambda\to\infty}\int_0^{\infty}t\mathrm{e}^{-t}\frac{p_{ij}\left(\frac{t}{\lambda}\right)-\delta_{ij}}{\frac{t}{\lambda}}\mathrm{d}t \\ &= \int_0^{\infty}t\mathrm{e}^{-t}\lim_{\lambda\to\infty}\frac{p_{ij}\left(\frac{t}{\lambda}\right)-\delta_{ij}}{\frac{t}{\lambda}}\mathrm{d}t \\ &= \int_0^{\infty}t\mathrm{e}^{-t}\lim_{s\to\infty}\frac{p_{ij}(s)-\delta_{ij}}{s}\mathrm{d}t \\ &= \lim_{s\to\infty}\frac{p_{ij}(s)-\delta_{ij}}{s}=q_{ij}\end{aligned} \tag{2.3.1}$$

当 i 为瞬时态时，对任意充分大的 $K>0$，均存在 $t_K>0$，使

$$\frac{p_{ii}(t)-1}{t}<-K,0<t\leqslant t_K$$

从而对于充分大的 $T>0$，当 $0<t\leqslant T,\lambda>\dfrac{T}{t_K}$时，有

$$\frac{p_{ii}\left(\frac{t}{\lambda}\right)-1}{\frac{t}{\lambda}}<-K$$

从而由式(2. 3. 1)中前三个等式同样可以导出(2. 3. 1)中最后的等式.

因此,$\boldsymbol{R}(\lambda)$为一个Q预解式.

再证充分性.

设$\boldsymbol{R}(\lambda)$为一个Q预解式,则$\boldsymbol{R}(\lambda)$是一个标准马氏预解式. 由定理2. 1. 3,存在一个标准马氏过程$\boldsymbol{P}(t)=(p_{ij}(t))$,使得$\boldsymbol{R}(\lambda)$是$\boldsymbol{P}(t)$的拉氏变换,逆转式(2. 3. 1)的证明,得

$$\lim_{t\to 0}\frac{p_{ij}(t)-\delta_{ij}}{t}=\lim_{\lambda\to\infty}\lambda(\lambda r_{ij}(\lambda)-\delta_{ij})=q_{ij}$$

故$\boldsymbol{P}(t)$是一个Q过程. 充分性证毕.

2.4　B型Q过程的拉氏变换的判别准则

本节中恒设Q-矩阵Q是全稳定的.

定理2. 4. 1　设Q为一个Q-矩阵. 一族矩阵$\boldsymbol{R}(\lambda)=(r_{ij}(\lambda))(\lambda>0)$为某个B型$Q$过程的拉氏变换的充要条件是$\boldsymbol{R}(\lambda)$为一个B型$Q$预解式.

证明　先证必要性.

设$\boldsymbol{P}(t)$为一个B型Q过程,$\boldsymbol{R}(\lambda)$表示其拉氏变换. 由定理2. 1. 3和(1. 6. 3)知$\boldsymbol{R}(\lambda)$是一个B型Q预解式.

再证充分性.

设$\boldsymbol{R}(\lambda)$是一个B型Q预解式. 由引理2. 2. 1知,$\boldsymbol{R}(\lambda)$是一个Q预解式. 于是由定理2. 1. 3知,存在唯

一的过程 $\boldsymbol{P}(t)$,它以 $\boldsymbol{R}(\lambda)$ 为其拉氏变换. 由(2. 2. 2)得

$$\lambda r_{ij}(\lambda)-\delta_{ij}=\sum_{k\in E}q_{ik}r_{kj}(\lambda)$$

但

$$\lambda r_{ij}(\lambda)-\delta_{ij}=\int_0^\infty \mathrm{e}^{-\lambda t}p'_{ij}(t)\,\mathrm{d}t$$

于是由 $p_{ij}(t)\geqslant 0,q_{ij}\geqslant 0(i\neq j)$ 及单调收敛定理得

$$\begin{aligned}\int_0^\infty \mathrm{e}^{-\lambda t}p'_{ij}(t)\,\mathrm{d}t &= \sum_{k\in E}q_{ik}\int_0^\infty \mathrm{e}^{-\lambda t}p_{kj}(t)\,\mathrm{d}t\\ &=\int_0^\infty \mathrm{e}^{-\lambda t}q_{ii}p_{ij}(t)\,\mathrm{d}t+\sum_{k\neq i}\int_0^\infty \mathrm{e}^{-\lambda t}q_{ik}p_{kj}(t)\,\mathrm{d}t\\ &=\int_0^\infty \mathrm{e}^{-\lambda t}q_{ii}p_{ij}(t)\,\mathrm{d}t+\int_0^\infty \mathrm{e}^{-\lambda t}\sum_{k\neq i}q_{ik}p_{kj}(t)\,\mathrm{d}t\\ &=\int_0^\infty \mathrm{e}^{-\lambda t}\sum_{k\in E}q_{ik}p_{kj}(t)\,\mathrm{d}t\end{aligned}$$

由 $\left|\sum_{k\in E}q_{ik}p_{kj}(t)\right|\leqslant\sum_{k\in E}|q_{ik}|\leqslant 2q_i<\infty$ 知,$\sum_{k\in E}q_{ik}p_{kj}(t)$ 是 t 的有界连续函数. 由(1. 2. 1)知,$|p'_{ij}(t)|\leqslant q_i(j\in E,t\geqslant 0)$. 故 $p'_{ij}(t)$ 也是 t 的有界连续函数,于是

$$p'_{ij}(t)=\sum_{k\in E}q_{ik}p_{kj}(t)$$

从而 $\boldsymbol{P}(t)$ 是一个 B 型 $\boldsymbol{Q}$ 过程,它以 $\boldsymbol{R}(\lambda)$ 为其拉氏变换.

2.5　F 型 Q 过程的拉氏变换的判别准则

本节中同样恒设 Q – 矩阵 Q 是全稳定的.

定理 2.5.1　设 Q 为一个 Q – 矩阵. 一族矩阵 $\boldsymbol{R}(\lambda)=(r_{ij}(\lambda))(\lambda>0)$ 为某个 F 型 Q 过程的拉氏变换的充要条件是 $\boldsymbol{R}(\lambda)$ 是一个 F 型 Q 预解式.

证明　先证必要性.

设 $\boldsymbol{P}(t)$ 为一个 F 型 Q 过程,以 $\boldsymbol{R}(\lambda)$ 表示 $\boldsymbol{P}(t)$ 的拉氏变换. 由定理 2.3.1 和式(1.6.4)知 $\boldsymbol{R}(\lambda)$ 是一个 F 型 Q 预解式.

再证充分性.

设 $\boldsymbol{R}(\lambda)(\lambda>0)$ 是一个 F 型 Q 预解式. 由引理 2.2.2知,$\boldsymbol{R}(\lambda)$ 是一个 Q 预解式. 于是由定理 2.3.1,存在唯一的 Q 过程 $\boldsymbol{P}(t)$,以 $\boldsymbol{R}(\lambda)$ 为其拉氏变换. 由(2.2.4)得

$$r_{ij}(\lambda)=\frac{\delta_{ij}}{\lambda}-\frac{1}{\lambda}r_{ij}(\lambda)q_j+\frac{1}{\lambda}\sum_{k\neq j}r_{ik}(\lambda)q_{kj} \tag{2.5.1}$$

于是,由 $p_{ij}(t)\geqslant 0,q_{ij}\geqslant 0(i\neq j)$ 及单调收敛定理得

$$\int_0^\infty \mathrm{e}^{-\lambda t}p_{ij}(t)\,\mathrm{d}t=\int_0^\infty \mathrm{e}^{-\lambda t}\left[\delta_{ij}-q_j\int_0^t p_{ij}(s)\,\mathrm{d}s+\int_0^t\sum_{k\neq j}p_{ik}(s)q_{kj}\,\mathrm{d}s\right]\mathrm{d}t \tag{2.5.2}$$

即

$$\int_0^{\infty} \mathrm{e}^{-\lambda t}\Big[p_{ij}(t) - \delta_{ij} + q_j\int_0^t p_{ij}(s)\,\mathrm{d}s - \int_0^t \sum_{k\neq j} p_{ik}(s)q_{kj}\,\mathrm{d}s\Big]\mathrm{d}t = 0 \tag{2.5.3}$$

由定理 1.6.2 知

$$p_{ij}'(t) \geqslant -p_{ij}(t)q_j + \sum_{k\neq j} p_{ik}(t)q_{kj} \tag{2.5.4}$$

于是

$$0 \leqslant \sum_{k\neq j} p_{ik}(t)q_{kj} \leqslant p_{ij}'(t) + q_j p_{ij}(t) \leqslant q_i + q_j < \infty \tag{2.5.5}$$

从而

$$0 \leqslant \int_0^t \sum_{k\neq j} p_{ik}(s)q_{kj}\,\mathrm{d}s \leqslant (q_i + q_j)t < \infty \tag{2.5.6}$$

于是由(2.5.5),(2.5.6) 和数学分析中的定理知

$$p_{ij}(t) - \delta_{ij} + q_j\int_0^t p_{ij}(s)\,\mathrm{d}s - \int_0^t \sum_{k\neq j} p_{ik}(s)q_{kj}\,\mathrm{d}s$$

是连续函数. 由(2.5.4) 知它还是非负的. 故由(2.5.3) 得

$$p_{ij}(t) - \delta_{ij} + q_j\int_0^t p_{ij}(s)\,\mathrm{d}s - \int_0^t \sum_{k\neq j} p_{ik}(s)q_{kj}\,\mathrm{d}s = 0$$

即

$$p_{ij}(t) = \delta_{ij} - q_j\int_0^t p_{ij}(s)\,\mathrm{d}s + \int_0^t \sum_{k\neq j} p_{ik}(s)q_{kj}\,\mathrm{d}s \tag{2.5.7}$$

由(2.5.6),(2.5.7) 和数学分析中的定理,存在零测集 $A \subset [0,\infty)$,使

$$p_{ij}'(t) = \sum_{k\in E} p_{ik}(t)q_{kj},\quad t \notin A \tag{2.5.8}$$

取 $0 < t \notin A$，对于 $h > 0$，由(2.5.5)及定理 1.4.2 得

$$\begin{aligned}
\sum_{k \in E} p_{ik}(t+h) q_{kj} &= \sum_{k \neq j} p_{ik}(t+h) q_{kj} + p_{ij}(t+h) q_{jj} \\
&= \sum_{k \neq j} \Big(\sum_{s \in E} p_{is}(h) p_{sk}(t) \Big) q_{kj} + \\
&\quad \sum_{s \in E} p_{is}(h) p_{sj}(t) q_{jj} \\
&= \sum_{s \in E} p_{is}(h) \sum_{k \neq j} p_{sk}(t) q_{kj} + \\
&\quad \sum_{s \in E} p_{is}(h) p_{sj}(t) q_{jj} \\
&= \sum_{s \in E} p_{is}(h) \sum_{k \in E} p_{sk}(t) q_{kj} \\
&= \sum_{s \in E} p_{is}(h) p'_{ik}(t) \\
&= p'_{ik}(t+h)
\end{aligned}$$

所以 $t+h \notin A$. 由于 A 是零测集，故 t 可取得任意小. 所以对于一切 $t>0$，(2.5.8)成立. 由于 $\boldsymbol{P}(t)$ 是 $\boldsymbol{Q}$ 过程，故(2.5.8)对 $t=0$ 也成立. 所以(2.5.8)对一切 $t \geqslant 0$ 成立. 从而 $\boldsymbol{P}(t)$ 为 F 型 $\boldsymbol{Q}$ 过程，且以 $\boldsymbol{R}(\lambda)$ 为其拉氏变换.

第3章 非负线性方程组的最小非负解和最小 Q 过程

3.1 非负线性方程组的最小非负解

下面我们约定非负数集包括 $+\infty$.

定义 3.1.1 线性方程组

$$x_i = \sum_{k \in E} c_{ik} x_k + b_i, i \in E \tag{3.1.1}$$

称为非负线性方程组,如果

$$0 \leqslant c_{ik} < +\infty, i, k \in E$$

$$0 \leqslant b_i \leqslant +\infty, i \in E$$

其中 E 为有限集或可列集.

下面总假设(3.1.1)是非负线性方程组.

定义 3.1.2 (3.3.1)的非负解 $0 \leqslant x_i^* \leqslant +\infty (i \in E)$ 称为(3.1.1)的最小非负解,如果对于(3.1.1)的任一非负解 $0 \leqslant x_i \leqslant +\infty (i \in E)$,恒有

$$x_i^* \leqslant x_i, i \in E \tag{3.1.2}$$

定理 3.1.1 (3.1.1)的最小非负解存在且唯一;若令

$$\begin{cases} x_i^{(0)} \equiv 0, i \in E \\ x_i^{(n+1)} = \sum_{k \in E} c_{ik} x_i^{(n)} + b_i, n \geqslant 0, i \in E \end{cases} \tag{3.1.3}$$

则 $x_i^{(n)} \uparrow (n \uparrow +\infty)$. 若令

$$x_i^* = \lim_{n \to \infty} x_i^{(n)}, i \in E \tag{3.1.4}$$

则 $x_i^* (i \in E)$ 就是(3.1.1) 的最小非负解.

证明 显然,$x_i^{(1)} = b_i \geqslant 0 = x_i^{(0)} (i \in E)$. 如果现在已经证明 $x_i^{(n)} \geqslant x_i^{(n-1)} \geqslant 0 (i \in E)$,则根据(3.1.3)得

$$\begin{aligned} x_i^{(n+1)} &= \sum_{k \in E} c_{ik} x_i^{(n)} + b_i \geqslant \sum_{k \in E} c_{ik} x_i^{(n-1)} + b_i \\ &= x_i^{(n)} \geqslant 0, i \in E \end{aligned}$$

于是由归纳法知

$$x_i^{(n+1)} \geqslant x_i^{(n)} \geqslant 0, i \in E, n \geqslant 0$$

所以存在 $x_i^* \geqslant 0 (i \in E)$,使

$$x_i^{(n)} \uparrow x_i^*, i \in E \tag{3.1.5}$$

$$x_i^* = \sum_{k \in E} c_{ik} x_k^* + b_i, i \in E \tag{3.1.6}$$

即 $x_i^* (i \in E)$ 是(3.1.1) 的一个非负解. 再证它满足(3.1.2). 为此,设 $x_i (i \in E)$ 为(3.1.1) 的任一非负解,显然 $x_i^{(0)} = 0 \leqslant x_i (i \in E)$. 如果现在已经证明 $x_i^{(n)} \leqslant x_i (i \in E)$,则根据(3.1.3) 得

$$x_i^{(n+1)} = \sum_{k \in E} c_{ik} x_k^{(n)} + b_i \leqslant \sum_{k \in E} c_{ik} x_k + b_i = x_i, i \in E$$

于是由归纳法得

$$x_i^{(n)} \leqslant x_i, i \in E, n \geqslant 0$$

由(3.1.5)立得(3.1.2). 所以 x_i^* $(i \in E)$ 是(3.1.1)的最小非负解. 唯一性显见正确,于是定理获证.

3.2　比较定理和线性组合定理

定义 3.2.1　不等式组

$$X_i \geqslant \sum_{k \in E} C_{ik} X_k + B_i, i \in E \tag{3.2.1}$$

称为非负线性方程组(3.1.1)的优系统,如果

$$c_{ik} \leqslant C_{ik}, i, k \in E \tag{3.2.2}$$

$$b_i \leqslant B_i, i \in E \tag{3.2.3}$$

定理 3.2.1　(比较定理) 设 $X_i(i \in E)$ 是(3.1.1)的优系统(3.2.1)的任一非负解, x_i^* 是(3.1.1)的最小非负解,则

$$x_i^* \leqslant X_i, i \in E \tag{3.2.4}$$

证明　仿定理 3.1.1 关于 x_i^* 满足(3.2.1)的证明,立得本定理.

定理 3.2.2　(线性组合定理) 设 G 为一有限集或可列集, s 表示 G 的任一元, $a_s \geqslant 0(s \in G)$. 对任一 $s \in G$, 若 $x_i^{(s)*}$ $(i \in E)$ 是非负线性方程组

$$x_i = \sum_{k \in E} c_{ik} x_k + b_i^{(s)}, i \in E \tag{3.2.5}$$

的最小非负解,则

$$x_i^* = \sum_{s \in G} a_s x_i^{(s)*}, i \in E \tag{3.2.6}$$

是非负线性方程组

$$x_i = \sum_{k \in E} c_{ik} x_k + \sum_{s \in G} a_s b_i^{(s)}, i \in E \tag{3.2.7}$$

的最小非负解.

证明　令

$$\begin{cases} x_i^{(s)(0)} \equiv 0 \\ x_i^{(s)(n+1)} = \sum_{k\in E} c_{ik} x_k^{(s)(n)} + b_i^{(s)}, i \in E \end{cases} \tag{3.2.8}$$

和

$$\begin{cases} x_i^{(0)} \equiv 0 \\ x_i^{(n+1)} = \sum_{k\in E} c_{ik} x_k^{(n)} + \sum_{s\in G} a_s b_i^{(s)}, i \in E \end{cases} \tag{3.2.9}$$

由(3.2.8)和(3.2.9)得 $x_i^{(0)} = 0 = \sum_{s\in G} a_s x_i^{(s)(0)} (i \in E)$. 若已证

$$x_i^{(n)} = \sum_{s\in G} a_s x_i^{(s)(n)}$$

则

$$\begin{aligned} x_i^{(n+1)} &= \sum_{k\in E} c_{ik} x_k^{(n)} + \sum_{s\in G} a_s b_i^{(s)} \\ &= \sum_{k\in E} c_{ik} \Big(\sum_{s\in G} a_s x_i^{(s)(n)} \Big) + \sum_{s\in G} a_s b_i^{(s)} \\ &= \sum_{s\in G} a_s \Big(\sum_{k\in E} c_{ik} x_k^{(s)(n)} + b_i^{(s)} \Big) \\ &= \sum_{s\in G} a_s x_i^{(s)(n+1)} \end{aligned}$$

于是由归纳法知

$$x_i^{(n)} = \sum_{s\in G} a_s x_i^{(s)(n)}, i \in E, n \geqslant 0 \tag{3.2.10}$$

由定理 3.1.1 知

$$x_i^{(n)} \uparrow x_i^*, x_i^{(s)(n)} \uparrow x_i^{(s)*}, n \uparrow +\infty, i \in E \tag{3.2.11}$$

且 $x_i^{(s)*} (i \in E)$ 和 $x_i^* (i \in E)$ 分别是(3.2.5)和(3.2.7)的最小非负解. 由(3.2.10)和(3.2.11)立得(3.2.6). 于是定理获证.

3.3　对偶定理

设 $\boldsymbol{C},\boldsymbol{B},\widetilde{\boldsymbol{C}}$ 和 $\widetilde{\boldsymbol{B}}$ 是定义在 $E\times E$ 上的非负矩阵,$\mathbf{0}$ 表示定义在 $E\times E$ 的零矩阵. 令

$$\begin{cases}\boldsymbol{X}^{(0)}=\boldsymbol{B}\\ \boldsymbol{X}^{(n+1)}=\boldsymbol{C}\boldsymbol{X}^{(n)}+\boldsymbol{B}\end{cases}\tag{3.3.1}$$

和

$$\begin{cases}\widetilde{\boldsymbol{X}}(0)=\widetilde{\boldsymbol{B}}\\ \widetilde{\boldsymbol{X}}^{(n+1)}=\widetilde{\boldsymbol{X}}^{(n)}\widetilde{\boldsymbol{C}}+\widetilde{\boldsymbol{B}}\end{cases}\tag{3.3.2}$$

定理 3.3.1　若

$$\boldsymbol{X}^{(0)}=\widetilde{\boldsymbol{X}}^{(0)},\boldsymbol{X}^{(1)}=\widetilde{\boldsymbol{X}}^{(1)}\tag{3.3.3}$$

即

$$\boldsymbol{B}=\widetilde{\boldsymbol{B}},\boldsymbol{C}\boldsymbol{B}=\widetilde{\boldsymbol{B}}\widetilde{\boldsymbol{C}}\tag{3.3.4}$$

则

$$\boldsymbol{X}^{(n)}=\widetilde{\boldsymbol{X}}^{(n)},n=0,1,2,\cdots\tag{3.3.5}$$

证明　由(3.3.1)和(3.3.2)知

$$\begin{cases}\boldsymbol{X}^{(0)}=\boldsymbol{B},\boldsymbol{X}^{(1)}=\boldsymbol{C}\boldsymbol{B}+\boldsymbol{B}\\ \widetilde{\boldsymbol{X}}^{(0)}=\widetilde{\boldsymbol{B}},\widetilde{\boldsymbol{X}}^{(1)}=\widetilde{\boldsymbol{B}}\widetilde{\boldsymbol{C}}+\widetilde{\boldsymbol{B}}\end{cases}\tag{3.3.6}$$

所以(3.3.3)与(3.3.4)等价. 由(3.3.4)可得

$$\boldsymbol{C}^{n}\boldsymbol{B}=\boldsymbol{C}^{n-1}\widetilde{\boldsymbol{B}}\widetilde{\boldsymbol{C}}=\boldsymbol{C}^{n-1}\boldsymbol{B}\,\widetilde{\boldsymbol{C}}=\widetilde{\boldsymbol{B}}\widetilde{\boldsymbol{C}}^{n}\tag{3.3.7}$$

由(3.3.1),(3.3.2)和(3.3.7)得

$$\boldsymbol{X}^{(n)} = \sum_{k=0}^{n} \boldsymbol{C}^k \boldsymbol{B} = \sum_{k=0}^{n} \widetilde{\boldsymbol{B}}\widetilde{\boldsymbol{C}}^k = \widetilde{\boldsymbol{X}}^{(n)}$$

于是定理获证.

3.4　最小 $\boldsymbol{Q}$ 过程

本章恒认为 $\boldsymbol{Q}$ 为全保守.

定义 $f_{ij}^n(t)(t\geqslant 0)$ 如下：

$$\begin{cases} f_{ij}^0(t) \equiv 0 \\ f_{ij}^{n+1}(t) = \delta_{ij}\mathrm{e}^{-q_i t} + \mathrm{e}^{-q_i t}\int_0^t \left[\sum_{R\neq i} q_{iR} f_{Rj}^n(u)\right]\mathrm{e}^{q_i u}\mathrm{d}u \end{cases} \tag{3.4.1}$$

或等价于

$$\begin{cases} f_{ij}^0(t) \equiv 0 \\ f_{ij}^{n+1}(t) = \delta_{ij}\mathrm{e}^{-q_j t} + \mathrm{e}^{-q_j t}\int_0^t \left[\sum_{R\neq i} f_{iR}^n(u) q_{Rj}\right]\mathrm{e}^{q_j u}\mathrm{d}u \end{cases} \tag{3.4.2}$$

令

$$f_{ij}^n(t) \uparrow f_{ij}(t), n \uparrow \infty \tag{3.4.3}$$

为了说明(3.4.1)与(3.4.2)等价，考虑它们的拉氏变换 $\varphi_{ij}^n(\lambda)(\lambda>0)$ 及 $f_{ij}(t)$ 的拉氏变换 $\varphi_{ij}(\lambda)$：

$$\begin{cases} \varphi_{ij}^0(\lambda) = 0 \\ \varphi_{ij}^{n+1}(\lambda) = \dfrac{1}{\lambda + q_i}\delta_{ij} + \sum_{R\neq j} \dfrac{q_{iR}}{\lambda + q_i}\varphi_{Rj}^n(\lambda) \end{cases} \tag{3.4.4}$$

或

$$\begin{cases}\varphi_{ij}^{0}(\lambda)=0\\ \varphi_{ij}^{n+1}(\lambda)=\dfrac{1}{\lambda+q_j}\delta_{ij}+\sum\limits_{R\neq j}\varphi_{iR}^{n}(\lambda)\dfrac{q_{Rj}}{\lambda+q_j}\end{cases}\tag{3.4.5}$$

(3.4.3)成为

$$\varphi_{ij}^{n}(\lambda)\uparrow\varphi_{ij}(\lambda),n\uparrow\infty\tag{3.4.6}$$

只需说明(3.4.4)与(3.4.5)等价即可. 采用矩阵符号较简单. 令

$$\boldsymbol{\Pi}=(\Pi_{ij})$$

$$\Pi_{ij}=\begin{cases}\dfrac{(1-\delta_{ij})q_{ij}}{q_i},q_i>0\\ \delta_{ij},q_i=0\end{cases}\tag{3.4.7}$$

令 $\boldsymbol{\Pi}(\lambda)=\{\Pi_{ij}(\lambda)\}$,则

$$\Pi_{ij}(\lambda)=\frac{q_i}{\lambda+q_i}\Pi_{ij}\tag{3.4.8}$$

令对角形矩阵

$$\boldsymbol{\lambda}+\boldsymbol{q}=\mathrm{diag}(\lambda+q_i)\tag{3.4.9}$$

则(3.4.4)成为

$$\boldsymbol{\varphi}^{0}(\lambda)=0$$

$$\boldsymbol{\varphi}^{n+1}(\lambda)=\boldsymbol{\Pi}^{0}(\lambda)(\boldsymbol{\lambda}+\boldsymbol{q})^{-1}+\boldsymbol{\Pi}(\lambda)\boldsymbol{\varphi}^{n}(\lambda)$$

归纳便知

$$\boldsymbol{\varphi}^{n+1}(\lambda)=\sum_{a=0}^{n}\boldsymbol{\Pi}^{a}(\lambda)(\boldsymbol{\lambda}+\boldsymbol{q})^{-1},n\geqslant 0\tag{3.4.10}$$

从(3.4.5) 得

$$\boldsymbol{\varphi}^{0}(\lambda)=0$$

$$\boldsymbol{\varphi}^{n+1}(\lambda)=\boldsymbol{\Pi}^{0}(\lambda)(\boldsymbol{\lambda}+\boldsymbol{q})^{-1}+\boldsymbol{\varphi}^{n}(\lambda)(\boldsymbol{\lambda}+\boldsymbol{q})\boldsymbol{\Pi}(\lambda)(\boldsymbol{\lambda}+\boldsymbol{q})^{-1}$$

归纳仍得(3.4.10). 于是(3.4.6) 成为

$$\boldsymbol{\varphi}^{n+1}(\lambda) = \sum_{a=0}^{n} \boldsymbol{\Pi}^{a}(\lambda)(\boldsymbol{\lambda}+\boldsymbol{q})^{-1} \uparrow \varphi(\lambda), \lambda \to \infty \tag{3.4.11}$$

定理 3.4.1　$f(t)$ 满足柯氏向后和向前方程组. $\boldsymbol{f}(t)$ 是最小 $\boldsymbol{Q}$ 过程,即对任意 $\boldsymbol{Q}$ 过程 $\boldsymbol{P}(t)$,有

$$P_{ij}(t) \geqslant f_{ij}(t), t \geqslant 0, i,j \in E \tag{3.4.12}$$

定理3.4.1 按预解式 $\boldsymbol{\varphi}(\lambda)$ 的叙述如下:

定理 3.4.2　$\boldsymbol{\varphi}(\lambda)$ 满足向后和向前方程组. $\boldsymbol{\varphi}(\lambda)$ 是最小 $\boldsymbol{Q}$ 过程,即对任何 $\boldsymbol{Q}$ 过程有

$$\psi_{ij}(\lambda) \geqslant \varphi_{ij}(\lambda), \lambda > 0, i,j \in E \tag{3.4.13}$$

只需证明定理3.4.2 就够了,即证明 $\boldsymbol{\varphi}(\lambda)$ 满足范条件、预解方程、B 条件及 F 条件,并且(3.4.13) 成立.

$\boldsymbol{\varphi}(\lambda)$ 的非负性是明显的. 由归纳知对一切 n 有 $\lambda \sum_{j} \varphi_{ij}^{n}(\lambda) \leqslant 1$,从而范条件成立.

为证 $\boldsymbol{\varphi}(\lambda)$ 的预解方程成立,只需证明对一切 n 有

$$\boldsymbol{\Pi}^{n}(\lambda)(\boldsymbol{\lambda}+\boldsymbol{q})^{-1} - \boldsymbol{\Pi}^{n}(\mu)(\boldsymbol{\mu}+\boldsymbol{q})^{-1} = (\mu-\lambda)\sum_{a=0}^{n} \boldsymbol{\Pi}^{a}(\lambda)(\boldsymbol{\lambda}+\boldsymbol{q})^{-1}\boldsymbol{\Pi}^{n-a}(\mu)(\boldsymbol{\mu}+\boldsymbol{q})^{-1} \tag{3.4.14}$$

因为在上式中对 n 求和便得预解方程.

为证(3.4.14),记(3.4.14) 右方为 $\boldsymbol{A}_n$,则有

$$\boldsymbol{\Pi}(\lambda)\boldsymbol{A}_n = \boldsymbol{A}_{n+1} - (\mu-\lambda)(\boldsymbol{\lambda}+\boldsymbol{q})^{-1}\boldsymbol{\Pi}^{n+1}(\mu)(\boldsymbol{\mu}+\boldsymbol{q})^{-1} \tag{3.4.15}$$

当 $n=0$ 时,(3.4.14) 成立. 设(3.4.14) 对某 n 成立. 将 $\boldsymbol{\Pi}(\lambda)$ 作用到(3.4.14) 左边得

$$\boldsymbol{\Pi}(\lambda)\boldsymbol{A}_n = \boldsymbol{\Pi}^{n+1}(\lambda)(\boldsymbol{\lambda}+\boldsymbol{q})^{-1} - \boldsymbol{\Pi}(\lambda)\boldsymbol{\Pi}^{n}(\mu)(\boldsymbol{\mu}+\boldsymbol{q})^{-1}$$

$$= \boldsymbol{\Pi}^{n+1}(\lambda)(\boldsymbol{\lambda}+\boldsymbol{q})^{-1} - \boldsymbol{\Pi}^{n+1}(\mu)(\boldsymbol{\mu}+\boldsymbol{q})^{-1} - (\mu-\lambda)(\boldsymbol{\lambda}+\boldsymbol{q})^{-1}\boldsymbol{\Pi}^{n+1}(\mu)(\boldsymbol{\mu}+\boldsymbol{q})^{-1}$$

将上式代入(3.4.15)便得到将 $n+1$ 替代 n 后的(3.4.14)成立. 于是(3.4.14)对一切 n 成立.

由(3.4.4),(3.4.5)得

$$(\lambda+q_i)\varphi_{ij}^{n+1}(\lambda) = \delta_{ij} + \sum_{k\neq i} q_{ik}\varphi_{kj}^{n}(\lambda) \quad (3.4.16)$$

$$\varphi_{ij}^{n+1}(\lambda)(\lambda+q_j) = \delta_{ij} + \sum_{k\neq i} \varphi_{ik}^{n}(\lambda)q_{kj} \quad (3.4.17)$$

令 $n\to\infty$ 得 $\boldsymbol{\varphi}(\lambda)$ 的 B 条件和 F 条件成立.

最后,设 $\boldsymbol{\psi}(\lambda)\in\mathscr{F}_s(Q)$. 显然 $\psi_{ij}(\lambda)\geqslant\varphi_{ij}^{0}(\lambda)$. 由(3.4.4)用归纳法易知 $\psi_{ij}(\lambda)\geqslant\varphi_{ij}^{n}(\lambda)$ 对一切 n 成立. 从而得(3.4.13),证毕.

分解定理

第4章

本章给出 $\boldsymbol{Q}$ 过程的禁止概率分解定理及其逆定理(统称为分解定理). 它们是 $\boldsymbol{Q}$ 过程构造论中非常重要而且有效的工具之一,本书将经常用到.

4.1 中先陈述广义协调族的概念及有关的性质和结果,作为介绍分解定理的准备. 4.2 中给出一维分解定理. 4.3,4.4 中给出多维(有限维)分解定理. 4.5 中介绍 $\boldsymbol{Q}$ 过程的某些性质.

4.1 广义协调族

设 E 为可列集,在本书中,$\boldsymbol{M}_E$ 表示定义在 E 上的有界列向量的全体,$\boldsymbol{L}_E$ 表示定义在 E 上的可和行向量的全体,$\boldsymbol{m}_E$ 表示定义于 $E\times E$ 上的矩阵(其元素为实数或 $\pm\infty$)的全体. 如果 $\boldsymbol{f}\in\boldsymbol{M}_E,\boldsymbol{g}\in\boldsymbol{L}_E$,定义内积为 $[\boldsymbol{g},\boldsymbol{f}]=\sum\limits_{j\in E}g_jf_j$,有时也用 $\boldsymbol{gf}$ 表示,

即 $\boldsymbol{gf}=[\boldsymbol{g},\boldsymbol{f}]$. 向量或矩阵的极限、等号以及不等号都是逐元意义下的. 另外,用 $\mathbf{0}$ 表示元素全为 0 的向量或矩阵,用 $\mathbf{1}$ 表示元素为 1 的列向量,用 $\boldsymbol{I}$ 表示单位矩阵.

设 $\boldsymbol{Q}$ 是给定的一个定义于 E 上的 $\boldsymbol{Q}$ – 矩阵,$\boldsymbol{\Psi}(\lambda)$ 是一个相应的 $\boldsymbol{Q}$ 过程.

定义 4.1.1 称定义在 E 上的行向量 $\boldsymbol{\eta}(\lambda)(\lambda>0)$ 是关于 $\boldsymbol{\Psi}(\lambda)$ 的一个广义行协调族(简称广行族),如果下列两条满足

$$\mathbf{0}\leqslant\boldsymbol{\eta}(\lambda)\in\boldsymbol{L}_E,\lambda>0$$

$$\boldsymbol{\eta}(\lambda)-\boldsymbol{\eta}(\mu)=(\mu-\lambda)\boldsymbol{\eta}(\lambda)\boldsymbol{\Psi}(\mu),\lambda,\mu>0$$

关于 $\boldsymbol{\Psi}(\lambda)$ 的广义行协调族的全体记作 $\boldsymbol{L}_{\Psi(\lambda)}$. 特别,当 $\boldsymbol{Q}$ 全稳定,$\boldsymbol{\Psi}(\lambda)$ 为最小 $\boldsymbol{Q}$ 过程 $\boldsymbol{\Phi}(\lambda)$ 时,称 $\boldsymbol{\Phi}(\lambda)$ 为最小 $\boldsymbol{Q}$ 过程,如果对任意 $\boldsymbol{Q}$ 过程 $\boldsymbol{\Psi}(\lambda)$,均有 $\boldsymbol{\Phi}(\lambda)\leqslant\boldsymbol{\Psi}(\lambda)$,相应的广义行协调族称为标准行协调族,简称为行协调族.

定义 4.1.2 称定义在 E 上的列向量 $\boldsymbol{\xi}(\lambda)(\lambda>0)$ 是关于 $\boldsymbol{\Psi}(\lambda)$ 的一个广义列协调族(简称广列族),如果下列两条件满足

$$\mathbf{0}\leqslant\boldsymbol{\xi}(\lambda)\in\boldsymbol{M}_E,\lambda>0$$

$$\boldsymbol{\xi}(\lambda)-\boldsymbol{\xi}(\mu)=(\mu-\lambda)\boldsymbol{\Psi}(\lambda)\boldsymbol{\zeta}(\mu),\lambda,\mu>0$$

关于 $\boldsymbol{\Psi}(\lambda)$ 的广义列协调族的全体记作 $\boldsymbol{M}_{\Psi(\lambda)}$. 特别,当 $\boldsymbol{Q}$ 全稳定且 $\boldsymbol{\Psi}(\lambda)$ 为最小 $\boldsymbol{Q}$ 过程时,相应的广义列协调族称为标准列协调族,简称为列协调族.

从定义可知,广义协调族与 $\boldsymbol{\Psi}(\lambda)$ 关于参数 λ 可交换,即恒有

$$\boldsymbol{\eta}(\lambda)\boldsymbol{\Psi}(\mu)=\boldsymbol{\eta}(\mu)\boldsymbol{\Psi}(\lambda)$$

及

$$\boldsymbol{\Psi}(\lambda)\boldsymbol{\xi}(\mu) = \boldsymbol{\Psi}(\mu)\boldsymbol{\xi}(\lambda)$$

定义 4.1.3　称 $\boldsymbol{\eta}(\lambda)$ 及 $\boldsymbol{\xi}(\lambda)$ 是关于 $\boldsymbol{\Psi}(\lambda)$ 的广义共轭协调对,如果下列两条件满足

$$\boldsymbol{\eta}(\lambda) \in \boldsymbol{L}_{\Psi(\lambda)}, \boldsymbol{\xi}(\lambda) \in \boldsymbol{M}_{\Psi(\lambda)} \qquad (4.1.1)$$

$$\boldsymbol{\xi}(\lambda) \leqslant \mathbf{1} - \lambda\boldsymbol{\Psi}(\lambda)\mathbf{1} \qquad (4.1.2)$$

关于 $\boldsymbol{\Psi}(\lambda)$ 的广义共轭协调对全体记作 $\boldsymbol{D}_{\Psi(\lambda)}$. 同样可理解标准共轭协调对 $\boldsymbol{D}_{\Phi(\lambda)}$.

对于广义共轭协调对,今后将记之为 $(\boldsymbol{\eta}(\lambda), \boldsymbol{\xi}(\lambda))_{\Psi(\lambda)}$,在不致混淆时,可简记为 $(\boldsymbol{\eta}(\lambda),\boldsymbol{\xi}(\lambda))$. 用此记法,可视 $\boldsymbol{\eta}(\lambda)$ 及 $\boldsymbol{\xi}(\lambda)$ 为 $(\boldsymbol{\eta}(\lambda),\boldsymbol{\xi}(\lambda))$ 的两个"分量",不过要将此记号与 $\boldsymbol{\eta}(\lambda)$ 及 $\boldsymbol{\xi}(\lambda)$ 的内积 $[\boldsymbol{\eta}(\lambda),\boldsymbol{\xi}(\lambda)]$ 严格区别开. 理解成"分量"后,符号 $(\boldsymbol{\eta}(\lambda), \circ)_{\Psi(\lambda)}$ 可认为是 $\boldsymbol{\eta}(\lambda)$ 固定,而 $\boldsymbol{\xi}(\lambda)$ 为活动"坐标". 同理,可理解 $(\circ, \boldsymbol{\xi}(\lambda))_{\Psi(\lambda)}$.

$$\lim_{\lambda\to 0}(\boldsymbol{\eta}(\lambda),\boldsymbol{\xi}(\lambda)) = (\boldsymbol{\eta},\boldsymbol{\xi})$$

其中 $\lim\limits_{\lambda\to 0}\boldsymbol{\eta}(\lambda) = \boldsymbol{\eta}$ 且 $\lim\limits_{\lambda\to 0}\boldsymbol{\xi}(\lambda) = \boldsymbol{\xi}$,进而

$$\lim_{\lambda\to+\infty}\lambda(\boldsymbol{\eta}(\lambda),\boldsymbol{\xi}(\lambda)) \triangleq \lim_{\lambda\to+\infty}(\lambda\boldsymbol{\eta}(\lambda),\lambda\boldsymbol{\xi}(\lambda)) = (\alpha,\beta)$$

其中 $\lim\limits_{\lambda\to+\infty}\lambda\boldsymbol{\eta}(\lambda) = \alpha$ 且 $\lim\limits_{\lambda\to+\infty}\lambda\boldsymbol{\xi}(\lambda) = \beta$.

广行族及广列族的一般性质见下面引理.

引理 4.1.1　设 $\boldsymbol{\eta}(\lambda) \in \boldsymbol{L}_{\Psi(\lambda)}$,则有

(i) $\boldsymbol{\eta}(\lambda) \equiv \mathbf{0}(\forall\lambda > 0)$,当且仅当对某个 $\lambda_0 > 0$ 有 $\boldsymbol{\eta}(\lambda_0) = \mathbf{0}$.

(ii) $\boldsymbol{\eta}(\lambda)\downarrow(\lambda\uparrow+\infty)$,从而极限 $\lim\limits_{\lambda\to+\infty}\boldsymbol{\eta}(\lambda)$ 及 $\lim\limits_{\lambda\to 0}\boldsymbol{\eta}(\lambda)$ 均存在. 进一步有

$$\boldsymbol{\eta}(\lambda)\downarrow\mathbf{0}(\lambda\uparrow+\infty);\boldsymbol{\eta}(\lambda)\mathbf{1}\downarrow\mathbf{0}(\lambda\uparrow+\infty) \qquad (4.1.3)$$

（ⅲ）$\lambda\boldsymbol{\eta}(\lambda)\mathbf{1}\uparrow(\lambda\uparrow+\infty)$，从而极限 $\lim\limits_{\lambda\to+\infty}\lambda\boldsymbol{\eta}(\lambda)\mathbf{1}$ 存在，但可能为 $+\infty$.

（ⅳ）$\boldsymbol{\eta}=\boldsymbol{\eta}(\mu)+\mu\boldsymbol{\eta}(\mu)\boldsymbol{\Psi},\mu>0$ (4.1.4)

$$\boldsymbol{\eta}=\boldsymbol{\eta}(\lambda)+\lambda\boldsymbol{\eta}\boldsymbol{\Psi}(\lambda),\lambda>0 \quad (4.1.5)$$

$\boldsymbol{\eta}=\lim\limits_{\lambda\to0}\boldsymbol{\eta}(\lambda)$ 及 $\boldsymbol{\Psi}=\lim\limits_{\lambda\to0}\boldsymbol{\Psi}(\lambda)$ 均存在，但可能为 $+\infty$.

证明（ⅰ）由定义立得.

（ⅱ）$\boldsymbol{\eta}(\lambda)$ 的单调下降性亦由定义立得，注意到 $\boldsymbol{\eta}(\lambda)$ 的每个分量均单调下降，从而 $\boldsymbol{\eta}(\lambda)\mathbf{1}$ 亦随 λ 上升而单调下降，故极限 $\lim\limits_{\lambda\to+\infty}\boldsymbol{\eta}(\lambda)\mathbf{1}$ 存在. 由

$$\boldsymbol{\eta}(\lambda)-\boldsymbol{\eta}(\mu)=(\mu-\lambda)\boldsymbol{\eta}(\mu)\boldsymbol{\Psi}(\lambda)$$

有

$$\begin{aligned}\boldsymbol{\eta}(\lambda)\mathbf{1}-\boldsymbol{\eta}(\mu)\mathbf{1}&=(\mu-\lambda)\boldsymbol{\eta}(\mu)\boldsymbol{\Psi}(\lambda)\mathbf{1}\\&=\frac{\mu-\lambda}{\lambda}\boldsymbol{\eta}(\mu)\lambda\boldsymbol{\Psi}(\lambda)\mathbf{1} \quad (4.1.6)\end{aligned}$$

但

$$\lambda\boldsymbol{\Psi}(\lambda)\mathbf{1}\leqslant\mathbf{1},\boldsymbol{\eta}(\mu)\in\boldsymbol{L}_E$$

故由控制收敛定理及 $\lim\limits_{\lambda\to+\infty}\lambda\boldsymbol{\Psi}(\lambda)\mathbf{1}=\mathbf{1}$ 可得

$$\lim_{\lambda\to+\infty}(\boldsymbol{\eta}(\lambda)\mathbf{1})-\boldsymbol{\eta}(\mu)\mathbf{1}=-\boldsymbol{\eta}(\mu)\mathbf{1}$$

从而

$$\boldsymbol{\eta}(\lambda)\mathbf{1}\downarrow\mathbf{0},\lambda\uparrow+\infty$$

更有

$$\boldsymbol{\eta}(\lambda)\downarrow\mathbf{0}\quad(\lambda\uparrow+\infty)$$

（ⅲ）由式(4.1.6)同乘 λ 可得

$$\begin{aligned}\lambda\boldsymbol{\eta}(\lambda)\mathbf{1}&=\lambda\boldsymbol{\eta}(\mu)\mathbf{1}+(\mu-\lambda)\boldsymbol{\eta}(\mu)\lambda\boldsymbol{\Psi}(\lambda)\mathbf{1}\\&=\mu\boldsymbol{\eta}(\mu)\mathbf{1}+(\lambda-\mu)\boldsymbol{\eta}(\mu)\mathbf{1}+\end{aligned}$$

$$(\mu-\lambda)\boldsymbol{\eta}(\mu)\lambda\boldsymbol{\Psi}(\lambda)\mathbf{1}$$
$$=\mu\boldsymbol{\eta}(\mu)\mathbf{1}+(\lambda-\mu)\boldsymbol{\eta}(\mu)\cdot$$
$$(\mathbf{1}-\lambda\boldsymbol{\Psi}(\lambda)\mathbf{1})$$

注意到$\mathbf{1}-\lambda\boldsymbol{\Psi}(\lambda)\mathbf{1}\geqslant 0$立得

$$\lambda\boldsymbol{\eta}(\lambda)\mathbf{1}\uparrow,\lambda\uparrow+\infty$$

(ⅳ) 由$\boldsymbol{\Psi}(\lambda)$的预解方程知,当$\lambda\to 0$时,$\boldsymbol{\Psi}(\lambda)$上升,故

$$\boldsymbol{\Psi}=\lim_{\lambda\to 0}\boldsymbol{\Psi}(\lambda)$$

存在,另由(ⅱ)知

$$\boldsymbol{\eta}(\lambda)\uparrow\boldsymbol{\eta},\lambda\downarrow 0$$

亦存在,在关系式

$$\boldsymbol{\eta}(\lambda)=\boldsymbol{\eta}(\mu)+(\mu-\lambda)\boldsymbol{\eta}(\mu)\boldsymbol{\Psi}(\lambda)$$

中,令$\lambda\to 0$,注意$(\mu-\lambda)\to\mu>0$,而由非负单调上升性知

$$\lim_{\lambda\to 0}\boldsymbol{\eta}(\mu)\boldsymbol{\Psi}(\lambda)=\boldsymbol{\eta}(\mu)\boldsymbol{\Psi}$$

得证式(4.1.4).

同理,在$\boldsymbol{\eta}(\mu)=\boldsymbol{\eta}(\lambda)+(\lambda-\mu)\boldsymbol{\eta}(\mu)\boldsymbol{\Psi}(\lambda)$中,令$\mu\to 0$得(4.1.5).

引理4.1.2 设$\boldsymbol{\xi}(\lambda)\in\boldsymbol{M}_{\boldsymbol{\Psi}(\lambda)}$,则有:

(ⅰ) $\boldsymbol{\xi}(\lambda)\equiv\mathbf{0}(\lambda>0)$当且仅当对某个$\lambda_0>0$,有$\boldsymbol{\xi}(\lambda_0)=\mathbf{0}$.

(ⅱ) $\boldsymbol{\xi}(\lambda)$是$\lambda>0$的单调下降函数,从而$\boldsymbol{\xi}(\lambda)\uparrow\boldsymbol{\xi}(\lambda\downarrow 0)$存在,进一步还有

$$\boldsymbol{\xi}(\lambda)\downarrow\mathbf{0},\lambda\uparrow+\infty \tag{4.1.7}$$

(ⅲ)
$$\boldsymbol{\xi}=\boldsymbol{\xi}(\mu)+\mu\boldsymbol{\Psi}\boldsymbol{\xi}(\mu),\mu>0 \tag{4.1.8}$$
$$\boldsymbol{\xi}=\boldsymbol{\xi}(\lambda)+\lambda\boldsymbol{\Psi}(\lambda)\boldsymbol{\xi} \tag{4.1.9}$$

这里 $\boldsymbol{\Psi} = \lim\limits_{\lambda \to 0} \boldsymbol{\Psi}(\lambda), \boldsymbol{\xi} = \lim\limits_{\lambda \to 0} \boldsymbol{\xi}(\lambda)$.

证明 只需证(4.1.7),其他同引理 4.1.1 的证明. 由

$$\xi_i(\lambda) - \xi_i(\mu) = (\mu - \lambda) \sum_k \psi_{ik}(\lambda)\xi_k(\mu)$$
$$= \frac{(\mu - \lambda)}{\lambda} \sum_k \lambda\psi_{ik}(\lambda)\xi_k(\mu) \quad (4.1.10)$$

注意 $\boldsymbol{\xi}(\lambda) \in \boldsymbol{M}_E$. 故 $\xi_k(\mu) \leqslant C_\mu$ 为与 λ 无关的常数. 一方面

$$\varliminf_{\lambda \to +\infty} \sum_k \lambda\psi_{ik}(\lambda)\xi_k(\mu) \geqslant \varliminf_{\lambda \to +\infty} \lambda\psi_{ii}(\lambda)\xi_i(\mu) = \xi_i(\mu)$$

另一方面

$$\begin{aligned}\varlimsup_{\lambda \to +\infty} \sum_k \lambda\psi_{ik}(\lambda)\xi_k(\mu) &\leqslant \varlimsup_{\lambda \to +\infty} \lambda\psi_{ii}(\lambda)\xi_i(\mu) + \\ &\quad \varlimsup_{\lambda \to +\infty} \sum_{k \neq i} \lambda\psi_{ik}(\lambda)\xi_k(\mu) \\ &\leqslant \varlimsup_{\lambda \to +\infty} \lambda\psi_{ii}(\lambda)\xi_i(\mu) + \\ &\quad (\varlimsup_{\lambda \to +\infty} \sum_{k \neq i} \lambda\psi_{ik}(\lambda))C_\mu \\ &= \xi_i(\mu) + C_\mu \times 0 = \xi_i(\mu)\end{aligned}$$

故

$$\lim_{\lambda \to +\infty} \sum_k \lambda\psi_{ik}(\lambda)\xi_k(\mu) = \xi_i(\mu)$$

那么,在(4.1.10) 中令 $\lambda \uparrow +\infty$,并注意到极限的存在性得

$$\lim_{\lambda \to +\infty} \xi_i(\lambda) - \xi_i(\mu) = -\xi_i(\mu)$$

从而 $\lim\limits_{\lambda \to +\infty} \xi_i(\lambda) = 0(\forall i \in E)$,得证(4.1.7).

引理 4.1.3 设$(\boldsymbol{\eta}(\lambda), \boldsymbol{\xi}(\lambda)) \in \boldsymbol{D}_{\boldsymbol{\Psi}(\lambda)}$,则有

(i)$\boldsymbol{\eta}(\lambda) \downarrow \boldsymbol{0}(\lambda \uparrow +\infty)$;$\boldsymbol{\xi}(\lambda) \downarrow \boldsymbol{0}(\lambda \uparrow +\infty)$;

$\boldsymbol{\eta}(\lambda)\mathbf{1}\downarrow 0(\lambda\uparrow+\infty)$.

$\boldsymbol{\xi}(\lambda)\uparrow\boldsymbol{\xi}\quad(\lambda\downarrow 0)$ 且 $\mathbf{0}\leqslant\boldsymbol{\xi}\leqslant\mathbf{1}$.

$$\boldsymbol{\xi}=\boldsymbol{\xi}(\lambda)+\lambda\boldsymbol{\Psi}(\lambda)\boldsymbol{\xi},\lambda>0$$

$$\boldsymbol{\xi}=\boldsymbol{\xi}(\lambda)+\lambda\boldsymbol{\Psi}\boldsymbol{\xi}(\lambda),\lambda>0$$

这里 $\boldsymbol{\Psi}(\lambda)\uparrow\boldsymbol{\Psi}\quad(\lambda\downarrow 0)$.

(ⅱ) $(\lambda-\mu)[\boldsymbol{\eta}(\mu),\boldsymbol{\xi}(\lambda)]=\lambda[\boldsymbol{\eta}(\lambda),\boldsymbol{\xi}]-\mu[\boldsymbol{\eta}(\mu),\boldsymbol{\xi}]$.

(ⅲ) $\lambda[\boldsymbol{\eta}(\lambda),\mathbf{1}]$,$\lambda[\boldsymbol{\eta}(\lambda),\boldsymbol{\xi}]$ 及 $\lambda[\boldsymbol{\eta}(\lambda),\mathbf{1}-\boldsymbol{\xi}]$ 均为 $\lambda>0$ 的单调上升函数,从而极限

$$\lim_{\lambda\to+\infty}\lambda[\boldsymbol{\eta}(\lambda),\mathbf{1}],\quad\lim_{\lambda\to+\infty}\lambda[\boldsymbol{\eta}(\lambda),\boldsymbol{\xi}]$$

及

$$\lim_{\lambda\to+\infty}\lambda[\boldsymbol{\eta}(\lambda),\mathbf{1}-\boldsymbol{\xi}]$$

均存在.

(ⅳ) $\lim\limits_{\lambda\to 0}\lambda[\boldsymbol{\eta}(\lambda),\boldsymbol{\xi}]=0$.

证明　(ⅰ)结论可见引理4.1.1及引理4.1.2. 而 $\mathbf{0}\leqslant\boldsymbol{\xi}\leqslant\mathbf{1}$ 源于条件

$$\mathbf{0}\leqslant\boldsymbol{\xi}(\lambda)\leqslant\mathbf{1}-\lambda\boldsymbol{\Psi}(\lambda)\mathbf{1}\leqslant\mathbf{1}$$

(ⅱ)
$$\begin{aligned}\lambda[\boldsymbol{\eta}(\lambda),\boldsymbol{\xi}]&=\lambda[\boldsymbol{\eta}(\mu)+(\mu-\lambda)\boldsymbol{\eta}(\mu)\boldsymbol{\Psi}(\lambda),\boldsymbol{\xi}]\\
&=\lambda[\boldsymbol{\eta}(\mu)(\boldsymbol{I}+(\mu-\lambda)\boldsymbol{\Psi}(\lambda)),\boldsymbol{\xi}]\\
&=\lambda[\boldsymbol{\eta}(\mu),(\boldsymbol{I}+(\mu-\lambda)\boldsymbol{\Psi}(\lambda))\boldsymbol{\xi}]\\
&=\lambda[\boldsymbol{\eta}(\mu),\boldsymbol{\xi}]+(\mu-\lambda)\lambda[\boldsymbol{\eta}(\mu),\boldsymbol{\Psi}(\lambda)\boldsymbol{\xi}]\\
&=[\boldsymbol{\eta}(\mu),\boldsymbol{\xi}]+(\mu-\lambda)[\boldsymbol{\eta}(\mu),\lambda\boldsymbol{\Psi}(\lambda)\boldsymbol{\xi}]\\
&=\lambda[\boldsymbol{\eta}(\mu),\boldsymbol{\xi}]+(\mu-\lambda)[\boldsymbol{\eta}(\mu),\boldsymbol{\xi}-\boldsymbol{\xi}(\lambda)]\\
&=\lambda[\boldsymbol{\eta}(\mu),\boldsymbol{\xi}]+(\mu-\lambda)[\boldsymbol{\eta}(\mu),\boldsymbol{\xi}]-\\
&\quad(\mu-\lambda)[\boldsymbol{\eta}(\mu),\boldsymbol{\xi}(\lambda)]\\
&=\mu[\boldsymbol{\eta}(\mu),\boldsymbol{\xi}]-(\mu-\lambda)[\boldsymbol{\eta}(\mu),\boldsymbol{\xi}(\lambda)]\end{aligned}$$

故

$$(\lambda-\mu)[\boldsymbol{\eta}(\mu),\boldsymbol{\xi}(\lambda)]=\lambda[\boldsymbol{\eta}(\lambda),\boldsymbol{\xi}]-\mu[\boldsymbol{\eta}(\mu),\boldsymbol{\xi}]$$

在上述证明中曾利用了无穷维矩阵的结合律及分配律,由于

$$(\boldsymbol{\eta}(\lambda),\boldsymbol{\xi}(\lambda))\in \boldsymbol{D}_{\boldsymbol{\Psi}(\lambda)}$$

易知这是合理的.

(iii) $\lambda[\boldsymbol{\eta}(\lambda),\mathbf{1}]$ 的单调上升性见引理 4.1.1. $\lambda[\boldsymbol{\eta}(\lambda),\boldsymbol{\xi}]$ 随 λ 的单调上升性由已证明的式(ii)得到,注意我们已分别证得

$$\begin{aligned}&\lambda[\boldsymbol{\eta}(\lambda),\mathbf{1}]-\mu[\boldsymbol{\eta}(\mu),\mathbf{1}]\\&=(\lambda-\mu)[\boldsymbol{\eta}(\mu),\mathbf{1}-\lambda\boldsymbol{\Psi}(\lambda)\mathbf{1}]\end{aligned}$$

$$\lambda[\boldsymbol{\eta}(\lambda),\boldsymbol{\xi}]-\mu[\boldsymbol{\eta}(\mu),\boldsymbol{\xi}]=(\lambda-\mu)[\boldsymbol{\eta}(\mu),\boldsymbol{\xi}(\lambda)]$$

两式相减得

$$\begin{aligned}&\lambda[\boldsymbol{\eta}(\lambda),\mathbf{1}-\boldsymbol{\xi}]-\mu[\boldsymbol{\eta}(\mu),\mathbf{1}-\boldsymbol{\xi}]\\&=(\lambda-\mu)[\boldsymbol{\eta}(\lambda),\mathbf{1}-\lambda\boldsymbol{\Psi}(\lambda)\mathbf{1}-\boldsymbol{\xi}(\lambda)]\end{aligned}$$

由条件 $\boldsymbol{\xi}(\lambda)\leqslant\mathbf{1}-\lambda\boldsymbol{\Psi}(\lambda)\mathbf{1}$ 可知,当 $\lambda>\mu$ 时,右边大于0,从而

$$\lambda[\boldsymbol{\eta}(\lambda),\mathbf{1}-\boldsymbol{\xi}]-\mu[\boldsymbol{\eta}(\mu),\mathbf{1}-\boldsymbol{\xi}]\geqslant 0$$

得证 $\lambda[\boldsymbol{\eta}(\lambda),\mathbf{1}-\boldsymbol{\xi}]$ 的单调上升性.

(iv) 由

$$\begin{aligned}&\lambda[\boldsymbol{\eta}(\lambda),\boldsymbol{\xi}]-\mu[\boldsymbol{\eta}(\mu),\boldsymbol{\xi}]\\&=(\lambda-\mu)[\boldsymbol{\eta}(\mu),\boldsymbol{\xi}(\lambda)]\end{aligned}$$

令 $\lambda\to0$,由于

$$[\boldsymbol{\eta}(\mu),\boldsymbol{\xi}(\lambda)]\leqslant[\boldsymbol{\eta}(\mu),\mathbf{1}]<+\infty$$

与 λ 无关,故

$$\lim_{\lambda\to0}(\lambda-\mu)[\boldsymbol{\eta}(\mu),\boldsymbol{\xi}(\lambda)]=-\mu[\boldsymbol{\eta}(\mu),\boldsymbol{\xi}]$$

从而

$$\lim_{\lambda\to 0}\lambda[\boldsymbol{\eta}(\lambda),\boldsymbol{\xi}]-\mu[\boldsymbol{\eta}(\mu),\boldsymbol{\xi}]=-\mu[\boldsymbol{\eta}(\mu),\boldsymbol{\xi}]$$

故得

$$\lim_{\lambda\to 0}\lambda[\boldsymbol{\eta}(\lambda),\boldsymbol{\xi}]=0$$

引理4.1.4　若$\boldsymbol{\eta}(\lambda)\in \boldsymbol{L}_{\boldsymbol{\Psi}(\lambda)}$,令$\boldsymbol{\xi}^0(\lambda)=\mathbf{1}-\lambda\boldsymbol{\Psi}(\lambda)\mathbf{1}$,则

(ⅰ)$(\boldsymbol{\eta}(\lambda),\boldsymbol{\xi}^0(\lambda))\in \boldsymbol{D}_{\boldsymbol{\Psi}(\lambda)}$.

(ⅱ)$\lambda[\boldsymbol{\eta}(\lambda),\mathbf{1}-\boldsymbol{\xi}^0]<+\infty$且与$\lambda$无关,此时$\boldsymbol{\xi}^0=\lim\limits_{\lambda\to 0}\boldsymbol{\xi}^0(\lambda)$.

证明

(ⅰ)由$\boldsymbol{\Psi}(\lambda)$的预解方程

$$\boldsymbol{\Psi}(\lambda)-\boldsymbol{\Psi}(\mu)=(\mu-\lambda)\boldsymbol{\Psi}(\mu)\boldsymbol{\Psi}(\lambda)$$

可得

$$\lambda\boldsymbol{\Psi}(\lambda)\mathbf{1}-\lambda\boldsymbol{\Psi}(\mu)\mathbf{1}=(\mu-\lambda)\boldsymbol{\Psi}(\mu)\lambda\boldsymbol{\Psi}(\lambda)\mathbf{1}$$

即

$$\begin{aligned}&\lambda\boldsymbol{\Psi}(\lambda)\mathbf{1}-\mu\boldsymbol{\Psi}(\mu)\mathbf{1}\\&=(\lambda-\mu)\boldsymbol{\Psi}(\mu)\mathbf{1}+(\mu-\lambda)\boldsymbol{\Psi}(\mu)\lambda\boldsymbol{\Psi}(\lambda)\mathbf{1}\end{aligned}$$

或

$$\begin{aligned}&(\mathbf{1}-\lambda\boldsymbol{\Psi}(\lambda)\mathbf{1})-(\mathbf{1}-\mu\boldsymbol{\Psi}(\mu)\mathbf{1})\\&=(\mu-\lambda)\boldsymbol{\Psi}(\mu)(\mathbf{1}-\lambda\boldsymbol{\Psi}(\lambda)\mathbf{1})\end{aligned}$$

即

$$\mathbf{1}-\lambda\boldsymbol{\Psi}(\lambda)\mathbf{1}\in \boldsymbol{M}_{\boldsymbol{\Psi}(\lambda)}$$

再由已知条件得$(\boldsymbol{\eta}(\lambda),\boldsymbol{\xi}^0(\lambda))\in \boldsymbol{D}_{\boldsymbol{\Psi}(\lambda)}$.

(ⅱ)由控制收敛定理知

$$\begin{aligned}&\lim_{\mu\to 0}\lambda[\boldsymbol{\eta}(\lambda),\mu\boldsymbol{\Psi}(\mu)\mathbf{1}]\\&=\lambda[\boldsymbol{\eta}(\lambda),\lim_{\mu\to 0}\mu\boldsymbol{\Psi}(\mu)\mathbf{1}]\end{aligned}$$

$$= \lambda[\boldsymbol{\eta}(\lambda), \lim_{\mu\to 0}(\mathbf{1} - \boldsymbol{\xi}^0(\mu))]$$
$$= \lambda[\boldsymbol{\eta}(\lambda), \mathbf{1} - \boldsymbol{\xi}^0]$$

另外

$$\lim_{\mu\to 0}\lambda[\boldsymbol{\eta}(\lambda), \mu\boldsymbol{\Psi}(\mu)\mathbf{1}] = \lim_{\mu\to 0}\lambda\mu[\boldsymbol{\eta}(\lambda)\boldsymbol{\Psi}(\mu), \mathbf{1}]$$
$$= \lim_{\mu\to 0}\frac{\lambda\mu}{\mu-\lambda}[\boldsymbol{\eta}(\lambda) - \boldsymbol{\eta}(\mu), \mathbf{1}]$$
$$= \lim_{\mu\to 0}\frac{\lambda\mu}{\mu-\lambda}[\boldsymbol{\eta}(\lambda), \mathbf{1}] - \lim_{\mu\to 0}\frac{\lambda\mu}{\mu-\lambda}[\boldsymbol{\eta}(\mu), \mathbf{1}]$$

前一项由于$\lambda[\boldsymbol{\eta}(\lambda), \mathbf{1}]$为与$\mu$无关的常数,从而趋于0. 后一项显然趋向$\lim\limits_{\mu\to 0}\mu[\boldsymbol{\eta}(\mu), \mathbf{1}]$为有限数. 因为由前面所证知$\lim\limits_{\mu\to 0}\mu[\boldsymbol{\eta}(\mu), \mathbf{1}]$存在,且当$\mu\downarrow 0$时单调下降,得所欲证.

在上面的讨论中,我们对过程未做任何要求,为了进一步得到协调族的性质,下面我们逐步附加一些条件.

本节中,对下面的结果,我们假定条件:$\boldsymbol{\Psi}(\lambda)$是全稳定$\boldsymbol{Q}$过程.

引理 4.1.5 存在满足条件,$\lim\limits_{\lambda\to+\infty}\lambda\boldsymbol{\eta}(\lambda) = \boldsymbol{\alpha}$的关于$\boldsymbol{\Psi}(\lambda)$的非零广义行协调族的必要条件是不等式组

$$\begin{cases} \boldsymbol{V}(\lambda\boldsymbol{I} - \boldsymbol{Q}) \geqslant \boldsymbol{\alpha} \\ \mathbf{0} \leqslant \boldsymbol{V} \in \boldsymbol{L}_E \end{cases}$$

有非零解,特别应有

$$\sum_j \frac{\boldsymbol{\alpha}_j}{1 + q_j} < +\infty$$

证明　由条件 $\boldsymbol{\eta}(\lambda)-\boldsymbol{\eta}(\mu)=(\mu-\lambda)\boldsymbol{n}(\lambda)\boldsymbol{\Psi}(\mu)$ 可得

$$\boldsymbol{\eta}(\lambda)=\boldsymbol{\eta}(\mu)(\boldsymbol{I}-\lambda\boldsymbol{\Psi}(\lambda))+\mu\boldsymbol{\eta}(\mu)\boldsymbol{\Psi}(\lambda)$$

两边同乘 λ,并写成分量形式就是

$$\lambda\boldsymbol{\eta}_j(\lambda)=\boldsymbol{\eta}_j(\mu)\lambda(1-\lambda\psi_{jj}(\lambda))-\sum_{k\neq j}\boldsymbol{\eta}_k(\mu)\lambda^2\psi_{kj}(\lambda)+\sum_k\boldsymbol{\eta}_k(\mu)\mu\lambda\psi_{kj}(\lambda)$$

令 $\lambda\to\infty$,对上式右边第二项用 Fatou 引理,第三项用控制收敛定理得

$$\boldsymbol{\alpha}_j=q_j\boldsymbol{\eta}_j(\mu)-\sum_{k\neq j}\boldsymbol{\eta}_k(\mu)q_{kj}+\mu\boldsymbol{\eta}_j(\mu)$$

即
$$\boldsymbol{\eta}(\mu)(\mu\boldsymbol{I}-\boldsymbol{Q})\geqslant\alpha$$

由前式特别有
$$\boldsymbol{\eta}_j(\mu)\geqslant\frac{\boldsymbol{\alpha}_j}{\mu+q_j}$$

从而由条件 $\boldsymbol{\eta}(\mu)\in\boldsymbol{L}_E$ 可知

$$\sum_j\frac{\boldsymbol{\alpha}_j}{\mu+q_j}<+\infty,\mu>0$$

引理 4.1.6　存在满足条件 $\lim\limits_{\lambda\to+\infty}\lambda\boldsymbol{\xi}(\lambda)=\boldsymbol{\beta}$ 的关于 $\boldsymbol{\Psi}(\lambda)$ 的非零广义列协调族的必要条件是不等式组

$$\begin{cases}(\lambda\boldsymbol{I}-\boldsymbol{Q})\boldsymbol{U}\geqslant\boldsymbol{\beta}\\ \boldsymbol{0}\leqslant\boldsymbol{U}\leqslant\boldsymbol{1}\end{cases}$$

有非零解.

证明　与引理 4.1.5 的证明大同小异,只是注意由等式

$$\lambda\boldsymbol{\xi}_j(\lambda)=\lambda(1-\lambda\psi_{jj}(\lambda))\boldsymbol{\xi}_j(\mu)-\sum_{k\neq j}\lambda^2\psi_{jk}(\lambda)\boldsymbol{\xi}_k(\mu)+\mu\sum_k\psi_{jk}(\lambda)\boldsymbol{\xi}_k(\mu)$$

令 $\lambda\to\infty$ 时,对右边第三项不能再用控制收敛定理,

而是如下处理

$$\mu\sum_{k}\lambda\psi_{jk}(\lambda)\boldsymbol{\xi}_k(\mu)=\mu\lambda\psi_{jj}(\lambda)\boldsymbol{\xi}_j(\mu)+\sum_{k\neq j}\lambda\mu\psi_{jk}(\lambda)\boldsymbol{\xi}_k(\mu)$$

当 $\lambda\to\infty$ 时,上式右边第一项趋向 $\mu\boldsymbol{\xi}_j(\mu)$. 记 $m_\mu=\sup\limits_{k}\boldsymbol{\xi}_k(\mu)$ 则后项小于

$$\begin{aligned}m_\mu\sum_{k\neq j}\lambda\mu\psi_{jk}(\lambda)&=\mu m_\mu\sum_{k\neq j}\lambda\psi_{jk}(\lambda)\\&\leqslant\mu m_\mu(1-\lambda\psi_{jj}(\lambda))\to 0\end{aligned}$$

引理 4.1.7 设 $\boldsymbol{\Psi}(\lambda)$ 是 F 型 $\boldsymbol{Q}$ 过程,则 $\boldsymbol{\eta}(\lambda)$ 是关于 $\boldsymbol{\Psi}(\lambda)$ 的广义行协调族的充要条件是必有等式

$$\boldsymbol{\eta}(\lambda)=\boldsymbol{\alpha}\boldsymbol{\Psi}(\lambda)+\overline{\boldsymbol{\eta}}(\lambda)$$

其中 $\boldsymbol{\alpha}=\lim\limits_{\lambda\to+\infty}\lambda\boldsymbol{\eta}(\lambda)$ 且 $\boldsymbol{\alpha}\boldsymbol{\Psi}(\lambda)\in\boldsymbol{L}_E$,而 $\boldsymbol{\eta}(\lambda)$ 满足

$$\begin{cases}\overline{\boldsymbol{\eta}}(\lambda)(\lambda\boldsymbol{I}-\boldsymbol{Q})=\boldsymbol{0}\\ \boldsymbol{0}\leqslant\overline{\boldsymbol{\eta}}(\lambda)\in\boldsymbol{L}_E\\ \overline{\boldsymbol{\eta}}(\lambda)-\overline{\boldsymbol{\eta}}(\mu)=(\mu-\lambda)\overline{\boldsymbol{\eta}}(\lambda)\boldsymbol{\Psi}(\mu)\\ \lim\limits_{\lambda\to+\infty}\lambda\overline{\boldsymbol{\eta}}(\lambda)=\boldsymbol{0}\end{cases}$$

证明 充分性明显,故只证必要性.

由于 $\boldsymbol{\eta}(\lambda)$ 是广义行协调族, $\boldsymbol{\Psi}(\lambda)$ 满足 F 条件,从而

$$\begin{aligned}\boldsymbol{\eta}(\mu)(\mu\boldsymbol{I}-\boldsymbol{Q})&=\boldsymbol{\eta}(\lambda)(\boldsymbol{I}+(\lambda-\mu)\boldsymbol{\Psi}(\mu))(\mu\boldsymbol{I}-\boldsymbol{Q})\\&=\boldsymbol{\eta}(\lambda)(\mu\boldsymbol{I}-\boldsymbol{Q}+(\lambda-\mu)\boldsymbol{\Psi}(\mu)(\mu\boldsymbol{I}-\boldsymbol{Q}))\\&=\boldsymbol{\eta}(\lambda)(\mu\boldsymbol{I}-\boldsymbol{Q}+(\lambda-\mu)\boldsymbol{I})\\&=\boldsymbol{\eta}(\lambda)(\lambda\boldsymbol{I}-\boldsymbol{Q})\end{aligned}$$

其中第一个等号成立利用了 $\boldsymbol{\eta}(\lambda)$ 是广义行协调族,第三个等号成立利用了 $\boldsymbol{\Psi}(\lambda)$ 满足 F 条件.

注意以上结果,由单调收敛定理及引理 4.1.1 得

$$\boldsymbol{\eta}(\mu)(\mu\boldsymbol{I}-\boldsymbol{Q})=\lim_{\lambda\to+\infty}\boldsymbol{\eta}(\lambda)(\lambda\boldsymbol{I}-\boldsymbol{Q})$$
$$=\lim_{\lambda\to+\infty}\lambda\boldsymbol{\eta}(\lambda)=\boldsymbol{\alpha}\quad(4.1.11)$$

在 $\boldsymbol{\eta}(\mu)-\boldsymbol{\eta}(\lambda)=(\lambda-\mu)\boldsymbol{\eta}(\lambda)\boldsymbol{\Psi}(\mu)$ 中，令 $\lambda\to+\infty$，由 Fatou 引理及引理4.1.1得

$$\boldsymbol{\eta}(\mu)\geqslant\boldsymbol{\alpha}\boldsymbol{\Psi}(\mu)\quad(4.1.12)$$

令

$$\overline{\boldsymbol{\eta}}(\mu)=\boldsymbol{\eta}(\mu)-\boldsymbol{\alpha}\boldsymbol{\Psi}(\mu)$$

则

$$\boldsymbol{\eta}(\mu)=\boldsymbol{\alpha}\boldsymbol{\Psi}(\lambda)+\overline{\boldsymbol{\eta}}(\mu)$$

由(4.1.12)，$\overline{\boldsymbol{\eta}}(\mu)\geqslant\boldsymbol{0}$，显然 $\overline{\boldsymbol{\eta}}(\mu)\in\boldsymbol{L}_E$，$\lim\limits_{\mu\to\infty}\mu\overline{\boldsymbol{\eta}}(\mu)=\boldsymbol{0}$，$\overline{\boldsymbol{\eta}}(\lambda)-\overline{\boldsymbol{\eta}}(\mu)=(\mu-\lambda)\overline{\boldsymbol{\eta}}(\lambda)\boldsymbol{\Psi}(\mu)$. 由(4.1.11)及 $\boldsymbol{\Psi}(\lambda)$ 满足F条件得

$$\overline{\boldsymbol{\eta}}(\mu)(\mu\boldsymbol{I}-\boldsymbol{Q})=\boldsymbol{0}$$

引理4.1.8　设 $\boldsymbol{\Psi}(\lambda)$ 是B型 $\boldsymbol{Q}$ 过程，则 $\boldsymbol{\xi}(\lambda)$ 是关于 $\boldsymbol{\Psi}(\lambda)$ 的广义列协调族的充要条件是必有表现

$$\boldsymbol{\xi}(\lambda)=\boldsymbol{\Psi}(\lambda)\boldsymbol{\beta}+\overline{\boldsymbol{\xi}}(\lambda)$$

其中 $\boldsymbol{\beta}=\lim\limits_{\lambda\to+\infty}\lambda\boldsymbol{\xi}(\lambda)$ 且 $\boldsymbol{\Psi}(\lambda)\boldsymbol{\beta}\in\boldsymbol{M}_E$，而 $\overline{\boldsymbol{\xi}}(\lambda)$ 满足

$$\begin{cases}(\lambda\boldsymbol{I}-\boldsymbol{Q})\overline{\boldsymbol{\xi}}(\lambda)=\boldsymbol{0}\\ \boldsymbol{0}\leqslant\overline{\boldsymbol{\xi}}(\lambda)\in\boldsymbol{M}_E\\ \overline{\boldsymbol{\xi}}(\lambda)-\overline{\boldsymbol{\xi}}(\mu)=(\mu-\lambda)\boldsymbol{\Psi}(\lambda)\overline{\boldsymbol{\xi}}(\mu)\\ \lim\limits_{\lambda\to+\infty}\lambda\overline{\boldsymbol{\xi}}(\lambda)=\boldsymbol{0}\end{cases}$$

证明　类似于引理4.1.7的证明可以证得本引理.

4.2　一维分解定理

引理 4.2.1　对任意马氏过程 $\boldsymbol{P}(t)$，必有：

（i）$p_{ij}(t) \geqslant \int_0^t f_{ik}(s)p_{kj}(t-s)\mathrm{d}s, i,j,k \in E; t > 0.$

（ii）$p_{ij}(t) = \int_0^t f_{ij}(s)p_{jj}(t-s)\mathrm{d}s, i,j \in E; t > 0.$

这里 $f_{ij}(t)$ 为 $F_{ij}(t) \triangleq P\{\alpha_{ij}(\omega) \leqslant t \mid X_0(\omega) = i\}$ 的连续导数，而 $a_{ij}(\omega)$ 为从 i 出发首达 j 的时刻. 有关定义详见 K. L. Chung. [1, Ⅱ, §11].

证明　当 $\boldsymbol{P}(t)$ 不中断时，这是周知的首达分解，其证明可在 Chung[1, Ⅱ, §11] 的定理 8 中取 $\boldsymbol{H} = \varnothing$，并注意 ${}_jp_{ij}(t) \equiv 0$ 而得到；

当 $\boldsymbol{P}(t)$ 中断时，按常规方法扩大状态空间为 $E \cup \{\Delta\}$，然后利用不中断时结果即可.

本引理的正确性，从概率意义上讲是非常显然的.

引理 4.2.2　对任意马氏过程 $\boldsymbol{R}(\lambda)$，均有

$$r_{ij}(\lambda)r_{kk}(\lambda) \geqslant r_{ik}(\lambda)r_{kj}(\lambda), i,j,k \in E; \lambda > 0$$

证明　由引理 4.2.1，若以 $h_{ij}(\lambda)$ 表示 $f_{ij}(t)$ 的拉氏变换，则有

$$r_{ij}(\lambda) \geqslant h_{ik}(\lambda)r_{kj}(\lambda)$$

故

$$r_{ij}(\lambda)r_{kk}(\lambda) \geqslant h_{ik}(\lambda)r_{kk}(\lambda)r_{kj}(\lambda)$$

但由引理 4.2.1 还有 $h_{ik}(\lambda)r_{kk}(\lambda) = r_{ik}(\lambda)$. 故得 $r_{ij}(\lambda)r_{kk}(\lambda) \geqslant r_{ik}(\lambda)r_{kj}(\lambda)$.

注　$f_{ij}(t)$ 之拉氏变换 $h_{ij}(\lambda)$ 的存在性是显然的.

推论 4.2.1　对任意马氏过程 $\boldsymbol{R}(\lambda)$，恒有

$$r_{kk}(\lambda)d_i(\lambda) \geqslant r_{ik}(\lambda)d_k(\lambda), i,k \in E; \lambda > 0$$

这里 $d_i(\lambda) = 1 - \lambda \sum_{j \in E} r_{ij}(\lambda)$.

证明　当 $R(\lambda)$ 不中断时，推论显然. 若 $R(\lambda)$ 中断，仍用常规方法扩大状态空间，引用引理 4.2.2 的结果，再两边同乘 λ 即得.

定理 4.2.1　设 $R(\lambda) = (r_{ij}(\lambda); i,j \in E)$ 是 E 上的 $\boldsymbol{Q}$ 过程，任取 $b \in E$，令 $E_1 = E \backslash \{b\}$，$\boldsymbol{Q}_{E_1} = \{q_{ij}; i,j \in E_1\}$ 是 $\boldsymbol{Q}$ 在 E_1 上的限制，则 $\boldsymbol{R}(\lambda)$ 必可表示为

$$\boldsymbol{R}(\lambda) = \begin{pmatrix} \boldsymbol{0} & \boldsymbol{0} \\ \boldsymbol{0} & \boldsymbol{\Psi}(\lambda) \end{pmatrix} + r_{bb}(\lambda) \begin{pmatrix} \boldsymbol{1} \\ \boldsymbol{\xi}(\lambda) \end{pmatrix} (\boldsymbol{1}, \boldsymbol{\eta}(\lambda)) \tag{4.2.1}$$

其中

（ⅰ）$\boldsymbol{\Psi}(\lambda)$ 是 $\boldsymbol{Q}_{E_1}$ 过程.

（ⅱ）$$(\boldsymbol{\eta}(\lambda), \boldsymbol{\xi}(\lambda)) \in \boldsymbol{D}_{\boldsymbol{\Psi}(\lambda)} \tag{4.2.2}$$

且

$$\lim_{\lambda \to +\infty} \lambda(\boldsymbol{\eta}(\lambda), \boldsymbol{\xi}(\lambda)) = (\boldsymbol{e}, \boldsymbol{\varepsilon}) \tag{4.2.3}$$

其中

$$\boldsymbol{e} = (q_{bj}; j \in E_1), \boldsymbol{\varepsilon} = (q_{jb}; j \in E_1)^{\mathrm{T}} \tag{4.2.4}$$

（ⅲ）$$r_{bb}(\lambda) = (c + \lambda[\boldsymbol{\eta}(\lambda), \boldsymbol{\xi}])^{-1}. \tag{4.2.5}$$

这里 $\boldsymbol{\xi} = \lim_{\lambda \to 0} \boldsymbol{\xi}(\lambda)$. 从而 $\boldsymbol{0} \leqslant \boldsymbol{\xi} \leqslant \boldsymbol{1}$. 而 c 为与 λ 无关的常数，满足

$$c \geqslant \lim_{\lambda \to +\infty} \lambda[\boldsymbol{\eta}(\lambda), \boldsymbol{1} - \boldsymbol{\xi}] \tag{4.2.6}$$

故 $\lim_{\lambda \to +\infty} \lambda[\boldsymbol{\eta}(\lambda), \boldsymbol{1} - \boldsymbol{\xi}]$ 必有限.

(ⅳ) 若 b 为稳定态,则

$$\lim_{\lambda\to+\infty}\lambda[\boldsymbol{\eta}(\lambda),\boldsymbol{\xi}] = q_b - c \qquad (4.2.7)$$

为有限数.

若 b 为瞬时态,则

$$\lim_{\lambda\to+\infty}\lambda[\boldsymbol{\eta}(\lambda),\boldsymbol{\xi}] = +\infty \qquad (4.2.8)$$

或等价地

$$\lim_{\lambda\to+\infty}\lambda[\boldsymbol{\eta}(\lambda),\mathbf{1}] = +\infty \qquad (4.2.9)$$

(ⅴ) 若 $\boldsymbol{R}(\lambda)$ 不中断,则 $\boldsymbol{\xi}(\lambda) = \mathbf{1} - \lambda\boldsymbol{\Psi}(\lambda)\mathbf{1}$. 而 $\lambda[\boldsymbol{\eta}(\lambda),\mathbf{1}-\boldsymbol{\xi}]$ 为与 λ 无关的常数,且还有 $c = \lambda[\boldsymbol{\eta}(\lambda),\mathbf{1}-\boldsymbol{\xi}]$,从而

$$r_{bb}(\lambda) = (\lambda + \lambda[\boldsymbol{\eta}(\lambda),\mathbf{1}])^{-1} \qquad (4.2.10)$$

最后,形如(4.2.1)的分解形式是唯一的.

证明 由已知 $\boldsymbol{R}(\lambda) = (r_{ij}(\lambda);i,j\in E)$ 为密度矩阵为 $\boldsymbol{Q}$ 的马氏过程,现取 $b\in E$. 令 $E_1 = E\setminus\{b\}$. 由于 $r_{bb}(\lambda) > 0$,可令

$$\boldsymbol{\xi}_{ib}(\lambda) \triangleq \frac{r_{ib}(\lambda)}{r_{bb}(\lambda)},\quad \boldsymbol{\eta}_{bj}(\lambda) \triangleq \frac{r_{bj}(\lambda)}{r_{bb}(\lambda)}$$

$$\boldsymbol{\xi}(\lambda) \triangleq (\boldsymbol{\xi}_{ib}(\lambda);i\in E_1)^{\mathrm{T}},\boldsymbol{\eta}(\lambda) \triangleq (\boldsymbol{\eta}_{bj}(\lambda);j\in E_1)$$

显然

$$\boldsymbol{\eta}(\lambda) \geqslant \mathbf{0},\quad \boldsymbol{\xi}(\lambda) \geqslant \mathbf{0} \qquad (4.2.11)$$

再令

$$\psi_{ij}(\lambda) = r_{ij}(\lambda) - \boldsymbol{\xi}_{ib}(\lambda)r_{bb}(\lambda)\boldsymbol{\eta}_{bj}(\lambda),i,j\in E_1,\lambda>0$$

$$\boldsymbol{\Psi}(\lambda) = (\psi_{ij}(\lambda);i,j\in E_1)$$

由引理 4.2.2 知

$$\boldsymbol{\Psi}(\lambda) \geqslant \mathbf{0} \qquad (4.2.12)$$

故 $\boldsymbol{R}(\lambda)$ 可表示为

$$\boldsymbol{R}(\lambda)=\begin{pmatrix} r_{bb}(\lambda) & r_{bb}(\lambda)\boldsymbol{\eta}(\lambda) \\ \boldsymbol{\xi}(\lambda)r_{bb}(\lambda) & \boldsymbol{\Psi}(\lambda)+\boldsymbol{\xi}(\lambda)r_{bb}(\lambda)\boldsymbol{\eta}(\lambda) \end{pmatrix}$$

$$=\begin{pmatrix} \mathbf{0} & \mathbf{0} \\ \mathbf{0} & \boldsymbol{\Psi}(\lambda) \end{pmatrix}+r_{bb}(\lambda)\begin{pmatrix} 1 \\ \boldsymbol{\xi}(\lambda) \end{pmatrix}(1,\boldsymbol{\eta}(\lambda)) \tag{4.2.13}$$

将(4.2.13)代入 $\boldsymbol{R}(\lambda)$ 应满足的预解方程 $\boldsymbol{R}(\lambda)-\boldsymbol{R}(\mu)=(\mu-\lambda)\boldsymbol{R}(\lambda)\boldsymbol{R}(\mu)$. 易知预解方程等价于如下四式同时成立

$$r_{bb}(\lambda)-r_{bb}(\mu)=(\mu-\lambda)r_{bb}(\lambda)r_{bb}(\mu)+(\mu-\lambda)r_{bb}(\lambda)r_{bb}(\mu)\boldsymbol{\eta}(\lambda)\boldsymbol{\xi}(\mu)$$

$$\begin{aligned} & r_{bb}(\lambda)\boldsymbol{\eta}(\lambda)-r_{bb}(\mu)\boldsymbol{\eta}(\mu) \\ =\ & (\mu-\lambda)r_{bb}(\lambda)\boldsymbol{\eta}(\lambda)\boldsymbol{\Psi}(\mu)+ \\ & (\mu-\lambda)r_{bb}(\lambda)r_{bb}(\mu)\boldsymbol{\eta}(\mu)+ \\ & (\mu-\lambda)r_{bb}(\lambda)\boldsymbol{\eta}(\lambda)\boldsymbol{\xi}(\mu)r_{bb}(\mu)\boldsymbol{\eta}(\mu) \end{aligned}$$

$$\begin{aligned} & r_{bb}(\lambda)\boldsymbol{\xi}(\lambda)-r_{bb}(\mu)\boldsymbol{\xi}(\mu) \\ =\ & (\mu-\lambda)\boldsymbol{\Psi}(\lambda)\boldsymbol{\xi}(\mu)r_{bb}(\mu)+(\mu-\lambda)\boldsymbol{\xi}(\mu)r_{bb}(\lambda)\cdot \\ & r_{bb}(\mu)+(\mu-\lambda)r_{bb}(\lambda)r_{bb}(\mu)\boldsymbol{\xi}(\lambda)\boldsymbol{\eta}(\lambda)\boldsymbol{\xi}(\mu) \end{aligned}$$

$$\begin{aligned} & r_{bb}(\lambda)\boldsymbol{\xi}(\lambda)\boldsymbol{\eta}(\lambda)-r_{bb}(\mu)\boldsymbol{\xi}(\mu)\boldsymbol{\eta}(\mu)+\boldsymbol{\Psi}(\lambda)-\boldsymbol{\Psi}(\mu) \\ =\ & (\mu-\lambda)\boldsymbol{\Psi}(\lambda)\boldsymbol{\Psi}(\mu)+(\mu-\lambda)\boldsymbol{\Psi}(\lambda)\boldsymbol{\xi}(\mu)\boldsymbol{\eta}(\mu)r_{bb}(\mu)+ \\ & (\mu-\lambda)r_{bb}(\lambda)\boldsymbol{\xi}(\lambda)\boldsymbol{\eta}(\lambda)\boldsymbol{\Psi}(\mu)+ \\ & (\mu-\lambda)r_{bb}(\lambda)r_{bb}(\mu)\boldsymbol{\xi}(\lambda)\boldsymbol{\eta}(\mu)+ \\ & (\mu-\lambda)r_{bb}(\lambda)r_{bb}(\mu)\boldsymbol{\xi}(\lambda)\boldsymbol{\eta}(\lambda)\boldsymbol{\xi}(\mu)\boldsymbol{\eta}(\mu) \end{aligned}$$

将第一式代入其他三式,并由(4.2.11)和(4.2.12)知用结合律合理. 从而 $\boldsymbol{R}(\lambda)$ 满足预解方程等价于如下四式同时成立

$$r_{bb}(\lambda)-r_{bb}(\mu)=(\mu-\lambda)r_{bb}(\lambda)r_{bb}(\mu)+(\mu-\lambda)r_{bb}(\lambda)r_{bb}(\mu)\boldsymbol{\eta}(\lambda)\boldsymbol{\xi}(\mu) \tag{4.2.14}$$

$$\boldsymbol{\eta}(\lambda)-\boldsymbol{\eta}(\mu)=(\mu-\lambda)\boldsymbol{\eta}(\lambda)\boldsymbol{\Psi}(\mu) \tag{4.2.15}$$

$$\boldsymbol{\xi}(\lambda)-\boldsymbol{\xi}(\mu)=(\mu-\lambda)\boldsymbol{\Psi}(\lambda)\boldsymbol{\xi}(\mu) \tag{4.2.16}$$

$$\boldsymbol{\Psi}(\lambda)-\boldsymbol{\Psi}(\mu)=(\mu-\lambda)\boldsymbol{\Psi}(\lambda)\boldsymbol{\Psi}(\mu) \tag{4.2.17}$$

再由 $\boldsymbol{R}(\lambda)$ 满足范条件 $\lambda\boldsymbol{R}(\lambda)\boldsymbol{1}\leqslant\boldsymbol{1}$ 及(4.2.13)知

$$\lambda r_{bb}(\lambda)+\lambda r_{bb}(\lambda)\boldsymbol{\eta}(\lambda)\boldsymbol{1}\leqslant\boldsymbol{1} \tag{4.2.18}$$

$$\lambda\boldsymbol{\Psi}(\lambda)\boldsymbol{1}+\lambda r_{bb}(\lambda)\boldsymbol{\xi}(\lambda)+\lambda r_{bb}(\lambda)\boldsymbol{\xi}(\lambda)\boldsymbol{\eta}(\lambda)\boldsymbol{1}\leqslant\boldsymbol{1} \tag{4.2.19}$$

引入

$$d_i(\lambda)=\boldsymbol{1}-\lambda\sum_{j\in E}r_{ij}(\lambda),i\in E_1$$

$$\boldsymbol{D}(\lambda)=\{d_i(\lambda);i\in E_1\}$$

$$d_b(\lambda)=\boldsymbol{1}-\lambda r_{bb}(\lambda)-\lambda r_{bb}(\lambda)\boldsymbol{\eta}(\lambda)\boldsymbol{1}$$

则由(4.2.18)和(4.2.19)有等式

$$\lambda r_{bb}(\lambda)+\lambda r_{bb}(\lambda)\boldsymbol{\eta}(\lambda)\boldsymbol{1}+d_b(\lambda)=\boldsymbol{1}$$

$$\lambda\boldsymbol{\Psi}(\lambda)\boldsymbol{1}+\lambda r_{bb}(\lambda)\boldsymbol{\xi}(\lambda)+\lambda r_{bb}(\lambda)\boldsymbol{\xi}(\lambda)\boldsymbol{\eta}(\lambda)\boldsymbol{1}+\boldsymbol{D}(\lambda)=\boldsymbol{1}$$

将前式代入后式,并用推论 4.2.1 可得

$$\boldsymbol{\xi}(\lambda)+\lambda\boldsymbol{\Psi}(\lambda)\boldsymbol{1}\leqslant 1 \tag{4.2.20}$$

由(4.2.18)知

$$\lambda\boldsymbol{\eta}(\lambda)\boldsymbol{1}<+\infty,\lambda>0 \tag{4.2.21}$$

即

$$\boldsymbol{\eta}(\lambda)\in \boldsymbol{L}_E,\lambda>0 \tag{4.2.22}$$

由于$\boldsymbol{R}(\lambda)$是$\boldsymbol{Q}$过程,故

$$\lim_{\lambda\to+\infty}\lambda\boldsymbol{R}(\lambda)=\boldsymbol{I} \tag{4.2.23}$$

$$\lim_{\lambda\to+\infty}\lambda(\lambda\boldsymbol{R}(\lambda)-\boldsymbol{I})=\boldsymbol{Q} \tag{4.2.24}$$

特别有$\lim\limits_{\lambda\to+\infty}\lambda r_{bj}(\lambda)=0$及$\lim\limits_{\lambda\to+\infty}\lambda^2 r_{bj}(\lambda)=q_{bj}(j\in E_1)$.

但$r_{bj}(\lambda)=r_{bb}(\lambda)\boldsymbol{\eta}_{bj}(\lambda)(j\in E_1)$,且$\lim\limits_{\lambda\to+\infty}\lambda r_{bb}(\lambda)=1$,立得

$$\lim_{\lambda\to+\infty}\lambda\boldsymbol{\eta}(\lambda)=\boldsymbol{e} \tag{4.2.25}$$

其中$\boldsymbol{e}=(q_{bj};j\in E_1)$.

同理得

$$\lim_{\lambda\to+\infty}\lambda\boldsymbol{\xi}(\lambda)=\boldsymbol{\varepsilon} \tag{4.2.26}$$

其中$\boldsymbol{\varepsilon}=(q_{jb};j\in E_1)^{\mathrm{T}}$. 再注意到$\lim\limits_{\lambda\to+\infty}\boldsymbol{\eta}(\lambda)=\lim\limits_{\lambda\to+\infty}\boldsymbol{\xi}(\lambda)=0$立得

$$\lim_{\lambda\to+\infty}\lambda\psi_{ij}(\lambda)=\lim_{\lambda\to+\infty}\lambda r_{ij}(\lambda)=\delta_{ij},i,j\in E_1 \tag{4.2.27}$$

$$\begin{aligned}\lim_{\lambda\to+\infty}\lambda(\lambda\psi_{ij}(\lambda)-\delta_{ij})&=\lim_{\lambda\to+\infty}\lambda(\lambda r_{ij}(\lambda)-\delta_{ij})\\&=q_{ij},i,j\in E_1\end{aligned} \tag{4.2.28}$$

(4.2.12),(4.2.17),(4.2.20),(4.2.28)和(4.2.27)说明$\boldsymbol{\Psi}(\lambda)$是$\boldsymbol{Q}_{E_1}$过程.(i)已得证.再注意(4.2.11),(4.2.15),(4.2.16),(4.2.20),(4.2.22),(4.2.25)及(4.2.26)可知$(\boldsymbol{\eta}(\lambda),\boldsymbol{\xi}(\lambda))\in \boldsymbol{D}_{\boldsymbol{\Psi}(\lambda)}$且$\lim\limits_{\lambda\to+\infty}\lambda(\boldsymbol{\eta}(\lambda),\boldsymbol{\xi}(\lambda))=(\boldsymbol{e},\boldsymbol{\varepsilon})$,其中

$$\boldsymbol{e}=(q_{bj};j\in E_1),\quad \boldsymbol{\varepsilon}=(q_{jb};j\in E_1)^{\mathrm{T}}$$

(ii)也得证.

由于已证得$(\boldsymbol{\eta}(\lambda),\boldsymbol{\xi}(\lambda))\in \boldsymbol{D}_{\boldsymbol{\Psi}(\lambda)}$，故由引理4.1.3知

$$(\mu-\lambda)[\boldsymbol{\eta}(\lambda),\boldsymbol{\xi}(\mu)]=\mu[\boldsymbol{\eta}(\mu),\boldsymbol{\xi}]-\lambda[\boldsymbol{\eta}(\lambda),\boldsymbol{\xi}]$$

故由(4.2.14)并注意$r_{bb}(\lambda)r_{bb}(\mu)>0$得

$$r_{bb}^{-1}(\mu)-r_{bb}^{-1}(\lambda)=(\mu-\lambda)+\mu[\boldsymbol{\eta}(\mu),\boldsymbol{\xi}]-\lambda[\boldsymbol{\eta}(\lambda),\boldsymbol{\xi}]$$

因而

$$r_{bb}^{-1}(\lambda)-\lambda-\lambda[\boldsymbol{\eta}(\lambda),\boldsymbol{\xi}]=r_{bb}^{-1}(\mu)-\mu-\mu[\boldsymbol{\eta}(\mu),\boldsymbol{\xi}]$$

为有限常数，设为c. 故

$$r_{bb}(\lambda)=(c+\lambda+\lambda[\boldsymbol{\eta}(\lambda),\boldsymbol{\xi}])^{-1}$$

得证(4.2.5). 现在，再由式(4.2.18)得

$$c+\lambda+\lambda[\boldsymbol{\eta}(\lambda),\boldsymbol{\xi}]\geqslant\lambda+\lambda[\boldsymbol{\eta}(\lambda),\mathbf{1}]$$

从而

$$c\geqslant\lambda[\boldsymbol{\eta}(\lambda),\mathbf{1}-\boldsymbol{\xi}],\lambda>0$$

上式对所有$\lambda>0$成立，而由引理4.1.3知$\lambda[\boldsymbol{\eta}(\lambda),\mathbf{1}-\boldsymbol{\xi}]$随$\lambda$单调上升，而$c$为常数，故

$$c\geqslant\lim_{\lambda\to+\infty}\lambda[\boldsymbol{\eta}(\lambda),\mathbf{1}-\boldsymbol{\xi}]$$

得证(4.2.6)，从而(ⅲ)得证.

又由(4.2.24)，应有

$$\lim_{\lambda\to+\infty}\lambda(\lambda r_{bb}(\lambda)-1)=q_{bb}\equiv-q_b$$

注意到$r_{bb}(\lambda)=(c+\lambda+\lambda[\boldsymbol{\eta}(\lambda),\boldsymbol{\xi}])^{-1}$知

$$\lim_{\lambda\to+\infty}\lambda\frac{c+\lambda+\lambda[\boldsymbol{\eta}(\lambda),\boldsymbol{\xi}]-\lambda}{c+\lambda+\lambda[\boldsymbol{\eta}(\lambda),\boldsymbol{\xi}]}=q_b$$

也就是$\lim\limits_{\lambda\to+\infty}\dfrac{c+\lambda[\boldsymbol{\eta}(\lambda),\boldsymbol{\xi}]}{\dfrac{c}{\lambda}+1+[\boldsymbol{\eta}(\lambda),\boldsymbol{\xi}]}=q_b$. 由于$\lim\limits_{\lambda\to+\infty}\boldsymbol{\eta}(\lambda)\mathbf{1}=0$，而$\mathbf{0}\leqslant\boldsymbol{\xi}\leqslant\mathbf{1}$. 更有$\lim\limits_{\lambda\to+\infty}[\boldsymbol{\eta}(\lambda),\mathbf{1}]=0$，故上式即为

$$\lim_{\lambda\to+\infty}\lambda[\boldsymbol{\eta}(\lambda),\boldsymbol{\xi}]=q_b-c$$

故当 b 为稳定态时，$q_b < +\infty$，故 $\lim\limits_{\lambda\to+\infty}\lambda[\boldsymbol{\eta}(\lambda),\boldsymbol{\xi}]$ 有限，且(4.2.7)成立. 而当 b 为瞬时状态时，由于 $q_b = +\infty$ 必须要求

$$\lim_{\lambda\to+\infty}\lambda[\boldsymbol{\eta}(\lambda),\boldsymbol{\xi}] = +\infty$$

此即(4.2.8). 由已证得的(4.2.6)知，它等价于

$$\lim_{\lambda\to+\infty}\lambda[\boldsymbol{\eta}(\lambda),\mathbf{1}] = +\infty$$

定理之(ⅳ)已得证.

当 $\boldsymbol{R}(\lambda)$ 不中断时，则(4.2.18)及(4.2.19)必成立等号，从而(4.2.20)亦成立等号，即得到

$$\boldsymbol{\xi}(\lambda) + \lambda\boldsymbol{\Psi}(\lambda)\mathbf{1} = \mathbf{1}$$

由引理 4.1.4 又知 $\lambda[\boldsymbol{\eta}(\lambda),\mathbf{1}-\boldsymbol{\xi}]$ 与 λ 无关且有限，由于(4.2.18)成立等号，再由已证得的(4.2.5)式，必有

$$c = \lambda[\boldsymbol{\eta}(\lambda),\mathbf{1}-\boldsymbol{\xi}]$$

且

$$r_{bb}(\lambda) = (\lambda + \lambda[\boldsymbol{\eta}(\lambda),\mathbf{1}])^{-1}$$

从而得证(ⅴ).

最后证明分解形式的唯一性. 若 $\boldsymbol{R}(\lambda)$ 有两种形式分解

$$\begin{aligned}\boldsymbol{R}(\lambda) &= \begin{pmatrix}\mathbf{0} & \mathbf{0}\\ \mathbf{0} & \boldsymbol{\Psi}(\lambda)\end{pmatrix} + r_{bb}(\lambda)\begin{pmatrix}\mathbf{1}\\ \boldsymbol{\xi}(\lambda)\end{pmatrix}(\mathbf{1},\boldsymbol{\eta}(\lambda))\\ &= \begin{pmatrix}\mathbf{0} & \mathbf{0}\\ \mathbf{0} & \widetilde{\boldsymbol{\Psi}}(\lambda)\end{pmatrix} + r_{bb}(\lambda)\begin{pmatrix}\mathbf{1}\\ \tilde{\boldsymbol{\xi}}(\lambda)\end{pmatrix}(\mathbf{1},\tilde{\boldsymbol{\eta}}(\lambda))\end{aligned}$$

由于 $r_{bb}(\lambda) > 0$，故首先得 $\boldsymbol{\xi}(\lambda) = \tilde{\boldsymbol{\xi}}(\lambda)$，$\boldsymbol{\eta}(\lambda) = \tilde{\boldsymbol{\eta}}(\lambda)$. 进而又有 $\boldsymbol{\Psi}(\lambda) = \widetilde{\boldsymbol{\Psi}}(\lambda)$. 说明分解形式唯一.

至此,定理全部得证.

根据定理4.2.1,对固定的$b \in E$,可定义E上的过程$\boldsymbol{R}(\lambda)$到E_1上的过程$\boldsymbol{\Psi}(\lambda)$的一个映射$\chi_b:\boldsymbol{R}(\lambda)\to\boldsymbol{\Psi}(\lambda)$. 为强调这一点,可记$\boldsymbol{\Psi}(\lambda)$为${}_b\boldsymbol{R}(\lambda)$,且不妨称$\boldsymbol{\Psi}(\lambda)$是$\boldsymbol{R}(\lambda)$的$E_1$上的投影过程. 反过来则称$\boldsymbol{R}(\lambda)$是$\boldsymbol{\Psi}(\lambda)$生成的过程.

注意到上述事实后,我们很自然地反过来考虑这样一个问题:若给定了E上的一个拟$\boldsymbol{Q}$-矩阵$\boldsymbol{Q}$及一个固定状态$b \in E$,并进一步假定我们已有了一个E_1上的$\boldsymbol{Q}_{E_1}$及过程$\boldsymbol{\Psi}(\lambda)$. 令$\boldsymbol{P}_{\boldsymbol{\Psi}(\lambda)}(\boldsymbol{Q}) = \{\boldsymbol{R}(\lambda);\boldsymbol{R}(\lambda)$是$\boldsymbol{Q}$过程且${}_b\boldsymbol{R}(\lambda) = \boldsymbol{\Psi}(\lambda)\}$,那么$\boldsymbol{P}_{\boldsymbol{\Psi}(\lambda)}(\boldsymbol{Q})$何时非空?如何构造?这是我们十分关心的问题,因为由此可考虑E上的$\boldsymbol{Q}$过程的存在性及构造. 这正是我们今后考虑问题的出发点. 为此,我们必须研究定理4.2.1在一定意义上的逆定理,它的证明事实已基本包含在定理4.2.1中.

定理4.2.2 设给定了E上的一个拟$\boldsymbol{Q}$-矩阵$\boldsymbol{Q}$,$b \in E$,令$E_1 = E\setminus\{b\}$,如果存在一个$\boldsymbol{Q}_{E_1}$过程$\boldsymbol{\Psi}(\lambda)$及一个关于$\boldsymbol{\Psi}(\lambda)$的共轭广义协调对

$$(\boldsymbol{\eta}(\lambda),\boldsymbol{\xi}(\lambda)) \in \boldsymbol{D}_{\boldsymbol{\Psi}(\lambda)} \qquad (4.2.29)$$

满足以下三条:

(i) $$\lim_{\lambda\to+\infty}\lambda(\boldsymbol{\eta}(\lambda),\boldsymbol{\xi}(\lambda)) = (\boldsymbol{e},\boldsymbol{\varepsilon}); \qquad (4.2.30)$$

这里$\boldsymbol{e} = (q_{bj};j \in E_1)$,$\boldsymbol{\varepsilon} = (q_{jb};j \in E_1)^{\mathrm{T}}$.

(ii) $$\lim_{\lambda\to+\infty}\lambda[\boldsymbol{\eta}(\lambda),\boldsymbol{1}-\boldsymbol{\xi}] < +\infty; \qquad (4.2.31)$$

(iii) 当$q_b < +\infty$时,要求

$$\lim_{\lambda\to+\infty}\lambda[\boldsymbol{\eta}(\lambda),\boldsymbol{1}] \leqslant q_b \qquad (4.2.32)$$

当 $q_b=+\infty$ 时,要求

$$\lim_{\lambda\to+\infty}\lambda[\boldsymbol{\eta}(\lambda),\mathbf{1}]=+\infty \tag{4.2.33}$$

或等价地

$$\lim_{\lambda\to+\infty}\lambda[\boldsymbol{\eta}(\lambda),\boldsymbol{\xi}]=+\infty \tag{4.2.34}$$

则 $\boldsymbol{Q}$ 是 E 上的 $\boldsymbol{Q}$ - 矩阵. 换言之,必存在 E 上的 $\boldsymbol{Q}$ 过程,其 $\boldsymbol{Q}$ 过程可如下构造:

如果 $q_b<+\infty$,取常数

$$c=q_b-\lambda[\boldsymbol{\eta}(\lambda),\boldsymbol{\xi}] \tag{4.2.35}$$

如果 $q_b=+\infty$,则任取常数

$$c\geqslant\lim_{\lambda\to+\infty}\lambda[\boldsymbol{\eta}(\lambda),\mathbf{1}-\boldsymbol{\xi}] \tag{4.2.36}$$

然后,令

$$r_{bb}(\lambda)=(c+\lambda+\lambda[\boldsymbol{\eta}(\lambda),\boldsymbol{\xi}])^{-1} \tag{4.2.37}$$

$$\boldsymbol{R}(\lambda)=\begin{pmatrix}\mathbf{0}&\mathbf{0}\\\mathbf{0}&\boldsymbol{\Psi}(\lambda)\end{pmatrix}+r_{bb}(\lambda)\begin{pmatrix}\mathbf{1}\\\boldsymbol{\xi}(\lambda)\end{pmatrix}(\mathbf{1},\boldsymbol{\eta}(\lambda)) \tag{4.2.38}$$

则 $\boldsymbol{R}(\lambda)$ 就是一个 $\boldsymbol{Q}$ 过程.

证明　只需证当定理的条件(ⅰ),(ⅱ),(ⅲ)同时成立时,按(4.2.38)构造的 $\boldsymbol{R}(\lambda)$ 确为一个 $\boldsymbol{Q}$ 过程.

首先,条件(4.2.30)保证了,当 $q_b<+\infty$ 时,按(4.2.35)是可以取到常数 c,且 c 必定非负. 而条件(4.2.31)保证了,当 $q_b=+\infty$ 时,按(4.2.36)是可以取到常数 c,且 c 必定非负. 故在两种情形下,按(4.2.37)及(4.2.38)定义的 $\boldsymbol{R}(\lambda)$ 合理,且显然满足

$$\boldsymbol{R}(\lambda)\geqslant\mathbf{0} \tag{4.2.39}$$

其次，条件(4.2.32)，(4.2.31) 及(4.2.36) 的取法保证了

$$c \geqslant \lim_{\lambda \to +\infty} \lambda[\boldsymbol{\eta}(\lambda), \mathbf{1} - \boldsymbol{\xi}]$$

若再注意到条件(4.2.29) 及引理 4.1.3 知 $\lambda[\boldsymbol{\eta}(\lambda), \mathbf{1} - \boldsymbol{\xi}]$ 单调上升，故

$$c \geqslant \lambda[\boldsymbol{\eta}(\lambda), \mathbf{1} - \boldsymbol{\xi}], \forall \lambda > 0$$

故由(4.2.37) 的取法可知

$$r_{bb}(\lambda) \leqslant (\lambda + \lambda[\boldsymbol{\eta}(\lambda), \mathbf{1}])^{-1}, \lambda > 0$$

或

$$\lambda r_{bb}(\lambda) + \lambda r_{bb}(\lambda)\boldsymbol{\eta}(\lambda)\mathbf{1} \leqslant 1, \lambda > 0 \quad (4.2.40)$$

另外注意$(\boldsymbol{\eta}(\lambda), \boldsymbol{\xi}(\lambda)) \in \boldsymbol{D}_{\boldsymbol{\Psi}(\lambda)}$ 知

$$\boldsymbol{\xi}(\lambda) + \lambda \boldsymbol{\Psi}(\lambda)\mathbf{1} \leqslant \mathbf{1} \quad (4.2.41)$$

(4.2.40) 及 (4.2.41) 保证了按 (4.2.38) 定义的 $\boldsymbol{R}(\lambda)$ 满足条件

$$\lambda \boldsymbol{R}(\lambda)\mathbf{1} \leqslant \mathbf{1} \quad (4.2.42)$$

第三，条件(4.2.29) 及(4.2.37) 的取法保证了下列四个关系式同时成立：

$$\boldsymbol{\Psi}(\lambda) - \boldsymbol{\Psi}(\mu) = (\mu - \lambda)\boldsymbol{\Psi}(\lambda)\boldsymbol{\Psi}(\mu), \lambda, \mu > 0$$

$$\boldsymbol{\eta}(\lambda) - \boldsymbol{\eta}(\mu) = (\mu - \lambda)\boldsymbol{\eta}(\lambda)\boldsymbol{\Psi}(\mu), \lambda, \mu > 0$$

$$\boldsymbol{\xi}(\lambda) - \boldsymbol{\xi}(\mu) = (\mu - \lambda)\boldsymbol{\Psi}(\lambda)\boldsymbol{\xi}(\mu), \lambda, \mu > 0$$

$$r_{bb}(\lambda) - r_{bb}(\mu) = (\mu - \lambda) r_{bb}(\lambda) r_{bb}(\mu) + (\mu - \lambda) r_{bb}(\lambda) r_{bb}(\mu)\boldsymbol{\eta}(\lambda)\boldsymbol{\xi}(\mu) \quad \lambda, \mu > 0$$

由定理 4.2.1 的证明过程可知，上述四条同时成立保证了 $\boldsymbol{R}(\lambda)$ 满足预解方程

$$\boldsymbol{R}(\lambda) - \boldsymbol{R}(\mu) = (\mu - \lambda)\boldsymbol{R}(\lambda)\boldsymbol{R}(\mu) \quad (4.2.43)$$

第四，条件$(\boldsymbol{\eta}(\lambda),\boldsymbol{\xi}(\lambda)) \in \boldsymbol{D}_{\boldsymbol{\psi}(\lambda)}$及引理 4.1.3 保证了

$$\lim_{\lambda\to+\infty}\boldsymbol{\eta}(\lambda)\mathbf{1} = 0$$

故更有$\lim\limits_{\lambda\to+\infty}[\boldsymbol{\eta}(\lambda),\boldsymbol{\xi}] = 0$. 由$\boldsymbol{\xi} \leqslant \mathbf{1}$，那么这保证了

$$\lim_{\lambda\to+\infty}\lambda r_{bb}(\lambda) = \lim_{\lambda\to+\infty}\frac{1}{\dfrac{c}{\lambda}+1+[\boldsymbol{\eta}(\lambda),\boldsymbol{\xi}]} = 1$$

及$\lim\limits_{\lambda\to+\infty}r_{bb}(\lambda) = 0$. 从而再由(4.2.29)我们依次得

$$\lim_{\lambda\to+\infty}\lambda r_{bj}(\lambda) = \lim_{\lambda\to+\infty}\lambda r_{bb}(\lambda)\boldsymbol{\eta}_{bj}(\lambda) = 0\times q_{bj} = 0$$

$$\lim_{\lambda\to+\infty}\lambda r_{jb}(\lambda) = \lim_{\lambda\to+\infty}\lambda r_{bb}(\lambda)\boldsymbol{\xi}_{jb}(\lambda) = 0\times q_{jb} = 0$$

$$\begin{aligned}\lim_{\lambda\to+\infty}\lambda r_{ij}(\lambda) &= \lim_{\lambda\to+\infty}(\lambda\psi_{ij}(\lambda)+\boldsymbol{\xi}_{ib}(\lambda)r_{bb}(\lambda)\boldsymbol{\eta}_{bj}(\lambda))\\ &= \lim_{\lambda\to+\infty}\lambda\psi_{ij}(\lambda) = \delta_{ij},i,j\in E_1\end{aligned}$$

总之，按(4.2.38)定义的$\boldsymbol{R}(\lambda)$满足连续性条件

$$\lim_{\lambda\to+\infty}\lambda\boldsymbol{R}(\lambda) = \boldsymbol{I} \tag{4.2.44}$$

因此，(4.2.39)，(4.2.42)，(4.2.43)及(4.2.44)已说明$\boldsymbol{R}(\lambda)$确为一个马氏过程.

最后，说明Q条件成立. 实际上，由条件(4.2.30)知

$$\lim_{\lambda\to+\infty}\lambda^2 r_{bj}(\lambda) = \lim_{\lambda\to+\infty}\lambda r_{bb}(\lambda)\lim_{\lambda\to+\infty}\lambda\boldsymbol{\eta}_{bj}(\lambda) = q_{bj},j\in E_1$$

$$\lim_{\lambda\to+\infty}\lambda^2 r_{jb}(\lambda) = \lim_{\lambda\to+\infty}\lambda r_{bb}(\lambda)\lim_{\lambda\to+\infty}\lambda\boldsymbol{\xi}_{jb}(\lambda) = q_{jb},j\in E_1$$

$$\lim_{\lambda\to+\infty}\lambda(\lambda r_{ij}(\lambda)-\delta_{ij}) = \lim_{\lambda\to+\infty}\lambda(\lambda\psi_{ij}(\lambda)-\delta_{ij})+0 = q_{ij}$$

$$i,j\in E_1$$

而当$q_b < +\infty$时，由(4.2.35)知

$$\lim_{\lambda\to+\infty}\lambda(1-\lambda r_{bb}(\lambda)) = \lim_{\lambda\to+\infty}\frac{c+\lambda[\boldsymbol{\eta}(\lambda),\boldsymbol{\xi}]}{\dfrac{c}{\lambda}+1+[\boldsymbol{\eta}(\lambda),\boldsymbol{\xi}]}$$

$$= c + \lim_{\lambda\to+\infty} \lambda[\boldsymbol{\eta}(\lambda),\boldsymbol{\xi}]$$
$$= q_b$$

而当 $q_b = +\infty$ 时,由(4.2.34)知

$$\lim_{\lambda\to+\infty} \lambda(1-\lambda r_{bb}(\lambda)) = \lim_{\lambda\to+\infty} \frac{c+\lambda[\boldsymbol{\eta}(\lambda),\boldsymbol{\xi}]}{\frac{c}{\lambda}+1+[\boldsymbol{\eta}(\lambda),\boldsymbol{\xi}]}$$
$$= +\infty$$

从而按(4.2.38)定义的 $\boldsymbol{R}(\lambda)$ 确实满足

$$\lim_{\lambda\to+\infty} \lambda(\lambda\boldsymbol{R}(\lambda)-\boldsymbol{I}) = \boldsymbol{Q}$$

而在条件(4.2.31)下,(4.2.33)及(4.2.34)的等价性是显然的.

由于我们常常讨论不中断过程的存在性问题,故将不中断过程的分解定理及其逆定理另行明确写出,将是有益的.

定理4.2.3 设 $\boldsymbol{R}(\lambda)$ 是 E 上的不中断 $\boldsymbol{Q}$ 过程,任取 $b\in E$,令 $E_1 = E\setminus\{b\}$,则 $\boldsymbol{R}(\lambda)$ 可唯一地表示为

$$\boldsymbol{R}(\lambda) = \begin{pmatrix} 0 & \boldsymbol{0} \\ \boldsymbol{0} & \boldsymbol{\Psi}(\lambda) \end{pmatrix} + r_{bb}(\lambda)\begin{pmatrix} 1 \\ \boldsymbol{1}-\lambda\boldsymbol{\Psi}(\lambda)\boldsymbol{1} \end{pmatrix}(1,\boldsymbol{\eta}(\lambda)) \tag{4.2.45}$$

其中

$$\boldsymbol{\Psi}(\lambda) \text{ 是 } \boldsymbol{Q}_{E_1} \text{ 过程.} \tag{4.2.46}$$

$$\boldsymbol{\eta}(\lambda) \in \boldsymbol{L}_{\boldsymbol{\Psi}(\lambda)}. \tag{4.2.47}$$

$$r_{bb}(\lambda) = \frac{1}{\lambda+\lambda\boldsymbol{\eta}(\lambda)\boldsymbol{1}}. \tag{4.2.48}$$

$$\lim_{\lambda\to+\infty} \lambda\boldsymbol{\eta}(\lambda) = \boldsymbol{e},\boldsymbol{e} = (q_{bj};j\in E_1). \tag{4.2.49}$$

$$\lim_{\lambda\to+\infty} \lambda(\boldsymbol{1}-\lambda\boldsymbol{\Psi}(\lambda)\boldsymbol{1}) = \boldsymbol{\varepsilon},\boldsymbol{\varepsilon} = (q_{jb};j\in E_1)^{\mathrm{T}}. \tag{4.2.50}$$

$$\lim_{\lambda\to+\infty}\lambda[\boldsymbol{\eta}(\lambda),\mathbf{1}]=q_b \tag{4.2.51}$$

从而当 b 为瞬时状态时,必有

$$\lim_{\lambda\to+\infty}\lambda[\boldsymbol{\eta}(\lambda),\mathbf{1}]=+\infty \tag{4.2.52}$$

反之,若存在 $\boldsymbol{Q}_{E_1}$ 过程 $\boldsymbol{\Psi}(\lambda)$ 及 $\boldsymbol{\eta}(\lambda)\in\boldsymbol{L}_{\boldsymbol{\Psi}(\lambda)}$ 满足如下条件

$$\lim_{\lambda\to+\infty}\lambda\boldsymbol{\eta}(\lambda)=\boldsymbol{e}\triangleq(q_{bj};j\in E_1) \tag{4.2.53}$$

$$\lim_{\lambda\to+\infty}\lambda(\mathbf{1}-\lambda\boldsymbol{\Psi}(\lambda)\mathbf{1})=\boldsymbol{\varepsilon}\triangleq(q_{jb};j\in E_1)^{\mathrm{T}} \tag{4.2.54}$$

$$\lim_{\lambda\to+\infty}\lambda[\boldsymbol{\eta}(\lambda),\mathbf{1}]=q_b \tag{4.2.55}$$

则存在 E 上的不中断 $\boldsymbol{Q}$ 过程,此过程可如下构造. 令

$$r_{bb}(\lambda)=\frac{1}{\lambda+\lambda\boldsymbol{\eta}(\lambda)\mathbf{1}} \tag{4.2.56}$$

$$\boldsymbol{R}(\lambda)=\begin{pmatrix}0&\mathbf{0}\\\mathbf{0}&\boldsymbol{\Psi}(\lambda)\end{pmatrix}+r_{bb}(\lambda)\begin{pmatrix}1\\\mathbf{1}-\lambda\boldsymbol{\Psi}(\lambda)\mathbf{1}\end{pmatrix}(1,\boldsymbol{\eta}(\lambda)) \tag{4.2.57}$$

证明　定理的前半部分见定理 4.2.1,后半部分易直接验证.

4.3　二维分解定理

下面将把 4.2 的分解定理推广到多维情况,我们首先较为详尽地给出二维的情况,这不仅是由于二维情况的形式较之一般多维情况简洁,便于表达和理解,而且更主要的是从一维到二维出现了一些新的概念,得到一些新的结果,从二维到多维则主要是形式上的

变化,只要二维情况的证明清楚,那么多维情况基本上也就可以类推了.

为方便起见,设状态空间 $E=\{a\}\cup\{b\}\cup N$,其中 $\{a\},\{b\}$ 均为单点集,且 $\{a\},\{b\}$ 及 N 均不相交,$\boldsymbol{Q}$ 为定义于 $E\times E$ 上的 $\boldsymbol{Q}$ - 矩阵,$\boldsymbol{R}(\lambda)$ 是任意一个 $\boldsymbol{Q}$ 过程.

对 $\boldsymbol{R}(\lambda)$ 按一维分解定理,依 $\{a\}$ 进行分解得

$$\boldsymbol{R}(\lambda)=\begin{pmatrix}0 & \boldsymbol{0}\\ \boldsymbol{0} & \widetilde{\boldsymbol{\Psi}}(\lambda)\end{pmatrix}+r_{aa}(\lambda)\begin{pmatrix}1\\ \tilde{\boldsymbol{\xi}}(\lambda)\end{pmatrix}(1,\tilde{\boldsymbol{\eta}}(\lambda)) \tag{4.3.1}$$

其中 $\widetilde{\boldsymbol{\Psi}}(\lambda)$ 是 $\boldsymbol{Q}_{N\cup b}$ 过程,这里 $\boldsymbol{Q}_{N\cup b}=(q_{ij},i,j\in N\cup\{b\})$ 是 $\boldsymbol{Q}$ 在 $N\cup\{b\}$ 上的限制,而

$$(\tilde{\boldsymbol{\eta}}(\lambda),\tilde{\boldsymbol{\xi}}(\lambda))\in \boldsymbol{D}_{\widetilde{\boldsymbol{\Psi}}\lambda} \tag{4.3.2}$$

而 $\widetilde{\boldsymbol{\Psi}}(\lambda)$ 又可按一维分解定理再依状态 $\{b\}$ 分解而得到

$$\widetilde{\boldsymbol{\Psi}}(\lambda)=\begin{pmatrix}0 & 0\\ 0 & \boldsymbol{\Psi}(\lambda)\end{pmatrix}+\tilde{\psi}_{bb}(\lambda)\begin{pmatrix}1\\ \boldsymbol{f}(\lambda)\end{pmatrix}(1,\boldsymbol{g}(\lambda)) \tag{4.3.3}$$

其中 $\boldsymbol{\Psi}(\lambda)$ 是 $\boldsymbol{Q}_N$ 过程,这里 $\boldsymbol{Q}_N=(q_{ij};i,j\in N)$ 是 $\boldsymbol{Q}$ 在 N 上的限制,而

$$(\boldsymbol{g}(\lambda),\boldsymbol{f}(\lambda))\in \boldsymbol{D}_{\boldsymbol{\Psi}(\lambda)} \tag{4.3.4}$$

对上述诸量的关系做些分析如下:

引理 4.3.1 恒有:

(i) $r_{aj}(\lambda)\geqslant r_{ab}(\lambda)g_{bj}(\lambda),j\in N,\lambda>0$.

(ii) $r_{ja}(\lambda)\geqslant f_{jb}(\lambda)r_{ba}(\lambda),j\in N,\lambda>0$.

这里 $\boldsymbol{g}(\lambda)=(g_{bj}(\lambda);j\in N)$ 及 $\boldsymbol{f}(\lambda)=(f_{jb}(\lambda);j\in N)$ 由式(4.3.3)定义.

证明　由引理4.2.2知

$$r_{aj}(\lambda)r_{bb}(\lambda)\geqslant r_{ab}(\lambda)r_{bj}(\lambda),j\in N,\lambda>0$$

从而

$$\begin{aligned}&r_{aj}(\lambda)r_{bb}(\lambda)-r_{aj}(\lambda)\tilde{\xi}_{ba}(\lambda)r_{ab}(\lambda)\\ \geqslant\ &r_{ab}(\lambda)r_{bj}(\lambda)-r_{ab}(\lambda)\tilde{\xi}_{ba}(\lambda)r_{aj}(\lambda)\end{aligned}$$

即

$$\begin{aligned}&r_{aj}(\lambda)(r_{bb}(\lambda)-\tilde{\xi}_{ba}(\lambda)r_{ab}(\lambda))\\ \geqslant\ &r_{ab}(\lambda)(r_{bj}(\lambda)-\tilde{\xi}_{ba}(\lambda)r_{aj}(\lambda))\end{aligned}$$

但由式(4.3.1),上式即为

$$r_{aj}(\lambda)\tilde{\psi}_{bb}(\lambda)\geqslant r_{ab}(\lambda)\tilde{\psi}_{bj}(\lambda)$$

由于 $\tilde{\psi}_{bb}(\lambda)>0$ 及由式(4.3.3)知 $\tilde{\psi}_{bj}(\lambda)=\tilde{\psi}_{bb}(\lambda)g_{bj}(\lambda)$,得

$$r_{aj}(\lambda)\geqslant r_{ab}(\lambda)g_{bj}(\lambda)$$

式(ⅰ)得证.

同理,由 $r_{ja}(\lambda)r_{bb}(\lambda)\geqslant r_{jb}(\lambda)r_{ba}(\lambda)$ 得

$$\begin{aligned}&r_{ja}(\lambda)(r_{bb}(\lambda)-r_{ba}(\lambda)\tilde{\eta}_{ab}(\lambda))\\ \geqslant\ &r_{ba}(\lambda)(r_{jb}(\lambda)-r_{ja}(\lambda)\tilde{\eta}_{ab}(\lambda))\end{aligned}$$

即

$$r_{ja}(\lambda)\tilde{\psi}_{bb}(\lambda)\geqslant r_{ba}(\lambda)\tilde{\psi}_{jb}(\lambda)$$

约去 $\tilde{\psi}_{bb}(\lambda)>0$ 即得证(ⅱ).

引理4.3.2　若令

$$\eta_{aj}(\lambda)$$
$$= r_{aa}^{-1}(\lambda)(r_{aj}(\lambda) - r_{ab}(\lambda)g_{bj}(\lambda)), j \in N, \lambda > 0$$
$$\eta_{bj}(\lambda) = g_{bj}(\lambda), j \in N, \lambda > 0$$
$$\boldsymbol{\eta}^{(a)}(\lambda) = (\eta_{aj}(\lambda); j \in N)$$
$$\boldsymbol{\eta}^{(b)}(\lambda) = (\eta_{bj}(\lambda); j \in N)$$

则有:

(ⅰ) $\mathbf{0} \leqslant \boldsymbol{\eta}^{(a)}(\lambda) \in \boldsymbol{L}_N, \mathbf{0} \leqslant \boldsymbol{\eta}^{(b)}(\lambda) \in \boldsymbol{L}_N$.

(ⅱ) $r_{aj}(\lambda) = r_{aa}(\lambda)\eta_{aj}(\lambda) + r_{ab}(\lambda)\eta_{bj}(\lambda)$

$$j \in N, \lambda > 0$$
$$r_{bj}(\lambda) = r_{ba}(\lambda)\eta_{aj}(\lambda) + r_{bb}(\lambda)\eta_{bj}(\lambda)$$
$$j \in \boldsymbol{N}, \lambda > 0$$

证明 (ⅰ) 由引理4.3.1的(ⅰ)式知$\boldsymbol{\eta}^{(a)}(\lambda) \geqslant \mathbf{0}$,再由 $\sum_{j \in N} r_{aj}(\lambda) < +\infty$ 知 $\boldsymbol{\eta}^{(a)}(\lambda) \in \boldsymbol{L}_N$. 而 $\mathbf{0} \leqslant \boldsymbol{\eta}^{(b)}(\lambda) \in \boldsymbol{L}_N$ 由定义式及定理4.2.1可得.

(ⅱ) 前一式由 $\eta_{aj}(\lambda)$ 的定义式及 $g_{bj}(\lambda) = \eta_{bj}(\lambda)$ 立得,而后一式的右边等于

$$r_{ba}(\lambda)r_{aa}^{-1}(\lambda)(r_{aj}(\lambda) - r_{ab}(\lambda)g_{bj}(\lambda)) + r_{bb}(\lambda)g_{bj}(\lambda)$$
$$= r_{ba}(\lambda)r_{aa}^{-1}(\lambda)r_{aj}(\lambda) + (r_{bb}(\lambda) - r_{ba}(\lambda)r_{aa}^{-1}(\lambda)r_{ab}(\lambda))g_{bj}(\lambda)$$
$$= \tilde{\xi}_{ba}(\lambda)r_{ab}(\lambda)\tilde{\eta}_{aj}(\lambda) + \tilde{\psi}_{bb}(\lambda)g_{bj}(\lambda)$$
$$= r_{bj}(\lambda)$$

引理4.3.3 若令

$$\xi_{ja}(\lambda) = r_{aa}^{-1}(\lambda)(r_{ja}(\lambda) - f_{jb}(\lambda)r_{ba}(\lambda)), j \in N, \lambda > 0$$
$$\xi_{jb}(\lambda) = f_{jb}(\lambda), j \in N, \lambda > 0$$
$$\boldsymbol{\xi}^{(a)}(\lambda) = (\xi_{ja}(\lambda); j \in N)^{\mathrm{T}}, \boldsymbol{\xi}^{(b)}(\lambda) = (\xi_{jb}(\lambda); j \in N)^{\mathrm{T}}$$

则有

(ⅰ) $\mathbf{0} \leqslant \boldsymbol{\xi}^{(a)}(\lambda) \in \boldsymbol{M}_N, \mathbf{0} \leqslant \boldsymbol{\xi}^{(b)}(\lambda) \in \boldsymbol{M}_N$.

(ⅱ) $r_{ja}(\lambda) = \xi_{ja}(\lambda) r_{aa}(\lambda) + \xi_{jb}(\lambda) r_{ba}(\lambda)$,

$r_{jb}(\lambda) = \xi_{ja}(\lambda) r_{ab}(\lambda) + \xi_{jb}(\lambda) r_{bb}(\lambda)$.

证明 (ⅰ) 由引理4.3.1的式(ⅱ)知$\boldsymbol{\xi}^{(a)}(\lambda) \geqslant \mathbf{0}$. $\boldsymbol{\xi}^{(a)}(\lambda) \in \boldsymbol{M}_N$,由$\boldsymbol{r}_{ja}(\lambda) \in \boldsymbol{M}_E$可得. $0 \leqslant \boldsymbol{\xi}^{(b)}(\lambda) \in \boldsymbol{M}_N$,则由定义及定理4.2.1可得.

(ⅱ) 前一式由$\xi_{ja}(\lambda)$的定义式及$\xi_{jb}(\lambda) = f_{jb}(\lambda)$得到,而后一式的右边等于

$$
\begin{aligned}
&r_{aa}^{-1}(\lambda)(r_{ja}(\lambda) - f_{jb}(\lambda) r_{ba}(\lambda)) r_{ab}(\lambda) + f_{jb}(\lambda) r_{bb}(\lambda) \\
&\quad = r_{ja}(\lambda) r_{aa}^{-1}(\lambda) r_{ab}(\lambda) + f_{jb}(\lambda)(r_{bb}(\lambda) - \\
&\qquad r_{ba}(\lambda) r_{aa}^{-1}(\lambda) r_{ab}(\lambda)) \\
&\quad = \tilde{\xi}_{jb}(\lambda) r_{aa}(\lambda) \tilde{\eta}_{ab}(\lambda) + f_{jb}(\lambda) \tilde{\psi}_{bb}(\lambda) \\
&\quad = \tilde{\xi}_{jb}(\lambda) r_{aa}(\lambda) \tilde{\eta}_{ab}(\lambda) + \tilde{\psi}_{jb}(\lambda) = r_{jb}(\lambda)
\end{aligned}
$$

为了叙述方便,引入记号

$$
\boldsymbol{\eta}(\lambda) = \begin{pmatrix} \boldsymbol{\eta}^{(a)}(\lambda) \\ \boldsymbol{\eta}^{(b)}(\lambda) \end{pmatrix}, \boldsymbol{\xi}(\lambda) = (\boldsymbol{\xi}^{(a)}(\lambda), \boldsymbol{\xi}^{(b)}(\lambda))
$$

$$
\boldsymbol{A}(\lambda) = \begin{pmatrix} r_{aa}(\lambda) r_{ab}(\lambda) \\ r_{ba}(\lambda) r_{bb}(\lambda) \end{pmatrix}
$$

那么上述各引理可统一在下面一个定理中.

定理4.3.1 设$\boldsymbol{R}(\lambda)$是定义于$E = \{a\} \cup \{b\} \cup N$上的$\boldsymbol{Q}$过程,则$\boldsymbol{R}(\lambda)$必可表示为

$$
\boldsymbol{R}(\lambda) = \begin{pmatrix} \mathbf{0} & \mathbf{0} \\ \mathbf{0} & \boldsymbol{\Psi}(\lambda) \end{pmatrix} + \begin{pmatrix} \boldsymbol{A}(\lambda) & \boldsymbol{A}(\lambda)\boldsymbol{\eta}(\lambda) \\ \boldsymbol{\xi}(\lambda)\boldsymbol{A}(\lambda) & \boldsymbol{\xi}(\lambda)\boldsymbol{A}(\lambda)\boldsymbol{\eta}(\lambda) \end{pmatrix} \tag{4.3.5}
$$

其中：

（ⅰ）$\boldsymbol{\Psi}(\lambda)$ 是 $\boldsymbol{Q}_N$ 过程.

（ⅱ）$\boldsymbol{\eta}(\lambda)$ 是非负,可和的 N 上的二维行向量.

（ⅲ）$\boldsymbol{\xi}(\lambda)$ 是非负,有界的 N 上的二维列向量.

证明　只需证明任意 $i,j\in N$ 有

$$r_{ij}(\lambda)=\psi_{ij}(\lambda)+\xi_{ia}(\lambda)r_{aa}(\lambda)\eta_{aj}(\lambda)+\xi_{ia}(\lambda)r_{ab}(\lambda)\eta_{bj}(\lambda)+\xi_{ib}(\lambda)r_{ba}(\lambda)\eta_{aj}(\lambda)+\xi_{ib}(\lambda)r_{bb}(\lambda)\eta_{bj}(\lambda)$$

因为其他各项已在引理4.3.2及引理4.3.3及本节开头时的式(4.3.1)至式(4.3.4)而得到,而上式右边等于

$$\begin{aligned}&\psi_{ij}(\lambda)+\xi_{ia}(\lambda)r_{aj}(\lambda)+\xi_{ib}(\lambda)r_{bj}(\lambda)\\=&\psi_{ij}(\lambda)+\xi_{ia}(\lambda)r_{aj}(\lambda)+\xi_{ib}(\lambda)(\widetilde{\psi}_{bj}(\lambda)+r_{ba}(\lambda)r_{aa}^{-1}(\lambda)r_{aj}(\lambda))\\=&\psi_{ij}(\lambda)+\xi_{ib}(\lambda)\widetilde{\psi}_{bj}(\lambda)+(\xi_{ia}(\lambda)+\xi_{ib}(\lambda)r_{ba}(\lambda)r_{aa}^{-1}(\lambda))r_{aj}(\lambda)\\=&\psi_{ij}(\lambda)+f_{ib}(\lambda)\widetilde{\psi}_{bj}(\lambda)+(\xi_{ia}(\lambda)+f_{ib}(\lambda)r_{ba}(\lambda)r_{aa}^{-1}(\lambda))r_{aj}(\lambda)\\=&\widetilde{\psi}_{ij}(\lambda)+(\xi_{ia}(\lambda)+r_{ia}(\lambda)r_{aa}^{-1}(\lambda)-\xi_{ia}(\lambda))r_{aj}(\lambda)\\=&\widetilde{\psi}_{ij}(\lambda)+r_{ia}(\lambda)r_{aa}^{-1}(\lambda)r_{aj}(\lambda)=r_{ij}(\lambda)\end{aligned}$$

在进一步分析 $\boldsymbol{R}(\lambda)$ 的性质之前,首先注意一个简单事实:即上面引入的 $\boldsymbol{A}(\lambda)$ 具有逆矩阵,其实我们有更强的事实

$$|\boldsymbol{A}(\lambda)|>0,\ \forall\lambda>0$$

即

$$r_{aa}(\lambda)r_{bb}(\lambda)-r_{ab}(\lambda)r_{ba}(\lambda)>0,\forall\lambda>0$$

这可由一维分解定理而得到,按照式(4.3.1)可得

$$r_{bb}(\lambda)-r_{ba}(\lambda)r_{aa}^{-1}(\lambda)r_{ab}(\lambda)=\widetilde{\psi}_{bb}(\lambda)$$

但 $\widetilde{\psi}_{bb}(\lambda)>0$,再顾及到 $r_{aa}(\lambda)>0$ 就得到 $|\boldsymbol{A}(\lambda)|>0$.

引理 4.3.4　设 $\boldsymbol{R}(\lambda)$ 形如(4.3.5),则 $\boldsymbol{R}(\lambda)$ 满足预解方程

$$\boldsymbol{R}(\lambda)-\boldsymbol{R}(\mu)=(\mu-\lambda)\boldsymbol{R}(\lambda)\boldsymbol{R}(\mu),\lambda,\mu>0 \tag{4.3.6}$$

的充分必要条件为如下四条同时成立

$$\boldsymbol{A}(\lambda)-\boldsymbol{A}(\mu)=(\mu-\lambda)\boldsymbol{A}(\lambda)\boldsymbol{A}(\mu)+(\mu-\lambda)\boldsymbol{A}(\lambda)\boldsymbol{\eta}(\lambda)\boldsymbol{\xi}(\mu)\boldsymbol{A}(\mu),\lambda,\mu>0 \tag{4.3.7}$$

$$\boldsymbol{\eta}(\lambda)-\boldsymbol{\eta}(\mu)=(\mu-\lambda)\boldsymbol{\eta}(\lambda)\boldsymbol{\Psi}(\mu),\lambda,\mu>0 \tag{4.3.8}$$

$$\boldsymbol{\xi}(\lambda)-\boldsymbol{\xi}(\mu)=(\mu-\lambda)\boldsymbol{\Psi}(\lambda)\boldsymbol{\xi}(\mu),\lambda,\mu>0 \tag{4.3.9}$$

$$\boldsymbol{\Psi}(\lambda)-\boldsymbol{\Psi}(\mu)=(\mu-\lambda)\boldsymbol{\Psi}(\lambda)\boldsymbol{\Psi}(\mu),\lambda,\mu>0 \tag{4.3.10}$$

证明　若(4.3.6)成立,将(4.3.5)代入可得它等价于如下四式同时成立

$$\boldsymbol{A}(\lambda)-\boldsymbol{A}(\mu)=(\mu-\lambda)\boldsymbol{A}(\lambda)\boldsymbol{A}(\mu)+(\mu-\lambda)\boldsymbol{A}(\lambda)\boldsymbol{\eta}(\lambda)\boldsymbol{\xi}(\mu)\boldsymbol{A}(\mu)$$

$$\boldsymbol{A}(\lambda)\boldsymbol{\eta}(\lambda)-\boldsymbol{A}(\mu)\boldsymbol{\eta}(\mu)=(\mu-\lambda)\boldsymbol{A}(\lambda)\boldsymbol{\eta}(\lambda)\boldsymbol{\Psi}(\mu)+(\mu-\lambda)\boldsymbol{A}(\lambda)\boldsymbol{A}(\mu)\boldsymbol{\eta}(\mu)+(\mu-\lambda)\boldsymbol{A}(\lambda)\boldsymbol{\eta}(\lambda)\boldsymbol{\xi}(\mu)\boldsymbol{A}(\mu)\boldsymbol{\eta}(\mu)$$

$$\boldsymbol{\xi}(\lambda)\boldsymbol{A}(\lambda)-\boldsymbol{\xi}(\mu)\boldsymbol{A}(\mu)=(\mu-\lambda)\boldsymbol{\Psi}(\lambda)\boldsymbol{\xi}(\mu)\boldsymbol{A}(\mu)+(\mu-\lambda)\boldsymbol{\xi}(\lambda)\boldsymbol{A}(\lambda)\boldsymbol{A}(\mu)+$$

$(\mu-\lambda)\boldsymbol{\xi}(\lambda)\boldsymbol{A}(\lambda)\boldsymbol{\eta}(\lambda)\boldsymbol{\xi}(\mu)\boldsymbol{A}(\mu)$

$$\boldsymbol{\Psi}(\lambda)-\boldsymbol{\Psi}(\mu)+\boldsymbol{\xi}(\lambda)\boldsymbol{A}(\lambda)\boldsymbol{\eta}(\lambda)-\boldsymbol{\xi}(\mu)\boldsymbol{A}(\mu)\boldsymbol{\eta}(\mu)=$$
$$(\mu-\lambda)\boldsymbol{\Psi}(\lambda)\boldsymbol{\Psi}(\mu)+(\mu-\lambda)\boldsymbol{\Psi}(\lambda)\boldsymbol{\xi}(\mu)\boldsymbol{A}(\mu)\boldsymbol{\eta}(\mu)+$$
$$(\mu-\lambda)\boldsymbol{\xi}(\lambda)\boldsymbol{A}(\lambda)\boldsymbol{\eta}(\lambda)\boldsymbol{\Psi}(\mu)+$$
$$(\mu-\lambda)\boldsymbol{\xi}(\lambda)\boldsymbol{A}(\lambda)\boldsymbol{A}(\mu)\boldsymbol{\eta}(\mu)+$$
$$(\mu-\lambda)\boldsymbol{\xi}(\lambda)\boldsymbol{A}(\lambda)\boldsymbol{\eta}(\lambda)\boldsymbol{\xi}(\mu)\boldsymbol{A}(\mu)\boldsymbol{\eta}(\mu)$$

将第一式代入其他三式,知又等价于如下四式同时成立

$$\boldsymbol{A}(\lambda)-\boldsymbol{A}(\mu)=$$
$$(\mu-\lambda)\boldsymbol{A}(\lambda)\boldsymbol{A}(\mu)+(\mu-\lambda)\boldsymbol{A}(\lambda)\boldsymbol{\eta}(\lambda)\boldsymbol{\xi}(\mu)\boldsymbol{A}(\mu)$$

$$\boldsymbol{A}(\lambda)\boldsymbol{\eta}(\lambda)-\boldsymbol{A}(\lambda)\boldsymbol{\eta}(\mu)=(\mu-\lambda)\boldsymbol{A}(\lambda)\boldsymbol{\eta}(\lambda)\boldsymbol{\Psi}(\mu) \tag{4.3.11}$$

$$\boldsymbol{\xi}(\lambda)\boldsymbol{A}(\mu)-\boldsymbol{\xi}(\mu)\boldsymbol{A}(\mu)=(\mu-\lambda)\boldsymbol{\Psi}(\lambda)\boldsymbol{\xi}(\mu)\boldsymbol{A}(\mu) \tag{4.3.12}$$

$$\boldsymbol{\xi}(\lambda)\boldsymbol{A}(\lambda)\boldsymbol{\eta}(\lambda)-\boldsymbol{\xi}(\mu)\boldsymbol{A}(\mu)\boldsymbol{\eta}(\mu)+\boldsymbol{\Psi}(\lambda)-\boldsymbol{\Psi}(\mu)$$
$$=(\mu-\lambda)\boldsymbol{\Psi}(\lambda)\boldsymbol{\Psi}(\mu)+\boldsymbol{\xi}(\lambda)\boldsymbol{A}(\lambda)(\boldsymbol{\eta}(\mu)+$$
$$(\mu-\lambda)\boldsymbol{\eta}(\lambda)\boldsymbol{\Psi}(\mu))-(\boldsymbol{\xi}(\lambda)+$$
$$(\lambda-\mu)\boldsymbol{\Psi}(\lambda)\boldsymbol{\xi}(\mu))\boldsymbol{A}(\mu)\boldsymbol{\eta}(\mu)$$

注意到 $\boldsymbol{A}^{-1}(\lambda)$ 的存在性,将(4.3.11) 左乘 $\boldsymbol{A}^{-1}(\lambda)$,(4.3.12) 右乘 $\boldsymbol{A}^{-1}(\mu)$,并将所得结果代入最后一式就得到(4.3.7),(4.3.8),(4.3.9) 及(4.3.10) 同时成立. 反之,若(4.3.7) 至(4.3.10) 同时成立则逆转上述推证. 易证(4.3.6) 成立.

显然,引理4.3.4 的证明仅仅用到 $\boldsymbol{A}^{-1}(\lambda)$ 存在的事实,因而这个引理对一般多维情况的证明可以一字不改.

引理 4.3.5 设 $\boldsymbol{R}(\lambda)$ 形如(4.3.5),则 $\boldsymbol{R}(\lambda)$ 满

足范条件

$$\lambda \boldsymbol{R}(\lambda)\mathbf{1} \leqslant \mathbf{1} \tag{4.3.13}$$

的充分必要条件为如下两条件同时成立：

$$\lambda \boldsymbol{A}(\lambda)\mathbf{1} + \lambda \boldsymbol{A}(\lambda)\boldsymbol{\eta}(\lambda)\mathbf{1} \leqslant \mathbf{1} \tag{4.3.14}$$

$$\boldsymbol{\xi}(\lambda)\mathbf{1} + \lambda \boldsymbol{\Psi}(\lambda)\mathbf{1} \leqslant \mathbf{1} \tag{4.3.15}$$

且 $\boldsymbol{R}(\lambda)$ 不中断当且仅当(4.3.14) 及(4.3.15) 成立等号.

证明　若(4.3.13) 成立,则由(4.3.5) 知必有

$$\lambda \boldsymbol{A}(\lambda)\mathbf{1} + \lambda \boldsymbol{A}(\lambda)\boldsymbol{\eta}(\lambda)\mathbf{1} \leqslant \mathbf{1} \tag{4.3.16}$$

$$\lambda \boldsymbol{\xi}(\lambda)\boldsymbol{A}(\lambda)\mathbf{1} + \lambda \boldsymbol{\Psi}(\lambda)\mathbf{1} + \lambda \boldsymbol{\xi}(\lambda)\boldsymbol{A}(\lambda)\boldsymbol{\eta}(\lambda)\mathbf{1} \leqslant \mathbf{1}$$

令

$$\boldsymbol{D}_1(\lambda) = \begin{pmatrix} d_a(\lambda) \\ d_b(\lambda) \end{pmatrix}, \quad \boldsymbol{D}_2(\lambda) = \begin{pmatrix} d_1(\lambda) \\ d_2(\lambda) \\ \cdots \end{pmatrix}$$

这里

$$d_a(\lambda) = 1 - \lambda \sum_{j \in E} r_{aj}(\lambda), d_b(\lambda) = 1 - \lambda \sum_{j \in E} r_{bj}(\lambda)$$

$$d_i(\lambda) = 1 - \lambda \sum_{j \in E} r_{ij}(\lambda), i \in N$$

则上面两式可写为等式形式

$$\lambda \boldsymbol{A}(\lambda)\mathbf{1} + \lambda \boldsymbol{A}(\lambda)\boldsymbol{\eta}(\lambda)\mathbf{1} + \boldsymbol{D}_1(\lambda) = \mathbf{1}$$

$$\lambda \boldsymbol{\xi}(\lambda)\boldsymbol{A}(\lambda)\mathbf{1} + \lambda \boldsymbol{\Psi}(\lambda)\mathbf{1} + \lambda \boldsymbol{\xi}(\lambda)\boldsymbol{A}(\lambda)\boldsymbol{\eta}(\lambda)\mathbf{1} + \boldsymbol{D}_2(\lambda) = \mathbf{1}$$

将前式代入后式得

$$\lambda \boldsymbol{\Psi}(\lambda)\mathbf{1} + \boldsymbol{\xi}(\lambda)\mathbf{1} = \mathbf{1} - \boldsymbol{D}_2(\lambda) + \boldsymbol{\xi}(\lambda)\boldsymbol{D}_1(\lambda) \tag{4.3.17}$$

如果

$$\boldsymbol{D}_2(\lambda) \geqslant \boldsymbol{\xi}(\lambda)\boldsymbol{D}_1(\lambda) \qquad (4.3.18)$$

成立，则由(4.3.17)立得(4.3.15)，而(4.3.14)由(4.3.16)可得，但式(4.3.18)是一般关系式

$$\begin{vmatrix} r_{aa}(\lambda) & r_{ab}(\lambda) & r_{aj}(\lambda) \\ r_{ba}(\lambda) & r_{bb}(\lambda) & r_{bj}(\lambda) \\ r_{ia}(\lambda) & r_{ib}(\lambda) & r_{ij}(\lambda) \end{vmatrix} \geqslant 0, i,j \in N; \lambda > 0$$

的推论，后者则可由定理 4.3.1 推得. 不中断性的充要条件显然.

由上述几个引理看出，若 $\boldsymbol{R}(\lambda)$ 是 $\boldsymbol{Q}$ 过程，则在(4.3.5)中定义的

$$\boldsymbol{\eta}(\lambda) = \begin{pmatrix} \boldsymbol{\eta}^{(a)}(\lambda) \\ \boldsymbol{\eta}^{(b)}(\lambda) \end{pmatrix}, \boldsymbol{\xi}(\lambda) = (\boldsymbol{\xi}^{(a)}(\lambda), \boldsymbol{\xi}^{(b)}(\lambda))$$

满足以下条件

$$\boldsymbol{\eta}^{(a)}(\lambda) \in \boldsymbol{L}_{\boldsymbol{\Psi}(\lambda)}, \boldsymbol{\eta}^{(b)}(\lambda) \in \boldsymbol{L}_{\boldsymbol{\Psi}(\lambda)}$$
$$\boldsymbol{\xi}^{(a)}(\lambda) \in \boldsymbol{M}_{\boldsymbol{\Psi}(\lambda)}, \boldsymbol{\xi}^{(b)}(\lambda) \in \boldsymbol{M}_{\boldsymbol{\Psi}(\lambda)} \qquad (4.3.19)$$

且

$$\boldsymbol{\xi}^{(a)}(\lambda) + \boldsymbol{\xi}^{(b)}(\lambda) \leqslant \boldsymbol{1} - \lambda\boldsymbol{\Psi}(\lambda)\boldsymbol{1} \qquad (4.3.20)$$

因而，$\boldsymbol{\eta}(\lambda)$ 的每行都是关于 $\boldsymbol{\Psi}(\lambda)$ 的广义行协调族，$\boldsymbol{\xi}(\lambda)$ 的每列都是关于 $\boldsymbol{\Psi}(\lambda)$ 的广义列协调族，进而易知 $\boldsymbol{\xi}^{(a)}(\lambda)+\boldsymbol{\xi}^{(b)}(\lambda)$ 也是关于 $\boldsymbol{\Psi}(\lambda)$ 的广列族，这样，由引理 4.1.3 知，对任意 $\boldsymbol{\eta}(\lambda) \in \boldsymbol{L}_{\boldsymbol{\Psi}(\lambda)}$ 有

$$\lambda[\boldsymbol{\eta}(\lambda), \boldsymbol{\xi}^{(a)}], \lambda[\boldsymbol{\eta}(\lambda), \boldsymbol{\xi}^{(a)} + \boldsymbol{\xi}^{(b)}]$$
$$\lambda[\boldsymbol{\eta}(\lambda), \boldsymbol{1} - \boldsymbol{\xi}^{(a)}], \lambda[\boldsymbol{\eta}(\lambda), \boldsymbol{1} - \boldsymbol{\xi}^{(a)} - \boldsymbol{\xi}^{(b)}]$$

等等都是 λ 的单调函数，故当 $\lambda \to +\infty$ 时，上述诸极限都存在，这点事实马上要用到.

为方便起见，称满足(4.3.19)及(4.3.20)的二维广义协调族 $\boldsymbol{\eta}(\lambda)$ 及 $\boldsymbol{\xi}(\lambda)$ 为关于 $\boldsymbol{\Psi}(\lambda)$ 的广义共轭二维协调对. 将记之为

$$(\boldsymbol{\eta}(\lambda),\boldsymbol{\xi}(\lambda)) \in \boldsymbol{D}^2_{\boldsymbol{\Psi}(\lambda)} \qquad (4.3.21)$$

以符号 $\lambda[\boldsymbol{\eta}(\lambda),\boldsymbol{\xi}]$ 表示二阶内积方阵，即

$$\lambda[\boldsymbol{\eta}(\lambda),\boldsymbol{\xi}] \triangleq \begin{pmatrix} \lambda[\boldsymbol{\eta}^{(a)}(\lambda),\boldsymbol{\xi}^{(a)}] & \lambda[\boldsymbol{\eta}^{(a)}(\lambda),\boldsymbol{\xi}^{(b)}] \\ \lambda[\boldsymbol{\eta}^{(b)}(\lambda),\boldsymbol{\xi}^{(a)}] & \lambda[\boldsymbol{\eta}^{(b)}(\lambda),\boldsymbol{\xi}^{(b)}] \end{pmatrix} \qquad (4.3.22)$$

类似地，我们有：若 $(\boldsymbol{\eta}(\lambda),\boldsymbol{\xi}(\lambda)) \in \boldsymbol{D}^2_{\boldsymbol{\Psi}(\lambda)}$ 则

$$(\mu-\lambda)\boldsymbol{\eta}(\lambda)\boldsymbol{\xi}(\mu) =$$

$$\begin{pmatrix} \mu[\eta^{(a)}(\mu),\xi^{(a)}]-\lambda[\eta^{(a)}(\lambda),\xi^{(a)}] & \mu[\eta^{(a)}(\mu),\xi^{(b)}]-\lambda[\eta^{(a)}(\lambda),\xi^{(b)}] \\ \mu[\eta^{(b)}(\mu),\xi^{(a)}]-\lambda[\eta^{(b)}(\lambda),\xi^{(a)}] & \mu[\eta^{(b)}(\mu),\xi^{(b)}]-\lambda[\eta^{(b)}(\lambda),\xi^{(b)}] \end{pmatrix}$$

后者我们自然可记之为

$$\mu[\boldsymbol{\eta}(\mu),\boldsymbol{\xi}] - \lambda[\boldsymbol{\eta}(\lambda),\boldsymbol{\xi}] \qquad (4.3.23)$$

这种表示方法十分方便，它形式上与一维情况相同，但注意其意义不一样了.

引理4.3.6　设 $(\boldsymbol{\eta}(\lambda),\boldsymbol{\xi}(\lambda)) \in \boldsymbol{D}^2_{\boldsymbol{\Psi}(\lambda)}$，则 $\boldsymbol{A}(\lambda)$ 满足(4.3.7)，即满足

$$\boldsymbol{A}(\lambda)-\boldsymbol{A}(\mu) = (\mu-\lambda)\boldsymbol{A}(\lambda)\boldsymbol{A}(\mu) + (\mu-\lambda)\boldsymbol{A}(\lambda)\boldsymbol{\eta}(\lambda)\boldsymbol{\xi}(\mu)\boldsymbol{A}(\mu)$$

的充要条件是：存在二阶常数方阵

$$\boldsymbol{C} = \begin{pmatrix} c_{11} & -c_{12} \\ -c_{21} & c_{22} \end{pmatrix}$$

使 $\boldsymbol{C}+\lambda\boldsymbol{I}+\lambda[\boldsymbol{\eta}(\lambda),\boldsymbol{\xi}]$ 存在逆矩阵，且

$$\boldsymbol{A}(\lambda) = (\boldsymbol{C}+\lambda\boldsymbol{I}+\lambda[\boldsymbol{\eta}(\lambda),\boldsymbol{\xi}])^{-1} \qquad (4.3.24)$$

这里 $\boldsymbol{I}$ 是二阶单位方阵 $\begin{pmatrix} 1 & 0 \\ 0 & 1 \end{pmatrix}$.

证明 由于 $\boldsymbol{A}^{-1}(\lambda)$ 存在，在(4.3.7)中左乘 $\boldsymbol{A}^{-1}(\lambda)$，右乘 $\boldsymbol{A}^{-1}(\mu)$，且注意到 $\boldsymbol{A}^{-1}(\lambda)$ 为有限维矩阵，而 $\boldsymbol{\eta}(\lambda)$，$\boldsymbol{\xi}(\mu)$ 非负，故结合律成立，得到

$$\boldsymbol{A}^{-1}(\mu)-\boldsymbol{A}^{-1}(\lambda)=(\mu-\lambda)\boldsymbol{I}+(\mu-\lambda)\boldsymbol{\eta}(\lambda)\boldsymbol{\xi}(\mu)$$

由(4.3.23)可得

$$\boldsymbol{A}^{-1}(\mu)-\mu\boldsymbol{I}-\mu[\boldsymbol{\eta}(\mu),\boldsymbol{\xi}]=\boldsymbol{A}^{-1}(\lambda)-\lambda\boldsymbol{I}-\lambda[\boldsymbol{\eta}(\lambda),\boldsymbol{\xi}]$$

与参数 λ 无关，故为常数矩阵，记之为

$$\boldsymbol{C}=\begin{pmatrix} c_{11} & -c_{12} \\ -c_{21} & c_{22} \end{pmatrix}$$

那么 $\boldsymbol{C}+\lambda\boldsymbol{I}+\lambda[\boldsymbol{\eta}(\lambda),\boldsymbol{\xi}]$ 存在逆阵，且(4.3.24)成立. 必要性证毕.

反方向推回去则得充分性.

引理 4.3.7 形如(4.3.5)的 $\boldsymbol{R}(\lambda)$ 满足连续性条件 $\lim\limits_{\lambda\to+\infty}\lambda\boldsymbol{R}(\lambda)=\boldsymbol{I}$ 当且仅当如下四式同时成立

$$\lim_{\lambda\to+\infty}\lambda\boldsymbol{A}(\lambda)=\boldsymbol{I},\ \lim_{\lambda\to+\infty}\boldsymbol{\eta}(\lambda)=\boldsymbol{0}$$

$$\lim_{\lambda\to+\infty}\boldsymbol{\xi}(\lambda)=\boldsymbol{0},\ \lim_{\lambda\to+\infty}\lambda\boldsymbol{\Psi}(\lambda)=\boldsymbol{I}$$

进一步，在上述条件下，$\boldsymbol{R}(\lambda)$ 满足 $\boldsymbol{Q}$ 条件 $\lim\limits_{\lambda\to+\infty}\lambda(\lambda\boldsymbol{R}(\lambda)-\boldsymbol{I})=\boldsymbol{Q}$ 当且仅当如下四式同时成立

$$\lim_{\lambda\to+\infty}\lambda(\lambda\boldsymbol{A}(\lambda)-\boldsymbol{1})=\boldsymbol{Q}_u,\ \lim_{\lambda\to+\infty}\lambda\boldsymbol{\eta}(\lambda)=\boldsymbol{Q}_l$$

$$\lim_{\lambda\to+\infty}\lambda\boldsymbol{\xi}(\lambda)=\boldsymbol{Q}_r,\ \lim_{\lambda\to+\infty}\lambda(\lambda\boldsymbol{\Psi}(\lambda)-\boldsymbol{I})=\boldsymbol{Q}_d$$

其中 $\boldsymbol{Q}_u$，$\boldsymbol{Q}_l$，$\boldsymbol{Q}_r$，$\boldsymbol{Q}_d$ 分别是 $\boldsymbol{Q}$ 在四个子块上的限制. 即

$$\boldsymbol{Q}=\begin{pmatrix} \boldsymbol{Q}_u & \boldsymbol{Q}_l \\ \boldsymbol{Q}_r & \boldsymbol{Q}_d \end{pmatrix}$$

证明 显然.

引理 4.3.8

$$\lim_{\lambda\to+\infty}(\lambda\boldsymbol{I}-\boldsymbol{A}^{-1}(\lambda))=\boldsymbol{Q}_u\triangleq\begin{pmatrix}q_{aa} & q_{ab}\\ q_{ba} & q_{bb}\end{pmatrix}$$

证明　易计算出

$$\lambda\boldsymbol{I}-\boldsymbol{A}^{-1}(\lambda)=\begin{pmatrix}\lambda-\dfrac{r_{bb}(\lambda)}{\Delta(\lambda)} & \dfrac{r_{ab}(\lambda)}{\Delta(\lambda)}\\ \dfrac{r_{ba}(\lambda)}{\Delta(\lambda)} & \lambda-\dfrac{r_{aa}(\lambda)}{\Delta(\lambda)}\end{pmatrix}$$

其中$\Delta(\lambda)=r_{aa}(\lambda)r_{bb}(\lambda)-r_{ab}(\lambda)r_{ba}(\lambda)=|\boldsymbol{A}(\lambda)|>0$,故

$$\lim_{\lambda\to+\infty}\frac{r_{ab}(\lambda)}{\Delta(\lambda)}=\lim_{\lambda\to+\infty}\frac{\lambda^2r_{ab}(\lambda)}{\lambda r_{aa}(\lambda)\lambda r_{bb}(\lambda)-\lambda r_{ab}(\lambda)\lambda r_{ba}(\lambda)}$$

$$=\frac{q_{ab}}{1\times1-0\times0}=q_{ab}$$

同理得

$$\lim_{\lambda\to+\infty}\frac{r_{ba}(\lambda)}{\Delta(\lambda)}=q_{ba}$$

再有

$$\lim_{\lambda\to+\infty}\left(\lambda-\frac{r_{bb}(\lambda)}{\Delta(\lambda)}\right)=$$

$$\lim_{\lambda\to+\infty}\frac{\lambda r_{aa}(\lambda)r_{bb}(\lambda)-\lambda r_{ab}(\lambda)r_{ba}(\lambda)-r_{bb}(\lambda)}{r_{aa}(\lambda)r_{bb}(\lambda)-r_{ab}(\lambda)r_{ba}(\lambda)}$$

$$=\lim_{\lambda\to+\infty}\frac{\lambda^3r_{aa}(\lambda)r_{bb}(\lambda)-\lambda^3r_{ab}(\lambda)r_{ba}(\lambda)-\lambda^2r_{bb}(\lambda)}{\lambda^2r_{aa}(\lambda)r_{bb}(\lambda)-\lambda^2r_{ab}(\lambda)r_{ba}(\lambda)}$$

$$=\lim_{\lambda\to+\infty}\frac{\lambda^2r_{bb}(\lambda)(\lambda r_{aa}(\lambda)-1)-\lambda^2r_{ab}(\lambda)r_{ba}(\lambda)}{\lambda r_{aa}(\lambda)\lambda r_{bb}(\lambda)-\lambda r_{ab}(\lambda)\lambda r_{ba}(\lambda)}$$

$$=\lim_{\lambda\to+\infty}\frac{\lambda r_{bb}(\lambda)\lambda(\lambda r_{aa}(\lambda)-1)-\lambda^2r_{ab}(\lambda)\lambda r_{ba}(\lambda)}{\lambda r_{aa}(\lambda)\lambda r_{bb}(\lambda)-\lambda r_{ab}(\lambda)\lambda r_{ba}(\lambda)}$$

$$= \frac{1 \times q_{aa} - q_{ab} \times 0}{1 \times 1 - 0 \times 0} = q_{aa}$$

同理得

$$\lim_{\lambda \to +\infty} \left(\lambda - \frac{r_{aa}(\lambda)}{\Delta(\lambda)} \right) = q_{bb}$$

下面再对引理4.3.6中得到的常数矩阵 $\boldsymbol{C}$ 作进一步刻画.

引理4.3.9 设 $\boldsymbol{R}(\lambda)$ 是 $\boldsymbol{Q}$ 过程,则由引理4.3.6中得到的常数矩阵 $\boldsymbol{C} = \begin{pmatrix} c_{11} & -c_{12} \\ -c_{21} & c_{22} \end{pmatrix}$ 有如下性质:

(ⅰ) $c_{ij} \geqslant 0 (i,j = 1,2)$.

(ⅱ) $c_{12} = q_{ab} + \lim\limits_{\lambda \to +\infty} \lambda [\boldsymbol{\eta}^{(a)}(\lambda), \boldsymbol{\xi}^{(b)}] \geqslant \lambda [\boldsymbol{\eta}^{(a)}(\lambda), \boldsymbol{\xi}^{(b)}] \quad (\lambda > 0)$.

$c_{21} = q_{ba} + \lim\limits_{\lambda \to +\infty} \lambda [\boldsymbol{\eta}^{(b)}(\lambda), \boldsymbol{\xi}^{(a)}] \geqslant \lambda [\boldsymbol{\eta}^{(b)}(\lambda), \boldsymbol{\xi}^{(a)}] \quad (\lambda > 0)$.

(ⅲ) $c_{11} \geqslant c_{12} + \lim\limits_{\lambda \to +\infty} \lambda [\boldsymbol{\eta}^{(a)}(\lambda), \boldsymbol{1} - \boldsymbol{\xi}^{(a)} - \boldsymbol{\xi}^{(b)}] = q_{ab} + \lim\limits_{\lambda \to +\infty} \lambda [\boldsymbol{\eta}^{(a)}(\lambda), \boldsymbol{1} - \boldsymbol{\xi}^{(a)}]$.

$$c_{22} \geqslant c_{21} + \lim_{\lambda \to +\infty} \lambda [\boldsymbol{\eta}^{(b)}(\lambda), \boldsymbol{1} - \boldsymbol{\xi}^{(a)} - \boldsymbol{\xi}^{(b)}] = q_{ba} + \lim_{\lambda \to +\infty} \lambda [\boldsymbol{\eta}^{(b)}(\lambda), \boldsymbol{1} - \boldsymbol{\xi}^{(b)}]$$

从而 $\lim\limits_{\lambda \to +\infty} \lambda [\boldsymbol{\eta}^{(a)}(\lambda), \boldsymbol{1} - \boldsymbol{\xi}^{(a)}]$ 及 $\lim\limits_{\lambda \to +\infty} \lambda [\boldsymbol{\eta}^{(b)}(\lambda), \boldsymbol{1} - \boldsymbol{\xi}^{(b)}]$ 均应为有限数.

(ⅳ) $c_{11} + \lim\limits_{\lambda \to +\infty} \lambda [\boldsymbol{\eta}^{(a)}(\lambda), \boldsymbol{\xi}^{(a)}] = q_a$

$$c_{22} + \lim_{\lambda \to +\infty} \lambda [\boldsymbol{\eta}^{(b)}(\lambda), \boldsymbol{\xi}^{(b)}] = q_b$$

从而,若 a 为瞬时状态,应有

$$\lim_{\lambda \to +\infty} \lambda [\boldsymbol{\eta}^{(a)}(\lambda), \boldsymbol{\xi}^{(a)}] = +\infty$$

或等价地

$$\lim_{\lambda \to +\infty} \lambda \boldsymbol{\eta}^{(a)}(\lambda)\mathbf{1} = +\infty$$

若 a 为稳定态,应有

$$\lim_{\lambda \to +\infty} \lambda [\boldsymbol{\eta}^{(a)}(\lambda), \boldsymbol{\xi}^{(a)}] \leqslant q_a < \infty$$

同样对状态 b 有相同的结论.

最后,若 $\boldsymbol{R}(\lambda)$ 不中断,则(ⅲ)中的不等式应改为等式.

证明　由于 $\boldsymbol{R}(\lambda)$ 是 $\boldsymbol{Q}$ 过程,必满足范条件,故由引理 4.3.5 有

$$\lambda \boldsymbol{A}(\lambda)\mathbf{1} + \lambda \boldsymbol{A}(\lambda)\boldsymbol{\eta}(\lambda)\mathbf{1} + \boldsymbol{D}_1(\lambda) = \mathbf{1}$$

左乘 $\boldsymbol{A}^{-1}(\lambda)$ 后得

$$\lambda \mathbf{1} + \lambda \boldsymbol{\eta}(\lambda)\mathbf{1} = \boldsymbol{A}^{-1}(\lambda)\mathbf{1} - \boldsymbol{A}^{-1}(\lambda)\boldsymbol{D}_1(\lambda) \tag{4.3.25}$$

易证明

$$\boldsymbol{A}^{-1}(\lambda)\boldsymbol{D}_1(\lambda) \geqslant \mathbf{0} \tag{4.3.26}$$

事实上,它就是

$$\frac{1}{\Delta(\lambda)}\begin{pmatrix} r_{bb}(\lambda) & -r_{ab}(\lambda) \\ -r_{ba}(\lambda) & r_{aa}(\lambda) \end{pmatrix}\begin{pmatrix} d_a(\lambda) \\ d_b(\lambda) \end{pmatrix} \geqslant \begin{pmatrix} 0 \\ 0 \end{pmatrix}$$

而由于 $\Delta(\lambda) = |A(\lambda)| > 0$,故它等价于

$$r_{bb}(\lambda)d_a(\lambda) \geqslant r_{ab}(\lambda)d_b(\lambda)$$

及

$$r_{aa}(\lambda)d_b(\lambda) \geqslant r_{ba}(\lambda)d_a(\lambda)$$

由推论 4.2.1 这两式成立,这就得证(4.3.26),从而由(4.3.25)得

$$\lambda \mathbf{1} + \lambda \boldsymbol{\eta}(\lambda)\mathbf{1} \leqslant \boldsymbol{A}^{-1}(\lambda)\mathbf{1}$$

但由引理 4.3.6 知

$$\boldsymbol{A}^{-1}(\lambda) = \boldsymbol{C} + \lambda\boldsymbol{I} + \lambda[\boldsymbol{\eta}(\lambda),\boldsymbol{\xi}]$$

故得到

$$\lambda\mathbf{1} + \lambda\boldsymbol{\eta}(\lambda)\mathbf{1} \leqslant \boldsymbol{C}\mathbf{1} + \lambda\mathbf{1} + \lambda[\boldsymbol{\eta}(\lambda),\boldsymbol{\xi}]\mathbf{1}$$

写成分量形式即为

$$\begin{cases}\lambda\boldsymbol{\eta}^{(a)}(\lambda)\mathbf{1} \leqslant c_{11} - c_{12} + \lambda[\boldsymbol{\eta}^{(a)}(\lambda),\boldsymbol{\xi}^{(a)} + \boldsymbol{\xi}^{(b)}] \\ \lambda\boldsymbol{\eta}^{(b)}(\lambda)\mathbf{1} \leqslant c_{22} - c_{21} + \lambda[\boldsymbol{\eta}^{(b)}(\lambda),\boldsymbol{\xi}^{(a)} + \boldsymbol{\xi}^{(b)}]\end{cases}$$

且当 $\boldsymbol{R}(\lambda)$ 不中断时,上述两式成立等号,这就得到

$$c_{11} \geqslant c_{12} + \lambda[\boldsymbol{\eta}^{(a)}(\lambda),\mathbf{1} - \boldsymbol{\xi}^{(a)} - \boldsymbol{\xi}^{(b)}],\lambda > 0$$

$$c_{22} \geqslant c_{21} + \lambda[\boldsymbol{\eta}^{(b)}(\lambda),\mathbf{1} - \boldsymbol{\xi}^{(a)} - \boldsymbol{\xi}^{(b)}],\lambda > 0$$

注意到 $\lambda[\boldsymbol{\eta}^{(a)}(\lambda),\mathbf{1} - \boldsymbol{\xi}^{(a)} - \boldsymbol{\xi}^{(b)}]$ 及 $\lambda[\boldsymbol{\eta}^{(b)}(\lambda),\mathbf{1} - \boldsymbol{\xi}^{(a)} - \boldsymbol{\xi}^{(b)}]$ 都是 $\lambda > 0$ 的单调增函数,而 c_{11},c_{22} 为常数,故必有

$$c_{11} \geqslant c_{12} + \lim_{\lambda\to+\infty}\lambda[\boldsymbol{\eta}^{(a)}(\lambda),\mathbf{1} - \boldsymbol{\xi}^{(a)} - \boldsymbol{\xi}^{(b)}]$$

$$c_{22} \geqslant c_{21} + \lim_{\lambda\to+\infty}\lambda[\boldsymbol{\eta}^{(b)}(\lambda),\mathbf{1} - \boldsymbol{\xi}^{(a)} - \boldsymbol{\xi}^{(b)}]$$

(ⅲ)的前半部不等式得证,再由引理 4.3.8 知

$$\lim_{\lambda\to+\infty}(\lambda\boldsymbol{I} - \boldsymbol{A}^{-1}(\lambda)) = \begin{pmatrix} q_{aa} & q_{ab} \\ q_{ba} & q_{bb}\end{pmatrix}$$

及

$$\boldsymbol{A}^{-1}(\lambda) = \boldsymbol{C} + \lambda\boldsymbol{I} + \lambda[\boldsymbol{\eta}(\lambda),\boldsymbol{\xi}]$$

得

$$\boldsymbol{C} + \lim_{\lambda\to+\infty}\lambda[\boldsymbol{\eta}(\lambda),\boldsymbol{\xi}] = \begin{pmatrix} -q_{aa} & -q_{ab} \\ -q_{ba} & -q_{bb}\end{pmatrix}$$

即

$$\begin{pmatrix} c_{11} & -c_{12} \\ -c_{21} & c_{22}\end{pmatrix} + \lim_{\lambda\to+\infty}\begin{pmatrix}\lambda[\boldsymbol{\eta}^{(a)}(\lambda),\boldsymbol{\xi}^{(a)}] & \lambda[\boldsymbol{\eta}^{(a)}(\lambda),\boldsymbol{\xi}^{(b)}] \\ \lambda[\boldsymbol{\eta}^{(b)}(\lambda),\boldsymbol{\xi}^{(a)}] & \lambda[\boldsymbol{\eta}^{(b)}(\lambda),\boldsymbol{\xi}^{(b)}]\end{pmatrix} =$$

$$\begin{pmatrix} q_a & -q_{ab} \\ -q_{ba} & q_b \end{pmatrix}$$

这得到(ⅱ)及(ⅳ),进而又得到(ⅲ)的后半部等式.(ⅰ)则是(ⅱ)及(ⅲ)的推论,其他结论已显然成立.

现在可以统一得到下述定理了.

定理4.3.2　设$\boldsymbol{R}(\lambda)$是定义在E上的$\boldsymbol{Q}$过程,任取$a \neq b \in E$.令$N = E - \{a,b\}$,则$\boldsymbol{R}(\lambda)$必可表示为形式

$$\boldsymbol{R}(\lambda) = \begin{pmatrix} \mathbf{0} & \mathbf{0} \\ \mathbf{0} & \boldsymbol{\Psi}(\lambda) \end{pmatrix} + \begin{pmatrix} \boldsymbol{A}(\lambda) & \boldsymbol{A}(\lambda)\boldsymbol{\eta}(\lambda) \\ \boldsymbol{\xi}(\lambda)\boldsymbol{A}(\lambda) & \boldsymbol{\xi}(\lambda)\boldsymbol{A}(\lambda)\boldsymbol{\eta}(\lambda) \end{pmatrix}$$

其中

(ⅰ)$\boldsymbol{\Psi}(\lambda)$是$\boldsymbol{Q}_N$过程,$\boldsymbol{Q}_N = (q_{ij}, i,j \in N)$是$\boldsymbol{Q}$在$N$上的限制.

(ⅱ)$(\boldsymbol{\eta}(\lambda), \boldsymbol{\xi}(\lambda)) \in \boldsymbol{D}^2_{\boldsymbol{\Psi}(\lambda)}$,且$\lim\limits_{\lambda \to +\infty} \lambda(\boldsymbol{\eta}(\lambda), \boldsymbol{\xi}(\lambda)) = (\boldsymbol{e}, \boldsymbol{\varepsilon})$.这里

$$\boldsymbol{e} = \begin{pmatrix} \boldsymbol{e}^{(a)} \\ \boldsymbol{e}^{(b)} \end{pmatrix} = \begin{pmatrix} q_{aj}; j \in N \\ q_{bj}; j \in N \end{pmatrix}$$

$$\boldsymbol{\varepsilon} = (\boldsymbol{\varepsilon}^{(a)}, \boldsymbol{\varepsilon}^{(b)}) = (q_{ja}, q_{jb}; j \in N)$$

(ⅲ) $\lim\limits_{\lambda \to +\infty} \lambda[\boldsymbol{\eta}^{(a)}(\lambda), \mathbf{1} - \boldsymbol{\xi}^{(a)}] < +\infty$

$\lim\limits_{\lambda \to +\infty} \lambda[\boldsymbol{\eta}^{(b)}(\lambda), \mathbf{1} - \boldsymbol{\xi}^{(b)}] < +\infty$

(ⅳ)存在与λ无关的常数矩阵$\boldsymbol{C} = \begin{pmatrix} c_{11} & -c_{12} \\ -c_{21} & c_{22} \end{pmatrix}$,使得$\boldsymbol{C} + \lambda \boldsymbol{I} + \lambda[\boldsymbol{\eta}(\lambda), \boldsymbol{\xi}]$存在逆矩阵,其逆矩阵恰为$\boldsymbol{R}(\lambda)$在$\{a,b\}$上的限制$\boldsymbol{A}(\lambda)$,即

$$\boldsymbol{A}(\lambda) = (\boldsymbol{C} + \lambda \boldsymbol{I} + \lambda[\boldsymbol{\eta}(\lambda), \boldsymbol{\xi}])^{-1}$$

常数矩阵 $\boldsymbol{C} = \begin{pmatrix} c_{11} & -c_{12} \\ -c_{21} & c_{22} \end{pmatrix}$ 有性质

$$c_{12} = q_{ab} + \lim_{\lambda \to +\infty} \lambda [\boldsymbol{\eta}^{(a)}(\lambda), \boldsymbol{\xi}^{(b)}] \geqslant 0$$

$$c_{21} = q_{ba} + \lim_{\lambda \to +\infty} \lambda [\boldsymbol{\eta}^{(b)}(\lambda), \boldsymbol{\xi}^{(a)}] \geqslant 0$$

$$c_{11} \geqslant c_{12} + \lim_{\lambda \to +\infty} \lambda [\boldsymbol{\eta}^{(a)}(\lambda), \mathbf{1} - \boldsymbol{\xi}^{(a)} - \boldsymbol{\xi}^{(b)}] \geqslant 0 \tag{4.3.27}$$

$$c_{22} \geqslant c_{21} + \lim_{\lambda \to +\infty} \lambda [\boldsymbol{\eta}^{(b)}(\lambda), \mathbf{1} - \boldsymbol{\xi}^{(a)} - \boldsymbol{\xi}^{(b)}] \geqslant 0 \tag{4.3.28}$$

(ⅴ) 若 a 瞬时,则 $\lim_{\lambda \to +\infty} \lambda [\boldsymbol{\eta}^{(a)}(\lambda), \boldsymbol{\xi}^{(a)}] = +\infty$,等价地 $\lim_{\lambda \to +\infty} \lambda [\boldsymbol{\eta}^{(a)}(\lambda), \mathbf{1}] = +\infty$.

若 a 稳定, 则 $\lim_{\lambda \to +\infty} \lambda [\boldsymbol{\eta}^{(a)}(\lambda), \boldsymbol{\xi}^{(a)}] < +\infty$, 且 $c_{11} + \lim_{\lambda \to +\infty} \lambda [\boldsymbol{\eta}^{(a)}(\lambda), \boldsymbol{\xi}^{(a)}] = q_a$.

对状态 b 有类似结论.

(ⅵ) 若 $\boldsymbol{R}(\lambda)$ 不中断,则进一步有

$$\boldsymbol{\xi}(\lambda)\mathbf{1} = \boldsymbol{\xi}^{(a)}(\lambda) + \boldsymbol{\xi}^{(b)}(\lambda) = \mathbf{1} - \lambda \boldsymbol{\Psi}(\lambda)\mathbf{1}$$

且(4.3.27) 及(4.3.28) 成立等号,此时 $\lambda[\boldsymbol{\eta}^{(a)}(\lambda), \mathbf{1} - \boldsymbol{\xi}^{(a)} - \boldsymbol{\xi}^{(b)}]$ 及 $\lambda[\boldsymbol{\eta}^{(b)}(\lambda), \mathbf{1} - \boldsymbol{\xi}^{(a)} - \boldsymbol{\xi}^{(b)}]$ 均为与 λ 无关的有限数.

最后,上述形式的分解是唯一的.

证明　分解的唯一性由 $\boldsymbol{A}(\lambda)$ 可逆立得,其他各项结论见定理 4.3.1 至引理 4.3.9 的证明.

定理 4.3.3　设 $\boldsymbol{Q}$ 是 $E = \{a, b\} \cup N$ 上的一个拟 $\boldsymbol{Q}$ - 矩阵($a \neq b$),如果存在一 $\boldsymbol{Q}_N$ 过程 $\boldsymbol{\Psi}(\lambda)$ 及二维广义共轭协调对

$$(\boldsymbol{\eta}(\lambda),\boldsymbol{\xi}(\lambda)) \in \boldsymbol{D}^2_{\boldsymbol{\Psi}(\lambda)}$$

使满足条件：

（ⅰ）$\lim\limits_{\lambda\to+\infty}\lambda[\boldsymbol{\eta}^{(a)}(\lambda),\boldsymbol{1}-\boldsymbol{\xi}^{(a)}]<+\infty$，

$\lim\limits_{\lambda\to+\infty}\lambda[\boldsymbol{\eta}^{(b)}(\lambda),\boldsymbol{1}-\boldsymbol{\xi}^{(b)}]<+\infty$.

（ⅱ）$\lim\limits_{\lambda\to+\infty}\lambda\boldsymbol{\eta}(\lambda)=Q_l\triangleq(q_{ij},i=a,b,\ j\in N)$.

$\lim\limits_{\lambda\to+\infty}\lambda\boldsymbol{\xi}(\lambda)=Q_r\triangleq(q_{ij};i\in\boldsymbol{N},\ j=a,b)$

即$\boldsymbol{Q}_l$及$\boldsymbol{Q}_r$分别是$\boldsymbol{Q}$在$(a\cup b)\times N$及$N\times(a\cup b)$上的限制.

（ⅲ）若a是稳定态，要求$q_{ab}+\lim\limits_{\lambda\to+\infty}\lambda[\boldsymbol{\eta}^{(a)}(\lambda),\boldsymbol{1}]\leqslant q_a$.

若a是瞬时态，要求$\lim\limits_{\lambda\to+\infty}\lambda[\boldsymbol{\eta}^{(a)}(\lambda),\boldsymbol{\xi}^{(a)}]=+\infty$或等价地$\lim\limits_{\lambda\to+\infty}\lambda[\boldsymbol{\eta}^{(a)}(\lambda),\boldsymbol{1}]=+\infty$.

若b是稳定态，要求$q_{ba}+\lim\limits_{\lambda\to+\infty}\lambda[\boldsymbol{\eta}^{(b)}(\lambda),\boldsymbol{1}]\leqslant q_b$.

若b是瞬时态，要求$\lim\limits_{\lambda\to+\infty}\lambda[\boldsymbol{\eta}^{(b)}(\lambda),\boldsymbol{\xi}^{(b)}]=+\infty$，或等价地$\lim\limits_{\lambda\to+\infty}\lambda[\boldsymbol{\eta}^{(b)}(\lambda),\boldsymbol{1}]=+\infty$.

则$\boldsymbol{Q}$是一个$\boldsymbol{Q}$-矩阵，换言之，一定存在$\boldsymbol{Q}$过程，例如一个$\boldsymbol{Q}$过程可构造如下

取常数矩阵$\boldsymbol{C}=\begin{pmatrix} c_{11} & -c_{12} \\ -c_{21} & c_{22}\end{pmatrix}$，使满足

$$c_{12}=q_{ab}+\lim_{\lambda\to+\infty}\lambda[\boldsymbol{\eta}^{(a)}(\lambda),\boldsymbol{\xi}^{(b)}]$$

$$c_{21}=q_{ba}+\lim_{\lambda\to+\infty}\lambda[\boldsymbol{\eta}^{(b)}(\lambda),\boldsymbol{\xi}^{(a)}]$$

$$\begin{aligned} c_{11} &\geqslant c_{12}+\lim_{\lambda\to+\infty}\lambda[\boldsymbol{\eta}^{(a)}(\lambda),\boldsymbol{1}-\boldsymbol{\xi}^{(a)}-\boldsymbol{\xi}^{(b)}] \\ &= q_{ab}+\lim_{\lambda\to+\infty}\lambda[\boldsymbol{\eta}^{(a)}(\lambda),\boldsymbol{1}-\boldsymbol{\xi}^{(a)}] \end{aligned} \tag{4.3.29}$$

$$c_{22}\geqslant c_{21}+\lim_{\lambda\to+\infty}\lambda[\boldsymbol{\eta}^{(b)}(\lambda),\boldsymbol{1}-\boldsymbol{\xi}^{(a)}-\boldsymbol{\xi}^{(b)}]$$

$$= q_{ba} + \lim_{\lambda\to+\infty}\lambda[\boldsymbol{\eta}^{(b)}(\lambda),\mathbf{1}-\boldsymbol{\xi}^{(b)}] \quad (4.3.30)$$

其中,如果 a 稳定,应取

$$c_{11} = q_a - \lim_{\lambda\to+\infty}\lambda[\boldsymbol{\eta}^{(a)}(\lambda),\boldsymbol{\xi}^{(a)}]$$

如果 b 稳定,应取

$$c_{22} = q_b - \lim_{\lambda\to+\infty}\lambda[\boldsymbol{\eta}^{(b)}(\lambda),\boldsymbol{\xi}^{(b)}]$$

然后令

$$\boldsymbol{A}(\lambda) = (\boldsymbol{C}+\lambda\boldsymbol{I}+\lambda[\boldsymbol{\eta}(\lambda),\boldsymbol{\xi}])^{-1} \quad (4.3.31)$$

$$\boldsymbol{R}(\lambda) = \begin{pmatrix}\mathbf{0} & \mathbf{0}\\ \mathbf{0} & \boldsymbol{\Psi}(\lambda)\end{pmatrix} + \begin{pmatrix}\boldsymbol{A}(\lambda) & \boldsymbol{A}(\lambda)\boldsymbol{\eta}(\lambda)\\ \boldsymbol{\xi}(\lambda)\boldsymbol{A}(\lambda) & \boldsymbol{\xi}(\lambda)\boldsymbol{A}(\lambda)\boldsymbol{\eta}(\lambda)\end{pmatrix} \quad (4.3.32)$$

就可得到一个 $\boldsymbol{Q}$ 过程 $\boldsymbol{R}(\lambda)$.

若进一步还能满足条件

$$\boldsymbol{\xi}(\lambda)\mathbf{1} \triangleq \boldsymbol{\xi}^{(a)}(\lambda)+\boldsymbol{\xi}^{(b)}(\lambda) = \mathbf{1}-\lambda\boldsymbol{\Psi}(\lambda)\mathbf{1} \quad (4.3.33)$$

若 a 稳定,则还要求满足

$$\lim_{\lambda\to+\infty}\lambda[\boldsymbol{\eta}^{(a)}(\lambda),\mathbf{1}] = q_a - q_{ab} \quad (4.3.34)$$

若 b 稳定,则还要求满足

$$\lim_{\lambda\to+\infty}\lambda[\boldsymbol{\eta}^{(b)}(\lambda),\mathbf{1}] = q_b - q_{ba} \quad (4.3.35)$$

则 $\boldsymbol{Q}$ 过程 $\boldsymbol{R}(\lambda)$ 还可取成不中断的,此时只要在上述构造中(4.3.29)及(4.3.30)取等号成立即可.

证明 由于条件(i)满足,保证了 $\lim_{\lambda\to+\infty}\lambda[\boldsymbol{\eta}^{(a)}(\lambda),\boldsymbol{\xi}^{(b)}]$, $\lim_{\lambda\to+\infty}\lambda[\boldsymbol{\eta}^{(b)}(\lambda),\boldsymbol{\xi}^{(a)}]$, $\lim_{\lambda\to+\infty}\lambda[\boldsymbol{\eta}^{(a)}(\lambda),\mathbf{1}-\boldsymbol{\xi}^{(a)}-\boldsymbol{\xi}^{(b)}]$ 及 $\lim_{\lambda\to+\infty}\lambda[\boldsymbol{\eta}^{(b)}(\lambda),\mathbf{1}-\boldsymbol{\xi}^{(a)}-\boldsymbol{\xi}^{(b)}]$ 均存在且均为有限数,故常数矩阵 $\boldsymbol{C}$ 可以取到.

取定常数矩阵 $\boldsymbol{C}$ 后,由 $\boldsymbol{C}$ 的取法易知,矩阵

$$C + \lambda I + \lambda[\boldsymbol{\eta}(\lambda),\boldsymbol{\xi}]$$

有性质:对角线元素为正,非对角线元素非正,且各行行和严格大于0,从而由矩阵论中周知的结果必有逆矩阵,且其逆矩阵为非负矩阵.因而按(4.3.31)可取到$\boldsymbol{A}(\lambda)$,且$\boldsymbol{A}(\lambda)$非负.因此,按(4.3.32)定义的$\boldsymbol{R}(\lambda)$满足

$$\boldsymbol{R}(\lambda) \geqslant \boldsymbol{0} \tag{4.3.36}$$

进一步,从$\boldsymbol{A}(\lambda)$的实际取法知

$$\begin{aligned}\boldsymbol{A}^{-1}(\lambda) &= \boldsymbol{C} + \lambda \boldsymbol{I} + \lambda[\boldsymbol{\eta}(\lambda),\boldsymbol{\xi}] \\ &= \begin{pmatrix} \lambda + c_{11} + \lambda[\boldsymbol{\eta}^{(a)}(\lambda),\boldsymbol{\xi}^{(a)}] & -q_{ab} \\ -q_{ba} & \lambda + c_{22} + \lambda[\boldsymbol{\eta}^{(b)}(\lambda),\boldsymbol{\xi}^{(b)}] \end{pmatrix}\end{aligned}$$

从而

$$\begin{aligned}\boldsymbol{A}^{-1}(\lambda)\boldsymbol{1} &= \begin{pmatrix} \lambda + c_{11} + \lambda[\boldsymbol{\eta}^{(a)}(\lambda),\boldsymbol{\xi}^{(a)}] - q_{ab} \\ \lambda + c_{22} + \lambda[\boldsymbol{\eta}^{(b)}(\lambda),\boldsymbol{\xi}^{(b)}] - q_{ba} \end{pmatrix} \\ &\geqslant \begin{pmatrix} \lambda + \lambda[\boldsymbol{\eta}^{(a)}(\lambda),\boldsymbol{1}] \\ \lambda + \lambda[\boldsymbol{\eta}^{(b)}(\lambda),\boldsymbol{1}] \end{pmatrix}\end{aligned} \tag{4.3.37}$$

即

$$\lambda \boldsymbol{1} + \lambda \boldsymbol{n}(\lambda)\boldsymbol{1} \leqslant \boldsymbol{A}^{-1}(\lambda)\boldsymbol{1}$$

乘以非负矩阵$\boldsymbol{A}(\lambda)$,不等号保持方向

$$\lambda \boldsymbol{A}(\lambda)\boldsymbol{1} + \lambda \boldsymbol{A}(\lambda)\boldsymbol{\eta}(\lambda)\boldsymbol{1} \leqslant \boldsymbol{1} \tag{4.3.38}$$

再加上已知条件$(\boldsymbol{\eta}(\lambda),\boldsymbol{\xi}(\lambda)) \in \boldsymbol{D}^2_{\boldsymbol{\Psi}(\lambda)}$知

$$\boldsymbol{\xi}(\lambda)\boldsymbol{1} + \lambda \boldsymbol{\Psi}(\lambda)\boldsymbol{1} \leqslant \boldsymbol{1} \tag{4.3.39}$$

回顾引理4.3.5知,(4.3.38)及(4.3.39)成立保证了我们按(4.3.32)定义的$\boldsymbol{R}(\lambda)$有

$$\lambda \boldsymbol{R}(\lambda)\boldsymbol{1} \leqslant \boldsymbol{1} \tag{4.3.40}$$

再注意按已知条件$\boldsymbol{\Psi}(\lambda)$是$\boldsymbol{Q}_N$过程且

$$(\boldsymbol{\eta}(\lambda),\boldsymbol{\xi}(\lambda)) \in \boldsymbol{D}^2_{\boldsymbol{\Psi}(\lambda)}$$

知必有

$$\boldsymbol{\Psi}(\lambda) - \boldsymbol{\Psi}(\mu) = (\mu - \lambda)\boldsymbol{\Psi}(\lambda)\boldsymbol{\Psi}(\mu)$$

$$\boldsymbol{\eta}(\lambda) - \boldsymbol{\eta}(\mu) = (\mu - \lambda)\boldsymbol{\eta}(\lambda)\boldsymbol{\Psi}(\mu)$$

$$\boldsymbol{\xi}(\lambda) - \boldsymbol{\xi}(\mu) = (\mu - \lambda)\boldsymbol{\Psi}(\lambda)\boldsymbol{\xi}(\mu)$$

从引理 4. 3. 6 知,定义的 $\boldsymbol{A}(\lambda)$ 满足

$$\boldsymbol{A}(\lambda) - \boldsymbol{A}(\mu) = (\mu - \lambda)\boldsymbol{A}(\lambda)\boldsymbol{A}(\mu) + (\mu - \lambda)\boldsymbol{A}(\lambda)\boldsymbol{\eta}(\lambda)\boldsymbol{\xi}(\mu)\boldsymbol{A}(\mu) \tag{4.3.41}$$

现在由引理 4. 3. 4 知,我们按(4. 3. 32) 定义的 $\boldsymbol{R}(\lambda)$ 满足

$$\boldsymbol{R}(\lambda) - \boldsymbol{R}(\mu) = (\mu - \lambda)\boldsymbol{R}(\lambda)\boldsymbol{R}(\mu) \tag{4.3.42}$$

进一步,条件(4. 3. 41) 及引理 4. 1. 2 及引理 4. 1. 1 保证了

$$\lim_{\lambda\to+\infty} \boldsymbol{\eta}(\lambda) = \boldsymbol{0}, \quad \lim_{\lambda\to+\infty} \boldsymbol{\xi}(\lambda) = \boldsymbol{0} \tag{4.3.43}$$

$\boldsymbol{\Psi}(\lambda)$ 是 $\boldsymbol{Q}_N$ 过程,当然保证了

$$\lim_{\lambda\to+\infty} \lambda\boldsymbol{\Psi}(\lambda) = \boldsymbol{I} \tag{4.3.44}$$

由 $\boldsymbol{A}(\lambda)$ 的定义式又不难证明

$$\lim_{\lambda\to+\infty} \lambda\boldsymbol{A}(\lambda) = \boldsymbol{I} \tag{4.3.45}$$

(4. 3. 43),(4. 3. 44) 及(4. 3. 45) 的成立,可利用引理 4. 3. 7 的结果,从而我们定义的 $\boldsymbol{R}(\lambda)$ 满足条件

$$\lim_{\lambda\to+\infty} \lambda\boldsymbol{R}(\lambda) = \boldsymbol{I} \tag{4.3.46}$$

由(4. 3. 36),(4. 3. 40),(4. 3. 42) 及(4. 3. 46) 可得,按(4. 3. 32) 定义的 $\boldsymbol{R}(\lambda)$ 确为一个马氏过程. 我们只需证明它的 $\boldsymbol{Q}$ - 矩阵就是原给的 $\boldsymbol{Q}$.

将原给的 $\boldsymbol{Q}$ 按 $\{a,b\}\times\{a,b\},\{a,b\}\times N,N\times\{a,b\},N\times N$ 分成四个子块，即

$$\boldsymbol{Q}=\begin{pmatrix}\boldsymbol{Q}_u & \boldsymbol{Q}_r\\ \boldsymbol{Q}_l & \boldsymbol{Q}_d\end{pmatrix}$$

条件(ii)及 $\boldsymbol{\Psi}(\lambda)$ 是 $\boldsymbol{Q}_N$ 过程已保证了

$$\lim_{\lambda\to+\infty}\lambda\boldsymbol{\eta}(\lambda)=\boldsymbol{Q}_r,\quad \lim_{\lambda\to+\infty}\lambda\boldsymbol{\xi}(\lambda)=\boldsymbol{Q}_l$$
$$\lim_{\lambda\to+\infty}\lambda(\lambda\boldsymbol{\Psi}(\lambda)-\boldsymbol{I})=\boldsymbol{Q}_d \tag{4.3.47}$$

再看我们定义的 $\boldsymbol{A}(\lambda)$ 可知，必有

$$\lambda\boldsymbol{I}-\boldsymbol{A}^{-1}(\lambda)=-\boldsymbol{C}-\lambda[\boldsymbol{\eta}(\lambda),\boldsymbol{\xi}]$$
$$=\begin{pmatrix}-c_{11}-\lambda[\boldsymbol{\eta}^{(a)}(\lambda),\boldsymbol{\xi}^{(a)}] & q_{ab}\\ q_{ba} & -c_{22}-\lambda[\boldsymbol{\eta}^{(b)}(\lambda),\boldsymbol{\xi}^{(b)}]\end{pmatrix}$$

当 a 稳定时，由 $c_{11}=q_a-\lim\limits_{\lambda\to+\infty}\lambda[\boldsymbol{\eta}^{(a)}(\lambda),\boldsymbol{\xi}^{(a)}]$ 知

$$\lim_{\lambda\to+\infty}(-c_{11}-\lambda[\boldsymbol{\eta}^{(a)}(\lambda),\boldsymbol{\xi}^{(a)}])$$
$$=\lim_{\lambda\to+\infty}(-q_a+\lim_{\lambda\to+\infty}\lambda[\boldsymbol{\eta}^{(a)}(\lambda),\boldsymbol{\xi}^{(a)}]-\lambda[\boldsymbol{\eta}^{(a)}(\lambda),\boldsymbol{\xi}^{(a)}]$$
$$=-q_a+\lim_{\lambda\to+\infty}\lambda[\boldsymbol{\eta}^{(a)}(\lambda),\boldsymbol{\xi}^{(a)}]-\lim_{\lambda\to+\infty}\lambda[\boldsymbol{\eta}^{(a)}(\lambda),\boldsymbol{\xi}^{(a)}]$$
$$=-q_a$$

而 a 瞬时时，由条件(iii)知 $\lim\limits_{\lambda\to+\infty}\lambda[\boldsymbol{\eta}^{(a)}(\lambda),\boldsymbol{\xi}^{(a)}]=+\infty$，故更有

$$\lim_{\lambda\to+\infty}(-c_{11}-\lambda[\boldsymbol{\eta}^{(a)}(\lambda),\boldsymbol{\xi}^{(a)}])=-\infty=-q_a$$

同理也有

$$\lim_{\lambda\to+\infty}(-c_{22}-\lambda[\boldsymbol{\eta}^{(b)}(\lambda),\boldsymbol{\xi}^{(b)}])=-q_b$$

故我们证明了

$$\lim_{\lambda\to+\infty}(\lambda\boldsymbol{I}-\boldsymbol{A}^{-1}(\lambda))=\boldsymbol{Q}_u=\begin{pmatrix}q_{aa} & q_{ab}\\ q_{ba} & q_{bb}\end{pmatrix}$$

注意到已证得的事实，$\lim\limits_{\lambda\to+\infty}\lambda\boldsymbol{A}(\lambda)=\boldsymbol{I}$，可得

$$\lim_{\lambda\to+\infty}\lambda(\lambda\boldsymbol{A}(\lambda)-\boldsymbol{I})=\boldsymbol{Q}_u$$

从而由引理 4.3.7 可得，按(4.3.32) 定义的 $\boldsymbol{R}(\lambda)$ 确实满足

$$\lim_{\lambda\to+\infty}\lambda(\lambda\boldsymbol{R}(\lambda)-\boldsymbol{I})=\boldsymbol{Q}$$

故 $\boldsymbol{R}(\lambda)$ 确为 $\boldsymbol{Q}$ 过程.

最后注意，当(4.3.33)，(4.3.34) 及(4.3.35) 满足时，我们取的 $\boldsymbol{A}(\lambda)$ 可满足

$$\lambda\boldsymbol{A}(\lambda)\mathbf{1}+\lambda\boldsymbol{A}(\lambda)\boldsymbol{\eta}(\lambda)\mathbf{1}=\mathbf{1}$$

另外

$$\boldsymbol{\xi}(\lambda)\mathbf{1}+\lambda\boldsymbol{\Psi}(\lambda)\mathbf{1}=\mathbf{1}$$

亦由条件所保证. 故按上述方法构成的 $\boldsymbol{R}(\lambda)$ 必满足

$$\lambda\boldsymbol{R}(\lambda)\mathbf{1}=\mathbf{1}$$

即存在不中断的 $\boldsymbol{Q}$ 过程.

4.4 多维分解定理

本节将致力于证明多维分解定理. 其中与 4.3 类似的地方，推证将从略. 为简化记号及陈述，与二维情况一样，我们引入 n 维广义共轭协调对的概念.

定义 4.4.1 设 $\boldsymbol{\Psi}(\lambda)$ 是任意一个过程，称 $\boldsymbol{\eta}(\lambda)\triangleq(\boldsymbol{\eta}^{(1)}(\lambda),\boldsymbol{\eta}^{(2)}(\lambda),\cdots,\boldsymbol{\eta}^{(n)}(\lambda))^{\mathrm{T}}$ 及 $\boldsymbol{\xi}(\lambda)\triangleq(\boldsymbol{\xi}^{(1)}(\lambda),\boldsymbol{\xi}^{(2)}(\lambda),\cdots,\boldsymbol{\xi}^{(n)}(\lambda))$ 是关于 $\boldsymbol{\Psi}(\lambda)$ 的 n 维广义协调对，如果下列三条件满足：

(ⅰ) $\forall 1\leqslant i\leqslant n,\boldsymbol{\eta}^{(i)}(\lambda)\in\boldsymbol{L}_{\boldsymbol{\Psi}(\lambda)}$；

(ⅱ) $\forall 1 \leqslant i \leqslant n, \boldsymbol{\xi}^{(i)}(\lambda) \in \boldsymbol{M}_{\boldsymbol{\Psi}(\lambda)}$;

(ⅲ) $\sum_{i=1}^{n} \boldsymbol{\xi}^{(i)}(\lambda) \leqslant \mathbf{1} - \lambda \boldsymbol{\Psi}(\lambda)\mathbf{1}$.

今后将简记之为$(\boldsymbol{\eta}(\lambda), \boldsymbol{\xi}(\lambda)) \in \boldsymbol{D}^{n}_{\boldsymbol{\Psi}(\lambda)}$. 上面的条件(ⅲ)今后常记作

$$\boldsymbol{\xi}(\lambda)\mathbf{1} \leqslant \mathbf{1} - \lambda \boldsymbol{\Psi}(\lambda)\mathbf{1} \tag{4.4.1}$$

但要注意左右两边$\mathbf{1}$意义不同,左边的$\mathbf{1}$表示n维列向量$\begin{pmatrix} 1 \\ 1 \\ \vdots \\ 1 \end{pmatrix}$,而右边的$\mathbf{1}$一般是无限维列向量,故上式的确切意义是

$$\forall k, \sum_{i=1}^{n} \xi_{k}^{(i)}(\lambda) \leqslant 1 - \lambda \sum_{j \in E} \psi_{kj}(\lambda)$$

同二维情况一样,以符号$\lambda[\boldsymbol{\eta}(\lambda), \boldsymbol{\xi}]$表示$n$阶内积方阵,即

$$\lambda[\boldsymbol{\eta}(\lambda), \boldsymbol{\xi}] = (\lambda[\boldsymbol{\eta}^{(i)}(\lambda), \boldsymbol{\xi}^{(j)}]; 1 \leqslant i, j \leqslant n)$$

这样,我们可得:如果$(\boldsymbol{\eta}(\lambda), \boldsymbol{\xi}(\lambda)) \in \boldsymbol{D}^{n}_{\boldsymbol{\Psi}(\lambda)}$,则必有

$$(\mu - \lambda)\boldsymbol{\eta}(\lambda)\boldsymbol{\xi}(\mu) = \mu[\boldsymbol{\eta}(\mu), \boldsymbol{\xi}] - \lambda[\boldsymbol{\eta}(\lambda), \boldsymbol{\xi}] \tag{4.4.2}$$

为了下面应用的方便,我们先来证明两个关于n阶矩阵的简单引理,我们下面讲的n阶矩阵,其元素是广义实数. 当矩阵元素都是有限实数时,我们称为"有限矩阵". 注意这里的"有限"不是指矩阵的阶数.

引理4.4.1　设$\boldsymbol{A}(\lambda)$及$\boldsymbol{A}$均为n阶有限方阵,如果$\lim\limits_{\lambda \to +\infty} \boldsymbol{A}(\lambda) = \boldsymbol{A}$,则必有

$$\lim_{\lambda \to +\infty} |\boldsymbol{A}(\lambda)| = |\boldsymbol{A}| \text{ 及 } \lim_{\lambda \to +\infty} \boldsymbol{A}^{*}(\lambda) = \boldsymbol{A}^{*}$$

进而，如果 $\lim\limits_{\lambda\to+\infty}\lambda\boldsymbol{A}(\lambda)=\boldsymbol{I}$ 且 $\boldsymbol{A}(\lambda)$ 对任意 $\lambda>0$ 可逆，则

$$\lim_{\lambda\to+\infty}\frac{\boldsymbol{A}^{-1}(\lambda)}{\lambda}=\boldsymbol{I}$$

这里 $|\boldsymbol{A}|$ 表示 $\boldsymbol{A}$ 的行列式，$\boldsymbol{A}^*$ 表示 A 的伴随矩阵.

证明 令 $\boldsymbol{A}(\lambda)=(a_{ij}(\lambda))$，$\boldsymbol{A}=(a_{ij})$，则 $\lim\limits_{\lambda\to+\infty}a_{ij}(\lambda)=a_{ij}(\forall i,j)$. 由于 $a_{ij}(\lambda)$ 及 a_{ij} 均为有限数，而 n 阶行列式的定义无非是有限积的有限代数和，故有

$$\begin{aligned}
&\lim_{\lambda\to+\infty}|\boldsymbol{A}(\lambda)|=\\
&\lim_{\lambda\to+\infty}\sum_{p_1\cdots p_n}(-1)^{\tau}a_{1p_1}(\lambda)a_{2p_2}(\lambda)\cdots a_{np_n}(\lambda)\\
&=\sum_{p_1\cdots p_n}(-1)^{\tau}(\lim_{\lambda\to+\infty}a_{1p_1}(\lambda))(\lim_{\lambda\to+\infty}a_{2p_2}(\lambda))\cdots(\lim_{\lambda\to+\infty}a_{np_n}(\lambda))\\
&=\sum_{p_1\cdots p_n}(-1)^{\tau}a_{1p_1}a_{2p_2}\cdots a_{np_n}=|\boldsymbol{A}|
\end{aligned}$$

而 $\lim\limits_{\lambda\to+\infty}\boldsymbol{A}^*(\lambda)=\boldsymbol{A}^*$ 则是刚证明的事实的推论，引理前半部分得证.

若 $\lim\limits_{\lambda\to+\infty}\lambda\boldsymbol{A}(\lambda)=\boldsymbol{I}$，我们令 $\boldsymbol{B}(\lambda)=\lambda\boldsymbol{A}(\lambda)$，那么 $\lim\limits_{\lambda\to+\infty}\boldsymbol{B}(\lambda)=\boldsymbol{I}$，则由刚证明的事实，必有

$$\lim_{\lambda\to+\infty}|\boldsymbol{B}(\lambda)|=|\boldsymbol{I}|=1$$

及

$$\lim_{\lambda\to+\infty}\boldsymbol{B}^*(\lambda)=\boldsymbol{I}^*=\boldsymbol{I}$$

从而再由 $\boldsymbol{A}(\lambda)$ 的可逆性及 $\boldsymbol{B}^*(\lambda)=\lambda^{n-1}\boldsymbol{A}^*(\lambda)$ 可得

$$\lim_{\lambda\to+\infty}\frac{\boldsymbol{A}^{-1}(\lambda)}{\lambda}=\lim_{\lambda\to+\infty}\frac{\boldsymbol{A}^*(\lambda)}{\lambda|\boldsymbol{A}(\lambda)|}=\lim_{\lambda\to+\infty}\frac{\lambda^{n-1}\boldsymbol{A}^*(\lambda)}{\lambda^n|\boldsymbol{A}(\lambda)|}$$

$$= \lim_{\lambda \to +\infty} \frac{\lambda^{n-1} \boldsymbol{A}^*(\lambda)}{|\lambda \boldsymbol{A}(\lambda)|} = \lim_{\lambda \to +\infty} \frac{\boldsymbol{B}^*(\lambda)}{|\boldsymbol{B}(\lambda)|}$$

$$= \frac{\boldsymbol{I}}{|\boldsymbol{I}|} = \boldsymbol{I}$$

引理 4.4.2　设 $\boldsymbol{A}(\lambda)$ 为 n 阶有限方阵，且满足条件 $\boldsymbol{A}(\lambda)$ 可逆及 $\lim\limits_{\lambda \to +\infty} \lambda \boldsymbol{A}(\lambda) = \boldsymbol{I}$，则

（ⅰ）若 $\lim\limits_{\lambda \to +\infty} \lambda(\lambda \boldsymbol{A}(\lambda) - \boldsymbol{I}) = \boldsymbol{Q}$，则必有 $\lim\limits_{\lambda \to +\infty} (\lambda \boldsymbol{I} - \boldsymbol{A}^{-1}(\lambda)) = \boldsymbol{Q}$；

（ⅱ）反之，若 $\lim\limits_{\lambda \to +\infty} (\lambda \boldsymbol{I} - \boldsymbol{A}^{-1}(\lambda)) = \boldsymbol{Q}$，亦必有 $\lim\limits_{\lambda \to +\infty} \lambda(\lambda \boldsymbol{A}(\lambda) - \boldsymbol{I}) = \boldsymbol{Q}$.

这里 $\boldsymbol{Q}$ 的非对角线元素为有限数.

注　本引理的直观意义是很清楚的，实际上，注意到 $\lambda(\lambda \boldsymbol{A}(\lambda) - \boldsymbol{I}) = \lambda \boldsymbol{A}(\lambda)(\lambda \boldsymbol{I} - \boldsymbol{A}^{-1}(\lambda))$，并由条件 $\lim\limits_{\lambda \to +\infty} \lambda \boldsymbol{A}(\lambda) = \boldsymbol{I}$ 可知应该有 $\lim\limits_{\lambda \to +\infty} \lambda(\lambda \boldsymbol{A}(\lambda) - \boldsymbol{I}) = \lim\limits_{\lambda \to +\infty} (\lambda \boldsymbol{I} - \boldsymbol{A}^{-1}(\lambda))$. 当然这不是严格证明.

证明　（ⅰ）由已知条件，引用引理 4.4.1 可知 $\lim\limits_{\lambda \to +\infty} \dfrac{\boldsymbol{A}^{-1}(\lambda)}{\lambda} = \boldsymbol{I}$，即

$$\lim_{\lambda \to +\infty} \left(\boldsymbol{I} - \frac{\boldsymbol{A}^{-1}(\lambda)}{\lambda} \right) = \boldsymbol{0} \qquad (4.4.3)$$

注意有

$$\lambda(\lambda \boldsymbol{A}(\lambda) - \boldsymbol{I}) = \lambda^2 \boldsymbol{A}(\lambda) \left(\boldsymbol{I} - \frac{\boldsymbol{A}^{-1}(\lambda)}{\lambda} \right) \qquad (4.4.4)$$

及已知条件

$$\lim_{\lambda \to +\infty} \lambda(\lambda \boldsymbol{A}(\lambda) - \boldsymbol{I}) = \boldsymbol{Q} \qquad (4.4.5)$$

现设 $\boldsymbol{A}(\lambda) = (a_{ij}(\lambda))$，$\boldsymbol{A}^{-1}(\lambda) = (b_{ij}(\lambda))$，$\boldsymbol{Q} = (q_{ij})$. 由于当 $i \neq j$ 时，q_{ij} 为有限数，故(4.4.5) 给出

$$\lim_{\lambda\to+\infty}\lambda^2 a_{ij}(\lambda) = q_{ij}, i\neq j \qquad (4.4.6)$$

而恒等式(4.4.4) 又给出

$$\lim_{\lambda\to+\infty}\sum_k \lambda^2 a_{ik}(\lambda)\left(\delta_{kj} - \frac{b_{kj}(\lambda)}{\lambda}\right) = q_{ij}, i\neq j$$

或

$$\lim_{\lambda\to+\infty}\left(\lambda^2 a_{ij}(\lambda)\left(1 - \frac{b_{jj}(\lambda)}{\lambda}\right) - \lambda^2 a_{ii}(\lambda)\frac{b_{ij}(\lambda)}{\lambda} - \sum_{k\neq i,j}\lambda^2 a_{ik}(\lambda)\frac{b_{kj}(\lambda)}{\lambda}\right) = q_{ij}, i\neq j \qquad (4.4.7)$$

注意当 $k\neq i$ 且 $k\neq j$ 时, (4.4.6) 及(4.4.3) 给出 $\lim\limits_{\lambda\to+\infty}\lambda^2 a_{ik}(\lambda)$ 存在且为有限数 q_{ik}. 而 $\lim\limits_{\lambda\to+\infty}\frac{b_{kj}(\lambda)}{\lambda} = 0$, 从而

$$\lim_{\lambda\to+\infty}\sum_{k\neq i,j}\lambda^2 a_{ik}(\lambda)\frac{b_{kj}(\lambda)}{\lambda} = \sum_{k\neq i,j} q_{ik}\times 0 = 0$$

故由(4.4.7) 将有

$$\lim_{\lambda\to+\infty}\left(\lambda^2 a_{ij}(\lambda)\left(1 - \frac{b_{jj}(\lambda)}{\lambda}\right) - \lambda^2 a_{ii}(\lambda)\frac{b_{ij}(\lambda)}{\lambda}\right) = q_{ij}, i\neq j$$

但 $\lim\limits_{\lambda\to+\infty}\lambda^2 a_{ij}(\lambda) = q_{ij}$ 为有限数. 而(4.4.3) 又给出

$$\lim_{\lambda\to+\infty}\left(1 - \frac{b_{jj}(\lambda)}{\lambda}\right) = 0$$

从而

$$\lim_{\lambda\to+\infty}\lambda^2 a_{ij}(\lambda)\left(1 - \frac{b_{jj}(\lambda)}{\lambda}\right) = q_{ij}\times 0 = 0, i\neq j$$

这得到

$$\lim_{\lambda\to+\infty}\left(-\lambda^2 a_{ii}(\lambda)\frac{b_{ij}(\lambda)}{\lambda}\right) = q_{ij}, i\neq j$$

但由已知条件，$\lim\limits_{\lambda\to+\infty}\lambda a_{ii}(\lambda)=1$，$q_{ij}$ 又有限，故极限 $\lim\limits_{\lambda\to+\infty}b_{ij}(\lambda)$ 必存在，且就是

$$\lim_{\lambda\to+\infty}(-b_{ij}(\lambda))=q_{ij},i\neq j \tag{4.4.8}$$

再来看对角线元，此时式(4.4.4)及已知条件给出

$$\lim_{\lambda\to+\infty}\left(\lambda^2a_{ii}(\lambda)\left(1-\frac{b_{ii}(\lambda)}{\lambda}\right)-\sum_{k\neq i}\lambda^2a_{ik}(\lambda)\left(\frac{b_{ki}(\lambda)}{\lambda}\right)\right)=q_{ii} \tag{4.4.9}$$

注意，当 $k\neq i$ 时，$\lim\limits_{\lambda\to+\infty}\lambda^2a_{ik}(\lambda)$ 存在，且为有限数 q_{ik}，而 $\lim\limits_{\lambda\to+\infty}\dfrac{b_{ik}(\lambda)}{\lambda}$ 存在且为0，故知

$$\lim_{\lambda\to+\infty}\sum_{k\neq i}\lambda^2a_{ik}(\lambda)\frac{b_{ki}(\lambda)}{\lambda}=0$$

那么(4.4.9)给出

$$\lim_{\lambda\to+\infty}\lambda^2a_{ii}(\lambda)\left(1-\frac{b_{ii}(\lambda)}{\lambda}\right)=q_{ii} \tag{4.4.10}$$

这里 q_{ii} 虽然可能不是有限数，但必有确定的符号，而 $\lim\limits_{\lambda\to+\infty}\lambda a_{ii}(\lambda)=1$. 故(4.4.10)仍然可以断言

$$\lim_{\lambda\to+\infty}(\lambda-b_{ii}(\lambda))=q_{ii} \tag{4.4.11}$$

现在(4.4.8)及(4.4.11)已说明

$$\lim_{\lambda\to+\infty}(\lambda\boldsymbol{I}-\boldsymbol{A}^{-1}(\lambda))=\boldsymbol{Q}$$

（ⅱ）若

$$\lim_{\lambda\to+\infty}(\lambda\boldsymbol{I}-\boldsymbol{A}^{-1}(\lambda))=\boldsymbol{Q}$$

即

$$\lim_{\lambda\to+\infty}\lambda\left(\boldsymbol{I}-\frac{\boldsymbol{A}^{-1}(\lambda)}{\lambda}\right)=\boldsymbol{Q}$$

令 $\boldsymbol{B}(\lambda)=\dfrac{\boldsymbol{A}^{-1}(\lambda)}{\lambda^2}$，则上式给出

$$\lim_{\lambda\to+\infty}\lambda(\lambda\boldsymbol{B}(\lambda)-\boldsymbol{I})=-\boldsymbol{Q}$$

由已知条件 $\boldsymbol{A}(\lambda)$ 可逆及 $\lim\limits_{\lambda\to+\infty}\lambda\boldsymbol{A}(\lambda)=\boldsymbol{I}$. 由引理 4.4.1 可得

$$\lim_{\lambda\to+\infty}\frac{\boldsymbol{A}^{-1}(\lambda)}{\lambda}=\boldsymbol{I}$$

从而 $\boldsymbol{B}(\lambda)$ 亦可逆且 $\lim\limits_{\lambda\to+\infty}\lambda\boldsymbol{B}(\lambda)=\lim\limits_{\lambda\to+\infty}\dfrac{\boldsymbol{A}^{-1}(\lambda)}{\lambda}=\boldsymbol{I}$.

利用已证明的(ⅰ)的结果得

$$\lim_{\lambda\to+\infty}(\lambda\boldsymbol{I}-\boldsymbol{B}^{-1}(\lambda))=-\boldsymbol{Q}$$

但显然

$$\boldsymbol{B}^{-1}(\lambda)=\left(\frac{1}{\lambda^2}\boldsymbol{A}^{-1}(\lambda)\right)^{-1}=\lambda^2\boldsymbol{A}(\lambda)$$

故上式实际给出 $\lim\limits_{\lambda\to+\infty}\lambda(\lambda\boldsymbol{A}(\lambda)-\boldsymbol{I})=\boldsymbol{Q}$.

现在,可以来陈述并证明 n 维分解定理了.

定理4.4.1 设 $\boldsymbol{R}(\lambda)$ 是定义于 E 上的 $\boldsymbol{Q}$ 过程,任取 E 的有限子集 $E_1\subset E$. 令 $N=E-E_1$,则 $\boldsymbol{R}(\lambda)$ 必可表示为

$$\boldsymbol{R}(\lambda)=\begin{pmatrix}\boldsymbol{0} & \boldsymbol{0}\\ \boldsymbol{0} & \boldsymbol{\Psi}(\lambda)\end{pmatrix}+\begin{pmatrix}\boldsymbol{A}(\lambda) & \boldsymbol{A}(\lambda)\boldsymbol{\eta}(\lambda)\\ \boldsymbol{\xi}(\lambda)\boldsymbol{A}(\lambda) & \boldsymbol{\xi}(\lambda)\boldsymbol{A}(\lambda)\boldsymbol{\eta}(\lambda)\end{pmatrix}\tag{4.4.12}$$

其中:

(ⅰ)$\boldsymbol{A}(\lambda)$ 是 $\boldsymbol{R}(\lambda)$ 在 E_1 上的限制,即 $\boldsymbol{A}(\lambda)=(r_{ij}(\lambda);i,j\in E_1)$,且满足条件

$$|\boldsymbol{A}(\lambda)|>0,\lambda>0\tag{4.4.13}$$

从而 $\boldsymbol{A}(\lambda)$ 对所有 $\lambda>0$ 可逆;

(ⅱ)$\boldsymbol{\Psi}(\lambda)$ 是 $\boldsymbol{Q}_N$ 过程,这里

$$\boldsymbol{Q}_N=q_{ij};i,j\in N\tag{4.4.14}$$

是 Q 在 N 上的限制；

(ⅲ) $(\boldsymbol{\eta}(\lambda),\boldsymbol{\xi}(\lambda)) \in \boldsymbol{D}_{\boldsymbol{\Psi}(\lambda)}^{|E_1|}$. (4.4.15)

且

$$\lim_{\lambda\to+\infty}\lambda(\boldsymbol{\eta}(\lambda),\boldsymbol{\xi}(\lambda)) = (\boldsymbol{Q}_r;\boldsymbol{Q}_l) \quad (4.4.16)$$

其中 $\boldsymbol{Q}_r = (q_{ij}, i \in E_1, j \in N)$，$\boldsymbol{Q}_l = (q_{ij}; i \in N, j \in E_1)$ 分别是 $\boldsymbol{Q}$ 在 $E_1 \times N$ 及 $N \times E_1$ 上的限制；

(ⅳ) $\lim\limits_{\lambda\to+\infty}\lambda[\boldsymbol{\eta}^{(i)}(\lambda),\boldsymbol{1}-\boldsymbol{\xi}^{(i)}] < +\infty \quad (i \in E_1)$. (4.4.17)

(ⅴ) 存在与 λ 无关的 $|E_1|$ 阶常数矩阵 $\boldsymbol{C}$，使得 $\boldsymbol{C}+\lambda\boldsymbol{I}+\lambda[\boldsymbol{\eta}(\lambda),\boldsymbol{\xi}]$ 可逆，且

$$\boldsymbol{A}(\lambda) = (\boldsymbol{C}+\lambda\boldsymbol{I}+\lambda[\boldsymbol{\eta}(\lambda),\boldsymbol{\xi}])^{-1} \quad (4.4.18)$$

其中，常数矩阵 $\boldsymbol{C}$ 的对角线元素为 c_{ii}，非对角线元素为 $-c_{ij}(i \neq j)$，满足

$$c_{ij} = q_{ij} + \lim_{\lambda\to+\infty}\lambda[\boldsymbol{\eta}^{(i)}(\lambda),\boldsymbol{\xi}^{(j)}](i \neq j; i, j \in E_1) \quad (4.4.19)$$

$$c_{ii} \geqslant \sum_{j\neq i} c_{ij} + \lim_{\lambda\to+\infty}\lambda[\boldsymbol{\eta}^{(i)}(\lambda),\boldsymbol{1}-\sum_{j}\boldsymbol{\xi}^{(j)}] \quad (i \in E_1) \quad (4.4.20)$$

(ⅵ) 若 $i \in E_1$ 为瞬时态，则

$$\lim_{\lambda\to+\infty}\lambda[\boldsymbol{\eta}^{(i)}(\lambda),\boldsymbol{\xi}^{(i)}] = +\infty \quad (4.4.21)$$

或等价地

$$\lim_{\lambda\to+\infty}\lambda[\boldsymbol{\eta}^{(i)}(\lambda),\boldsymbol{1}] = +\infty \quad (4.4.22)$$

若 $i \in E_1$ 为稳定态，则有 $\lim\limits_{\lambda\to+\infty}\lambda[\boldsymbol{\eta}^{(i)}(\lambda),\boldsymbol{\xi}^{(i)}] < +\infty$ 且

$$q_i = c_{ii} + \lim_{\lambda\to+\infty}\lambda[\boldsymbol{\eta}^{(i)}(\lambda),\boldsymbol{\xi}^{(i)}] \quad (4.4.23)$$

(ⅶ) 若 $\boldsymbol{R}(\lambda)$ 不中断，则进一步有

$$\boldsymbol{\xi}(\lambda)\mathbf{1} \triangleq \sum_{i\in E_1}\boldsymbol{\xi}^{(i)}(\lambda) = \mathbf{1} - \lambda\boldsymbol{\Psi}(\lambda)\mathbf{1} \quad (4.4.24)$$

且(4.4.20) 对所有($i \in E_1$) 取等号.

最后,满足上述条件的形如(4.4.12) 的分解式是唯一的.

注 我们将对 E_1 中状态个数行归纳法来证明本定理. 为了行文的方便,我们将假定 $E = \{1,2,3,\cdots\}$,并在行归纳法时,认定对 $\widetilde{E}_1 = \{1,2,\cdots,k-1\}$ 成立,推证对 $E_1 = \{1,2,\cdots,k\}$ 成立. 这当然不失一般性.

另外与 4.3 一样,为了同时得到后面一个逆定理,也为了突出上述各条件各自的意义和作用,我们将通过一系列的引理来完成本定理的证明.

显然,当 $|E_1| = 1$ 及 $|E_1| = 2$ 时,已证得定理结论正确. 现假设对 $\widetilde{E}_1 = \{1,2,\cdots,k-1\}$ 已正确,推证对 $E_1 = \{1,2,\cdots,k\}$ 亦正确. 换言之,假定

$$\boldsymbol{R}(\lambda) = \begin{pmatrix} \mathbf{0} & \mathbf{0} \\ \mathbf{0} & \widetilde{\boldsymbol{\Psi}}(\lambda) \end{pmatrix} + \begin{pmatrix} \widetilde{\boldsymbol{A}}(\lambda) & \widetilde{\boldsymbol{A}}(\lambda)\widetilde{\boldsymbol{\eta}}(\lambda) \\ \widetilde{\boldsymbol{\xi}}(\lambda)\widetilde{\boldsymbol{A}}(\lambda) & \widetilde{\boldsymbol{\xi}}(\lambda)\widetilde{\boldsymbol{A}}(\lambda)\widetilde{\boldsymbol{\eta}}(\lambda) \end{pmatrix} \quad (4.4.25)$$

其中 $\widetilde{\boldsymbol{\Psi}}(\lambda)$,$\widetilde{\boldsymbol{\eta}}(\lambda)$,$\widetilde{\boldsymbol{\xi}}(\lambda)$,$\widetilde{\boldsymbol{A}}(\lambda)$ 分别定义在 $\widetilde{N} \times \widetilde{N}$,$\widetilde{E}_1 \times \widetilde{N}$,$N \times \widetilde{E}_1$,$\widetilde{E}_1 \times \widetilde{E}_1$ 上,且满足条件(4.4.13) 至(4.4.24). 这里 $\widetilde{N} = E - \widetilde{E}_1 = \{k,k+1,\cdots\}$. 由条件(4.4.14) 知 $\widetilde{\boldsymbol{\Psi}}(\lambda)$ 是 $Q_{\widetilde{N}}$ 过程. 故可再对它依状态$\{k\}$行一维分解得

$$\widetilde{\boldsymbol{\Psi}}(\lambda)=\begin{pmatrix}0 & \mathbf{0}\\ \mathbf{0} & \boldsymbol{\Psi}(\lambda)\end{pmatrix}+\widetilde{\psi}_{kk}(\lambda)\begin{pmatrix}1\\ \boldsymbol{f}_k(\lambda)\end{pmatrix}(1,\boldsymbol{g}_k(\lambda)) \tag{4.4.26}$$

记

$$\widetilde{\boldsymbol{A}}(\lambda)\widetilde{\boldsymbol{\eta}}(\lambda)=\widetilde{\boldsymbol{R}}_r(\lambda),\widetilde{\boldsymbol{\xi}}(\lambda)\widetilde{\boldsymbol{A}}(\lambda)=\widetilde{\boldsymbol{R}}_l(\lambda)$$

$$\widetilde{\boldsymbol{\Psi}}(\lambda)+\widetilde{\boldsymbol{\xi}}(\lambda)\widetilde{\boldsymbol{A}}(\lambda)\widetilde{\boldsymbol{\eta}}(\lambda)=\widetilde{\boldsymbol{R}}_d(\lambda)$$

那么,$\boldsymbol{R}(\lambda)$ 可分块写为

$$\boldsymbol{R}(\lambda)=\begin{pmatrix}\widetilde{\boldsymbol{A}}(\lambda) & \widetilde{\boldsymbol{R}}_r(\lambda)\\ \widetilde{\boldsymbol{R}}_l(\lambda) & \widetilde{\boldsymbol{R}}_d(\lambda)\end{pmatrix} \tag{4.4.27}$$

为简便起见,在下面引理 4.4.3 和引理 4.4.4 中,我们有时省去(λ). 例如 $\boldsymbol{R}(\lambda)$ 记为 $\boldsymbol{R}$.

引理4.4.3　若假设定理4.4.1对 $\widetilde{E}_1=\{1,2,\cdots,k-1\}$ 成立,则对任意 $i\in\widetilde{N},\ j\in\widetilde{N}$. 必有

$$\begin{vmatrix} & & & & r_{1j}\\ & & & & r_{2j}\\ & & \widetilde{\boldsymbol{A}} & & \cdots\\ & & & & r_{k-1j}\\ r_{i1} & r_{i2} & \cdots & r_{ik-1} & r_{ij}\end{vmatrix}\geqslant 0$$

$$\begin{vmatrix} & & & & r_{1i}\\ & & & & r_{2i}\\ & & \widetilde{\boldsymbol{A}} & & \cdots\\ & & & & r_{k-1i}\\ r_{i1} & r_{i2} & \cdots & r_{ik-1} & r_{ii}\end{vmatrix}>0 \tag{4.4.28}$$

换言之,$\widetilde{\boldsymbol{A}}$ 的任意加边子阵的行列式非负,$\widetilde{\boldsymbol{A}}$ 的任意加边主子阵的行列式严格正.

证明 由(4.4.25)并注意,$\widetilde{\boldsymbol{\Psi}}(\lambda)$ 是马氏过程,就有

$$\widetilde{\psi}_{ij} \geqslant 0, \quad \widetilde{\psi}_{ii} > 0, i \in \widetilde{N}, j \in \widetilde{N}$$

故

$$r_{ij} \geqslant \sum_{m=1}^{k-1} \sum_{l=1}^{k-1} \widetilde{\boldsymbol{\xi}}_{il} r_{lm} \widetilde{\boldsymbol{\eta}}_{mj}, i \in \widetilde{N}, j \in \widetilde{N}$$

及

$$r_{ii} > \sum_{m=1}^{k-1} \sum_{l=1}^{k-1} \widetilde{\boldsymbol{\xi}}_{il} r_{lm} \widetilde{\boldsymbol{\eta}}_{mi}, i \in \widetilde{N}$$

由条件(4.4.13)知 $\widetilde{\boldsymbol{A}}$ 可逆且 $|\widetilde{\boldsymbol{A}}| > 0$ 得

$$|\widetilde{\boldsymbol{A}}| r_{ij} \geqslant \sum_{m=1}^{k-1} \sum_{l=1}^{k-1} \widetilde{\boldsymbol{\xi}}_{il} |\widetilde{\boldsymbol{A}}| r_{lm} \widetilde{\boldsymbol{\eta}}_{mj}, i \in \widetilde{N}, j \in \widetilde{N}$$

$$|\widetilde{\boldsymbol{A}}| r_{ii} > \sum_{m=1}^{k-1} \sum_{l=1}^{k-1} \widetilde{\boldsymbol{\xi}}_{il} |\widetilde{\boldsymbol{A}}| r_{lm} \widetilde{\boldsymbol{\eta}}_{mi}, i \in \widetilde{N}$$

注意到式(4.4.27)及 $\widetilde{\boldsymbol{A}}^{-1} = \dfrac{\widetilde{\boldsymbol{A}}^{*}}{|\boldsymbol{A}|}$ 这里 $\widetilde{\boldsymbol{A}}^{*} \triangleq (\widetilde{a}_{ij}^{*})$ 为 $\widetilde{\boldsymbol{A}}$ 的伴随矩阵,就得

$$|\widetilde{\boldsymbol{A}}| r_{ij} \geqslant \sum_{m=1}^{k-1} \sum_{l=1}^{k-1} r_{il} \widetilde{a}_{ml}^{*} r_{mj}, i \in \widetilde{N}, j \in \widetilde{N}$$

$$|\widetilde{\boldsymbol{A}}| r_{ii} \geqslant \sum_{m=1}^{k-1} \sum_{l=1}^{k-1} r_{il} \widetilde{a}_{ml}^{*} r_{mi} (i \in \widetilde{N})$$

由拉普拉斯定理知,上面两式就是欲证的(4.4.28).

由引理 4.4.3 的证明可知,我们实际上已得到如下的重要推论:

推论 4.4.1　若定理 4.4.1 对于 $|\widetilde{E}_1| = k-1$ 时成立，则过程 $\boldsymbol{R}(\lambda)$ 的任意一个 k 阶主子式严格正，$\boldsymbol{R}(\lambda)$ 的任意一个 k 阶偏主子式非负.

这个推论我们马上就要用到.

引理 4.4.4　设定理 4.4.1 对 $\widetilde{E}_1 = \{1,2,\cdots,k-1\}$ 成立. 令

$$\boldsymbol{A}(\lambda) = \begin{pmatrix} r_{11}(\lambda) & r_{12}(\lambda) & \cdots & r_{1k}(\lambda) \\ r_{21}(\lambda) & r_{22}(\lambda) & \cdots & r_{2k}(\lambda) \\ \vdots & \vdots & & \vdots \\ r_{k1}(\lambda) & r_{k2}(\lambda) & \cdots & r_{kk}(\lambda) \end{pmatrix}$$

则 $\boldsymbol{R}(\lambda)$ 可表示为

$$\boldsymbol{R}(\lambda) = \begin{pmatrix} \boldsymbol{A}(\lambda) & \boldsymbol{R}_2(\lambda) \\ \boldsymbol{R}_3(\lambda) & \boldsymbol{R}_4(\lambda) \end{pmatrix}$$

再令

$$\eta_{lj}(\lambda) \triangleq \widetilde{\eta}_{lj}(\lambda) - \widetilde{\eta}_{lk}(\lambda) g_{kj}(\lambda)$$
$$(1 \leqslant l \leqslant k-1,\ j \geqslant k+1)$$
$$\eta_{kj}(\lambda) \triangleq g_{kj}(\lambda),\ j \geqslant k+1$$

$$\xi_{jl}(\lambda) \triangleq \widetilde{\xi}_{jl}(\lambda) - f_{jk}(\lambda)\widetilde{\xi}_{kl}(\lambda)$$
$$(1 \leqslant l \leqslant k-1,\ j \geqslant k+1)$$
$$\xi_{jk}(\lambda) \triangleq f_{ik}(\lambda),\ j \geqslant k+1$$

$$\boldsymbol{\eta}(\lambda) = (\eta_{lj}(\lambda); 1 \leqslant l \leqslant k,\ j \geqslant k+1)$$
$$\boldsymbol{\xi}(\lambda) = (\xi_{jl}(\lambda); 1 \leqslant k,\ j \geqslant k+1)$$

其中 $\boldsymbol{g}_k(\lambda) = (g_{kj}(\lambda); j \geqslant k+1)$，$\boldsymbol{f}_k(\lambda) = (f_{jk}(\lambda); j \geqslant k+1)$，及 $\widetilde{\boldsymbol{\eta}}(\lambda)$，$\widetilde{\boldsymbol{\xi}}(\lambda)$ 等的定义见(4.4.25)及(4.4.26)，则有

$$\boldsymbol{R}_2(\lambda) = \boldsymbol{A}(\lambda)\boldsymbol{\eta}(\lambda) \tag{4.4.29}$$

$$\boldsymbol{R}_3(\lambda) = \boldsymbol{\xi}(\lambda)\boldsymbol{A}(\lambda) \tag{4.4.30}$$

$$\boldsymbol{R}_4(\lambda) = \boldsymbol{\Psi}(\lambda) + \boldsymbol{\xi}(\lambda)\boldsymbol{A}(\lambda)\boldsymbol{\eta}(\lambda) \tag{4.4.31}$$

$$\boldsymbol{\xi}(\lambda) \geqslant \boldsymbol{0} \tag{4.4.32}$$

$$\boldsymbol{\eta}(\lambda) \geqslant \boldsymbol{0} \tag{4.4.33}$$

这里 $\boldsymbol{\Psi}(\lambda)$ 是(4.4.26) 中得到的过程.

证明 在下面的证明中,我们仍然省掉(λ). (4.4.29) 及 (4.4.30) 可以直接验证. 实际上,(4.4.29) 就是

$$r_{ij} = \sum_{l=1}^{k-1} r_{il}\eta_{lj} + r_{ik}\eta_{kj}, 1 \leqslant i \leqslant k, j \geqslant k+1 \tag{4.4.34}$$

注意,当 $1 \leqslant i \leqslant k-1, j \geqslant k+1$ 时,有

$$\begin{aligned}
\sum_{l=1}^{k-1} r_{il}\eta_{lj} + r_{ik}\eta_{kj} &= \sum_{l=1}^{k-1} r_{il}(\tilde{\eta}_{lj} - \tilde{\eta}_{lk}g_{kj}) + r_{ik}g_{kj} \\
&= \sum_{l=1}^{k-1} r_{il}\tilde{\eta}_{lj} + (r_{ik} - \sum_{l=1}^{k-1} r_{il}\tilde{\eta}_{lk})g_{kj} \\
&= \sum_{l=1}^{k-1} r_{il}\tilde{\eta}_{lj} + 0 \times g_{kj} \\
&= \sum_{l=1}^{k-1} r_{il}\tilde{\eta}_{lj} = r_{ij}
\end{aligned}$$

而当 $i = k, j \geqslant k+1$ 时,有

$$\begin{aligned}
\sum_{l=1}^{k-1} r_{kl}\eta_{lj} + r_{kk}\eta_{kj} &= \sum_{l=1}^{k-1} r_{kl}(\tilde{\eta}_{lj} - \tilde{\eta}_{lk}g_{kj}) + r_{kk}g_{kj} \\
&= \sum_{l=1}^{k-1} r_{kl}\tilde{\eta}_{lj} + (r_{kk} - \sum_{l=1}^{k-1} r_{kl}\tilde{\eta}_{lk})g_{kj} \\
&= \sum_{l=1}^{k-1} r_{kl}\tilde{\eta}_{lj} + \tilde{\psi}_{kk}g_{kj}
\end{aligned}$$

$$= \widetilde{\psi}_{kj} + \sum_{l=1}^{k-1} r_{kl}\widetilde{\eta}_{lj} = r_{kj}$$

从而(4.4.34)也即式(4.4.29)得证.

同理,当 $i \geqslant k+1, 1 \leqslant j \leqslant k-1$ 时,有

$$\begin{aligned}\sum_{l=1}^{k} \xi_{il} r_{lj} &= \sum_{l=1}^{k-1} \xi_{il} r_{lj} + \xi_{ik} r_{kj} \\ &= \sum_{l=1}^{k-1} (\widetilde{\xi}_{il} - f_{ik}\widetilde{\xi}_{kl}) r_{lj} + f_{ik} r_{kj} \\ &= \sum_{l=1}^{k-1} \widetilde{\xi}_{il} r_{lj} + f_{ik}(r_{kj} - \sum_{l=1}^{k-1} \widetilde{\xi}_{kl} r_{lj}) \\ &= \sum_{l=1}^{k-1} \widetilde{\xi}_{il} r_{lj} + f_{ik} \times 0 = r_{ij}\end{aligned}$$

而当 $k \geqslant k+1, j=k$ 时

$$\begin{aligned}\sum_{l=1}^{k} \xi_{il} r_{lk} &= \sum_{l=1}^{k-1} \xi_{il} r_{lk} + \xi_{ik} r_{kk} \\ &= \sum_{l=1}^{k-1} (\widetilde{\xi}_{il} - f_{ik}\widetilde{\xi}_{kl}) r_{lk} + f_{ik} r_{kk} \\ &= \sum_{l=1}^{k-1} \widetilde{\xi}_{il} r_{lk} + f_{ik}(r_{kk} - \sum_{l=1}^{k-1} \widetilde{\xi}_{kl} r_{lk}) \\ &= \sum_{l=1}^{k-1} \widetilde{\xi}_{il} r_{lk} + f_{ik}\widetilde{\psi}_{kk} \\ &= \widetilde{\psi}_{ik} + \sum_{l=1}^{k-1} \widetilde{\xi}_{il} r_{lk} = r_{ik}\end{aligned}$$

从而(4.4.30)得证.

由引理4.4.3知,$\boldsymbol{A}(\lambda)$ 可逆. 故由已证得的(4.4.29)及(4.4.30)立得

$$\boldsymbol{\eta}(\lambda) = \boldsymbol{A}^{-1}(\lambda)\boldsymbol{R}_2(\lambda), \boldsymbol{\xi}(\lambda) = \boldsymbol{R}_3(\lambda)\boldsymbol{A}^{-1}(\lambda)$$

故为证(4.4.32)及(4.4.33)只需证

$$\sum_{l=1}^{k} \frac{1}{|\boldsymbol{A}|} a_{li}^{*} r_{lj} \geqslant 0, 1 \leqslant i \leqslant k, j \geqslant k+1$$

及

$$\sum_{l=1}^{k} r_{il} a_{jl}^{*} \frac{1}{|\boldsymbol{A}|} \geqslant 0, i \geqslant k+1, 1 \leqslant j \leqslant k$$

这里$(a_{ij}^{*}) = \boldsymbol{A}^{*}$是$\boldsymbol{A}$的伴随矩阵. 注意到$|\boldsymbol{A}| > 0$,故等价于要证明

$$\sum_{l=1}^{k} a_{il}^{*} r_{lj} \geqslant 0, 1 \leqslant i \leqslant k, j \geqslant k+1$$

$$\sum_{l=1}^{k-1} r_{il} a_{jl}^{*} \geqslant 0, i \geqslant k+1, 1 \leqslant j \leqslant k$$

但上面两式的左边是$\boldsymbol{R}(\lambda)$的K阶偏主子式,它们的非负性已由推论 4.4.1 保证,从而证得(4.4.32)及(4.4.33).

最后,(4.4.31)亦容易直接验证. 实际上,对于$i \geqslant k+1, j \geqslant k+1$有

$$\begin{aligned}
r_{ij} &= \tilde{\psi}_{ij} + \sum_{m=1}^{k-1} \sum_{l=1}^{k-1} \tilde{\xi}_{il} r_{lm} \tilde{\eta}_{mj} \\
&= \tilde{\psi}_{ij} + \sum_{m=1}^{k-1} \sum_{l=1}^{k-1} (\xi_{il} + f_{ik} \tilde{\xi}_{kl}) r_{lm} (\eta_{mj} + \tilde{\eta}_{mk} g_{kj}) \\
&= \tilde{\psi}_{ij} + \sum_{m=1}^{k-1} \sum_{l=1}^{k-1} \xi_{il} r_{lm} \eta_{mj} + f_{ik} \sum_{m=1}^{k-1} \left(\sum_{l=1}^{k-1} \tilde{\xi}_{kl} r_{lm} \right) \eta_{mj} + \\
&\quad g_{kj} \sum_{l=1}^{k-1} \left(\sum_{m=1}^{k-1} r_{lm} \tilde{\eta}_{mk} \right) \xi_{il} + f_{ik} g_{kj} \sum_{l=1}^{k-1} \sum_{m=1}^{k-1} \tilde{\xi}_{kl} r_{lm} \tilde{\eta}_{mk} \\
&= \tilde{\psi}_{ij} + \sum_{m=1}^{k-1} \sum_{l=1}^{k-1} \xi_{il} r_{lm} \eta_{mj} + f_{ik} \sum_{m=1}^{k-1} r_{km} \eta_{mj} + \\
&\quad g_{kj} \sum_{l=1}^{k-1} r_{lk} \xi_{il} + f_{ik} g_{kj} \sum_{m=1}^{k-1} \sum_{l=1}^{k-1} \tilde{\xi}_{kl} r_{lm} \tilde{\eta}_{mk}
\end{aligned}$$

$$= \widetilde{\psi}_{ij} + \sum_{m=1}^{k-1}\sum_{l=1}^{k-1}\xi_{il}r_{lm}\eta_{mj} + \xi_{ik}\sum_{m=1}^{k-1}r_{km}\eta_{mj} + \left(\sum_{l=1}^{k-1}\xi_{il}r_{lm}\right)\eta_{kj} + f_{ik}g_{kj}(r_{kk} - \widetilde{\psi}_{kk})$$

$$= \widetilde{\psi}_{ij} - \widetilde{\psi}_{kk}f_{ik}g_{kj} + \sum_{m=1}^{k-1}\sum_{l=1}^{k-1}\xi_{il}r_{lm}\eta_{mj} + \xi_{ik}\sum_{m=1}^{k-1}r_{km}\eta_{mj} + \left(\sum_{l=1}^{k}\xi_{il}r_{lm}\right)\eta_{kj}$$

$$= \psi_{ij} + \sum_{m=1}^{k-1}\sum_{l=1}^{k-1}\xi_{il}r_{lm}\eta_{mj} + \xi_{ik}\sum_{m=1}^{k-1}r_{km}\eta_{mj} + \left(\sum_{l=1}^{k}\xi_{il}r_{lm}\right)\eta_{kj} = \psi_{ij} + \sum_{m=1}^{k}\sum_{l=1}^{k}\xi_{il}r_{lm}\eta_{mj}$$

总结上述引理,我们已经得到

命题 4.4.1　设定理4.4.1对 $\widetilde{E}_1 = \{1,2,\cdots,k-1\}$ 成立,则若令 $E_1 = \{1,2,\cdots,k\}$. 那么过程 $\boldsymbol{R}(\lambda)$ 必可表示为

$$\boldsymbol{R}(\lambda) = \begin{pmatrix} \mathbf{0} & \mathbf{0} \\ \mathbf{0} & \boldsymbol{\Psi}(\lambda) \end{pmatrix} + \begin{pmatrix} \boldsymbol{A}(\lambda) & \boldsymbol{A}(\lambda)\boldsymbol{\eta}(\lambda) \\ \boldsymbol{\xi}(\lambda)\boldsymbol{A}(\lambda) & \boldsymbol{\xi}(\lambda)\boldsymbol{A}(\lambda)\boldsymbol{\eta}(\lambda) \end{pmatrix} \tag{4.4.35}$$

其中 $\boldsymbol{A}(\lambda)$,$\boldsymbol{\eta}(\lambda)$,$\boldsymbol{\xi}(\lambda)$,$\boldsymbol{\Psi}(\lambda)$ 分别定义于 $E_1 \times E_1$, $E_1 \times N$,$N \times E_1$,$N \times N(N = E - E_1)$ 上,且

$\boldsymbol{A}(\lambda)$ 是 $\boldsymbol{R}(\lambda)$ 在 $E_1 \times E_1$ 上的限制,满足 $|\boldsymbol{A}(\lambda)| > 0$,从而 $\boldsymbol{A}(\lambda)$ 可逆.　(4.4.36)

$\boldsymbol{\Psi}(\lambda)$ 是 $\boldsymbol{Q}_N$ 过程,这里 $\boldsymbol{Q}_N = (q_{ij};i, j \in N)$ 是 $\boldsymbol{Q}$ 在 N 上的限制.　(4.4.37)

$$\boldsymbol{\eta}(\lambda) \geqslant \mathbf{0}, \quad \boldsymbol{\xi}(\lambda) \geqslant \mathbf{0} \tag{4.4.38}$$

$\boldsymbol{\eta}(\lambda)$ 的 k 个“分量”都是 N 上的可和行向量;　(4.4.39)

$\boldsymbol{\xi}(\lambda)$ 的 k 个“分量”都是 N 上的对 λ 一致有界的列向量; (4.4.40)

$\boldsymbol{R}(\lambda)$ 的任意 k 阶及 $k+1$ 阶偏主子式非负;$\boldsymbol{R}(\lambda)$ 的任意 k 阶及 $k+1$ 阶主子式严格正. (4.4.41)

进而有

$$\boldsymbol{D}_2(\lambda) \geqslant \boldsymbol{\xi}(\lambda)\boldsymbol{D}_1(\lambda) \tag{4.4.42}$$

$$\boldsymbol{A}^{-1}(\lambda)\boldsymbol{D}_1(\lambda) \geqslant \boldsymbol{0} \tag{4.4.43}$$

这里

$$\boldsymbol{D}_1(\lambda) = \begin{pmatrix} d_1(\lambda) \\ d_2(\lambda) \\ \vdots \\ d_k(\lambda) \end{pmatrix}, \quad \boldsymbol{D}_2(\lambda) = \begin{pmatrix} d_{k+1}(\lambda) \\ d_{k+2}(\lambda) \\ \vdots \end{pmatrix}$$

$$d_i(\lambda) = 1 - \lambda \sum_{j \in E} r_{ij}(\lambda), i \in E$$

证明 命题的前半部分,包括(4.4.35),(4.4.36),(4.4.37)及(4.4.38)已由引理4.4.3及引理4.4.4而得到.

(4.4.39)及(4.4.40)由 $\boldsymbol{\eta}(\lambda)$,$\boldsymbol{\xi}(\lambda)$ 的定义及归纳假设立得,其中 $\boldsymbol{\xi}(\lambda)$ 的每一个分量关于 λ 的一致有界性也由归纳假设及定义得到,例如可取 $\mathbf{1}$ 为一致的界. $\boldsymbol{R}(\lambda)$ 的任意 k 阶偏主子式及主子式的非负性及严格正性由推论4.4.1得到. 至于 $\boldsymbol{R}(\lambda)$ 的任意 $k+1$ 阶偏主子式非负性及任意 $k+1$ 阶主子式的严格正性由已证的(4.4.35),(4.4.36)及(4.4.37)用与引理4.4.3完全相同的证明方法而得到,只要将该引理的证明中用到的 $\widetilde{\boldsymbol{A}}(\lambda)$,$\widetilde{\boldsymbol{\Psi}}(\lambda)$ 用 $\boldsymbol{A}(\lambda)$ 及 $\boldsymbol{\Psi}(\lambda)$ 代替即

可. 注意证明该引理时唯一用到的条件是 $|A(\lambda)|>0$ 及 $\widetilde{\psi}_{ij}(\lambda)\geqslant 0$, $\widetilde{\psi}_{ii}(\lambda)>0$. 而现在相应的条件 $|A(\lambda)|>0$, $\psi_{ij}(\lambda)\geqslant 0$ 确定满足. 这得证(4.4.41).

最后,(4.4.42) 及(4.4.43) 是(4.4.41) 的显然推论.

下面几个引理,完全类似于 4.3 的讨论.

引理 4.4.5　设 $\boldsymbol{R}(\lambda)$ 形如(4.4.35) 且满足(4.4.36) 至(4.4.40),则 $\boldsymbol{R}(\lambda)$ 满足预解方程

$$\boldsymbol{R}(\lambda)-\boldsymbol{R}(\mu)=(\mu-\lambda)\boldsymbol{R}(\lambda)\boldsymbol{R}(\mu) \tag{4.4.44}$$

的充要条件为如下四条同时成立

$$\boldsymbol{A}(\lambda)-\boldsymbol{A}(\mu)=(\mu-\lambda)\boldsymbol{A}(\lambda)\boldsymbol{A}(\mu)+(\mu-\lambda)\boldsymbol{A}(\lambda)\boldsymbol{\eta}(\lambda)\boldsymbol{\xi}(\mu)\boldsymbol{A}(\mu) \tag{4.4.45}$$

$$\boldsymbol{\eta}(\lambda)-\boldsymbol{\eta}(\mu)=(\mu-\lambda)\boldsymbol{\eta}(\lambda)\boldsymbol{\Psi}(\mu) \tag{4.4.46}$$

$$\boldsymbol{\xi}(\lambda)-\boldsymbol{\xi}(\mu)=(\mu-\lambda)\boldsymbol{\Psi}(\lambda)\boldsymbol{\xi}(\mu) \tag{4.4.47}$$

$$\boldsymbol{\Psi}(\lambda)-\boldsymbol{\Psi}(\mu)=(\mu-\lambda)\boldsymbol{\Psi}(\lambda)\boldsymbol{\Psi}(\mu) \tag{4.4.48}$$

证明　同引理 4.4.4 的证明.

引理 4.4.6　设 $\boldsymbol{R}(\lambda)$ 形如(4.4.35),则满足范条件

$$\lambda\boldsymbol{R}(\lambda)\boldsymbol{1}\leqslant\boldsymbol{1} \tag{4.4.49}$$

的充要条件为如下两个条件同时成立

$$\lambda\boldsymbol{A}(\lambda)\boldsymbol{1}+\lambda\boldsymbol{A}(\lambda)\boldsymbol{\eta}(\lambda)\boldsymbol{1}\leqslant\boldsymbol{1} \tag{4.4.50}$$

$$\boldsymbol{\xi}(\lambda)\boldsymbol{1}+\lambda\boldsymbol{\Psi}(\lambda)\boldsymbol{1}\leqslant\boldsymbol{1} \tag{4.4.51}$$

且 $\boldsymbol{R}(\lambda)$ 不中断当且仅当(4.4.50) 及(4.4.51) 等号成立.

证明　利用关系式(4.4.42),用与引理 4.3.5 相

同的方法容易证得本引理.

注意，由(4.4.38)，(4.4.39)，(4.4.40)，(4.4.46)，(4.4.47)及(4.4.51)我们实际已得到$(\boldsymbol{\eta}(\lambda),\boldsymbol{\xi}(\lambda))\in \boldsymbol{D}^k_{\boldsymbol{\Psi}(\lambda)}$.

引理4.4.7 设$(\boldsymbol{\eta}(\lambda),\boldsymbol{\xi}(\lambda))\in \boldsymbol{D}^k_{\boldsymbol{\Psi}(\lambda)}$，则$\boldsymbol{A}(\lambda)$满足(4.4.45)，即

$$\boldsymbol{A}(\lambda)-\boldsymbol{A}(\mu)=(\mu-\lambda)\boldsymbol{A}(\lambda)\boldsymbol{A}(\mu)+(\mu-\lambda)\boldsymbol{A}(\lambda)\boldsymbol{\eta}(\lambda)\boldsymbol{\xi}(\mu)\boldsymbol{A}(\mu)$$

的充分必要条件是存在常数 k 阶方阵

$$\boldsymbol{C}=\begin{pmatrix} c_{11} & -c_{12} & \cdots & -c_{1k} \\ -c_{21} & c_{22} & \cdots & -c_{2k} \\ \vdots & \vdots & & \vdots \\ -c_{k1} & -c_{k2} & \cdots & c_{kk} \end{pmatrix} \tag{4.4.52}$$

使$\boldsymbol{C}+\lambda\boldsymbol{I}+\lambda[\boldsymbol{\eta}(\lambda),\boldsymbol{\xi}]$存在逆矩阵且

$$\boldsymbol{A}^{-1}(\lambda)=\boldsymbol{C}+\lambda\boldsymbol{I}+\lambda[\boldsymbol{\eta}(\lambda),\boldsymbol{\xi}] \tag{4.4.53}$$

证明 同引理4.3.6的证明.

引理4.4.8 形如(4.4.35)的$\boldsymbol{R}(\lambda)$满足连续性条件$\lim\limits_{\lambda\to+\infty}\lambda\boldsymbol{R}(\lambda)=\boldsymbol{I}$的充分必要条件是如下四式同时成立

$$\lim_{\lambda\to+\infty}\lambda\boldsymbol{A}(\lambda)=\boldsymbol{I};\quad \lim_{\lambda\to+\infty}\boldsymbol{\eta}(\lambda)=\boldsymbol{0}$$

$$\lim_{\lambda\to+\infty}\boldsymbol{\xi}(\lambda)=\boldsymbol{0};\quad \lim_{\lambda\to+\infty}\lambda\boldsymbol{\Psi}(\lambda)=\boldsymbol{I}$$

进一步，在满足连续性条件下，$\boldsymbol{R}(\lambda)$满足 $\boldsymbol{Q}$ 条件$\lim\limits_{\lambda\to+\infty}\lambda(\lambda\boldsymbol{R}(\lambda)-\boldsymbol{I})=\boldsymbol{Q}$当且仅当如下四式同时成立

$$\lim_{\lambda\to+\infty}\lambda(\lambda\boldsymbol{A}(\lambda)-\boldsymbol{I})=\boldsymbol{Q}_u;\quad \lim_{\lambda\to+\infty}\lambda\boldsymbol{\eta}(\lambda)=\boldsymbol{Q}_r$$

$$\lim_{\lambda\to+\infty}\lambda\boldsymbol{\xi}(\lambda)=\boldsymbol{Q}_l;\quad \lim_{\lambda\to+\infty}\lambda(\lambda\boldsymbol{\Psi}(\lambda)-\boldsymbol{I})=\boldsymbol{Q}_d$$

其中 $\boldsymbol{Q}_u,\boldsymbol{Q}_r,\boldsymbol{Q}_l$ 及 $\boldsymbol{Q}_d$ 分别是 $\boldsymbol{Q}$ 在 $E_1\times E_1,E_1\times N,N\times E_1,N\times N$ 上的限制.

证明　显然.

引理4.4.9　设 $\boldsymbol{R}(\lambda)$ 是 $\boldsymbol{Q}$ 过程,则由式(4.4.52)得到的常数矩阵

$$\boldsymbol{C}=\begin{pmatrix} c_{11} & -c_{12} & \cdots & -c_{1k} \\ -c_{21} & c_{22} & \cdots & -c_{2k} \\ \vdots & \vdots & & \vdots \\ -c_{k1} & -c_{k2} & \cdots & c_{kk} \end{pmatrix}$$

有性质:

(ⅰ) $c_{ij}\geqslant 0(1\leqslant i\leqslant k,1\leqslant j\leqslant k)$. $\quad$ (4.4.54)

(ⅱ) $c_{ij}=q_{ij}+\lim\limits_{\lambda\to+\infty}\lambda[\boldsymbol{\eta}^{(i)}(\lambda),\boldsymbol{\xi}^{(j)}]\quad(i\neq j;i,j\in E_1)$. $\quad$ (4.4.55)

(ⅲ) $c_{ii}\geqslant\sum\limits_{j\neq i}c_{ij}+\lim\limits_{\lambda\to+\infty}\lambda[\boldsymbol{\eta}^{(i)}(\lambda),\mathbf{1}-\sum\limits_{j\in E_1}\boldsymbol{\xi}^{(j)}]$ $(i\in E_1)$. $\quad$ (4.4.56)

即

$$c_{ii}\geqslant\sum_{j\in E_1-\{i\}}q_{ij}+\lim_{\lambda\to+\infty}\lambda[\boldsymbol{\eta}^{(i)}(\lambda),\mathbf{1}-\boldsymbol{\xi}^{(i)}]\quad(i\in E_1)\tag{4.4.57}$$

(ⅳ) $c_{ii}+\lim\limits_{\lambda\to+\infty}\lambda[\boldsymbol{\eta}^{(i)},\boldsymbol{\xi}^{(i)}]=q_i\quad(i\in E_1)$. $\quad$ (4.4.58)

且当 $\boldsymbol{R}(\lambda)$ 不中断时,(4.4.56)及(4.4.57)应成立等号.

证明　因为 $\boldsymbol{R}(\lambda)$ 是 $\boldsymbol{Q}$ 过程,所以满足范条件,从而

$$\lambda\boldsymbol{A}(\lambda)\mathbf{1}+\lambda\boldsymbol{A}(\lambda)\boldsymbol{\eta}(\lambda)\mathbf{1}+\boldsymbol{D}_1(\lambda)=\mathbf{1}$$

同乘 $\boldsymbol{A}^{-1}(\lambda)$ 后得到

$$\lambda\boldsymbol{1}+\lambda\boldsymbol{\eta}(\lambda)\boldsymbol{1}=\boldsymbol{A}^{-1}(\lambda)\boldsymbol{1}-\boldsymbol{A}^{-1}(\lambda)\boldsymbol{D}_1(\lambda)$$

由(4.4.43)得到

$$\lambda\boldsymbol{1}+\lambda\boldsymbol{\eta}(\lambda)\boldsymbol{1}\leqslant\boldsymbol{A}^{-1}(\lambda)\boldsymbol{1}$$

且当 $\boldsymbol{R}(\lambda)$ 不中断时,上式成立等号.

但由引理 4.4.7 知

$$\boldsymbol{A}^{-1}(\lambda)=\boldsymbol{C}+\lambda\boldsymbol{I}+\lambda[\boldsymbol{\eta}(\lambda),\boldsymbol{\xi}]$$

故

$$\lambda\boldsymbol{\eta}(\lambda)\boldsymbol{1}\leqslant\boldsymbol{C}\boldsymbol{1}+\lambda[\boldsymbol{\eta}(\lambda),\boldsymbol{\xi}]\boldsymbol{1}$$

此即式(4.4.56),且 $\boldsymbol{R}(\lambda)$ 不中断时,成立等号.

另由 $\boldsymbol{R}(\lambda)$ 是 $\boldsymbol{Q}$ 过程,故由引理 4.4.2 及引理 4.4.8 知

$$\lim_{\lambda\to+\infty}(\lambda\boldsymbol{I}-\boldsymbol{A}^{-1}(\lambda))=\boldsymbol{Q}_u$$

其中 $\boldsymbol{Q}_u=(q_{ij};i,j\in E_1)$ 是 $\boldsymbol{Q}$ 在 $E_1\times E_1$ 上的限制,再注意到

$$\boldsymbol{A}^{-1}(\lambda)=\boldsymbol{C}+\lambda\boldsymbol{I}+\lambda[\boldsymbol{\eta}(\lambda),\boldsymbol{\xi}]$$

立得

$$\boldsymbol{C}+\lim_{\lambda\to+\infty}\lambda[\boldsymbol{\eta}(\lambda),\boldsymbol{\xi}]=-\boldsymbol{Q}_u$$

此即(4.4.58)及(4.4.55).

由(4.4.55)及(4.4.56)得到(4.4.57).而(4.4.54)是(4.4.55)及(4.4.58)的推论.

最后总结一下,来完成定理 4.4.1 的证明.

定理4.4.1的证明 当 $|E_1|=1$ 或 $|E_1|=2$ 时,已由 4.2 及 4.3 得证.现设当 $|E_1|=k-1$ 时成立,则当 $|E_1|=k$ 时,用归纳假设及再次应用一维分解定理,并按引理4.4.4中的方法定义 $\boldsymbol{\eta}(\lambda)$ 及 $\boldsymbol{\xi}(\lambda)$,由命

题4.4.1得知, $\boldsymbol{R}(\lambda)$ 必可表示为

$$\boldsymbol{R}(\lambda)=\begin{pmatrix}\boldsymbol{0} & \boldsymbol{0}\\ \boldsymbol{0} & \boldsymbol{\Psi}(\lambda)\end{pmatrix}+\begin{pmatrix}\boldsymbol{A}(\lambda) & \boldsymbol{A}(\lambda)\boldsymbol{\eta}(\lambda)\\ \boldsymbol{\xi}(\lambda)\boldsymbol{A}(\lambda) & \boldsymbol{\xi}(\lambda)\boldsymbol{A}(\lambda)\boldsymbol{\eta}(\lambda)\end{pmatrix}$$

这得证(4.4.12),并已得到(4.4.14)和(4.4.13).

另由命题4.4.1及引理4.4.5得证(4.4.15). (4.4.16)由引理4.4.8得到. (4.4.18), (4.4.19)和(4.4.20)由引理4.4.7及引理4.4.9得到. 而(4.4.21), (4.4.17), (4.4.22)和(4.4.23)是(4.4.58)的推论,同时也得到了(4.4.24). 至此,定理对 $|E_1|=k$ 亦成立.

由归纳原理,定理对任意有限集 E_1 成立.

最后,分解形式的唯一性由 $\boldsymbol{A}(\lambda)$ 可逆立即得到,定理4.4.1全部得证.

在上述各引理的证明中,我们实际上已证得下面的逆定理:

定理4.4.2　设 $\boldsymbol{Q}$ 是 $E=E_1\cup N$ 的一个拟 $\boldsymbol{Q}$-矩阵,这里 E_1 为有限集,且 $E_1\cap N=\varnothing$,如果存在一个 $\boldsymbol{Q}_N$ 过程 $\boldsymbol{\Psi}(\lambda)$ 及关于 $\boldsymbol{\Psi}(\lambda)$ 的广义 $|E_1|$ 维共轭协调对,即存在 $(\boldsymbol{\eta}(\lambda),\boldsymbol{\xi}(\lambda))\in \boldsymbol{D}_{\boldsymbol{\Psi}(\lambda)}^{|E_1|}$,满足下列条件:

(ⅰ) $\lim\limits_{\lambda\to+\infty}\lambda(\boldsymbol{\eta}(\lambda),\boldsymbol{\xi}(\lambda))=(\boldsymbol{Q}_r,\boldsymbol{Q}_l)$.

其中 $\boldsymbol{Q}_r$ 及 $\boldsymbol{Q}_l$ 分别是 $\boldsymbol{Q}$ 在 $E_1\times N$ 及 $N\times E_1$ 上的限制.

(ⅱ) $\lim\limits_{\lambda\to+\infty}\lambda[\boldsymbol{\eta}^{(i)}(\lambda),\boldsymbol{1}-\boldsymbol{\xi}^{(i)}]<+\infty\quad(i\in E_1)$.

(ⅲ) 若 $i\in E_1$ 是瞬时态,还要求

$$\lim_{\lambda\to+\infty}\lambda[\boldsymbol{\eta}^{(i)}(\lambda),\boldsymbol{\xi}^{(i)}]=+\infty$$

或等价于

$$\lim_{\lambda\to+\infty}\lambda[\boldsymbol{\eta}^{(i)}(\lambda),\boldsymbol{1}]=+\infty$$

若 $i \in E_1$ 是稳定态,还要求

$$q_i \geqslant \sum_{j \in E_1 - \{i\}} q_{ij} + \lim_{\lambda \to +\infty} \lambda [\boldsymbol{\eta}^{(i)}, \mathbf{1}]$$

则 $\boldsymbol{Q}$ 是一个矩阵,换言之,此时必存在 $\boldsymbol{Q}$ 过程.

若进一步还能满足条件

$$\boldsymbol{\xi}(\lambda)\mathbf{1} = \mathbf{1} - \lambda \boldsymbol{\Psi}(\lambda)\mathbf{1} \qquad (4.4.59)$$

且对稳定态 $i \in E_1$ 有

$$q_i = \sum_{j \in E_1 - \{i\}} q_{ij} + \lim_{\lambda \to +\infty} \lambda [\boldsymbol{\eta}^{(i)}(\lambda), \mathbf{1}] \qquad (4.4.60)$$

则 $\boldsymbol{Q}$ 过程还可取为不中断的.

证明 只要证明在条件满足时,我们可实际构造一个 $\boldsymbol{Q}$ 过程即可. 事实上,我们先取一个 $|E_1|$ 阶的常数矩阵 $\boldsymbol{C}$ 如下

$$c_{ij} = q_{ij} + \lim_{\lambda \to +\infty} \lambda [\boldsymbol{\eta}^{(i)}(\lambda)\boldsymbol{\xi}^{(j)}] \quad (i \neq j; i, j \in E_1)$$

且对所有的 $i \in E_1$. 若 $q_i = +\infty$,则任取 $c_{ii} \geqslant \sum_{j \in E_1 - \{i\}} q_{ij} + \lim_{\lambda \to +\infty} \lambda [1^{(i)}(\lambda), \mathbf{1} - \boldsymbol{\xi}^{(j)}]$;

若 $q_i < +\infty$,则取定 $c_{ii} = q_i - \lim_{\lambda \to +\infty} \lambda [\boldsymbol{\eta}^{(i)}, \boldsymbol{\xi}^{(i)}]$;

$$\boldsymbol{C} = \begin{pmatrix} c_{11} & -c_{12} & \cdots & -c_{1n} \\ -c_{21} & c_{22} & \cdots & -c_{2n} \\ \vdots & \vdots & & \vdots \\ -c_{n1} & -c_{n2} & \cdots & -c_{nn} \end{pmatrix}$$

这里 $n = |E_1|$.

由已知条件(ⅱ)及(ⅲ)可知这样的常数矩阵 $\boldsymbol{C}$ 确实可以取到.

然后,再对任意 $\lambda > 0$ 构造 $|E_1|$ 阶的方阵如下

$$C+\lambda I+\lambda[\boldsymbol{\eta}(\lambda),\boldsymbol{\xi}]$$

注意到$\lambda[\boldsymbol{\eta}^{(i)}(\lambda),\boldsymbol{\xi}^{(j)}]$随$\lambda$单调上升,故按上述方法得到的方阵有:对任意$\lambda>0$,非对角线元素非正,而每行行和严格大于0. 故由周知的线性代数结果知

$$C+\lambda I+\lambda[\boldsymbol{\eta}(\lambda),\boldsymbol{\xi}]$$

必有逆矩阵,且其逆非负.

令

$$A(\lambda)=(C+\lambda I+\lambda[\boldsymbol{\eta}(\lambda),\boldsymbol{\xi}])^{-1}$$

$$R(\lambda)=\begin{pmatrix}\mathbf{0} & \mathbf{0}\\ \mathbf{0} & \boldsymbol{\Psi}(\lambda)\end{pmatrix}+\begin{pmatrix}A(\lambda) & A(\lambda)\boldsymbol{\eta}(\lambda)\\ \boldsymbol{\xi}(\lambda)A(\lambda) & \boldsymbol{\xi}(\lambda)A(\lambda)\boldsymbol{\eta}(\lambda)\end{pmatrix} \tag{4.4.61}$$

由于证得$A(\lambda)$非负,而$\boldsymbol{\eta}(\lambda),\boldsymbol{\xi}(\lambda),\boldsymbol{\Psi}(\lambda)$的非负性,由已知条件可得. 从而按(4.4.61)定义的$R(\lambda)$必然非负.

易算出,按上述方法定义的$A(\lambda)$有性质

$$\begin{aligned}A^{-1}(\lambda)\mathbf{1}&=C\mathbf{1}+\lambda\mathbf{1}+\lambda[\boldsymbol{\eta}(\lambda),\boldsymbol{\xi}]\mathbf{1}\\&\geqslant\lambda\mathbf{1}+\lambda[\boldsymbol{\eta}(\lambda),\mathbf{1}]\end{aligned}$$

两边同乘非负矩阵后,不等式不改变方向(注意:上面两式也是非负矩阵),得到

$$\lambda A(\lambda)\mathbf{1}+\lambda A(\lambda)\boldsymbol{\eta}(\lambda)1\leqslant\mathbf{1}$$

再利用已知条件$(\boldsymbol{\eta}(\lambda),\boldsymbol{\xi}(\lambda))\in D_{\boldsymbol{\Psi}(\lambda)}^{|E_1|}$知

$$\boldsymbol{\xi}(\lambda)\mathbf{1}+\lambda\boldsymbol{\Psi}(\lambda)\mathbf{1}\leqslant\mathbf{1}$$

由引理4.4.6知,上面两式保证了按(4.4.61)定义的$R(\lambda)$满足范条件

$$\lambda R(\lambda)\mathbf{1}\leqslant\mathbf{1}$$

至于$R(\lambda)$满足预解方程,则由$A(\lambda)$的定义及已知条

件，$\boldsymbol{\Psi}(\lambda)$ 是 $\boldsymbol{Q}$ 过程，$(\boldsymbol{\eta}(\lambda),\boldsymbol{\xi}(\lambda)) \in \boldsymbol{D}_{\boldsymbol{\Psi}(\lambda)}^{|E_1|}$，并用引理 4.4.5 而得.

至于 $\boldsymbol{R}(\lambda)$ 的连续性条件及 $\boldsymbol{Q}$ 条件由已知条件（ⅰ），$(\boldsymbol{\eta}(\lambda),\boldsymbol{\xi}(\lambda)) \in \boldsymbol{D}_{\boldsymbol{\Psi}(\lambda)}^{|\mathbf{E}_1|}$，并用引理4.4.8不难验算.

故 $\boldsymbol{R}(\lambda)$ 确为 $\boldsymbol{Q}$ 过程.

最后当条件(4.4.59) 及(4.4.60) 满足时，易知可以构造一个不中断的 $\boldsymbol{Q}$ 过程.

4.5 $\boldsymbol{Q}$ 过程的若干性质

引理 4.5.1 设 $\boldsymbol{\Psi}(\lambda)$ 是马氏过程，则：

（ⅰ）对某个 $\lambda_0>0$，$\inf\limits_{i\in E}\sum\limits_{j\in E}\psi_{ij}(\lambda_0)=0$ 等价于

$$\forall \lambda>0, \quad \inf_{i\in E}\sum_{j\in E}\psi_{ij}(\lambda)=0$$

（ⅱ）若 $\boldsymbol{e}$ 是 E 上非负不可和行向量，则对某个 $\lambda_0>0$，$\boldsymbol{e}\boldsymbol{\Psi}(\lambda_0)\mathbf{1}<+\infty$ 等价于

$$\forall \lambda>0, \boldsymbol{e}\boldsymbol{\Psi}(\lambda)\mathbf{1}<+\infty$$

证明 （ⅰ）由 $\boldsymbol{\Psi}(\lambda)$ 的预解方程知，$\forall \lambda>0$，有

$$\boldsymbol{\Psi}(\lambda)-\boldsymbol{\Psi}(\lambda_0)=(\lambda_0-\lambda)\boldsymbol{\Psi}(\lambda_0)\boldsymbol{\Psi}(\lambda)$$

从而

$$\boldsymbol{\Psi}(\lambda)\mathbf{1}-\boldsymbol{\Psi}(\lambda_0)\mathbf{1}=(\lambda_0-\lambda)\boldsymbol{\Psi}(\lambda_0)\boldsymbol{\Psi}(\lambda)\mathbf{1}$$

故

$$\inf_{i\in E}\sum_{j\in E}\psi_{ij}(\lambda)\leqslant\inf_{i\in E}\sum_{j\in E}\psi_{ij}(\lambda_0)+\frac{1}{\lambda}|\lambda_0-\lambda|\inf_{i\in E}\sum_{j\in E}\psi_{ij}(\lambda_0)$$

由上式可知（ⅰ）成立.

（ⅱ）由 $\boldsymbol{\Psi}(\lambda)$ 的预解方程知，$\forall \lambda > 0$. 则

$$\boldsymbol{e\Psi}(\lambda) - \boldsymbol{e\Psi}(\lambda_0) = (\lambda_0 - \lambda)\boldsymbol{e\Psi}(\lambda_0)\boldsymbol{\Psi}(\lambda)$$

从而 $\forall \lambda > 0, \boldsymbol{e\Psi}(\lambda)\mathbf{1} < +\infty$ 等价于 $\boldsymbol{e\Psi}(\lambda_0)\mathbf{1} < +\infty$.

引理 4.5.2　设 $\boldsymbol{\Psi}(\lambda)$ 是马氏过程，则以下三条相互等价：

（ⅰ）$\inf\limits_{i\in E}\sum\limits_{j\in E}\psi_{ij}(\lambda) = 0 \quad (\lambda > 0)$；

（ⅱ）存在 E 上非负不可和行向量 $\boldsymbol{e}$，使得

$$\boldsymbol{e\Psi}(\lambda)\mathbf{1} < +\infty \quad (\lambda > 0)$$

（ⅲ）存在 E 上无穷多个不同的（不计常数因子）非负不可和行向量 $\boldsymbol{V} = \{\boldsymbol{e}\}$，使得 $\forall \boldsymbol{e} \in \boldsymbol{V}$ 均有

$$\boldsymbol{e\Psi}(\lambda)\mathbf{1} < +\infty \quad (\lambda > 0)$$

证明　（ⅱ）等价于（ⅲ）是明显的. 我们只证明（ⅰ）等价于（ⅱ）.

若（ⅰ）成立，任意固定 $\lambda_0 > 0$，那么

$$\inf_{i\in E}\sum_{j\in E}\psi_{ij}(\lambda_0) = 0$$

从而存在 E 上非负不可和行向量 $\boldsymbol{e}$，使得

$$\boldsymbol{e}\Psi(\lambda_0)\mathbf{1} < +\infty$$

由引理 4.5.1 得 $\boldsymbol{e}\Psi(\lambda)\mathbf{1} < +\infty\ (\lambda > 0)$. 即（ⅱ）成立.

反之，若（ⅱ）成立，则（ⅰ）成立是明显的.

定理 4.5.1　设 $\boldsymbol{R}(\lambda)$ 是马氏过程，$\boldsymbol{e}$ 和 $\boldsymbol{m}$ 分别是 E 上非负行向量和非负列向量，而且

$$\begin{cases}\sum\limits_{i\in E} e_i r_{ij}(\lambda) < +\infty, \forall j \in E \\ \sum\limits_{j\in E} r_{ij}(\lambda) m_j < +\infty, \forall i \in E\end{cases} \tag{4.5.1}$$

则

$$\lim_{\lambda\to+\infty}\lambda\boldsymbol{eR}(\lambda)=\boldsymbol{e},\quad \lim_{\lambda\to+\infty}\lambda\boldsymbol{R}(\lambda)\boldsymbol{m}=\boldsymbol{m}$$

证明 任取$j\in E$，固定$\mu>0$，当$\lambda>\mu$时，$\forall i\in E$.

$$\begin{aligned}(\lambda-\mu)e_ir_{ij}(\lambda)r_{jj}(\mu)&\leqslant(\lambda-\mu)e_i\sum_{k\in E}r_{ik}(\lambda)r_{kj}(\mu)\\&=e_i(r_{ij}(\mu)-r_{ij}(\lambda))\\&\leqslant e_ir_{ij}(\mu)\end{aligned}$$

由(4.5.1)及控制收敛定理得

$$\begin{aligned}&\lim_{\lambda\to+\infty}\lambda\sum_{i\in E}e_ir_{ij}(\lambda)r_{jj}(\mu)\\&=\lim_{\lambda\to+\infty}\frac{\lambda}{\lambda-\mu}(\lambda-\mu)\sum_{i\in E}e_ir_{ij}(\lambda)r_{jj}(\mu)\\&=\sum_{i\in E}e_i\lim_{\lambda\to+\infty}\lambda r_{ij}(\lambda)r_{jj}(\mu)=e_jr_{jj}(\mu)\end{aligned}$$

注意$r_{jj}(\mu)>0$，及$j\in E$的任意性得

$$\lim_{\lambda\to+\infty}\lambda\boldsymbol{eR}(\lambda)=\boldsymbol{e}$$

同理可证$\lim\limits_{\lambda\to+\infty}\lambda\boldsymbol{R}(\lambda)\boldsymbol{m}=\boldsymbol{m}$.

定理 4.5.2 设$\Psi(\lambda)$是$\boldsymbol{Q}$过程，$\boldsymbol{\eta}(\lambda)\in L_{\Psi(\lambda)}$，$\boldsymbol{\xi}(\lambda)\in \boldsymbol{M}_{\Psi(\lambda)}$，$\boldsymbol{\xi}(\lambda)\leqslant\boldsymbol{1}-\lambda\Psi(\lambda)\boldsymbol{1}$，而且

$$\lim_{\lambda\to+\infty}\lambda\boldsymbol{\eta}_i(\lambda)=e_i<+\infty,\quad \lim_{\lambda\to+\infty}\lambda\boldsymbol{\xi}_i(\lambda)=m_i<+\infty$$

$$\lim_{\lambda\to+\infty}\lambda\boldsymbol{\eta}(\lambda)(\boldsymbol{1}-\boldsymbol{\xi})=b<+\infty\tag{4.5.2}$$

此处，$\boldsymbol{\xi}=\lim\limits_{\lambda\downarrow0}\boldsymbol{\xi}(\lambda)$. 那么

$$\boldsymbol{R}(\lambda)=\boldsymbol{\Psi}(\lambda)+\boldsymbol{\xi}(\lambda)\frac{\boldsymbol{\eta}(\lambda)}{c+\lambda\boldsymbol{\eta}(\lambda)\boldsymbol{\xi}}\quad(b\leqslant c<+\infty)\tag{4.5.3}$$

是$\overline{\boldsymbol{Q}}$过程，其中$\overline{\boldsymbol{Q}}=(\bar{q}_{ij};i,j\in E)$满足

$$\bar{q}_{ij}=\begin{cases}q_{ij}, & 若\lim\limits_{\lambda\to+\infty}\lambda\boldsymbol{\eta}(\lambda)\mathbf{1}=+\infty\\ q_{ij}+m_i\dfrac{e_j}{c-b+\lim\limits_{\lambda\to+\infty}\lambda\boldsymbol{\eta}(\lambda)\mathbf{1}}, & 若\lim\limits_{\lambda\to+\infty}\lambda\boldsymbol{\eta}(\lambda)\mathbf{1}<+\infty\end{cases}\tag{4.5.4}$$

并且

$$\lim_{\lambda\to+\infty}\lambda(\mathbf{1}-\lambda\boldsymbol{R}(\lambda)\mathbf{1})=\begin{cases}\lim\limits_{\lambda\to+\infty}\lambda(\mathbf{1}-\lambda\boldsymbol{\Psi}(\lambda)\mathbf{1})-\boldsymbol{m}, 若\lim\limits_{\lambda\to+\infty}\lambda\boldsymbol{\eta}(\lambda)\mathbf{1}=+\infty\\ \lim\limits_{\lambda\to+\infty}\lambda(\mathbf{1}-\lambda\boldsymbol{\Psi}(\lambda)\mathbf{1})-\boldsymbol{A}^*, 若\lim\limits_{\lambda\to+\infty}\lambda\boldsymbol{\eta}(\lambda)\mathbf{1}<+\infty\end{cases}\tag{4.5.5}$$

此处
$$\boldsymbol{A}^*=\boldsymbol{m}\frac{\lim\limits_{\lambda\to+\infty}\lambda\boldsymbol{\eta}(\lambda)\mathbf{1}}{c-b+\lim\limits_{\lambda\to+\infty}\lambda\boldsymbol{\eta}(\lambda)\mathbf{1}}$$

特别地，若 $c=b$，则必有

$$\lim_{\lambda\to+\infty}\lambda(\mathbf{1}-\lambda\boldsymbol{R}(\lambda)\mathbf{1})=\lim_{\lambda\to+\infty}\lambda(\mathbf{1}-\lambda\boldsymbol{\Psi}(\lambda)\mathbf{1})-m\tag{4.5.6}$$

证明　由广义行协调族的性质及定理的条件得

$$\lambda\boldsymbol{\eta}(\lambda)(\mathbf{1}-\boldsymbol{\xi})\uparrow b\quad(\lambda\uparrow+\infty)$$

从而

$$c+\lambda\boldsymbol{\eta}(\lambda)\boldsymbol{\xi}\geqslant b+\lambda\boldsymbol{\eta}(\lambda)\boldsymbol{\xi}\geqslant\lambda\boldsymbol{\eta}(\lambda)\mathbf{1}$$

由上式及 $\boldsymbol{\xi}(\lambda)\leqslant\mathbf{1}-\lambda\boldsymbol{\Psi}(\lambda)\mathbf{1}$ 得

$$\boldsymbol{R}(\lambda)\geqslant\mathbf{0},\lambda\boldsymbol{R}(\lambda)\mathbf{1}\leqslant\mathbf{1}\quad(\lambda>0)$$

即 $\boldsymbol{R}(\lambda)$ 满足非负性和范条件. 由 $\lambda r_{ii}(\lambda)\geqslant\lambda\psi_{ii}(\lambda)\to 1(\lambda\uparrow+\infty)(\forall i\in E)$，知 $\boldsymbol{R}(\lambda)$ 具有连续性.

由引理 4.1.3(ⅱ)，有

$$(\lambda-\mu)\boldsymbol{\eta}(\lambda)\boldsymbol{\xi}(\mu)=\lambda\boldsymbol{\eta}(\lambda)\boldsymbol{\xi}-\mu\boldsymbol{\eta}(\mu)\boldsymbol{\xi}$$

注意 $\boldsymbol{\eta}(\lambda)\in\boldsymbol{L}_{\boldsymbol{\Psi}(\lambda)}$, $\boldsymbol{\xi}(\lambda)\in\boldsymbol{M}_{\boldsymbol{\Psi}(\lambda)}$ 及 $\boldsymbol{\Psi}(\lambda)$ 的预解方程得

$$\begin{aligned}
&(\lambda-\mu)\boldsymbol{R}(\lambda)\boldsymbol{R}(\mu)\\
&=(\lambda-\mu)\boldsymbol{\Psi}(\lambda)\boldsymbol{\Psi}(\mu)+(\lambda-\mu)\boldsymbol{\xi}(\lambda)\frac{\boldsymbol{\eta}(\lambda)\boldsymbol{\xi}(\mu)}{c+\lambda\boldsymbol{\eta}(\lambda)\boldsymbol{\xi}}\cdot\\
&\quad\frac{\boldsymbol{\eta}(\mu)}{c+\mu\boldsymbol{\eta}(\mu)\boldsymbol{\xi}}+(\lambda-\mu)\boldsymbol{\xi}(\lambda)\frac{\boldsymbol{\eta}(\lambda)\boldsymbol{\Psi}(\mu)}{c+\lambda\boldsymbol{\eta}(\lambda)\boldsymbol{\xi}}+\\
&\quad(\lambda-\mu)\boldsymbol{\Psi}(\lambda)\boldsymbol{\xi}(\mu)\frac{\boldsymbol{\eta}(\mu)}{c+\mu\boldsymbol{\eta}(\mu)\boldsymbol{\xi}}\\
&=\boldsymbol{\Psi}(\mu)-\boldsymbol{\Psi}(\lambda)+\boldsymbol{\xi}(\lambda)\frac{\lambda\boldsymbol{\eta}(\lambda)\boldsymbol{\xi}-\mu\boldsymbol{\eta}(\mu)\boldsymbol{\xi}}{(c+\lambda\boldsymbol{\eta}(\lambda)\boldsymbol{\xi})(c+\mu\boldsymbol{\eta}(\mu)\boldsymbol{\xi})}\boldsymbol{\eta}(\mu)+\\
&\quad\boldsymbol{\xi}(\lambda)\frac{\boldsymbol{\eta}(\mu)-\boldsymbol{\eta}(\lambda)}{c+\lambda\boldsymbol{\eta}(\lambda)\boldsymbol{\xi}}+(\boldsymbol{\xi}(\mu)-\boldsymbol{\xi}(\lambda))\frac{\boldsymbol{\eta}(\mu)}{c+\mu\boldsymbol{\eta}(\mu)\boldsymbol{\xi}}\\
&=\boldsymbol{\Psi}(\mu)+\boldsymbol{\xi}(\mu)\frac{\boldsymbol{\eta}(\mu)}{c+\mu\boldsymbol{\eta}(\mu)\boldsymbol{\xi}}-\left(\boldsymbol{\Psi}(\lambda)+\boldsymbol{\xi}(\lambda)\frac{\boldsymbol{\eta}(\lambda)}{c+\lambda\boldsymbol{\eta}(\lambda)\boldsymbol{\xi}}\right)\\
&=\boldsymbol{R}(\mu)-\boldsymbol{R}(\lambda)
\end{aligned}$$

从而 $\boldsymbol{R}(\lambda)$ 满足预解方程，故 $\boldsymbol{R}(\lambda)$ 是马氏过程. 设 $\overline{\boldsymbol{Q}}=(\overline{q}_{ij};i,j\in E)$ 是 $\boldsymbol{R}(\lambda)$ 的 $\boldsymbol{Q}$ - 矩阵，则

$$\begin{aligned}
\overline{q}_{ij}&=\lim_{\lambda\to+\infty}\lambda(\lambda r_{ij}(\lambda)-\delta_{ij})=\lim_{\lambda\to+\infty}\lambda(\lambda\psi_{ij}(\lambda)-\delta_{ij})+\\
&\quad\lim_{\lambda\to+\infty}\lambda\xi_i(\lambda)\frac{\lambda\eta_j(\lambda)}{c+\lambda\boldsymbol{\eta}(\lambda)\boldsymbol{\xi}}\\
&=\begin{cases}q_{ij},\text{若}\lim\limits_{\lambda\to+\infty}\lambda\boldsymbol{\eta}(\lambda)\mathbf{1}=+\infty\\[2ex] q_{ij}+m_i\dfrac{e_j}{c+\lim\limits_{\lambda\to+\infty}\lambda\boldsymbol{\eta}(\lambda)\boldsymbol{\xi}},\text{若}\lim\limits_{\lambda\to+\infty}\lambda\boldsymbol{\eta}(\lambda)\mathbf{1}<+\infty\end{cases}
\end{aligned}\tag{4.5.7}$$

由 $\lim\limits_{\lambda\to+\infty}(\lambda\boldsymbol{\eta}(\lambda)\mathbf{1}-\lambda\boldsymbol{\eta}(\lambda)\boldsymbol{\xi})=b<+\infty$ 可得(4.5.4). 由

上式及式(4.5.3)可得(4.5.5);由(4.5.5)可得(4.5.6).

推论4.5.1 设$\boldsymbol{Q}$是$\boldsymbol{Q}$-矩阵,$\boldsymbol{\Psi}(\lambda)$是一个$\boldsymbol{Q}$过程,如果

$$\inf_{i\in E}\sum_{j\in E}\psi_{ij}(\lambda) = 0,\lambda > 0 \tag{4.5.8}$$

则存在无穷多个诚实$\boldsymbol{Q}$过程.

证明 由(4.5.8)及引理4.5.2,存在E上无穷多个非负不可和的行向量$\boldsymbol{V} = \{\boldsymbol{e};\boldsymbol{e} \geqslant \boldsymbol{0},\boldsymbol{e}\boldsymbol{1} = +\infty\}$,使得$\forall \boldsymbol{e} \in \boldsymbol{V}$均有

$$\boldsymbol{e}\boldsymbol{\Psi}(\lambda)1 < +\infty,\lambda > 0$$

令

$$\boldsymbol{\eta}(\lambda) = \boldsymbol{e}\boldsymbol{\Psi}(\lambda),\boldsymbol{\xi}(\lambda) = \boldsymbol{1} - \lambda\boldsymbol{\Psi}(\lambda)\boldsymbol{1}$$

由引理4.1.4,$\lambda\boldsymbol{\eta}(\lambda)(\boldsymbol{1}-\boldsymbol{\xi}) = b < +\infty$与$\lambda$无关.

因此,$\boldsymbol{\eta}(\lambda)$,$\boldsymbol{\xi}(\lambda)$满足定理4.5.2的条件. 令

$$\boldsymbol{R}^{e}(\lambda) = \boldsymbol{\Psi}(\lambda) + (\boldsymbol{1} - \lambda\boldsymbol{\Psi}(\lambda)1)\frac{\boldsymbol{e}\boldsymbol{\Psi}(\lambda)}{\lambda\boldsymbol{e}\boldsymbol{\Psi}(\lambda)\boldsymbol{1}} \tag{4.5.9}$$

由定理4.5.2,$\boldsymbol{R}^{e}(\lambda)$是$\boldsymbol{Q}$过程(在(4.5.3)中取$c = b$得(4.5.9)).

不难验证$\boldsymbol{R}^{e}(\lambda)$是诚实的,而且当$\boldsymbol{e}$不同时(非常数倍)得到不同的$\boldsymbol{R}^{e}(\lambda)$. 由于$\boldsymbol{e} \in \boldsymbol{V}$有无穷多个,从而得到无穷多个诚实$\boldsymbol{Q}$过程.

4.6 补充与注记

关于马尔可夫过程的禁止概率分解最早可见 K. L. Chung[1, Ⅱ §11] 和 J. Neveu[1] 等书目. G. E. H. Reuter[1] 首先应用禁止概率分解公式来构造 $\boldsymbol{Q}$ 过程. 陈安岳对其进行了详细研究并将其系统化,形成了本章中的分解定理. 它是我们研究 $\boldsymbol{Q}$ 过程的重要工具. 4.1 ~ 4.4 取自于陈安岳[4],定理 4.5.1 取自于侯振挺,费志凌[1].

第 2 编

生灭过程的构造

生灭过程定性理论的主要结果

第5章

5.1 全稳定生灭矩阵的若干数字特征

在本篇(第5章至第10章)中,我们将(单边或双边)生灭拟$\boldsymbol{Q}$-矩阵简称为(单边或双边)生灭矩阵.

设$\boldsymbol{Q}=(q_{ij})$是全稳定单边生灭矩阵,$\boldsymbol{Q}$可记为

$$\boldsymbol{Q}=\begin{pmatrix} -(a_0+b_0) & b_0 & & \\ a_1 & -(a_1+b_1) & b_1 & \\ & a_2 & -(a_2+b_2) & b_2 \\ & \ddots & \ddots & \ddots \end{pmatrix} \tag{5.1.1}$$

其中$a_0\geqslant 0,b_0>0,a_i>0,b_i>0(i\geqslant 1)$. 称

$$\begin{cases} z_0=\begin{cases}\dfrac{1}{a_0}, & a_0>0\\ 0, & a_0=0\end{cases} \\ z_1=z_0+\dfrac{1}{b_0} \\ \cdots \\ z_n=z_0+\dfrac{1}{b_0}+\cdots+\dfrac{a_1a_2\cdots a_{n-1}}{b_0b_1b_2\cdots b_{n-1}} \quad (n>1)\end{cases} \tag{5.1.2}$$

为 $\boldsymbol{Q}$ 的自然尺度;称

$$z = \lim_{n\to\infty} z_n \tag{5.1.3}$$

为 $\boldsymbol{Q}$ 的边界点;称

$$\mu_0 = 1, \mu_n = \frac{b_0 b_1 \cdots b_{n-1}}{a_1 \cdots a_{n-1} a_n}, n \geqslant 1 \tag{5.1.4}$$

为 $\boldsymbol{Q}$ 的标准测度.

通过自然尺度和标准测度可以将边界点 z 分类.

定义 5.1.1 设 $\boldsymbol{Q}$ 是形如(5.1.1)的全稳定单边生灭矩阵,则边界点 z 为:

(ⅰ)正则:若 $z < \infty, \sum_{i=0}^{\infty} \mu_i < \infty$.

(ⅱ)流出:若 z 非正则, $\sum_{i=0}^{\infty} (z - z_i)\mu_i < \infty$.

(ⅲ)流入:若 z 非正则, $\sum_{i=0}^{\infty} z_i \mu_i < \infty$.

(ⅳ)自然:其他情形.

再令

$$\begin{cases} m_0 = \dfrac{1}{b_0} = (z_1 - z_0)\mu_0 \\ m_i = \dfrac{1}{b_i} + \displaystyle\sum_{k=0}^{i-1} \frac{a_i a_{i-1} \cdots a_{i-k}}{b_i b_{i-1} \cdots b_{i-k} b_{i-k-1}} = (z_{i+1} - z_i) \cdot \sum_{k=0}^{i} \mu_k, i > 0 \end{cases} \tag{5.1.5}$$

$$\begin{cases} e_0 = z_0 \displaystyle\sum_{k=0}^{\infty} \mu_k \\ e_i = \dfrac{1}{a_i} + \displaystyle\sum_{k=0}^{\infty} \frac{b_i b_{i+1} \cdots b_{i+k}}{a_i a_{i+1} \cdots a_{i+k} a_{i+k+1}} = (z_i - z_{i-1}) \cdot \sum_{k=i}^{\infty} \mu_k, i > 0 \end{cases} \tag{5.1.6}$$

$$N_i = \sum_{j=i}^{\infty} m_j = (z - z_i) \sum_{j=0}^{i} \mu_j + \sum_{j=i+1}^{\infty} (z - z_j)\mu_j \tag{5.1.7}$$

$$\begin{cases} R = \sum_{j=0}^{\infty} m_j = \sum_{j=0}^{\infty} (z - z_j)\mu_j \\ S = \sum_{j=0}^{\infty} e_j = \sum_{j=0}^{\infty} z_j\mu_j \end{cases} \tag{5.1.8}$$

定理 5.1.1　设 $\boldsymbol{Q}$ 是形如(5.1.1) 的全稳定单边生灭矩阵,则边界点 z 为

(ⅰ) 正则:当且仅当 $R < \infty, S < \infty$.

(ⅱ) 流出:当且仅当 $R < \infty, S = \infty$.

(ⅲ) 流入:当且仅当 $R = \infty, S < \infty$.

(ⅳ) 自然:当且仅当 $R = \infty, S = \infty$.

证明　(ⅰ) 由式(5.1.8) 显然有

$$R \leqslant z\sum_{j=0}^{\infty}\mu_j, \quad S \leqslant z\sum_{j=0}^{\infty}\mu_j$$

若 z 正则,由上式 $R < \infty, S < \infty$. 反之,若 $R < \infty, S < \infty$, 由 R 的定义必定 z 有穷,又 $\sum_{i=0}^{\infty}\mu_i = \frac{1}{z}(R + S) < \infty$.

(ⅱ) 若 z 流出,按定义 $R < \infty$, $\sum_{i=0}^{\infty}\mu_i = \infty$;由 $S \geqslant z_1 \sum_{i=1}^{\infty}\mu_i$ 而得 $S = \infty$. 反之,若 $R < \infty, S = \infty$,由(ⅰ)知,z 非正则,又 $\sum_{i=0}^{\infty}(z - z_i)\mu_i = R < \infty$,由定义 z 流出.

(ⅲ) 若 z 流入,按定义 $S < \infty$,又由 z 非正则及(ⅰ)知 $R = \infty$. 反之,若 $R = \infty, S < \infty$,由(ⅰ)知,

z 非正则,又 $\sum_{i=0}^{\infty} z_i\mu_i = S < \infty$,由定义 z 流入.

(ⅳ) 由(ⅰ)(ⅱ)(ⅲ) 及定义 5.1.1 知(ⅳ) 成立.

设 $\boldsymbol{Q} = (q_{ij})$ 是全稳定双边生灭矩阵,那么,$\boldsymbol{Q}$ 可记为

$$\boldsymbol{Q} = \begin{pmatrix} \ddots & \ddots & \ddots & & & \\ & a_{-1} & -(a_{-1}+b_{-1}) & b_{-1} & & \\ & & a_0 & -(a_0+b_0) & b_0 & \\ & & & a_1 & -(a_1+b_1) & b_1 \\ & & & & \ddots & \ddots & \ddots \end{pmatrix} \tag{5.1.9}$$

其中,$a_i > 0, b_i > 0 (i = 0, \pm 1, \pm 2, \cdots)$.

与单边情形类似,称

$$\begin{cases} z_i = -b_0\left(1 + \dfrac{b_{-1}}{a_{-1}} + \dfrac{b_{-1}b_{-2}}{a_{-1}a_{-2}} + \cdots + \dfrac{b_{-1}b_{-2}\cdots b_{i+1}}{a_{-1}a_{-2}\cdots a_{i+1}}\right), i < -1 \\ z_{-1} = -b_0 \\ z_0 = 0 \\ z_1 = a_0 \\ z_i = a_0\left(1 + \dfrac{a_1}{b_1} + \dfrac{a_1}{b_1}\dfrac{a_2}{b_2} + \cdots + \dfrac{a_1a_2\cdots a_{i-1}}{b_1b_2\cdots b_{i-1}}\right), i > 1 \end{cases} \tag{5.1.10}$$

为 $\boldsymbol{Q}$ 的自然尺度. 称

$$r_1 = \lim_{i\to-\infty} z_i, \quad r_2 = \lim_{i\to\infty} z_i \tag{5.1.11}$$

为 $\boldsymbol{Q}$ 的边界点. 称

$$\begin{cases} \mu_i = \dfrac{a_{-1}a_{-2}\cdots a_{i+1}}{b_0 b_{-1} b_{-2}\cdots b_{i+1} b_i}, i < -1 \\ \mu_{-1} = \dfrac{1}{b_0 b_{-1}} \\ \mu_0 = \dfrac{1}{a_0 b_0} \\ \mu_1 = \dfrac{1}{a_0 a_1} \\ \mu_i = \dfrac{b_1 b_2 \cdots b_{i-1}}{a_0 a_1 a_2 \cdots a_{i-1} a_i}, i > 1 \end{cases} \tag{5.1.12}$$

为 $\boldsymbol{Q}$ 的标准测度.

类似于定义 5.1.1,我们有以下定义.

定义 5.1.2　设 $\boldsymbol{Q}$ 是形如(5.1.9) 的全稳定双边生灭矩阵,称边界点 r_2 为

（ⅰ）正则:若 $r_2 < \infty$, $\sum_{i\geq 0}\mu_i < \infty$.

（ⅱ）流出:若 r_2 非正则, $\sum_{i\geq 0}(r_2 - z_i)\mu_i < \infty$.

（ⅲ）流入:若 r_2 非正则, $\sum_{i\geq 0} z_i\mu_i < \infty$.

（ⅳ）自然:其他情形.

对于 r_1 可类似地进行分类.

如果令

$$\begin{cases} R_1 = \sum_{i\leq 0}(z_i - r_1)\mu_i = \sum_{i\leq 0}(z_i - z_{i-1})\sum_{i\leq j\leq 0}\mu_j \\ S_1 = -\sum_{i\leq 0} z_i\mu_i \end{cases} \tag{5.1.13}$$

$$\begin{cases} R_2 = \sum_{i\geq 0}(r_2 - z_i)\mu_i = \sum_{i\geq 0}(z_{i+1} - z_i)\sum_{0\leq j\leq i}\mu_j \\ S_2 = \sum_{i\geq 0} z_i\mu_i \end{cases} \tag{5.1.14}$$

定理 5.1.2　设 $\boldsymbol{Q}$ 是形如(5.1.9) 的全稳定双边生灭矩阵,则边界点 $r_a(a = 1,2)$ 为

(ⅰ) 正则:当且只当 $R_a < \infty, S_a < \infty$.

(ⅱ) 流出:当且只当 $R_a < \infty, S_a = \infty$.

(ⅲ) 流入:当且只当 $R_a = \infty, S_a < \infty$.

(ⅳ) 自然:当且只当 $R_a = \infty, S_a = \infty$.

证明 类似于定理 5.1.1 可证以上结论正确.

5.2 问题的提出与定性理论的主要结果

设 $\boldsymbol{Q}$ 是任一生灭矩阵,在生灭过程研究中有以下三大基本问题需要回答:

(1) 存在性问题:何时存在生灭 $\boldsymbol{Q}$ 过程?

(2) 唯一性问题:若生灭 $\boldsymbol{Q}$ 过程存在,何时唯一?

(3) 构造性问题:若生灭 $\boldsymbol{Q}$ 过程存在,如何构造出全部生灭 $\boldsymbol{Q}$ 过程?

对于不中断生灭过程和全稳定 B 型、F 型生灭 $\boldsymbol{Q}$ 过程等也存在以上类似的问题.

存在性问题和唯一性问题统称为定性理论问题.在本书中将给出生灭过程定性理论问题完满的回答.此处,我们先给出其主要结果.

设 $\boldsymbol{Q} = (q_{ij}, i, j \in E)$ 是含瞬时态的生灭矩阵,定义 $\boldsymbol{Q}$ 的稳定化 $\boldsymbol{Q}^{(s)} = (q_{ij}^{(s)}; i, j \in E)$ 如下:

$$q_{ij}^{(s)} = \begin{cases} q_{ij}, & i \neq j \text{ 或 } i = j, \text{且 } q_i < \infty \\ -\sum\limits_{k \in E \setminus \{i\}} q_{ik}, & i = j, \text{且 } q_i = +\infty \end{cases} \tag{5.2.1}$$

显然 $\boldsymbol{Q}^{(s)}$ 是全稳定生灭矩阵,因此可以按上一节定义 $\boldsymbol{Q}^{(s)}$ 的边界点.

定理 5.2.1　设 $\boldsymbol{Q}$ 是单边生灭矩阵,那么

(Ⅰ)存在生灭 $\boldsymbol{Q}$ 过程的充要条件是下列三条之一成立:

(ⅰ)$\boldsymbol{Q}$ 全稳定.

(ⅱ)$\boldsymbol{Q}$ 含无穷多个瞬时态.

(ⅲ)$\boldsymbol{Q}$ 仅含一个瞬时态且 $\boldsymbol{Q}^{(s)}$ 的边界点正则.

(Ⅱ)若生灭 $\boldsymbol{Q}$ 过程存在,则生灭过程唯一的充要条件是 $\boldsymbol{Q}$ 全稳定且以下二条之一成立:

(ⅰ)$\boldsymbol{Q}$ 的边界点自然.

(ⅱ)$\boldsymbol{Q}$ 的边界点流入且 $\boldsymbol{Q}_0 = \boldsymbol{Q}_{01}$.

(Ⅲ)存在不中断生灭 $\boldsymbol{Q}$ 过程的充要条件是下列三条之一成立:

(ⅰ)$\boldsymbol{Q}$ 全稳定,而且 $\boldsymbol{q}_0 = \boldsymbol{q}_{01}$ 或生灭 $\boldsymbol{Q}$ 过程不唯一.

(ⅱ)$\boldsymbol{Q}$ 含无穷多个瞬时态.

(ⅲ)$\boldsymbol{Q}$ 仅含一个瞬时态,$\boldsymbol{Q}^{(s)}$ 的边界点正则以及 $\boldsymbol{Q}_0 = +\infty$ 或 $\boldsymbol{Q}_0 = \boldsymbol{Q}_{01}$.

(Ⅳ)若不中断生灭 $\boldsymbol{Q}$ 过程存在,则不中断生灭过程唯一的充要条件是 $\boldsymbol{Q}$ 全稳定且 $\boldsymbol{Q}$ 的边界点流入或自然.

定理 5.2.2　设 $\boldsymbol{Q}$ 是双边生灭矩阵,那么

(Ⅰ)存在双边生灭 $\boldsymbol{Q}$ 过程的充要条件是下列四条之一成立:

(ⅰ)$\boldsymbol{Q}$ 全稳定.

(ⅱ)$\boldsymbol{Q}$ 含无穷多个瞬时态.

(ⅲ)$\boldsymbol{Q}$ 含一个瞬时态且 $\boldsymbol{Q}^{(s)}$ 的两个边界点至少有一个正则.

(ⅳ)$\boldsymbol{Q}$ 含两个瞬时态且 $\boldsymbol{Q}^{(s)}$ 的两个边界点均正则.

(Ⅱ)若双边生灭 $\boldsymbol{Q}$ 过程存在,则不中断双边生灭过程也存在,因此二者的存在性等价.

(Ⅲ)若双边生灭 $\boldsymbol{Q}$ 过程存在,则双边生灭过程、不中断双边生灭过程唯一的充要条件都是 $\boldsymbol{Q}$ 全稳定且 $\boldsymbol{Q}$ 的两个边界点均为流入或自然.

以上两个定理的证明见本书的其他几章(第6 ~ 9 章).

5.3 补充与注记

生灭过程不仅具有重大的理论意义和应用价值,而且相对于一般跳过程来说,它们较简单和富有启发性. 生灭过程的许多研究方法和思想往往可以借鉴到一般跳过程的研究中. 因而,生灭过程一直受到人们特别的关注与重视. 很多概率论学者都在生灭过程研究方面开展过工作, 并取得了突出的成果. 例如:D. C. Kendall,W. Feller,S. Karlin,J. McGregor,E. G. H. Reuter,王梓坤,杨向群等.

定性理论的研究是生灭过程研究中核心的问题之一. 由于众多学者的努力,全稳定生灭过程的定性理论早已获得完满的解决. 至于含瞬时态的情形,由于研究难度大且缺少有效的方法,在20 世纪80 年代以前几乎没有什么结果. 20 世经 80 年代,陈安岳[2] 将 $\boldsymbol{Q}$ 过程禁止概率公式系统化(即本书中的分解定理),为研究

含瞬时态 $\boldsymbol{Q}$ 过程提供了有力工具. 之后,费志凌[1] 和唐令琪[1] 在定性理论研究中取得了一些进展. 含瞬时态生灭过程定性理论的最终解决由刘再明,侯振挺[1,2] 完成.

生灭过程和不中断生灭过程定性理论的主要结果(定理 5. 2. 1 和定理 5. 2. 2) 取材于刘再明, 侯振挺[2]. 关于全稳定生灭过程定性理论的其他结果(例如,B 型、F 型生灭过程定性理论等) 见第6 章6. 4 和第 7 章.

第6章 全稳定单边生灭过程的定性理论

6.1 若干引理

本章中，$E = \mathbf{N}_+ = \{0,1,2,\cdots\}$，$\boldsymbol{Q}$ 是形如(5.1.1)的全稳定单边生灭矩阵，按(5.1.2)～(5.1.8)定义 $\boldsymbol{Q}$ 的自然尺度 $\{z_n\}$、边界点 z、标准测度 $\{\mu_n\}$ 及 R 和 S 等数字特征.

设 $\boldsymbol{u}$ 为 E 上的列向量，为了方便，以后规定 $u_{-1} = 0$，再定义 $\{-1\} \cup E$ 上的列向量 $\boldsymbol{u}^+ = (u_i^+)$ 如下：

$$u_i^+ = \begin{cases} a_0 u_0, i = -1 \\ \dfrac{u_{i+1} - u_i}{z_{i+1} - z_i}, i \geqslant 0 \end{cases} \quad (6.1.1)$$

其中，$\{z_i\}$ 为自然尺度.

若 $\boldsymbol{u}$ 为 $\{-1\} \cup E$ 上的列向量，定义 E 上列向量 $D_\mu \boldsymbol{u} = (D_\mu u_i)$ 如下

$$D_\mu u_i = \frac{u_i - u_{i-1}}{\mu_i}, i \geqslant 0 \quad (6.1.2)$$

其中，$\{\mu_i\}$ 为标准测度.

引理 6.1.1　设 $\boldsymbol{u}$ 为 E 上列向量,则

$$\boldsymbol{Qu} = D_\mu \boldsymbol{u}^+ \tag{6.1.3}$$

即

$$a_i u_{i-1} - (a_i + b_i) u_i + b_i u_{i+1} = D_\mu u_i^+, i \geqslant 0 \tag{6.1.4}$$

证明　因

$$a_i = \frac{1}{(z_i - z_{i-1})\mu_i}, \quad i \geqslant 1$$

$$b_i = \frac{1}{(z_{i+1} - z_i)\mu_i}, \quad i \geqslant 0$$

故 $i \geqslant 1$ 时

$$\begin{aligned} D_\mu u_i^+ &= \frac{\dfrac{u_{i+1} - u_i}{z_{i+1} - z_i} - \dfrac{u_i - u_{i-1}}{z_i - z_{i-1}}}{\mu_i} \\ &= b_i(u_{i+1} - u_i) - a_i(u_i - u_{i-1}) \\ &= a_i u_{i-1} - (a_i + b_i) u_i + b_i u_{i+1} \end{aligned}$$

当 $i = 0$ 时,注意 $\mu_0 = 1$ 有

$$\begin{aligned} D_\mu u_0^+ &= \frac{u_0^+ - u_{-1}^+}{\mu_0} = \frac{\dfrac{u_1 - u_0}{z_1 - z_0} - a_0 u_0}{\mu_0} \\ &= \frac{(u_1 - u_0)}{(z_1 - z_0)\mu_0} - \frac{a_0 u_0}{\mu_0} \\ &= b_0(u_1 - u_0) - a_0 u_0 \\ &= b_0 u_1 - (a_0 + b_0) u_0 \end{aligned}$$

引理证毕.

设 $\boldsymbol{u}$ 为列向量,规定 $\boldsymbol{u\mu}$ 表示分量为 $u_j\mu_j$ 的行向量;反之,若 $\boldsymbol{v}$ 为行向量,规定 $\boldsymbol{v\mu}^{-1}$ 表示分量为 $v_i\mu_i^{-1}$ 的列向量,其中 $\{\mu_j\}$ 为标准测度.

引理6.1.2 设 $\boldsymbol{v}$ 为 E 上行向量，$\boldsymbol{u}=\boldsymbol{v}\boldsymbol{\mu}^{-1}$ 为列向量，则

$$\boldsymbol{v}\boldsymbol{Q}=(\boldsymbol{Q}\boldsymbol{u})\boldsymbol{\mu} \tag{6.1.5}$$

证明 由标准测度的定义

$$\mu_{i-1}b_{i-1}\mu_i^{-1}=a_i,i\geqslant 1$$
$$a_{i+1}\mu_{i+1}\mu_i^{-1}=b_i,i\geqslant 0$$

从而 $\forall i\geqslant 1$，

$$\begin{aligned}(\boldsymbol{Q}\boldsymbol{u})_i&=a_iv_{i-1}\mu_{i-1}^{-1}-(a_i+b_i)v_i\mu_i^{-1}+b_iv_{i+1}\mu_{i+1}^{-1}\\&=v_{i-1}b_{i-1}\mu_i^{-1}-(a_i+b_i)v_i\mu_i^{-1}+v_{i+1}a_{i+1}\mu_i^{-1}\\&=[v_{i-1}b_{i-1}-v_i(a_i+b_i)+v_{i+1}a_{i+1}]\mu_i^{-1}\\&=(\boldsymbol{v}\boldsymbol{Q})_i\mu_i^{-1}\end{aligned}$$

而

$$\begin{aligned}(\boldsymbol{Q}\boldsymbol{u})_0\mu_0&=-(a_0+b_0)u_0+b_0u_1\\&=-(a_0+b_0)v_0+b_0v_1\mu_1^{-1}\\&=-(a_0+b_0)v_0+a_1v_1=(\boldsymbol{v}\boldsymbol{Q})_0\end{aligned}$$

引理证毕.

推论6.1.1 设 $\boldsymbol{u},\boldsymbol{f}$ 为列向量，$\boldsymbol{v}=\boldsymbol{u}\boldsymbol{\mu},\boldsymbol{g}=\boldsymbol{f}\boldsymbol{\mu}$ 为行向量，则

（ⅰ）$\boldsymbol{u}$ 满足 $\boldsymbol{Q}\boldsymbol{u}=\boldsymbol{f}$ 当且仅当 $\boldsymbol{v}$ 满足 $\boldsymbol{v}\boldsymbol{Q}=\boldsymbol{g}$；

（ⅱ）$\boldsymbol{u}$ 满足 $\lambda\boldsymbol{u}-\boldsymbol{Q}\boldsymbol{u}=\boldsymbol{f}(\lambda>0)$，当且仅当 $\boldsymbol{v}$ 满足 $\lambda\boldsymbol{v}-\boldsymbol{V}\boldsymbol{Q}=\boldsymbol{g}(\lambda>0)$.

证明 由引理6.1.2立得.

引理6.1.3 方程

$$\begin{cases}-(a_0+b_0)u_0+b_0u_1=-f_0\\a_iu_{i-1}-(a_i+b_i)u_i+b_iu_{i+1}=-f_i,0<i<n\\u_n=f_n\end{cases} \tag{6.1.6}$$

的解是

$$u_i = \frac{z_n - z_i}{a_0(z_n - z_0) + 1}f_0 + \frac{a_0(z_i - z_0) + 1}{a_0(z_n - z_0) + 1}f_n + \frac{z_n - z_i}{a_0(z_n - z_0) + 1}\sum_{j=1}^{i-1}[a_0(z_j - z_0) + 1]f_j\mu_j + \frac{a_0(z_i - z_0) + 1}{a_0(z_n - z_0) + 1}\sum_{j=i}^{n-1}(z_n - z_j)f_j\mu_j \tag{6.1.7}$$

证明　首先把 u_0 视为参数,考察下列方程的解

$$\begin{cases} a_iu_{i-1} - (a_i + b_i)u_i + b_iu_{i+1} = -f_i, 0 < i < n \\ u_n = f_n \end{cases} \tag{6.1.8}$$

由引理6.1.1以上方程成为

$$\begin{cases} u_i^+ - u_{i-1}^+ = -f_iu_i, 0 < i < n \\ u_n = f_n \end{cases}$$

从而可得

$$u_i^+ = u_0^+ + \sum_{k=1}^{i}(u_k^+ - u_{k-1}^+) = u_0^+ - \sum_{k=1}^{i}f_k\mu_k$$

由此得

$$\begin{aligned} u_i &= u_0 + \sum_{k=0}^{i-1}(u_{k+1} - u_k) = u_0 + \sum_{k=0}^{i-1}u_k^+(z_{k+1} - z_k) \\ &= u_0 + \sum_{k=0}^{i-1}u_0^+(z_{k+1} - z_k) - \sum_{k=0}^{i-1}\left(\sum_{l=1}^{k}f_l\mu_l\right)(z_{k+1} - z_k) \\ &= u_0 + u_0^+(z_i - z_0) - \sum_{l=1}^{i-1}\sum_{k=l}^{i-1}f_l\mu_l(z_{k+1} - z_k) \\ &= u_0 + u_0^+(z_i - z_0) - \sum_{l=1}^{i-1}(z_i - z_l)f_l\mu_l \end{aligned} \tag{6.1.9}$$

特别当 $i = n$ 时上式仍成立,故

$$f_n = u_0 + u_0^+(z_n - z_0) - \sum_{l=1}^{n-1}(z_n - z_l)f_l\mu_l$$

从而

$$u_0^+ = \frac{f_n - u_0}{z_n - z_0} + \frac{1}{z_n - z_0}\sum_{j=1}^{n-1}(z_n - z_j)f_j\mu_j$$

代入(6.1.9)并整理得

$$u_i = u_0\frac{z_n - z_i}{z_n - z_0} + f_n\frac{z_i - z_0}{z_n - z_0} + \frac{z_n - z_i}{z_n - z_0}\sum_{j=1}^{i-1}(z_j - z_0)f_j\mu_j +$$

$$\frac{z_i - z_0}{z_n - z_0}\sum_{j=i}^{n-1}(z_n - z_j)f_j\mu_j, 0 < i \leqslant n \qquad (6.1.10)$$

特别

$$u_1 = \frac{z_n - z_1}{z_n - z_0}u_0 + \frac{z_1 - z_0}{z_n - z_0}f_n + \frac{z_1 - z_0}{z_n - z_0}\sum_{j=1}^{n-1}(z_n - z_j)f_j\mu_j$$

由(6.1.6)第一式有

$$\begin{aligned} u_0 &= \frac{b_0}{a_0 + b_0}u_1 + \frac{f_0}{a_0 + b_0} \\ &= \frac{u_1}{a_0(z_1 - z_0) + 1} + \frac{(z_1 - z_0)f_0}{a_0(z_1 - z_0) + 1} \end{aligned}$$

从以上两式可解出

$$u_0 = \frac{z_n - z_0}{a_0(z_n - z_0) + 1}f_0 + \frac{1}{a_0(z_n - z_0) + 1}f_n +$$

$$\frac{1}{a_0(z_n - z_0) + 1}\sum_{j=1}^{n-1}(z_n - z_j)f_j\mu_j$$

代入(6.1.10)得(6.1.7)成立. 证毕.

引理 6.1.4 方程组

$$D_\mu \boldsymbol{u}^+ = \boldsymbol{f} \qquad (6.1.11)$$

即

$$\begin{cases} -(a_0+b_0)u_0+b_0u_1=f_0 \\ a_iu_{i-1}-(a_i+b_i)u_i+b_iu_{i+1}=f_i, i>0 \end{cases} \tag{6.1.12}$$

的解是

$$u_i=[a_0(z_i-z_0)+1]u_0+\sum_{j=0}^{i-1}(z_i-z_j)f_j\mu_j \tag{6.1.13}$$

证明　(6.1.12) 即

$$\begin{cases} u_0^+=a_0u_0+f_0\mu_0 \\ u_i^+-u_{i-1}^+=f_i\mu_i, i>0 \end{cases}$$

类似于(6.1.9) 的推导可得

$$\begin{aligned} u_i &= u_0+u_0^+(z_i-z_0)+\sum_{j=1}^{i-1}(z_i-z_j)f_j\mu_j \\ &= [a_0(z_i-z_0)+1]u_0+\sum_{j=0}^{i-1}(z_i-z_j)f_j\mu_j \end{aligned}$$

引理证毕.

推论 6.1.2　方程

$$\boldsymbol{Qu}=\mathbf{0} \tag{6.1.14}$$

的解为

$$u_i=[a_0(z_i-z_0)+1]u_0, i\geqslant 0 \tag{6.1.15}$$

在本节的最后我们给出一般 $\boldsymbol{Q}$ 过程(不必为生灭过程) 的几个性质.

引理 6.1.5　设 $\boldsymbol{Q}$ 是 E 上任一 $\boldsymbol{Q}$ - 矩阵(不必为生灭矩阵), $\boldsymbol{\Psi}(\lambda)$ 是 $\boldsymbol{Q}$ 过程,则

(i) 对某个 $\lambda_0>0, \inf_{i\in E}\sum_{j\in E}\Psi_{ij}(\lambda_0)=0$ 等价于

$$\forall \lambda>0, \inf_{i\in E}\sum_{j\in E}\Psi_{ij}(\lambda)=0$$

(ii) 若 $\boldsymbol{e}$ 是 E 上非负不可和行向量,则对某个 $\lambda_0>0, \boldsymbol{e\Psi}(\lambda_0)\mathbf{1}<+\infty$ 等价于

$$\forall \lambda > 0, \boldsymbol{e}\boldsymbol{\Psi}(\lambda)\mathbf{1} < +\infty$$

证明 （ⅰ）由 $\boldsymbol{\Psi}(\lambda)$ 的预解方程知，$\forall \lambda > 0$，

$$\boldsymbol{\Psi}(\lambda) - \boldsymbol{\Psi}(\lambda_0) = (\lambda_0 - \lambda)\boldsymbol{\Psi}(\lambda_0)\boldsymbol{\Psi}(\lambda)$$

从而

$$\boldsymbol{\Psi}(\lambda)\mathbf{1} - \boldsymbol{\Psi}(\lambda_0)\mathbf{1} = (\lambda_0 - \lambda)\boldsymbol{\Psi}(\lambda_0)\boldsymbol{\Psi}(\lambda)\mathbf{1}$$

$$\boldsymbol{\Psi}(\lambda)\mathbf{1} \leqslant \left(1 + \frac{|\lambda_0 - \lambda|}{\lambda}\right)\boldsymbol{\Psi}(\lambda_0)\mathbf{1}$$

故（ⅰ）成立.

（ⅱ）由 $\boldsymbol{\Psi}(\lambda)$ 的预解方程知，$\forall \lambda > 0$，

$$\boldsymbol{e}\boldsymbol{\Psi}(\lambda) - \boldsymbol{e}\boldsymbol{\Psi}(\lambda_0) = (\lambda_0 - \lambda)\boldsymbol{e}\boldsymbol{\Psi}(\lambda_0)\boldsymbol{\Psi}(\lambda)$$

$$\boldsymbol{e}\boldsymbol{\Psi}(\lambda)\mathbf{1} \leqslant \left(1 + \frac{|\lambda_0 - \lambda|}{\lambda}\right)\boldsymbol{e}\boldsymbol{\Psi}(\lambda_0)\mathbf{1}$$

从而（ⅱ）成立，证毕.

引理 6.1.6 设 $\boldsymbol{Q}$ 是 E 上任一 $\boldsymbol{Q}$ - 矩阵（不必为生灭矩阵），$\boldsymbol{\Psi}(\lambda)$ 是 $\boldsymbol{Q}$ 过程，则下列三条相互等价

（ⅰ）$\inf\limits_{i\in E}\sum\limits_{j\in E}\Psi_{ij}(\lambda) = 0 \quad (\lambda > 0)$.

（ⅱ）存在 E 上非负不可和行向量 $\boldsymbol{e}$，使

$$\boldsymbol{e}\boldsymbol{\Psi}(\lambda)\mathbf{1} < +\infty, \lambda > 0$$

（ⅲ）存在 E 上无穷多个线性独立的非负不可和行向量族 $\boldsymbol{V} = \{\boldsymbol{e}\}$，使 $\forall \boldsymbol{e} \in \boldsymbol{V}$ 均有

$$\boldsymbol{e}\boldsymbol{\Psi}(\lambda)\mathbf{1} < +\infty, \lambda > 0$$

证明 （ⅱ）等价于（ⅲ）是明显的，我们只证明（ⅰ）等价于（ⅱ）.

若（ⅰ）成立，任意固定 $\lambda_0 > 0$，那么 $\inf\limits_{i\in E}\sum\limits_{j\in E}\Psi_{ij}(\lambda_0) = 0$，从而存在 E 上非负不可和行向量 $\boldsymbol{e}$，使 $\boldsymbol{e}\boldsymbol{\Psi}(\lambda_0)\mathbf{1} < +\infty$，由引理 6.1.5 知（ⅱ）成立.

反之,若(ⅱ)成立,则(ⅰ)成立是明显的,证毕.

引理6.1.7　设$\boldsymbol{Q}$是E上任一$\boldsymbol{Q}$－矩阵(不必为生灭矩阵),$\boldsymbol{\Psi}(\lambda)$是$\boldsymbol{Q}$过程,$\boldsymbol{e}$和$\boldsymbol{m}$分别是$E$上非负行向量和非负列向量,而且

$$\begin{cases}\sum_{i\in E} e_i\Psi_{ij}(\lambda) < +\infty, \forall j\in E \\ \sum_{j\in E}\Psi_{ij}(\lambda)m_j < +\infty, \forall i\in E\end{cases} \tag{6.1.16}$$

则

$$\lim_{\lambda\to\infty}\lambda\boldsymbol{e}\boldsymbol{\Psi}(\lambda) = \boldsymbol{e}, \quad \lim_{\lambda\to\infty}\lambda\boldsymbol{\Psi}(\lambda)\boldsymbol{m} = \boldsymbol{m} \tag{6.1.17}$$

证明　任取$j\in E$,固定$\mu>0$,当$\lambda>\mu$时,$\forall i\in E$

$$\begin{aligned}(\lambda-\mu)e_i\Psi_{ij}(\lambda)\Psi_{jj}(\mu) &\leqslant (\lambda-\mu)e_i\sum_{k\in E}\Psi_{ik}(\lambda)\Psi_{kj}(\mu)\\ &= e_i[\Psi_{ij}(\mu)-\Psi_{ij}(\lambda)]\\ &\leqslant e_i\Psi_{ij}(\mu)\end{aligned}$$

由(6.1.16)及控制收敛定理得

$$\begin{aligned}\lim_{\lambda\to\infty}\lambda\sum_{i\in E}e_i\Psi_{ij}(\lambda)\Psi_{jj}(\mu) &= \lim_{\lambda\to+\infty}\frac{\lambda}{\lambda-\mu}(\lambda-\mu)\sum_{i\in E}e_i\Psi_{ij}(\lambda)\Psi_{jj}(\mu)\\ &= \sum_{i\in E}e_i\lim_{\lambda\to+\infty}\lambda\Psi_{ij}(\lambda)\Psi_{jj}(\mu)\\ &= e_j\Psi_{jj}(\mu)\end{aligned}$$

注意$\Psi_{jj}(\mu)>0$,及$j\in E$的任意性得

$$\lim_{\lambda\to\infty}\lambda\boldsymbol{e}\boldsymbol{\Psi}(\lambda) = \boldsymbol{e}$$

同理可证

$$\lim_{\lambda\to\infty}\lambda\boldsymbol{\Psi}(\lambda)\boldsymbol{m} = \boldsymbol{m}$$

证毕.

引理6.1.8　设$\boldsymbol{Q}$是E上任一$\boldsymbol{Q}$－矩阵(不必为

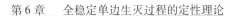

生灭矩阵), $\boldsymbol{\Psi}(\lambda)$ 是 $\boldsymbol{Q}$ 过程, $\boldsymbol{\eta}(\lambda)$, $\boldsymbol{\xi}(\lambda)$ 分别是 $\boldsymbol{\Psi}(\lambda)$ 的行协调族和列协调族, $\boldsymbol{\xi}(\lambda) \leqslant \mathbf{1} - \lambda\boldsymbol{\Psi}(\lambda)\mathbf{1}$, 而且

$$\begin{cases} \lim\limits_{\lambda\to\infty}\lambda\boldsymbol{\eta}_j(\lambda) = e_j < +\infty \\ \lim\limits_{\lambda\to\infty}\lambda\boldsymbol{\xi}_i(\lambda) = m_i < +\infty \\ \lim\limits_{\lambda\to\infty}\lambda\boldsymbol{\eta}(\lambda)(\mathbf{1} - \boldsymbol{\xi}) = b < +\infty \end{cases} \tag{6.1.18}$$

其中, $\boldsymbol{\xi} = \lim\limits_{\lambda\downarrow 0}\boldsymbol{\xi}(\lambda)$. 那么

$$\boldsymbol{R}(\lambda) = \boldsymbol{\Psi}(\lambda) + \boldsymbol{\xi}(\lambda)\frac{\boldsymbol{\eta}(\lambda)}{c + \lambda\boldsymbol{\eta}(\lambda)\boldsymbol{\xi}}, b \leqslant c < +\infty \tag{6.1.19}$$

是 $\overline{\boldsymbol{Q}}$ 过程, 其中 $\overline{\boldsymbol{Q}} = (\overline{q}_{ij}; i,j \in E)$ 满足

$$\overline{q}_{ij} = \begin{cases} q_{ij}, & \text{若} \lim\limits_{\lambda\to+\infty}\lambda\boldsymbol{\eta}(\lambda)\mathbf{1} = +\infty \\ q_{ij} + m_i\dfrac{e_j}{c - b + \lim\limits_{\lambda\to\infty}\lambda\boldsymbol{\eta}(\lambda)\mathbf{1}}, & \text{若} \lim\limits_{\lambda\to\infty}\lambda\boldsymbol{\eta}(\lambda)\mathbf{1} < +\infty \end{cases} \tag{6.1.20}$$

并且

$$\lim_{\lambda\to\infty}\lambda(\mathbf{1} - \lambda\boldsymbol{R}(\lambda)\mathbf{1}) = \begin{cases} \lim\limits_{\lambda\to\infty}\lambda(\mathbf{1} - \lambda\boldsymbol{\Psi}(\lambda)\mathbf{1}) - \boldsymbol{m}, \text{若} \lim\limits_{\lambda\to\infty}\lambda\boldsymbol{\eta}(\lambda)\mathbf{1} = +\infty \\ \lim\limits_{\lambda\to\infty}\lambda(1 - \lambda\boldsymbol{\Psi}(\lambda)\mathbf{1}) - \boldsymbol{A}, \text{若} \lim\limits_{\lambda\to\infty}\lambda\boldsymbol{\eta}(\lambda)\mathbf{1} < +\infty \end{cases} \tag{6.1.21}$$

其中, $\boldsymbol{A} = \dfrac{\lim\limits_{\lambda\to\infty}\lambda\boldsymbol{\eta}(\lambda)\mathbf{1}}{c - b + \lim\limits_{\lambda\to\infty}\lambda\boldsymbol{\eta}(\lambda)\mathbf{1}} \cdot \boldsymbol{m}$ 为列向量.

特别, 若 $c = b$, 则

$$\lim_{\lambda\to+\infty}\lambda(\mathbf{1}-\lambda\boldsymbol{R}(\lambda)\mathbf{1})=\lim_{\lambda\to+\infty}\lambda(\mathbf{1}-\lambda\boldsymbol{\Psi}(\lambda)\mathbf{1})-\boldsymbol{m}\tag{6.1.22}$$

证明　由行协调族的性质得

$$\lambda\boldsymbol{\eta}(\lambda)(\mathbf{1}-\boldsymbol{\xi})\uparrow b\quad(\lambda\uparrow+\infty)$$

从而

$$c+\lambda\boldsymbol{\eta}(\lambda)\boldsymbol{\xi}\geqslant b+\lambda\boldsymbol{\eta}(\lambda)\boldsymbol{\xi}\geqslant\lambda\boldsymbol{\eta}(\lambda)\mathbf{1}$$

由上式及 $\boldsymbol{\xi}(\lambda)\leqslant\mathbf{1}-\lambda\boldsymbol{\Psi}(\lambda)\mathbf{1}$ 得

$$\boldsymbol{R}(\lambda)\geqslant 0,\quad\lambda\boldsymbol{R}(\lambda)\mathbf{1}\leqslant\mathbf{1},\lambda>0$$

即 $\boldsymbol{R}(\lambda)$ 满足非负性和范条件. 由 $\lambda r_{ii}(\lambda)\geqslant\lambda\Psi_{ii}(\lambda)\to\mathbf{1}(\lambda\to+\infty)(\forall i\in E)$,知 $\boldsymbol{R}(\lambda)$ 具有连续性.

由于 $\boldsymbol{\eta}(\lambda)$,$\boldsymbol{\xi}(\lambda)$ 分别为 $\boldsymbol{\Psi}(\lambda)$ 的行、列协调族,从而

$$(\lambda-\mu)\boldsymbol{\eta}(\lambda)\boldsymbol{\xi}(\mu)=\lambda\boldsymbol{\eta}(\lambda)\boldsymbol{\xi}-\mu\boldsymbol{\eta}(\mu)\boldsymbol{\xi}$$

同时注意 $\boldsymbol{\Psi}(\lambda)$ 的预解方程得

$$\begin{aligned}&(\lambda-\mu)\boldsymbol{R}(\lambda)\boldsymbol{R}(\mu)=(\lambda-\mu)\boldsymbol{\Psi}(\lambda)\boldsymbol{\Psi}(\mu)+\\&(\lambda-\mu)\boldsymbol{\xi}(\lambda)\frac{\boldsymbol{\eta}(\lambda)\boldsymbol{\xi}(\mu)}{c+\lambda\boldsymbol{\eta}(\lambda)\boldsymbol{\xi}}\cdot\\&\frac{\boldsymbol{\eta}(\mu)}{c+\mu\boldsymbol{\eta}(\mu)\boldsymbol{\xi}}+(\lambda-\mu)\boldsymbol{\xi}(\lambda)\frac{\boldsymbol{\eta}(\lambda)\boldsymbol{\Psi}(\mu)}{c+\lambda\boldsymbol{\eta}(\lambda)\boldsymbol{\xi}}+\\&(\lambda-\mu)\boldsymbol{\Psi}(\lambda)\boldsymbol{\xi}(\mu)\frac{\boldsymbol{\eta}(\mu)}{c+\mu\boldsymbol{\eta}(\mu)\boldsymbol{\xi}}\\=&\boldsymbol{\Psi}(\mu)-\boldsymbol{\Psi}(\lambda)+\\&\boldsymbol{\xi}(\lambda)\frac{\lambda\boldsymbol{\eta}(\lambda)\boldsymbol{\xi}-\mu\boldsymbol{\eta}(\mu)\boldsymbol{\xi}}{(c+\lambda\boldsymbol{\eta}(\lambda)\boldsymbol{\xi})(c+\mu\boldsymbol{\eta}(\mu)\boldsymbol{\xi})}\boldsymbol{\eta}(\mu)+\\&\boldsymbol{\xi}\lambda\frac{\boldsymbol{\eta}(\mu)-\boldsymbol{\eta}(\lambda)}{c+\lambda\boldsymbol{\eta}(\lambda)\boldsymbol{\xi}}+(\boldsymbol{\xi}(\mu)-\boldsymbol{\xi}(\lambda))\frac{\boldsymbol{\eta}(\mu)}{c+\mu\boldsymbol{\eta}(\mu)\boldsymbol{\xi}}\\=&\boldsymbol{\Psi}(\mu)+\boldsymbol{\xi}(\mu)\frac{\boldsymbol{\eta}(\mu)}{c+\mu\boldsymbol{\eta}(\mu)\boldsymbol{\xi}}-\end{aligned}$$

$$\left(\boldsymbol{\Psi}(\lambda)+\boldsymbol{\xi}(\lambda)\frac{\boldsymbol{\eta}(\lambda)}{c+\lambda\boldsymbol{\eta}(\lambda)\boldsymbol{\xi}}\right)=\boldsymbol{R}(\mu)-\boldsymbol{R}(\lambda)$$

从而 $\boldsymbol{R}(\lambda)$ 满足预解方程,故 $\boldsymbol{R}(\lambda)$ 是齐次马氏过程.

设 $\overline{\boldsymbol{Q}}=(\overline{q}_{ij};i,j\in E)$ 是 $\boldsymbol{R}(\lambda)$ 的 $\boldsymbol{Q}$ - 矩阵,则

$$\begin{aligned}\overline{q}_{ij}&=\lim_{\lambda\to+\infty}\lambda(\lambda r_{ij}(\lambda)-\delta_{ij})\\&=\lim_{\lambda\to+\infty}\lambda(\lambda\Psi_{ij}(\lambda)-\delta_{ij})+\lim_{\lambda\to\infty}\lambda\xi_i(\lambda)\frac{\lambda\eta_j(\lambda)}{c+\lambda\eta(\lambda)\xi}\\&=q_{ij}+m_i\frac{e_j}{c+\lim\limits_{\lambda\to+\infty}\lambda\boldsymbol{\eta}(\lambda)\boldsymbol{\xi}}\end{aligned}$$

由 $\lim\limits_{\lambda\to+\infty}(\lambda\boldsymbol{\eta}(\lambda)\mathbf{1}-\lambda\boldsymbol{\eta}(\lambda)\boldsymbol{\xi})=b<+\infty$ 及上式得 (6.1.20),由上式及 (6.1.19) 可得 (6.1.21) 及 (6.1.22).

推论 6.1.3 设 $\boldsymbol{Q}$ 是 E 上任一 $\boldsymbol{Q}$ - 矩阵(不必为生灭矩阵),$\boldsymbol{\Psi}(\lambda)$ 是 $\boldsymbol{Q}$ 过程,若

$$\inf_{i\in E}\sum_{j\in E}\Psi_{ij}(\lambda)=0,\lambda>0 \qquad (6.1.23)$$

则存在无穷多个不中断 $\boldsymbol{Q}$ 过程.

证明 由(6.1.23)及引理6.1.6知,存在 E 上无穷多个线性独立的非负不可和行向量族 $\boldsymbol{V}=\{\boldsymbol{e}\}$,使 $\forall\boldsymbol{e}\in\boldsymbol{V}$ 均有

$$\boldsymbol{e}\boldsymbol{\Psi}(\lambda)\mathbf{1}<\infty,\lambda>0$$

令

$$\boldsymbol{\eta}(\lambda)=\boldsymbol{e}\boldsymbol{\Psi}(\lambda),\quad\boldsymbol{\xi}(\lambda)=\mathbf{1}-\lambda\boldsymbol{\Psi}(\lambda)\mathbf{1}$$

容易证明,$\lambda\boldsymbol{\eta}(\lambda)(1-\boldsymbol{\xi})=b<+\infty$ 与 λ 无关.

因此,$\boldsymbol{\eta}(\lambda)$,$\boldsymbol{\xi}(\lambda)$ 满足引理 6.1.8 的条件. 令

$$\boldsymbol{R}^e(\lambda)=\boldsymbol{\Psi}(\lambda)+(\mathbf{1}-\lambda\boldsymbol{\Psi}(\lambda)\mathbf{1})\frac{\boldsymbol{e}\boldsymbol{\Psi}(\lambda)}{\lambda\boldsymbol{e}\boldsymbol{\Psi}(\lambda)\mathbf{1}} \qquad (6.1.24)$$

由引理 6.1.8, $\boldsymbol{R}^e(\lambda)$ 是 $\boldsymbol{Q}$ 过程(在(6.1.19)中取 $c=b$ 得上式).

显然 $\boldsymbol{R}^e(\lambda)$ 是不中断的,而且当 $\boldsymbol{e}$ 不同时得到不同的 $\boldsymbol{R}^e(\lambda)$. 由于 $\boldsymbol{e}\in \boldsymbol{V}$ 有无穷多个,从而得到无穷多个不中断 $\boldsymbol{Q}$ 过程. 证毕.

6.2　最小生灭过程及其性质

定理 6.2.1　对每个 $\lambda>0$,方程

$$\begin{cases}(\lambda \boldsymbol{I}-\boldsymbol{Q})\boldsymbol{u}=\boldsymbol{0}\\ u_0=1\end{cases} \tag{6.2.1}$$

的解 $\boldsymbol{u}(\lambda)$ 存在而且唯一,可由以下递推公式得到

$$u_i(\lambda)=1+a_0(z_i-z_0)+\lambda\sum_{j=0}^{i-1}(z_i-z_j)u_j(\lambda)\mu_j \tag{6.2.2}$$

且有下列性质:

(i) $\boldsymbol{u}(\lambda)$ 和 $\boldsymbol{u}^+(\lambda)$ 关于 i 均严格增加.

(ii) $u(z,\lambda)=\lim\limits_{i\to\infty}u_i(\lambda)<\infty$,当且仅当 z 为正则或流出.

(iii) $\boldsymbol{u}(\lambda)\mu$ 可和,即 $\boldsymbol{u}^+(z,\lambda)=\lim\limits_{i\to\infty}\boldsymbol{u}_i^+(\lambda)<\infty$,当且仅当 z 为正则或流入.

证明　(6.2.1)可写为 $\lambda\boldsymbol{u}-D_\mu\boldsymbol{u}^+=0$, $u_0=1$. 由(6.1.13)可得(6.2.2),从而 $\boldsymbol{u}(\lambda)$ 可唯一确定.

(i) 首先,由(6.2.2)知, $\boldsymbol{u}(\lambda)$ 关于 i 严格增加.

其次

$$u_i^+(\lambda) = a_0 + \sum_{j=0}^{i} D_\mu u_j^+(\lambda)\mu_j = a_0 + \lambda \sum_{j=0}^{i} u_j(\lambda)\mu_j \tag{6.2.3}$$

故 $\boldsymbol{u}^+(\lambda)$ 关于 i 严格增加.

(ii) 设 $\boldsymbol{u}(z,\lambda) < \infty$. 由(6.2.2)得

$$u_i(\lambda) > \lambda \sum_{j=0}^{i-1} (z_i - z_j) u_0(\lambda)\mu_j = \lambda \sum_{j=0}^{i-1} (z_i - z_j)\mu_j$$

令 $i \to \infty$ 得 $R \leqslant \dfrac{1}{\lambda} u(z,\lambda) < \infty$,从而 z 正则或流出.

反之,设 $R < \infty$,由(6.2.3),

$$\begin{aligned} u_{i+1}(\lambda) - u_i(\lambda) &= (z_{i+1} - z_i) u_i^+(\lambda) \\ &< a_0(z_{i+1} - z_i) + \\ &\quad \lambda(z_{i+1} - z_i) u_i(\lambda) \sum_{j=0}^{i} \mu_j \end{aligned}$$

$$\frac{u_{i+1}(\lambda)}{u_i(\lambda)} - 1 < \frac{a_0}{u_0(\lambda)}(z_{i+1} - z_i) + \lambda(z_{i+1} - z_i) \sum_{j=0}^{i} \mu_j$$

由于 $R = \sum_{i=0}^{\infty} \left[(z_{i+1} - z_i) \sum_{j=0}^{i} \mu_j \right] < \infty$,从而上式右边是收敛级数的项,故 $\sum_{i=0}^{\infty} \log \dfrac{u_{i+1}(\lambda)}{u_i(\lambda)}$ 收敛,从而

$$\lim_{i \to +\infty} u_i < \infty$$

(iii) 由(6.2.3),$\boldsymbol{u}(\lambda)\boldsymbol{\mu}$ 可和 $\Leftrightarrow \boldsymbol{u}^+(z,\lambda) < \infty$. 设 $\boldsymbol{u}^+(z,\lambda) < +\infty$,由(6.2.2)有

$$u_i(\lambda) > 1 + a_0(z_i - z_0) + \lambda(z_i - z_0) \geqslant d(\lambda) z_i$$

其中

$$d(\lambda)=\begin{cases}a_0, a_0>0\\ \lambda, a_0=0\end{cases}$$

将上式代入(6.2.3)有

$$\lambda d(\lambda)\sum_{j=0}^{i} z_j\mu_j < u_i^+(\lambda)$$

令 $i\to\infty$，由 $\boldsymbol{u}^+(z,\lambda)<\infty$，得 $S=\sum_{j=0}^{\infty} z_j\mu_j<\infty$，从而 z 正则或流入.

反之，设 $S<\infty$，由于

$$\begin{aligned}u_i(\lambda)&=u_0(\lambda)+\sum_{k=0}^{i-1}u_k^+(\lambda)(z_{k+1}-z_k)\\&<u_0(\lambda)+u_{i-1}^+(\lambda)(z_i-z_0)\\&\leqslant 1+u_{i-1}^+(\lambda)z_i\end{aligned}$$

从而

$$u_i^+(\lambda)-u_{i-1}^+(\lambda)=\lambda u_i(\lambda)\mu_i<\lambda(1+u_{i-1}^+(\lambda)z_i)\mu_i$$

$$\frac{u_i^+(\lambda)}{u_{i-1}^+(\lambda)}-1<\frac{\lambda}{u_{i-1}^+(\lambda)}\mu_i+\lambda z_i\mu_i<\frac{\lambda}{u_0^+(\lambda)}\mu_i+\lambda z_i\mu_i$$

由 $S<\infty$ 知上式右边是收敛级数的项. 与(ⅱ)中证明类似，可得

$$\boldsymbol{u}^+(z,\lambda)=\lim_{i\to+\infty}u_i^+(\lambda)<\infty$$

定理证毕.

定理 6.2.2　设 $\boldsymbol{u}(\lambda)$ 为(6.2.1)的解，令

$$v_i(\lambda)=u_i(\lambda)\sum_{j=i}^{\infty}\frac{z_{j+1}-z_j}{u_j(\lambda)u_{j+1}(\lambda)} \quad (6.2.4)$$

则 $\boldsymbol{v}(\lambda)$ 严格下降，$\boldsymbol{v}^+(\lambda)$ 又严格上升，且

$$((\lambda\boldsymbol{I}-\boldsymbol{Q})\boldsymbol{v}(\lambda))_i=\begin{cases}1, i=0\\ 0, i>0\end{cases} \quad (6.2.5)$$

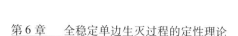

$$u_i^+(\lambda)v_i(\lambda)-v_i^+(\lambda)u_i(\lambda)=1, i\geqslant 0 \tag{6.2.6}$$

$$\boldsymbol{v}^+(z,\lambda)=\lim_{i\to\infty}v_i^+(\lambda)=-\frac{1}{\boldsymbol{u}(z,\lambda)}\left(\text{约定}\frac{1}{\infty}=0\right) \tag{6.2.7}$$

证明 先证(6.2.4)中级数收敛,且 $0<v_i(\lambda)<\infty$. 注意 $\boldsymbol{u}(\lambda)$, $\boldsymbol{u}^+(\lambda)$ 关于 i 严格增加,有

$$\begin{aligned}0<v_i(\lambda)&=u_i(\lambda)\sum_{j=i}^{\infty}\frac{z_{j+1}-z_j}{u_j(\lambda)u_{j+1}(\lambda)}\\&=u_i(\lambda)\sum_{j=i}^{\infty}\frac{1}{u_j^+(\lambda)}\left[\frac{1}{u_j(\lambda)}-\frac{1}{u_{j+1}(\lambda)}\right]\\&<\frac{u_i(\lambda)}{u_i^+(\lambda)}\sum_{j=i}^{\infty}\left[\frac{1}{u_j(\lambda)}-\frac{1}{u_{j+1}(\lambda)}\right]\\&=\frac{u_i(\lambda)}{u_i^+(\lambda)}\left[\frac{1}{u_i(\lambda)}-\frac{1}{u(z,\lambda)}\right]\\&\leqslant\frac{1}{u_i^+(\lambda)}<\infty\end{aligned} \tag{6.2.8}$$

其次

$$\begin{aligned}v_i^+(\lambda)&=\frac{v_{i+1}(\lambda)-v_i(\lambda)}{z_{i+1}-z_i}\\&=\frac{u_{i+1}(\lambda)-u_i(\lambda)}{z_{i+1}-z_i}\sum_{j=i}^{\infty}\frac{z_{j+1}-z_j}{u_j(\lambda)u_{j+1}(\lambda)}-\frac{1}{u_i(\lambda)}\\&=u_i^+(\lambda)\sum_{j=i}^{\infty}\frac{z_{j+1}-z_j}{u_j(\lambda)u_{j+1}(\lambda)}-\frac{1}{u_i(\lambda)}\end{aligned} \tag{6.2.9}$$

由(6.2.8)

$$v_i^+(\lambda)<\frac{1}{u_i(\lambda)}-\frac{1}{u_i(\lambda)}=0$$

因此 $\boldsymbol{v}(\lambda)$ 下降. 由(6.2.9)得(6.2.6). 再由(6.2.9)有

$$-\frac{1}{u_i(\lambda)} \leqslant v_i^+(\lambda) \leqslant \sum_{j=i}^{\infty} u_j^+(\lambda)\frac{z_{j+1}-z_j}{u_j(\lambda)u_{j+1}(\lambda)}-\frac{1}{u_i(\lambda)}$$

$$=\sum_{j=i}^{\infty}\left[\frac{1}{u_j(\lambda)}-\frac{1}{u_{j+1}(\lambda)}\right]-\frac{1}{u_i(\lambda)}$$

$$=-\frac{1}{\boldsymbol{u}(z,\lambda)}$$

由此得(6.2.7). 从(6.2.9) 知:当 $i>0$ 时

$$D_\mu v_i^+(\lambda)=D_\mu\left[u_i^+(\lambda)\sum_{j=i}^{\infty}\frac{z_{j+1}-z_j}{u_j(\lambda)u_{j+1}(\lambda)}-\frac{1}{u_i(\lambda)}\right]$$

$$=[D_\mu u_i^+(\lambda)]\sum_{j=i}^{\infty}\frac{z_{j+1}-z_j}{u_j(\lambda)u_{j+1}(\lambda)}$$

$$=\lambda v_i(\lambda)>0$$

从而 $\boldsymbol{v}_i^+(\lambda)$ 关于 i 严格上升,且(6.2.5) 第二行成立. 为证第一行,注意 $\boldsymbol{v}(\lambda)$ 的定义,有

$$v_1(\lambda)=v_0(\lambda)u_1(\lambda)-(z_1-z_0)=v_0(\lambda)u_1(\lambda)-b_0^{-1}$$

由于 $\boldsymbol{u}(\lambda)$ 是(6.2.1) 的解,故

$$b_0u_1(\lambda)=(\lambda+a_0+b_0)u_0(\lambda)=\lambda+a_0+b_0$$

代入前一式得(6.2.5) 第一行成立. 定理证毕.

定义 6.2.1　$\forall i,j\in E,\lambda>0$,

$$\Phi_{ij}(\lambda)=\begin{cases}u_i(\lambda)v_j(\lambda)\mu_j, j\geqslant i\\ v_i(\lambda)u_j(\lambda)\mu_j, j\leqslant i\end{cases}\qquad(6.2.10)$$

$$\boldsymbol{\Phi}(\lambda)=(\Phi_{ij}(\lambda);i,j\in E)\qquad(6.2.11)$$

显然,$\forall i,j$,

$$\mu_i\Phi_{ij}(\lambda)=\mu_j\Phi_{ji}(\lambda)\qquad(6.2.12)$$

引理 6.2.1　设 $\boldsymbol{f},\boldsymbol{g}$ 分别是 E 上列向量和行向量, 非负或使级数 $\sum_{i=0}^{\infty}g_iv_i(\lambda)$ 和 $\sum_{j=0}^{\infty}v_j(\lambda)f_j\mu_j$ 收敛,则

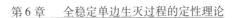

$$[\boldsymbol{\Phi}(\lambda)\boldsymbol{f}]_i = \sum_{j=0}^{\infty}\Phi_{ij}(\lambda)f_j =$$

$$v_i(\lambda)\sum_{j=0}^{i}u_j(\lambda)f_j\mu_j + u_i(\lambda)\sum_{j=i+1}^{\infty}v_j(\lambda)f_j\mu_j \quad (6.2.13)$$

$$[\boldsymbol{g}\boldsymbol{\Phi}(\lambda)]_j = \sum_i g_i\Phi_{ij}(\lambda) =$$

$$v_j(\lambda)\mu_j\sum_{i=0}^{j}g_iu_i(\lambda) + u_j(\lambda)\mu_j\sum_{i=j+1}^{\infty}g_iv_i(\lambda) \quad (6.2.14)$$

进一步,若 $\boldsymbol{g} = \boldsymbol{f}\cdot\boldsymbol{\mu}$,则

$$\boldsymbol{g}\boldsymbol{\Phi}(\lambda) = (\boldsymbol{\Phi}(\lambda)\boldsymbol{f})\boldsymbol{\mu} \quad (6.2.15)$$

证明 由定义 6.2.1 易得本引理.

定理 6.2.3

$$\lambda\sum_j\Phi_{ij}(\lambda) = 1 - a_0v_i(\lambda) - \frac{u_i(\lambda)}{\boldsymbol{u}(z,\lambda)}\left(约定\frac{c}{\infty} = 0\right) \quad (6.2.16)$$

证明 注意(6.2.3)和(6.2.5),以及(6.2.6)和(6.2.7)知

$$\begin{aligned}\lambda\sum_j\Phi_{ij}(\lambda) &= v_i(\lambda)\sum_{j=0}^{i}\lambda u_j(\lambda)\mu_j + u_i(\lambda)\sum_{j=i+1}^{\infty}\lambda v_j(\lambda)\mu_j \\ &= v_i(\lambda)\sum_{j=0}^{i}(u_j^+(\lambda) - u_{j-1}^+(\lambda)) + \\ &\quad u_i(\lambda)\sum_{j=i+1}^{\infty}(v_j^+(\lambda) - v_{j-1}^+(\lambda)) \\ &= v_i(\lambda)u_i^+(\lambda) - u_i(\lambda)v_i^+(\lambda) - a_0v_i(\lambda) + \\ &\quad u_i(\lambda)v^+(z,\lambda) \\ &= 1 - a_0v_i(\lambda) - \frac{u_i(\lambda)}{u(z,\lambda)}\end{aligned}$$

定理证毕.

定理 6.2.4 $\boldsymbol{f}$ 为有界列向量 $\Rightarrow \boldsymbol{\Phi}(\lambda)\boldsymbol{f}$ 为有界列向量;$\boldsymbol{g}$ 为可和行向量 $\Rightarrow \boldsymbol{g}\boldsymbol{\Phi}(\lambda)$ 为可和行向量.
进一步,还有

$$\lambda[\boldsymbol{\Phi}(\lambda)\boldsymbol{f}] - \boldsymbol{Q}[\boldsymbol{\Phi}(\lambda)\boldsymbol{f}] = \boldsymbol{f},\lambda > 0 \tag{6.2.17}$$

$$\lambda[\boldsymbol{g}\boldsymbol{\Phi}(\lambda)] - [\boldsymbol{g}\boldsymbol{\Phi}(\lambda)]\boldsymbol{Q} = \boldsymbol{g},\lambda > 0 \tag{6.2.18}$$

证明　定理的前半部分由引理 6.2.1 和定理 6.2.3 得到,以下证明(6.2.17). 易知,(6.2.13) 对有界的 $\boldsymbol{f}$ 成立,从而

$$[\boldsymbol{\Phi}(\lambda)\boldsymbol{f}]_i^+ = v_i^+(\lambda)\sum_{j=0}^{i} u_j(\lambda)f_j\mu_j + u_i^+(\lambda)\sum_{j=i+1}^{\infty} v_j(\lambda)f_j\mu_j, i > 0$$

$$[\boldsymbol{\Phi}(\lambda)\boldsymbol{f}]_0^+ = v_0^+(\lambda)f_0 + u_0^+(\lambda)\sum_{j=1}^{\infty} v_j(\lambda)f_j\mu_j$$

$$\begin{aligned}[\boldsymbol{\Phi}(\lambda)\boldsymbol{f}]_{-1}^+ &= a_0[\boldsymbol{\Phi}(\lambda)\boldsymbol{f}]_0 = a_0v_0(\lambda)f_0 + a_0u_0(\lambda)\sum_{j=1}^{\infty} v_j(\lambda)f_j\mu_j \\ &= v_{-1}^+(\lambda)f_0 + u_{-1}^+(\lambda)\sum_{j=1}^{\infty} v_j(\lambda)f_j\mu_j\end{aligned}$$

因此

$$\begin{aligned}D_\mu[\boldsymbol{\Phi}(\lambda)\boldsymbol{f}]_0^+ &= [D_\mu v_0^+(\lambda)]f_0 + [D_\mu u_0^+(\lambda)]\sum_{j=1}^{\infty} v_j(\lambda)f_j\mu_j \\ &= (\lambda v_0(\lambda) - \mathbf{1})f_0 + \lambda u_0(\lambda)\sum_{j=1}^{\infty} v_j(\lambda)f_j\mu_j \\ &= \lambda[\boldsymbol{\Phi}(\lambda)\boldsymbol{f}]_0 - f_0\end{aligned}$$

当 $i > 0$ 时,

$$\begin{aligned}D_\mu[\boldsymbol{\Phi}(\lambda)\boldsymbol{f}]_i^+ &= [D_\mu v_i^+(\lambda)]\sum_{j=0}^{i} u_j(\lambda)f_j\mu_j + [D_\mu u_i^+(\lambda)]\sum_{j=i+1}^{\infty} v_j(\lambda)f_j\mu_j + \\ &\quad [v_{i-1}^+(\lambda)u_i(\lambda) - u_{i-1}^+(\lambda)v_i(\lambda)]f_i \\ &= \lambda v_i(\lambda)\sum_{j=0}^{i} u_j(\lambda)f_j\mu_j + \lambda u_i(\lambda)\sum_{j=i+1}^{\infty} v_j(\lambda)f_j\mu_j -\end{aligned}$$

$$
\begin{aligned}
&[u_i^+(\lambda)v_i(\lambda) - v_i^+(\lambda)u_i(\lambda)]f_i \\
&= \lambda[\boldsymbol{\Phi}(\lambda)\boldsymbol{f}]_i - f_i
\end{aligned}
$$

从而(6.2.17) 成立. 再由引理 6.2.1 知, (6.2.18) 成立.

引理 6.2.2 设 $\boldsymbol{f}$ 为有界列向量, z 为正则或流出, 则

$$
[\boldsymbol{\Phi}(\lambda)\boldsymbol{f}](z) = \lim_{i\to\infty}[\boldsymbol{\Phi}(\lambda)f_i] = 0 \qquad (6.2.19)
$$

证明 当 z 正则或流出时, $z < \infty$, $u(z,\lambda) < \infty$. 由 $v(\lambda)$ 的定义知 $\lim\limits_{i\to\infty} v_i(\lambda) = v(z,\lambda) = 0$, 由定理 6.2.3 知(6.2.19) 成立. 证毕.

定理 6.2.5

(i) $\boldsymbol{\Phi}(\lambda)$ 是最小生灭 $\boldsymbol{Q}$ 过程.

(ii) $\boldsymbol{\Phi}(\lambda)$ 不中断的充要条件是 $a_0 = 0$ 且 z 为流入或自然.

(iii) 当 z 自然时, $\boldsymbol{\Phi}(\lambda)$ 是唯一满足向前或向后方程组的 $\boldsymbol{Q}$ 过程.

(iv) 当 z 流入时, $\boldsymbol{\Phi}(\lambda)$ 是唯一满足向后方程组的 $\boldsymbol{Q}$ 过程.

(v) 当 z 流出时, $\boldsymbol{\Phi}(\lambda)$ 是唯一满足向前方程组的 $\boldsymbol{Q}$ 过程.

证明 (i) $\boldsymbol{\Phi}(\lambda)$ 的范条件由定理 6.2.3 得出. $\boldsymbol{\Phi}(\lambda)$ 的 B 条件和 F 条件由定理 6.2.4 得出. 为证 $\boldsymbol{\Phi}(\lambda)$ 的预解方程, 令 $\boldsymbol{f}$ 为有界列向量.

$$
\boldsymbol{F}(\lambda) = \boldsymbol{\Phi}(\lambda)\boldsymbol{f} \qquad (6.2.20)
$$

则 $\boldsymbol{F}(\lambda) - \boldsymbol{F}(v) + (\lambda - v)\boldsymbol{\Phi}(\lambda)\boldsymbol{F}(v)$ 是有界列向量, 且是方程(6.2.1) 的解, 故

$$\boldsymbol{F}(\lambda) - \boldsymbol{F}(v) + (\lambda - v)\boldsymbol{\Phi}(\lambda)\boldsymbol{F}(v) = c\boldsymbol{u}(\lambda)$$

其中,c 为常数, 若 z 正则或流出, 由引理 6.2.2, $c\boldsymbol{u}(\lambda,z) = 0$,从而 $c = 0$;若 z 流入或自然,则由于上式左方有界,而 $\boldsymbol{u}(\lambda)$ 无界,从而 $c = 0$. 故

$$\boldsymbol{F}(\lambda) - \boldsymbol{F}(v) + (\lambda - v)\boldsymbol{\Phi}(\lambda)F(v) = \boldsymbol{0} \quad (6.2.21)$$

在上式中,分别取列向量 $\boldsymbol{f}$ 为 $f_i = (\delta_{ij})$ 便得到

$$\boldsymbol{\Phi}(\lambda) - \boldsymbol{\Phi}(v) + (\lambda - v)\boldsymbol{\Phi}(\lambda)\boldsymbol{\Phi}(v) = 0$$

$$\lambda > 0, v > 0 \quad (6.2.22)$$

从而 $\boldsymbol{\Phi}(\lambda)$ 的预解方程成立.

这样,$\boldsymbol{\Phi}(\lambda)$ 是满足向后和向前方程组的生灭 $\boldsymbol{Q}$ 过程.

设 $\boldsymbol{\Psi}(\lambda)$ 为任意生灭 $\boldsymbol{Q}$ 过程,则由于向后微分不等式组及 $\boldsymbol{Q}$ 仅可能有一个非保守状态 $i = 0$ 可知:当 j 固定时,$u_i = \Psi_{ij}(\lambda) - \Phi_{ij}(\lambda)$ 满足

$$\lambda u_i - \sum_{k=0}^{\infty} q_{ik}u_k = \begin{cases} c_1 \geqslant 0, i = 0 \\ 0, i > 0 \end{cases} \quad (6.2.23)$$

由定理 6.2.2,$u_i - c_1 v_i(\lambda)$ 是方程(6.2.1)的解,因而 $u_i - c_1 v_i(\lambda) = c_2 u_i(\lambda)$,即

$$\Psi_{ij}(\lambda) = \Phi_{ij}(\lambda) + c_1 v_i(\lambda) + c_2 u_i(\lambda) \quad (6.2.24)$$

其中 c_1, c_2 是与 i 无关的常数,$c_1 \geqslant 0$.

若 z 正则或流出,由引理 6.2.2 及证明中指出的 $\boldsymbol{v}(z,\lambda) = 0$,在上式中令 $i \to \infty$,有 $c_2\boldsymbol{u}(z,\lambda) \geqslant 0$,从而 $c_2 \geqslant 0$. 若 z 流入或自然,由于(6.2.24)中左边关于 i 有界,而右边 $\boldsymbol{u}(\lambda)$ 关于 i 无界,从而 $c_2 = 0$. 无论哪种情形,总有 $c_2 \geqslant 0$,从而 $\boldsymbol{\Psi}(\lambda) \geqslant \boldsymbol{\Phi}(\lambda)$. 得证 $\boldsymbol{\Phi}(\lambda)$ 的最小性.

(ⅱ) 由定理6.2.3 知 $\lambda\boldsymbol{\Phi}(\lambda)\mathbf{1}=\mathbf{1}$ 的充要条件是 $a_0=0$ 且 z 流入或自然.

以下证明(ⅲ)(ⅳ) 和(ⅴ).

若 z 流入或自然,而 $\boldsymbol{\Psi}(\lambda)$ 是满足向后方程组的生灭 $\boldsymbol{Q}$ 过程,则 j 固定时 $\{\Psi_{ij}(\lambda)-\Phi_{ij}(\lambda)\}_i$ 是方程(6.2.1) 的解,故

$$\Psi_{ij}(\lambda)=\Phi_{ij}(\lambda)+cu_i(\lambda) \qquad (6.2.25)$$

其中 $c\geqslant 0$ 与 i 无关. 由于 z 流入或自然时,上式左边有界,而 $u_i(\lambda)$ 关于 i 无界,从而 $c=0$. 故 $\boldsymbol{\Phi}(\lambda)$ 是唯一满足向后方程组的生灭 $\boldsymbol{Q}$ 过程.

若 z 流出或自然,而 $\boldsymbol{\Psi}(\lambda)$ 是满足向前方程组的生灭 $\boldsymbol{Q}$ 过程,则 i 固定时 $\{\Psi_{ij}(\lambda)-\Phi_{ij}(\lambda)\}_j$ 是方程组

$$\boldsymbol{v}(\lambda\boldsymbol{I}-\boldsymbol{Q})=0 \qquad (6.2.26)$$

的解,由推论 6.1.1,行向量 $\boldsymbol{u}(\lambda)\boldsymbol{\mu}$ 是(6.2.26) 的唯一线性独立解,故

$$\Psi_{ij}(\lambda)=\Phi_{ij}(\lambda)+cu_j(\lambda)\mu_j \qquad (6.2.27)$$

其中 $c\geqslant 0$ 为与 j 无关的常数. 由于 z 流出或自然,从而 $\boldsymbol{u}(\lambda)\boldsymbol{\mu}$ 不可和. 但 $\boldsymbol{\Psi}(\lambda),\boldsymbol{\Phi}(\lambda)$ 满足范条件,从而 $c=0$. 因此 $\boldsymbol{\Phi}(\lambda)$ 是唯一满足向前方程组的 $\boldsymbol{Q}$ 过程. 证毕.

推论 6.2.1 任何生灭 $\boldsymbol{Q}$ 过程 $\boldsymbol{\Psi}(\lambda)$ 具有形式

$$\Psi_{ij}(\lambda)=\Phi_{ij}(\lambda)+a_0v_i(\lambda)F_j^1(\lambda)+\frac{u_i(\lambda)}{u(z,\lambda)}F_j^2(\lambda) \qquad (6.2.28)$$

其中,$\boldsymbol{F}^a(\lambda)\geqslant\mathbf{0}(a=1,2)$. $\boldsymbol{\Psi}(\lambda)$ 满足向后方程组当且仅当 $\boldsymbol{F}^1(\lambda)=\mathbf{0}$;$\boldsymbol{\Psi}(\lambda)$ 满足向前方程组当且仅当 $\boldsymbol{\Psi}(\lambda)$ 有形状(6.2.27).

证明　注意 $a_0 = 0$ 时,(6.2.23) 中 $c_1 = 0$. 再注意定理 6.2.5 的证明过程得本推论.

6.3　生灭过程的定性理论

设 $\boldsymbol{u}(\lambda)$ 为(6.2.1) 的解,$\boldsymbol{v}(\lambda)$ 由定理 6.2.2 所定义. 为了方便,以后简记

$$X_i^1(\lambda) = a_0 v_i(\lambda), \quad X_i^2(\lambda) = \frac{u_i(\lambda)}{u(z,\lambda)} \tag{6.3.1}$$

$$X_i^1 = \frac{a_0(z - z_i)}{a_0(z - z_0) + 1}, \quad X_i^2 = \frac{a_0(z_i - z_0) + 1}{a_0(z - z_0) + 1} \tag{6.3.2}$$

$$\boldsymbol{X}^a(\lambda) = (X_i^a(\lambda)), \boldsymbol{X}^a = (X_i^a), a = 1,2 \tag{6.3.3}$$

显然,$\boldsymbol{X}^1 + \boldsymbol{X}^2 = \boldsymbol{1}$,且(6.2.16) 成为

$$\lambda \boldsymbol{\Phi}(\lambda)\boldsymbol{1} = \boldsymbol{1} - \boldsymbol{X}^1(\lambda) - \boldsymbol{X}^2(\lambda) \tag{6.3.4}$$

引理 6.3.1　$X^a(\lambda)(a = 1,2)$ 是列协调族,且

$$\boldsymbol{X}^1(\lambda) \downarrow \boldsymbol{0}, \lambda \boldsymbol{X}_i^1(\lambda) \to \begin{cases} 0, i > 0 \\ a_0, i = 0 \end{cases} (\lambda \uparrow \infty) \tag{6.3.5}$$

$$\boldsymbol{X}^2(\lambda) \downarrow \boldsymbol{0}, \lambda \boldsymbol{X}^2(\lambda) \to \boldsymbol{0} (\lambda \uparrow \infty) \tag{6.3.6}$$

$$\lambda \boldsymbol{\Phi}(\lambda)\boldsymbol{X}^a = \boldsymbol{X}^a - \boldsymbol{X}^a(\lambda), a = 1,2 \tag{6.3.7}$$

证明　首先证明(6.3.7) 成立.

当 $a_0 = 0$ 时,(6.3.7) 对 $a = 1$ 显然成立,对 $a = 2$ 成立可由(6.3.4) 得到. 以下设 $a_0 > 0$.

若 $z = \infty$,则 $\boldsymbol{X}^2 = \boldsymbol{X}^2(\lambda) = \boldsymbol{0}$,由(6.3.4) 可得(6.3.7).

若 $z < \infty$,注意 $v(z,\lambda) = \lim_{i\to\infty} v_i(\lambda) = 0$,则

$$
\begin{aligned}
\lambda \sum_j \Phi_{ij}(\lambda)(z - z_j) &= v_i(\lambda) \sum_{j=0}^{i} \lambda u_j(\lambda)\mu_j \sum_{k=j}^{\infty} (z_{k+1} - z_k) + \\
&\quad u_i(\lambda) \sum_{j=i+1}^{\infty} \lambda v_j(\lambda)\mu_j \sum_{k=j}^{\infty} (z_{k+1} - z_k) \\
&= v_i(\lambda) \Big\{ \sum_{k=0}^{i} (z_{k+1} - z_k) \sum_{j=0}^{k} \lambda u_j(\lambda)\mu_j + \\
&\quad \sum_{k=i+1}^{\infty} (z_{k+1} - z_k) \sum_{j=0}^{i} \lambda u_j(\lambda)\mu_j \Big\} + \\
&\quad u_i(\lambda) \sum_{k=i+1}^{\infty} (z_{k+1} - z_k) \sum_{j=i+1}^{k} \lambda v_j(\lambda)\mu_j \\
&= v_i(\lambda) \Big\{ \sum_{k=0}^{i} (z_{k+1} - z_k)[u_k^+(\lambda) - u_{-1}^+(\lambda)] + \\
&\quad \sum_{k=i+1}^{\infty} (z_{k+1} - z_k)[u_i^+(\lambda) - u_{-1}^+(\lambda)] \Big\} + \\
&\quad u_i(\lambda) \sum_{k=i+1}^{\infty} (z_{k+1} - z_k)[v_k^+(\lambda) - v_i^+(\lambda)] \\
&= v_i(\lambda) \Big\{ \sum_{k=0}^{i} [u_{k+1}(\lambda) - u_k(\lambda)] + \\
&\quad u_i^+(\lambda)(z - z_{i+1}) - u_{-1}^+(\lambda)(z - z_0) \Big\} + \\
&\quad u_i(\lambda) \Big\{ \sum_{k=i+1}^{\infty} [v_{k+1}(\lambda) - v_k(\lambda)] - v_i^+(\lambda)(z - z_{i+1}) \Big\} \\
&= v_i(\lambda) \{ u_i(\lambda) - u_0(\lambda) + u_i^+(\lambda)(z - z_i) - \\
&\quad a_0 u_0(\lambda)(z - z_0) \} + u_i(\lambda) \{ v(z,\lambda) - v_i(\lambda) - \\
&\quad v_i^+(\lambda)(z - z_i) \} \\
&= [u_i^+(\lambda) v_i(\lambda) - u_i(\lambda) v_i^+(\lambda)](z - z_i) - \\
&\quad [a_0(z - z_0) + 1] v_i(\lambda) \\
&= (z - z_i) - [a_0(z - z_0) + 1] v_i(\lambda)
\end{aligned}
$$

两边乘$\dfrac{a_0}{a_0(z-z_0)+1}$得(6.3.7)对 $a=1$ 成立. 由此及(6.3.4)得(6.3.7)对 $a=2$ 也成立. 利用(6.3.7)可得

$$\begin{aligned}&\boldsymbol{X}^a(\lambda)-\boldsymbol{X}^a(v)\\&=(v-\lambda)\boldsymbol{\Phi}(\lambda)\boldsymbol{X}^a(v),\lambda,v>0;a=1,2\end{aligned}\qquad(6.3.8)$$

即 $\boldsymbol{X}^a(\lambda)$ 是列协调族. 由(6.3.8)知

$$\boldsymbol{X}^a(\lambda)\downarrow 0,\lambda\uparrow\infty,a=1,2\qquad(6.3.9)$$

z 流入或自然时 $\boldsymbol{X}^2(\lambda)=\boldsymbol{0}$, 当 z 正则或流出时 $\boldsymbol{X}^2(\lambda)$ 是方程

$$\begin{cases}\lambda\boldsymbol{u}-\boldsymbol{Q}\boldsymbol{u}=\boldsymbol{0}\\\boldsymbol{0}\leqslant\boldsymbol{u}\leqslant\boldsymbol{1}\end{cases}\quad(\lambda>0)\qquad(6.3.10)$$

的解. 注意(6.3.9), 由上式及控制收敛定理知

$$\lim_{\lambda\to\infty}\lambda\boldsymbol{X}^2(\lambda)=\boldsymbol{0}$$

由上式及(6.3.4)得

$$\lim_{\lambda\to\infty}\lambda\boldsymbol{X}_i^1(\lambda)=\begin{cases}a_0,i=0\\0,i>0\end{cases}$$

引理证毕.

引理 6.3.2　(ⅰ)若 z 正则或流出, 则 $\boldsymbol{X}^2(\lambda)$ 的标准映象为 $\boldsymbol{X}^2$, 即

$$\lim_{\lambda\downarrow 0}\boldsymbol{X}^2(\lambda)=\boldsymbol{X}^2$$

(ⅱ) $\boldsymbol{X}^1(\lambda)$ 的标准映象为 $\boldsymbol{X}^1$, 即 $\lim\limits_{\lambda\downarrow 0}\boldsymbol{X}^1(\lambda)=\boldsymbol{X}^1$.

证明　(ⅰ) 由于 $\boldsymbol{X}^2(\lambda)$ 是(6.3.10)的解, 令 $\lambda\downarrow 0$ 可知, $\lim\limits_{\lambda\downarrow 0}\boldsymbol{X}^2(\lambda)$ 是

$$\begin{cases}\boldsymbol{Q}u=\boldsymbol{0}\\\boldsymbol{0}\leqslant\boldsymbol{u}\leqslant\boldsymbol{1}\end{cases}\qquad(6.3.11)$$

的非零解. 由推论 6.1.2 知, $\boldsymbol{X}^2$ 是(6.3.11)的满足 $\sup_i u_i = 1$ 的唯一解. 从而 $\lim_{\lambda\downarrow 0}\boldsymbol{X}^2(\lambda) = \boldsymbol{X}^2$.

（ⅱ）若 $a_0 = 0$, 则结论显然. 设 $a_0 > 0$, 令 $\boldsymbol{d} = (d_i, i \in E)$ 是列向量, 其中

$$d_i = \begin{cases} a_0, i = 0 \\ 0, i > 0 \end{cases}$$

则 $\boldsymbol{X}^1(\lambda) = \boldsymbol{\Phi}(\lambda)\boldsymbol{d}$. 从而 $\boldsymbol{X}^1(\lambda)$ 是方程

$$\begin{cases} \lambda \boldsymbol{u} - \boldsymbol{Q}\boldsymbol{u} = \boldsymbol{d} \\ \boldsymbol{0} \leqslant \boldsymbol{u} \leqslant \boldsymbol{1} \end{cases} (\lambda > 0) \tag{6.3.12}$$

的解. 令 $\lambda \downarrow 0$ 可知, $\lim_{\lambda\downarrow 0}\boldsymbol{X}^1(\lambda)$ 是

$$\begin{cases} -\boldsymbol{Q}\boldsymbol{u} = \boldsymbol{d} \\ \boldsymbol{0} \leqslant \boldsymbol{u} \leqslant \boldsymbol{1} \end{cases} \tag{6.3.13}$$

的非零解.

显然, $\boldsymbol{u} = \boldsymbol{1}$ 也是(6.3.13)的非零解. 若 z 正则或流出, 则 $\boldsymbol{X}^2(\lambda) \neq \boldsymbol{0}$, 从而 $\lim_{\lambda\downarrow 0}\boldsymbol{X}^{(1)}(\lambda) = \boldsymbol{1}$. $\boldsymbol{1} - \lim_{\lambda\downarrow 0}\boldsymbol{X}^{(1)}(\lambda)$ 是(6.3.11)的极大解. 而(6.3.11)只有唯一的极大解 $\boldsymbol{X}^2$, 又 $\boldsymbol{X}^2 = \boldsymbol{1} - \boldsymbol{X}^1$. 故 $\boldsymbol{X}^1 = \lim_{\lambda\downarrow 0}\boldsymbol{X}^1(\lambda)$. 若 z 流入或自然, 则(6.3.11)只有零解, 从而(6.3.13)只有唯一的非零解 $\boldsymbol{u} = \boldsymbol{1}$. 故

$$\lim_{\lambda\downarrow 0}\boldsymbol{X}^1(\lambda) = \boldsymbol{1} = \boldsymbol{X}^1$$

证毕.

推论 6.3.1 $\boldsymbol{X}^2(\lambda)$ 是方程

$$\begin{cases} \lambda \boldsymbol{u} - \boldsymbol{Q}\boldsymbol{u} = \boldsymbol{0} \\ \boldsymbol{0} \leqslant \boldsymbol{u} \leqslant \boldsymbol{1} \end{cases} \tag{6.3.14}$$

的最大解, 从而(6.3.14)的任一解 $\boldsymbol{u}(\lambda) = \boldsymbol{a}(\lambda) \cdot \boldsymbol{X}^2(\lambda)$, $\boldsymbol{0} \leqslant \boldsymbol{a}(\lambda) \leqslant \boldsymbol{1}$.

证明　由于 z 流入或自然时(6.3.14)只有零解，而当 z 为正则或流出时，$\boldsymbol{X}^2(\lambda)$ 是(6.3.14)的解，且 $\sup\limits_{i\in E} X_i^2(\lambda)=1$. 从而 $\boldsymbol{X}^2(\lambda)$ 是极大解.

另外，$\boldsymbol{Q}$ 为单流出，从而(6.3.14)只有一个线性独立解. 故 $\boldsymbol{X}^2(\lambda)$ 为最大解. 证毕.

引理 6.3.3　设边界点 z 正则或流入，令行向量

$$\overline{\boldsymbol{\eta}}=(\overline{\eta}_i),(\overline{\boldsymbol{\eta}}\lambda)=(\overline{\eta}_i(\lambda))$$

其中

$$\overline{\eta}_i=\begin{cases}X_i^2\mu_i, z\text{ 正则}\\ [a_0(z_i-z_0)+1]\mu_i, z\text{ 流入}\end{cases}\tag{6.3.15}$$

$$\overline{\eta}_i(\lambda)=\begin{cases}X_i^2(\lambda)\mu_i, z\text{ 正则}\\ \dfrac{a_0u_i(\lambda)\mu_i}{\boldsymbol{u}^+(z,\lambda)}, z\text{ 流入}\end{cases}\tag{6.3.16}$$

则 $\overline{\boldsymbol{\eta}}(\lambda)$ 是行协调族，满足方程 $\overline{\boldsymbol{\eta}}(\lambda)(\lambda\boldsymbol{I}-\boldsymbol{Q})=\boldsymbol{0}$，且

$$\lambda\overline{\boldsymbol{\eta}}\boldsymbol{\Phi}(\lambda)=\overline{\boldsymbol{\eta}}-\overline{\boldsymbol{\eta}}(\lambda)\tag{6.3.17}$$

证明　若能证明(6.3.17)，则由此可得 $\overline{\boldsymbol{\eta}}(\lambda)$ 是行协调族，且不难证明 $\overline{\boldsymbol{\eta}}(\lambda)(\lambda\boldsymbol{I}-\boldsymbol{Q})=\boldsymbol{0}$. 以下证明(6.3.17).

当 z 正则时，由(6.3.7)和(6.2.15)知(6.3.17)成立.

当 z 流入时，$\boldsymbol{u}(z,\lambda)=\infty$，$\boldsymbol{u}^+(z,\lambda)<\infty$. 由(6.2.7)，

$$\boldsymbol{v}^+(z,\lambda)=0\tag{6.3.18}$$

由于 $u_i(\lambda)$，$v_i(\lambda)$ 对于 i 分别增加和减少，知

$$0\leqslant -u_i(\lambda)v_i^+(\lambda)=u_i(\lambda)[\boldsymbol{v}^+(z,\lambda)-v_i^+(\lambda)]$$

$$= u_i(\lambda)\sum_{k=i+1}^{\infty}\lambda v_k(\lambda)\mu_k \leqslant v_0(\lambda)\sum_{k=i+1}^{\infty}\lambda u_k(\lambda)\mu_k$$

$$= v_0(\lambda)[\boldsymbol{u}^+(z,\lambda) - u_i^+(\lambda)] \to 0, i \to \infty$$

由此及(6.2.6)知

$$\boldsymbol{v}(z,\lambda) = \frac{1}{\boldsymbol{u}^+(z,\lambda)} \qquad (6.3.19)$$

注意上式及(6.3.18),类似于引理6.3.1证明中的推导可得

$$\lambda\sum_k \Phi_{ik}(\lambda)(z_k - z_0) = (z_i - z_0) + v_i(\lambda) - \frac{u_i(\lambda)}{\boldsymbol{u}^+(z,\lambda)}$$

注意此时 $\mathbf{1} - \lambda\boldsymbol{\Phi}(\lambda)\mathbf{1} = \boldsymbol{X}^1(\lambda) = a_0\boldsymbol{v}(\lambda)$, 由(6.2.15)及上式可知

$$\lambda\bar{\boldsymbol{\eta}}\boldsymbol{\Phi}(\lambda) = \bar{\boldsymbol{\eta}} + \boldsymbol{X}^{(1)}(\lambda)\boldsymbol{\mu} - a_0\boldsymbol{v}(\lambda)\mu - \bar{\boldsymbol{\eta}}(\lambda)$$

$$= \bar{\boldsymbol{\eta}} - \bar{\boldsymbol{\eta}}(\lambda)$$

证毕.

引理6.3.4 $\boldsymbol{\eta}(\lambda)(\lambda > 0)$ 是行协调族的充要条件是有下列Riesz表现:

$$\boldsymbol{\eta}(\lambda) = \boldsymbol{a\Phi}(\lambda) + d\bar{\boldsymbol{\eta}}(\lambda) \qquad (6.3.20)$$

其中 $\boldsymbol{a}$ 为非负行向量,使 $\boldsymbol{a\Phi}(\lambda)$ 可和;常数 $d \geqslant 0$,z 流出或自然时 $d = 0$,而

$$\bar{\boldsymbol{\eta}}(\lambda) = \begin{cases} \boldsymbol{X}^2(\lambda)\boldsymbol{\mu}, & z\text{ 正则} \\ \dfrac{a_0\boldsymbol{u}(\lambda)\boldsymbol{\mu}}{\boldsymbol{u}^+(z,\lambda)}, & z\text{ 流入} \end{cases} \qquad (6.3.21)$$

证明 由引理6.3.3知本引理的充分性证明显然,且当 z 正则或流入时 $\bar{\boldsymbol{\eta}}(\lambda)$ 是方程

$$\begin{cases} \boldsymbol{v}(\lambda \boldsymbol{I} - \boldsymbol{Q}) = \boldsymbol{0} \\ \boldsymbol{0} \leqslant \boldsymbol{v} \text{ 可和} \end{cases} \quad (6.3.22)$$

的解. 由于生灭矩阵单流入,从而 $\overline{\boldsymbol{\eta}}(\lambda)$ 是(6.3.22)的唯一线性独立解.

以下证明必要性.

由于 $\boldsymbol{\eta}(\lambda)$ 是行协调族及 $\boldsymbol{\Phi}(\lambda)$ 满足向前方程组知

$$\begin{aligned} \boldsymbol{\eta}(\mu)(\mu \boldsymbol{I} - \boldsymbol{Q}) &= [\boldsymbol{\eta}(\lambda)(\boldsymbol{I} + (\lambda - \mu)\boldsymbol{\Phi}(\mu))](\mu \boldsymbol{I} - \boldsymbol{Q}) \\ &= \boldsymbol{\eta}(\lambda)[\mu \boldsymbol{I} - \boldsymbol{Q} + (\lambda - \mu)\Phi(\mu)(\mu \boldsymbol{I} - \boldsymbol{Q})] \\ &= \boldsymbol{\eta}(\lambda)[\mu \boldsymbol{I} - \boldsymbol{Q} + (\lambda - \mu)\boldsymbol{I}] \\ &= \boldsymbol{\eta}(\lambda)(\lambda \boldsymbol{I} - \boldsymbol{Q}), \forall \lambda, \mu > 0 \end{aligned}$$

由以上结果、单调收敛定理及 $\boldsymbol{\eta}(\lambda) \downarrow 0 \quad (\lambda \uparrow \infty)$ 得

$$\begin{aligned} \boldsymbol{\eta}(\mu)(\mu \boldsymbol{I} - \boldsymbol{Q}) &= \lim_{\lambda \to \infty} \boldsymbol{\eta}(\lambda)(\lambda \boldsymbol{I} - \boldsymbol{Q}) \\ &= \lim_{\lambda \to \infty} \lambda \boldsymbol{\eta}(\lambda) = \boldsymbol{\alpha} \quad (6.3.23) \end{aligned}$$

显然,$\boldsymbol{\alpha} \geqslant \boldsymbol{0}$. 由 Fatou 引理

$$\begin{aligned} \boldsymbol{\eta}(\mu) &= \boldsymbol{\eta}(\lambda)[\boldsymbol{I} + (\lambda - \mu)\boldsymbol{\Phi}(\mu)] \\ &= \lim_{\lambda \to \infty} \boldsymbol{\eta}(\lambda)(\lambda - \mu)\boldsymbol{\Phi}(\mu) \geqslant \alpha \boldsymbol{\Phi}(\mu) \end{aligned}$$

从而 $\boldsymbol{\alpha\Phi}(\mu)$ 可和.

令

$$\overline{\boldsymbol{\eta}}'(\lambda) = \boldsymbol{\eta}(\lambda) - \boldsymbol{\alpha\Phi}(\lambda)$$

则

$$\boldsymbol{\eta}(\lambda) = \boldsymbol{\alpha\Phi}(\lambda) + \overline{\boldsymbol{\eta}}'(\lambda)$$

且

$$\overline{\boldsymbol{\eta}}'(\lambda)(\lambda \boldsymbol{I} - \boldsymbol{Q}) = (\boldsymbol{\eta}(\lambda) - \boldsymbol{\alpha\Phi}(\lambda))(\lambda \boldsymbol{I} - \boldsymbol{Q})$$

$$= \boldsymbol{\eta}(\lambda)(\lambda \boldsymbol{I} - \boldsymbol{Q}) - \boldsymbol{\alpha}\boldsymbol{\Phi}(\lambda)(\lambda \boldsymbol{I} - \boldsymbol{Q})$$
$$= \boldsymbol{\alpha} - \boldsymbol{\alpha} = 0$$

若 z 流出或自然时,(6.3.22) 只有零解,从而 $\overline{\boldsymbol{\eta}}'(\lambda) = 0$;若 z 正则或流入,则由于 $\overline{\boldsymbol{\eta}}(\lambda)$ 是(6.3.22) 唯一线性独立解,从而

$$\overline{\boldsymbol{\eta}}'(\lambda) = \boldsymbol{d}(\lambda)\overline{\boldsymbol{\eta}}(\lambda), d(\lambda) \geqslant 0$$

再注意 $\overline{\boldsymbol{\eta}}'(\lambda), \overline{\boldsymbol{\eta}}(\lambda)$ 均为行协调族,可知

$$d(\mu)\overline{\boldsymbol{\eta}}(\mu) = \overline{\boldsymbol{\eta}}'(\mu) = \overline{\boldsymbol{\eta}}'(\lambda)[\boldsymbol{I} + (\lambda - \mu)\boldsymbol{\Phi}(\mu)]$$
$$= d(\lambda)\overline{\boldsymbol{\eta}}(\lambda)[\boldsymbol{I} + (\lambda - \mu)\boldsymbol{\Phi}(\mu)]$$
$$= d(\lambda)\overline{\boldsymbol{\eta}}(\mu), \forall \lambda, \mu > 0$$

从而 $d(\lambda) = d \geqslant 0$ 为常数.

证毕.

引理 6.3.5 $\boldsymbol{\xi}(\lambda) \leqslant \mathbf{1} - \lambda\boldsymbol{\Phi}(\lambda)\mathbf{1}$ 是列协调族的充要条件是有表现

$$\boldsymbol{\xi}(\lambda) = d_1\boldsymbol{X}^1(\lambda) + d_2\boldsymbol{X}^2(\lambda) \quad (6.3.24)$$

其中,常数:$0 \leqslant d_1 \leqslant 1, 0 \leqslant d_2 \leqslant 1$;$z$ 流入或自然时 $d_2 = 0$.

证明 由于 $\boldsymbol{X}^1(\lambda), \boldsymbol{X}^2(\lambda)$ 均为列协调族,且 $\mathbf{1} - \lambda\boldsymbol{\Phi}(\lambda)\mathbf{1} = \boldsymbol{X}^1(\lambda) + \boldsymbol{X}^2(\lambda)$,从而充分性显然.

必要性,类似于引理 6.3.4 必要性部分的证明,可知

$$\boldsymbol{\xi}(\lambda) = \boldsymbol{\Phi}(\lambda)m + d_2\boldsymbol{X}^2(\lambda)$$

其中 $d_2 \geqslant 0$,z 流入或自然时 $d_2 = 0$;$\boldsymbol{m}$ 是非负列向量,使 $\boldsymbol{\Phi}(\lambda)\boldsymbol{m}$ 为有界列向量,由于

$$m_i = (\lim_{\lambda\to\infty} \lambda \boldsymbol{\Phi}(\lambda)\boldsymbol{m})_i \leqslant (\lim_{\lambda\to\infty} \lambda \boldsymbol{\xi}(\lambda))_i$$

$$\leqslant (\lim_{\lambda\to\infty} \lambda(\mathbf{1} - \lambda\boldsymbol{\Phi}(\lambda)\mathbf{1}))_i = \begin{cases} a_0, i = 0 \\ 0, i > 0 \end{cases}$$

从而

$$m_i = \begin{cases} d_1 a_0, i = 0 \\ 0, i > 0 \end{cases}$$

其中 $0 \leqslant d_1 \leqslant 1$,故

$$\boldsymbol{\Phi}(\lambda)\boldsymbol{m} = d_1 \boldsymbol{X}^1(\lambda)$$

最后,由于

$$\boldsymbol{\xi}(\lambda) = d_1\boldsymbol{X}^1(\lambda) + d_2\boldsymbol{X}^2(\lambda) \leqslant \mathbf{1} - \lambda\boldsymbol{\Phi}(\lambda)\mathbf{1}$$

可知, $\sup\limits_{i\in E} d_2 X_i^2(\lambda) \leqslant 1$. 但 z 正则或流出时, $\sup\limits_{i\in E} X_i^2(\lambda) = 1$,从而 $d_2 \leqslant 1$. 证毕.

引理 6.3.6　设 z 正则,则

$$\cup_\lambda^a = \lambda[\boldsymbol{X}^2(\lambda)\boldsymbol{\mu}, \boldsymbol{X}^a] \uparrow \cup^a, \lambda \uparrow +\infty \tag{6.3.25}$$

其中

$$\cup^1 = \frac{a_0}{a_0(z - z_0) + 1}, \ \cup^2 = +\infty$$

证明　注意到 $\boldsymbol{X}^2(\lambda)\boldsymbol{\mu} = \overline{\boldsymbol{\eta}}(\lambda)$ 为行协调族, $\boldsymbol{X}^a$ 为 $\boldsymbol{X}^a(\lambda)$ 的标准映象,可得

$$\lambda[\boldsymbol{X}^2(\lambda)\boldsymbol{\mu}, \boldsymbol{X}^a] - v[\boldsymbol{X}^2(v)\boldsymbol{\mu}, \boldsymbol{X}^a]$$
$$= (\lambda - v)[\boldsymbol{X}^2(\lambda)\boldsymbol{\mu}, \boldsymbol{X}^a(v)]$$
$$= (\lambda - v)[\boldsymbol{X}^2(v)\boldsymbol{\mu}, \boldsymbol{X}^a(\lambda)], \lambda, v > 0$$

从而得 $\cup_\lambda^a$ 的单调性. 其次,由(6.3.7) 及定理 6.2.4

的证明过程可知

$$[\lambda\boldsymbol{\Phi}(\lambda)\boldsymbol{X}^a]_i^+ = \lambda v_i^+(\lambda)\sum_{j=0}^{i} u_j(\lambda)X_j^a\mu_j + \lambda u_i^+(\lambda)\sum_{j=i+1}^{\infty} v_j(\lambda)X_j^a\mu_j = [\boldsymbol{X}^a]_i^+ - [\boldsymbol{X}^a(\lambda)]_i^+$$

注意(6.2.7),在上式中令 $i\to\infty$ 得

$$-\cup_\lambda^a = [\boldsymbol{X}^a]^+(z) - [\boldsymbol{X}^a(\lambda)]^+(z)$$

由 $\boldsymbol{X}^a$ 的定义得

$$[\boldsymbol{X}^1]^+(z) = -\frac{a_0}{a_0(z-z_0)+1}$$

$$[\boldsymbol{X}^2]^+(z) = \frac{a_0}{a_0(z-z_0)+1}$$

故为证引理,只需证

$$\lim_{\lambda\to\infty}[\boldsymbol{X}^2(\lambda)]^+(z) = \infty, \quad \lim_{\lambda\to\infty}[\boldsymbol{X}^1(\lambda)]^+(z) = 0 \tag{6.3.26}$$

注意 $\boldsymbol{X}^2(\lambda)$ 和 $[\boldsymbol{X}^2(\lambda)]^+$ 都是 i 的增函数,故

$$\frac{\boldsymbol{X}^2(z,\lambda) - X_i^2(\lambda)}{z-z_i} < [\boldsymbol{X}^2(\lambda)]^+(z), \forall i \geqslant 0$$

注意 $\boldsymbol{X}^2(z,\lambda) = 1$ 及 $\lim\limits_{\lambda\to\infty}\boldsymbol{X}^2(\lambda) = 0$,可知

$$\frac{1}{z-z_i} \leqslant \varliminf_{\lambda\to\infty}[\boldsymbol{X}^2(\lambda)]^+(z), \forall i \geqslant 0$$

令 $i\to\infty$ 得(6.3.26) 第一式. 又

$$0 \leqslant -[\boldsymbol{X}^1(\lambda)]^+(z) < -[X_0^1(\lambda)]^+ = \frac{X_0^1(\lambda) - X_1^1(\lambda)}{z_1 - z_0}$$

注意 $\lim\limits_{\lambda\to\infty}X_0^1(\lambda) = \lim\limits_{\lambda\to\infty}X_1^1(\lambda) = 0$,在上式中令 $\lambda\to\infty$,得(6.3.26) 第二式.

证毕.

引理6.3.7　设 $\boldsymbol{Q}$ 是形如(5.1.1)的单边生灭矩阵,$\boldsymbol{\Phi}(\lambda)$ 是最小生灭 $\boldsymbol{Q}$ 过程,

$$\boldsymbol{Z}(\lambda)=1-\lambda\boldsymbol{\Phi}(\lambda)\mathbf{1}=\boldsymbol{X}^{1}(\lambda)+\boldsymbol{X}^{2}(\lambda)\neq\mathbf{0}$$

则

$$\boldsymbol{\Psi}(\lambda)=\boldsymbol{\Phi}(\lambda)+\boldsymbol{Z}(\lambda)\boldsymbol{F}(\lambda),\lambda>0 \tag{6.3.27}$$

是生灭 $\boldsymbol{Q}$ 过程的充要条件是:或者 $\boldsymbol{F}(\lambda)\equiv\mathbf{0}$,或者存在非负行向量 $\boldsymbol{\alpha}$ 以及常数 $d\geqslant0$(边界点流出或自然时 $d=0$),使 $\boldsymbol{\alpha}\Phi(\lambda)$ 可和,且

$$\boldsymbol{\Psi}(\lambda)=\boldsymbol{\Phi}(\lambda)+\boldsymbol{Z}(\lambda)\frac{\boldsymbol{\alpha}\boldsymbol{\Phi}(\lambda)+d\overline{\boldsymbol{\eta}}(\lambda)}{c+\lambda\alpha\boldsymbol{\Phi}(\lambda)\mathbf{1}+d\lambda\overline{\boldsymbol{\eta}}(\lambda)\mathbf{1}},\lambda>0 \tag{6.3.28}$$

其中,常数 $c\geqslant0$,$\overline{\boldsymbol{\eta}}(\lambda)$ 由引理6.3.3定义. 当 $a_0>0$,即 $\boldsymbol{X}^{1}(\lambda)\neq\mathbf{0}$ 时,还要求满足下列条件之一:

(ⅰ)$\boldsymbol{\alpha}=\mathbf{0},d>0$.

(ⅱ)$\boldsymbol{\alpha}$ 不可和.

(ⅲ)$\boldsymbol{\alpha}\neq\mathbf{0}$ 可和,$d>0$ 且边界点正则.

证明　由 $\boldsymbol{\Phi}(\lambda)$ 的最小性,知 $\boldsymbol{F}(\lambda)\geqslant\mathbf{0}$,若 $\boldsymbol{F}(\lambda)\equiv\mathbf{0}$,则 $\boldsymbol{\Psi}(\lambda)=\boldsymbol{\Phi}(\lambda)$. 设存在 $\lambda_0>0$,使 $\boldsymbol{F}(\lambda_0)\neq0$. 显然,$\boldsymbol{\Psi}(\lambda)$ 的范条件等价于 $\lambda\boldsymbol{F}(\lambda)\mathbf{1}\leqslant\mathbf{1}$,由于 $\boldsymbol{\Phi}(\lambda)$ 满足预解方程及 $\boldsymbol{Z}(\lambda)$ 是 $\boldsymbol{\Phi}(\lambda)$ 的列协调族,可得 $\boldsymbol{\Psi}(\lambda)$ 满足预解方程等价于

$$\boldsymbol{F}(\lambda)\boldsymbol{A}(\lambda,\mu)=[\mathbf{1}+(\mu-\lambda)\boldsymbol{F}(\lambda)\boldsymbol{Z}(\mu)]\boldsymbol{F}(\mu),\quad\forall\lambda,\mu>0 \tag{6.3.29}$$

其中,$\boldsymbol{A}(\lambda,\mu)=\boldsymbol{I}+(\lambda-\mu)\boldsymbol{\Phi}(\mu)$. 注意 $\boldsymbol{A}(\lambda,\mu)\boldsymbol{A}(\mu,\lambda)=\boldsymbol{I}$,将 $\boldsymbol{A}(\mu,\lambda)$ 右乘(6.3.29)得

$$\boldsymbol{F}(\lambda) = [1 + (\mu - \lambda)\boldsymbol{F}(\lambda)\boldsymbol{Z}(\mu)]\boldsymbol{F}(\mu)\boldsymbol{A}(\mu,\lambda), \quad \forall \lambda,\mu > 0 \qquad (6.3.30)$$

由 $F(\lambda_0) \neq \boldsymbol{0}$ 及上式知,$F(\lambda) \neq \boldsymbol{0}, \forall \lambda > 0$.

注意,$\lambda\boldsymbol{F}(\lambda)\boldsymbol{Z}(\mu) \leqslant \lambda\boldsymbol{F}(\lambda)\boldsymbol{1} \leqslant 1$,从而$1 + (\mu - \lambda)\boldsymbol{F}(\lambda)\boldsymbol{Z}(\mu) > 0$. 由(6.3.30)知 $\boldsymbol{F}(\mu)\boldsymbol{A}(\mu,\lambda) \geqslant \boldsymbol{0}$. 任意固定一个$\mu > 0$,令 $\boldsymbol{\eta}(\lambda) = \boldsymbol{F}(\mu)\boldsymbol{A}(\mu,\lambda)(\forall \lambda > 0)$,则易验证 $\boldsymbol{\eta}(\lambda)$ 是 $\boldsymbol{\Phi}(\lambda)$ 的行协调族. (6.3.30) 可写为

$$\boldsymbol{F}(\lambda) = m_\lambda \boldsymbol{\eta}(\lambda), m_\lambda > 0, \boldsymbol{\eta}(\lambda) \neq \boldsymbol{0} \qquad (6.3.31)$$

其中 $m_\lambda = 1 + (\mu - \lambda)\boldsymbol{F}(\lambda)\boldsymbol{Z}(\mu)$ 满足

$$m_\lambda = m_\mu + (\mu - \lambda)m_\lambda \boldsymbol{\eta}(\lambda)\boldsymbol{Z}(\mu)m_\mu \qquad (6.3.32)$$

两边同除以 $m_\lambda m_\mu$ 得

$$m_\mu^{-1} = m_\lambda^{-1} + (\mu - \lambda)\boldsymbol{\eta}(\lambda)\boldsymbol{Z}(\mu) \qquad (6.3.33)$$

由于 $\boldsymbol{\eta}(\lambda)$,$\boldsymbol{Z}(\lambda)$ 分别为 $\boldsymbol{\Phi}(\lambda)$ 的行列协调族,从而易证得

$$(\mu - \lambda)\boldsymbol{\eta}(\lambda)\boldsymbol{Z}(\mu) = \mu\boldsymbol{\eta}(\mu)\boldsymbol{Z} - \lambda\boldsymbol{\eta}(\lambda)\boldsymbol{Z} \qquad (6.3.34)$$

其中 $\boldsymbol{Z} = \lim_{\lambda \downarrow 0} \boldsymbol{Z}(\lambda)$ 为标准映象. 从而(6.3.33) 成为

$$m_\lambda^{-1} - \lambda\boldsymbol{\eta}(\lambda)\boldsymbol{Z} = b(\text{常数}), \forall \lambda > 0 \qquad (6.3.35)$$

由引理6.3.4 知,存在 $\boldsymbol{\alpha} \geqslant \boldsymbol{0}$, 及 $d \geqslant 0$, 使 $\boldsymbol{\eta}(\lambda) = \boldsymbol{\alpha\Phi}(\lambda) + d\overline{\boldsymbol{\eta}}(\lambda)$. 再由(6.3.35) 得

$$m_\lambda = \frac{1}{b + \lambda\boldsymbol{\eta}(\lambda)\boldsymbol{Z}} = \frac{1}{b + \lambda\alpha\boldsymbol{\Phi}(\lambda)\boldsymbol{Z} + d\lambda\overline{\boldsymbol{\eta}}(\lambda)\boldsymbol{Z}} \qquad (6.3.36)$$

将(6.3.31) 及上式代入 $\lambda\boldsymbol{F}(\lambda)1 \leqslant 1$ 中得

$$\lambda\boldsymbol{\eta}(\lambda)(\boldsymbol{1} - \boldsymbol{Z}) \leqslant b \qquad (6.3.37)$$

注意 $\mathbf{1}-\mathbf{Z}=\lim\limits_{\lambda\downarrow 0}\mu\boldsymbol{\Phi}(\mu)\mathbf{1}$ 从而上式左边为常数. 令常数 $c=b-\lambda\boldsymbol{\eta}(\lambda)(\mathbf{1}-\mathbf{Z})$，则 $c\geqslant 0$，且(6.3.36)成为

$$m_\lambda=\frac{1}{c+\lambda\boldsymbol{\alpha}\boldsymbol{\Phi}(\lambda)\mathbf{1}+d\lambda\overline{\boldsymbol{\eta}}(\lambda)\mathbf{1}}\tag{6.3.38}$$

将上式代入(6.3.27)中得(6.3.28). 逆转以上步骤可知，若 $\boldsymbol{\Psi}(\lambda)$ 有(6.3.28)的表示，则 $\boldsymbol{\Psi}(\lambda)$ 满足范条件和预解方程.

以下考察(6.3.28)中 $\boldsymbol{\Psi}(\lambda)$ 的 $\boldsymbol{Q}$ 条件. 若 $a_0=0$，则 $\mathbf{Z}(\lambda)=\boldsymbol{X}^2(\lambda)$. 由 $\lim\limits_{\lambda\to\infty}\lambda\boldsymbol{X}^2(\lambda)=\mathbf{0}$ 知 $\boldsymbol{\Psi}(\lambda)$ 的 $\boldsymbol{Q}$ 条件成立，若 $a_0>0$，则

$$\lim_{\lambda\to\infty}\lambda Z_0(\lambda)=a_0\neq 0$$

因此，为使 $\boldsymbol{\Psi}(\lambda)$ 的 $\boldsymbol{Q}$ 条件成立当且只当

$$\lim_{\lambda\to\infty}\frac{\lambda\boldsymbol{\alpha}\boldsymbol{\Phi}(\lambda)+d\lambda\overline{\boldsymbol{\eta}}(\lambda)}{c+\lambda k\boldsymbol{\alpha}\boldsymbol{\Phi}(\lambda)1+d\lambda\overline{\boldsymbol{\eta}}(\lambda)1}$$

$$=\frac{\boldsymbol{\alpha}}{\lim\limits_{\lambda\to\infty}[c+\lambda\boldsymbol{\alpha}\boldsymbol{\Phi}(\lambda)\mathbf{1}+d\lambda\overline{\boldsymbol{\eta}}(\lambda)\mathbf{1}]}=0$$

即 $\boldsymbol{\alpha}=\mathbf{0}$ 或者 $\boldsymbol{\alpha}\neq\mathbf{0}$ 且

$$\lim_{\lambda\to\infty}[c+\lambda\boldsymbol{\alpha}\boldsymbol{\Phi}(\lambda)\mathbf{1}+d\lambda\overline{\boldsymbol{\eta}}(\lambda)\mathbf{1}]=\infty$$

由此可知以上等价于引理叙述中(ⅰ)~(ⅲ)之一成立.

证毕.

类似以上证明，可得以下结论.

引理 6.3.8　设 $\boldsymbol{Q}$ 是形如(5.1.1)的单边生灭矩阵，$\boldsymbol{\Phi}(\lambda)$ 是最小生灭 $\boldsymbol{Q}$ 过程，$\boldsymbol{X}^2(\lambda)\neq\mathbf{0}$，即边界点正则或流出，则

$$\boldsymbol{\Psi}(\lambda)=\boldsymbol{\Phi}(\lambda)+\boldsymbol{X}^2(\lambda)\boldsymbol{F}(\lambda),\lambda>0 \tag{6.3.39}$$

是生灭 $\boldsymbol{Q}$ 过程的充要条件是:或者 $\boldsymbol{F}(\lambda)\equiv 0$,或者存在非负行向量 $\boldsymbol{\alpha}$ 以及常数 $d\geqslant 0$(边界点流出时 $d=0$),使 $\boldsymbol{\alpha\Phi}(\lambda)$ 可和,$\lim\limits_{\lambda\to\infty}\lambda\boldsymbol{\alpha\Phi}(\lambda)(\boldsymbol{1}-\boldsymbol{X}^2)<+\infty$,且

$$\boldsymbol{\Psi}(\lambda)=\boldsymbol{\Phi}(\lambda)+\boldsymbol{X}^2(\lambda)\frac{\boldsymbol{\alpha\Phi}(\lambda)+d\overline{\boldsymbol{\eta}}(\lambda)}{c+\lambda\boldsymbol{\alpha\Phi}(\lambda)\boldsymbol{X}^2+d\lambda\overline{\boldsymbol{\eta}}(\lambda)\boldsymbol{X}^2},\lambda>0 \tag{6.3.40}$$

其中,$\overline{\boldsymbol{\eta}}(\lambda)$ 由引理 6.3.3 定义,常数 c 满足

$$\lim_{\lambda\to\infty}[\lambda\boldsymbol{\alpha\Phi}(\lambda)(1-\boldsymbol{X}^2)+d\lambda\overline{\boldsymbol{\eta}}(\lambda)(1-\boldsymbol{X}^2)]\leqslant c$$

证明略.

定理 6.3.1 设 $\boldsymbol{Q}$ 是全稳定单边生灭矩阵,形如(5.1.1),则

(Ⅰ)生灭 $\boldsymbol{Q}$ 过程一定存在.

(Ⅱ)生灭 $\boldsymbol{Q}$ 过程唯一的充要条件是下列二条之一成立:

(ⅰ)边界点 z 自然.

(ⅱ)边界点 z 流入且 $a_0=0$.

证明 由定理 6.2.5 知 $\boldsymbol{\Phi}(\lambda)$ 是最小生灭 $\boldsymbol{Q}$ 过程,从而(Ⅰ)成立. 以下证明(Ⅱ).

必要性:设生灭 $\boldsymbol{Q}$ 过程唯一,先证明边界点 z 不可能正则和流出. 反设 z 正则或流出,则 $\boldsymbol{X}^2(\lambda)\neq\boldsymbol{0}$. 由于 $\sup\limits_{i\in E}X_i^2(\lambda)=\sup\limits_{i\in E}\dfrac{u_i(\lambda)}{\boldsymbol{u}(z,\lambda)}=1$,由 $\boldsymbol{1}=\lambda\boldsymbol{\Phi}(\lambda)\boldsymbol{1}+\boldsymbol{X}^1(\lambda)+\boldsymbol{X}^2(\lambda)$ 得

$$\inf_{i\in E}\sum_{j\in E}\Phi_{ij}(\lambda)=0 \tag{6.3.41}$$

由上式及推论 6.1.3 知存在无穷多个不中断生灭 $\boldsymbol{Q}$ 过

程,矛盾!从而 z 自然或流入. 若 z 自然则(ⅰ)成立;若 z 流入,以下证明 $a_0 = 0$.

反设 $a_0 > 0$,则 $\boldsymbol{X}^1(\lambda) \neq \boldsymbol{0}$,从而 $\boldsymbol{\xi}(\lambda) = \boldsymbol{1} - \lambda\boldsymbol{\Phi}(\lambda)\boldsymbol{1} \neq \boldsymbol{0}$. 又由于 z 流入,从而引理6.3.3中的行协调族 $\bar{\boldsymbol{\eta}}(\lambda) \neq \boldsymbol{0}$. 由控制收敛定理

$$\begin{aligned}\bar{\boldsymbol{\eta}}(\lambda)(\boldsymbol{1}-\boldsymbol{\xi}) &= \lambda\bar{\boldsymbol{\eta}}(\lambda)(\lim_{\mu\downarrow 0}\mu\boldsymbol{\Phi}(\mu)\boldsymbol{1}) = \lim_{\mu\downarrow 0}[\lambda\bar{\boldsymbol{\eta}}(\lambda)\mu\boldsymbol{\Phi}(\mu)\boldsymbol{1}] \\ &= \lim_{\mu\downarrow 0}\left[\frac{\lambda\mu}{\lambda-\mu}\bar{\boldsymbol{\eta}}(\mu)\boldsymbol{1} - \frac{\lambda\mu}{\lambda-\mu}\bar{\boldsymbol{\eta}}(\lambda)\boldsymbol{1}\right] \\ &= \lim_{\mu\downarrow 0}\mu\bar{\boldsymbol{\eta}}(\mu)\boldsymbol{1} < \infty\end{aligned}$$

从而 $\lambda\bar{\boldsymbol{\eta}}(\lambda)(\boldsymbol{1}-\boldsymbol{\xi}) = b$ 为与 λ 无关的常数.

令

$$\boldsymbol{\Psi}(\lambda) = \boldsymbol{\Phi}(\lambda) + (\boldsymbol{1} - \lambda\boldsymbol{\Phi}(\lambda)\boldsymbol{1})\frac{\bar{\boldsymbol{\eta}}(\lambda)}{c + \lambda\boldsymbol{\eta}(\lambda)\boldsymbol{\xi}} \tag{6.3.42}$$

其中 $c \geqslant b$.

注意,$\lim\limits_{\lambda\to\infty}\lambda\bar{\boldsymbol{\eta}}(\lambda) = \boldsymbol{0}$,由引理6.1.8知 $\boldsymbol{\Psi}(\lambda)$ 是异于 $\boldsymbol{\Phi}(\lambda)$ 的生灭 $\boldsymbol{Q}$ 过程. 从而 $\boldsymbol{Q}$ 过程不唯一,矛盾!所以 $a_0 = 0$.

充分性,若(ⅱ)成立,即 z 流入且 $a_0 = 0$. 由定理6.2.5知,$\boldsymbol{\Phi}(\lambda)$ 不中断,从而生灭 $\boldsymbol{Q}$ 过程唯一.

若(ⅰ)成立,即 z 自然. 设 $\boldsymbol{\Psi}(\lambda)$ 是任一生灭 $\boldsymbol{Q}$ 过程,对 $\boldsymbol{\Psi}(\lambda)$ 禁止状态0使用一维分解定理有

$$\boldsymbol{\Psi}(\lambda) = \begin{pmatrix} 0 & \boldsymbol{0} \\ \boldsymbol{0} & {}_0\boldsymbol{\Psi}(\lambda)\end{pmatrix} + \Psi_{00}(\lambda)\begin{pmatrix}\boldsymbol{1} \\ \boldsymbol{\xi}(\lambda)\end{pmatrix}(\boldsymbol{1} \quad \boldsymbol{\eta}(\lambda)) \tag{6.3.43}$$

其中 ${}_0\boldsymbol{\Psi}(\lambda)$ 是生灭 ${}_0\boldsymbol{Q}$ 过程,而 ${}_0\boldsymbol{Q}$ 是形如(5.1.1)的 $\boldsymbol{Q}$

去掉第一行和第一列之后所得的 $E\backslash\{0\}$ 上的全稳定单边生灭 $\boldsymbol{Q}$ - 矩阵;$\boldsymbol{\xi}(\lambda)$ 和 $\boldsymbol{\eta}(\lambda)$ 分别是${}_0\boldsymbol{\Psi}(\lambda)$ 的列协调族和行协调族,且

$$\lim_{\lambda\to\infty}\lambda\xi_i(\lambda) = \begin{cases} a_1, i = 1 \\ 0,\ i > 1 \end{cases}$$

$$\lim_{\lambda\to\infty}\lambda\eta_j(\lambda) = \begin{cases} b_0, j = 1 \\ 0,\ j > 1 \end{cases} \tag{6.3.44}$$

由(6.3.43)及以上第一式,注意${}_0\boldsymbol{Q}$ 仅有状态 $i = 1$ 非保守得

$$\lim_{\lambda\to\infty}\lambda\left(1 - \sum_{j=1}^{\infty}{}_0\Psi_{ij}(\lambda)\right) = \begin{cases} a_1, i = 1 \\ 0, i > 0 \end{cases} \tag{6.3.45}$$

从而${}_0\boldsymbol{\Psi}(\lambda)$ 是满足向后方程组的${}_0\boldsymbol{Q}$ 过程. 注意 $\boldsymbol{Q}$ 的边界 z 自然可推出${}_0\boldsymbol{Q}$ 的边界点自然,由定理 6.2.5(ⅲ)知${}_0\boldsymbol{\Psi}(\lambda)$ 是最小生灭${}_0\boldsymbol{Q}$ 过程.

由于 $\boldsymbol{\eta}(\lambda),\boldsymbol{\xi}(\lambda)$ 是最小生灭${}_0\boldsymbol{Q}$ 过程${}_0\boldsymbol{\Psi}(\lambda)$ 的行、列协调族,且${}_0\boldsymbol{Q}$ 的边界点自然,由(6.3.43)及分解定理还有 $\boldsymbol{\xi}(\lambda) \leqslant \mathbf{1} - \lambda_0\boldsymbol{\Psi}(\lambda)1$. 注意(6.3.44),由引理 6.3.4 和引理 6.3.5 可知

$$\boldsymbol{\eta}(\lambda) = \boldsymbol{e}_0\boldsymbol{\Psi}(\lambda),\boldsymbol{\xi}(\lambda) = {}_0\boldsymbol{\Psi}(\lambda)\boldsymbol{d} \tag{6.3.46}$$

其中行向量 $\boldsymbol{e}_0 = (b_0,0,0,\cdots)$, 列向量 $\boldsymbol{d} = (a_1,0,0,\cdots)^{\mathrm{T}}$.

由分解定理及 $\lim\limits_{\lambda\to\infty}\lambda(1 - \lambda\Psi_{00}(\lambda)) = a_0 + b_0$ 知

$$\Psi_{00}(\lambda) = \frac{1}{a_0 + \lim\limits_{\lambda\to\infty}\lambda\boldsymbol{e}_0\boldsymbol{\Psi}(\lambda)(1 - \boldsymbol{\xi}) + \lambda\boldsymbol{e}_0\boldsymbol{\Psi}(\lambda)\boldsymbol{\xi} + \lambda} \tag{6.3.47}$$

注意,${}_0\boldsymbol{\Psi}(\lambda)$ 是最小${}_0\boldsymbol{Q}$ 过程及(6.3.43)、(6.3.46)

和(6.3.47)可知,将最小生灭 $\boldsymbol{Q}$ 过程 $\boldsymbol{\Phi}(\lambda)$ 禁止状态 0 使用一维分解定理,所得的分解式与(6.3.43)右边完全相同,从而 $\boldsymbol{\Psi}(\lambda)=\boldsymbol{\Phi}(\lambda)$,即生灭 $\boldsymbol{Q}$ 过程唯一.

证毕.

定理 6.3.2　设 $\boldsymbol{Q}$ 是形如(5.1.1)的全稳定单边生灭矩阵,则

(Ⅰ)不中断生灭 $\boldsymbol{Q}$ 过程存在的充要条件是下列二条之一成立:

(ⅰ)$a_0=0$.

(ⅱ)$a_0>0$ 且生灭 $\boldsymbol{Q}$ 过程不唯一,即 $a_0>0$ 且 z 非自然.

(Ⅱ)若不中断生灭 $\boldsymbol{Q}$ 过程存在,则不中断生灭过程唯一的充要条件是边界点流入或自然.

证明　(Ⅰ)充分性.

若边界点 z 正则或流出,类似于定理 6.3.1 必要性部分证明可知最小生灭 $\boldsymbol{Q}$ 过程 $\boldsymbol{\Phi}(\lambda)$ 满足(6.3.41),由推论 6.1.3 知存在无穷多个不中断生灭 $\boldsymbol{Q}$ 过程.

若边界点 z 流入或自然且 $a_0=0$,由定理 6.2.5 知最小生灭 $\boldsymbol{Q}$ 过程 $\boldsymbol{\Phi}(\lambda)$ 不中断.

为了完成充分性部分的证明,只需要证明 $a_0>0$ 且 z 流入时存在不中断生灭 $\boldsymbol{Q}$ 过程. 类似于定理 6.3.1 必要性部分的证明,在(6.3.42)中令 $c=b=\lambda\bar{\boldsymbol{\eta}}(\lambda)(\boldsymbol{1}-\boldsymbol{\xi})$,由引理 6.1.8 知 $\boldsymbol{\Psi}(\lambda)$ 是不中断的生灭 $\boldsymbol{Q}$ 过程.

必要性:设存在不中断生灭 $\boldsymbol{Q}$ 过程. 若 $a_0=0$ 则(ⅰ)成立,若 $a_0>0$ 则必有 z 非自然. 若不然则生灭 $\boldsymbol{Q}$

过程唯一,又有不中断生灭过程存在,故最小生灭过程 $\boldsymbol{\Phi}(\lambda)$ 不中断,从而

$$a_0 = \lim_{\lambda\to\infty}\lambda(1 - \lambda\sum_{j=0}^{\infty}\Phi_{0j}(\lambda)) = \lim_{\lambda\to\infty}0\cdot\lambda = 0$$

与 $a_0 > 0$ 矛盾.

(Ⅱ)必要性:由(Ⅰ)充分性部分证明知,若边界点正则或流出则存在无穷多个不中断生灭 $\boldsymbol{Q}$ 过程,从而必要性成立.

充分性:若边界点自然,则生灭 $\boldsymbol{Q}$ 过程唯一,从而不中断生灭1过程也唯一. 若边界点流入,当 $a_0 = 0$ 时,由定理6.2.5知最小生灭 $\boldsymbol{Q}$ 过程 $\boldsymbol{\Phi}(\lambda)$ 不中断,从而不中断生灭过程唯一.

若边界点流入,且 $a_0 > 0$. 设 $\boldsymbol{\Psi}(\lambda)$ 是任一不中断生灭 $\boldsymbol{Q}$ 过程,对 $\boldsymbol{\Psi}(\lambda)$ 禁止状态0,使用一维分解定理有

$$\boldsymbol{\Psi}(\lambda) = \begin{pmatrix} 0 & \mathbf{0} \\ \mathbf{0} & {}_0\boldsymbol{\Psi}(\lambda) \end{pmatrix} + \frac{1}{\lambda + \lambda\boldsymbol{\eta}(\lambda)\mathbf{1}}\begin{pmatrix} 1 \\ \mathbf{1} - \lambda_0\boldsymbol{\Psi}(\lambda)\mathbf{1} \end{pmatrix}(\mathbf{1},\boldsymbol{\eta}(\lambda)) \tag{6.3.48}$$

其中,${}_0\boldsymbol{\Psi}(\lambda)$ 为 ${}_0\boldsymbol{Q}$ 过程,$\boldsymbol{\eta}(\lambda)$ 是 ${}_0\boldsymbol{\Psi}(\lambda)$ 的行协调族.

与定理6.3.1充分性证明类似可知,${}_0\boldsymbol{\Psi}(\lambda)$ 是满足向后方程组的生灭 ${}_0\boldsymbol{Q}$ 过程,又 $\boldsymbol{Q}$ 的边界点流入,从而 ${}_0\boldsymbol{Q}$ 的边界点也流入,由定理6.2.5知,满足向后方程组的 ${}_0\boldsymbol{Q}$ 过程唯一,从而 ${}_0\boldsymbol{\Psi}(\lambda)$ 是最小生灭 ${}_0\boldsymbol{Q}$ 过程,记为 $\boldsymbol{\Phi}^{(0)}(\lambda)$. 由于

$$\lim_{\lambda\to\infty}\lambda\boldsymbol{\eta}(\lambda) = \boldsymbol{e},\quad e_i = \begin{cases} b_0, i = 1 \\ 0, i > 1 \end{cases}$$

由引理 6.3.4 有

$$\boldsymbol{\eta}(\lambda) = \boldsymbol{e\Phi}^{(0)}(\lambda) + d\overline{\boldsymbol{\eta}}^{(0)}(\lambda) \quad (6.3.49)$$

其中常数 $d \geqslant 0$,$\overline{\boldsymbol{\eta}}^{(0)}(\lambda)$ 相对于全稳定单边生灭矩阵${}_0\boldsymbol{Q}$,类似于(6.3.21)定义. 因此 $\overline{\boldsymbol{\eta}}^{(0)}(\lambda)$ 与 $\boldsymbol{\Psi}(\lambda)$ 无关,仅依赖于${}_0\boldsymbol{Q}$.

由 $\Psi_{00}(\lambda)$ 的 $\boldsymbol{Q}$ 条件: $\lim\limits_{\lambda\to\infty} \lambda(1 - \lambda\Psi_{00}(\lambda)) = a_0 + b_0$,可知

$$\lim_{\lambda\to\infty} \lambda\boldsymbol{\eta}(\lambda)\mathbf{1} = a_0 + b_0$$

即

$$\lim_{\lambda\to\infty}[\lambda\boldsymbol{e\Phi}^{(0)}(\lambda)\mathbf{1} + d\lambda\overline{\boldsymbol{\eta}}^{(0)}(\lambda)\mathbf{1}] = a_0 + b_0$$

从而

$$\lim_{\lambda\to\infty} d\lambda\overline{\boldsymbol{\eta}}^{(0)}(\lambda)\mathbf{1} = a_0, \quad d = \frac{a_0}{\lim\limits_{\lambda\to\infty}\lambda\overline{\boldsymbol{\eta}}^{(0)}(\lambda)\mathbf{1}} \quad (6.3.50)$$

由${}_0\boldsymbol{\Psi}(\lambda) = \boldsymbol{\Phi}^{(0)}(\lambda)$,(6.3.49)和(6.3.50)知,表达式(6.3.48)的右边唯一确定且与 $\boldsymbol{\Psi}(\lambda)$ 无关. 从而不中断生灭 $\boldsymbol{Q}$ 过程唯一.

证毕.

6.4　生灭过程定性理论的进一步讨论

设 $\boldsymbol{Q}$ 是形如(5.1.1)的全稳定单边生灭矩阵. 把生灭 $\boldsymbol{Q}$ 过程做以下分类.

B 型生灭过程:满足向后方程组的生灭过程.

$\overline{B}$ 型生灭过程:不满足向后方程组的生灭过程.

F 型生灭过程:满足向前方程组的生灭过程.

$\overline{F}$ 型生灭过程:不满足向前方程组的生灭过程.

另外,符号"∪"表示"或",符号"∩"表示"和".例如:B ∪ F 型生灭过程表示满足向后或向前方程组的生灭过程,B ∩ F 表示满足向后和向前方程组的生灭过程. 其他符号意义类推. 共可分为以下十二种类型.

B 型, $\overline{B}$ 型, F 型, $\overline{F}$ 型.

B ∪ F 型, B ∩ F 型, B ∪ $\overline{F}$ 型, B ∩ $\overline{F}$ 型.

$\overline{B}$ ∪ F 型, $\overline{B}$ ∩ F 型, $\overline{B}$ ∪ $\overline{F}$ 型, $\overline{B}$ ∩ $\overline{F}$ 型.

定理 6.4.1 设 $\boldsymbol{Q}$ 是形如(5.1.1)的生灭矩阵,则:

(Ⅰ)B 型生灭过程必存在.

(Ⅱ)B 型生灭过程唯一的充要条件是边界点流入或自然.

(Ⅲ)不中断 B 型生灭过程存在的充要条件是 $a_0=0$.

(Ⅳ)若不中断 B 型生灭过程存在,则唯一的充要条件是边界点流入或自然,即最小生灭过程 $\boldsymbol{\Phi}(\lambda)$ 不中断.

证明 (Ⅰ)(Ⅱ)由定理 6.2.5 及其证明得到.

(Ⅲ)必要性:由存在不中断 B 型过程可知 $\boldsymbol{Q}$ 保守,从而 $a_0=0$.

充分性:设 $a_0=0$. 若最小生灭过程 $\boldsymbol{\Phi}(\lambda)$ 不中断,则可以;若 $\boldsymbol{\Phi}(\lambda)$ 中断,注意 $a_0=0$,从而 $\boldsymbol{X}^1(\lambda)=$

0,由(6.3.4)有

$$\mathbf{1}-\lambda\boldsymbol{\Phi}(\lambda)\mathbf{1}=X^{2}(\lambda) \tag{6.4.1}$$

任取 E 上不为零的非负可和行向量 $\boldsymbol{\alpha}$,令

$$\boldsymbol{\Psi}(\lambda)=\boldsymbol{\Phi}(\lambda)+X^{2}(\lambda)\frac{\boldsymbol{\alpha}\boldsymbol{\Phi}(\lambda)}{\lambda\boldsymbol{\alpha}\boldsymbol{\Phi}(\lambda)\mathbf{1}} \tag{6.4.2}$$

注意(6.4.1),由引理 6.1.8 知,$\boldsymbol{\Psi}(\lambda)$ 是不中断生灭 $\boldsymbol{Q}$ 过程,且满足向后方程组,即为 B 型过程.

(Ⅳ)充分性:由(Ⅲ)知,$a_0=0$. 又边界点流入或自然,由定理6.2.5 知最小生灭过程 $\boldsymbol{\Phi}(\lambda)$ 不中断,从而唯一性成立.

必要性:由于 $a_0=0$,若边界点正则或流出,则 $\boldsymbol{\Phi}(\lambda)$ 中断且(6.4.1)成立,按(6.4.2)可构造不中断 B 型生灭 $\boldsymbol{Q}$ 过程 $\boldsymbol{\Psi}(\lambda)$,注意可选取无穷多个线性独立的非负可和行向量 $\boldsymbol{\alpha}$,从而可得到无穷多个不同的 $\boldsymbol{\Psi}(\lambda)$. 这与唯一性矛盾!从而边界点流入或自然. 证毕.

定理 6.4.2　设 $\boldsymbol{Q}$ 是形如(5.1.1)的生灭矩阵,则:

(Ⅰ)$\overline{\mathrm{B}}$ 型生灭过程存在的充要条件是 $a_0>0$ 且生灭过程不唯一,即 $a_0>0$ 且边界点非自然;$\overline{\mathrm{B}}$ 型生灭过程若存在则有无穷多个,从而不唯一.

(Ⅱ)若 $\overline{\mathrm{B}}$ 型生灭过程存在,则不中断 $\overline{\mathrm{B}}$ 型生灭过程也存在,且不中断 $\overline{\mathrm{B}}$ 型生灭过程唯一的充要条件 $a_0>0$,边界点流入.

证明　(Ⅰ)必要性:由于 $a_0=0$ 时 $\boldsymbol{Q}$ 保守,从而一切生灭过程均为 B 型,故 $a_0>0$. 另外,若生灭过程

唯一,则只存在最小生灭过程 $\boldsymbol{\Phi}(\lambda)$,而 $\boldsymbol{\Phi}(\lambda)$ 是 B 型的,从而生灭过程必不唯一.

充分性:由于 $a_0>0$,边界点 z 为非自然. 首先,若 z 为正则或流出,此时 $\boldsymbol{X}^1(\lambda)\neq 0$,$\boldsymbol{X}^2(\lambda)\neq 0$. 由于 $\lim\limits_{i\to\infty}X_i^2(\lambda)=1$ 及(6.3.4),有

$$\inf_{i\in E}\sum_{j=0}^{\infty}\Phi_{ij}(\lambda)=0,\lambda>0 \qquad (6.4.3)$$

由推论 6.1.3 知存在无穷多个中断生灭 $\boldsymbol{Q}$ 过程,显然这些不中断过程必为 $\overline{\mathrm{B}}$ 型 $\boldsymbol{Q}$ 过程,否则 $\boldsymbol{Q}$ 保守,推出 $a_0=0$,矛盾.

若 z 流入,由引理 6.3.3,行协调族 $\overline{\boldsymbol{\eta}}(\lambda)\neq\mathbf{0}$. 且 $\lim\limits_{\lambda\to\infty}\lambda\overline{\boldsymbol{\eta}}(\lambda)=\mathbf{0}$. 注意此时,$\mathbf{1}-\lambda\boldsymbol{\Phi}(\lambda)\mathbf{1}=\boldsymbol{X}^1(\lambda)\neq\mathbf{0}$,令

$$\boldsymbol{\Psi}(\lambda)=\boldsymbol{\Phi}(\lambda)+\boldsymbol{X}^1(\lambda)\frac{\overline{\boldsymbol{\eta}}(\lambda)}{c+\lambda\overline{\boldsymbol{\eta}}(\lambda)\mathbf{1}} \qquad (6.4.4)$$

其中,常数 $c\geqslant 0$,由引理 6.1.8 知,$\boldsymbol{\Psi}(\lambda)$ 是生灭 $\boldsymbol{Q}$ 过程. 显然,$\boldsymbol{\Psi}(\lambda)$ 是 $\overline{\mathrm{B}}$ 型的,且 c 不同时,$\boldsymbol{\Psi}(\lambda)$ 不同,$\boldsymbol{\Psi}(\lambda)$ 不中断的充要条件是 $c=0$.

(Ⅱ)由(Ⅰ)的充分性证明过程知(Ⅱ)前半部分成立. 唯一性条件的必要性证明也由(Ⅰ)的充分性证明过程可得. 至于唯一性条件的充分性证明完全类似于定理 6.3.2(Ⅱ)的充分性部分的证明. 证毕.

定理 6.4.3 设 $\boldsymbol{Q}$ 是形如(5.1.1)的生灭矩阵,则:

(Ⅰ)F 型生灭过程必存在,F 型生灭过程唯一的

充要条件是最小生灭过程 $\boldsymbol{\Phi}(\lambda)$ 不中断或边界点流出或自然.

(Ⅱ) 不中断 F 型生灭过程存在的充要条件是下列二条之一成立.

(ⅰ) $\boldsymbol{\Phi}(\lambda)$ 不中断,即 $a_0 = 0$,边界点流入或自然.

(ⅱ) $\boldsymbol{\Phi}(\lambda)$ 中断且边界点正则或流入.

(Ⅲ) 不中断 F 型生灭过程若存在,则必定唯一.

证明　(Ⅰ) F 型生灭过程的存在性由定理 6.2.5 及其证明可得. 若边界点流出或自然,由定理 6.2.1(ⅲ),$\boldsymbol{u}(\lambda)\boldsymbol{\mu}$ 不可和,再注意任何 F 型生灭过程 $\boldsymbol{\Psi}(\lambda)$ 均有表示(6.2.27),从而可得(6.2.27) 中的 $c = 0$. 故 F 型生灭过程唯一.

若 F 型生灭过程唯一,且 $\boldsymbol{\Phi}(\lambda)$ 中断,以下证明边界点流出或自然. 反设不真,则边界点正则或流入,由引理 6.3.3 行协调族 $\bar{\boldsymbol{\eta}}(\lambda) \neq \boldsymbol{0}$. 令

$$\boldsymbol{\Psi}(\lambda) = \boldsymbol{\Phi}(\lambda) + (\boldsymbol{1} - \lambda\boldsymbol{\Phi}(\lambda)\boldsymbol{1}) \frac{\bar{\boldsymbol{\eta}}(\lambda)}{c + \lambda\bar{\boldsymbol{\eta}}(\lambda)\boldsymbol{1}} \tag{6.4.5}$$

其中,$c \geqslant 0$. 由引理 6.1.8,$\boldsymbol{\Psi}(\lambda)$ 是生灭 $\boldsymbol{Q}$ 过程,显然(6.4.5) 中的 $\boldsymbol{\Psi}(\lambda)$ 是 F 型 $\boldsymbol{Q}$ 过程,且 $\boldsymbol{\Psi}(\lambda)$ 不中断,当且仅当 $c = 0$.

(Ⅱ) 充分性:若(ⅰ) 成立,则 $\boldsymbol{\Phi}(\lambda)$ 是不中断 F 型的. 若(ⅱ) 成立,由(6.4.5) 的构造可知,当 $c = 0$ 时 $\boldsymbol{\Psi}(\lambda)$ 是不中断 F 型生灭 $\boldsymbol{Q}$ 过程.

必要性:若 $\boldsymbol{\Phi}(\lambda)$ 中断且存在不中断 F 型生灭 $\boldsymbol{Q}$

过程 $\boldsymbol{\Psi}(\lambda)$. 显然 F 型生灭过程不唯一,由(Ⅰ)知,边界点正则或流入.

(Ⅲ)若 $\boldsymbol{\Phi}(\lambda)$ 不中断则唯一性显然. 若 $\boldsymbol{\Phi}(\lambda)$ 中断,且 $\boldsymbol{\Psi}(\lambda)$ 是不中断 F 型生灭过程. 注意 $\boldsymbol{\Psi}(\lambda)$ 不中断,则 F 型生灭过程表达式(6.2.27)中的 c 满足, $\forall i \in E, \lambda > 0$

$$c = \frac{1 - \lambda \sum_{j=0}^{\infty} \Phi_{ij}(\lambda)}{\lambda \sum_{j=0}^{\infty} u_j(\lambda)\mu_j}$$

从而由(6.2.27)得

$$\boldsymbol{\Psi}(\lambda) = \boldsymbol{\Phi}(\lambda) + (\mathbf{1} - \lambda\boldsymbol{\Phi}(\lambda)1)\frac{\boldsymbol{u}(\lambda)\boldsymbol{\mu}}{\lambda \sum_{j=0}^{\infty} u_j(\lambda)\mu_j}$$

故不中断 F 型生灭过程唯一. 证毕.

定理 6.4.4 设 $\boldsymbol{Q}$ 是形如(5.1.1)的生灭矩阵,则:

(Ⅰ) $\bar{\mathrm{F}}$ 型生灭过程和不中断 $\bar{\mathrm{F}}$ 型生灭过程存在的充要条件都是边界点正则或流出.

(Ⅱ) $\bar{\mathrm{F}}$ 型生灭过程和不中断 $\bar{\mathrm{F}}$ 型生灭过程若存在,则都有无穷多个.

证明 先证(Ⅰ)的充分性和(Ⅱ),若边界点正则或流出,则

$$\inf_i \sum_{j \in E} \Phi_{ij}(\lambda) = 0$$

从而存在无穷多个线性独立的非负不可和行向量 $\boldsymbol{\alpha}$,使 $\boldsymbol{\alpha\Phi}(\lambda)$ 可和. 令

$$\boldsymbol{\Psi}^{\alpha}(\lambda) = \boldsymbol{\Phi}(\lambda) + (\mathbf{1} - \lambda\boldsymbol{\Phi}(\lambda)\mathbf{1}) \frac{\alpha\boldsymbol{\Phi}(\lambda)}{c + \lambda\boldsymbol{\alpha}\boldsymbol{\Phi}(\lambda)\mathbf{1}} \tag{6.4.6}$$

其中,常数 $c \geqslant 0$. 由引理6.3.7,$\boldsymbol{\Psi}(\lambda)$ 是生灭 $\boldsymbol{Q}$ 过程,$\boldsymbol{\alpha}$ 不同时 $\boldsymbol{\Psi}^{\alpha}(\lambda)$ 不同,且 $\boldsymbol{\Psi}^{\alpha}(\lambda)$ 不中断的充要条件是 $c = 0$. 显然 $\mathbf{1} - \lambda\boldsymbol{\Phi}(\lambda)\mathbf{1} \neq \mathbf{0}$,从而 $\boldsymbol{\Psi}^{\alpha}(\lambda)$ 是 $\overline{\mathrm{F}}$ 型 $\boldsymbol{Q}$ 过程.

(Ⅰ)中条件的必要性证明,反设边界点流入或自然. 若边界点自然,则生灭 $\boldsymbol{Q}$ 过程唯一,从而不存在 $\overline{\mathrm{F}}$ 型 $\boldsymbol{Q}$ 过程. 若边界点流入,则 $\boldsymbol{X}^{2}(\lambda) = 0$. 由推论6.2.1,任何生灭 $\boldsymbol{Q}$ 过程 $\boldsymbol{\Psi}(\lambda)$ 具有形状

$$\begin{aligned}\boldsymbol{\Psi}(\lambda) &= \boldsymbol{\Phi}(\lambda) + \boldsymbol{X}^{1}(\lambda)\boldsymbol{F}^{1}(\lambda) \\ &= \boldsymbol{\Phi}(\lambda) + (\mathbf{1} - \lambda\boldsymbol{\Phi}(\lambda)\mathbf{1})\boldsymbol{F}^{1}(\lambda)\end{aligned} \tag{6.4.7}$$

若 $\boldsymbol{\Phi}(\lambda)$ 不中断,则不存在 $\overline{\mathrm{F}}$ 型生灭过程. 若 $\boldsymbol{\Phi}(\lambda)$ 中断,则 $a_0 > 0$.

注意,$\mathbf{1} - \lambda\boldsymbol{\Phi}(\lambda)\mathbf{1} = a_0\boldsymbol{v}(\lambda)$ 关于 i 单调下降,从而若非负行向量 $\boldsymbol{\alpha}$,使 $\boldsymbol{\alpha}\boldsymbol{\Phi}(\lambda)$ 可和,则 $\boldsymbol{\alpha}$ 必可和,由引理6.3.7知

$$\boldsymbol{\Psi}(\lambda) = \boldsymbol{\Phi}(\lambda) + (\mathbf{1} - \lambda\boldsymbol{\Phi}(\lambda)\mathbf{1}) \frac{d\overline{\boldsymbol{\eta}}(\lambda)}{c + d\lambda\overline{\boldsymbol{\eta}}(\lambda)\mathbf{1}}$$

从而 $\boldsymbol{\Psi}(\lambda)$ 必为F型生火 $\boldsymbol{Q}$ 过程,故不存在 $\overline{\mathrm{F}}$ 型生灭过程. 证毕.

定理6.4.5　设 $\boldsymbol{Q}$ 形如(5.1.1),则:

(Ⅰ)B∪F型生灭 $\boldsymbol{Q}$ 过程总存在,B∪F型生灭过程唯一的充要条件是生灭 $\boldsymbol{Q}$ 过程唯一,即 $\boldsymbol{\Phi}(\lambda)$ 不中断或边界点自然.

（Ⅱ）不中断 B ∪ F 型生灭过程存在的充要条件是 $a_0 = 0$ 或 $a_0 > 0$ 且边界点正则或流入.

（Ⅲ）存在唯一的不中断 B ∪ F 型生灭过程的充要条件是下列二条之一成立：

（ⅰ）$a_0 = 0$，且边界点流入或自然，即 $\boldsymbol{\Phi}(\lambda)$ 不中断.

（ⅱ）$a_0 > 0$，且边界点正则或流入.

证明　注意 B ∪ F 型生灭过程唯一等价于 B 型 $\boldsymbol{Q}$ 过程唯一且 F 型 $\boldsymbol{Q}$ 过程唯一，由定理 6.3.1 及定理 6.4.1 和定理 6.4.3 立得本定理成立.

定理 6.4.6　设 $\boldsymbol{Q}$ 形如(5.1.1)，则

（Ⅰ）B ∩ F 型生灭 $\boldsymbol{Q}$ 过程总存在，B ∩ F 型生灭过程唯一的充要条件是边界点非正则.

（Ⅱ）不中断 B ∩ F 型生灭过程存在的充要条件是 $\boldsymbol{\Phi}(\lambda)$ 不中断或 $a_0 = 0$ 且边界点正则；若不中断 B ∩ F 型生灭过程存在则必定唯一.

证明　（Ⅰ）B ∩ F 型过程的存在性显然. 由引理 6.3.6 及引理 6.3.8（取 $\boldsymbol{\alpha} = \boldsymbol{0}, d > 0$）知，若边界点正则，那么 $\boldsymbol{B} \cap \boldsymbol{F}$ 型 $\boldsymbol{Q}$ 过程必不唯一. 反之，若 B ∩ F 型 $\boldsymbol{Q}$ 过程不唯一，则必有(6.3.39)的形状，$\boldsymbol{X}^2(\lambda) \neq \boldsymbol{0}$，且(6.3.40)中 $\boldsymbol{\alpha} = \boldsymbol{0}, d > 0$，从而边界点必须正则.

（Ⅱ）由（Ⅰ）讨论知充分性成立以及唯一性成立. 若不中断 B ∩ F 型过程存在，显然有 $a_0 = 0$. 若 $\boldsymbol{\Phi}(\lambda)$ 中断，则 B ∩ F 型过程不唯一，由（Ⅰ）知，边界点正则. 证毕.

定理 6.4.7　设 $\boldsymbol{Q}$ 形如(5.1.1)，则：

（Ⅰ）$\mathrm{B}\cup\overline{\mathrm{F}}$型生灭$\boldsymbol{Q}$过程总存在，$\mathrm{B}\cup\overline{\mathrm{F}}$型生灭过程唯一的充要条件是边界点流入或自然.

（Ⅱ）不中断$\mathrm{B}\cup\overline{\mathrm{F}}$型生灭过程存在的充要条件是最小生灭过程$\boldsymbol{\Phi}(\lambda)$不中断或边界点正则或流出.

（Ⅲ）不中断$\mathrm{B}\cup\overline{\mathrm{F}}$型生灭过程唯一的充要条件是$\boldsymbol{\Phi}(\lambda)$不中断.

证明　由定理6.4.1和定理6.4.4及其证明立得本定理.

定理6.4.8　设$\boldsymbol{Q}$形如(5.1.1)，则：

（Ⅰ）$\mathrm{B}\cap\overline{\mathrm{F}}$型生灭$\boldsymbol{Q}$过程存在的充要条件是边界点正则或流出；若$\mathrm{B}\cap\overline{\mathrm{F}}$型生灭过程存在，则必有无穷多个.

（Ⅱ）不中断$\mathrm{B}\cap\overline{\mathrm{F}}$型生灭过程存在的充要条件是$a_0=0$且边界点正则或流出；若不中断$\mathrm{B}\cap\overline{\mathrm{F}}$型生灭过程存在，则有无穷多个.

证明　由推论6.2.1可知，任何$\mathrm{B}\cap\overline{\mathrm{F}}$型生灭过程$\boldsymbol{\Psi}(\lambda)$具有形状

$$\boldsymbol{\Psi}(\lambda)=\boldsymbol{\Phi}(\lambda)+\boldsymbol{X}^2(\lambda)\mathrm{F}(\lambda)$$

其中$\boldsymbol{X}^2(\lambda)\neq\mathbf{0}$，$\mathrm{F}(\lambda)\neq\mathbf{0}$.

再由引理6.3.8、定理6.4.1和定理6.4.4立得本定理. 证毕.

定理6.4.9　设$\boldsymbol{Q}$形如(5.1.1)，则

（Ⅰ）$\overline{\mathrm{B}}\cup\mathrm{F}$型生灭$\boldsymbol{Q}$过程总存在，$\overline{\mathrm{B}}\cup\mathrm{F}$型生灭过程唯一的充要条件是下列二条之一成立：

（ⅰ）边界点自然.

（ⅱ）$a_0 = 0$，边界点流出或流入.

（Ⅱ）不中断 $\overline{\mathrm{B}} \cup \mathrm{F}$ 型生灭过程存在的充要条件是下列三条之一成立：

（ⅰ）$\boldsymbol{\Phi}(\lambda)$ 不中断.

（ⅱ）$\boldsymbol{\Phi}(\lambda)$ 中断，边界点正则或流入.

（ⅲ）$a_0 > 0$，边界点流出.

（Ⅲ）不中断 $\overline{\mathrm{B}} \cup \mathrm{F}$ 型生灭过程唯一的充要条件是下列三条之一成立：

（ⅰ）$\boldsymbol{\Phi}(\lambda)$ 不中断.

（ⅱ）$a_0 = 0$，边界点正则.

（ⅲ）$a_0 > 0$，边界点流入.

证明　由定理6.3.1、定理6.4.2和定理6.4.3易得（Ⅰ）. 由引理6.3.7和定理6.4.3知（Ⅱ）中条件的充分性成立，由引理6.3.8和定理6.4.3知条件的必要性也成立. 由定理6.4.2和定理6.4.3可知（Ⅲ）成立. 证毕.

定理6.4.10　设 $\boldsymbol{Q}$ 形如(5.1.1)，则：

（Ⅰ）$\overline{\mathrm{B}} \cap \mathrm{F}$ 型生灭过程存在的充要条件是 $a_0 > 0$ 且边界点正则或流入；若 $\overline{\mathrm{B}} \cap \mathrm{F}$ 型生灭过程存在，则有无穷多个.

（Ⅱ）若存在 $\overline{\mathrm{B}} \cap \mathrm{F}$ 型生灭过程，则也存在不中断 $\overline{\mathrm{B}} \cap \mathrm{F}$ 型生灭过程，且不中断 $\overline{\mathrm{B}} \cap \mathrm{F}$ 型生灭过程必定唯一.

证明　注意任何F型生灭过程有形状(6.2.27)，

由定理 6.4.2 和定理 6.4.3 得(Ⅰ) 中条件的必要性；再由引理 6.3.7 得充分性及(Ⅰ) 成立. 由定理 6.4.3 和引理 6.3.7 知(Ⅱ) 成立. 证毕.

定理 6.4.11　设 $\boldsymbol{Q}$ 形如(5.1.1),则：

(Ⅰ)$\overline{\mathrm{B}}\cup\overline{\mathrm{F}}$ 型生灭过程存在的充要条件是生灭过程不唯一,即下列二条之一成立：

(ⅰ) 边界点正则或流出.

(ⅱ)$a_0>0$,边界点流入.

进一步,若 $\overline{\mathrm{B}}\cup\overline{\mathrm{F}}$ 型生灭过程存在,则必有无穷多个.

(Ⅱ) 若 $\overline{\mathrm{B}}\cup\overline{\mathrm{F}}$ 型生灭过程存在,则不中断 $\overline{\mathrm{B}}\cup\overline{\mathrm{F}}$ 型生灭过程也存在,且唯一的充要条件是 $a_0>0$ 且边界点流入.

证明　(Ⅰ) 中条件的必要性显然,由定理 6.4.2 和定理 6.4.4 知条件的充分性成立且(Ⅰ) 和(Ⅱ) 均成立.

定理 6.4.12　设 $\boldsymbol{Q}$ 形如(5.1.1),则：

(Ⅰ)$\overline{\mathrm{B}}\cap\overline{\mathrm{F}}$ 型生灭过程存在的充要条件是 $a_0>0$ 且边界点正则或流出,若 $\overline{\mathrm{B}}\cap\overline{\mathrm{F}}$ 型生灭过程存在,则必有无穷多个.

(Ⅱ) 若 $\overline{\mathrm{B}}\cap\overline{\mathrm{F}}$ 型生灭过程存在,则不中断 $\overline{\mathrm{B}}\cap\overline{\mathrm{F}}$ 型生灭过程也存在且有无穷多个.

证明　由引理 6.3.7、定理 6.4.2 和定理 6.4.4 知本定理成立.

6.5 补充与注记

6.1 主要取材于侯振挺等[1],6.2 ~ 6.3 主要取材于杨向群[1],6.4 参考了侯振挺、郭青峰[1] 和杨向群[1].

全稳定双边生灭过程的定性理论

第7章

7.1 若干引理

本章中,设 $E=\mathbf{Z}=\{\cdots,-2,-1,0,1,2,\cdots\}$,$\boldsymbol{Q}$ 是形如(5.1.9)的双边生灭矩阵. 按(5.1.10)~(5.1.14)定义 $\boldsymbol{Q}$ 的自然尺度 $\{z_i\}$、边界点 r_1 和 r_2、标准测度 $\{\mu_i\}$ 以及 R_a 和 $S_a(a=1,2)$ 等数字特征.

设 $\boldsymbol{u}$ 为 E 上的列向量,定义 E 上的列向量 $\boldsymbol{u}^+$ 和 $D_\mu\boldsymbol{u}^+$ 如下:

$$u_i^+=\frac{u_{i+1}-u_i}{z_{i+1}-z_i},i\in E \quad (7.1.1)$$

$$(D_\mu\boldsymbol{u}^+)_i=\frac{u_i^+-u_{i-1}^+}{\mu_i},i\in E \quad (7.1.2)$$

其中,$\{z_i\}$ 为自然尺度,$\{\mu_i\}$ 为标准测度.

引理 7.1.1 设 $\boldsymbol{u}$ 为 E 上的列向量,则

$$\boldsymbol{Q}\boldsymbol{u}=D_\mu\boldsymbol{u}^+ \quad (7.1.3)$$

即

$$a_iu_{i-1}-(a_i+b_i)u_i+b_iu_{i+1}=(D_\mu\boldsymbol{u}^+)_i,i\in E \tag{7.1.4}$$

证明 类似于引理6.1.1的证明,可得本引理.

设$\boldsymbol{u}$为列向量,$\boldsymbol{u}\cdot\boldsymbol{\mu}$表示分量为$u_j\mu_j$的行向量;反之,若$\boldsymbol{v}$为行向量,$\boldsymbol{v}\cdot\boldsymbol{\mu}^{-1}$表示分量为$v_i\mu_i^{-1}$的列向量.

引理7.1.2 设$\boldsymbol{v}$为E上的行向量,$\boldsymbol{u}=\boldsymbol{v\mu}^{-1}$,则

$$\boldsymbol{vQ}=(\boldsymbol{Qu})\boldsymbol{\mu} \tag{7.1.5}$$

证明 类似于引理6.1.2的证明即得本引理.

推论7.1.1 设$\boldsymbol{u},\boldsymbol{f}$为列向量,$\boldsymbol{v}=\boldsymbol{u\mu},\boldsymbol{g}=\boldsymbol{f\mu}$,则

(ⅰ)$\boldsymbol{u}$满足$\boldsymbol{Qu}=\boldsymbol{f}$,当且仅当$\boldsymbol{v}$满足$\boldsymbol{vQ}=\boldsymbol{g}$.

(ⅱ)$\boldsymbol{u}$满足$\lambda\boldsymbol{u}-\boldsymbol{Qu}=\boldsymbol{f},\lambda>0$,当且仅当$\boldsymbol{v}$满足$\lambda\boldsymbol{v}-\boldsymbol{vQ}=\boldsymbol{g},\lambda>0$.

引理7.1.3 方程组

$$\begin{cases}u_i=f_i\\a_ku_{k-1}-(a_k+b_k)u_k+b_ku_{k+1}=-f_k,i<k<n\\u_n=f_n\end{cases} \tag{7.1.6}$$

的解是

$$u_k=f_i\frac{z_n-z_k}{z_n-z_i}+f_n\frac{z_k-z_i}{z_n-z_i}+\frac{z_n-z_k}{z_n-z_i}\sum_{j=i+1}^{k-1}(z_j-z_i)f_j\mu_j+\frac{z_k-z_i}{z_n-z_i}\sum_{j=k}^{n-1}(z_n-z_j)f_j\mu_j \tag{7.1.7}$$

证明 类似于引理6.1.3,证明过程中方程(6.1.8)的解由(6.1.10)给出的推导,可得本引理.

引理7.1.4 设$\boldsymbol{u},\boldsymbol{v}$为方程

$$\lambda \boldsymbol{u} - D_\mu \boldsymbol{u}^+ = \boldsymbol{0}, \quad \lambda > 0 \qquad (7.1.8)$$

的两个解,则

$$W(u,v) \triangleq u_i^+ v_i - u_i v_i^+, \text{与 } i \text{ 无关(常数)} \qquad (7.1.9)$$

证明　首先注意,对任意向量 $\boldsymbol{s},\boldsymbol{t}$,

$$\begin{aligned} s_i t_i - s_{i-1} t_{i-1} &= s_i(t_i - t_{i-1}) + t_{i-1}(s_i - s_{i-1}) \\ &= s_{i-1}(t_i - t_{i-1}) + t_i(s_i - s_{i-1}) \end{aligned}$$

故

$$\begin{aligned} [D_\mu(st)]_i &= s_i(D_\mu t)_i + t_{i-1}(D_\mu s)_i \\ &= s_{i-1}(D_\mu t)_i + t_i(D_\mu s)_i \end{aligned}$$

于是

$$\begin{aligned} &[D_\mu(\boldsymbol{u}^+ \boldsymbol{v} - \boldsymbol{u}\boldsymbol{v}^+)]_i = [D_\mu(\boldsymbol{u}^+ \boldsymbol{v})]_i - [D_\mu(\boldsymbol{u}\boldsymbol{v}^+)]_i \\ &= v_i(D_\mu \boldsymbol{u}^+)_i + u_{i-1}^+(D_\mu \boldsymbol{v})_i - u_i(D_\mu \boldsymbol{v}^+)_i - v_{i-1}^+(D_\mu \boldsymbol{u})_i \\ &= \lambda v_i u_i + u_{i-1}^+(D_\mu \boldsymbol{v})_i - \lambda u_i v_i - v_{i-1}^+(D_\mu \boldsymbol{u})_i \\ &= \frac{u_i - u_{i-1}}{z_i - z_{i-1}} \cdot \frac{v_i - v_{i-1}}{\mu_i} - \frac{v_i - v_{i-1}}{z_i - z_{i-1}} \cdot \frac{u_i - u_{i-1}}{\mu_i} = 0 \end{aligned}$$

证毕.

引理7.1.5　(i) 列向量 $\boldsymbol{u}$ 是方程(7.1.8)的解的充要条件是具有下列形式

$$u_i = \begin{cases} u_0 + u_0^+(z_i - z_0) + \lambda \sum\limits_{k=1}^{i-1} u_k(z_i - z_k)\mu_k, i > 0 \\ u_0 - u_0^+(z_0 - z_i) + \lambda \sum\limits_{i+1 \leq k < 0} u_k(z_k - z_i)\mu_k, i < 0 \end{cases} \qquad (7.1.10)$$

其中,u_0, u_0^+ 为任意实数.

(ii) 给定 $u_0 = 1, u_0^+ = 0$,用 $\boldsymbol{v}$ 表示由(7.1.10)确定的方程(7.1.8)的解;给定 $u_0 = 0, u_0^+ = 1$,用 $\boldsymbol{s}$ 表示由(7.1.10)确定的方程(7.1.8)的解;则当 $0 < i \uparrow +$

∞ 时，v_i 和 s_i 为正且严格增加；当 $0 > i \downarrow -\infty$ 时，v_i 和 $-s_i$ 为正且随 i 的绝对值增加而严格增加，且

$$W(\boldsymbol{s},\boldsymbol{v}) = s_0^+ v_0 - s_0 v_0^+ = 1 \qquad (7.1.11)$$

证明 （i）注意方程(7.1.8)可改写为

$$u_i^+ - u_{i-1}^+ = \lambda u_i \mu_i, \lambda > 0 \qquad (7.1.12)$$

故若 $\boldsymbol{u}$ 是方程(7.1.8)的解，则当 $i > 0$ 时

$$\begin{aligned} u_i^+ &= u_0^+ + \sum_{k=1}^{i} (u_k^+ - u_{k-1}^+) \\ &= u_0^+ + \lambda \sum_{k=1}^{i} u_k \mu_k, i > 0 \qquad (7.1.13) \end{aligned}$$

而

$$\begin{aligned} u_i &= u_0 + \sum_{k=0}^{i-1} (u_{k+1} - u_k) \\ &= u_0 + \sum_{k=0}^{i-1} u_k^+ (z_{k+1} - z_k), i > 0 \quad (7.1.14) \end{aligned}$$

把(7.1.13)代入(7.1.14)就得(7.1.10)的第一式，类似可得第二式.

反之，任取 u_0, u_0^+，由(7.1.10)确定 $\boldsymbol{u}$，然后逆转以上步骤可知，$\boldsymbol{u}$ 是(7.1.12)的解，从而是(7.1.8)的解.

（ii）由(7.1.10)及 $W(\boldsymbol{s},\boldsymbol{v})$ 的定义即知，（ii）的结论成立.

引理 7.1.6

（i）当 $i > 0$ 时，$\dfrac{v_i}{s_i} > \dfrac{v_i^+}{s_i^+}$.

（ii）当 $0 < i \uparrow \infty$ 时，$\dfrac{v_i}{s_i}$ 严格减少.

(ⅲ) 当 $0 < i \uparrow +\infty$ 时，$\frac{v_i^+}{s_i^+}$ 严格增加.

证明

(ⅰ) $\frac{v_i}{s_i} - \frac{v_i^+}{s_i^+} = \frac{W(\boldsymbol{s},\boldsymbol{v})}{s_i s_i^+} = \frac{1}{s_i s_i^+} > 0, i > 0.$

(ⅱ)
$$\left(\frac{\boldsymbol{v}}{\boldsymbol{s}}\right)_i^+ = \left(\frac{v_{i+1}}{s_{i+1}} - \frac{v_i}{s_i}\right)\cdot \frac{1}{z_{i+1} - z_i}$$
$$= -\frac{W(\boldsymbol{s},\boldsymbol{v})}{s_i s_{i+1}} < 0, i > 0$$

(ⅲ)
$$\left[D_\mu\left(\frac{\boldsymbol{v}^+}{\boldsymbol{s}^+}\right)\right]_i = \left(\frac{v_i^+}{s_i^+} - \frac{v_{i-1}^+}{s_{i-1}^+}\right)\mu_i^{-1} = \frac{s_{i-1}^+ v_i^+ - s_i^+ v_{i-1}^+}{s_i^+ s_{i-1}^+ \mu_i}$$
$$= \frac{s_{i-1}^+ (D_\mu \boldsymbol{v}^+)_i - v_{i-1}^+ (D_\mu \boldsymbol{s}^+)_i}{s_i^+ s_{i-1}^+}$$
$$= \frac{\lambda(s_{i-1}^+ v_i - v_{i-1}^+ s_i)}{s_i^+ s_{i-1}^+}$$
$$= \frac{\lambda[(s_i^+ - \lambda s_i \mu_i) v_i - (v_i^+ - \lambda v_i \mu_i) s_i]}{s_i^+ s_{i-1}^+}$$
$$= \frac{\lambda \boldsymbol{W}(\boldsymbol{s},\boldsymbol{v})}{s_i^+ s_{i-1}^+} = \frac{\lambda}{s_i^+ s_{i-1}^+} > 0$$

证毕.

引理 7.1.7　设 $\boldsymbol{u}$ 是方程(7.1.8)的解，且当 $0 < i \uparrow +\infty$ 时，u_i 为正且严格增加，则

(ⅰ) $0 < i \uparrow +\infty$ 时，u_i^+ 也严格增加.

(ⅱ) $u(r_2) = \lim\limits_{i \to +\infty} u_i < \infty$，当且只当 r_2 正则或流出.

(ⅲ) $u^+(r_2) = \lim\limits_{i \to +\infty} u_i^+ < \infty$，当且只当 r_2 正则或流入.

证明　（ⅰ）由(7.1.13)可知 $u_i^+(i>0)$ 为正且严格增加.（ⅱ）和（ⅲ）的证明类似于定理 6.2.1 的（ⅱ）和（ⅲ）的证明.

引理 7.1.8　当 $0<i\uparrow+\infty$ 时,

$$\frac{v_i}{s_i}-\frac{v_i^+}{s_i^+}=\frac{1}{s_is_i^+}\to\begin{cases}0, & r_2\text{ 非正则}\\ c>0, & r_2\text{ 正则}\end{cases}$$

证明　由引理 7.1.5 和引理 7.1.7 即得本引理.

由引理 7.1.6,可以令

$$\bar{\theta}=\lim_{i\to+\infty}\frac{v_i}{s_i},\quad \underline{\theta}=\lim_{i\to+\infty}\frac{v_i^+}{s_i^+}\qquad(7.1.15)$$

且 $\underline{\theta}\leqslant\bar{\theta}$. 当且只当 r_2 非正则时,$\underline{\theta}=\bar{\theta}$.

引理 7.1.9　$\boldsymbol{u}$ 是方程(7.1.8)满足条件 $\boldsymbol{u}_0=1$ 的正的严格下降解的充要条件是 $\boldsymbol{u}$ 具有下列形式

$$\boldsymbol{u}=\boldsymbol{v}-\theta\boldsymbol{s},\underline{\theta}\leqslant\theta\leqslant\bar{\theta}\qquad(7.1.16)$$

若 r_2 正则,则这种解 $\boldsymbol{u}$ 有无穷多个,而且介于 $\underline{\boldsymbol{u}}=\boldsymbol{v}-\bar{\theta}\boldsymbol{s}$ 与 $\bar{\boldsymbol{u}}=\boldsymbol{v}-\underline{\theta}\boldsymbol{s}$ 之间. 若 r_2 非正则,则这种解 $\boldsymbol{u}$ 唯一.

证明　注意 $\boldsymbol{v},\boldsymbol{s}$ 是方程(7.1.8)的两个线性独立解,由引理 7.1.5 知,每个解 $\boldsymbol{u}$ 是 $\boldsymbol{v}$ 和 $\boldsymbol{s}$ 的线性组合,从而满足 $u_0=1$ 的解 $\boldsymbol{u}$ 必具有形式 $\boldsymbol{u}=\boldsymbol{v}-\theta\boldsymbol{s}$,$\theta$ 是常数. 进一步,若 $\boldsymbol{u}$ 为正的严格下降解,则 $\boldsymbol{u}=\boldsymbol{v}-\theta\boldsymbol{s}>\boldsymbol{0}$, $\boldsymbol{u}^+=\boldsymbol{v}^+-\theta\boldsymbol{s}^+<\boldsymbol{0}$. 故

$$\underline{\theta}\leqslant\theta\leqslant\bar{\theta}$$

反之,若 $\underline{\theta}\leqslant\theta\leqslant\bar{\theta}$,则易证明由(7.1.16)定义的 $\boldsymbol{u}$ 是满足 $u_0=1$ 的正的严格下降解. 引理的其余部分显然. 证毕.

引理 7.1.10　对引理 7.1.9 中的 $\boldsymbol{u}$,$\underline{\boldsymbol{u}}$ 和 $\overline{\boldsymbol{u}}$,有:

(ⅰ)若 r_2 正则,则

$$\underline{\boldsymbol{u}}(r_2)=0,\quad \overline{\boldsymbol{u}}(r_2)=\frac{1}{\boldsymbol{s}^{+}(r_2)}$$

而

$$\boldsymbol{u}(r_2)=\begin{cases}\dfrac{\overline{\theta}-\theta}{\overline{\theta}-\underline{\theta}}\cdot\dfrac{1}{\boldsymbol{s}^{+}(r_2)}, & r_2\ \text{正则}\\ 0, & r_2\ \text{流出或自然}\\ \dfrac{1}{\boldsymbol{s}^{+}(r_2)}, & r_2\ \text{流入}\end{cases}$$

(ⅱ)若 r_2 正则,则

$$\overline{\boldsymbol{u}}^{+}(r_2)=0,\quad \underline{\boldsymbol{u}}^{+}(r_2)=-\frac{1}{\boldsymbol{s}(r_2)}$$

而

$$\boldsymbol{u}^{+}(r_2)=\begin{cases}-\dfrac{\theta-\underline{\theta}}{\overline{\theta}-\underline{\theta}}\cdot\dfrac{1}{\boldsymbol{s}^{+}(r_2)}, & r_2\ \text{正则}\\ 0, & r_2\ \text{流入或自然}\\ -\dfrac{1}{\boldsymbol{s}(r_2)}, & r_2\ \text{流出}\end{cases}$$

证明　由引理 7.1.7,当 r_2 正则或流出时,$\boldsymbol{v}(r_2)<\infty$,$\boldsymbol{s}(r_2)<\infty$,故 $\underline{\boldsymbol{u}}(r_2)=\boldsymbol{v}(r_2)-\overline{\theta}\boldsymbol{s}(r_2)=0$;当 r_2 正则时

$$\overline{\boldsymbol{u}}(r_2)=\boldsymbol{v}(r_2)-\underline{\theta}\boldsymbol{s}(r_2)=\frac{\boldsymbol{v}(r_2)\boldsymbol{s}^{+}(r_2)-\boldsymbol{v}^{+}(r_2)\boldsymbol{s}(r_2)}{\boldsymbol{s}^{+}(r_2)}$$

$$=\frac{1}{\boldsymbol{s}^{+}(r_2)}$$

当 r_2 流入或自然时，$u_i = \bar{u}_i = v_i - \underline{\theta} s_i \leqslant v_i - \frac{v_i^+}{s_i^+} s_i = \frac{1}{s_i^+}$，当 r_2 自然时，因 $\boldsymbol{s}^+(r_2) = \infty$，从而 $\boldsymbol{u}(r_2) = 0$. 如果 r_2 流入，则有

$$\boldsymbol{u}(r_2) = \bar{\boldsymbol{u}}(r_2) \leqslant \frac{1}{\boldsymbol{s}^+(r_2)}$$

以下证明反向不等式也成立. $\forall \varepsilon > 0$，当 i 充分大时

$$\boldsymbol{u}(r_2) + \varepsilon > v_i - \underline{\theta} s_i$$

固定一个 i，当 $j(>i)$ 充分大时

$$\boldsymbol{u}(r_2) + \varepsilon > v_i - \frac{v_j^+}{s_j^+} s_i$$

但当 j 固定时

$$\left(\boldsymbol{v} - \frac{v_j^+}{s_j^+}\boldsymbol{s}\right)_i^+ = v_i^+ - \frac{v_j^+}{s_j^+} s_i^+ = \left(\frac{v_i^+}{s_i^+} - \frac{v_j^+}{s_j^+}\right) s_i^+ < 0$$

故

$$\boldsymbol{u}(r_2) + \varepsilon > v_j - \frac{v_j^+}{s_j^+} s_j = \frac{1}{s_j^+} \to \frac{1}{\boldsymbol{s}^+(r_2)}$$

由 ε 的任意性，知 $\boldsymbol{u}(r_2) \geqslant \frac{1}{\boldsymbol{s}^+(r_2)}$. 所以 r_2 流入时，$\boldsymbol{u}(r_2) = \frac{1}{\boldsymbol{s}^+(r_2)}$.

再注意，当 r_2 正则时

$$\boldsymbol{u} = \boldsymbol{v} - \theta \boldsymbol{s} = \frac{\theta - \underline{\theta}}{\bar{\theta} - \underline{\theta}} \underline{\boldsymbol{u}} + \frac{\bar{\theta} - \theta}{\bar{\theta} - \underline{\theta}} \bar{\boldsymbol{u}}$$

则知(ⅰ)成立. 类似可证(ⅱ)成立.

引理 7.1.11 方程(7.1.8)存在正的严格下降

解 $u_1(\lambda)$ 和正的严格上升解 $u_2(\lambda)$，具有下列性质：

（ⅰ）$u_1^+(\lambda)<0$ 严格上升，$u_2^+(\lambda)>0$ 严格上升，

$$W(u_2(\lambda),u_1(\lambda))=1,\lambda>0 \quad (7.1.17)$$

（ⅱ）$u_a(r_a,\lambda)\triangleq\lim\limits_{z_i\to r_a}u_{ai}(\lambda)$ 有穷，当且只当 r_a 正则或流出.

$u_a^+(r_a,\lambda)\triangleq\lim\limits_{z_i\to r_a}u_{ai}^+(\lambda)$ 有穷，或等价地 $\sum\limits_{i\in E}u_{ai}(\lambda)\mu_i<+\infty$，当且只当 r_a 正则或流入；

（ⅲ）如果 r_a 非流入，则 $u_b(r_a,\lambda)=0(a\neq b)$；若 r_a 流入或自然，则 $u_b^+(r_a,\lambda)=0(a\neq b)$.

最后，若 $(u_1(\lambda),u_2(\lambda))$ 和 $(u_1'(\lambda),u_2'(\lambda))$ 分别是满足以上条件的两组解，则必存在 $0<C(\lambda)<\infty$，使

$$u_1'(\lambda)=C(\lambda)u_1(\lambda),u_2'(\lambda)=\frac{1}{C(\lambda)}\cdot\boldsymbol{u}_2(\lambda) \quad (7.1.18)$$

证明　由引理7.1.9，方程(7.1.8)的正的严格下降解 $u_1(\lambda)$ 存在，类似引理7.1.9可证明，正的严格上升解 $u_2(\lambda)$ 也存在，且有类似于引理7.1.10的相应性质. 由 $u_1(\lambda),u_2(\lambda)$ 均为正，且关于 i 分别严格下降和严格上升，由(7.1.13)及

$$\begin{aligned}u_i^+&=u_0^+-\sum_{i+1\leqslant k\leqslant 0}(u_k^+-u_{k-1}^+)\\&=u_0^+-\lambda\sum_{i+1\leqslant k\leqslant 0}u_k\mu_k,i<0 \quad (7.1.19)\end{aligned}$$

得 $u_1^+(\lambda)<0$ 和 $u_2^+(\lambda)>0$ 都严格上升. 显然 $W(u_2(\lambda),u_1(\lambda))=b(\lambda)>0$，适当规范后，可使(7.1.17)成立.

以下只对 $a=2$ 来证明（ⅱ）、（ⅲ），$a=1$ 的情况类似可证. 由引理7.1.7推出（ⅱ）前半部分. 而由

(7.1.13) 和(7.1.19) 有

$$\lambda\sum_{i\in E}u_{2i}(\lambda)\mu_i = u_2^+(r_2,\lambda) - u_2^+(r_1,\lambda) \quad (7.1.20)$$

显然 $u_2^+(r_1,\lambda)$ 有穷，故 $u_2^+(r_2,\lambda) < \infty$ 等价于 $\sum_i u_{2i}(\lambda)\mu_i < \infty$. 由引理 7.1.10,可以选取 $\boldsymbol{u}_1(\lambda)$ 和 $\boldsymbol{u}_2(\lambda)$ 还满足(iii).

最后,由性质(iii) 及引理 7.1.10 和引理 7.1.9 可知,$\frac{1}{u_{10}(\lambda)}\cdot u_1(\lambda) = \underline{\boldsymbol{u}}(\lambda)$ 唯一确定. 类似可证明,$\frac{1}{u_{20}(\lambda)}\cdot u_2(\lambda)$ 也唯一确定,再由条件(7.1.17) 可知引理的最后陈述正确.

引理证毕.

引理 7.1.12 设 $u_1(\lambda),u_2(\lambda)$ 是引理 7.1.11 中的解,则 $u_1(\lambda)\boldsymbol{\mu}$ 和 $u_2(\lambda)\boldsymbol{\mu}$ 是方程

$$(V_\lambda)\lambda\boldsymbol{v} - \boldsymbol{v}\boldsymbol{Q} = \boldsymbol{0},\quad \lambda > 0 \quad (7.1.21)$$

的两个线性独立解,方程(V_λ) 的任何解都是它们的线性组合.

证明 由推论 7.1.1 得出.

7.2 最小双边生灭过程及其性质

设 $u_1(\lambda),u_2(\lambda)$ 是引理 7.1.11 中的解. 令

$$\varphi_{ij}(\lambda) = \begin{cases} u_{2i}(\lambda)u_{1j}(\lambda)\mu_j, i \leq j \\ u_{1i}(\lambda)u_{2j}(\lambda)\mu_j, i > j \end{cases} \quad (7.2.1)$$

显然,

$$\mu_i\varphi_{ij}(\lambda) = \mu_j\varphi_{ji}(\lambda), i,j \in E, \lambda > 0 \qquad (7.2.2)$$

引理 7.2.1　设 $\boldsymbol{f}$,$\boldsymbol{g}$ 分别是 E 上的列向量和行向量,且非负或使级数 $\sum\limits_{j=0}^{-\infty} u_{2j}(\lambda)f_j\mu_j$ $\sum\limits_{j=0}^{\infty} u_{1j}(\lambda)f_j\mu_j$ $\sum\limits_{i=0}^{-\infty} g_i u_{2i}(\lambda)$ 和 $\sum\limits_{i=0}^{\infty} g_i u_{1i}(\lambda)$ 收敛,则

(i)

$$[\boldsymbol{\varphi}(\lambda)\boldsymbol{f}]_i = \sum_{j\in E}\varphi_{ij}f_j = u_{1i}(\lambda)\sum_{j\leqslant i}u_{2j}(\lambda)f_j\mu_j + u_{2i}(\lambda)\sum_{j>i}u_{1j}(\lambda)f_j\mu_j \qquad (7.2.3)$$

(ii)

$$[\boldsymbol{g}\boldsymbol{\varphi}(\lambda)]_j = \sum_{i\in E}g_i\varphi_{ij}(\lambda) = u_{1j}(\lambda)\mu_j\sum_{i\leqslant j}g_iu_{2i}(\lambda) + u_{2j}(\lambda)\mu_j\sum_{i>j}g_iu_{1i}(\lambda) \qquad (7.2.4)$$

进一步,若 $\boldsymbol{g} = \boldsymbol{f}\mu$,则

$$\boldsymbol{g}\boldsymbol{\varphi}(\lambda) = [\boldsymbol{\varphi}(\lambda)\boldsymbol{f}]\mu \qquad (7.2.5)$$

证明　由(7.2.1)和(7.2.2)易得以上的结论.

定理 7.2.1

$$\lambda\sum_j\varphi_{ij}(\lambda) = 1 - \frac{u_{1i}(\lambda)}{u_1(r_1,\lambda)} - \frac{u_{2i}(\lambda)}{u_2(r_2,\lambda)} \qquad (7.2.6)$$

$\left(规定,\dfrac{c}{\infty} = 0\right)$.

证明　由(7.2.3)和(7.1.12)有

$$\begin{aligned}\lambda\sum_j\varphi_{ij}(\lambda) &= u_{1i}(\lambda)\sum_{j\leqslant i}\lambda u_{2j}(\lambda)\mu_j + u_{2i}(\lambda)\sum_{j>i}\lambda u_{1j}(\lambda)\mu_j \\ &= u_{1i}(\lambda)\sum_{j\leqslant i}[u_{2j}^{+}(\lambda) - u_{2j-1}^{+}(\lambda)] + \\ &\quad u_{2i}(\lambda)\sum_{j>i}[u_{1j}^{+}(\lambda) - u_{1j-1}^{+}(\lambda)]\end{aligned}$$

$$
\begin{aligned}
&= u_{1i}(\lambda)[u_{2i}^{+}(\lambda) - u_{2}^{+}(r_1,\lambda)] + \\
&\quad u_{2i}(\lambda)[u_{1}^{+}(r_2,\lambda) - u_{1i}^{+}(\lambda)] \\
&= u_{1i}(\lambda)u_{2i}^{+}(\lambda) - u_{2i}(\lambda)u_{1i}^{+}(\lambda) - \\
&\quad u_{1i}(\lambda)u_{2}^{+}(r_1,\lambda) + u_{2i}(\lambda)u_{1}^{+}(r_2,\lambda) \quad (7.2.7)
\end{aligned}
$$

若能证明

$$
u_1^{+}(r_2,\lambda) = -\frac{1}{u_2(r_2,\lambda)},\quad u_2^{+}(r_1,\lambda) = \frac{1}{u_1(r_1,\lambda)} \quad (7.2.8)
$$

则由(7.1.17),从(7.2.7)得(7.2.6).

只证(7.2.8)第一式.当 r_2 流入或自然时,由引理7.1.11(ⅱ)、(ⅲ)有 $u_2(r_2,\lambda)=\infty$,$u_1^{+}(r_2,\lambda)=0$,故(7.2.8)第一式成立.当 r_2 正则或流出时,由于(7.1.17),只需证明

$$
\lim_{z_i\to r_2} u_{1i}(\lambda)u_{2i}^{+}(\lambda) = 0 \quad (7.2.9)
$$

对于 r_2 正则,由于 $u_2^{+}(r_2,\lambda)<\infty$,$u_1(r_2,\lambda)=0$,上式显然成立.对于 r_2 流出,由于 $u_1(r_2,\lambda)=0$,且 $u_2^{+}(\lambda)$ 增加,$-u_1^{+}(\lambda)$ 减少,故

$$
\begin{aligned}
0 &\leqslant u_{1i}(\lambda)u_{2i}^{+}(\lambda) = u_{2i}^{+}(\lambda)[u_{1i}(\lambda) - u_1(r_2,\lambda)] \\
&= u_{2i}^{+}(\lambda)\sum_{j\geqslant i}[-u_{1j}^{+}(\lambda)(z_{j+1}-z_j)] \\
&\leqslant -u_{1i}^{+}(\lambda)\sum_{j\geqslant i}[u_{2j}^{+}(\lambda)(z_{j+1}-z_j)] \\
&= -u_{1i}^{+}(\lambda)[u_2(r_2,\lambda) - u_{2i}(\lambda)] \\
&\to -u_1^{+}(r_2,\lambda)[u_2(r_2,\lambda) - u_2(r_2,\lambda)] \\
&= 0,z_i \to r_2
\end{aligned}
$$

从而(7.2.9)成立.(7.2.8)中第二式类似可证.证毕.

定理 7.2.2

(ⅰ) $\boldsymbol{f}$ 为有界列向量 $\Rightarrow \boldsymbol{\varphi}(\lambda)\boldsymbol{f}$ 为有界列向量;

(ⅱ) $\boldsymbol{g}$ 为可和行向量 $\Rightarrow \boldsymbol{g\varphi}(\lambda)$ 为可和行向量.

进一步,还有

$$\lambda[\boldsymbol{\varphi}(\lambda)\boldsymbol{f}] - \boldsymbol{Q}[\boldsymbol{\varphi}(\lambda)\boldsymbol{f}] = \boldsymbol{f}, \lambda > 0 \quad (7.2.10)$$

$$\lambda \boldsymbol{g\varphi}(\lambda) - [\boldsymbol{g\varphi}(\lambda)]\boldsymbol{Q} = \boldsymbol{g}, \lambda > 0 \quad (7.2.11)$$

证明　(ⅰ)、(ⅱ) 由引理 7.2.1 和定理 7.2.1 即得,其余部分类似于定理 6.2.4 的证明可证得. 证毕.

引理 7.2.2　设 $\boldsymbol{f}$ 为有界列向量, r_a 正则或流出,则

$$[\boldsymbol{\varphi}(\lambda)\boldsymbol{f}](r_a) = \lim_{z_i \to r_a}[\boldsymbol{\varphi}(\lambda)\boldsymbol{f}]_i = 0 \quad (7.2.12)$$

证明　因 r_a 正则或流出时, $u_a(r_a,\lambda) < \infty$, 且 $u_b(r_a,\lambda) = 0 \quad (b \neq a)$, 从而 $z_i \to r_a$ 时

$$\frac{u_{ai}(\lambda)}{u_a(r_a,\lambda)} \to 1, \quad u_{bi}(\lambda) \to 0, b \neq a$$

由定理 7.2.1, 得 $[\boldsymbol{\varphi}(\lambda)\mathbf{1}](r_a) = 0$, 从而(7.2.12) 成立. 证毕.

定理 7.2.3　设 $\boldsymbol{Q}$ 为形如(5.2.9) 的双边生灭矩阵,则

(ⅰ) $\boldsymbol{\varphi}(\lambda)$ 是最小双边生灭 $\boldsymbol{Q}$ 过程,满足向前和向后方程组. $\boldsymbol{\varphi}(\lambda)$ 不中断的充要条件是 r_1 和 r_2 均为流入或自然.

(ⅱ) 若 $\boldsymbol{\psi}(\lambda)$ 是任意双边生灭 $\boldsymbol{Q}$ 过程,则 $\boldsymbol{\psi}(\lambda)$ 是 B 型过程且具有下列形式

$$\psi_{ij}(\lambda) = \varphi_{ij}(\lambda) + c_1 u_{1i}(\lambda) + c_2 u_{2i}(\lambda) \quad (7.2.13)$$

其中 $c_1 \geqslant 0, c_2 \geqslant 0$ 与 i 无关(可能与 j 和 λ 有关).

证明 首先,$\boldsymbol{\varphi}(\lambda)$ 是满足向后方程组和向前方程组的 $\boldsymbol{Q}$ 过程的证明类似于定理6.2.5前半部分的证明. 以下证明 $\boldsymbol{\varphi}(\lambda)$ 的最小性及(ii).

设 $\boldsymbol{\psi}(\lambda)$ 是任意 $\boldsymbol{Q}$ 过程,由于 $\boldsymbol{Q}$ 保守,$\boldsymbol{\psi}(\lambda)$ 满足向后方程组(B型),因此,当 j 和 $\lambda > 0$ 固定时,

$$\psi_{ij}(\lambda) - \varphi_{ij}(\lambda) = c_1 u_{1i}(\lambda) + c_2 u_{2i}(\lambda), i \in E \tag{7.2.14}$$

其中 c_1, c_2 是与 i 无关的常数.

若 r_2 正则或流出,由 $\boldsymbol{\psi}(\lambda) \geqslant 0$ 及引理7.2.2,在(7.2.14)中令 $z_i \to r_2$ 得

$$c_2 u_2(r_2,\lambda) = c_1 u_1(r_2,\lambda) + c_2 u_2(r_2,\lambda) \geqslant 0$$

故 $c_2 \geqslant 0$. 若 r_2 流入或自然,则(7.2.14)左方有界,而 $u_1(r_2,\lambda) < \infty, u_2(r_2,\lambda) = \infty$,故 $c_2 = 0$. 因此,总有 $c_2 \geqslant 0$. 同样可证 $c_1 \geqslant 0$. 从而 $\boldsymbol{\psi}(\lambda) \geqslant \boldsymbol{\varphi}(\lambda)$ 且(ii)成立. 证毕.

推论7.2.1 任何双边生灭 $\boldsymbol{Q}$ 过程 $\boldsymbol{\psi}(\lambda)$ 具有形式

$$\psi_{ij}(\lambda) = \varphi_{ij}(\lambda) + \frac{u_{1i}(\lambda)}{u_1(r_1,\lambda)} F_j^1(\lambda) + \frac{u_{2i}(\lambda)}{u_2(r_2,\lambda)} F_j^2(\lambda) \tag{7.2.15}$$

其中 $\boldsymbol{F}^{(a)}(\lambda) \geqslant \boldsymbol{0}, \sum_{j \in E} \lambda F_j^a(\lambda) \leqslant 1, a = 1,2.$

证明 由定理7.2.3及其证明可知,(7.2.15)成立且 $\boldsymbol{F}^{(a)}(\lambda) \geqslant \boldsymbol{0}$. 若 $u_a(r_a,\lambda) < \infty$,则 r_a 正则或流出,从而 $u_b(r_a,\lambda) = 0$. 在(7.2.15)的两边同乘以 λ,对 $j \in E$ 求和,然后令 $z_i \to r_a$ 得

$$1 \geqslant \lim_{z_i \to r_a} \lambda \sum_{j \in E} \psi_{ij}(\lambda) = \lambda[\boldsymbol{\varphi}(\lambda)\mathbf{1}](r_a) +$$

$$\frac{u_a(r_a,\lambda)}{u_a(r_a,\lambda)}\cdot\sum_{j\in E}\lambda F_j^a(\lambda)$$
$$=\sum_{j\in E}\lambda F_j^a(\lambda)$$

证毕.

7.3　双边生灭过程的定性理论

设 $u_1(\lambda),u_2(\lambda)$ 是 7.2 中构造最小过程 $\boldsymbol{\varphi}(\lambda)$ 的引理 7.1.11 中的解. 简记

$$X_i^1(\lambda)=\frac{u_{1i}(\lambda)}{u_1(r_1,\lambda)},X_i^2(\lambda)=\frac{u_{2i}(\lambda)}{u_2(r_2,\lambda)} \quad (7.3.1)$$

$$X_i^1=\begin{cases}\dfrac{r_2-z_i}{r_2-r_1}, & r_1,r_2 \text{ 均为有穷}\\ 1, & r_1 \text{ 有穷}, r_2 \text{ 无穷}\\ 0, & r_1 \text{ 无穷}\end{cases} \quad (7.3.2)$$

$$X_i^2=\begin{cases}\dfrac{z_i-r_1}{r_2-r_1}, & r_1,r_2 \text{ 均为有穷}\\ 1, & r_1 \text{ 无穷}, r_2 \text{ 有穷}\\ 0, & r_2 \text{ 无穷}\end{cases} \quad (7.3.3)$$

$\boldsymbol{X}^a(\lambda)=(X_i^a(\lambda)),\boldsymbol{X}^a=(X_i^a)$ 为列向量. 显然,当 r_a 正则或流出时,$\boldsymbol{X}^a(\lambda)\neq\mathbf{0},\boldsymbol{X}^a\neq\mathbf{0}$;当 r_a 流入或自然时,$\boldsymbol{X}^a(\lambda)=\boldsymbol{X}^a=\mathbf{0}(a=1,2)$. (7.2.6) 成为

$$\lambda\boldsymbol{\varphi}(\lambda)\mathbf{1}=\mathbf{1}-\boldsymbol{X}^1(\lambda)-\boldsymbol{X}^2(\lambda) \quad (7.3.4)$$

引理 7.3.1　对于 $a=1,2,\boldsymbol{X}^a(\lambda)$ 是列协调族,且

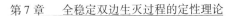

$$\boldsymbol{X}^a(\lambda)\downarrow\boldsymbol{0},\lambda\boldsymbol{X}^a(\lambda)\to\boldsymbol{0},\lambda\uparrow\infty \tag{7.3.5}$$

$$\lambda\boldsymbol{\varphi}(\lambda)\boldsymbol{X}^a=\boldsymbol{X}^a-\boldsymbol{X}^a(\lambda) \tag{7.3.6}$$

证明 若能证明(7.3.6),则由 $\boldsymbol{\varphi}(\lambda)$ 的预解方程及(7.3.6) 可知,$\boldsymbol{X}^a(\lambda)$ 是列协调族. 由 $\boldsymbol{X}^a(\lambda)$ 为列协调族、$\boldsymbol{Q}$ 保守及(7.3.4) 知(7.3.5) 成立. 往证(7.3.6).

若 r_1,r_2 均无穷,(7.3.6) 当然成立. 如 $\boldsymbol{r}_a$ 有穷 $\boldsymbol{r}_b$ 无穷($b\neq a$),则 $\boldsymbol{X}^b=\boldsymbol{X}^b(\lambda)=\boldsymbol{0},\boldsymbol{X}^a=\boldsymbol{1}$,而(7.3.4) 成为 $\lambda\boldsymbol{\varphi}(\lambda)\boldsymbol{1}=\boldsymbol{1}-\boldsymbol{X}^a(\lambda)$,故(7.3.6) 成立. 若 r_1,r_2 有穷,以下证明(7.3.6) 对 $a=1$ 成立,$a=2$ 可类似证明. 由(7.2.3)

$$\lambda\sum_j\varphi_{ij}(\lambda)(r_2-z_j)=u_{1i}(\lambda)\sum_{j\leqslant i}\lambda u_{2j}(\lambda)\mu_j\sum_{k\geqslant j}(z_{k+1}-z_k)+$$

$$u_{2i}(\lambda)\sum_{j>i}\lambda u_{1j}(\lambda)\mu_j\sum_{k\geqslant j}(z_{k+1}-z_k) \tag{7.3.7}$$

$$\begin{aligned}
\text{第一项}&=u_{1i}(\lambda)\Big[\sum_{k<i}(z_{k+1}-z_k)\sum_{j\leqslant k}\lambda u_{2j}(\lambda)\mu_j+\\
&\quad\sum_{k\geqslant i}(z_{k+1}-z_k)\sum_{j\leqslant i}\lambda u_{2j}(\lambda)\mu_j\Big]\\
&=u_{1i}(\lambda)\Big\{\sum_{k<i}(z_{k+1}-z_k)[u_{2k}^+(\lambda)-u_2^+(r_1,\lambda)]+\\
&\quad\sum_{k\geqslant i}(z_{k+1}-z_k)[u_{2i}^+(\lambda)-u_2^+(r_1,\lambda)]\Big\}\\
&=u_{1i}(\lambda)\{u_{2i}(\lambda)-u_2(r_1,\lambda)+\\
&\quad u_{2i}^+(\lambda)(r_2-z_i)-(r_2-r_1)u_2^+(r_1,\lambda)\}
\end{aligned}$$

$$\begin{aligned}
\text{第二项}&=u_{2i}(\lambda)\Big[\sum_{k>i}(z_{k+1}-z_k)\sum_{i<j\leqslant k}\lambda u_{1j}(\lambda)\mu_j\\
&=u_{2i}(\lambda)\sum_{k>i}(z_{k+1}-z_k)[u_{1k}^+(\lambda)-u_{1i}^+(\lambda)]\\
&=u_{2i}(\lambda)\sum_{k\geqslant i}(z_{k+1}-z_k)[u_{1k}^+(\lambda)-u_{1i}^+(\lambda)]\\
&=u_{2i}(\lambda)[u_1(r_2,\lambda)-u_{1i}(\lambda)-(r_2-z_i)u_{1i}^+(\lambda)]
\end{aligned}$$

$$= u_{2i}(\lambda)[-u_{1i}(\lambda)-(r_2-z_i)u_{1i}^+(\lambda)]$$

这样,代入(7.3.7)后并注意(7.1.17)得

$$\lambda\sum_j \varphi_{ij}(\lambda)(r_2-z_j) = (r_2-z_i)-u_{1i}(\lambda)u_2(r_1,\lambda)-$$
$$u_{1i}(\lambda)(r_2-r_1)u_2^+(r_1,\lambda)$$
$$=(r_2-z_i)-u_{1i}(\lambda)(r_2-r_1)u_2^+(r_1,\lambda)$$

两边同除以 r_2-r_1,再注意 $u_2^+(r_1,\lambda)=\dfrac{1}{u_1(r_1,\lambda)}$ 得(7.3.6)对 $a=1$ 成立. 证毕.

引理 7.3.2　设 r_1 流入,r_2 正则或流出. 令

$$\eta_{1j}=(r_2-z_j)\mu_j,\quad \eta_{1j}(\lambda)=-\frac{u_{1j}(\lambda)\mu_j}{u_1^+(r_1,\lambda)} \tag{7.3.8}$$

则 $\boldsymbol{\eta}_1(\lambda)$ 是行协调族且为方程(7.1.21)的解,而且

$$\lambda\boldsymbol{\eta}_1\boldsymbol{\varphi}(\lambda)=\boldsymbol{\eta}_1-\boldsymbol{\eta}_1(\lambda) \tag{7.3.9}$$

证明　$\boldsymbol{\eta}_1(\lambda)$ 是方程(7.1.21)的解显然. 若能证明(7.3.9),则由 $\boldsymbol{\varphi}(\lambda)$ 的预解方程,可得 $\boldsymbol{\eta}_1(\lambda)$ 为行协调族.

注意 r_1 流入时,$u_2^+(r_1,\lambda)=\dfrac{1}{u_1(r_1,\lambda)}=0$. 类似于引理 7.3.1 证明中(7.3.7)的往下推导过程,可证得

$$\lambda\sum_j \varphi_{ij}(\lambda)(r_2-z_j)=(r_2-z_i)-u_{1i}(\lambda)u_2(r_1,\lambda) \tag{7.3.10}$$

两边同乘以 μ_i,注意(7.2.5)得

$$[\lambda\boldsymbol{\eta}_1\boldsymbol{\varphi}(\lambda)]_i=\eta_{1i}-u_{1i}(\lambda)\mu_i u_2(r_1,\lambda)$$

若能证明 $u_2(r_1,\lambda)=-\dfrac{1}{u_1^+(r_1,\lambda)}$,则(7.3.9)获证.

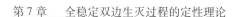

由 $W(u_2(\lambda),u_1(\lambda)) = u_{2i}^+(\lambda)u_{1i}(\lambda) - u_{1i}^+(\lambda)u_{2i}(\lambda) = 1(\forall i \in E)$ 知，只要证明 $\lim\limits_{z_i \to r_1}[u_{2i}^+(\lambda)u_{1i}(\lambda)] = 0$ 即可.

注意

$$u_2^+(r_1,\lambda) = \frac{1}{u_1(r_1,\lambda)} = 0$$

有

$$\begin{aligned} 0 \leqslant u_{1i}(\lambda)u_{2i}^+(\lambda) &= u_{1i}(\lambda)[u_{2i}^+(\lambda) - u_2^+(r_1,\lambda)] \\ &= u_{1i}(\lambda)\sum_{j\leqslant i}\lambda u_{2j}(\lambda)\mu_j \\ &\leqslant u_{2i}(\lambda)\sum_{j\leqslant i}\lambda u_1 j(\lambda)\mu_j \\ &= u_{2i}(\lambda)[u_{1i}^+(\lambda) - u_1^+(r_1,\lambda)] \\ &\to 0, z_i \to r_1 \end{aligned}$$

证毕.

引理 7.3.3 设 r_2 正则或流出，则行协调族 $\overline{\boldsymbol{\eta}}(\lambda)$ 是方程(7.1.21)的解的充要条件是 $\overline{\boldsymbol{\eta}}(\lambda)$ 有下列 Riesz 表现

$$\overline{\boldsymbol{\eta}}(\lambda) = p_1\boldsymbol{\varphi}_1(\lambda) + p_2\boldsymbol{X}^2(\lambda)\mu \quad (7.3.11)$$

其中常数 $p_a \geqslant 0$，r_a 流出或自然时 $p_a = 0(a = 1,2)$，而

$$\boldsymbol{\varphi}_1(\lambda) = \begin{cases} \boldsymbol{X}^1(\lambda)\mu, r_1 \text{ 正则} \\ \boldsymbol{\eta}_1(\lambda), r_1 \text{ 流入} \end{cases} \quad (7.3.12)$$

证明 必要性. 由引理 7.1.12，$\overline{\boldsymbol{\eta}}(\lambda) = c_{1\lambda}u_1(\lambda)\mu + c_{2\lambda}u_2(\lambda)\mu$. 由于 $\overline{\boldsymbol{\eta}}(\lambda)$ 可和，故由引理 7.1.11(ⅱ)，当 r_a 为流出或自然时 $c_{a\lambda} = 0$. 因此，$\overline{\boldsymbol{\eta}}(\lambda) = p_{1\lambda}\boldsymbol{\varphi}_1(\lambda) + p_{2\lambda}\boldsymbol{X}^2(\lambda)\mu$，且 r_a 流出或自然时，

$p_{a\lambda} = 0$. 因为当 r_a 正则时,$\boldsymbol{X}^a(\lambda)$ 是列协调族,故 $\boldsymbol{X}^a(\lambda)\mu$ 是行协调族,由于 $\overline{\boldsymbol{\eta}}(\lambda)$,$\boldsymbol{\varphi}_1(\lambda)$ 和 $\boldsymbol{X}^2(\lambda)\mu$ 都是行协调族,故 $p_{a\lambda} = p_a$ 与 λ 无关. 故 $\overline{\boldsymbol{\eta}}(\lambda)$ 表现为(7.3,11). 由于 $\overline{\boldsymbol{\eta}}(\lambda) \geqslant \mathbf{0}$. 由引理 7.1.11(ⅲ),$p_a \geqslant 0(a = 1,2)$.

充分性显然.

引理 7.3.4　若 r_a 流出或正则,则 $\boldsymbol{X}^a(\lambda)$ 的标准映象为 $\boldsymbol{X}^a$,即

$$\lim_{\lambda \downarrow 0} \boldsymbol{X}^a(\lambda) = \boldsymbol{X}^a \tag{7.3.13}$$

证明　对 $a = 2$ 证明. 由于 $\boldsymbol{X}^2(\lambda) \leqslant \boldsymbol{X}^2$,若记 $\overline{\boldsymbol{X}}^2 = \lim\limits_{\lambda \downarrow 0} \boldsymbol{X}^2(\lambda)$,则 $\overline{\boldsymbol{X}}^2 \leqslant \boldsymbol{X}^2$,且

$$\lambda \boldsymbol{\varphi}(\lambda)\overline{\boldsymbol{X}}^2 = \overline{\boldsymbol{X}}^2 - \boldsymbol{X}^2(\lambda) \tag{7.3.14}$$

记 $\boldsymbol{u} = \boldsymbol{X}^2 - \overline{\boldsymbol{X}}^2$,由上式和(7.3.6)知

$$\lambda \boldsymbol{\varphi}(\lambda)\boldsymbol{u} = \boldsymbol{u} \tag{7.3.15}$$

且 $\boldsymbol{u}$ 满足方程

$$\begin{cases} \boldsymbol{Q}\boldsymbol{u} = \mathbf{0} \\ \mathbf{0} \leqslant \boldsymbol{u} \leqslant \mathbf{1} \end{cases} \tag{7.3.16}$$

若 r_1 无穷,因$(r_2 - z_i; i \in E)$ 和$(z_i; i \in E)$ 是 $\boldsymbol{Q}\boldsymbol{u} = 0$ 的两个线性独立解,故

$$\boldsymbol{u}_i = c_1(r_2 - z_i) + c_2 z_i = c_1 r_2 + (c_2 - c_1) z_i$$

因左方有界,故必定 $c_1 = c_2$,从而 $u = c_1 r_2$,而

$$\begin{aligned} \lambda \boldsymbol{\varphi}(\lambda)\boldsymbol{u} &= c_1 r_2 \lambda \boldsymbol{\varphi}(\lambda)\mathbf{1} = c_1 r_2(\mathbf{1} - \boldsymbol{X}^2(\lambda)) \\ &= \boldsymbol{u} - c_1 r_2 \boldsymbol{X}^2(\lambda) \end{aligned}$$

比较(7.3.15)得 $c_1 = 0$,于是 $\boldsymbol{u} = \mathbf{0}$,$\boldsymbol{X}^2 = \overline{\boldsymbol{X}}^2$.

若 r_1 有穷,由于 $\boldsymbol{X}^1,\boldsymbol{X}^2$ 是(7.3.16)的两个线性独立解,故

$$\boldsymbol{u} = c_1\boldsymbol{X}^1 + c_2\boldsymbol{X}^2$$

由(7.3.6)和(7.3.14)得

$$\lambda\boldsymbol{\varphi}(\lambda)\boldsymbol{u} = \boldsymbol{u} - c_1\boldsymbol{X}^1(\lambda) - c_2\boldsymbol{X}^2(\lambda)$$

比较(7.3.15)得 $c_1\boldsymbol{X}^1(\lambda)+c_2\boldsymbol{X}^2(\lambda)=0$. 若 r_1 流出或正则,那么 $\boldsymbol{X}^1(\lambda),\boldsymbol{X}^2(\lambda)$ 线性独立,$c_1=c_2=0$,从而 $u=0$;否则 $\boldsymbol{X}^1(\lambda)=0,c_2=0$,因而 $0\leqslant c_1X_i^1=u_i\leqslant X_i^2$. 令 $i\to-\infty$ 得 $c_1=0$. 从而 $u=0$. 证毕.

引理7.3.5 设 r_1,r_2 正则或流出. 若 r_a 正则,则当 $\lambda\uparrow+\infty$ 时

$$\cup_\lambda^{ab} = \lambda[\boldsymbol{X}^a(\lambda)\boldsymbol{\mu},\boldsymbol{X}^b]\uparrow\cup^{ab} = \begin{cases}+\infty, & a=b\\ \dfrac{1}{r_2-r_1}, & a\neq b\end{cases} \tag{7.3.17}$$

证明 注意 $\boldsymbol{X}^b$ 是 $\boldsymbol{X}^b(\lambda)$ 的标准映象,有

$$\cup_\lambda^{ab} - \cup_v^{ab} = (\lambda-v)[\boldsymbol{X}^a(v)\boldsymbol{\mu},\boldsymbol{X}^b(\lambda)] \tag{7.3.18}$$

得证单调性. 其次,不妨设 $a=2$,即 r_2 正则. 由(7.3.6)和(7.2.3),

$$\begin{aligned}[\lambda\boldsymbol{\varphi}(\lambda)\boldsymbol{X}^b]_i^+ &= \lambda u_{1i}^+(\lambda)\sum_{j\leqslant i}u_{2j}(\lambda)X_j^b\mu_j + \\ &\quad \lambda u_{2i}^+(\lambda)\sum_{j>i}u_{1j}(\lambda)X_j^b\mu_j \\ &= \frac{(-1)^b}{r_2-r_1} - [X_i^b(\lambda)]^+\end{aligned}$$

令 $z_i\to r_2$,注意 $u_1^+(r_2,\lambda) = -\dfrac{1}{u_2(r_2,\lambda)}$ 得

$$-\cup_\lambda^{ab} = \frac{(-1)^b}{r_2-r_1} - \boldsymbol{X}^{b+}(r_2,\lambda)$$

为证(7. 3. 17),只需证

$$\lim_{\lambda\to\infty}\boldsymbol{X}^{2+}(r_2,\lambda)=+\infty,\lim_{\lambda\to\infty}\boldsymbol{X}^{1+}(r_2,\lambda)=0 \quad (7.3.19)$$

以上二式的证明完全类似于引理 6. 3. 6 中(6. 3. 26)的证明,故略. 证毕.

定理 7. 3. 1　设 $\boldsymbol{Q}$ 是全稳定双边生灭矩阵,形如(5. 2. 9),则

(Ⅰ) 双边生灭 $\boldsymbol{Q}$ 过程一定存在,并且均为 B 型过程;

(Ⅱ) 双边生灭 $\boldsymbol{Q}$ 过程唯一的充要条件是最小过程 $\boldsymbol{\varphi}(\lambda)$ 不中断,即 r_1 和 r_2 均为流入或自然.

证明　由定理 7. 2. 3 得(Ⅰ)以及(Ⅱ)的充分性. 以下证明(Ⅱ)的必要性部分.

若 $\boldsymbol{r}_a$ 为正则或流出,则 $\boldsymbol{\varphi}(\lambda)$ 中断. 由引理 7. 2. 2 和推论 6. 1. 3 知存在无穷多个不中断的双边生灭 $\boldsymbol{Q}$ 过程. 证毕.

定理 7. 3. 2　设 $\boldsymbol{Q}$ 是全稳定双边生灭矩阵,形如(5. 2. 9),则

(Ⅰ) 不中断双边生灭 $\boldsymbol{Q}$ 过程一定存在;

(Ⅱ) 不中断双边生灭 $\boldsymbol{Q}$ 过程唯一的充要条件是最小过程 $\boldsymbol{\varphi}(\lambda)$ 不中断,即 r_1 和 r_2 均为流入或自然.

证明　若 r_1 和 r_2 均为流入或自然,则 $\boldsymbol{\varphi}(\lambda)$ 不中断,故存在唯一的不中断 $\boldsymbol{Q}$ 过程;若至少存在 $\boldsymbol{r}_a$ 正则或流出,由定理 7. 3. 1(Ⅱ) 的必要性部分的证明知,存在无穷多个不中断 $\boldsymbol{Q}$ 过程. 由此可知(Ⅰ)、(Ⅱ) 成立. 证毕.

类似于第六章 §4,我们可以对全稳定双边生灭过程进行分类. 由于一切双边生灭过程均为 B 型,因此

可分成以下两类:

$$\mathrm{B} \cap \mathrm{F}\text{ 型}, \qquad \mathrm{B} \cap \overline{\mathrm{F}}\text{ 型}$$

并且在以下讨论中略去 B 型不写,即 F 型代表 B ∩ F 型,$\overline{\mathrm{F}}$ 代表 B ∩ $\overline{\mathrm{F}}$ 型.

定理 7.3.3 设 $\boldsymbol{Q}$ 是全稳定双边生灭矩阵,形如(5.2.9),则

(Ⅰ)F 型双边生灭 $\boldsymbol{Q}$ 过程一定存在,唯一的充要条件是下列之一成立:

(ⅰ)最小过程 $\boldsymbol{\varphi}(\lambda)$ 不中断,即 r_1 和 r_2 均为流入或自然.

(ⅱ)$\boldsymbol{\varphi}(\lambda)$ 中断且边界点 r_1 和 r_2 均为流出或自然,即 r_1 和 r_2 均为流出,或 r_1 流出 r_2 自然,或 r_1 自然 r_2 流出.

(Ⅱ)不中断 F 型双边生灭 $\boldsymbol{Q}$ 过程存在的充要条件是下列之一成立:

(ⅰ)最小过程 $\boldsymbol{\varphi}(\lambda)$ 不中断.

(ⅱ)$\boldsymbol{\varphi}(\lambda)$ 中断且至少有一个边界点为正则或流入.

(Ⅲ)不中断 F 型双边生灭 $\boldsymbol{Q}$ 过程唯一的充要条件是下列之一成立:

(ⅰ)$\boldsymbol{\varphi}(\lambda)$ 不中断.

(ⅱ)$\boldsymbol{\varphi}(\lambda)$ 中断且正好只有一个边界点为正则或流入.

证明 (Ⅰ)存在性由定理 7.2.3 得. 以下证明唯一性准则. 先证必要性. 若 F 型 $\boldsymbol{Q}$ 过程唯一,且 $\boldsymbol{\varphi}(\lambda)$ 中断,证明 r_1 和 r_2 均为流出或自然. 由于 $\boldsymbol{\varphi}(\lambda)$ 中断,r_1 和 r_2 至少有一个为正则或流出,不妨设 r_2 为正则或流

出. 反设条件(ⅱ)不成立,则只有以下可能:r_2 正则而 r_1 任意,或 r_2 流出而 r_1 为正则或流入. 由引理7.3.3,不论哪种情况,均存在非零的行协调族 $\overline{\boldsymbol{\eta}}(\lambda)$,满足方程

$$\begin{cases}\boldsymbol{v}(\lambda \boldsymbol{I}-\boldsymbol{Q})=\boldsymbol{0}\\ \boldsymbol{0}\leqslant \boldsymbol{v}\ \text{可和}\end{cases} \tag{7.3.20}$$

由此可知,$\lim\limits_{\lambda\to\infty}\lambda\overline{\boldsymbol{\eta}}(\lambda)=\boldsymbol{0}$. 令

$$\boldsymbol{\psi}(\lambda)=\boldsymbol{\varphi}(\lambda)+(\boldsymbol{1}-\lambda\boldsymbol{\varphi}(\lambda)\boldsymbol{1})\frac{\overline{\boldsymbol{\eta}}(\lambda)}{\lambda\overline{\boldsymbol{\eta}}(\lambda)\boldsymbol{1}} \tag{7.3.21}$$

由引理6.1.8知,$\boldsymbol{\psi}(\lambda)$ 是不中断 $\boldsymbol{Q}$ 过程,显然 $\boldsymbol{\psi}(\lambda)$ 异于 $\boldsymbol{\varphi}(\lambda)$ 的F型过程,矛盾!从而(ⅱ)成立.

充分性:若(ⅰ)成立,则F型 $\boldsymbol{Q}$ 过程唯一. 若(ⅱ)成立,设 $\boldsymbol{\psi}(\lambda)$ 是任意F型 $\boldsymbol{Q}$ 过程. 任意固定 i,则 $\{\psi_{ij}(\lambda)-\varphi_{ij}(\lambda);j\in E\}$ 是方程(7.3.20)的解. 由引理7.1.12知,存在 $c_{1i}(\lambda)$ 和 $c_{2i}(\lambda)$ 使

$$\begin{aligned}\psi_{ij}(\lambda)-\varphi_{ij}(\lambda)=\ &c_{1i}(\lambda)u_{1j}(\lambda)\mu_j+\\ &c_{2i}(\lambda)u_{2i}(\lambda)\mu_j\end{aligned} \tag{7.3.22}$$

由(ⅱ),r_1 和 r_2 均流出或自然,从而 $u_1(\lambda)\mu$ 和 $u_2(\lambda)\mu$ 均不可和. 注意 $u_1(\lambda)$ 关于 j 单调下降,$u_2(\lambda)$ 关于 j 单调上升,且 $u_1(\lambda)$ 与 $u_2(\lambda)$ 线性独立. 因此,由(7.3.22)左边关于 j 可和可得 $c_{1i}(\lambda)=c_{2i}(\lambda)=0$. 由 i 的任意性,可知 $\boldsymbol{\psi}(\lambda)=\boldsymbol{\varphi}(\lambda)$,唯一性成立.

(Ⅱ)充分性:由(Ⅰ)的必要性部分的证明过程可得. 以下证明必要性部分. 设存在不中断F型 $\boldsymbol{Q}$ 过程 $\boldsymbol{\psi}(\lambda)$. 若(ⅰ)成立即可,若(ⅰ)不成立,即 $\boldsymbol{\varphi}(\lambda)$ 中断,那么 $\boldsymbol{\psi}(\lambda)$ 是异于 $\boldsymbol{\varphi}(\lambda)$ 的F型过程,从而F型过程不唯一,由(Ⅰ)可知(ⅱ)成立.

（Ⅲ）由（Ⅱ）可知，若条件成立则必存在不中断 F 型 $\boldsymbol{Q}$ 过程. 充分性：若（ⅰ）成立，则显然不中断 F 型 $\boldsymbol{Q}$ 过程唯一. 若（ⅱ）成立，设 $\boldsymbol{\psi}(\lambda)$ 是不中断 F 型 $\boldsymbol{Q}$ 过程，由（ⅱ），不妨设 r_1 正则或流入，r_2 流出或自然（r_1 流入时 r_2 不能为自然）. 因此 $u_1(\lambda)\boldsymbol{\mu}$ 可和而 $u_2(\lambda)\boldsymbol{\mu}$ 不可和. 对于 $\boldsymbol{\psi}(\lambda)$，(7.3.22) 同样成立. 由 (7.3.22) 左边可和，$u_1(\lambda)\boldsymbol{\mu}$ 可和而 $u_2(\lambda)\boldsymbol{\mu}$ 不可和，得 $c_{2i}(\lambda)=0$，从而

$$\psi_{ij}(\lambda)-\varphi_{ij}(\lambda)=c_{1i}(\lambda)u_{1j}(\lambda)\mu_j \qquad (7.3.23)$$

上式两边同乘以 λ，对 j 求和，注意 $\boldsymbol{\psi}(\lambda)$ 不中断可得

$$1-\lambda\sum_{j\in E}\varphi_{ij}(\lambda)=c_{1i}(\lambda)\lambda\sum_{j\in E}u_{1j}(\lambda)\mu_j$$

即

$$c_{1i}(\lambda)=\frac{1-\lambda\sum_{j\in E}\varphi_{ij}(\lambda)}{\lambda\sum_{j\in E}u_{1j}(\lambda)\mu_j}$$

代入 (7.3.23) 得

$$\psi_{ij}(\lambda)=\varphi_{ij}(\lambda)+\left(1-\lambda\sum_{j\in E}\varphi_{ij}(\lambda)\right)\frac{u_{1j}(\lambda)\mu_j}{\lambda\sum_{j\in E}u_{1j}(\lambda)\mu_j}$$

从而，$\boldsymbol{\psi}(\lambda)$ 唯一确定.

必要性：设存在唯一的不中断 F 型 $\boldsymbol{Q}$ 过程. 若（ⅰ）成立，则可；否则，$\boldsymbol{\varphi}(\lambda)$ 中断. 反设（ⅱ）不成立，由（Ⅱ）可知，r_1 和 r_2 均为正则或流入. 注意，r_1 和 r_2 不能同为流入（否则 $\varphi(\lambda)$ 不中断），从而 r_1 和 r_2 一个正则，另一个为正则或流入，不妨设 r_2 正则，r_1 正则或流入. 由引理 7.3.3 知，此时

$$\overline{\boldsymbol{\eta}}(\lambda) = p_1\boldsymbol{\varphi}_1(\lambda) + p_2\boldsymbol{X}^2(\lambda)\boldsymbol{\mu} \quad (7.3.24)$$

中,非负常数 p_1 和 p_2 均可任意取定. 按(7.3.21)定义不中断 F 型 $\boldsymbol{Q}$ 过程 $\boldsymbol{\psi}(\lambda)$. 注意 $\boldsymbol{\varphi}_1(\lambda)$ 与 $\boldsymbol{X}^2(\lambda)\boldsymbol{\mu}$ 线性独立,从而(7.3.24)中的 $\overline{\boldsymbol{\eta}}(\lambda)$ 有无穷多个(不计常数因子差异),从而 $\boldsymbol{\psi}(\lambda)$ 也有无穷多个. 矛盾!从而(ⅱ)成立. 证毕.

定理 7.3.4　设 $\boldsymbol{Q}$ 是全稳定双边生灭矩阵,形如(5.2.9),则

(Ⅰ) $\overline{\mathrm{F}}$ 型和不中断 $\overline{\mathrm{F}}$ 型双边生灭 $\boldsymbol{Q}$ 过程存在的充要条件均是最小过程 $\boldsymbol{\varphi}(\lambda)$ 中断.

(Ⅱ) 若 $\boldsymbol{\varphi}(\lambda)$ 中断,则 $\overline{\mathrm{F}}$ 型和不中断 $\overline{\mathrm{F}}$ 型双边生灭 $\boldsymbol{Q}$ 过程均有无穷多个.

证明　(Ⅰ)中条件的必要性显然. 我们只需证明(Ⅱ)即可,设 $\boldsymbol{\varphi}(\lambda)$ 中断,由于 $\boldsymbol{Q}$ 保守,从而

$$\lim_{\lambda\to\infty}\lambda(\mathbf{1} - \lambda\boldsymbol{\varphi}(\lambda)\mathbf{1}) = \mathbf{0} \quad (7.3.25)$$

取非负行向量 $\boldsymbol{\alpha}$,使 $\boldsymbol{\alpha\varphi}(\lambda)$ 可和,这种 $\boldsymbol{\alpha}$ 有无穷多个(不计常数因子的差异). 令

$$\boldsymbol{\psi}(\lambda) = \boldsymbol{\varphi}(\lambda) + (\mathbf{1} - \lambda\boldsymbol{\varphi}(\lambda)\mathbf{1})\frac{\boldsymbol{\alpha\varphi}(\lambda)}{c + \lambda\boldsymbol{\alpha\varphi}(\lambda)\mathbf{1}}, c \geqslant 0$$

由引理6.1.8,$\boldsymbol{\psi}(\lambda)$ 是 $\boldsymbol{Q}$ 过程,显然 $\boldsymbol{\alpha} \neq \mathbf{0}$ 时 $\boldsymbol{\psi}(\lambda)$ 是 $\overline{\mathrm{F}}$ 型过程. $\boldsymbol{\psi}(\lambda)$ 不中断的充要条件是 $c = \mathbf{0}$. 由于 $\boldsymbol{\alpha}$ 有无穷多个,这样就得到了无穷多个 $\overline{\mathrm{F}}$ 型和不中断 $\overline{\mathrm{F}}$ 型过程. 证毕.

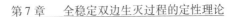

7.4 补充与注记

7.1 和 7.2 主要取材于杨向群[1],7.3 参考了侯振挺,郭青峰[1] 和杨向群[1].

第8章 含瞬时态单边生灭过程的定性理论

8.1 结果的陈述

设 $E=\mathbf{Z}_+=\{0,1,2,\cdots\}$，$\boldsymbol{Q}$ 是 E 上的单边生灭矩阵，即 $\boldsymbol{Q}$ 具有下列形状

$$\boldsymbol{Q}=\begin{bmatrix} -q_0 & q_{01} & & & \\ q_{10} & -q_1 & q_{12} & & \\ & q_{21} & -q_2 & q_{23} & \\ & & \ddots & \ddots & \ddots \end{bmatrix} \tag{8.1.1}$$

其中，$0<q_{ij}<+\infty$，$|i-j|=1$，$q_{ij}=0$，$|i-j|>1$，

$$\sum_{j\neq i} q_{ij}\leqslant q_i, i\in E \tag{8.1.2}$$

并且当 $i\neq 0$，$q_i<+\infty$ 时上式等号成立.

若 $\boldsymbol{Q}$ 含瞬时态，则按(5.2.1)式定义 $\boldsymbol{Q}$ 的稳定化 $\boldsymbol{Q}^{(s)}$. 然后按(5.1.2) ~ (5.1.4)定义 $\boldsymbol{Q}^{(s)}$ 的边界点，并按定义 5.1.1 进行分类.

本章主要是证明下列定理.

定理 8.1.1 设 $\boldsymbol{Q}$ 是含瞬时态的单边生灭矩阵，则：

（Ⅰ）存在生灭 $\boldsymbol{Q}$ 过程的充要条件是下列之一成立：

（ⅰ）$\boldsymbol{Q}$ 含无穷多个瞬时态.

（ⅱ）$\boldsymbol{Q}$ 仅含一个瞬时态且 $\boldsymbol{Q}^{(s)}$ 的边界点正则.

进一步，若存在生灭 $\boldsymbol{Q}$ 过程，则必存在无穷多个生灭 $\boldsymbol{Q}$ 过程.

（Ⅱ）存在不中断生灭 $\boldsymbol{Q}$ 过程的充要条件是下列之一成立：

（ⅰ）$\boldsymbol{Q}$ 含无穷多个瞬时态.

（ⅱ）$\boldsymbol{Q}$ 仅含一个瞬时态，$\boldsymbol{Q}^{(s)}$ 的边界正则，以及 $q_0 = +\infty$ 或者 $q_0 = q_{01}$.

进一步，若不中断生灭 $\boldsymbol{Q}$ 过程存在，则必有无穷多个.

8.2 定理的证明

设 E 是一可列集，$\boldsymbol{Q}$ 是 E 上全稳定 $\boldsymbol{Q}$ - 矩阵，$\boldsymbol{\psi}(\lambda)$ 是 $\boldsymbol{Q}$ 过程. 令 $\boldsymbol{\mu}_\lambda^+(1)$ 表示下列方程解的全体

$$\begin{cases}(\lambda \boldsymbol{I} - \boldsymbol{Q})\boldsymbol{u} = 0 \\ \boldsymbol{0} \leqslant \boldsymbol{u} \leqslant \boldsymbol{1}\end{cases} \quad (\lambda > 0) \qquad (8.2.1)$$

$\boldsymbol{L}_\lambda^+$ 表示下列方程解的全体

$$\begin{cases}\boldsymbol{v}(\lambda \boldsymbol{I} - \boldsymbol{Q}) = 0 \\ \boldsymbol{0} \leqslant \boldsymbol{v}\ \text{可和}\end{cases} \quad (\lambda > 0) \qquad (8.2.2)$$

而 $\boldsymbol{M}_{\boldsymbol{\psi}(\lambda)}$ 表示 $\boldsymbol{\psi}(\lambda)$ 的列协调族的全体，$\boldsymbol{L}_{\boldsymbol{\psi}(\lambda)}$ 表示 $\psi(\lambda)$ 的行协调族的全体.

引理8.2.1　设E是一可列集，$\boldsymbol{Q}$是E上含有限个瞬时态的 $\boldsymbol{Q}$ - 矩阵(存在 $\boldsymbol{Q}$ 过程). 记 $E_0 = \{i \in E, q_i < +\infty\}$，$\boldsymbol{Q}_{E_0} = (q_{ij}, i,j \in E_0)$ 是$\boldsymbol{Q}$在E_0上的限制. 若 $\boldsymbol{Q}_{E_0}$ 的非保守量 d 有界，即

$$\sup_{i \in E_0}\{d_i : d_i = q_i - \sum_{j \in E_0 - \{i\}} q_{ij}\} < +\infty \quad (8.2.3)$$

则方程

$$\begin{cases}(\lambda \boldsymbol{I} - \boldsymbol{Q}_{E_0})\boldsymbol{q} = 0 \\ \boldsymbol{0} \leqslant \boldsymbol{q} \leqslant \boldsymbol{1}\end{cases} \quad (\lambda > 0) \quad (8.2.4)$$

的线性独立解的个数不少于 $\boldsymbol{Q}$ 的瞬时态个数.

证明　不妨设 $\boldsymbol{Q}$ 的瞬时态个数为 n，且$\{i:q_i = +\infty\} = \{1,2,\cdots,n\}$，故$E = \{1,\cdots,n\} \cup E_0$. 反设方程(8.2.4)的线性独立解的个数$m < n$，以下来导出矛盾.

注意 $\boldsymbol{Q}_{E_0}$ 是全稳定 $\boldsymbol{Q}$ - 矩阵，用 $\varphi(\lambda)$ 表示最小 $\boldsymbol{Q}_{E_0}$ 过程，回忆$\boldsymbol{\mu}_\lambda^+(1)$，$\boldsymbol{L}_\lambda^+$，$\boldsymbol{M}_{\varphi(\lambda)}$，$\boldsymbol{L}_{\varphi(\lambda)}$ 的定义.

由于方程(8.2.4)的线性独立解的个数为 m，可以证明，存在$\{\boldsymbol{X}^{b_i}(\lambda), i = 1,\cdots,m\} \subset \boldsymbol{\mu}_\lambda^+(1) \cap \boldsymbol{M}_{\varphi(\lambda)}$，使得 $\boldsymbol{u}_\lambda^+$ 中的元是 $\boldsymbol{X}_i^b(\lambda)(i = 1,\cdots,m)$ 的线性组合. 记$\boldsymbol{B} = \{B_1,\cdots,B_m\}$，$H$ 为 $\boldsymbol{Q}_{E_0}$ 的非保守状态集，即 $H = \{i:d_i \neq 0\}$.

设 $\boldsymbol{R}(\lambda)$ 是一个 $\boldsymbol{Q}$ 过程，对 $\boldsymbol{R}(\lambda)$ 关于瞬时态集$\{1,\cdots,n\}$ 使用 n 维分解定理得

$$\boldsymbol{R}(\lambda) = \begin{pmatrix}\boldsymbol{0} & \boldsymbol{0} \\ \boldsymbol{0} & \boldsymbol{\Psi}(\lambda)\end{pmatrix} + \begin{pmatrix}\boldsymbol{A}(\lambda) & \boldsymbol{A}(\lambda)\boldsymbol{\eta}(\lambda) \\ \boldsymbol{\xi}(\lambda)\boldsymbol{A}(\lambda) & \boldsymbol{\xi}(\lambda)\boldsymbol{A}(\lambda)\boldsymbol{\eta}(\lambda)\end{pmatrix} \quad (8.2.5)$$

其中 $\boldsymbol{\psi}(\lambda)$ 是 $\boldsymbol{Q}_{E_0}$ 过程,

$$\boldsymbol{\eta}(\lambda) = \begin{bmatrix} \boldsymbol{\eta}^{(1)}(\lambda) \\ \vdots \\ \boldsymbol{\eta}^{(n)}(\lambda) \end{bmatrix}$$

$$\boldsymbol{\xi}(\lambda) = (\boldsymbol{\xi}^{(1)}(\lambda), \cdots, \boldsymbol{\xi}^{(n)}(\lambda))$$

$$\boldsymbol{\eta}^{(k)}(\lambda) \in \boldsymbol{L}_{\boldsymbol{\psi}(\lambda)}$$

$$\boldsymbol{\xi}^{(k)}(\lambda) \in \boldsymbol{M}_{\boldsymbol{\psi}(\lambda)}, k = 1, \cdots, n$$

$$\lim_{\lambda\to\infty} \lambda \boldsymbol{\eta}^{(k)}(\lambda) = \boldsymbol{e}^{(k)}, \quad \lim_{\lambda\to\infty} \lambda\, \boldsymbol{\xi}^{(k)}(\lambda) = \boldsymbol{f}^{(k)} \tag{8.2.6}$$

这里 $\boldsymbol{e}^{(k)} = (q_{kj}, j \in E_0)$,$\boldsymbol{f}^{(k)} = (q_{jk}, j \in E_0)^{\mathrm{T}}$ 是 E_0 上行向量和列向量.

$$\sum_{k=1}^{n} \boldsymbol{\xi}^{(k)}(\lambda) \leqslant \boldsymbol{1} - \lambda \boldsymbol{\psi}(\lambda)\boldsymbol{1} \tag{8.2.7}$$

若记 $\boldsymbol{\xi}^{(k)} = \lim\limits_{\lambda\downarrow 0} \boldsymbol{\xi}^{(k)}(\lambda)$,则还满足

$$\lim_{\lambda\to\infty} \lambda \boldsymbol{\xi}^{(k)}(\lambda)(\boldsymbol{1} - \boldsymbol{\xi}^{(k)}) < +\infty, k = 1, \cdots, n \tag{8.2.8}$$

$$\lim_{\lambda\to\infty} \lambda \boldsymbol{\eta}^{(k)}(\lambda)\boldsymbol{\xi}^{(k)} = +\infty, k = 1, \cdots, n \tag{8.2.9}$$

由(8.2.7)、(8.2.8)可得

$$\lim_{\lambda\to\infty} \lambda \boldsymbol{\eta}^{(k)}(\lambda)\boldsymbol{\xi}^{(l)} < +\infty, k \neq l \tag{8.2.10}$$

由杨向群[1]中的定理6.18.1,定理6.16.3 知 $\boldsymbol{\psi}(\lambda)$ 有下列表现

$$\boldsymbol{\psi}(\lambda) = \boldsymbol{\varphi}(\lambda) + \sum_{a\in H\cup B} \boldsymbol{X}^a(\lambda)\boldsymbol{F}^a(\lambda) \tag{8.2.11}$$

其中 $\boldsymbol{X}^a(\lambda) = \boldsymbol{\varphi}_a(\lambda)\boldsymbol{d}_a \in \boldsymbol{M}_{\varphi(\lambda)}(a \in H)$;$\boldsymbol{F}^a(\lambda) \in \boldsymbol{L}_{\boldsymbol{\psi}(\lambda)}$,$\lambda \boldsymbol{F}^a(\lambda)\boldsymbol{1} \leqslant \boldsymbol{1}$,$a \in H \cup B$.

以下证明:$\forall 1 \leqslant k \leqslant n$,均存在非负有界列向量 $\boldsymbol{u}^{(k)}$ 及实数 $t_b^{(k)}(b \in B)$ 使得

$$\boldsymbol{\xi}^{(k)} = \boldsymbol{\varphi}\boldsymbol{u}^{(k)} + \sum_{b\in B} t_b^{(k)}\boldsymbol{X}^b, \sum_{b\in B} t_b^{(k)}\boldsymbol{X}^b \geqslant \boldsymbol{0} \tag{8.2.12}$$

此处 $\boldsymbol{\varphi} = \lim\limits_{\lambda\downarrow 0}\boldsymbol{\varphi}(\lambda), \boldsymbol{X}^b = \lim\limits_{\lambda\downarrow 0}\boldsymbol{X}^b(\lambda)$.

事实上,由(8.2.11) 得

$$\boldsymbol{I} + (\mu-\lambda)\boldsymbol{\psi}(\lambda) = \boldsymbol{I} + (\mu-\lambda)\boldsymbol{\varphi}(\lambda) + (\mu-\lambda)\sum_{a\in \boldsymbol{H}\cup\boldsymbol{B}} \boldsymbol{X}^a(\lambda)\boldsymbol{F}^a(\lambda), \lambda,\mu>0 \tag{8.2.13}$$

注意 $\boldsymbol{\xi}^{(k)}(\lambda) \in \boldsymbol{M}_{\boldsymbol{\psi}(\lambda)}$,由上式得

$$\begin{aligned}\boldsymbol{\xi}^{(k)}(\lambda) &= (\boldsymbol{I} + (\mu-\lambda)\boldsymbol{\psi}(\lambda))\boldsymbol{\xi}^{(k)}(\mu)\\ &= (\boldsymbol{I} + (\mu-\lambda)\boldsymbol{\varphi}(\lambda))\boldsymbol{\xi}^{(k)}(\mu) + \\ &\quad(\mu-\lambda)\sum_{a\in H\cup B}\boldsymbol{X}^a(\lambda)\boldsymbol{F}^a(\lambda)\boldsymbol{\xi}^{(k)}\mu\\ &= (\boldsymbol{I} + (\mu-\lambda)\boldsymbol{\varphi}(\lambda))\boldsymbol{\xi}^{(k)}\mu + \\ &\quad\sum_{a\in H\cup B}\boldsymbol{X}^a(\lambda)(\mu\boldsymbol{F}^a(\mu)\boldsymbol{\xi}^{(k)} - \lambda\boldsymbol{F}^a(\lambda)\boldsymbol{\xi}^{(k)})\end{aligned} \tag{8.2.14}$$

最后等号成立,利用了 $(\mu-\lambda)\boldsymbol{F}^a(\lambda)\boldsymbol{\xi}^{(k)}(\mu) = \mu\boldsymbol{F}^a(\mu)\boldsymbol{\xi}^{(k)} - \lambda\boldsymbol{F}^a(\lambda)\boldsymbol{\xi}^{(k)}$. 由(8.2.14) 得

$$\begin{aligned}&\boldsymbol{\xi}^{(k)}(\lambda) + \sum_{a\in H\cup B}\boldsymbol{X}^a(\lambda)\lambda\boldsymbol{F}^a(\lambda)\boldsymbol{\xi}^{(k)}\\ &= (\boldsymbol{I} + (\mu-\lambda)\boldsymbol{\varphi}(\lambda))(\boldsymbol{\xi}^{(k)}(\mu) + \\ &\quad\sum_{a\in H\cup B}\boldsymbol{X}^a(\mu)\mu\boldsymbol{F}^a(\mu)\boldsymbol{\xi}^{(k)}), \lambda,\mu>0\end{aligned}$$

由上式注意(8.2.7),(8.2.11) 得

$$\boldsymbol{T}^{(k)}\lambda \equiv \boldsymbol{\xi}^{(k)}(\lambda) + \sum_{a\in H\cup B}\boldsymbol{X}^a(\lambda)\lambda\boldsymbol{F}^a(\lambda)\boldsymbol{\xi}^{(k)} \in \boldsymbol{M}_{\varphi(\lambda)}$$

因此,存在非负列向量 $\boldsymbol{u}^{(k)}$,使得

$$\boldsymbol{0} \leqslant \boldsymbol{T}^{(k)}(\lambda) - \boldsymbol{\varphi}(\lambda)\boldsymbol{u}^{(k)} \in \boldsymbol{M}_{\varphi(\lambda)} \cap \boldsymbol{\mu}_\lambda^+(1)$$

$$\lambda\boldsymbol{T}^{(k)}(\lambda) \to \boldsymbol{u}^{(k)} \quad (\lambda\uparrow+\infty)$$

从而,存在实数 $t_b^{(k)}(b \in B)$ 使得

$$\boldsymbol{T}^{(k)}(\lambda) = \boldsymbol{\varphi}(\lambda)\boldsymbol{u}^{(k)} + \sum_{b \in B} t_b^{(k)} \boldsymbol{X}^b(\lambda) \quad (8.2.15)$$

注意 $\boldsymbol{\xi}^{(k)}(\lambda) \in \boldsymbol{M}_{\boldsymbol{\psi}(\lambda)}$,得

$$\lim_{\lambda \downarrow 0} \lambda \boldsymbol{\psi}(\lambda) \boldsymbol{\xi}^{(k)} = 0$$

由(8.2.11),$\boldsymbol{\psi}(\lambda) \geqslant \sum_{a \in H \cup B} \boldsymbol{X}^a(\lambda) \boldsymbol{F}^a(\lambda)$,故

$$\lim_{\lambda \downarrow 0} \sum_{a \in H \cup B} \boldsymbol{X}^a(\lambda) \lambda \boldsymbol{F}^a(\lambda) \boldsymbol{\xi}^{(k)} = 0$$

由(8.2.15)及 $\boldsymbol{T}^{(k)}(\lambda)$ 的定义得

$$\begin{aligned} \boldsymbol{\xi}^{(k)} &= \lim_{\lambda \downarrow 0} \boldsymbol{T}^{(k)}(\lambda) \\ &= \varphi \boldsymbol{u}^{(k)} + \sum_{b \in B} t_b^{(k)} \boldsymbol{X}^b \end{aligned} \quad (8.2.16)$$

因为

$$\lambda \boldsymbol{F}^a(\lambda) \boldsymbol{\xi}^{(k)} \leqslant \lambda \boldsymbol{F}^a(\lambda) \mathbf{1} \leqslant \mathbf{1}$$

$$\lim_{\lambda \to \infty} \sum_{a \in H} \lambda \boldsymbol{X}^a(\lambda) = \boldsymbol{d}, \quad \lim_{\lambda \to \infty} \sum_{a \in B} \lambda \boldsymbol{X}^a(\lambda) = \mathbf{0}$$

由 $\boldsymbol{T}^{(k)}(\lambda)$ 的定义得

$$\boldsymbol{u}^{(k)} \leqslant \boldsymbol{f}^{(k)} + \boldsymbol{d} \leqslant 2\boldsymbol{d} \quad (8.2.17)$$

从而 $u^{(k)}$ 非负有界,故(8.2.12)成立.

以下证明:$\forall 1 \leqslant k \leqslant n$,

$$\lim_{\lambda \to \infty} \lambda \boldsymbol{\eta}^{(k)}(\lambda) \boldsymbol{\varphi d} < +\infty \quad (8.2.18)$$

事实上,注意 $\boldsymbol{\eta}^{(k)}(\lambda) \in \boldsymbol{L}_{\boldsymbol{\psi}(\lambda)}$,$\boldsymbol{d}$ 有界,固定 $\mu > 0$,让 $\lambda > \mu$,则

$$(\lambda - \mu) \boldsymbol{\eta}^{(k)}(\lambda) \boldsymbol{\psi}(\mu) = \boldsymbol{\eta}^{(k)}(\mu) - \boldsymbol{\eta}^{(k)}(\lambda)$$

注意 $\boldsymbol{\varphi d} \leqslant 1$,从而

$$(\lambda - \mu) \boldsymbol{\eta}^{(k)}(\lambda) \boldsymbol{\varphi}(\mu) \boldsymbol{\varphi d} \leqslant \boldsymbol{\eta}^{(k)}(\mu) \boldsymbol{\varphi d} - \boldsymbol{\eta}^{(k)}(\lambda) \boldsymbol{\varphi d}$$

故

$$(\lambda-\mu)\boldsymbol{\eta}^{(k)}(\lambda)\frac{\boldsymbol{\varphi d}-\boldsymbol{\varphi}(\mu)\boldsymbol{d}}{\mu}\leqslant\boldsymbol{\eta}^{(k)}(\mu)\boldsymbol{\varphi d}-\boldsymbol{\eta}^{(k)}(\lambda)\boldsymbol{\varphi d}$$

因此

$$\begin{aligned}&(\lambda-\mu)\boldsymbol{\eta}^{(k)}(\lambda)\boldsymbol{\varphi d}\\ \leqslant&\mu\boldsymbol{\eta}^{(k)}(\mu)\boldsymbol{\varphi d}-\mu\boldsymbol{\eta}^{(k)}(\lambda)\boldsymbol{\varphi d}+\\ &(\lambda-\mu)\boldsymbol{\eta}^{(k)}(\lambda)\boldsymbol{\psi}(\mu)\boldsymbol{d}\\ =&\mu\boldsymbol{\eta}^{(k)}(\mu)\boldsymbol{\varphi d}-\mu\boldsymbol{\eta}^{(k)}(\lambda)\boldsymbol{\varphi d}+\\ &(\boldsymbol{\eta}^{(k)}(\mu)-\boldsymbol{\eta}^{(k)}(\lambda))\boldsymbol{d}\end{aligned}$$

在上式中令 $\lambda\to\infty$ 得

$$\lim_{\lambda\to\infty}\lambda\boldsymbol{\eta}^{(k)}(\lambda)\boldsymbol{\varphi d}\leqslant\mu\boldsymbol{\eta}^{(k)}(\mu)\boldsymbol{\varphi d}+\boldsymbol{\eta}^{(k)}(\mu)\boldsymbol{d}<+\infty$$

因此,(8.2.18) 成立.

由(8.2.17) 和(8.2.18) 得

$$\lim_{\lambda\to\infty}\lambda\boldsymbol{\eta}^{(k)}(\lambda)\boldsymbol{\varphi u}^{(k)}<+\infty\ (k=1,\cdots,n)\tag{8.2.19}$$

最后,由(8.2.9),(8.2.10),(8.2.12) 以及(8.2.19) 得

$$\lim_{\lambda\to\infty}\lambda\boldsymbol{\eta}^{(k)}(\lambda)\sum_{b\in B}t_b^{(k)}\boldsymbol{X}^b=+\infty,1\leqslant k\leqslant n\tag{8.2.20}$$

$$\lim_{\lambda\to\infty}\lambda\boldsymbol{\eta}^{(k)}(\lambda)\sum_{b\in B}t_b^{(l)}\boldsymbol{X}^b=+\infty,k\neq l\tag{8.2.21}$$

由(8.2.20)、(8.2.21) 两式可得,$M=\{\sum\limits_{b\in B}t_b^{(k)}\boldsymbol{X}^b;k=1,\cdots,n\}$是 n 个线性独立的列向量.

注意 $B=\{b_1,\cdots,b_m\}$,$m<n$. 令 $L=\{\sum\limits_{b\in B}t_b\boldsymbol{X}^b;t_b\in R_1\}$,则 L 是至多不超过 m 维的线性空间. 但 $L\supset M$,即包含了 n 个线性独立的元素,矛盾!

从而反设不真,故引理成立.

定理 8.2.1 设 $\boldsymbol{Q}$ 是含瞬时态的单边生灭矩阵，存在生灭 $\boldsymbol{Q}$ 过程. 则 $\boldsymbol{Q}$ 必定含无穷多个瞬时态或者仅含一个瞬时态.

证明 只需证明若 $\boldsymbol{Q}$ 含有限个瞬时态，则瞬时态的个数正好为一个. 设 $i_1,\cdots,i_m$ 为 $\boldsymbol{Q}$ 的所有瞬时态，$i_1<\cdots<i_m$. 来证明 $m=1$. 记 $i_m=n$, $E_0=\{i:q_i<+\infty\}$, $E^{(n)}=\{n+1,n+2,\cdots\}$,

$$\boldsymbol{Q}_{E_0}=(q_{ij};i,j\in E_0),\quad \boldsymbol{Q}_{E^{(n)}}=(q_{ij};i,j\in E^{(n)})$$

注意 $\boldsymbol{Q}$ 是单边生灭矩阵，而 $\boldsymbol{Q}_{E_0}$ 和 $\boldsymbol{Q}_{E^{(n)}}$ 分别是 $\boldsymbol{Q}$ 在 E_0 和 $E^{(n)}$ 上的限制，因此下列两个方程组的线性独立解的个数相同，

$$\begin{cases}(\lambda\boldsymbol{I}-\boldsymbol{Q}_{E_0})\boldsymbol{u}=0\\ \boldsymbol{0}\leqslant\boldsymbol{u}\end{cases}\tag{8.2.22}$$

$$\begin{cases}(\lambda\boldsymbol{I}-\boldsymbol{Q}_{E^{(n)}})\boldsymbol{u}=0\\ \boldsymbol{0}\leqslant\boldsymbol{u}\end{cases}\tag{8.2.22$'$}$$

由定理 6.2.1，方程(8.2.22)′只有一个线性独立解，从而方程(8.2.22)也只有一个线性独立解. 这样，方程(8.2.4)至多有一个线性独立解. 又 $\boldsymbol{Q}_{E_0}$ 的非保守量 d 显然有界，由引理 8.2.1，$\boldsymbol{Q}$ 的瞬时态个数不能超过 1. 从而 $m=1$. 证毕.

定理 8.2.2 设 $\boldsymbol{Q}$ 是含无穷多个瞬时态的单边生灭矩阵，则不仅存在生灭 $\boldsymbol{Q}$ 过程，而且还存在无穷多个不中断生灭 $\boldsymbol{Q}$ 过程.

证明 设 $\boldsymbol{Q}$ 是含无穷多个瞬时态的单边生灭矩阵，令 $E^b=\{b\}\cup E$，定义矩阵 $\boldsymbol{Q}^b=(q_{ij}^b;i,j\in E^b)$ 如下

$$q_{ij}^b = \begin{cases} q_{ij}, & i,j \in E \\ -\infty, & i = j = b \\ 1, & i = b; j = 2k+1 \quad (k = 0,1,2,\cdots) \\ 0, \text{其他 } i,j \end{cases}$$

(8.2.23)

显然，$\boldsymbol{Q}^b$ 满足以下二条：

$$\sum_{k \in E^b - \{i,j\}} \min\{q_{ik}^b, q_{jk}^b\} < +\infty, \quad \forall i \neq j$$

$$\sum_{j \in S - \{i\}} q_{ij}^b < +\infty, \forall i \in E^b, S = \{2k; k = 0,1,2\cdots\}$$

由侯振挺等[1]定理6.2.1或者定理8.1.3知，存在 $\boldsymbol{Q}^b$ 过程 $\boldsymbol{R}(\lambda)$. 对 $\boldsymbol{R}(\lambda)$ 禁止瞬时态 b，使用一维分解定理，有

$$\boldsymbol{R}(\lambda) = \begin{pmatrix} \boldsymbol{0} & \boldsymbol{0} \\ \boldsymbol{0} & \boldsymbol{\psi}(\lambda) \end{pmatrix} + \frac{1}{c + \lambda + \lambda \boldsymbol{\eta}(\lambda) \boldsymbol{\xi}} \begin{pmatrix} \boldsymbol{1} \\ \boldsymbol{\xi}(\lambda) \end{pmatrix} (\boldsymbol{1} \quad \boldsymbol{\eta}(\lambda)) \quad (8.2.24)$$

其中，$\boldsymbol{\psi}(\lambda)$ 是 E 上的生灭 $\boldsymbol{Q}$ 过程，$\boldsymbol{\eta}(\lambda)$，$\boldsymbol{\xi}(\lambda)$ 分别为 $\boldsymbol{\psi}(\lambda)$ 的行列协调族，常数 c 满足

$$\lim_{\lambda \to \infty} \lambda \boldsymbol{\eta}(\lambda)(\boldsymbol{1} - \boldsymbol{\xi}) \leqslant \boldsymbol{c} < +\infty, \boldsymbol{\xi} = \lim_{\lambda \downarrow 0} \boldsymbol{\xi}(\lambda)$$

记 $\boldsymbol{e}^b = (\boldsymbol{e}_i, i \in E)$. 其中

$$\boldsymbol{e}_i = \begin{cases} 1, i = 2k+1 \\ 0, i = 2k \end{cases} \quad (k \geqslant 0)$$

由一维分解定理，有

$$\lim_{\lambda \to \infty} \lambda \boldsymbol{\eta}(\lambda) = \boldsymbol{e}^b, \quad \boldsymbol{\eta}(\lambda) \geqslant \boldsymbol{e}^b \boldsymbol{\psi}(\lambda)$$

由 $\boldsymbol{\eta}(\lambda)$ 可和得 $\boldsymbol{e}^b \boldsymbol{\psi}(\lambda)$ 可和，从而

$$\inf_{i \in E} \sum_{j \in E} \psi_{ij}(\lambda) = 0 \qquad (8.2.25)$$

由上式和推论 6.1.3 知,存在无穷多个不中断生灭 $\boldsymbol{Q}$ 过程. 证毕.

引理 8.2.2 设 $\boldsymbol{Q}$ 是形如(8.1.1)的含一个瞬时态的单边生灭矩阵,状态 n 为瞬时态,即 $q_n = +\infty$. 令 $E_n = \{n+1, n+2, \cdots\}$, $\boldsymbol{Q}_{E_n} = (q_{ij}; i, j \in E_n)$ 是 $\boldsymbol{Q}$ 在 E_n 上的限制. $\boldsymbol{Q}^{(s)}$ 是按(5.2.1)定义的 $\boldsymbol{Q}$ 的稳定化. 则 $\boldsymbol{Q}^{(s)}$ 与 $\boldsymbol{Q}_{E_n}$ 边界点的类型相同.

证明 注意 $\boldsymbol{Q}^{(s)}$ 与 $\boldsymbol{Q}_{E_n}$ 均为全稳定单边生灭矩阵,且 $\boldsymbol{Q}_{E_n}$ 也是 $\boldsymbol{Q}^{(s)}$ 在 E_n 上的限制可知结论成立. 证毕.

定理 8.2.3 设 $\boldsymbol{Q}$ 是形如(8.1.1)的含一个瞬时态的单边生灭矩阵,状态 0 为瞬时态,则存在生灭 $\boldsymbol{Q}$ 过程的充要条件是 $\boldsymbol{Q}^{(s)}$ 的边界点正则;进一步,当条件满足时存在无穷多个生灭 $\boldsymbol{Q}$ 过程和无穷多个不中断生灭 $\boldsymbol{Q}$ 过程.

证明 由引理 8.2.2 知,为证明第一个结果只需证明:存在生灭 $\boldsymbol{Q}$ 过程的充要条件是 $\boldsymbol{Q}_{E_0}$ 的边界正则. 此处,$E_0 = \{1, 2, \cdots\}$, $\boldsymbol{Q}_{E_0}$ 是 $\boldsymbol{Q}$ 在 E_0 上的限制.

必要性:设 $\boldsymbol{Q}$ 是 $\boldsymbol{Q}$ - 矩阵,$Q_0 = +\infty$, $\boldsymbol{R}(\lambda)$ 是一个 $\boldsymbol{Q}$ 过程,对 $\boldsymbol{R}(\lambda)$ 关于瞬时态 0 使用分解定理得

$$\boldsymbol{R}(\lambda) = \begin{pmatrix} 0 & \boldsymbol{0} \\ 0 & \boldsymbol{\psi}(\lambda) \end{pmatrix} + r_{00}(\lambda) \begin{pmatrix} 1 \\ \boldsymbol{\xi}(\lambda) \end{pmatrix} (1 \quad \boldsymbol{\eta}(\lambda)) \tag{8.2.26}$$

其中 $\boldsymbol{\psi}(\lambda)$ 是 $\boldsymbol{Q}_{E_0}$ 过程, $\boldsymbol{\eta}(\lambda) \in \boldsymbol{L}_{\psi(\lambda)}$, $\boldsymbol{\xi}(\lambda) \in \boldsymbol{M}_{\psi(\lambda)}$.

$$\lim_{\lambda \to \infty} \lambda \boldsymbol{\eta}(\lambda) = (q_{01}, 0, 0 \cdots) \equiv \boldsymbol{e}$$

$$\lim_{\lambda \to \infty} \lambda \boldsymbol{\xi}(\lambda) = (q_{10}, 0, 0 \cdots)^{\mathrm{T}} \equiv f$$

$$\lim_{\lambda \to \infty} \lambda \boldsymbol{\eta}(\lambda) \boldsymbol{1} = +\infty, \lim_{\lambda \to \infty} \boldsymbol{\eta}(\lambda) \boldsymbol{1} = 0$$

由行、列协调族的表现得

$$\left.\begin{aligned}&\boldsymbol{\eta}(\lambda) = \boldsymbol{e}\boldsymbol{\psi}(\lambda) + \overline{\boldsymbol{\eta}}(\lambda), \overline{\boldsymbol{\eta}}(\lambda) \in \boldsymbol{L}_{\lambda}^{+} \cap \boldsymbol{L}_{\boldsymbol{\psi}(\lambda)}\\&\boldsymbol{\xi}(\lambda) = \boldsymbol{\psi}(\lambda)\nu + \overline{\boldsymbol{\xi}}(\lambda), \overline{\boldsymbol{\xi}}(\lambda) \in \boldsymbol{\mu}_{\lambda}^{+} \cap \boldsymbol{M}_{\boldsymbol{\psi}(\lambda)}\end{aligned}\right\} \quad (8.2.27)$$

(此处 $\boldsymbol{L}_{\lambda}^{+}$ 相对于 $\boldsymbol{Q}_{E_0}$ 定义)，而且

$$\lim_{\lambda \to \infty} \lambda \overline{\boldsymbol{\eta}}(\lambda)\boldsymbol{1} = +\infty \quad (8.2.28)$$

注意 $\boldsymbol{Q}$ 的稳定态全保守，利用分解式(8.2.26)，易证明 $\boldsymbol{\psi}(\lambda)$ 是 B 型 $\boldsymbol{Q}_{E_0}$ 过程，在等式

$$\boldsymbol{\eta}(\lambda)\boldsymbol{1} - \boldsymbol{\eta}(\mu)\boldsymbol{1} = (\mu - \lambda)\boldsymbol{\eta}(\mu)\boldsymbol{\psi}(\lambda)\boldsymbol{1}$$

中固定 $\lambda > 0$，令 $\mu \to +\infty$ 得

$$\lim_{\mu \to \infty} \mu \boldsymbol{\eta}(\mu)\boldsymbol{\psi}(\lambda)\boldsymbol{1} = \boldsymbol{\eta}(\lambda)\boldsymbol{1} < +\infty \quad (8.2.29)$$

注意 $\lim\limits_{\mu \to \infty} \mu \boldsymbol{\eta}(\mu)\boldsymbol{1} = +\infty$，如果 $\inf\limits_{i \in E_0} \sum\limits_{j \in E_0} \psi_{ij}(\lambda) > 0$，则(8.2.29)式中左边等于 $+\infty$，与(8.2.29)矛盾，从而

$$\inf_{i \in E_0} \sum_{j \in E_0} \psi_{ij}(\lambda) = 0 \quad (8.2.30)$$

以下证明

$$\boldsymbol{\psi}(\lambda) = \boldsymbol{\varphi}(\lambda) \quad (8.2.31)$$

反设(8.2.31)不成立，由于 $\boldsymbol{\psi}(\lambda)$，$\boldsymbol{\varphi}(\lambda)$ 是 B 型过程，故 $\boldsymbol{U}(\lambda) = \lambda(\boldsymbol{\psi}(\lambda)\boldsymbol{1} - \boldsymbol{\varphi}(\lambda)\boldsymbol{1})$ 是方程

$$\begin{cases}(\lambda \boldsymbol{I} - \boldsymbol{Q}_{E_0})\boldsymbol{U} = 0\\ \boldsymbol{0} \leqslant \boldsymbol{U} \leqslant \boldsymbol{1}\end{cases} \quad (\lambda > 0) \quad (8.2.32)$$

的非零解，但由定理 6.2.1，(8.2.32)的非零解 $\boldsymbol{u} = (u_1, u_2, \cdots)$ 的分量 u_i 关于 i 单调上升. 从而

$$\lambda \sum_j \psi_{ij}(\lambda) \geqslant \lambda\Big(\sum_j \psi_{ij}(\lambda) - \sum_j \varphi_{ij}(\lambda)\Big)$$

关于 i 单调上升，且不为零，这与(8.2.30)矛盾，故(8.2.31)成立. 从而

$$\boldsymbol{\eta}(\lambda),\overline{\boldsymbol{\eta}}(\lambda)\in \boldsymbol{L}_{\varphi(\lambda)},\quad \boldsymbol{\xi}(\lambda),\overline{\boldsymbol{\xi}}(\lambda)\in \boldsymbol{M}_{\varphi(\lambda)}$$

由分解定理，$\lim\limits_{\lambda\to\infty}\lambda\boldsymbol{\eta}(\lambda)(\mathbf{1}-\boldsymbol{\xi})<+\infty$，但$\lim\limits_{\lambda\to\infty}\lambda\boldsymbol{\eta}(\lambda)\mathbf{1}=+\infty$，从而

$$\lim_{\lambda\to\infty}\lambda\boldsymbol{\eta}(\lambda)\boldsymbol{\xi}=+\infty$$

即

$$\lim_{\lambda\to\infty}\lambda\boldsymbol{\eta}(\lambda)(\boldsymbol{\varphi f}+\overline{\boldsymbol{\xi}})=+\infty \qquad (8.2.33)$$

此处$\boldsymbol{\xi}=\lim\limits_{\lambda\downarrow 0}\boldsymbol{\xi}(\lambda)$，$\boldsymbol{\varphi f}=\lim\limits_{\lambda\downarrow 0}(\boldsymbol{\varphi}(\lambda)\boldsymbol{f}$，$\overline{\boldsymbol{\xi}}=\lim\limits_{\lambda\downarrow 0}\overline{\boldsymbol{\xi}}(\lambda)$.

仿引理 8.2.1 中(8.2.18)式的证明，易证得

$$\lim_{\lambda\to\infty}\lambda\boldsymbol{\eta}(\lambda)\boldsymbol{\varphi f}<+\infty \qquad (8.2.34)$$

由(8.2.33)、(8.2.34)得

$$\lim_{\lambda\to\infty}\lambda\boldsymbol{\eta}(\lambda)\overline{\boldsymbol{\xi}}=+\infty$$

因此$\overline{\boldsymbol{\xi}}(\lambda)\neq 0$，从而方程(8.2.32)有非零解. 由定理 6.2.1(ⅱ)知 $\boldsymbol{Q}_{E_0}$ 的边界点 z 流出或正则. 而由(8.2.27)、(8.2.28)知，$\overline{\boldsymbol{\eta}}(\lambda)\neq 0$ 且 $\overline{\boldsymbol{\eta}}(\lambda)\in \boldsymbol{L}_{\lambda}^{+}\cap \boldsymbol{L}_{\varphi(\lambda)}$，由引理6.3.4得$z$流入或正则. 因此，$z$必须正则. 必要性证毕.

充分性：设 $\boldsymbol{Q}_{E_0}$ 的边界点 z 正则，我们来证明 $\boldsymbol{Q}$ 是 $\boldsymbol{Q}$ - 矩阵. 由引理6.3.4和引理6.3.6知，存在$\overline{\boldsymbol{\eta}}(\lambda)\in \boldsymbol{L}_{\lambda}^{+}\cap \boldsymbol{L}_{\varphi(\lambda)}$，满足

$$\lim_{\lambda\to\infty}\lambda\overline{\boldsymbol{\eta}}(\lambda)\mathbf{1}=+\infty \qquad (8.2.35)$$

令

$$\boldsymbol{\eta}(\lambda)=\boldsymbol{e}\boldsymbol{\varphi}(\lambda)+d\overline{\boldsymbol{\eta}}(\lambda),\boldsymbol{e}=(q_{01},0,0\cdots)$$
$$\boldsymbol{\xi}(\lambda)=\mathbf{1}-\lambda\boldsymbol{\varphi}(\lambda)\mathbf{1}$$

$$\boldsymbol{R}_d^c(\lambda)=\begin{pmatrix}0 & \boldsymbol{0}\\ \boldsymbol{0} & \boldsymbol{\varphi}(\lambda)\end{pmatrix}+\frac{1}{c+\lambda+\lambda\boldsymbol{\eta}(\lambda)\boldsymbol{1}}\begin{pmatrix}1\\ \boldsymbol{\xi}(\lambda)\end{pmatrix}(1\quad \boldsymbol{\eta}(\lambda))$$

(8.2.36)

其中,常数 $c\geqslant 0, d>0$.

由分解定理知,$\boldsymbol{R}_d^c(\lambda)$ 是生灭 $\boldsymbol{Q}$ 过程,当 c 或 d 不同时,$\boldsymbol{R}_d^c(\lambda)$ 不同. 当 $c=0$ 时,$\boldsymbol{R}_d^0(\lambda)$ 是不中断生灭 $\boldsymbol{Q}$ 过程. 证毕.

定理 8.2.4　设 $\boldsymbol{Q}$ 是形如(8.1.1)的含一个瞬时态的单边生灭矩阵,状态 n 为瞬时态($n>0$),则

(ⅰ)存在生灭 $\boldsymbol{Q}$ 过程的充要条件是 $\boldsymbol{Q}^{(s)}$ 的边界点正则;当条件满足时,还存在无穷多个生灭 $\boldsymbol{Q}$ 过程.

(ⅱ)不中断生灭 $\boldsymbol{Q}$ 过程存在的充要条件是 $\boldsymbol{Q}^{(s)}$ 的边界点正则且 $q_0=q_{01}$,当条件满足时,还存在无穷多个不中断生灭 $\boldsymbol{Q}$ 过程.

证明　令 $E_n=\{n+1,n+2,\cdots\}$,$\boldsymbol{Q}_{E_n}=(q_{ij},i,j\in E_n)$ 是 $\boldsymbol{Q}$ 在 E_n 上的限制. 由引理 8.2.2 知,在证明定理时,可以把 $\boldsymbol{Q}^{(s)}$ 的边界点的类型换为 $\boldsymbol{Q}_{E_0}$ 边界点的类型.

充分性:设 $\boldsymbol{Q}_{E_n}$ 的边界点正则,对于 $0\leqslant k\leqslant n$,令 $\boldsymbol{e}^{(k)}$,$\boldsymbol{f}^{(k)}$ 分别是 E_n 上的行向量和列向量,其中

$$\begin{cases}\boldsymbol{e}^{(k)}=(0,0,\cdots),\boldsymbol{f}^{(k)}=(0,0,\cdots)^{\mathrm{T}},0\leqslant k\leqslant n-1\\ \boldsymbol{e}^{(n)}=(q_{n,n+1},0,\cdots),\boldsymbol{f}^{(n)}=(q_{n+1,n},0,\cdots)^{\mathrm{T}}\end{cases}$$

(8.2.37)

令 $\boldsymbol{\varphi}(\lambda)$ 是最小生灭 $\boldsymbol{Q}_{E_n}$ 过程. 按 §6.3 定义 $\boldsymbol{Q}_{E_n}$ 的 $\boldsymbol{X}^1(\lambda)$,$\boldsymbol{X}^2(\lambda)$ 和 $\boldsymbol{X}^1$,$\boldsymbol{X}^2$. 注意 $\boldsymbol{Q}_{E_n}$ 的边界点正则,由引理 6.3.4 和引理 6.3.6 知,若令 $\overline{\boldsymbol{\eta}}(\lambda)=\boldsymbol{X}^2(\lambda)\boldsymbol{\mu}$,则

$$\overline{\boldsymbol{\eta}}(\lambda) \in \boldsymbol{L}_{(\varphi(\lambda))}$$

且

$$\lim_{\lambda\to\infty} \lambda\overline{\boldsymbol{\eta}}(\lambda) = 0$$

$$\lim_{\lambda\to\infty} \lambda[\overline{\boldsymbol{\eta}}(\lambda),\boldsymbol{X}^a] = \begin{cases} C < +\infty, a = 1 \\ +\infty, a = 2 \end{cases} \tag{8.2.38}$$

$\forall 0 \leqslant k < n$,令

$$\boldsymbol{\eta}^{(k)}(\lambda) = \boldsymbol{e}^{(k)}\boldsymbol{\varphi}(\lambda) = 0, \boldsymbol{\xi}^{(k)}(\lambda) = \boldsymbol{\varphi}(\lambda)\boldsymbol{f}^{(k)} = 0$$

$$\boldsymbol{\eta}^{(n)}(\lambda) = \boldsymbol{e}^{(n)}\boldsymbol{\varphi}(\lambda) + d\overline{\boldsymbol{\eta}}(\lambda), d > 0 \tag{8.2.39}$$

$$\begin{aligned} \boldsymbol{\xi}^{(n)}(\lambda) &= \boldsymbol{\varphi}(\lambda)\boldsymbol{f}^{(n)} + \boldsymbol{X}^2(\lambda) \\ &= \boldsymbol{X}^1(\lambda) + \boldsymbol{X}^2(\lambda) \\ &= \mathbf{1} - \lambda\boldsymbol{\varphi}(\lambda)\mathbf{1} \end{aligned} \tag{8.2.40}$$

显然,$\boldsymbol{\eta}^{(k)}(\lambda) \in \boldsymbol{L}_{\varphi(\lambda)}, \boldsymbol{\xi}^{(k)}(\lambda) \in \boldsymbol{M}_{\varphi(\lambda)} (0 \leqslant k \leqslant n)$.

且

$$\lim_{\lambda\to\infty} \lambda[\boldsymbol{\eta}^{(k)}(\lambda),\boldsymbol{\xi}^{(l)}] < +\infty, k \neq l$$

$$\lim_{\lambda\to\infty} \lambda[\boldsymbol{\eta}^{(k)}(\lambda),\boldsymbol{\xi}^{(k)}] < +\infty, 0 \leqslant k < n$$

$$\lim_{\lambda\to\infty} \lambda[\boldsymbol{\eta}^{(n)}(\lambda),\boldsymbol{\xi}^{(n)}] = +\infty$$

其中,$\boldsymbol{\xi}^{(k)} = \lim\limits_{\lambda\downarrow 0} \boldsymbol{\xi}^{(k)}(\lambda)$.

设 $\boldsymbol{I}$ 是 $\{0,\cdots,n\} \times \{0,\cdots,n\}$ 上的单位矩阵,$\lambda[\boldsymbol{\eta}(\lambda),\boldsymbol{\xi}]$ 和 $\boldsymbol{C}$ 分别是 $\{0,\cdots,n\} \times \{0,\cdots,n\}$ 上的矩阵,其中

$$\lambda[\boldsymbol{\eta}(\lambda),\boldsymbol{\xi}]_{ij} = \lambda[\boldsymbol{\eta}^{(i)}(\lambda),\boldsymbol{\xi}^{(j)}], 0 \leqslant i,j \leqslant n$$

$$C_{ij} = -\{q_{ij} + \lim_{\lambda\to\infty} \lambda[\boldsymbol{\eta}^{(i)}(\lambda),\boldsymbol{\xi}^{(j)}]\} (0 \leqslant i,j \leqslant n, i \neq j)$$

$$C_{ii} = \sum_{j\in\{1,\cdots,n\}-\{i\}} (-C_{ij}) + \lim_{\lambda\to\infty} \lambda[\boldsymbol{\eta}^{(i)}(\lambda),\mathbf{1} - \sum_{j\in\{0,\cdots,n\}} \boldsymbol{\xi}^{(j)}], 1 \leqslant i \leqslant n$$

$$C_{00} = q_0 - q_{01} + \sum_{j \in \{1,\cdots,n\}} (-C_{0j}) + \lim_{\lambda \to \infty} \lambda[\boldsymbol{\eta}^{(0)}(\lambda), \mathbf{1} - \sum_{j \in \{0,\cdots,n\}} \boldsymbol{\xi}^{(j)}]$$

由多维分解定理知,矩阵$(\boldsymbol{C} + \lambda \boldsymbol{I} + \lambda[\boldsymbol{\eta}(\lambda), \boldsymbol{\xi}])$存在非负逆矩阵,记

$$\boldsymbol{A}(\lambda) = (\boldsymbol{C} + \lambda \boldsymbol{I} + \lambda[\boldsymbol{\eta}(\lambda), \boldsymbol{\xi}])^{-1} \tag{8.2.41}$$

令

$$\boldsymbol{R}^d(\lambda) = \begin{pmatrix} \mathbf{0} & \mathbf{0} \\ \mathbf{0} & \boldsymbol{\varphi}(\lambda) \end{pmatrix} + \begin{pmatrix} \boldsymbol{A}(\lambda) & \boldsymbol{A}(\lambda)\boldsymbol{\eta}(\lambda) \\ \boldsymbol{\xi}(\lambda)\boldsymbol{A}(\lambda) & \boldsymbol{\xi}(\lambda)\boldsymbol{A}(\lambda)\boldsymbol{\eta}(\lambda) \end{pmatrix} \tag{8.2.42}$$

其中,$\boldsymbol{\eta}(\lambda) = \begin{pmatrix} \boldsymbol{\eta}^{(0)}(\lambda) \\ \vdots \\ \boldsymbol{\eta}^{(n)}(\lambda) \end{pmatrix}$,$\boldsymbol{\xi}(\lambda) = (\boldsymbol{\xi}^{(0)}(\lambda), \cdots, \boldsymbol{\xi}^{(n)}(\lambda))$.

由多维分解定理$\boldsymbol{R}^d(\lambda)$是生灭$\boldsymbol{Q}$过程,当$d > 0$不同时$\boldsymbol{R}^d(\lambda)$不同. $\boldsymbol{R}^d(\lambda)$不中断的充要条件是$q_0 - q_{01} = 0$.

(ⅰ)和(ⅱ)的充分性获证.

必要性:(ⅰ)中条件的必要性由分别对状态$0, \cdots, n-1$使用一维分解定理及定理8.2.3得到. 以下证明(ⅱ)中条件的必要性.

设$\boldsymbol{R}(\lambda)$是不中断生灭$\boldsymbol{Q}$过程,反设$q_0 > q_{01}$,以下导出矛盾. 对$\boldsymbol{R}(\lambda)$禁止状态集$\{0, \cdots, n\}$使用多维分解定理得

$$\boldsymbol{R}(\lambda) = \begin{pmatrix} \mathbf{0} & \mathbf{0} \\ \mathbf{0} & \boldsymbol{\psi}(\lambda) \end{pmatrix} + \begin{pmatrix} \boldsymbol{A}'(\lambda) & \boldsymbol{A}'(\lambda)\boldsymbol{\eta}'(\lambda) \\ \boldsymbol{\xi}'(\lambda)\boldsymbol{A}'(\lambda) & \boldsymbol{\xi}'(\lambda)\boldsymbol{A}'(\lambda)\boldsymbol{\eta}'(\lambda) \end{pmatrix} \tag{8.2.43}$$

其中,$\boldsymbol{\psi}(\lambda)$ 是生灭 $\boldsymbol{Q}_{E_n}$ 过程,$\boldsymbol{\eta}'(\lambda)=\begin{pmatrix}\boldsymbol{\eta}^{(0)\prime}(\lambda)\\ \vdots \\ \boldsymbol{\eta}^{(n)\prime}(\lambda)\end{pmatrix}$,

$\boldsymbol{\xi}'(\lambda)=(\boldsymbol{\xi}^{(0)\prime}(\lambda),\cdots,\boldsymbol{\xi}^{(n)\prime}(\lambda))$.

$$\boldsymbol{\eta}^{(k)\prime}(\lambda)\in \boldsymbol{L}_{\boldsymbol{\psi}(\lambda)}$$

$$\boldsymbol{\xi}^{(k)\prime}(\lambda)\in \boldsymbol{M}_{\boldsymbol{\psi}(\lambda)},0\leqslant k\leqslant n$$

类似于(8.2.27) ~ (8.2.31) 的证明可得,$\boldsymbol{\psi}(\lambda)=\boldsymbol{\varphi}(\lambda)$ 是最小生灭 $\boldsymbol{Q}_{E_n}$ 过程.

注意,$q_0>q_{01}$,n 为瞬时态,由 n 维分解定理可得

$$\boldsymbol{\eta}^{(0)\prime}(\lambda)=\boldsymbol{e}^{(0)}\boldsymbol{\varphi}(\lambda)+\overline{\boldsymbol{\eta}}^{(0)}(\lambda)$$

$$\boldsymbol{\eta}^{(n)\prime}(\lambda)=\boldsymbol{e}^{(n)}\boldsymbol{\varphi}(\lambda)+\overline{\boldsymbol{\eta}}^{(n)}(\lambda)$$

其中,$\overline{\boldsymbol{\eta}}^{(0)}(\lambda),\overline{\boldsymbol{\eta}}^{(n)}(\lambda)\in \boldsymbol{L}_{\boldsymbol{\varphi}(\lambda)}\cap \boldsymbol{L}_{\lambda}^{+}$,且

$$\lim_{\lambda\to\infty}\lambda\overline{\boldsymbol{\eta}}^{(0)}(\lambda)\mathbf{1}=q_0-q_{01},\quad \lim_{\lambda\to\infty}\lambda\overline{\boldsymbol{\eta}}^{(n)}(\lambda)\mathbf{1}=+\infty$$

显然,$\overline{\boldsymbol{\eta}}^{(0)}(\lambda)$ 和 $\overline{\boldsymbol{\eta}}^{(n)}(\lambda)$ 线性独立且为方程

$$\begin{cases}\boldsymbol{v}(\lambda\boldsymbol{I}-\boldsymbol{Q}_{E_n})=0\\ \mathbf{0}\leqslant \boldsymbol{v}\ \text{可和}\end{cases}$$

的解. 这与 $\boldsymbol{Q}_{E_n}$ 为单流入矛盾.

从而 $q_0=q_{01}$.

到此,定理全部证完.

8.3 补充与注记

本章中,引理 8.2.1 由费志凌[1] 得到. 由唐令琪[1] 可得定理 8.2.4(ⅰ) 的充分性证明. 本章取材于刘再明,侯振挺[1,2].

含瞬时态双边生灭过程的定性理论

第9章

9.1 结果的陈述

设 $E=\mathbf{Z}=\{\cdots,-1,0,1,\cdots\}$，$\boldsymbol{Q}$ 是 E 上的双边生灭矩阵，即 $\boldsymbol{Q}$ 具有下列形状

$$\boldsymbol{Q}=\begin{bmatrix}\ddots & \ddots & \ddots & & & & \\ & \boldsymbol{Q}_{-1-2} & -\boldsymbol{Q}_{-1} & \boldsymbol{Q}_{-10} & & & \\ & & q_{0-1} & -q_0 & q_{01} & & \\ & & & q_{10} & -q_1 & q_{12} & \\ & & & & \ddots & \ddots & \ddots\end{bmatrix} \tag{9.1.1}$$

其中，$0<q_{ij}<+\infty$，$|i-j|=1$，$q_{ij}=0$，$|i-j|>1$，

$$q_i \geqslant \sum_{j\neq i} q_{ij},\ i\in E \tag{9.1.2}$$

且当 $q_i<+\infty$ 时，上式等号成立.

若 $\boldsymbol{Q}$ 含瞬时态，则按式(5.2.1)定义 $\boldsymbol{Q}$ 的稳定化 $\boldsymbol{Q}^{(s)}$，然后按(5.1.10)~(5.1.12)定义 $\boldsymbol{Q}^{(s)}$ 的边界点，并按定义5.1.2进行分类.

本章主要证明下列定理.

定理 9.1.1 设 $\boldsymbol{Q}$ 是含瞬时态的双边生灭矩阵,则

(Ⅰ)存在生灭 $\boldsymbol{Q}$ 过程的充要条件是下列之一成立:

(ⅰ)$\boldsymbol{Q}$ 含无穷多个瞬时态.

(ⅱ)$\boldsymbol{Q}$ 含一个瞬时态,$\boldsymbol{Q}^{(s)}$ 的两个边界点至少有一个正则.

(ⅲ)$\boldsymbol{Q}$ 含两个瞬时态,$\boldsymbol{Q}^{(s)}$ 的两个边界点均正则.

(Ⅱ)若生灭 $\boldsymbol{Q}$ 过程存在,则不中断生灭 $\boldsymbol{Q}$ 过程也存在,并且它们都有无穷多个.

9.2 定理的证明

本章中使用第 8 章 §2 中的记号:$\boldsymbol{\mu}_{\lambda}^{+}(1)$,$\boldsymbol{L}_{\lambda}^{+}$,$\boldsymbol{M}_{\boldsymbol{\psi}(\lambda)}$ 和 $\boldsymbol{L}_{\boldsymbol{\psi}(\lambda)}$.

定理 9.2.1 设 $\boldsymbol{Q}$ 是含瞬时态的双边生灭矩阵,存在生灭 $\boldsymbol{Q}$ 过程. 则或者 $\boldsymbol{Q}$ 含无穷多个瞬时态或者 $\boldsymbol{Q}$ 至多含两个瞬时态.

证明 类似于定理 8.2.1 的证明,可证明本定理. 只需注意,若 $\boldsymbol{Q}$ 含有限个瞬时态 $\{i_1, i_2, \cdots, i_n\}$,其中 $i_1 < i_2 < \cdots < i_n$;则下列两个方程组线性独立解的个数相同

$$\begin{cases}(\lambda \boldsymbol{I} - \boldsymbol{Q}_{E_0})\boldsymbol{\xi} = 0 \\ \boldsymbol{0} \leqslant \boldsymbol{\xi} \leqslant \boldsymbol{1}\end{cases} \quad (\lambda > 0) \qquad (9.2.1)$$

$$\begin{cases}(\lambda \boldsymbol{I} - \boldsymbol{Q}_{E^*})\boldsymbol{u} = 0 \\ \boldsymbol{0} \leqslant \boldsymbol{u} \leqslant \boldsymbol{1}\end{cases} \quad (\lambda > 0) \qquad (9.2.2)$$

其中,$E_0 = \{i, q_i < +\infty\}$,$E^* = \{\cdots, i_1 - 2, i_1 - 1\} \cup \{i_n + 1, i_n + 2, \cdots\}$,而 $\boldsymbol{Q}_{E_0} = (q_{ij}; i, j \in E_0)$,$\boldsymbol{Q}_{E^*} = (q_{ij}; i, j \in E^*)$ 分别是 $\boldsymbol{Q}$ 在 E_0 和 E^* 上的限制.

注意 $\boldsymbol{Q}_{E^*}$ 由两个单边生灭矩阵构成,从而(9.2.2) 至多有两个线性独立解,故(9.2.1) 至多有两个线性独立解. 由引理 8.2.1,$\boldsymbol{Q}$ 的瞬时态个数 $n \leqslant 2$. 证毕.

类似于定理 8.2.2 的证明方法,可得下列定理.

定理 9.2.2　设 $\boldsymbol{Q}$ 是含无穷多个瞬时态的双边生灭矩阵,则不仅存在双边生灭 $\boldsymbol{Q}$ 过程,而且还存在无穷多个不中断双边生灭 $\boldsymbol{Q}$ 过程.

以下讨论含一个瞬时态的双边生灭矩阵.

由于双边生灭矩阵的每个状态处于相似的地位(即每个状态向左右两个状态的转移概率密度均不为零). 因此,不妨设唯一的瞬时态是 k,即 $q_k = +\infty$.

令

$$E_{k+} = \{k+1, k+2, \cdots\}, E_{k-} = \{\cdots, k-2, k-1\}$$

$$E_k = E_{k-} \cup E_{k+} = \{\cdots, k-n, \cdots, k-2, k-1, k+1, k+2, \cdots, k+n, \cdots\}$$

$\boldsymbol{Q}_{E_k}, \boldsymbol{Q}_{E_{k+}}, \boldsymbol{Q}_{E_{k-}}$ 分别是 $\boldsymbol{Q}$ 在 E_k, E_{k+}, E_{k-} 上的限制. 均是全稳定 $\boldsymbol{Q}$ - 矩阵,并且 $\boldsymbol{Q}_{E_{k+}}, \boldsymbol{Q}_{E_{k-}}$ 均是全稳定单边生灭矩阵. 而且

$$\boldsymbol{Q}_{E_k} = \begin{bmatrix} \boldsymbol{Q}_{E_{k-}} & \boldsymbol{0} \\ \boldsymbol{0} & \boldsymbol{Q}_{E_{k+}} \end{bmatrix} \qquad (9.2.3)$$

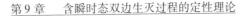

仿照(5.1.2)、(5.1.3)及(5.1.4)对 $\boldsymbol{Q}_{E_{k-}}$ 和 $\boldsymbol{Q}_{E_{k+}}$ 可以分别定义自然尺度、边界点及标准测度，z_n^-，z^-，$\mu_n^-(n \leqslant 0)$ 和 z_n^+，z^+，$\mu_n^+(n \geqslant 0)$，并且利用自然尺度及标准测度进行类似的分类.

注意 $\boldsymbol{Q}^{(s)}$ 是 $\boldsymbol{Q}$ 的稳定化.

定理 9.2.3 设 $\boldsymbol{Q}$ 是形如(9.1.1)的单瞬时态双边生灭矩阵，不妨设 $q_k = +\infty$，即状态 k 为瞬时态，则存在双边生灭 $\boldsymbol{Q}$ 过程的充要条件是 $\boldsymbol{Q}^{(s)}$ 的两个边界点 r_1 和 r_2 至少有一个正则. 并且当条件满足时，存在无穷多个不中断双边生灭 $\boldsymbol{Q}$ 过程.

证明 注意 $\boldsymbol{Q}^{(s)}$ 的两个边界点 r_1 和 r_2 分别与 $\boldsymbol{Q}_{E_{k-}}$ 的边界点 z^- 和 $\boldsymbol{Q}_{E_{k+}}$ 的边界点 z^+ 类型相同. 因此，在证明定理时，可用 z^- 和 z^+ 分别代替 r_1 和 r_2.

先证充分性：由于 z^- 和 z^+ 至少有一个正则，不妨设 z^+ 正则.

用 $\boldsymbol{\varphi}(\lambda)$，$\boldsymbol{\varphi}^+(\lambda)$ 和 $\boldsymbol{\varphi}^-(\lambda)$ 分别表示最小 $\boldsymbol{Q}_{E_k}$，$\boldsymbol{Q}_{E_{k+}}$ 和 $\boldsymbol{Q}_{E_{k-}}$ 过程，显然

$$\boldsymbol{\varphi}(\lambda) = \begin{pmatrix} \boldsymbol{\varphi}^-(\lambda) & \boldsymbol{0} \\ \boldsymbol{0} & \boldsymbol{\varphi}^+(\lambda) \end{pmatrix} \tag{9.2.4}$$

类似于定理 8.2.3 的充分性证明，可知存在 $\overline{\boldsymbol{\eta}}(\lambda) \in \boldsymbol{L}_{\varphi^+(\lambda)}$，满足条件

$$\lim_{\lambda\to\infty}\lambda\overline{\boldsymbol{\eta}}(\lambda) = 0, \quad \lim_{\lambda\to\infty}\lambda\overline{\boldsymbol{\eta}}(\lambda)\boldsymbol{1} = +\infty \tag{9.2.5}$$

记 $\boldsymbol{e}^{(k)} = (q_{kj};j \in E_k)$，$\boldsymbol{f}^{(k)} = (q_{ik};i \in E_k)^{\mathrm{T}}$，$\overline{\boldsymbol{\eta}}^{(k)}(\lambda) = (\boldsymbol{0},\overline{\boldsymbol{\eta}}(\lambda))$，此处 $\boldsymbol{0}$ 是 E_{k-} 上 0 行向量. 那么

$$\overline{\boldsymbol{\eta}}^{(k)}(\lambda) \in \boldsymbol{L}_{\varphi(\lambda)}, \lim_{\lambda\to\infty}\lambda\overline{\boldsymbol{\eta}}^{(k)}(\lambda) = 0$$

$$\lim_{\lambda\to\infty}\lambda\overline{\boldsymbol{\eta}}^{(k)}(\lambda)\mathbf{1}=+\infty \tag{9.2.6}$$

令

$$\boldsymbol{\eta}^{(k)}(\lambda)=\boldsymbol{e}^{(k)}\boldsymbol{\varphi}(\lambda)+d\overline{\boldsymbol{\eta}}^{(k)}(\lambda),d>0$$

$$\boldsymbol{\xi}^{(k)}(\lambda)=\mathbf{1}-\lambda\boldsymbol{\varphi}(\lambda)\mathbf{1}$$

$$r_{kk}(\lambda)=\frac{1}{c+\lambda+\boldsymbol{\eta}^{(k)}(\lambda)\mathbf{1}}\quad(c\geqslant 0)$$

$$\boldsymbol{R}_d^c(\lambda)=\begin{pmatrix}0 & \mathbf{0}\\ \mathbf{0} & \boldsymbol{\varphi}(\lambda)\end{pmatrix}+r_{kk}(\lambda)\begin{pmatrix}1\\ \boldsymbol{\xi}^{(k)}(\lambda)\end{pmatrix}(1\quad \boldsymbol{\eta}^{(k)}(\lambda)) \tag{9.2.7}$$

由分解定理、(9.2.6) 及 $\boldsymbol{Q}$ 稳定态均保守知 $\boldsymbol{R}_d^c(\lambda)$ 是 $\boldsymbol{Q}$ 过程,当 c 或 d 不同时 $\boldsymbol{R}_d^c(\lambda)$ 不同,当 $c=0$ 时 $\boldsymbol{R}_d^0(\lambda)$ 不中断.

以下证明必要性成立.

设 $\boldsymbol{Q}$ 是 Q - 矩阵,$\boldsymbol{R}(\lambda)$ 是一个 $\boldsymbol{Q}$ 过程,我们将证明 z^-,z^+ 至少有一个正则.

对 $\boldsymbol{R}(\lambda)$ 关于瞬时态 k 使用分解定理得

$$\boldsymbol{R}(\lambda)=\begin{pmatrix}\mathbf{0} & 0\\ \mathbf{0} & {}_k\boldsymbol{R}(\lambda)\end{pmatrix}+r_{kk}(\lambda)\begin{pmatrix}1\\ \boldsymbol{\xi}(\lambda)\end{pmatrix}(1\quad \boldsymbol{\eta}(\lambda)) \tag{9.2.8}$$

其中 ${}_k\boldsymbol{R}(\lambda)$ 是 $\boldsymbol{Q}_{E_k}$ 过程;$\lambda\boldsymbol{\eta}(\lambda)\to\boldsymbol{e}^{(k)}$,$\lambda\boldsymbol{\xi}(\lambda)\to\boldsymbol{f}^{(k)}$,$\lambda\boldsymbol{\eta}(\lambda)\mathbf{1}\to+\infty\ (\lambda\uparrow+\infty)$.

利用 $\boldsymbol{\eta}(\lambda)\in\boldsymbol{L}_{{}_k\boldsymbol{R}(\lambda)}$,$\lim\limits_{\lambda\to\infty}\lambda\boldsymbol{\eta}(\lambda)\mathbf{1}=+\infty$,与证明 (8.2.30) 相同,可证得

$$\inf_{i\in E_k}\sum_{j\in E_k}{}_k r_{ij}(\lambda)=0 \tag{9.2.9}$$

从而下列二式至少有一成立

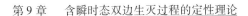

$$\inf_{i\in E_{k-}}\sum_{j\in E_k}{}_k r_{ij}(\lambda)=0 \tag{9.2.10}$$

或者

$$\inf_{i\in E_{k+}}\sum_{j\in E_k}{}_k r_{ij}(\lambda)=0 \tag{9.2.11}$$

若(9.2.10)不成立,则 $\inf_{i\in E_{k-}}\sum_{j\in E_k}{}_k r_{ij}(\lambda)>0(\lambda>0)$,我们将证明此时必有${}_{E_{k-}}\boldsymbol{R}(\lambda)$ 是 $\{k\}\cup E_{k+}$ 上 $\boldsymbol{Q}_{\{k\}\cup E_{k+}}$ 过程,由定理 8.2.3 得 z^+ 正则(此处${}_{E_{k-}}\boldsymbol{R}(\lambda)$ 表示 $\boldsymbol{R}(\lambda)$ 禁止 E_{k-}).

事实上,由禁止概率的定义及侯振挺等[1,引理 8.1.3]知,为了证明${}_{E_{k-}}R(\lambda)$ 是 $\boldsymbol{Q}_{\{k\}\cup E_{k+}}$ 过程,只要证明

$$\lim_{\lambda\to\infty}\lambda\cdot{}_{E_{k-1}}r_{kk}(\lambda)=1 \tag{9.2.12}$$

如果(9.2.12)不成立,由 Chung K. L. [1] Ⅱ §11 中的定理 4 系知,存在$\{i_v\}\subset E_{k-}$,使得

$$\lim_{v\to\infty}r_{i_vj}(\lambda)=r_{kj}(\lambda),\forall j\in E,\lambda>0 \tag{9.2.13}$$

由上式及(9.2.8)得

$$\lim_{v\to\infty}\boldsymbol{\xi}_{i_v}(\lambda)=1,\lambda>0 \tag{9.2.14}$$

但由分解定理,$\boldsymbol{\xi}(\lambda)\leqslant\mathbf{1}-\lambda{}_k\boldsymbol{R}(\lambda)\mathbf{1}$,因此(9.2.14)与 $\inf_{i\in E_{k-}}\sum_{j\in E_k}{}_k r_{ij}(\lambda)>0$ 矛盾,从而 $\lim_{\lambda\to\infty}\lambda_{E_{k-}}r_{kk}(\lambda)=1$,${}_{E_{k-}}\boldsymbol{R}(\lambda)$ 是 $\boldsymbol{Q}_{\{k\}\cup E_{k+}}$ 过程,z^+ 正则.

同理,若(9.2.11)不成立,则 z^- 正则.

因此,为了完成必要性的证明,只需在(9.2.10)、(9.2.11)同时成立时证明 z^-,z^+ 有一个正则即可.

注意到 $\boldsymbol{Q}$ 的稳定态全保守,由分解定理容易证得${}_k\boldsymbol{R}(\lambda)$ 是 B 型 $\boldsymbol{Q}_{E_k}$ 过程. 因此,$\lambda{}_k\boldsymbol{R}(\lambda)\mathbf{1}-\lambda\boldsymbol{\varphi}(\lambda)\mathbf{1}$

是方程

$$\begin{cases}(\lambda \boldsymbol{I}-\boldsymbol{Q}_{E_k})\boldsymbol{U}=0\\ \boldsymbol{0}\leqslant \boldsymbol{U}\leqslant \boldsymbol{1}\end{cases},\lambda>0 \qquad (9.2.15)$$

的解.

由于

$$\boldsymbol{Q}_{E_k}=\begin{bmatrix}\boldsymbol{Q}_{E_{k-}} & \boldsymbol{0}\\ \boldsymbol{0} & \boldsymbol{Q}_{E_{k+}}\end{bmatrix}$$

从而$\boldsymbol{U}$满足方程(9.2.15),当且仅当$\boldsymbol{U}$满足以下两方程组(9.2.16)和(9.2.17),

$$\begin{cases}(\lambda \boldsymbol{I}-\boldsymbol{Q}_{E_{k-}})\boldsymbol{U}^-=0\\ \boldsymbol{0}\leqslant \boldsymbol{U}^-\leqslant \boldsymbol{1}\end{cases},\lambda>0 \qquad (9.2.16)$$

$$\begin{cases}(\lambda \boldsymbol{I}-\boldsymbol{Q}_{E_{k+}})\boldsymbol{U}^+=0\\ \boldsymbol{0}\leqslant \boldsymbol{U}^+\leqslant \boldsymbol{1}\end{cases},\lambda>0 \qquad (9.2.17)$$

(其中$\boldsymbol{U}^-$和$\boldsymbol{U}^+$分别表示$\boldsymbol{U}$在E_{k-}和E_{k+}上的限制,以下类似记号意义相同).

这样,$(\lambda_k\boldsymbol{R}(\lambda)\boldsymbol{1}-\lambda\boldsymbol{\varphi}(\lambda)\boldsymbol{1})^-$,$(\lambda_k\boldsymbol{R}(\lambda)\boldsymbol{1}-\lambda\boldsymbol{\varphi}(\lambda)\boldsymbol{1})^+$分别是(9.2.16)和(9.2.17)的解.注意$\boldsymbol{Q}_{E_{k-}}$,$\boldsymbol{Q}_{E_{k+}}$均为全稳定单边生灭$\boldsymbol{Q}$-矩阵,由(9.2.10)、(9.2.11)以及定理6.2.1得$(\lambda_k\boldsymbol{R}(\lambda)\boldsymbol{1}-\lambda\boldsymbol{\varphi}(\lambda)\boldsymbol{1})^-=\boldsymbol{0}$,$(\lambda_k\boldsymbol{R}(\lambda)\boldsymbol{1}-\lambda\boldsymbol{\varphi}(\lambda)\boldsymbol{1})^+=\boldsymbol{0}$,故

$$\lambda_k\boldsymbol{R}(\lambda)\boldsymbol{1}-\lambda\boldsymbol{\varphi}(\lambda)\boldsymbol{1}=\begin{pmatrix}(\lambda_k\boldsymbol{R}(\lambda)\boldsymbol{1}-\lambda\boldsymbol{\varphi}(\lambda)\boldsymbol{1})^-\\ (\lambda_k\boldsymbol{R}(\lambda)\boldsymbol{1}-\lambda\boldsymbol{\varphi}(\lambda)\boldsymbol{1})^+\end{pmatrix}=\boldsymbol{0}$$

即

$$_k\boldsymbol{R}(\lambda)=\boldsymbol{\varphi}(\lambda)=\begin{pmatrix}\boldsymbol{\varphi}^-(\lambda) & \boldsymbol{0}\\ \boldsymbol{0} & \boldsymbol{\varphi}^+(\lambda)\end{pmatrix} \qquad (9.2.18)$$

由(9.2.8)及分解定理得

$$\boldsymbol{\xi}(\lambda)=\boldsymbol{\varphi}(\lambda)\boldsymbol{f}^{(k)}+\bar{\boldsymbol{\xi}}(\lambda)$$

$$\boldsymbol{\eta}(\lambda)=\boldsymbol{e}^{(k)}\boldsymbol{\varphi}(\lambda)+\bar{\boldsymbol{\eta}}(\lambda) \qquad (9.2.19)$$

$$\lim_{\lambda\to\infty}\lambda\boldsymbol{\eta}(\lambda)(\mathbf{1}-\boldsymbol{\xi})<+\infty,\ \lim_{\lambda\to\infty}\lambda\boldsymbol{\eta}(\lambda)\boldsymbol{\xi}=+\infty \qquad (9.2.20)$$

$$\bar{\boldsymbol{\eta}}(\lambda)=(\bar{\boldsymbol{\eta}}(\lambda)^{-},\bar{\boldsymbol{\eta}}(\lambda)^{+}),\ \bar{\boldsymbol{\xi}}(\lambda)=\begin{pmatrix}\bar{\boldsymbol{\xi}}(\lambda)^{-}\\ \bar{\boldsymbol{\xi}}(\lambda)^{+}\end{pmatrix} \qquad (9.2.21)$$

其中 $\bar{\boldsymbol{\eta}}(\lambda)^{-}\in \boldsymbol{L}_{\varphi^{-}(\lambda)}$，$\bar{\boldsymbol{\eta}}(\lambda)^{+}\in \boldsymbol{L}_{\varphi^{+}(\lambda)}$ 分别是方程

$$\begin{cases}\boldsymbol{v}(\lambda\boldsymbol{I}-\boldsymbol{Q}_{E_{k-}})=0\\ \mathbf{0}\leqslant\boldsymbol{v}\in\boldsymbol{L}_{E_{k-}}\end{cases}\quad(\lambda>0)$$

和

$$\begin{cases}\boldsymbol{v}(\lambda\boldsymbol{I}-\boldsymbol{Q}_{E_{k+}})=0\\ \mathbf{0}\leqslant\boldsymbol{v}\in\boldsymbol{L}_{E_{k+}}\end{cases}\quad(\lambda>0)$$

的解；而 $\bar{\boldsymbol{\xi}}(\lambda)^{-}\in \boldsymbol{M}_{\varphi^{-}(\lambda)}$，$\bar{\boldsymbol{\xi}}(\lambda)^{+}\in \boldsymbol{M}_{\varphi^{+}(\lambda)}$ 分别是方程(9.2.16)和(9.2.17)的解.

类似于(8.2.34)可得

$$\lim_{\lambda\to\infty}\lambda\boldsymbol{\eta}(\lambda)\boldsymbol{\varphi}\boldsymbol{f}^{(k)}<+\infty \qquad (9.2.22)$$

注意 $\boldsymbol{e}^{(k)}\mathbf{1}<+\infty$，由(9.2.20)、(9.2.22)得

$$\lim_{\lambda\to\infty}\lambda\bar{\boldsymbol{\eta}}(\lambda)\bar{\boldsymbol{\xi}}=+\infty\quad\left(\bar{\boldsymbol{\xi}}=\lim_{\lambda\downarrow 0}\bar{\boldsymbol{\xi}}(\lambda)\right)$$

从而下列二式至少之一成立

$$\lim_{\lambda\to\infty}\lambda\bar{\boldsymbol{\eta}}(\lambda)^{-}\bar{\boldsymbol{\xi}}^{-}=+\infty \qquad (9.2.23)$$

或者

$$\lim_{\lambda\to\infty}\lambda\overline{\boldsymbol{\eta}}(\lambda)^{+}\overline{\boldsymbol{\xi}}^{+}=+\infty \tag{9.2.24}$$

若(9.2.23)成立，则 $\overline{\boldsymbol{\eta}}(\lambda)^{-}\neq\mathbf{0}$，$\overline{\boldsymbol{\xi}}^{-}\neq\mathbf{0}$. 由定理 6.2.1 和引理 6.3.4 得 z^{-} 正则. 同理，若(9.2.24)成立，则 z^{+} 正则.

从而，在任何情况下，z^{-} 和 z^{+} 至少有一个正则. 定理证毕.

最后，只要考虑双瞬时态双边生灭矩阵了.

设 $E=\{\cdots,-n,\cdots,-2,-1,0,1,2,\cdots,n,\cdots\}$，$\boldsymbol{Q}$ 是形如(9.1.1)的双瞬时态双边生灭矩阵，$q_{m_1}=+\infty$，$q_{m_2}=+\infty$，$m_1<m_2$. 记 $E_1=\{\cdots,m_1-n,\cdots,m_1-2,m_1-1\}$，$E_2=\{m_2+1,m_2+2,\cdots,m_2+n,\cdots\}$；$\boldsymbol{Q}_{E_1}$，$\boldsymbol{Q}_{E_2}$ 分别是 $\boldsymbol{Q}$ 在 E_1 和 E_2 上的限制，均为全稳定单边生灭矩阵，仿(5.1.2)、(5.1.3)和(5.1.4)定义 $\boldsymbol{Q}_{E_1}$，$\boldsymbol{Q}_{E_2}$ 的边界点 $z^{(1)}$，$z^{(2)}$.

注意 $\boldsymbol{Q}^{(s)}$ 是 $\boldsymbol{Q}$ 的稳定化.

定理 9.2.4　设 $\boldsymbol{Q}$ 是形如(9.1.1)的双瞬时态双边生灭矩阵，$q_{m_1}=+\infty$，$q_{m_2}=+\infty$，$m_1<m_2$，则存在双边生灭 $\boldsymbol{Q}$ 过程的充要条件是 $\boldsymbol{Q}^{(s)}$ 的两个边界点 r_1 和 r_2 同时正则. 而且当条件满足时，还存在无穷多个不中断双边生灭 $\boldsymbol{Q}$ 过程.

证明　与定理 9.2.3 证明中一样，$\boldsymbol{Q}^{(s)}$ 的两个边界点 r_1 和 r_2 分别与 $\boldsymbol{Q}_{E_1}$ 的边界点 $z^{(1)}$ 和 $\boldsymbol{Q}_{E_2}$ 的边界点 $z^{(2)}$ 类型相同. 因此，在证明定理时，可用 $z^{(1)}$ 和 $z^{(2)}$ 分别代替 r_1 和 r_2.

先证充分性：设 $z^{(1)}$，$z^{(2)}$ 均正则，我们将构造无穷多个不中断的 $\boldsymbol{Q}$ 过程.

令 $\boldsymbol{\varphi}^{(1)}(\lambda),\boldsymbol{\varphi}^{(2)}(\lambda)$ 分别是最小 $\boldsymbol{Q}_{E_1}$ 过程和最小 $\boldsymbol{Q}_{E_2}$ 过程.

$$\boldsymbol{M}_\lambda^{+(1)} \equiv \{\boldsymbol{u}(\lambda);(\lambda \boldsymbol{I} - \boldsymbol{Q}_{E_1})\boldsymbol{u}(\lambda) = 0,\boldsymbol{0} \leqslant \boldsymbol{u}(\lambda) \leqslant \boldsymbol{1}\}$$

$$\boldsymbol{L}_\lambda^{+(1)} \equiv \{\boldsymbol{v}(\lambda);\boldsymbol{v}(\lambda)(\lambda \boldsymbol{I} - \boldsymbol{Q}_{E_1}) = 0,\boldsymbol{0} \leqslant \boldsymbol{v}(\lambda) \in \boldsymbol{L}_{E_1}\}$$

$$\boldsymbol{M}_\lambda^{+(2)} \equiv \{\boldsymbol{u}(\lambda);(\lambda \boldsymbol{I} - \boldsymbol{Q}_{E_2})\boldsymbol{u}(\lambda) = 0,\boldsymbol{0} \leqslant \boldsymbol{u}(\lambda) \leqslant \boldsymbol{1}\}$$

$$\boldsymbol{L}_\lambda^{+(2)} \equiv \{\boldsymbol{v}(\lambda);\boldsymbol{v}(\lambda)(\lambda \boldsymbol{I} - \boldsymbol{Q}_{E_2}) = 0,\boldsymbol{0} \leqslant \boldsymbol{v}(\lambda) \in \boldsymbol{L}_{E_2}\}$$

由于 $z^{(1)},z^{(2)}$ 正则，由引理 6.3.4 和引理 6.3.6 知，存在 $\overline{\boldsymbol{\eta}}^{(1)}\lambda \in \boldsymbol{L}_\lambda^{+(1)} \cap \boldsymbol{L}_{\boldsymbol{\varphi}^{(1)}(\lambda)}, \overline{\boldsymbol{\eta}}^{(2)}\lambda \in \boldsymbol{L}_\lambda^{+(2)} \cap \boldsymbol{L}_{\boldsymbol{\varphi}^{(2)}(\lambda)}$，使得

$$\lim_{\lambda\to\infty}\lambda\overline{\boldsymbol{\eta}}^{(1)}(\lambda)\boldsymbol{1} = +\infty, \quad \lim_{\lambda\to\infty}\lambda\overline{\boldsymbol{\eta}}^{(2)}(\lambda)\boldsymbol{1} = +\infty \tag{9.2.25}$$

令

$$\boldsymbol{e}^{(1)} \equiv (q_{m_1,j};j \in E_1 \cup E_2)$$

$$\boldsymbol{e}^{(2)} \equiv (q_{m_2,j};j \in E_1 \cup E_2)$$

$$\boldsymbol{\varphi}(\lambda) \equiv \begin{pmatrix} \boldsymbol{\varphi}^{(1)}(\lambda) & \boldsymbol{0} \\ \boldsymbol{0} & \boldsymbol{\varphi}^{(2)}(\lambda) \end{pmatrix} \tag{9.2.26}$$

$$\boldsymbol{\eta}^{(m_1)}(\lambda) = \boldsymbol{e}^{(1)}\boldsymbol{\varphi}(\lambda) + d_1(\overline{\boldsymbol{\eta}}^{(1)}(\lambda),0_{E_2}^-)(d_1 > 0)$$

$$\boldsymbol{\eta}^{(m_2)}(\lambda) = \boldsymbol{e}^{(2)}\boldsymbol{\varphi}(\lambda) + d_2(0_{E_1}^-,\overline{\boldsymbol{\eta}}^{(2)}(\lambda))(d_2 > 0)$$

$$\boldsymbol{\eta}^{(n)}(\lambda) = \boldsymbol{0}, m_1 < n < m_2$$

$$\boldsymbol{\xi}^{(m_1)}(\lambda) = \begin{bmatrix} \boldsymbol{1} - \lambda\boldsymbol{\varphi}^{(1)}(\lambda)\boldsymbol{1} \\ \boldsymbol{0}|_{E_2} \end{bmatrix}$$

$$\boldsymbol{\xi}^{(m_2)}(\lambda) = \begin{bmatrix} \boldsymbol{0}|_{E_1} \\ 1 - \lambda\boldsymbol{\varphi}^{(2)}(\lambda)\boldsymbol{1} \end{bmatrix}$$

$$\boldsymbol{\xi}^{(n)}(\lambda) = \boldsymbol{0}, m_1 < n < m_2$$

则

$$\boldsymbol{\eta}^{(n)}(\lambda) \in \boldsymbol{L}_{\boldsymbol{\varphi}(\lambda)},\boldsymbol{\xi}^{(n)}(\lambda) \in \boldsymbol{M}_{\boldsymbol{\varphi}(\lambda)}$$

$$\lim_{\lambda\to\infty}\lambda\boldsymbol{\eta}^{(n)}(\lambda) = (q_{nj};j \in E_1 \cup E_2)$$

$$\lim_{\lambda\to\infty}\lambda\boldsymbol{\xi}^{(n)}(\lambda) = (q_{in};i \in E_1 \cup E_2)^{\mathrm{T}}$$

$$\lim_{\lambda\to\infty}\lambda\boldsymbol{\eta}^{(n)}(\lambda) = (1 - \boldsymbol{\xi}^{(n)}) < +\infty$$

(此处 $m_1 \leqslant n \leqslant m_2,\boldsymbol{\xi}^{(n)} = \lim\limits_{\lambda\downarrow 0}\boldsymbol{\xi}^{(n)}(\lambda),\boldsymbol{0}_{E_1}^{-},\boldsymbol{0}\mid_{E_1}$ 分别是 E_1 上的零行、列向量,同样理解 $0_{E_2}^{-},0\mid_{E_2}$),而且

$$\lim_{\lambda\to\infty}\lambda\boldsymbol{\eta}^{(m_1)}(\lambda)\boldsymbol{\xi}^{(m_1)} = +\infty$$

$$\lim_{\lambda\to\infty}\lambda\boldsymbol{\eta}^{(m_2)}(\lambda)\boldsymbol{\xi}^{(m_2)} = +\infty$$

$$\lim_{\lambda\to\infty}\lambda\boldsymbol{\eta}^{(n)}(\lambda)\boldsymbol{\xi}^{(m)} = +\infty \quad (n \neq m)$$

还满足

$$\sum_{n=m_1}^{m_2}\boldsymbol{\xi}^{(n)}(\lambda) = \boldsymbol{1} - \lambda\boldsymbol{\varphi}(\lambda)\boldsymbol{1} \qquad (9.2.27)$$

定义 $\{m_1,\cdots,m_2\} \times \{m_1,\cdots,m_2\}$ 上常数矩阵 $\boldsymbol{C} = (c_{ij})$ 如下:

$$c_{ij} = -(q_{ij} + \lim_{\lambda\to\infty}\lambda\boldsymbol{\eta}^{(i)}(\lambda)\boldsymbol{\xi}^{(j)}) \quad (i \neq j)$$

$$c_{ii} = \sum_{j=m_1,j\neq i}^{m_2} q_{ij} + \lim_{\lambda\to\infty}\lambda\boldsymbol{\eta}^{(i)}(\lambda)(\boldsymbol{1} - \boldsymbol{\xi}^{(i)}) \qquad (9.2.28)$$

令

$$\lambda\boldsymbol{\eta}(\lambda)\boldsymbol{\xi} \equiv (\lambda\boldsymbol{\eta}^{(i)}(\lambda)\boldsymbol{\xi}^{(j)})_{i,j\in\{m_1,\cdots,m_2\}}$$

是 $\{m_1,\cdots,m_2\} \times \{m_1,\cdots,m_2\}$ 上矩阵.

由多维分解定理知,矩阵 $\boldsymbol{C} + \lambda\boldsymbol{I} + \lambda\boldsymbol{\eta}(\lambda)\boldsymbol{\xi}$ 有逆矩阵且逆非负.

再令

$$\boldsymbol{A}(\lambda) = (\boldsymbol{C} + \lambda\boldsymbol{I} + \lambda\boldsymbol{\eta}(\lambda)\boldsymbol{\xi})^{-1}$$

$$\boldsymbol{\eta}(\lambda)=\begin{bmatrix}\boldsymbol{\eta}^{(m_1)}(\lambda)\\ \vdots \\ \boldsymbol{\eta}^{(m_2)}(\lambda)\end{bmatrix}$$

$$\boldsymbol{\xi}(\lambda)=(\boldsymbol{\xi}^{(m_1)}(\lambda),\cdots,\boldsymbol{\xi}^{(m_2)}(\lambda))$$

最后令

$$\boldsymbol{R}_{d_2}^{d_1}(\lambda)=\begin{pmatrix}\mathbf{0} & \mathbf{0}\\ \mathbf{0} & \boldsymbol{\varphi}(\lambda)\end{pmatrix}+\begin{pmatrix}\boldsymbol{A}(\lambda) & \boldsymbol{A}(\lambda)\boldsymbol{\eta}(\lambda)\\ \boldsymbol{\xi}(\lambda)\boldsymbol{A}(\lambda) & \boldsymbol{\xi}(\lambda)\boldsymbol{A}(\lambda)\boldsymbol{\eta}(\lambda)\end{pmatrix}$$

由多维分解定理知，$\boldsymbol{R}_{d_2}^{d_1}(\lambda)$ 是 $\boldsymbol{Q}$ 过程，由(9.2.27)、(9.2.28)知 $\boldsymbol{R}(\lambda)$ 还是不中断的，当 d_1 或 d_2 不同时，$\boldsymbol{R}_{d_2}^{d_1}(\lambda)$ 不同.

以下证明必要性. 设 $\boldsymbol{Q}$ 是 $\boldsymbol{Q}$ - 矩阵，$\boldsymbol{R}(\lambda)$ 是一个 $\boldsymbol{Q}$ 过程，对 $\boldsymbol{R}(\lambda)$ 关于状态集 $F=\{m_1,\cdots,m_2\}$ 使用多维分解定理得

$$R(\lambda)=\begin{pmatrix}\mathbf{0} & \mathbf{0}\\ \mathbf{0} & \boldsymbol{\psi}(\lambda)\end{pmatrix}+\begin{pmatrix}\boldsymbol{A}(\lambda) & \boldsymbol{A}(\lambda)\boldsymbol{\eta}(\lambda)\\ \boldsymbol{\xi}(\lambda)\boldsymbol{A}(\lambda) & \boldsymbol{\xi}(\lambda)\boldsymbol{A}(\lambda)\boldsymbol{\eta}(\lambda)\end{pmatrix}\tag{9.2.29}$$

其中 $\boldsymbol{\psi}(\lambda)={}_F\boldsymbol{R}(\lambda)$ 是 $\boldsymbol{Q}_{E_1\cup E_2}$ 过程，由(9.2.29)容易证明 $\boldsymbol{\psi}(\lambda)$ 还是 B 型的. $\boldsymbol{A}(\lambda)$ 是 $\boldsymbol{B}(\lambda)$ 在 $F\times F$ 上的限制.

$$\boldsymbol{\eta}(\lambda)=\begin{bmatrix}\boldsymbol{\eta}^{(m_1)}(\lambda)\\ \vdots \\ \boldsymbol{\eta}^{(m_2)}(\lambda)\end{bmatrix}$$

$$\boldsymbol{\xi}(\lambda)=(\boldsymbol{\xi}^{(m_1)}(\lambda),\cdots,\boldsymbol{\xi}^{(m_2)}(\lambda))$$

$$\boldsymbol{\eta}^{(n)}(\lambda)\in\boldsymbol{L}_{\boldsymbol{\psi}(\lambda)},\boldsymbol{\xi}^{(n)}(\lambda)\in\boldsymbol{M}_{\boldsymbol{\psi}(\lambda)}$$

$$\sum_{n=m_1}^{m_2}\boldsymbol{\xi}^{(n)}(\lambda)\leqslant\mathbf{1}-\lambda\boldsymbol{\psi}(\lambda)\mathbf{1}\tag{9.2.30}$$

$$\lim_{\lambda\to\infty}\lambda\boldsymbol{\eta}^{(m_1)}(\lambda)(\mathbf{1}-\boldsymbol{\xi}^{(m_1)})<+\infty$$
$$\lim_{\lambda\to\infty}\lambda\boldsymbol{\eta}^{(m_1)}(\lambda)\boldsymbol{\xi}^{(m_1)}=+\infty \qquad (9.2.31)$$
$$\lim_{\lambda\to\infty}\lambda\boldsymbol{\eta}^{(m_2)}(\lambda)(\mathbf{1}-\boldsymbol{\xi}^{(m_2)})<+\infty$$
$$\lim_{\lambda\to\infty}\lambda\boldsymbol{\eta}^{(m_2)}(\lambda)\boldsymbol{\xi}^{(m_2)}=+\infty \qquad (9.2.32)$$

以下证明

$$\inf_{i\in E_1}\sum_{j\in E_1\cup E_2}\boldsymbol{\psi}_{ij}(\lambda)=0 \qquad (9.2.33)$$
$$\inf_{i\in E_2}\sum_{j\in E_1\cup E_2}\boldsymbol{\psi}_{ij}(\lambda)=0 \qquad (9.2.34)$$

若(9.2.33)不成立，则$\inf\limits_{i\in E_1}\sum\limits_{j\in E_1\cup E_2}\psi_{ij}(\lambda)>0(\lambda>0)$，用${}_{m_1}\boldsymbol{R}(\lambda)$，${}_{m_2}\boldsymbol{R}(\lambda)$分别表示$\boldsymbol{R}(\lambda)$禁止瞬时态$m_1$和$m_2$而得到的$\boldsymbol{Q}_{E-\{m_1\}}$过程和$\boldsymbol{Q}_{E-\{m_2\}}$过程，由禁止概率的定义可得

$$\inf_{i\in E_1}\sum_{j\in E-\{m_1\}}{}_{m_1}r_{ij}(\lambda)\geqslant\inf_{i\in E_1}\sum_{j\in E-\{m_1\}-\{m_2\}}{}_{m_1}r_{ij}(\lambda)$$
$$\geqslant\inf_{i\in E_1}\sum_{j\in E_1\cup E_2}\psi_{ij}(\lambda)>0(\lambda>0)(9.2.35)$$

同理得

$$\inf_{i\in E_1}\sum_{j\in E-\{m_2\}}{}_{m_2}r_{ij}(\lambda)\geqslant\inf_{i\in E_1}\sum_{j\in E_1\cup E_2}\psi_{ij}(\lambda)>0\quad(\lambda>0)$$
$$(9.2.36)$$

利用(9.2.35)、(9.2.36)仿照(9.2.12)、(9.2.13)和(9.2.14)的证明可证得，对$\boldsymbol{R}(\lambda)$禁止E_1之后所得到的${}_{E_1}\boldsymbol{R}(\lambda)$是$\boldsymbol{Q}_{E-E_1}$过程. 但$\boldsymbol{Q}_{E-E_1}$是单边生灭矩阵，含有两个瞬时态$m_1$和$m_2$，这与定理8.2.1的结论矛盾，故(9.2.33)必须成立.

同理可得(9.2.34)成立.

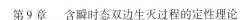

利用(9.2.33)、(9.2.34) 以及 $\boldsymbol{\psi}(\lambda)$ 是 B 型 $\boldsymbol{Q}_{E_1 \cup E_2}$ 过程,且

$$\boldsymbol{Q}_{E_1 \cup E_2} = \begin{bmatrix} \boldsymbol{Q}_{E_1} & \boldsymbol{0} \\ \boldsymbol{0} & \boldsymbol{Q}_{E_2} \end{bmatrix}$$

仿照(9.2.15)、(9.2.16)、(9.2.17) 和(9.2.18) 的证明方法,可得

$$\boldsymbol{\psi}(\lambda) = \boldsymbol{\varphi}(\lambda) = \begin{pmatrix} \boldsymbol{\varphi}^{(1)}(\lambda) & \boldsymbol{0} \\ \boldsymbol{0} & \boldsymbol{\varphi}^{(2)}(\lambda) \end{pmatrix} \quad (9.3.37)$$

因此,$\boldsymbol{\eta}^{(m_1)}(\lambda),\boldsymbol{\eta}^{(m_2)}(\lambda) \in \boldsymbol{L}_{\varphi(\lambda)}$;$\boldsymbol{\xi}^{(m_1)}(\lambda),\boldsymbol{\xi}^{(m_2)}(\lambda) \in \boldsymbol{M}_{\varphi(\lambda)}$.

由行列协调族的性质有

$$\boldsymbol{\eta}^{(m_1)}(\lambda) = \boldsymbol{e}^{(m_1)}\boldsymbol{\varphi}(\lambda) + \overline{\boldsymbol{\eta}}^{(m_1)}(\lambda)$$

$$\boldsymbol{\eta}^{(m_2)}(\lambda) = \boldsymbol{e}^{(m_2)}\boldsymbol{\varphi}(\lambda) + \overline{\boldsymbol{\eta}}^{(m_2)}(\lambda)$$

$$\boldsymbol{\xi}^{(m_1)}(\lambda) = \boldsymbol{\varphi}(\lambda)\boldsymbol{f}^{(m_1)} + \overline{\boldsymbol{\xi}}^{(m_1)}(\lambda)$$

$$\boldsymbol{\xi}^{(m_2)}(\lambda) = \boldsymbol{\varphi}(\lambda)\boldsymbol{f}^{(m_2)} + \overline{\boldsymbol{\xi}}^{(m_2)}(\lambda)$$

其中 $\boldsymbol{e}^{(n)} = (q_{nj};j \in E_1 \cup E_2)$,$\boldsymbol{f}^{(n)} = (q_{in};i \in E_1 \cup E_2)(n = m_1,m_2)$,$\overline{\boldsymbol{\eta}}^{(n)}(\lambda) \in \boldsymbol{L}_{\varphi(\lambda)}$ 且满足方程

$$\begin{cases} \boldsymbol{v}(\lambda \boldsymbol{I} - \boldsymbol{Q}_{E_1 \cup E_2}) = 0 \\ \boldsymbol{0} \leqslant \boldsymbol{v} \in \boldsymbol{L}_{E_1 \cup E_2} \end{cases} \quad (\lambda > 0) \quad (9.2.38)$$

$\overline{\boldsymbol{\xi}}^{(n)}(\lambda) \in \boldsymbol{M}_{\varphi(\lambda)}$ 且满足方程

$$\begin{cases} (\lambda \boldsymbol{I} - \boldsymbol{Q}_{E_1 \cup E_2})\boldsymbol{U} = 0 \\ \boldsymbol{0} \leqslant \boldsymbol{U} \leqslant \boldsymbol{1} \end{cases} \quad (\lambda > 0) \quad (9.2.39)$$

$(n = m_1,m_2)$.

类似于(8.2.34) 的证明,可得

$$\lim_{\lambda\to\infty}\lambda\boldsymbol{\eta}^{(m_1)}(\lambda)\boldsymbol{\varphi f}^{(m_1)}<+\infty,\lim_{\lambda\to\infty}\lambda\boldsymbol{\eta}^{(m_2)}(\lambda)\boldsymbol{\varphi f}^{(m_2)}<+\infty$$

由(9.2.31)、(9.2.32)，注意 $\boldsymbol{e}^{(m_1)}\boldsymbol{1}<+\infty,\boldsymbol{e}^{(m_2)}\boldsymbol{1}<+\infty$，得

$$\lim_{\lambda\to\infty}\lambda\overline{\boldsymbol{\eta}}^{(m_1)}(\lambda)\bar{\boldsymbol{\xi}}^{(m_1)}=+\infty$$

$$\lim_{\lambda\to\infty}\lambda\overline{\boldsymbol{\eta}}^{(m_1)}(\lambda)(\boldsymbol{1}-\bar{\boldsymbol{\xi}}^{(m_1)})<+\infty \quad (9.2.40)$$

$$\lim_{\lambda\to\infty}\lambda\overline{\boldsymbol{\eta}}^{(m_2)}(\lambda)\bar{\boldsymbol{\xi}}^{(m_2)}=+\infty$$

$$\lim_{\lambda\to\infty}\lambda\overline{\boldsymbol{\eta}}^{(m_2)}(\lambda)(\boldsymbol{1}-\bar{\boldsymbol{\xi}}^{(m_2)})<+\infty \quad (9.2.41)$$

故

$$\lim_{\lambda\to\infty}\lambda\overline{\boldsymbol{\eta}}^{(m_1)}(\lambda)\bar{\boldsymbol{\xi}}^{(m_2)}<+\infty$$

$$\lim_{\lambda\to\infty}\lambda\overline{\boldsymbol{\eta}}^{(m_2)}(\lambda)\bar{\boldsymbol{\xi}}^{(m_1)}<+\infty \quad (9.2.42)$$

若 $\boldsymbol{Y}(\lambda)$ 是 $E_1\cup E_2$ 上行向量或列向量，用 $\boldsymbol{Y}(\lambda)_{E_1}$，$\boldsymbol{Y}(\lambda)_{E_2}$ 分别表示 $Y(\lambda)$ 在 E_1 和 E_2 上的限制.

注意(9.2.37) 以及

$$\boldsymbol{Q}_{E_1\cup E_2}=\begin{bmatrix}\boldsymbol{Q}_{E_1} & \boldsymbol{0}\\ \boldsymbol{0} & \boldsymbol{Q}_{E_2}\end{bmatrix}$$

可得 $\overline{\boldsymbol{\eta}}^{(m_1)}(\lambda)_{E_1},\overline{\boldsymbol{\eta}}^{(m_2)}(\lambda)_{E_1}\in\boldsymbol{L}_{\Phi^{(1)}(\lambda)}$ 满足方程

$$\begin{cases}\boldsymbol{v}(\lambda\boldsymbol{I}-\boldsymbol{Q}_{E_1})=0\\ \boldsymbol{0}\leqslant\boldsymbol{v}\in\boldsymbol{L}_{E_2}\end{cases}\quad(\lambda>0)\quad(9.2.43)$$

$\overline{\boldsymbol{\eta}}^{(m_1)}(\lambda)_{E_2},\overline{\boldsymbol{\eta}}^{(m_2)}(\lambda)_{E_2}\in\boldsymbol{L}_{\Phi^{(2)}(\lambda)}$ 满足方程

$$\begin{cases}\boldsymbol{v}(\lambda\boldsymbol{I}-\boldsymbol{Q}_{E_2})=0\\ \boldsymbol{0}\leqslant\boldsymbol{v}\in\boldsymbol{L}_{E_2}\end{cases}\quad(\lambda>0)\quad(9.2.44)$$

$\bar{\boldsymbol{\xi}}^{(m_1)}(\lambda)_{E_1},\bar{\boldsymbol{\xi}}^{(m_2)}(\lambda)_{E_1}\in\boldsymbol{M}_{\boldsymbol{\Phi}^{(1)}(\lambda)}$ 满足方程

$$\begin{cases}(\lambda\boldsymbol{I}-\boldsymbol{Q}_{E_1})\boldsymbol{U}=0\\ \boldsymbol{0}\leqslant\boldsymbol{U}\leqslant\boldsymbol{1}\end{cases}\quad(\lambda>0)\quad(9.2.45)$$

$\bar{\boldsymbol{\xi}}^{(m_1)}(\lambda)_{E_2},\bar{\boldsymbol{\xi}}^{(m_2)}(\lambda)_{E_2}\in \boldsymbol{M}_{\Phi^{(2)}(\lambda)}$ 满足方程

$$\begin{cases}(\lambda \boldsymbol{I}-\boldsymbol{Q}_{E_2})\boldsymbol{U}=0\\ \boldsymbol{0}\leqslant \boldsymbol{U}\leqslant \boldsymbol{1}\end{cases}\quad(\lambda>0)\qquad(9.2.46)$$

再注意方程(9.2.43)、(9.2.44)、(9.2.45)和(9.2.46)均至多有一个线性独立解,综合(9.2.40)、(9.2.41)和(9.2.42)三式得下列(9.2.47)、(9.2.48)之一成立.

$$\lim_{\lambda\to\infty}\lambda\bar{\boldsymbol{\eta}}^{(m_1)}(\lambda)_{E_1}\bar{\boldsymbol{\xi}}^{(m_1)}_{E_1}=+\infty$$
$$\lim_{\lambda\to\infty}\lambda\bar{\boldsymbol{\eta}}^{(m_2)}(\lambda)_{E_2}\bar{\boldsymbol{\xi}}^{(m_2)}_{E_2}=+\infty\qquad(9.2.47)$$

或者

$$\lim_{\lambda\to\infty}\lambda\bar{\boldsymbol{\eta}}^{(m_1)}(\lambda)_{E_2}\bar{\boldsymbol{\xi}}^{(m_1)}_{E_2}=+\infty$$
$$\lim_{\lambda\to\infty}\lambda\bar{\boldsymbol{\eta}}^{(m_2)}(\lambda)_{E_1}\bar{\boldsymbol{\xi}}^{(m_2)}_{E_1}=+\infty\qquad(9.2.48)$$

若(9.2.47)成立,则方程(9.2.45)、(9.2.46)分别有非零解 $\bar{\boldsymbol{\xi}}^{(m_1)}(\lambda)_{E_1}$ 和 $\bar{\boldsymbol{\xi}}^{(m_2)}(\lambda)_{E_2}$,由定理6.2.1,$z^{(1)}$ 正则或流出,$z^{(2)}$ 正则或流出. 由(9.2.47)有 $\bar{\boldsymbol{\eta}}^{(m_1)}(\lambda)_{E_1}\neq 0,\bar{\boldsymbol{\eta}}^{(m_2)}(\lambda)_{E_2}\neq 0$;由定理6.2.1得,$z^{(1)}$ 正则或流入,$z^{(2)}$ 正则或流入. 因此,$z^{(1)}$ 正则而且 $z^{(2)}$ 正则.

若(9.2.48)成立,同理可得 $z^{(1)},z^{(2)}$ 均正则. 因此,必要性得证.

定理证毕.

9.3 补充与注记

本章结果由刘再明,侯振挺[1,2]得到. 本章内容取材于刘再明,侯振挺[2].

第10章 含有限个瞬时态生灭过程的构造

10.1 引 言

设$\boldsymbol{Q}$是含有限个瞬时态的生灭$\boldsymbol{Q}$-矩阵,由定理5.2.1和定理5.2.2知:当$\boldsymbol{Q}$为单边生灭$\boldsymbol{Q}$-矩阵时,$\boldsymbol{Q}$正好含一个瞬时态;当$\boldsymbol{Q}$为双边生灭$\boldsymbol{Q}$-矩阵时,$\boldsymbol{Q}$含一个瞬时态或两个瞬时态. 因此,为了完成含有限个瞬时态生灭过程的构造,只需讨论单瞬时态单边生灭过程的构造以及单瞬时态或双瞬时态双边生灭过程的构造即可.

在进行正式构造之前,先引入某些常用记号.

设$\boldsymbol{Q}$是任意$\boldsymbol{Q}$-矩阵,$\boldsymbol{\psi}(\lambda)$是一个$\boldsymbol{Q}$过程. 按通常习惯,用$\boldsymbol{L}_{\boldsymbol{\psi}(\lambda)}$和$\boldsymbol{M}_{\boldsymbol{\psi}(\lambda)}$分别表示$\boldsymbol{\psi}(\lambda)$的行协调族和列协调族的全体,即

$$\boldsymbol{L}_{\boldsymbol{\psi}(\lambda)} = \{\boldsymbol{\eta}(\lambda);\boldsymbol{\eta}(\lambda)\text{ 非负可和且 } \boldsymbol{\eta}(\lambda)-\boldsymbol{\eta}(\mu)=(\mu-\lambda)\boldsymbol{\eta}(\lambda)\boldsymbol{\psi}(\mu),\forall\lambda,\mu>0\}$$

$$M_{\psi(\lambda)} = \{\xi(\lambda);0 \leqslant \xi(\lambda) \leqslant \mathbf{1} - \lambda\psi(\lambda)\mathbf{1} \text{ 且 } \xi(\lambda) - \xi(\mu) = (\mu - \lambda)\psi(\lambda)\xi(\mu), \forall \lambda,\mu > 0\}$$

再令

$$L^0_{\psi(\lambda)} = \{\eta(\lambda);\eta(\lambda) \in L_{\psi(\lambda)} \text{ 且} \lim_{\lambda\to\infty}\lambda\eta(\lambda) = 0\}$$

$$M^0_{\psi(\lambda)} = \{\xi(\lambda);\xi(\lambda) \in M_{\psi(\lambda)} \text{ 且} \lim_{\lambda\to\infty}\lambda\xi(\lambda) = 0\}$$

$\forall \xi(\lambda) \in M_{\psi(\lambda)}$,用 ξ 表示 $\xi(\lambda)$ 的标准映象,即

$$\xi = \lim_{\lambda\downarrow 0}\xi(\lambda)$$

10.2 单瞬时态单边生灭过程的构造

设 Q 是单瞬时态单边生灭 Q - 矩阵,瞬时态记为 n. 记 $E_n = \{n+1,n+2,\cdots\}$, $Q_{E_n} = (q_{ij};i,j \in E_n)$ 是 Q 在 E_n 上的限定. 由定理 8. 2. 3 和定理 8. 2. 4 知,Q_{E_n} 的边界点正则.

注意 Q_{E_n} 是全稳定单边生灭矩阵,边界点正则. 按 5. 1 定义 Q_{E_n} 的数字特征,按 6. 2 和 6. 3 构造 Q_{E_n} 的最小解 $\varphi(\lambda) = (\varphi_{ij}(\lambda);i,j \in E_n)$ 以及 $X^1(\lambda) = (X^1_i(\lambda);i \in E_n)$ 和 $X^2(\lambda) = (X^2_i(\lambda);i \in E_n)$,其中

$$\varphi_{ij}(\lambda) = \begin{cases} u_i(\lambda)v_j(\lambda)\mu_j, & j \geqslant i \\ v_i(\lambda)u_j(\lambda)\mu_j, & j \leqslant i \end{cases} \quad (i \in E_n) \tag{10.2.1}$$

$$X^1_i(\lambda) = q_{n+1,n}v_i(\lambda), X^2_i(\lambda) = \frac{u_i(\lambda)}{u(z,\lambda)} \quad (i \in E_n) \tag{10.2.2}$$

此处 $u(\lambda),v(\lambda),u(z,\lambda)$ 关于 Q_{E_n} 按第 6 章类似定义.

令

$$\overline{\boldsymbol{\eta}}_j(\lambda) = \boldsymbol{X}_j^2(\lambda) \cdot \mu_j, j \in E_n$$

$$\overline{\boldsymbol{\eta}}(\lambda) = \overline{\boldsymbol{\eta}}_j(\lambda), j \in E_n$$

定理 10.2.1　设 $\boldsymbol{Q}$ 是单瞬时态单边生灭 $\boldsymbol{Q}$ - 矩阵,状态 $\mathbf{0}$ 为瞬时态. 任取常数 $d > 0$,令

$$\boldsymbol{e} = (q_{01}, 0, 0, \cdots), \boldsymbol{\eta}(\lambda) = \boldsymbol{e}\boldsymbol{\varphi}(\lambda) + d\,\overline{\boldsymbol{\eta}}(\lambda) \tag{10.2.3}$$

$$\boldsymbol{\xi}(\lambda) = \mathbf{1} - \lambda\boldsymbol{\varphi}(\lambda)\mathbf{1} \tag{10.2.4}$$

再任取常数 $c \geqslant 0$,令

$$\boldsymbol{\psi}(\lambda) = \begin{pmatrix} 0 & \mathbf{0} \\ \mathbf{0} & \boldsymbol{\varphi}(\lambda) \end{pmatrix} + \frac{1}{c + \lambda + \lambda\boldsymbol{\eta}(\lambda)\mathbf{1}} \begin{pmatrix} \mathbf{1} \\ \boldsymbol{\xi}(\lambda) \end{pmatrix} (\mathbf{1}, \boldsymbol{\eta}(\lambda)) \tag{10.2.5}$$

那么 $\boldsymbol{\psi}(\lambda)$ 是生灭 $\boldsymbol{Q}$ 过程,$\boldsymbol{\psi}(\lambda)$ 不中断的充要条件是 $c = 0$. 反之,任一生灭 $\boldsymbol{Q}$ 过程均可按以上方法构造.

证明　由定理 8.2.3 充分性部分的证明可知,(10.2.5) 中构造的 $\boldsymbol{\psi}(\lambda)$ 是生灭 $\boldsymbol{Q}$ 过程. 显然,$\boldsymbol{\psi}(\lambda)$ 不中断的充要条件是 $c = 0$.

反之,设 $\boldsymbol{R}(\lambda)$ 是任一生灭 $\boldsymbol{Q}$ 过程,对 $\boldsymbol{R}(\lambda)$ 关于瞬时态0使用分解定理,由定理8.2.3的必要性部分证明得

$$\boldsymbol{R}(\lambda) = \begin{pmatrix} 0 & \mathbf{0} \\ \mathbf{0} & \boldsymbol{\varphi}(\lambda) \end{pmatrix} + r_{00}(\lambda) \begin{pmatrix} \mathbf{1} \\ \boldsymbol{\xi}'(\lambda) \end{pmatrix} (\mathbf{1} \quad \boldsymbol{\eta}'(\lambda)) \tag{10.2.6}$$

其中,$\boldsymbol{\eta}'(\lambda) \in \boldsymbol{L}_{\boldsymbol{\varphi}(\lambda)}, \boldsymbol{\xi}'(\lambda) \in \boldsymbol{M}_{\boldsymbol{\varphi}(\lambda)}$,

$$\lim_{\lambda \to \infty} \lambda \boldsymbol{\eta}'(\lambda) = \boldsymbol{e}$$

$$\lim_{\lambda\to\infty}\lambda\boldsymbol{\xi}'(\lambda) = f \equiv (q_{10},0,0,\cdots,)^{\mathrm{T}}$$

$$\lim_{\lambda\to\infty}\lambda\boldsymbol{\eta}'(\lambda)\mathbf{1} = +\infty \tag{10.2.7}$$

$$\lim_{\lambda\to\infty}\lambda\boldsymbol{\eta}'(\lambda)(\mathbf{1}-\boldsymbol{\xi}') < +\infty,\boldsymbol{\xi}' \equiv \lim_{\lambda\downarrow 0}\boldsymbol{\xi}'(\lambda) \tag{10.2.8}$$

$$r_{00}(\lambda) = \frac{1}{c+\lim\limits_{\lambda\to\infty}\lambda\boldsymbol{\eta}'(\lambda)(\mathbf{1}-\boldsymbol{\xi}')+\lambda+\lambda\boldsymbol{\eta}'(\lambda)\boldsymbol{\xi}'} \tag{10.2.9}$$

$c \geqslant 0$ 为常数.

由行、列协调族的表现得

$$\boldsymbol{\eta}'(\lambda) = \boldsymbol{e\varphi}(\lambda) + \bar{\boldsymbol{\eta}}'(\lambda),\bar{\boldsymbol{\eta}}'(\lambda) \in \boldsymbol{L}^0_{\varphi(\lambda)} \tag{10.2.10}$$

$$\boldsymbol{\xi}'(\lambda) = \boldsymbol{\varphi}(\lambda)\boldsymbol{f} + \bar{\boldsymbol{\xi}}'(\lambda),\bar{\boldsymbol{\xi}}'(\lambda) \in \boldsymbol{M}^0_{\varphi(\lambda)} \tag{10.2.11}$$

由(10.2.7)得

$$\lim_{\lambda\to\infty}\lambda\,\bar{\boldsymbol{\eta}}'(\lambda)\mathbf{1} = +\infty \tag{10.2.12}$$

再由引理 6.3.4 知,存在 $d>0$ 使

$$\bar{\boldsymbol{\eta}}'(\lambda) = d\,\bar{\boldsymbol{\eta}}(\lambda) \tag{10.2.13}$$

由(10.2.11)及引理 6.3.5 得

$$\boldsymbol{\xi}'(\lambda) = \boldsymbol{X}^1(\lambda) + d_2\boldsymbol{X}^2(\lambda) \tag{10.2.14}$$

其中 $d_2 \geqslant 0$,再由

$$\boldsymbol{\xi}'(\lambda) \leqslant \mathbf{1} - \lambda\boldsymbol{\varphi}(\lambda)\mathbf{1} = \boldsymbol{X}^1(\lambda) + \boldsymbol{X}^2(\lambda)$$

得 $0 \leqslant d_2 \leqslant 1$.

由引理 6.3.6 及引理 6.3.2 知

$$\lim_{\lambda\to\infty}\lambda\,\bar{\boldsymbol{\eta}}(\lambda)\boldsymbol{X}^1 < +\infty,\quad \lim_{\lambda\to\infty}\lambda\,\bar{\boldsymbol{\eta}}(\lambda)\boldsymbol{X}^2 = +\infty \tag{10.2.15}$$

其中，$\boldsymbol{X}^k = \lim\limits_{\lambda \downarrow 0} \boldsymbol{X}^k(\lambda)(k = 1,2)$.

注意

$$\mathbf{1} - \boldsymbol{\xi}' = \lim_{\lambda \downarrow 0}[\lambda \boldsymbol{\varphi}(\lambda)\mathbf{1}] + (\mathbf{1} - d_2)\boldsymbol{X}^2$$

由(10.2.8)、(10.2.15)及上式得 $d_2 = 1$. 从而

$$\boldsymbol{\xi}'(\lambda) = \boldsymbol{X}^1(\lambda) + \boldsymbol{X}^2(\lambda) = \mathbf{1} - \lambda \boldsymbol{\varphi}(\lambda)\mathbf{1} \tag{10.2.16}$$

由上式可得 $\lambda \boldsymbol{\eta}'(\lambda)(\mathbf{1} - \boldsymbol{\xi}')$ 为常数(与 λ 无关)，故由(10.2.9)知

$$r_{00}(\lambda) = \frac{1}{c + \lambda + \lambda \boldsymbol{\eta}'(\lambda)\mathbf{1}} \tag{10.2.17}$$

由(10.2.6)、(10.2.10)、(10.2.13)、(10.2.16)及上式知，$\boldsymbol{R}(\lambda)$ 可按(10.2.3) ~ (10.2.5)构造. 证毕.

定理 10.2.2　设 $\boldsymbol{Q}$ 是单瞬时态单边生灭 $\boldsymbol{Q}$ - 矩阵，状态 $n(n > 0)$ 为瞬时态. 按本节开始部分定义 E_n、$\boldsymbol{Q}_{E_n}$、$\boldsymbol{\varphi}(\lambda)$、$\boldsymbol{X}^1(\lambda)$、$\boldsymbol{X}^2(\lambda)$ 和 $\overline{\boldsymbol{\eta}}(\lambda)$. 令 $\boldsymbol{e}^{(k)}$，$\boldsymbol{f}^{(k)}$ 分别是 E_n 上的行向量和列向量，其中

$$\begin{cases} \boldsymbol{e}^{(k)} = (0,0,\cdots), \boldsymbol{f}^{(k)} = (0,0,\cdots)^{\mathrm{T}}, 0 \leqslant k \leqslant n-1 \\ \boldsymbol{e}^{(n)} = (q_{n,n+1}, 0, \cdots), \boldsymbol{f}^{(n)} = (q_{n+1,n}, 0, \cdots)^{\mathrm{T}} \end{cases} \tag{10.2.18}$$

任取常数 $d > 0$，令

$$\begin{cases} \boldsymbol{\eta}^{(k)}(\lambda) = \boldsymbol{e}^{(k)}\boldsymbol{\varphi}(\lambda) \\ \boldsymbol{\xi}^{(k)}(\lambda) = \boldsymbol{\varphi}(\lambda)\boldsymbol{f}^{(k)}, 0 \leqslant k \leqslant n-1 \\ \boldsymbol{\eta}^{(n)}(\lambda) = \boldsymbol{e}^{(n)}\boldsymbol{\varphi}(\lambda) + d\,\overline{\boldsymbol{\eta}}(\lambda) \\ \boldsymbol{\xi}^{(n)}(\lambda) = \boldsymbol{\varphi}(\lambda)\boldsymbol{f}^{(n)} + \boldsymbol{X}^2(\lambda) \\ = \boldsymbol{X}^1(\lambda) + \boldsymbol{X}^2(\lambda) = \mathbf{1} - \lambda\boldsymbol{\varphi}(\lambda)\mathbf{1} \end{cases} \tag{10.2.19}$$

$$\boldsymbol{\eta}(\lambda)=\begin{bmatrix}\boldsymbol{\eta}^{(0)}(\lambda)\\ \vdots\\ \boldsymbol{\eta}^{(n)}(\lambda)\end{bmatrix}$$

$$\boldsymbol{\xi}(\lambda)=(\boldsymbol{\xi}^{(0)}(\lambda),\cdots,\boldsymbol{\xi}^{(n)}(\lambda))$$

再令$\boldsymbol{I},\lambda[\boldsymbol{\eta}(\lambda),\boldsymbol{\xi}]$和$\boldsymbol{C}$分别是$\{0,\cdots,n\}\times\{0,\cdots,n\}$上的单位矩阵和矩阵,其中

$$\begin{cases}\lambda[\boldsymbol{\eta}(\lambda),\boldsymbol{\xi}]_{ij}=\lambda\boldsymbol{\eta}^{(i)}(\lambda)\boldsymbol{\xi}^{(j)},0\leqslant i,j\leqslant n\\ \boldsymbol{C}_{ij}=-(q_{ij}+\lim\limits_{\lambda\to\infty}\lambda\boldsymbol{\eta}^{(i)}(\lambda)\boldsymbol{\xi}^{(j)}),0\leqslant i,j\leqslant n,i\neq j\\ C_{00}=q_0-q_{01}+\sum\limits_{j=1}^{n}|C_{0j}|+\lim\limits_{\lambda\to\infty}\lambda\boldsymbol{\eta}^{(0)}(\lambda)(1-\sum\limits_{j=0}^{n}\boldsymbol{\xi}^{(j)})\\ C_{ii}=\sum\limits_{\substack{j=1\\ j\neq i}}^{n}|C_{ij}|+\lim\limits_{\lambda\to\infty}\lambda\boldsymbol{\eta}^{(i)}(\lambda)(1-\sum\limits_{j=0}^{n}\boldsymbol{\xi}^{(j)})(1\leqslant i<n)\end{cases}$$

(10.2.20)

$$C_{nn}=c+\sum_{j=0}^{n-1}|C_{nj}|+\lim_{\lambda\to\infty}\lambda\boldsymbol{\eta}^{(n)}(\lambda)(1-\sum_{j=0}^{n}\boldsymbol{\xi}^{(j)})$$

(10.2.21)

此处$c\geqslant 0$为常数.

可以证明$(\boldsymbol{C}+\lambda\boldsymbol{I}+\lambda[\boldsymbol{\eta}(\lambda),\boldsymbol{\xi}])$存在非负逆矩阵,记

$$\boldsymbol{A}(\lambda)=(\boldsymbol{C}+\lambda\boldsymbol{I}+\lambda[\boldsymbol{\eta}(\lambda),\boldsymbol{\xi}])^{-1}$$

最后令

$$\boldsymbol{\psi}(\lambda)=\begin{pmatrix}\boldsymbol{0}&\boldsymbol{0}\\ \boldsymbol{0}&\boldsymbol{\varphi}(\lambda)\end{pmatrix}+\begin{pmatrix}\boldsymbol{A}(\lambda)&\boldsymbol{A}(\lambda)\boldsymbol{\eta}(\lambda)\\ \boldsymbol{\xi}(\lambda)\boldsymbol{A}(\lambda)&\boldsymbol{\xi}(\lambda)\boldsymbol{A}(\lambda)\boldsymbol{\eta}(\lambda)\end{pmatrix}$$

(10.2.22)

那么$\boldsymbol{\psi}(\lambda)$是生灭$\boldsymbol{Q}$过程,$\boldsymbol{\psi}(\lambda)$不中断的充要条件是$q_0=q_{01}$且(10.2.21)中常数$c=0$.反之,任一生灭$\boldsymbol{Q}$过程均可按以上方法构造.

证明　注意定理 8.2.4 的证明过程，类似于定理 10.2.1 的证明方法可证得本定理成立. 详细证明略.

10.3　单(双)瞬时态双边生灭过程的构造

一、双瞬时态双边生灭过程的构造

设 $\boldsymbol{Q}$ 是双边生灭 $\boldsymbol{Q}$ - 矩阵，含两个瞬时态 m_1 和 $m_2(m_1<m_2)$. 记 $E_1=\{\cdots,m_1-2,m_1-1\}$, $E_2=\{m_2+1,m_2+2,\cdots\}$, $\boldsymbol{Q}^{(k)}=\boldsymbol{Q}_{E_k}(k=1,2)$, $E_0=\{m_1,\cdots,m_2\}$. 由定理 9.2.4, $\boldsymbol{Q}^{(1)}$ 和 $\boldsymbol{Q}^{(2)}$ 的边界点均正则. 按 §6.2 和 §6.3 构造 $\boldsymbol{Q}^{(k)}$ 的最小解 $\boldsymbol{\varphi}^{(k)}(\lambda)=(\varphi_{ij}^{(k)}(\lambda);i,j\in E_k)$ 及 $\boldsymbol{X}^{(k)1}(\lambda)=(\boldsymbol{X}_i^{(k)1}(\lambda);i\in E_k)^{\mathrm{T}}$ 和 $\boldsymbol{X}^{(k)2}(\lambda)=(X_i^{(k)2}(\lambda);i\in E_k)^{\mathrm{T}}$，其中

$$\varphi_{ij}^{(1)}(\lambda)=\begin{cases}u_i^{(1)}(\lambda)v_j^{(1)}(\lambda)\mu_j^{(1)}, & j\leqslant i\\ v_i^{(1)}(\lambda)u_j^{(1)}(\lambda)\mu_j^{(1)}, & j\geqslant i\end{cases}(i,j\in E_1)\tag{10.3.1}$$

$$\boldsymbol{X}_i^{(1)1}(\lambda)=q_{m_1-1,m_1}v_i^{(1)}(\lambda)$$

$$\boldsymbol{X}_i^{(1)2}(\lambda)=\frac{u_i^{(1)}(\lambda)}{u^{(1)}(z^{(1)},\lambda)}(i\in E_1)\tag{10.3.2}$$

$$\varphi_{ij}^{(2)}(\lambda)=\begin{cases}u_i^{(2)}(\lambda)v_j^{(2)}(\lambda)\mu_j^{(2)}, & j\geqslant i\\ v_i^{(2)}(\lambda)u_j^{(2)}(\lambda)\mu_j^{(2)}, & j\leqslant i\end{cases}(i,j\in E_2)\tag{10.3.3}$$

$$\boldsymbol{X}_i^{(2)1}(\lambda)=q_{m_2+1,m_2}v_i^{(2)}(\lambda)$$

$$\boldsymbol{X}_i^{(2)2}(\lambda)=\frac{u_i^{(2)}(\lambda)}{u^{(2)}(z^{(2)},\lambda)}(i\in E_2)\tag{10.3.4}$$

此处$\boldsymbol{u}^{(k)}(\lambda)$,$\boldsymbol{\mu}^{(k)}$及$\boldsymbol{v}^{(k)}(\lambda)$按第六章关于$\boldsymbol{Q}^{(k)}$定义.

令

$$\begin{aligned}\overline{\boldsymbol{\eta}}^{(k)}(\lambda) &= (\overline{\eta}_i^{(k)}(\lambda), i \in E_1 \cup E_2)\\ \overline{\boldsymbol{\xi}}^{(k)}(\lambda) &= (\overline{\xi}_i^{(k)}(\lambda), i \in E_1 \cup E_2)^{\mathrm{T}}\end{aligned} \tag{10.3.5}$$

其中,$k = 1,2$ 且

$$\overline{\eta}_i^{(k)}(\lambda) = \begin{cases} X_i^{(k)2}(\lambda)\mu_i^{(k)}, i \in E_k \\ 0, i \in E_{3-k} \end{cases} \tag{10.3.6}$$

$$\overline{\xi}_i^{(k)}(\lambda) = \begin{cases} X_i^{(k)2}(\lambda), i \in E_k \\ 0, i \in E_{3-k} \end{cases} \tag{10.3.7}$$

注意$\boldsymbol{Q}^{(1)}$,$\boldsymbol{Q}^{(2)}$的边界点均正则,由引理6.3.6和引理6.3.2可知

$$\lim_{\lambda\to\infty}\lambda\, \overline{\boldsymbol{\eta}}^{(k)}(\lambda)\overline{\boldsymbol{\xi}}^{(k)} = +\infty \tag{10.3.8}$$

$$\lim_{\lambda\to\infty}\lambda\, \overline{\boldsymbol{\eta}}^{(k)}(\lambda)(\mathbf{1} - \overline{\boldsymbol{\xi}}^{(k)}) < +\infty \tag{10.3.9}$$

又令

$$\begin{aligned}\boldsymbol{\alpha}^{(k)} &= (q_{m_kj}; j \in E_1 \cup E_2)\\ \boldsymbol{d}^{(k)} &= (q_{im_k}; i \in E_1 \cup E_2)^{\mathrm{T}}\end{aligned} \tag{10.3.10}$$

那么$d^{(1)} + d^{(2)} = d$是$\boldsymbol{Q}_{E_1\cup E_2}$的非保守列向量.

定理 10.3.1 设$\boldsymbol{Q}$是含两个瞬时态的双边生灭$\boldsymbol{Q}$-矩阵. 任取常数$a_1 > 0, a_2 > 0$,令

$$\boldsymbol{\varphi}(\lambda) = \begin{pmatrix} \boldsymbol{\varphi}^{(1)}(\lambda) & \mathbf{0} \\ \mathbf{0} & \boldsymbol{\varphi}^{(2)}(\lambda) \end{pmatrix} \tag{10.3.11}$$

$$\begin{aligned}\boldsymbol{\eta}^{(m_k)}(\lambda) &= \boldsymbol{\alpha}^{(k)}\boldsymbol{\varphi}(\lambda) + a_k\, \overline{\boldsymbol{\eta}}^{(k)}(\lambda)\\ \boldsymbol{\xi}^{(m_k)}(\lambda) &= \boldsymbol{\varphi}(\lambda)\boldsymbol{d}^{(k)} + \overline{\boldsymbol{\xi}}^{(k)}(\lambda), k = 1,2\end{aligned} \tag{10.3.12}$$

或者

$$\boldsymbol{\eta}^{(m_k)}(\lambda) = \boldsymbol{\alpha}^{(k)}\boldsymbol{\varphi}(\lambda) + a_k \overline{\boldsymbol{\eta}}^{(3-k)}(\lambda)$$

$$\boldsymbol{\xi}^{(m_k)}(\lambda) = \boldsymbol{\varphi}(\lambda)\boldsymbol{d}^{(k)} + \overline{\boldsymbol{\xi}}^{(3-k)}(\lambda), k = 1,2 \quad (10.3.13)$$

当 $m_2 - m_1 > 1$ 时，对 $m_1 < n < m_2$，令

$$\boldsymbol{\eta}^{(n)}(\lambda) = \boldsymbol{0}, \boldsymbol{\xi}^{(n)}(\lambda) = 0 \quad (10.3.14)$$

分别是 $E_1 \cup E_2$ 上零行向量和零列向量. 再令

$$\boldsymbol{\eta}(\lambda) = \begin{pmatrix} \boldsymbol{\eta}^{(m_1)}(\lambda) \\ \vdots \\ \boldsymbol{\eta}^{(m_2)}(\lambda) \end{pmatrix}$$

$$\boldsymbol{\xi}(\lambda) = (\boldsymbol{\xi}^{(m_1)}(\lambda), \cdots, \boldsymbol{\xi}^{(m_2)}(\lambda)) \quad (10.3.15)$$

$$\boldsymbol{\xi} = (\boldsymbol{\xi}^{(m_1)}, \cdots, \boldsymbol{\xi}^{(m_2)}) \quad (10.3.16)$$

$$\langle \boldsymbol{\eta}(\lambda), \boldsymbol{\xi} \rangle = (\boldsymbol{\eta}^{(i)}(\lambda)\boldsymbol{\xi}^{(j)}, i,j \in E_0) \quad (10.3.17)$$

再取常数矩阵 $\boldsymbol{C} = (C_{ij}; i,j \in E_0)$，满足

$$C_{m_1m_1} \geqslant q_{m_1m_1+1} + \lim_{\lambda\to\infty}\lambda\boldsymbol{\eta}^{(m_1)}(\lambda)(1 - \boldsymbol{\xi}^{(m_1)}) \quad (10.3.18)$$

$$C_{m_2m_2} \geqslant q_{m_2m_2-1} + \lim_{\lambda\to\infty}\lambda\boldsymbol{\eta}^{(m_2)}(\lambda)(1 - \boldsymbol{\xi}^{(m_2)}) \quad (10.3.19)$$

$$C_{ij} = -(q_{ij} + \lim_{\lambda\to\infty}\lambda\boldsymbol{\eta}^{(i)}(\lambda)\boldsymbol{\xi}^{(j)}), \text{其他 } i,j \in E_0 \quad (10.3.20)$$

由多维分解定理知，矩阵 $\boldsymbol{C} + \lambda\boldsymbol{I} + \lambda\langle \boldsymbol{\eta}(\lambda), \boldsymbol{\xi} \rangle$ 存在非负逆矩阵，令

$$\boldsymbol{A}(\lambda) = (\boldsymbol{C} + \lambda\boldsymbol{I} + \lambda\langle \boldsymbol{\eta}(\lambda), \boldsymbol{\xi} \rangle)^{-1} \quad (10.3.21)$$

$$\boldsymbol{R}(\lambda) = \begin{pmatrix} \boldsymbol{0} & \boldsymbol{0} \\ \boldsymbol{0} & \boldsymbol{\varphi}(\lambda) \end{pmatrix} + \begin{pmatrix} \boldsymbol{A}(\lambda) & \boldsymbol{A}(\lambda)\boldsymbol{\eta}(\lambda) \\ \boldsymbol{\xi}(\lambda)\boldsymbol{A}(\lambda) & \boldsymbol{\xi}(\lambda)\boldsymbol{A}(\lambda)\boldsymbol{\eta}(\lambda) \end{pmatrix} \tag{10.3.22}$$

那么 $\boldsymbol{R}(\lambda)$ 是 $\boldsymbol{Q}$ 过程,且 $\boldsymbol{R}(\lambda)$ 不中断的充要条件是(10.3.18)和(10.3.19)中等号同时成立. 反之,任一 $\boldsymbol{Q}$ 过程均可按以上方法构造.

证明　充分性:由定理 9.2.4 的充分性部分证明以及多维分解定理可知,按以上构造的 $\boldsymbol{R}(\lambda)$ 是 $\boldsymbol{Q}$ 过程. 进一步,当且仅当(10.3.18)和(10.3.19)中等号成立时 $\boldsymbol{R}(\lambda)$ 不中断.

必要性:设 $\boldsymbol{R}'(\lambda)$ 是任一 $\boldsymbol{Q}$ 过程,对 $\boldsymbol{R}'(\lambda)$ 禁止 E_0,使用多维分解定理得

$$\boldsymbol{R}'(\lambda) = \begin{pmatrix} \boldsymbol{0} & \boldsymbol{0} \\ \boldsymbol{0} & {}_{E_0}\boldsymbol{R}'(\lambda) \end{pmatrix} + \begin{pmatrix} \boldsymbol{A}'(\lambda) & \boldsymbol{A}'(\lambda)\boldsymbol{\eta}'(\lambda) \\ \boldsymbol{\xi}'(\lambda)\boldsymbol{A}(\lambda) & \boldsymbol{\xi}'(\lambda)\boldsymbol{A}'(\lambda)\boldsymbol{\eta}'(\lambda) \end{pmatrix}$$

由定理 9.2.4 必要性部分证明知, ${}_{E_0}\boldsymbol{R}'(\lambda) = \boldsymbol{\varphi}(\lambda)$ 是最小 $\boldsymbol{Q}_{E_1 \cup E_2}$ 过程,即

$${}_{E_0}\boldsymbol{R}'(\lambda) = \boldsymbol{\varphi}(\lambda)$$

注意 $\boldsymbol{Q}_{E_1 \cup E_2}$ 的流入解空间和流出解空间的维数均是 2,因此 $\{\overline{\boldsymbol{\eta}}^{(1)}(\lambda), \overline{\boldsymbol{\eta}}^{(2)}(\lambda)\}$ 是 $\boldsymbol{L}^0_{\boldsymbol{\varphi}(\lambda)}$ 的一组基, $\{\overline{\boldsymbol{\xi}}^{(1)}(\lambda), \overline{\boldsymbol{\xi}}^{(2)}(\lambda)\}$ 是 $\boldsymbol{M}^0_{\boldsymbol{\varphi}(\lambda)}$ 的一组基. 故存在非负常数 $b_1^{(k)}$, $b_2^{(k)}$, $c_1^{(k)}$, $c_2^{(k)}$ 使

$$\boldsymbol{\eta}'^{(m_k)}(\lambda) = \boldsymbol{\alpha}^{(k)}\boldsymbol{\varphi}(\lambda) + b_1^{(k)}\overline{\boldsymbol{\eta}}^{(1)}(\lambda) + b_2^{(k)}\overline{\boldsymbol{\eta}}^{(2)}(\lambda)$$

$$\boldsymbol{\xi}'^{(m_k)}(\lambda) = \boldsymbol{\varphi}(\lambda)\boldsymbol{d}^{(k)} + c_1^{(k)}\overline{\boldsymbol{\xi}}^{(1)}(\lambda) + c_2^{(k)}\overline{\boldsymbol{\xi}}^{(2)}(\lambda)$$

注意 m_1, m_2 均为瞬时态,由分解定理可得 $b_1^{(k)} + b_2^{(k)} > 0 (k = 1,2)$. 再由(10.3.8)、(10.3.9)两式及

$\sum_{n=m_1}^{m_2}\boldsymbol{\xi}'^{(n)}(\lambda)\leqslant\mathbf{1}-\lambda\boldsymbol{\varphi}(\lambda)\mathbf{1}$ 可得

$$b_k^{(k)}>0,b_{3-k}^{(k)}=0,c_k^{(k)}=1,c_{3-k}^{(k)}=0,k=1,2$$

或者

$$b_k^{(k)}=0,b_{3-k}^{(k)}>0,c_k^{(k)}=0,c_{3-k}^{(k)}=1,k=1,2$$

故 $\boldsymbol{\eta}'^{(m_k)}(\lambda),\boldsymbol{\xi}'^{(m_k)}(\lambda)$ 具有(10.3.12)或(10.3.13)的形式($k=1,2$);而且 $\boldsymbol{\xi}'^{(m_1)}(\lambda)+\boldsymbol{\xi}'^{(m_2)}(\lambda)=\mathbf{1}-\lambda\boldsymbol{\varphi}(\lambda)\mathbf{1}$. 从而

$$\boldsymbol{\xi}'^{(n)}(\lambda)=0,m_1<n<m_2$$

由上式,再注意$\{\overline{\boldsymbol{\eta}}^{(1)}(\lambda),\overline{\boldsymbol{\eta}}^{(2)}(\lambda)\}$是 $\boldsymbol{L}_{\boldsymbol{\varphi}(\lambda)}^0$ 的基以及(10.3.8)、(10.3.9)两式和 $q_{nj}=0(m_1<n<m_2,j\in E_1\cup E_2)$,得

$$\boldsymbol{\eta}'^{(n)}(\lambda)=0,m_1<n<m_2$$

从而 $\boldsymbol{\eta}'(\lambda),\boldsymbol{\xi}'(\lambda)$ 具有(10.3.15)中 $\boldsymbol{\eta}(\lambda)$ 和 $\boldsymbol{\xi}(\lambda)$ 的形式.

再由多维分解定理可得 $\boldsymbol{A}'(\lambda)$ 也有(10.3.15)~(10.3.21)的形式,从而 $\boldsymbol{R}'(\lambda)$ 可按(10.3.11)~(10.3.22)来构造.

定理证毕.

二、单瞬时态双边生灭过程的构造

设 $\boldsymbol{Q}$ 是含一个瞬时态的双边生灭 $\boldsymbol{Q}$-矩阵,不妨设 $0\in E$ 是唯一的瞬时态. 记 $E_1=\{\cdots,-2,-1\},E_2=\{1,2,\cdots\}$;由定理 9.2.3 知 $\boldsymbol{Q}_{E_1},\boldsymbol{Q}_{E_2}$ 的边界点 z_1 和 z_2 至少有一个正则,不妨设 z_1 正则,类似于(10.3.1)~(10.3.4)定义最小 $\boldsymbol{Q}_{E_k}$ 过程 $\boldsymbol{\varphi}^{(k)}(\lambda)$ 以及 $\boldsymbol{X}^{(k)1}(\lambda),\boldsymbol{X}^{(k)2}(\lambda)(k=1,2)$. 令

$$\boldsymbol{\varphi}(\lambda) = \begin{pmatrix} \boldsymbol{\varphi}^{(1)}(\lambda) & \mathbf{0} \\ \mathbf{0} & \boldsymbol{\varphi}^{(2)}(\lambda) \end{pmatrix}$$

$$\boldsymbol{\alpha} = (q_{0j}; j \in E_1 \cup E_2)$$

$$\boldsymbol{d} = (q_{i0}; i \in E_1 \cup E_2)^{\mathrm{T}} \qquad (10.3.23)$$

显然,$\boldsymbol{d}$ 是 $\boldsymbol{Q}_{E_1 \cup E_2}$ 的非保守列向量. 由于 z_1 正则,类似(10.3.5) ~ (10.3.7) 定义 $\overline{\boldsymbol{\eta}}^{(1)}(\lambda)$,$\overline{\boldsymbol{\xi}}^{(1)}(\lambda)$,那么

$$\lim_{\lambda \to \infty} \lambda \overline{\boldsymbol{\eta}}^{(1)}(\lambda) \overline{\boldsymbol{\xi}}^{(1)} = +\infty \qquad (10.3.24)$$

$$\lim_{\lambda \to \infty} \lambda \overline{\boldsymbol{\eta}}^{(1)}(\lambda)(\mathbf{1} - \overline{\boldsymbol{\xi}}^{(1)}) < +\infty \quad (10.3.25)$$

以下分几种情况来构造 $\boldsymbol{Q}$ 过程.

(1)z_2 流入或自然.

定理 10.3.2 设 $\boldsymbol{Q}$ 是含单瞬时态的双边生灭 $\boldsymbol{Q}$ - 矩阵,且 z_2 流入或自然. 任取常数 $a > 0, b \geqslant 0$ (z_2 自然时 $b = 0$,z_2 流入时 $b \geqslant 0$),令

$$\boldsymbol{\eta}(\lambda) = \boldsymbol{\alpha}\boldsymbol{\varphi}(\lambda) + a\overline{\boldsymbol{\eta}}^{(1)}(\lambda) + b\overline{\boldsymbol{\eta}}^{(2)}(\lambda) \qquad (10.3.26)$$

$$\boldsymbol{\xi}(\lambda) = \mathbf{1} - \lambda\boldsymbol{\varphi}(\lambda)\mathbf{1} = \boldsymbol{\varphi}(\lambda)d + \overline{\boldsymbol{\xi}}(1)(\lambda) \qquad (10.3.27)$$

其中,当 z_2 流入时

$$\overline{\eta}_i^{(2)}(\lambda) = \begin{cases} 0, & i \in E_1 \\ \dfrac{q_{10} u_i^{(2)}(\lambda) \mu_i^{(2)}}{u^{(2)+}(z_2, \lambda)}, & i \in E_2 \end{cases} \qquad (10.3.28)$$

再令

$$\boldsymbol{R}(\lambda) = \begin{pmatrix} 0 & \mathbf{0} \\ \mathbf{0} & \boldsymbol{\varphi}(\lambda) \end{pmatrix} + \frac{1}{c + \lambda + \lambda\boldsymbol{\eta}(\lambda)\mathbf{1}} \begin{pmatrix} 1 \\ \boldsymbol{\xi}(\lambda) \end{pmatrix} (1 \quad \boldsymbol{\eta}(\lambda)) \qquad (10.3.29)$$

其中,c 是非负常数. 那么,$\boldsymbol{R}(\lambda)$ 是 $\boldsymbol{Q}$ 过程,且 $\boldsymbol{R}(\lambda)$ 不中断的充要条件是 $c=0$. 反之,任一 $\boldsymbol{Q}$ 过程均可按以上构造.

证明　充分性:显然 $\boldsymbol{\eta}(\lambda)\in\boldsymbol{L}_{\varphi(\lambda)}$,$\lim\limits_{\lambda\to\infty}\lambda\boldsymbol{\eta}(\lambda)=\alpha$. 由(10.3.24),$\lim\limits_{\lambda\to\infty}\lambda\boldsymbol{\eta}(\lambda)\mathbf{1}=+\infty$. 由一维分解定理知,$\boldsymbol{R}(\lambda)$ 是 $\boldsymbol{Q}$ 过程. 当且仅当 $c=0$ 时 $\boldsymbol{R}(\lambda)$ 不中断.

必要性:设 $\boldsymbol{R}'(\lambda)$ 是任一 $\boldsymbol{Q}$ 过程,对 $\boldsymbol{R}'(\lambda)$ 禁止瞬时态 0,由分解定理得

$$\boldsymbol{R}'(\lambda)=\begin{pmatrix}0 & \mathbf{0}\\ \mathbf{0} & {}_0R'(\lambda)\end{pmatrix}+r'_{00}(\lambda)\begin{pmatrix}1\\ \boldsymbol{\xi}'(\lambda)\end{pmatrix}(1\quad \boldsymbol{\eta}'(\lambda))$$

注意 z_2 流入或自然,由定理 9.2.3 证明中的必要性部分知,${}_0\boldsymbol{R}'(\lambda)=\boldsymbol{\varphi}(\lambda)$.

当 z_2 自然时 $\{\bar{\boldsymbol{\eta}}^{(1)}(\lambda)\}$ 是 $L^0_{\varphi(\lambda)}$ 的基,当 z_2 流入时 $\{\bar{\boldsymbol{\eta}}^{(1)}(\lambda),\bar{\boldsymbol{\eta}}^{(2)}(\lambda)\}$ 是 $\boldsymbol{L}^0_{\varphi(\lambda)}$ 的基. 从而存在非负常数 a',b',使 $\boldsymbol{\eta}'(\lambda)=\boldsymbol{\alpha\varphi}(\lambda)+a'\bar{\boldsymbol{\eta}}^{(1)}(\lambda)+b'\bar{\boldsymbol{\eta}}^{(2)}(\lambda)$($z_2$ 自然时 $b'=0$). 注意 0 是瞬时态,$\boldsymbol{\alpha}$ 可和以及 z_2 流入时 $\lim\limits_{\lambda\to\infty}\lambda\bar{\boldsymbol{\eta}}^{(2)}(\lambda)\mathbf{1}<+\infty$,得 $a'>0$. 再注意 $\{\bar{\boldsymbol{\xi}}^{(1)}(\lambda)\}$ 是 $\boldsymbol{M}^0_{\varphi(\lambda)}$ 的基,故有 $\bar{a}\geqslant 0$ 使

$$\boldsymbol{\xi}'(\lambda)=\boldsymbol{\varphi}(\lambda)d+\bar{a}\bar{\boldsymbol{\xi}}^{(1)}(\lambda)$$

由 $a'>0$,(10.3.24) 和(10.3.25) 两式以及分解定理,得 $\bar{a}=1$.

$$\boldsymbol{\xi}'(\lambda)=\boldsymbol{\varphi}(\lambda)d+\bar{\boldsymbol{\xi}}^{(1)}(\lambda)=\mathbf{1}-\lambda\boldsymbol{\varphi}(\lambda)\mathbf{1}$$

由上式及一维分解定理知,$\boldsymbol{R}'(\lambda)$ 可按(10.3.26) ~ (10.3.29) 构造.

定理证毕.

为了继续构造的方便,先引入以下结果.

引理 10.3.1 设 Q 是任意 Q - 矩阵,$\psi(\lambda)$ 是一个 Q 过程. 任取非零 $\bar{\boldsymbol{\xi}}(\lambda) \in m^0_{\psi(\lambda)}$,非负行向量 $\boldsymbol{\alpha} = (\alpha_i; i \in E)$ 及 $\bar{\boldsymbol{\eta}}(\lambda) \in \boldsymbol{L}^0_{\psi(\lambda)}$,使

$$\boldsymbol{\alpha\psi}(\lambda)\mathbf{1} < +\infty$$

$$\lim_{\lambda\to\infty}\lambda(\boldsymbol{\alpha\psi}(\lambda) + \bar{\boldsymbol{\eta}}(\lambda))(\mathbf{1} - \bar{\boldsymbol{\xi}}) < +\infty$$

令 $\boldsymbol{\eta}^*(\lambda) = \boldsymbol{\alpha\psi}(\lambda) + \bar{\boldsymbol{\eta}}(\lambda)$,再取

$$c_0 \geqslant \lim_{\lambda\to\infty}\lambda\boldsymbol{\eta}^*(\lambda)(\mathbf{1} - \bar{\boldsymbol{\xi}})$$

令

$$\boldsymbol{R}(\lambda) = \boldsymbol{\psi}(\lambda) + \bar{\boldsymbol{\xi}}(\lambda)\frac{\boldsymbol{\eta}^*(\lambda)}{c_0 + \lambda\boldsymbol{\eta}^*(\lambda)\bar{\boldsymbol{\xi}}}$$

显然,$\boldsymbol{R}(\lambda)$ 也是 Q 过程. 任取 $\bar{\boldsymbol{\eta}}''(\lambda) \in \boldsymbol{L}^0_{\psi(\lambda)}$,常数 c_1,$h(h \geqslant 0)$,使 $\lim_{\lambda\to\infty}\lambda\ \bar{\boldsymbol{\eta}}''(\lambda)\bar{\boldsymbol{\xi}} < +\infty$ 且 $c_1 + hc_0 \geqslant \lim_{\lambda\to\infty}\lambda\ \bar{\boldsymbol{\eta}}''(\lambda)\bar{\boldsymbol{\xi}}$(当 $\lim_{\lambda\to\infty}\lambda\boldsymbol{\eta}^*(\lambda)\bar{\boldsymbol{\xi}} < +\infty$ 时取等号).

令

$$\boldsymbol{\eta}'(\lambda) = h\boldsymbol{\eta}^*(\lambda) + \bar{\boldsymbol{\eta}}''(\lambda), d_\lambda = \frac{\lambda\boldsymbol{\eta}'(\lambda)\bar{\boldsymbol{\xi}} - c_1}{c_0 + \lambda\boldsymbol{\eta}^*(\lambda)\bar{\boldsymbol{\xi}}}$$

$$\boldsymbol{\eta}(\lambda) = \boldsymbol{\eta}'(\lambda) - d_\lambda\boldsymbol{\eta}^*(\lambda)$$

则 $\boldsymbol{\eta}(\lambda) \in \boldsymbol{L}^0_{R(\lambda)}$,且每一个 $\boldsymbol{\eta}(\lambda) \in \boldsymbol{L}^0_{R(\lambda)}$ 均可由上述方法得到.

证明 改进张汉君[6]6.1 引理 1 的证明可得本引理.

引理 10.3.2 设 Q 是任一 Q - 矩阵,$\boldsymbol{\psi}(\lambda)$ 是一

个 $\boldsymbol{Q}$ 过程，若列向量 $\boldsymbol{f}$ 非负有界，且

$$\boldsymbol{f} \leqslant \lim_{\lambda\to\infty}\lambda(\boldsymbol{1} - \lambda\psi(\lambda)\boldsymbol{1})$$

则 $\forall \boldsymbol{\eta}(\lambda) \in \boldsymbol{L}_{\psi(\lambda)}$，有

$$\lim_{\lambda\to\infty}\lambda\boldsymbol{\eta}(\lambda)[\boldsymbol{\psi f}] < +\infty$$

此处，$\boldsymbol{\psi f} = \lim_{\lambda\downarrow 0}[\boldsymbol{\psi}(\lambda)\boldsymbol{f}]$.

证明　令 $\sup_{i\in E} f_i = \bar{f} < \infty$，由 $\boldsymbol{f} \leqslant \lim_{\lambda\to\infty}\lambda(\boldsymbol{1} - \lambda\boldsymbol{\psi}(\lambda)\boldsymbol{1})$ 知 $\boldsymbol{\psi}(\lambda)\boldsymbol{f} \in \boldsymbol{M}_{\psi(\lambda)}$. 再由行协调族和列协调族的性质知，$\forall \lambda > \mu > 0$ 有

$$(\lambda - \mu)\boldsymbol{\eta}(\mu)\boldsymbol{\psi}(\lambda)\boldsymbol{f} = \lambda\boldsymbol{\eta}(\lambda)(\boldsymbol{\psi f}) - \mu\boldsymbol{\eta}(\mu)(\boldsymbol{\psi f})$$

故

$$\bar{f}\left(1 - \frac{\mu}{\lambda}\right)\boldsymbol{\eta}(\mu)\boldsymbol{1} \geqslant \lambda\boldsymbol{\eta}(\lambda)(\boldsymbol{\psi f}) - \mu\boldsymbol{\eta}(\mu)(\boldsymbol{\psi f})$$

在上式中固定 $\mu > 0$，令 $\lambda \to \infty$ 知引理结论成立.

以下继续构造 $\boldsymbol{Q}$ 过程.

(2) z_2 流出.

定理 10.3.3　设 $\boldsymbol{Q}$ 是单瞬时双边生灭 $\boldsymbol{Q}$－矩阵，且 z_2 流出. 令

$$\bar{\boldsymbol{\xi}}^{(k)}(\lambda) = (\bar{\xi}_i^{(k)}(\lambda);\quad i \in E_1 \cup E_2)^{\mathrm{T}}$$

$$\bar{\xi}_i^{(k)}(\lambda) = \begin{cases} X_i^{(k)2}(\lambda), & i \in E_k \\ 0, & i \in E_{3-k} \end{cases}, k = 1,2 \tag{10.3.30}$$

任取 $E_1 \cup E_2$ 上非负行向量 $\bar{\boldsymbol{\alpha}} = (\bar{\alpha}_i)$（可以为 $\boldsymbol{0}$ 向量），满足

$$\bar{\boldsymbol{\alpha}}\boldsymbol{\varphi}(\lambda)\boldsymbol{1} < +\infty$$

$$\lim_{\lambda\to\infty}\lambda\bar{\boldsymbol{\alpha}}\boldsymbol{\varphi}(\lambda)(\boldsymbol{1} - \bar{\boldsymbol{\xi}}^{(2)}) = \sum_{i\in E_1}\bar{\alpha}_i + \sum_{j\in E_2}\bar{\alpha}_i X_i^{(2)2} < +\infty \tag{10.3.31}$$

取常数 $c_0 \geqslant \lim_{\lambda\to\infty}\lambda\ \bar{\alpha}\boldsymbol{\varphi}(\lambda)(\mathbf{1}-\bar{\boldsymbol{\xi}}^{(2)})$,令

$$\boldsymbol{\psi}(\lambda)=\boldsymbol{\varphi}(\lambda)+\bar{\boldsymbol{\xi}}^{(2)}(\lambda)\frac{\bar{\boldsymbol{\alpha}}\boldsymbol{\varphi}(\lambda)}{c_0+\lambda\ \bar{\boldsymbol{\alpha}}\boldsymbol{\varphi}(\lambda)\bar{\boldsymbol{\xi}}^{(2)}} \tag{10.3.32}$$

再取常数 $c_1, h(h\geqslant 0)$ 及 $a>0$,使 $c_1+hc_0\geqslant 0$(当 $\lim_{\lambda\to\infty}\lambda\ \bar{\boldsymbol{\alpha}}\boldsymbol{\varphi}(\lambda)\bar{\boldsymbol{\xi}}^{(2)}<+\infty$ 时取等号). 令(其中,$\bar{\boldsymbol{\eta}}^{(1)}(\lambda)$ 由(10.3.5)定义)

$$\bar{\boldsymbol{\eta}}'(\lambda)=h\ \bar{\boldsymbol{\alpha}}\boldsymbol{\varphi}(\lambda)+a\ \bar{\boldsymbol{\eta}}^{(1)}(\lambda)$$

$$d_\lambda=\frac{h\lambda\bar{\boldsymbol{\alpha}}\boldsymbol{\varphi}(\lambda)\bar{\boldsymbol{\xi}}^{(2)}-c_1}{c_0+\lambda\bar{\boldsymbol{\alpha}}\boldsymbol{\varphi}(\lambda)\bar{\boldsymbol{\xi}}^{(2)}}$$

$$\begin{aligned}\bar{\boldsymbol{\eta}}(\lambda)&=\bar{\boldsymbol{\eta}}'(\lambda)-d_\lambda\ \bar{\boldsymbol{\alpha}}\boldsymbol{\varphi}(\lambda)\\&=a\ \bar{\boldsymbol{\eta}}^{(1)}(\lambda)+\frac{hc_0+c_1}{c_0+\lambda\ \bar{\boldsymbol{\alpha}}\boldsymbol{\varphi}(\lambda)\bar{\boldsymbol{\xi}}^{(2)}}\bar{\boldsymbol{\alpha}}\boldsymbol{\varphi}(\lambda)\end{aligned} \tag{10.3.33}$$

取常数 t,满足

$$\sum_{j\in E_1}\bar{\boldsymbol{\alpha}}_i X_i^{(1)2}\leqslant c_0 t\leqslant c_0-(\bar{b}+\bar{\boldsymbol{\alpha}}\boldsymbol{\varphi}\boldsymbol{d}) \tag{10.3.34}$$

其中 $\bar{b}=\lambda\ \bar{\boldsymbol{\alpha}}\boldsymbol{\varphi}(\lambda)(\lim_{\mu\downarrow 0}\mu\boldsymbol{\varphi}(\mu)\mathbf{1})$ 是与 λ 无关的常数,$\boldsymbol{\varphi}\boldsymbol{d}=\lim_{\mu\downarrow 0}\boldsymbol{\varphi}(\mu)\boldsymbol{d}$. 令

$$\begin{aligned}\bar{\boldsymbol{\xi}}(\lambda)=&\ \bar{\boldsymbol{\xi}}^{(1)}(\lambda)+t\bar{\boldsymbol{\xi}}^{(2)}(\lambda)-\\&\bar{\boldsymbol{\xi}}^{(2)}(\lambda)\frac{\lambda\ \bar{\boldsymbol{\alpha}}\boldsymbol{\varphi}(\lambda)}{c_0+\lambda\ \bar{\boldsymbol{\alpha}}\boldsymbol{\varphi}(\lambda)\bar{\boldsymbol{\xi}}^{(2)}}(\bar{\boldsymbol{\xi}}^{(1)}+t\bar{\boldsymbol{\xi}}^{(2)})\end{aligned} \tag{10.3.35}$$

由上式及(10.3.34)知 $\bar{\boldsymbol{\xi}}(\lambda)\in\boldsymbol{M}^0_{\psi(\lambda)}$,再由(10.3.33)得

$$\lim_{\lambda\to\infty}\lambda\,\overline{\boldsymbol{\eta}}(\lambda)(1-\overline{\boldsymbol{\xi}})<+\infty \quad (10.3.36)$$

令

$$\boldsymbol{\eta}(\lambda)=\boldsymbol{\alpha}\boldsymbol{\psi}(\lambda)+\overline{\boldsymbol{\eta}}(\lambda),\boldsymbol{\xi}(\lambda)=\boldsymbol{\psi}(\lambda)\boldsymbol{d}+\overline{\boldsymbol{\xi}}(\lambda) \quad (10.3.37)$$

最后取常数 $c\geqslant 0$,使

$$c\geqslant\lim_{\lambda\to\infty}\lambda\boldsymbol{\eta}(\lambda)(\mathbf{1}-\boldsymbol{\xi}) \quad (10.3.38)$$

令

$$\boldsymbol{R}(\lambda)=\begin{pmatrix}0 & \mathbf{0}\\ \mathbf{0} & \boldsymbol{\psi}(\lambda)\end{pmatrix}+\frac{1}{c+\lambda+\lambda\boldsymbol{\eta}(\lambda)\boldsymbol{\xi}}\begin{pmatrix}1\\ \boldsymbol{\xi}(\lambda)\end{pmatrix}(1\quad \boldsymbol{\eta}(\lambda)) \quad (10.3.39)$$

那么 $\boldsymbol{R}(\lambda)$ 是一个 $\boldsymbol{Q}$ 过程,并且 $\boldsymbol{R}(\lambda)$ 不中断的充要条件是 (10.3.34) 中第二个"$\leqslant$"取成等于以及 (10.3.38) 中等号成立. 反之,任一 $\boldsymbol{Q}$ 过程均可按以上方法得到.

证明　充分性:显然,(10.3.32) 中的 $\boldsymbol{\psi}(\lambda)$ 是 B 型 $\boldsymbol{Q}$ 过程. 注意,当 z_1 正则时,$\lim\limits_{\lambda\to\infty}\lambda\,\overline{\boldsymbol{\eta}}^{(1)}(\lambda)\mathbf{1}=+\infty$, $\lim\limits_{\lambda\to\infty}\lambda\,\overline{\boldsymbol{\eta}}^{(1)}(\lambda)(\mathbf{1}-\overline{\boldsymbol{\xi}}^{(1)})<+\infty$. 由引理 10.3.1 及分解定理知,$\boldsymbol{R}(\lambda)$ 是 $\boldsymbol{Q}$ 过程. 由 (10.3.35) 可知,$\boldsymbol{\xi}(\lambda)=\mathbf{1}-\lambda\boldsymbol{\psi}(\lambda)\mathbf{1}$,当且仅当 (10.3.34) 中第二式取等号;因此,$\boldsymbol{R}(\lambda)$ 不中断,当且仅当 (10.3.34) 中第二式取等号以及 (10.3.38) 中等号成立.

必要性:设 $\boldsymbol{R}'(\lambda)$ 是任一 $\boldsymbol{Q}$ 过程,对 $\boldsymbol{R}'(\lambda)$ 禁止瞬时态 0,使用分解定理有

$$\boldsymbol{R}'(\lambda)=\begin{pmatrix}0 & \mathbf{0}\\ \mathbf{0} & {}_0\boldsymbol{R}'(\lambda)\end{pmatrix}+r'_{00}\begin{pmatrix}1\\ \boldsymbol{\xi}'(\lambda)\end{pmatrix}(1\quad \boldsymbol{\eta}'(\lambda))$$

由于 $\boldsymbol{Q}$ 的稳定态均保守,故 ${}_0R'(\lambda)$ 是 B 型 $\boldsymbol{Q}_{E_1\cup E_2}$ 过

程. 注意 z_1 正则,z_2 流出得, $\{\bar{\boldsymbol{\xi}}^{(1)}(\lambda),\bar{\boldsymbol{\xi}}^{(2)}(\lambda)\}$ 是 $\boldsymbol{M}^0_{\varphi(\lambda)}$ 的基, $\{\bar{\boldsymbol{\eta}}^{(1)}(\lambda)\}$ 是 $\boldsymbol{L}^0_{\varphi(\lambda)}$ 的基. 因此,对任意固定的 $j\in E_1\cup E_2$,

$$ {}_0\boldsymbol{R}'_{\cdot j}(\lambda)-\boldsymbol{\varphi}_{\cdot j}(\lambda)=a_j^{(1)}(\lambda)\bar{\boldsymbol{\xi}}^{(1)}(\lambda)+a_j^{(2)}(\lambda)\bar{\boldsymbol{\xi}}^{(2)}(\lambda) $$

其中 $a_j^{(k)}(\lambda)\geqslant 0(k=1,2)$. 注意, 当 $i\downarrow-\infty$ 时, $X_i^{(1)2}(\lambda)\uparrow 1$. 如果存在 j_0 及 λ_0,使 $a_{j_0}^{(1)}(\lambda_0)>0$,那么可得

$$ \inf_{i\in E_1}\sum_{j\in E_1\cup E_2}{}_0R'_{ij}(\lambda_0)>0 $$

注意上式,由定理9. 2. 3 的证明可知,$\boldsymbol{Q}_{\{0\}\cup E_2}$ 是单瞬时态单边生灭 $\boldsymbol{Q}$ - 矩阵,但 $\boldsymbol{Q}_{E_2}$ 的边界点 z_2 流出,这与定理8. 1. 1 矛盾. 故

$$ a_j^{(1)}(\lambda)=0,\forall j\in E_1\cup E_2,\forall\lambda>0 $$

注意 $\lim\limits_{\lambda\to\infty}\lambda\,\bar{\boldsymbol{\eta}}^{(1)}(\lambda)(1-\bar{\boldsymbol{\xi}}^{(2)})=\lim\limits_{\lambda\to\infty}\lambda\sum\limits_{i\in E_1}X_i^{(1)2}(\lambda)\mu_i=+\infty$, 由杨向群 [1, 定理 2. 2. 2], ${}_0\boldsymbol{R}'(\lambda)$ 可按 (10. 3. 31) 和 (10. 3. 32) 构造. 不妨记 ${}_0\boldsymbol{R}'(\lambda)=\boldsymbol{\psi}(\lambda)$.

由 $\lim\limits_{\lambda\to\infty}\lambda\boldsymbol{\eta}'(\lambda)=\alpha$, $\lim\limits_{\lambda\to\infty}\lambda\boldsymbol{\eta}'(\lambda)\boldsymbol{1}=+\infty$ 及引理 10. 3. 1 知,存在常数 $c_1,h(h\geqslant 0)$ 及 $a>0$,使

$$ \boldsymbol{\eta}'(\lambda)-\boldsymbol{\alpha\psi}(\lambda)=\bar{\boldsymbol{\eta}}(\lambda)\quad(\bar{\boldsymbol{\eta}}(\lambda)\text{ 由(10. 3. 33) 定义}) $$

由 $\lim\limits_{\lambda\to\infty}\lambda\boldsymbol{\xi}'(\lambda)=\boldsymbol{d}$ 得

$$ \bar{\boldsymbol{\xi}}'(\lambda)=\boldsymbol{\xi}'(\lambda)-\boldsymbol{\psi}(\lambda)\boldsymbol{d}\in\boldsymbol{M}^0_{\psi(\lambda)} $$

由列协调族的表现,有

$$ \bar{\boldsymbol{\xi}}'(\lambda)=\bar{\boldsymbol{\xi}}'-\lambda\boldsymbol{\psi}(\lambda)\bar{\boldsymbol{\xi}}',\bar{\boldsymbol{\xi}}'=\lim_{\lambda\downarrow 0}\bar{\boldsymbol{\xi}}'(\lambda) \tag{10. 3. 40} $$

由于 $\boldsymbol{\psi}(\lambda)$ 是 B 型 $\boldsymbol{Q}_{E_1\cup E_2}$ 过程,得

$$(\lambda \boldsymbol{I} - \boldsymbol{Q}_{E_1\cup E_2})\bar{\boldsymbol{\xi}}'(\lambda) = -\boldsymbol{Q}_{E_1\cup E_2}\bar{\boldsymbol{\xi}}'$$

在上式中令 $\lambda \to \infty$,注意 $\lambda\bar{\boldsymbol{\xi}}'(\lambda) \to 0$,$\bar{\boldsymbol{\xi}}'(\lambda) \downarrow 0$,得 $\boldsymbol{Q}_{E_1\cup E_2}\bar{\boldsymbol{\xi}}' = 0$.

注意$\{\bar{\boldsymbol{\xi}}^{(1)},\bar{\boldsymbol{\xi}}^{(2)}\}$是方程

$$\begin{cases}\boldsymbol{Q}_{E_1\cup E_2}\boldsymbol{u} = 0\\ \boldsymbol{0} \leqslant \boldsymbol{u} \leqslant \boldsymbol{1}\end{cases}$$

的解空间的一组基,以及 $\bar{\boldsymbol{\xi}}' \leqslant \bar{\boldsymbol{\xi}}'^{(1)} + \bar{\boldsymbol{\xi}}'^{(2)}$ 知,存在 t,$t'(0 \leqslant t,t' \leqslant 1)$,使 $\bar{\boldsymbol{\xi}} = t'\bar{\boldsymbol{\xi}}^{(1)} + t\bar{\boldsymbol{\xi}}'^{(2)}$.

注意 d 有界,由引理 10.3.2,$\lim\limits_{\lambda\to\infty}\lambda\boldsymbol{\eta}'(\lambda)\boldsymbol{\psi}\boldsymbol{d} < +\infty$.再由 $\lim\limits_{\lambda\to\infty}\lambda\boldsymbol{\eta}'(\lambda)(\boldsymbol{1} - \boldsymbol{\xi}') < +\infty$ 和 $\lim\limits_{\lambda\to\infty}\lambda\ \bar{\boldsymbol{\eta}}(\lambda)(\boldsymbol{1} - \bar{\boldsymbol{\xi}}^{(1)}) < +\infty$ 得 $t' = 1$. 从而 $\bar{\boldsymbol{\xi}}' = \bar{\boldsymbol{\xi}}^{(1)} + t\bar{\boldsymbol{\xi}}^{(2)}$. 将此式代入(10.3.40)第一式,知 $\bar{\boldsymbol{\xi}}'(\lambda)$ 有(10.3.35)的形式.由$0 \leqslant \bar{\boldsymbol{\xi}}'(\lambda)$ 和 $\bar{\boldsymbol{\xi}}'(\lambda) \leqslant 1 - \lambda\boldsymbol{\psi}(\lambda)\boldsymbol{1} - \boldsymbol{\psi}(\lambda)\boldsymbol{d}$ 分别得到(10.3.34)中第一和第二两式.

因此,$\boldsymbol{R}'(\lambda)$ 可按(10.3.30)~(10.3.39)得到.

定理证毕.

(3)z_2 正则.

设 $\boldsymbol{Q}$ 是含一个瞬时态的双边生灭 $\boldsymbol{Q}$ - 矩阵,且 z_2 正则. 对 $k = 1,2$ 类似于(10.3.5)~(10.3.7)定义 $\bar{\boldsymbol{\eta}}^{(k)}(\lambda)$,$\bar{\boldsymbol{\xi}}^{(k)}(\lambda)$. 显然,$\{\bar{\boldsymbol{\eta}}^{(1)}(\lambda),\bar{\boldsymbol{\eta}}^{(2)}(\lambda)\}$ 和 $\{\bar{\boldsymbol{\xi}}^{(1)}(\lambda),\bar{\boldsymbol{\xi}}^{(2)}(\lambda)\}$ 分别是 $\boldsymbol{L}^0_{\varphi(\lambda)}$ 和 $\boldsymbol{M}^0_{\varphi(\lambda)}$ 的基. 注意 z_1,z_2 均正则,处于对称位置,故在以下构造中 $k = 1$ 或

$k=2$ 均可.

定理10.3.4 取定 $k=1$ 或2,任取常数 $a\geqslant 0$,及 $E_1\cup E_2$ 上非负行向量 $\bar{\boldsymbol{\alpha}}=(\bar{\alpha}_i)$($\bar{\boldsymbol{\alpha}}$ 可以为 $\mathbf{0}$ 向量),满足

$$\bar{\boldsymbol{\alpha}}\boldsymbol{\varphi}(\lambda)\mathbf{1}<+\infty,\ \lim_{\lambda\to\infty}\lambda\,\bar{\boldsymbol{\alpha}}\boldsymbol{\varphi}(\lambda)(\mathbf{1}-\bar{\boldsymbol{\xi}}^{(k)})<+\infty \tag{10.3.41}$$

令 $\boldsymbol{\eta}^*(\lambda)=\bar{\boldsymbol{\alpha}}\boldsymbol{\varphi}(\lambda)+a\,\bar{\boldsymbol{\eta}}^{(k)}(\lambda)$,取常数 $c_0\geqslant\lim\limits_{\lambda\to\infty}\lambda\boldsymbol{\eta}^*(\lambda)(\mathbf{1}-\bar{\boldsymbol{\xi}}^{(k)})$,令

$$\boldsymbol{\psi}^{(k)}(\lambda)=\boldsymbol{\varphi}(\lambda)+\bar{\boldsymbol{\xi}}^{(k)}(\lambda)\frac{\boldsymbol{\eta}^*(\lambda)}{c_0+\lambda\boldsymbol{\eta}^*(\lambda)\bar{\boldsymbol{\xi}}^{(k)}} \tag{10.3.42}$$

再取常数 $c_1,h(h\geqslant 0)$,及 $b>0$,使

$c_1+hc_0\geqslant 0$ (当 $\lim\limits_{\lambda\to\infty}\lambda\boldsymbol{\eta}^*(\lambda)\bar{\boldsymbol{\xi}}^{(k)}<+\infty$ 时取等号)

令

$$\bar{\boldsymbol{\eta}}^*(\lambda)=h\boldsymbol{\eta}^*(\lambda)+b\,\bar{\boldsymbol{\eta}}^{(3-k)}(\lambda)$$

$$d_\lambda=\frac{\lambda\bar{\boldsymbol{\eta}}^*(\lambda)\bar{\boldsymbol{\xi}}^{(k)}-c_1}{c_0+\lambda\boldsymbol{\eta}^*(\lambda)\bar{\boldsymbol{\xi}}^{(k)}}$$

$$\begin{aligned}\bar{\boldsymbol{\eta}}(\lambda)&=\bar{\boldsymbol{\eta}}^*(\lambda)-d_\lambda\boldsymbol{\eta}^*(\lambda)\\&=b\,\bar{\boldsymbol{\eta}}^{(3-k)}(\lambda)+\frac{hc_0+c_1}{c_0+\lambda\boldsymbol{\eta}^*(\lambda)\bar{\boldsymbol{\xi}}^{(k)}}\boldsymbol{\eta}^*(\lambda)\end{aligned} \tag{10.3.43}$$

又取常数 t,满足

$$\sum_{j\in E_{3-k}}\bar{\alpha}_i\bar{\xi}_i^{(3-k)}\leqslant c_0t\leqslant c_0-(\bar{b}+\lim_{\mu\downarrow 0}\boldsymbol{\eta}^*(\mu)\boldsymbol{d}) \tag{10.3.44}$$

其中,$\bar{\boldsymbol{b}}=\lambda\boldsymbol{\eta}^{*}(\lambda)(\lim\limits_{\mu\downarrow 0}\mu\boldsymbol{\varphi}(\mu)\mathbf{1})$ 是与 λ 无关的常数.

令

$$\bar{\boldsymbol{\xi}}(\lambda)=\bar{\boldsymbol{\xi}}^{(3-k)}(\lambda)+t\bar{\boldsymbol{\xi}}^{(k)}(\lambda)-\bar{\boldsymbol{\xi}}^{(k)}(\lambda)\frac{\lambda\boldsymbol{\eta}^{*}(\lambda)}{c_0+\lambda\boldsymbol{\eta}^{*}(\lambda)\bar{\boldsymbol{\xi}}^{(k)}}(\bar{\boldsymbol{\xi}}^{(3-k)}+t\bar{\boldsymbol{\xi}}^{(k)}) \tag{10.3.45}$$

由(10.3.44)知,$\bar{\boldsymbol{\xi}}(\lambda)\in \boldsymbol{M}^{0}_{\boldsymbol{\psi}^{(k)}(\lambda)}$. 由(10.3.43)有

$$\lim_{\lambda\to\infty}\lambda\,\bar{\boldsymbol{\eta}}(\lambda)(1-\bar{\boldsymbol{\xi}})<+\infty \tag{10.3.46}$$

令

$$\boldsymbol{\eta}(\lambda)=\boldsymbol{\alpha\psi}^{(k)}(\lambda)+\bar{\boldsymbol{\eta}}(\lambda) \tag{10.3.47}$$

$$\boldsymbol{\xi}(\lambda)=\boldsymbol{\psi}^{(k)}(\lambda)\boldsymbol{d}+\bar{\boldsymbol{\xi}}(\lambda) \tag{10.3.48}$$

最后取常数 c,使

$$c\geqslant\lim_{\lambda\to\infty}\lambda\boldsymbol{\eta}(\lambda)(1-\boldsymbol{\xi}) \tag{10.3.49}$$

令

$$\boldsymbol{R}^{(k)}(\lambda)=\begin{pmatrix}0 & \mathbf{0}\\ 0 & \psi^{(k)}(\lambda)\end{pmatrix}+\frac{1}{c+\lambda+\lambda\boldsymbol{\eta}(\lambda)\boldsymbol{\xi}}\begin{pmatrix}1\\ \boldsymbol{\xi}(\lambda)\end{pmatrix}(1\quad \boldsymbol{\eta}(\lambda)) \tag{10.3.50}$$

那么,$\boldsymbol{R}^{(k)}(\lambda)$ 是生灭 $\boldsymbol{Q}$ 过程;并且 $\boldsymbol{R}^{(k)}(\lambda)$ 不中断的充要条件是(10.3.44)中第二个“$\leqslant$”取成等号以及(10.3.49)中等号成立. 反之,任一 $\boldsymbol{Q}$ 过程均可按以上方法得到.

证明　充分性的证明与定理 10.3.3 中充分性的证明几乎完全相同,故略.

必要性的证明也与定理 10.3.3 中必要性证明相似,只须注意,此时 z_1,z_2 均正则,从而处于对称地位.

若设 $\boldsymbol{R}'(\lambda)$ 是任一 $\boldsymbol{Q}$ 过程，那么对应于${}_0\boldsymbol{R}'_{\cdot j}(\lambda)$ - $\boldsymbol{\varphi}_{\cdot j}(\lambda) = a_j^{(1)}(\lambda)\bar{\boldsymbol{\xi}}^{(1)}(\lambda) + a_j^{(2)}(\lambda)\bar{\boldsymbol{\xi}}^{(2)}(\lambda)$ 中可出现以下两种情况

$$a_j^{(2)}(\lambda) = 0 \quad (\forall j \in E_1 \cup E_2, \forall \lambda > 0) \quad a_j^{(1)}(\lambda) \geqslant 0$$

或

$$a_j^{(1)}(\lambda) = 0 \quad (\forall j \in E_1 \cup E_2, \forall \lambda > 0) \quad a_j^{(2)}(\lambda) \geqslant 0$$

前者对应于 $\boldsymbol{R}'(\lambda)$ 可按(10.3.41) ~ (10.3.50) 中 $\boldsymbol{R}^{(1)}(\lambda)$ 的方法构造，而后者对应于 $\boldsymbol{R}'(\lambda)$ 可按 $\boldsymbol{R}^{(2)}(\lambda)$ 的方法构造.

定理证毕.

10.4 补充与注记

生灭过程的构造问题是生灭过程研究中的重要问题，一直受到国内外概率论工作者的重视. 由于众多学者的努力，关于全稳定生灭过程的构造，已经取得了完满结果. 其中，我国概率论专家王梓坤先生和杨向群教授做出了突出的贡献. 对于全稳定情况，S. Karlin 和 J. McGregor 给出了最小生灭过程的积分表现；W. Feller 用分析方法构造了同时满足向后和向前方程组的全部生灭过程；王梓坤用概率方法构造了全部不中断的生灭过程；杨向群用两种方法构造了全部生灭过程. 由于篇幅所限，在本书中，我们没有给出全稳定生灭过程的构造，读者可参看王梓坤[2] 和杨向群[1].

对于含瞬时态情况，生灭过程的构造更为复杂. 到

目前为止,还没有彻底解决生灭过程的构造问题. 对于含一个瞬时态的单边生灭 $\boldsymbol{Q}$ - 矩阵,唐令琪[1] 构造了全部生灭 $\boldsymbol{Q}$ 过程. 对于含一个瞬时态或两个瞬时态的双边生灭 $\boldsymbol{Q}$ - 矩阵,刘再明[7] 构造了全部生灭过程. 也就是说(由定理 10. 3. 1 和定理 10. 3. 2),完成了含有限个瞬时态全部生灭过程的构造. 对于含无穷个瞬时态的情况,由于缺少有效的方法,目前还没有给出全部生灭过程的构造.

本章取材于刘再明[7].

第 3 编

随机单调性与收敛性

第11章 随机单调性

本章给出了随机单调 $\boldsymbol{Q}$ 过程存在的充要条件，并证明若随机单调 $\boldsymbol{Q}$ 过程存在，则它必唯一，并给出它的构造. 随后，我们给出了本章结果在生灭过程中的应用.

11.1 随机可比较性

在这一节，我们取状态空间 $E=\{0,1,2\cdots\}$.

定义 11.1.1 设 $\boldsymbol{u},\boldsymbol{v}\in \boldsymbol{l}_1^+$，称

$$\boldsymbol{u}\overset{d}{\leqslant}\boldsymbol{v}\quad(\boldsymbol{u}\overset{d}{<}\boldsymbol{v})$$

如果 $\sum\limits_{i\geqslant k}u_i\leqslant\sum\limits_{i\geqslant k}v_i$（$\sum\limits_{i\geqslant k}u_i<\sum\limits_{i\geqslant k}v_i$）对所有的 $k\geqslant 0$ 成立.

设 X 和 Y 为随机变量，状态空间为 E，其分布如下

$$u_i=P_r\{X=i\},v_i=P_r\{Y=i\},i\in E$$

那么我们称

$$X \leqslant Y \Leftrightarrow \boldsymbol{u} \overset{d}{\leqslant} \boldsymbol{v}$$

或等价于

$$X \leqslant Y \Leftrightarrow \leqslant P_r\{X \geqslant k\} \leqslant P_r\{Y \geqslant k\}, \forall k \geqslant 0$$

注意 $\overset{d}{\leqslant}$ 定义了 l_1^+ 中的一个偏序，$\leqslant$ 定义所有取值于状态空间 E 的随机变量所成集合上的偏序. 如果 $X \leqslant Y$,则称 X 随机小于 Y. 也可以类似定义 $X < Y$ 的概念，这时称 X 严格地随机小于 Y.

下一个命题是这一节中最有用的工具.

命题11.1.1 设:$(a_i, i \geqslant 0)$ 和$(b_i, i \geqslant 0)$ 是两个向量,以下各条等价:

(1)$a_i \leqslant b_j$ 对所有 $i \leqslant j$.

(2) 存在一列 $c_i, i \geqslant 0$ 且对所有 $i \geqslant 0, c_i \leqslant c_{i+1}$,满足对所有 $i \geqslant 0$ 有

$$a_i \leqslant c_i \leqslant b_i$$

(3) 对所有满足 $\boldsymbol{u} \overset{d}{\leqslant} \boldsymbol{v}, \boldsymbol{u}, \boldsymbol{v} \in \boldsymbol{l}_1^+$,有

$$\sum_{i \geqslant k} a_i u_i \leqslant \sum_{i \geqslant k} b_i v_i, \quad k \geqslant 0$$

证明 (1)⇒(2) 令 $c_i = \inf\{b_j \mid j \geqslant i\}, i \geqslant 0$ 即可.

(2)⇒(3) 首先看 $k = 0$,设 $c_{-1} = 0$,变换求和顺序,有

$$\sum_{m=0}^{\infty}(c_m - c_{m-1})\sum_{i=m}^{\infty} u_i = \sum_{i=0}^{\infty} u_i \sum_{m=0}^{i}(c_m - c_{m-1}) = \sum_{i=0}^{\infty} u_i c_i$$

于是有

$$\sum_{i=0}^{\infty} u_i a_i \leqslant \sum_{i=0}^{\infty} u_i c_i = \sum_{m=0}^{\infty}(c_m - c_{m-1})\sum_{i=m}^{\infty} u_i$$

$$\leqslant \sum_{m=0}^{\infty}(c_m - c_{m-1})\sum_{i=m}^{\infty}v_i = \sum_{i=0}^{\infty}v_i c_i$$

$$\leqslant \sum_{i=0}^{\infty}v_i b_i$$

如果 $k > 0$,定义

$$u_i^* = \begin{cases} u_i, & i \geqslant k \\ 0, & 0 \leqslant i < k \end{cases}$$

也类似定义 $\boldsymbol{v}^*$. 那么 $\boldsymbol{u}^*, \boldsymbol{v}^* \in \boldsymbol{l}_1^+$ 且 $\boldsymbol{u}^* \overset{d}{\leqslant} \boldsymbol{v}^*$,于是有

$$\sum_{i\geqslant k}u_i a_i = \sum_{i=0}^{\infty}u_i^* a_i \leqslant \sum_{i=0}^{\infty}v_i^* b_i = \sum_{i\geqslant k}v_i b_i$$

(3)⇒(1)　取 $k = 0$,当 $i \leqslant j$ 时,定义 $\boldsymbol{u}, \boldsymbol{v}$ 为 $u_r = \delta_{ir}, v_r = \delta_{jr}$,即可.

在下面的定义中,定义 $\mathscr{P}$ 为 E 上的所有(可退化)概率测度,即 $\mathscr{P} = \{\boldsymbol{u} \in \boldsymbol{l}_1^+ \mid \sum_{i\geqslant 0}u_i \leqslant 1\}$.

定义 11.1.2　称两个转移函数 $p_{ij}^{(1)}(t)$ 和 $p_{ij}^{(2)}(t)$ 是随机可比较的,如果

$$u, v \in \mathscr{P} \text{且} u \overset{d}{\leqslant} v \Rightarrow \sum_{j\geqslant k}\sum_{i\in E}u_i p_{ij}^{(1)}(t) \leqslant \sum_{j\geqslant k}\sum_{i\in E}v_i p_{ij}^{(2)}(t), \forall k \geqslant 0 \tag{11.1.1}$$

单个转移函数 $p_{ij}(t)$ 称为是随机单调的,如果它自身是可比较的. 即如果

$$u, v \in \mathscr{P} \text{且} u \overset{d}{\leqslant} v \Rightarrow \sum_{j\geqslant k}\sum_{i\in E}u_i p_{ij}(t) \leqslant \sum_{j\geqslant k}\sum_{i\in E}v_i p_{ij}(t), \forall k \geqslant 0 \tag{11.1.2}$$

注　设 $\{X(t), t \geqslant 0\}$ 和 $\{Y(t), t \geqslant 0\}$ 是连续时间马氏链,转移函数为 $p_{ij}^{(1)}(t)$ 和 $p_{ij}^{(2)}(t)$. 如果 $X(0) \leqslant$

$Y(0)$ 可推得 $X(t) \leqslant Y(t)$ 对所有 $t > 0$ 成立,那么 $p_{ij}^{(1)}(t)$ 和 $p_{ij}^{(2)}(t)$ 是随机可比较的.

命题 11.1.2 (1)$p_{ij}^{(1)}(t)$ 和 $p_{ij}^{(2)}(t)$ 是随机可比较的充要条件是对所有 $k \geqslant 0, i \leqslant m$ 有

$$\sum_{j \geqslant k} p_{ij}^{(1)}(t) \leqslant \sum_{j \geqslant k} p_{mj}^{(2)}(t) \tag{11.1.3}$$

(2)$p_{ij}(t)$ 是随机单调的充要条件是对每一个固定的 k 和 t, $\sum_{j \geqslant k} p_{ij}(t)$ 是 i 的非减函数.

证明 只需证明(1),(2) 是(1) 的特殊情况. 如果 $p_{ij}^{(1)}(t)$ 和 $p_{ij}^{(2)}(t)$ 是随机可比较的,对 $r \geqslant 0, i \leqslant m$ 取 $u_r = \delta_{ri}, v_r = \delta_{rm}$ 代入(11.1.1) 得(11.1.3) 成立. 相反,假设(11.1.3) 成立,$u, v \in \mathscr{P}$且 $u \overset{d}{\leqslant} v$,固定 k,定义

$$a_i = \sum_{j \geqslant k} p_{ij}^{(1)}(t), \quad b_i = \sum_{j \geqslant k} p_{ij}^{(2)}(t)$$

则利用命题 11.1.1 中的(1)⇒(3) 得(11.1.1) 成立.

引理 11.1.1 设$(p_{ij}^{(1)})$和$(p_{ij}^{(2)})$是两个随机转移矩阵,假设对所有 $k \geqslant 0, i \leqslant m$ 有

$$\sum_{j \geqslant k} p_{ij}^{(1)} \leqslant \sum_{j \geqslant k} p_{mj}^{(2)}$$

设$p_{ij}^{(1)}(n)$是对应于$p_{ij}^{(1)}$的n步转移概率,$p_{ij}^{(2)}(n)$也类似定义,则有

$$\sum_{j \geqslant k} p_{ij}^{(1)}(n) \leqslant \sum_{j \geqslant k} p_{mj}^{(2)}(n), \quad \forall k \geqslant 0, i \leqslant m, n \geqslant 0 \tag{11.1.4}$$

证明 用归纳法,假设(11.1.4) 对某一个 n 成立. 那么

$$\sum_{j \geqslant k} p_{ij}^{(1)}(n+1) = \sum_{j \geqslant k} \sum_{r=0}^{\infty} p_{ir}^{(1)}(n) p_{rj}^{(1)}$$

$$= \sum_{r=0}^{\infty} p_{ir}^{(1)}(n) \sum_{j \geqslant k} p_{rj}^{(1)} \qquad (11.1.5)$$

设 $a_r = \sum_{j \geqslant k} p_{rj}^{(1)}, b_r = \sum_{j \geqslant k} p_{rj}^{(2)}, u_r = p_{ir}^{(1)}(n), v_r = p_{mr}^{(2)}(n)$, $i \leqslant m$. 那么向量 $(a_r, r \geqslant 0)$ 和 $(b_r, r \geqslant 0)$，满足命题 11.1.1 中的条件，由(11.1.4) 有 $u \overset{d}{\leqslant} v$. 对(11.1.5)，利用命题 11.1.1 中的(1)⇒(3) 有

$$\sum_{j \geqslant k} p_{ij}^{(1)}(n+1) = \sum_{r=0}^{\infty} u_r a_r \leqslant \sum_{r=0}^{\infty} v_r b_r = \sum_{j \geqslant k} p_{mj}^{(2)}(n+1)$$

引理得证.

容易证明如下引理.

引理 11.1.2　设 $\boldsymbol{Q}$ – 矩阵 $\boldsymbol{Q}$ 是一致有界. 即存在常数 C 满足

$$\sup_{i \in E} q_i \leqslant C$$

对每个常数 $\tau \geqslant C$. 定义 $\hat{\boldsymbol{P}} = \tau^{-1}\boldsymbol{Q} + \boldsymbol{I}$；即

$$\hat{p}_{ij} = \frac{1}{\tau} q_{ij} + \delta_{ij}, \quad i, j \in E \qquad (11.1.6)$$

则最小 Q 过程 $f_{ij}(t)$ 是唯一的 Q 过程，且它有如下表达式

$$f_{ij}(t) = \mathrm{e}^{-\tau t} \sum_{n=0}^{\infty} \frac{(\tau t)^n}{n!} \hat{p}_{ij}(n), \quad i, j \in E, t \geqslant 0 \qquad (11.1.7)$$

$f_{ij}(t)$ 诚实，当且仅当 $\boldsymbol{Q}$ 保守. ($\hat{\boldsymbol{P}}^{(n)} = \hat{p}_{ij}(n)$) 是矩阵 $\hat{\boldsymbol{P}}$ 的 n 次幂).

引理 11.1.3　设 $\boldsymbol{Q}$ 是一个 $\boldsymbol{Q}$ – 矩阵，$f_{ij}(t)$ 是最小 $\boldsymbol{Q}$ 过程. 设 $\{E_r, r \geqslant 1\}$ 是 E 的子集列满足 $E_r \uparrow E$ 且对每个 r，设 ${}_r\boldsymbol{Q}$ 是 $\boldsymbol{Q}$ – 矩阵满足

$$
{}_r q_{ij} = \begin{cases} q_{ij}, & \text{若 } i, j \in E_r \\ 0, & \text{若 } i \in E \backslash E_r \end{cases} \tag{11.1.8}
$$

再设${}_r f_{ij}(t)$ 是最小${}_r\boldsymbol{Q}$ 过程，则$\lim\limits_{r\to\infty} {}_r f_{ij}(t) = f_{ij}(t), i, j \in E, t \geqslant 0$.

证明 我们首先注意到若 $i \in E_r$，则${}_r q_i = q_i$；若 $i \in E\backslash E_r$，则${}_r q_i = 0$，所以，对所有状态$i \in E\backslash E_r$ 都是${}_r\boldsymbol{Q}$ 的吸收态，对每个 r，设

$$
{}_r f_{ij}^{(n)}(t) = \begin{cases} \delta_{ij} e^{-{}_r q_i t}, & n = 0 \\ \delta_{ij} e^{-{}_r q_i t} + \int_0^t e^{-{}_r q_i (t-s)} \sum\limits_{k \neq i} {}_r q_{ik\,r} f_{kj}^{(n-1)}(s) \mathrm{d}s, & n \geqslant 1 \end{cases}
$$

注意${}_r f_{ij}^{(n)}(t) = \delta_{ij}, i \in E\backslash E_r, \forall n \geqslant 0$. 下面我们用归纳法证明

$$
{}_r f_{ij}^{(n)}(t) \leqslant {}_{r+1} f_{ij}^{(n)}(t), \quad i, j \in E_r, n \geqslant 0 \tag{11.1.9}
$$

(11.1.9) 对 $n = 0$，显然成立. 现设(11.1.9) 对 $n = m$ 成立，则

$$
\begin{aligned}
{}_r f_{ij}^{(m+1)}(t) &= \delta_{ij} e^{-q_i t} + \int_0^t e^{-q_i(t-s)} \sum_{\substack{k \neq i \\ k \in E_r}} q_{ik\,r} f_{kj}^{(m)}(s) \mathrm{d}s \\
&\leqslant \delta_{ij} e^{-q_i t} + \int_0^t e^{-q_i(t-s)} \sum_{\substack{k \neq i \\ k \in E_{r+1}}} q_{ik\,r+1} f_{kj}^{(m)}(s) \mathrm{d}s \\
&= {}_{r+1} f_{i,j}^{(m+1)}(t)
\end{aligned} \tag{11.1.10}
$$

这样，我们就证明了(11.1.9). 在(11.1.9) 中，令 $n \to \infty$，我们

$$
{}_r f_{ij}(t) \leqslant {}_{r+1} f_{ij}(t), \quad i, j \in E_r
$$

固定 $i, j \in E, t \geqslant 0$，定义

$$g_{ij}(t) = \lim_{r\to\infty} {}_rf_{ij}(t) \qquad (11.1.11)$$

对 $i, j \in E_r$，由向后积分方程有

$$\begin{aligned} {}_rf_{ij}(t) &= \delta_{ij}\mathrm{e}^{-q_i t} + \int_0^t \mathrm{e}^{-q_i(t-s)} \sum_{k\neq i} q_{ik\,r}f_{kj}(s)\mathrm{d}s \\ &= \delta_{ij}\mathrm{e}^{-q_i t} + \int_0^t \mathrm{e}^{-q_i(t-s)} \sum_{\substack{k\neq i\\ k\in E_r}} q_{ik\,r}f_{kj}(s)\mathrm{d}s \qquad (11.1.12) \end{aligned}$$

现在我们在(11.1.12) 两边让 $r\to\infty$，利用(11.1.11) 和单调收敛定理. 我们就发现 $g_{ij}(t)$ 满足对应于 $\boldsymbol{Q}$ - 矩阵 $\boldsymbol{Q}$ 的向后方程，由 $f_{ij}(t)$ 的最小性，我们有

$$f_{ij}(t) \leqslant g_{ij}(t), \quad \forall i, j \in E, t \geqslant 0$$

另一方面，在(11.1.10) 让 $r\to\infty$ 利用(11.1.9) 和单调收敛定理，我们发现极限 $\lim_{\lambda\to\infty} {}_rf_{ij}^{(n)}(t)$ 满足向后积分方程. 特别，我们有

$${}_rf_{ij}^{(n)}(t) \leqslant f_{ij}^{(n)}, \forall i, j \in E_r, n \geqslant 0$$

让 $n\to\infty$，得

$${}_rf_{ij}(t) \leqslant f_{ij}(t), \forall i, j \in E_r$$

因此，我们有 $g_{ij}(t) \leqslant f_{ij}(t), \forall i, j \in E, t \geqslant 0$，引理得证.

命题 11.1.3　设 $\boldsymbol{Q}^{(1)}$ 和 $\boldsymbol{Q}^{(2)}$ 是两个 $\boldsymbol{Q}$ - 矩阵. $f_{ij}^{(1)}(t)$ 和 $f_{ij}^{(2)}(t)$ 是相应的最小 $\boldsymbol{Q}$ 过程，则以下二条等价：

$$(1)\ \sum_{k=0}^{j} f_{ik}^{(1)}(t) \geqslant \sum_{k=0}^{j} f_{mk}^{(2)}(t), \forall j \geqslant 0, i \leqslant m. \qquad (11.1.13)$$

$$(2)\ \sum_{k=0}^{j} q_{ik}^{(1)} \geqslant \sum_{k=0}^{j} q_{mk}^{(2)}, \forall i \leqslant m, j \geqslant m \text{ 或 } j < i. \qquad (11.1.14)$$

证明　(1)⇒(2) 当 $i \leqslant m,\ j < i$ 时有

$$\sum_{k=0}^{j} \frac{f_{ik}^{(1)}(t)}{t} \geqslant \sum_{k=0}^{j} \frac{f_{mk}^{(2)}(t)}{t}$$

令 $t \to 0$ 得

$$\sum_{k=0}^{j} q_{ij}^{(1)} \geqslant \sum_{k=0}^{j} q_{mk}^{(2)}$$

当 $i \leqslant m, j \geqslant m$ 时有

$$\sum_{\substack{k=0\\k\neq i}}^{j} \frac{f_{ik}^{(1)}(t)}{t} + \frac{f_{ii}^{(1)}(t)}{t} \geqslant \sum_{\substack{k=0\\k\neq m}}^{j} \frac{f_{mk}^{(2)}(t)}{t} + \frac{f_{mm}^{(2)}(t)}{t}$$

所以

$$\sum_{\substack{k=0\\k\neq i}}^{j} \frac{f_{ik}^{(1)}(t)}{t} + \frac{f_{ii}^{(1)}(t)-1}{t} \geqslant \sum_{\substack{k=0\\k\neq m}}^{j} \frac{f_{mk}^{(2)}(t)}{t} + \frac{f_{mm}^{(2)}(t)-1}{t}$$

令 $t \to 0$ 得

$$\sum_{\substack{k=0\\k\neq i}}^{j} q_{ik}^{(1)} + q_{ii}^{(1)} \geqslant \sum_{\substack{k=0\\k\neq m}}^{j} q_{mk}^{(2)} + q_{mm}^{(2)}$$

即

$$\sum_{k=0}^{j} q_{ik}^{(1)} \geqslant \sum_{k=0}^{j} q_{mk}^{(2)}$$

(2)⇒(1)，首先假设 $\boldsymbol{Q}^{(1)}$ 和 $\boldsymbol{Q}^{(2)}$ 是一致有界的，则由引理 11.1.2 得最小 $\boldsymbol{Q}^{(r)}$ 过程 $f_{ij}^{(r)}(t)\ (r=1,2)$ 为

$$f_{ij}^{(r)}(t) = \mathrm{e}^{-\tau t} \sum_{n=0}^{\infty} \frac{(\tau t)^n}{n!} \hat{p}_{ij}^{(r)}(n) \tag{11.1.15}$$

而 $\hat{p}_{ij}^{(r)} = \left(\frac{1}{\tau}\right) q_{ij}^{(r)} + \delta_{ij}$，$\hat{p}_{ij}^{(r)}(n)$ 为相应的 n 步转移概率，τ 满足 $\sup\limits_i q_i^{(1)} + \sup\limits_i q_i^{(2)} \leqslant \tau$.

如果 $i \leqslant m, j < i$ 或 $j \geqslant m$，由(11.1.14) 有

$$\sum_{k=0}^{j} \hat{p}_{ik}^{(1)} = \frac{1}{\tau} \sum_{k=0}^{j} q_{ik}^{(1)} + \sum_{k=0}^{j} \delta_{ik}$$

$$\geqslant \frac{1}{\tau}\sum_{k=0}^{j} q_{mk}^{(2)} + \sum_{k=0}^{j}\delta_{mk} = \sum_{k=0}^{j}\hat{p}_{mk}^{(2)}$$

如果 $i \leqslant m, i \leqslant j < m$,则有

$$\sum_{k=0}^{j}\hat{p}_{ik}^{(1)} = \frac{1}{\tau}\sum_{k=0}^{j} q_{ik}^{(1)} + \sum_{k=0}^{j}\delta_{ik}$$

$$\geqslant \frac{1}{\tau}\sum_{k=0}^{j} q_{mk}^{(2)} = \sum_{k=0}^{j}\hat{p}_{mk}^{(2)}$$

不等号成立是由于

$$\sum_{k=0}^{j} q_{ik}^{(1)} - \sum_{k=0}^{j} q_{mk}^{(2)} \geqslant - q_{i}^{(1)} - q_{m}^{(2)} \geqslant -\tau, \sum_{k=0}^{j}\delta_{ik} = 1$$

因此，对所有 $k \geqslant 0, i \leqslant m$ 有 $\sum_{k=0}^{j}\hat{p}_{ik}^{(1)} \geqslant \sum_{k=0}^{j}\hat{p}_{mk}^{(2)}(n)$. 由引理11.1.1得 $\sum_{k=0}^{j}\hat{p}_{ik}^{(1)} \geqslant \sum_{k=0}^{j}\hat{p}_{mk}^{(2)}(n)$,由(11.1.15)得

$$\sum_{k=0}^{j} f_{ij}^{(1)}(t) = \mathrm{e}^{-\tau t}\sum_{n=0}^{\infty}\frac{(\tau t)^{n}}{n!}\sum_{k=0}^{j}\hat{p}_{ik}^{(1)}(n)$$

$$\geqslant \mathrm{e}^{-\tau t}\sum_{n=0}^{\infty}\frac{(\tau t)^{n}}{n!}\sum_{k=0}^{j}\hat{p}_{mk}^{(2)}(n) = \sum_{k=0}^{j} f_{mj}^{(2)}(t)$$

现在去掉 $\boldsymbol{Q}^{(1)}$ 和 $\boldsymbol{Q}^{(2)}$ 一致有界性的假设,用引理 11.1.3 完成证明. 对给定满足(2) 的两个 $\boldsymbol{Q}$ - 矩阵 $\boldsymbol{Q}^{(1)}$ 及 $\boldsymbol{Q}^{(2)}$,设 ${}_{N}\boldsymbol{Q}^{(r)} = \{{}_{N}q_{ij}^{(r)}; i, j \in E\}\ (r = 1,2)$ 是相应的被截的 $\boldsymbol{Q}$ - 矩阵,定义如下

$${}_{N}q_{ij}^{(r)} = q_{ij}^{(r)}, 0 \leqslant i, j \leqslant N-1$$

$${}_{N}q_{iN}^{(r)} = d_{i}^{(r)} + \sum_{j \geqslant N} q_{ij}^{(r)}, i < N$$

$${}_{N}q_{ij}^{(r)} = 0, j > N \text{ 或 } i \geqslant N$$

对于 $r = 1,2$,其中 $d_{i}^{(r)}$ 为 $\boldsymbol{Q}^{(r)}$ 在 i 的非保守量,即

$$d_i^{(r)} = -\sum_{j=0}^{\infty} q_{ij}^{(r)}, r = 1,2$$

注意两个被截的 $\boldsymbol{Q}$ - 矩阵是一致有界的,利用下列事实:

$$\text{如果 } i < N, \sum_{k=0}^{j} {}_N q_{ik}^{(r)} = \begin{cases} \sum_{k=0}^{j} q_{ik}^{(r)}, j \leqslant N-1 \\ 0, j \geqslant N \end{cases}.$$

$$\text{如果 } i \geqslant N, \sum_{i=0}^{j} {}_N q_{ik}^{(r)} = 0.$$

可推出对于 $i \leqslant m, j < i$ 或 $j \geqslant m$ 有

$$\sum_{k=0}^{j} {}_N q_{ik}^{(1)} \geqslant \sum_{k=0}^{j} {}_N q_{mk}^{(2)}$$

因此,由上面所证明有

$$\sum_{k=0}^{j} {}_N f_{ik}^{(1)}(t) \geqslant \sum_{k=0}^{j} {}_N f_{mk}^{(2)}(t), \forall i \leqslant m, j \geqslant 0 \tag{11.1.16}$$

由于(11.1.16)对每一个 N 成立,利用引理11.1.13可知

$${}_N f_{ij}^{(r)}(t) \to f_{ij}^{(r)}(t), N \to \infty, \forall i, j, t \geqslant 0 \quad (r = 1,2)$$

因而(11.1.16)两边用单调收敛定理得

$$\sum_{k=0}^{j} f_{ik}^{(1)}(t) \geqslant \sum_{k=0}^{j} f_{mk}^{(2)}(t), \forall j \geqslant 0, i \leqslant m$$

引理得证.

如果对所有 $i \leqslant m, k \leqslant i$ 或 $k \geqslant m+1$ 有 $\sum_{j \geqslant k} q_{ij}^{(1)} \leqslant \sum_{j \geqslant k} q_{mj}^{(2)}$,则我们称两个 $\boldsymbol{Q}$ - 矩阵 $\boldsymbol{Q}^{(r)} = (q_{ij}^{(r)}, i, j \in E), r = 1,2$ 是可比较的.

定理 11.1.1 对于给定的两个全稳定 $\boldsymbol{Q}$ - 矩阵

$Q^{(1)}$ 和 $\boldsymbol{Q}^{(2)}$，最小 $\boldsymbol{Q}$ 过程 $f_{ij}^{(1)}(t)$ 和 $f_{ij}^{(2)}(t)$ 是随机可比较的充要条件是下面二条件满足：

（ⅰ）$\boldsymbol{Q}^{(1)}$ 和 $\boldsymbol{Q}^{(2)}$ 是可比较的.

（ⅱ）$\boldsymbol{Q}^{(2)}$ 是零流出，即对任意 $\lambda > 0$，方程 $(\lambda \boldsymbol{I} - \boldsymbol{Q}^{(2)})\boldsymbol{U} = \boldsymbol{0}$ $(\boldsymbol{0} \leqslant \boldsymbol{U} \leqslant \boldsymbol{1})$ 只有零解.

证明　先证必要性：注意到任意满足 Kolmogorov 向后方程的 $\boldsymbol{Q}$ 过程，特别对 Feller 最小 $\boldsymbol{Q}$ 过程 $\{f_{ij}^{(r)}(t)\}$，有下面一个简单事实

$$\lim_{t\to 0} \frac{1}{t} \sum_{j \in A\setminus\{i\}} f_{ij}^{(r)}(t) = \sum_{j \in A\setminus\{i\}} q_{ij}^{(r)}, \forall A \subset E$$

由上式可知条件（ⅰ）满足.

为了得到条件（ⅱ），在(11.1.3)中令 $k=0, i=0$ 得

$$\sum_{j=0}^{\infty} f_{mj}^{(2)}(t) \geqslant \sum_{j=0}^{\infty} f_{0j}^{(1)}(t) > 0, \forall m \geqslant 0, t \geqslant 0$$

因此

$$\inf_m \sum_{j=0}^{\infty} f_{mj}^{(2)}(t) > 0$$

由侯和郭[1]的基本结果得 $\boldsymbol{Q}^{(2)}$ 是零流出.

相反，假设条件（ⅰ）和（ⅱ）满足，首先取 $\Delta \notin E$，定义一个序为 $\Delta < 0 < 1 < 2 < \cdots$，其次在 E_Δ 上定义两个 $\boldsymbol{Q}$ - 矩阵为

$${}_\Delta \boldsymbol{Q}^{(k)} = ({}_\Delta q_{ij}^{(k)}, i,j \in E_\Delta), k = 1,2 \qquad (11.1.17)$$

其中

$${}_\Delta q_{ij}^{(k)} = \begin{cases} 0, i = \Delta, j \in E_\Delta \\ d_i^{(k)}, i \in E, j = \Delta \\ q_{ij}^{(k)}, i,j \in E (k = 1,2) \end{cases} \qquad (11.1.18)$$

$D^{(k)} = (d_i^{(k)}, i \in E)$ 是 $Q^{(k)}$ 的非保守量，即

$$d_i^{(k)} = -\sum_{j \in E} q_{ij}^{(k)}, i \in E, k = 1,2 \qquad (11.1.19)$$

则由条件(i) 和(11.1.19) 有

$$\sum_{k=\Delta}^{j} {}_{\Delta}q_{ik}^{(1)} \geqslant \sum_{k=\Delta}^{j} {}_{\Delta}q_{mk}^{(2)}, i \leqslant m, j < i \text{ 或 } j \geqslant m \qquad (11.1.20)$$

由命题 11.1.3 得

$$\sum_{k=\Delta}^{j} {}_{\Delta}f_{ik}^{(1)}(t) \geqslant \sum_{k=\Delta}^{j} {}_{\Delta}f_{mk}^{(2)}(t), i \leqslant m, j \geqslant \Delta \qquad (11.1.21)$$

由于${}_{\Delta}\boldsymbol{Q}^{(2)}$ 是保守且零流出，因而正则(容易证明${}_{\Delta}\boldsymbol{Q}^{(2)}$零流出充要条件是 $\boldsymbol{Q}^{(2)}$ 零流出)，所以 Feller 最小${}_{\Delta}\boldsymbol{Q}^{(2)}$ 函数诚实，即

$$\sum_{k=\Delta}^{\infty} {}_{\Delta}f_{mk}^{(2)}(t) = 1, m \geqslant \Delta, t \geqslant 0 \qquad (11.1.22)$$

由(11.1.21) 和(11.1.22) 得

$$\sum_{j \geqslant k} {}_{\Delta}f_{ij}^{(1)}(t) \leqslant \sum_{j \geqslant k} {}_{\Delta}f_{mj}^{(2)}(t), i \leqslant m, k \in E \qquad (11.1.23)$$

由(11.1.18) 知，Δ 是${}_{\Delta}Q^{(k)}$ 的吸收态，容易得出

$${}_{\Delta}f_{ij}^{(r)}(t) = f_{ij}^{(r)}(t), \quad i,j \in E, r = 1,2, t \geqslant 0 \qquad (11.1.24)$$

由(11.1.23) 和(11.1.24) 得出$f_{ij}^{(1)}(t)$ 和$f_{ij}^{(2)}(t)$ 是随机可比较的.

注 在 Anderson[1] 中条件(ii) 没有，如果没有条件(ii)，这个定理是错误的，反例很容易得到，在此

省略. 并注意到我们对条件(ⅰ)必要性证明比 Anderson[1] 简单.

由定理 11.1.1 得:

推论 11.1.1　对给定的全稳定 $\boldsymbol{Q}$ - 矩阵 $\boldsymbol{Q}$,最小 $\boldsymbol{Q}$ 过程 $\boldsymbol{F}=(f_{ij}(t))$ 随机单调,当且仅当以下两条同时成立:

(ⅰ)$\boldsymbol{Q}$ 单调即

$$\sum_{j\geqslant k} q_{ij} \leqslant \sum_{j\geqslant k} q_{mj},\quad i\leqslant m, k\leqslant i \text{ 或 } k\geqslant m+1.$$

(ⅱ)$\boldsymbol{Q}$ 零流出.

11.2　Feller 转移函数

记 $C_0=\{\boldsymbol{x}\in l_\infty : x_i\to 0, i\to\infty\}$,则 C_0 是 l_∞ 的闭子空间. 若 C_0 中范数定义和 l_∞ 中范数定义一样(l_∞ 中范数为 $\|\boldsymbol{x}\|_\infty=\sup\limits_{i\in E}|x_i|$),则 C_0 是 Banach 空间. C_0 的对偶空间为 l_1.

定义 11.2.1　转移函数 $p_{ij}(t)$ 称为 Feller 转移函数,如果

$$p_{ij}(t)\to 0, i\to\infty, j\in E, t\geqslant 0 \quad (11.2.1)$$

命题 11.2.1　如果对某个 $t>0$,(11.2.1) 成立,那么

$$\sup_{0\leqslant s\leqslant t} p_{ij}(s)\to 0, i\to\infty, j\in E \quad (11.2.2)$$

证明　设 $c>0$ 满足 $p_{jj}(s)>c$ 对所有 $0\leqslant s\leqslant t$. 由 $K-C$ 方程得

$$p_{ij}(t)\geqslant p_{ij}(s)p_{jj}(t-s)$$

于是有

$$p_{ij}(s) \leqslant \frac{p_{ij}(t)}{c}$$

故命题结论成立.

命题 11.2.2 设 $p_{ij}(t)$ 是 Feller 转移函数,那么有

(1) 对每个固定的 $j \in E$,当 $t \to 0$,$p_{ij}(t) \to \delta_{ij}$ 对 i 一致成立.

(2) $p_{ij}(t)$ 有稳定的 $\boldsymbol{Q}$ - 矩阵.

证明 设 $j \in E$ 及 $\tau > 0$ 固定. 任给 $\varepsilon > 0$, 由 (11.2.2) 可选一个有限集 I 满足:对所有 $t < \tau$ 及 $i \in E \backslash I$ 有 $p_{ij}(t) < \varepsilon$. 则由 $p_{ij}(t)$ 的标准性可选 $t_1 < \tau$,使得$| p_{ij}(t) - \delta_{ij} | < \varepsilon$ 对所有 $0 \leqslant t \leqslant t_1$ 及 $i \in I$ 成立. 这就证明了(1).

下证(2). 设 $j \in E$ 固定,由(1) 知可选 $\tau > 0$ 满足

$$p_{jj}(t) \geqslant \frac{3}{4}, p_{ij}(t) \leqslant \frac{1}{4}, i \neq j, 0 \leqslant t \leqslant \tau$$

假设 $0 \leqslant s, t \leqslant \tau$,则有

$$\begin{aligned} p_{jj}(t+s) &= p_{jj}(t)p_{jj}(s) + \sum_{i \neq j} p_{ji}(s)p_{ij}(t) \\ &\leqslant p_{jj}(t)p_{jj}(s) + \frac{1}{4}\sum_{i \neq j} p_{ji}(s) \\ &\leqslant p_{jj}(t)p_{jj}(s) + \frac{1}{4}(1 - p_{jj}(s)) \end{aligned}$$

记 $h(u) = 1 - p_{jj}(u)$,则上式变为 $1 - h(t+s) \leqslant [1 - h(t)][1 - h(s)] + \frac{1}{4}h(s)$,或等价于

$$h(t+s) \geqslant h(t) + h(s) - \left[h(t) + \frac{1}{4}\right]h(s)$$

$$\geqslant h(t) + \frac{1}{2}h(s) \qquad (11.2.3)$$

最后一个不等式是由于 $h(t) \leqslant \frac{1}{4}$. 反复利用 (11.2.3) 可得

$$h(t + ns) \geqslant h(t) + \frac{n}{2}h(s) \qquad (11.2.4)$$

其中 $t + ns \leqslant \tau$. 对任意满足 $0 < s < \tau$ 的 s, 令 $n(s) = \left[\frac{\tau}{s}\right]$ (其中 $[x]$ 表示 x 的整数部分), 设 $t(s)$ 满足 $\tau = t(s) + n(s)s$. 则 (11.2.4) 变为 $h(\tau) \geqslant h(t(s)) + [n(s)/2]h(s)$, 由此推出

$$\frac{h(s)}{s} \leqslant \frac{2}{n(s)s}h(\tau)$$

令 $s \to 0$ 并注意到 $n(s)s \to \tau$, 可得

$$q_j = \lim_{s\to 0}\frac{1 - p_{jj}(s)}{s} \leqslant \limsup_{s\to 0}\frac{h(s)}{s} \leqslant \frac{2}{\tau}h(\tau) < +\infty$$

命题 11.2.3　设 $p_{ij}(t)$ 是 Feller 转移函数, 则 $p_{ij}(t)$ 满足向后方程

$$p'_{ij}(t) = \sum_{k\in E} q_{ik}p_{kj}(t), i, j \in E, t \geqslant 0$$

证明　固定 i, j, t, 设 $s > 0$. 并设

$$\theta(s) \triangleq \frac{p_{ij}(t + s) - p_{ij}(t)}{s} - \sum_{k\in E} q_{ik}p_{kj}(t)$$

$$= \sum_{k\in E}\left(\frac{p_{ik}(s) - \delta_{ik}}{s} - q_{ik}\right)p_{kj}(t)$$

设 A 是 E 的有限子集并且 $i, j \in A$, 则有

$$|\theta(s)| \leqslant \sum_{k\in A}\left|\frac{p_{ik}(s) - \delta_{ik}}{s} - q_{ik}\right| +$$

$$\sum_{k \notin A} \left| \frac{p_{ik}(s)}{s} - q_{ik} \right| \sup_{k \notin A} p_{kj}(t)$$
$$\leqslant \sum_{k \in A} \left| \frac{p_{ik}(s) - \delta_{ik}}{s} - q_{ik} \right| +$$
$$\left(\frac{1 - p_{ii}(s)}{s} + q_i \right) \sup_{k \notin A} p_{kj}(t)$$

令 $s \to 0$ 得

$$\limsup_{s \to 0} | \theta(s) | \leqslant 0 + 2q_i \sup_{k \notin A} p_{kj}(t)$$

最后令 $A \uparrow E$,我们得到$\lim\limits_{s \to 0} | \theta(s) | = 0$. 命题得证.

定理 11.2.1 设 $p_{ij}(t)$ 为 Feller 转移函数,则 $p_{ij}(t)$ 为最小 $\boldsymbol{Q}$ 过程.

证明 设 $p_{ij}(t)$ 的 $\boldsymbol{Q}$ – 矩阵为 $\boldsymbol{Q}$,$f_{ij}(t)$ 是最小 $\boldsymbol{Q}$ 过程,因为 $p_{ij}(t)$ 是 Feller 的,由命题 11.2.3,$p_{ij}(t)$ 满足向后方程组. 固定 $j \in E$,令

$$p_i(t) = p_{ij}(t) - f_{ij}(t) \geqslant 0, i \in E$$

则 $p_i(t)$ 满足

$$\frac{dp_i(t)}{\mathrm{d}t} = \sum_{k \in E} q_{ik} p_k(t), \quad i \in E \quad (11.2.5)$$

定义

$$v_i(\lambda) = \int_0^{+\infty} \mathrm{e}^{-\lambda t} p_i(t) \mathrm{d}t, \quad i \in E$$

是 $p_i(t)$ 的拉氏变换,则我们有

$$v_i(\lambda) \leqslant \frac{1}{\lambda} \qquad (11.2.6)$$

由(11.2.5)得

$$\lambda^2 v_i(\lambda) = \sum_{k \in E} q_{ik} \lambda v_k(\lambda), \quad i \in E (11.2.7)$$

因为$f_{ij}(t) \leqslant p_{ij}(t)$,$i,j \in E$,$t \geqslant 0$,故$f_{ij}(t)$ 也是 Feller

的. 因此

$$p_i(t) \to 0, \quad i \to \infty, t \geqslant 0$$

由控制收敛定理有

$$\lambda v_i(\lambda) \to 0 \quad i \to \infty, \lambda > 0$$

设 $M(\lambda) = \sup_{i \in E} \lambda v_i(\lambda)$, 则存在 $i_0 \in E$ 使得

$$M(\lambda) = \lambda v_{i_0}(\lambda)$$

由(11.2.7)有

$$\begin{aligned}(\lambda + q_{i_0}) M(\lambda) &= (\lambda + q_{i_0}) \lambda v_{i_0}(\lambda) \\ &= \sum_{k \neq i_0} q_{i_0 k} \lambda v_k(\lambda) \leqslant \sum_{k \neq i_0} q_{i_0 k} M(\lambda) \\ &\leqslant q_{i_0} M(\lambda), \quad \lambda > 0\end{aligned}$$

故必有 $M(\lambda) = 0$, 从而 $v_i(\lambda) = 0, \forall i \in E, \lambda > 0$. 因此

$$p_{ij}(t) \equiv f_{ij}(t)$$

定义 11.2.2　预解函数 $r_{ij}(\lambda)$ 称为 Feller 转移函数, 如果

$$r_{ij}(\lambda) \to 0, i \to \infty, j \in E, \lambda > 0 \quad (11.2.8)$$

或等价于 l_∞ 上的算子 $R(\lambda)$ ($R(\lambda)\boldsymbol{f}(i) \triangleq \sum_{j \in E} r_{ij}(\lambda) f_j, \boldsymbol{f} \in l_\infty$) 由 C_0 映射到 C_0.

命题 11.2.4　如果(11.2.8)对某个 $\lambda > 0$ 成立, 则(11.2.8)对所有 $\lambda > 0$ 成立.

证明　假设(11.2.8)对 $\lambda_0 > 0$ 成立, 如果 $\lambda > \lambda_0$, 则 $r_{ij}(\lambda) \leqslant r_{ij}(\lambda_0)$, 于是(11.2.8)对这样的 λ 成立. 设 $\lambda < \lambda_0$, 由于

$$\| (\lambda_0 - \lambda) R(\lambda_0) \| \leqslant \frac{\lambda_0 - \lambda}{\lambda_0} < 1$$

所以从 C_0 到 C_0 的算子 $I - (\lambda_0 - \lambda) R(\lambda_0)$ 有有界逆算

子 S.

又由于

$$R(\lambda)[I-(\lambda_0-\lambda)R(\lambda_0)]=R(\lambda_0)$$

所以有

$$R(\lambda)=R(\lambda_0)S$$

由于 S 和 $R(\lambda_0)$ 都是 C_0 到 C_0 的映射,所以 $R(\lambda)$ 也是 C_0 到 C_0 的映射,命题得证.

命题 11.2.5 设 $p_{ij}(t)$ 为转移函数,相应的预解函数为 $r_{ij}(\lambda)$,则 $p_{ij}(t)$ 是Feller转移函数,当且仅当是 $r_{ij}(\lambda)$ 是 Feller 转移函数.

证明 由 $r_{ij}(\lambda)=\int_0^{\infty}\mathrm{e}^{-\lambda t}p_{ij}(t)\,\mathrm{d}t$ 及有界收敛定理知,若 $p_{ij}(t)$ 是Feller转移函数,则 $r_{ij}(\lambda)$ 也是 Feller 转移函数.

反过来,假设 $r_{ij}(\lambda)$ 是 Feller 转移函数,设 $\{R(\lambda),\lambda>0\}$ 是 C_0 上的相应的预解算子. 对每一个 λ,算子 $R(\lambda)$ 的变换 $S=R(\lambda)C_0$ 在 C_0 中稠,如果不是这样,则存在 $\boldsymbol{x}\in C_0$ 满足 $\boldsymbol{x}$ 到子空间 S 的距离 $h>0$,所以存在 $\boldsymbol{y}\in C_0$ 的对偶空间 l_1 满足对所有 $\boldsymbol{s}\in S$,$(\boldsymbol{y},\boldsymbol{x})=h$ 及 $(\boldsymbol{y},\boldsymbol{s})=0$,这里 $(\boldsymbol{y},\boldsymbol{x})=\sum_{i\in E}y_i s_i$,特别如果取 $\boldsymbol{s}=\boldsymbol{R}(\lambda)\boldsymbol{e}^j$,其中 $\boldsymbol{e}^j$ 是 C_0 中第 j 个单位向量,则有 $y\boldsymbol{R}(\lambda)=0$,由于 $\boldsymbol{R}(\lambda)$ 是定义在 l_1 上的连续压缩半群 $\{p(t),t\geqslant 0\}$ 的预解算子,在 l_1 上是唯一的,所以 $y=0$. 这与 $(y,x)=h>0$ 矛盾.

而 $\{R(\lambda),\lambda>0\}$ 是 C_0 上的连续压缩预解算子,对每一个 λ,$R(\lambda)$ 的值域在 C_0 中稠. 由 Hille -

Yosioda 定理,存在唯一定义在 C_0 上的对应于 $\{R(\lambda), \lambda > 0\}$ 的连续压缩半群 $\{T_t, t \geqslant 0\}$,从而

$$r_{ij}(\lambda) = \int_0^{+\infty} e^{-\lambda t} T_{ij}(t)\,dt, \quad i,j \in E, \lambda \to 0$$

由拉普拉斯变换的唯一性,得 $p_{ij}(t) \equiv T_{ij}(t)$,因此 $p_{ij}(t)$ 是 Feller 转移函数.

下面的定理是非常重要的,因为它给出了依照 $\boldsymbol{Q}$ - 矩阵 $\boldsymbol{Q}$ 来判别它的转移函数是 Feller 的充分条件.

定理 11.2.2　令 $p_{ij}(t)$ 是满足向前方程的一个转移函数,并且它的 $\boldsymbol{Q}$ - 矩阵 $\boldsymbol{Q}$ 满足下列条件:

(1) $q_{ij} \to 0, i \to \infty, j \in E$.

(2) 对任何 $\lambda > 0$,方程

$$\boldsymbol{y}(\lambda \boldsymbol{I} - \boldsymbol{Q}) = \boldsymbol{0}, \boldsymbol{y} \in l_1$$

只有零解.

则 $p_{ij}(t)$ 是一个 Feller 转移函数.

证明　在 C_0 上定义算子 $\boldsymbol{Q}$,满足

$\mathscr{D}(\boldsymbol{Q}) = \{\boldsymbol{x} \in C_0 \mid x_i = 0$,除有限个 $i \in E$ 之外$\}$,

$(\boldsymbol{Qx})_i = \sum\limits_{j \in E} q_{ij} x_j, i \in E$.

容易证明 $\mathscr{D}(\boldsymbol{Q})$ 在 C_0 中稠,并且由条件(1)知,$\boldsymbol{Q}: \mathscr{D}(\boldsymbol{Q}) \to C_0$,令

$$\boldsymbol{S} = (\lambda \boldsymbol{I} - \boldsymbol{Q}) \mathscr{D}(\boldsymbol{Q})$$

为算子 $\lambda \boldsymbol{I} - \boldsymbol{Q}$ 的值域,下证 $\boldsymbol{S}$ 也在 C_0 中稠. 假设 $\boldsymbol{S}$ 不在 C_0 中稠,如命题 11.2.5 所证,在 C_0 的对偶空间 l_1 中存在 $\boldsymbol{y} \neq \boldsymbol{0}$,使得 $\boldsymbol{y}(\lambda \boldsymbol{I} - \boldsymbol{Q}) = \boldsymbol{0}$. 由(2)知必有 $\boldsymbol{y} = \boldsymbol{0}$,矛盾,从而 S 在 C_0 中稠.

令$\{\boldsymbol{R}(\lambda),\lambda>0\}$是$p_{ij}(t)$在$l_\infty$上的预解式,考虑$\{\boldsymbol{R}(\lambda),\lambda>0\}$在$C_0$上的作用. $r_{ij}(\lambda)$满足向前方程等价于

$$\boldsymbol{R}(\lambda)(\lambda\boldsymbol{I}-\boldsymbol{Q})\boldsymbol{x}=\boldsymbol{x},\boldsymbol{x}\in\mathscr{D}(\boldsymbol{Q})$$

这说明$\boldsymbol{R}(\lambda)\boldsymbol{s}\in\mathscr{D}(\boldsymbol{Q})\subset C_0,\boldsymbol{s}\in S$,由于$\boldsymbol{R}(\lambda)$在$C_0$上是有界的,因而是连续的,算子$S$在$C_0$中稠,这说明每个$\boldsymbol{R}(\lambda)$把$C_0$映射到$C_0$,特别地,$\boldsymbol{R}(\lambda)\boldsymbol{e}^j\in C_0$. 这说明对每个$j$,当$j\to\infty$时$r_{ij}(\lambda)\to 0$. 由命题 11.2.5,定理得证.

Reuter 和 Riley(1972)给出例子说明条件(1)不是必要的. 下面我们将看到,但在一定条件,条件(2)是必要的,为此我先证明如下引理,它本身在$\boldsymbol{Q}$过程定性理论中有重要应用,见侯振挺等著[1].

引理 11.2.1 设$\boldsymbol{Q}$是全稳定$\boldsymbol{Q}$-矩阵,$\boldsymbol{\Phi}=(\varphi_{ij}(\lambda);i,j\in E,\lambda>0)$是最小$\boldsymbol{Q}$预解式. 假设

$$\inf_{i\in E}\lambda\sum_{j\in E}\varphi_{ij}(\lambda)\triangleq c(\lambda)>0 \qquad (11.2.9)$$

则对每个行协调族$\boldsymbol{\eta}(\lambda)$,我们有

$$\lim_{\lambda\to\infty}\lambda\boldsymbol{\eta}(\lambda)\mathbf{1}<\infty \qquad (11.2.10)$$

证明 因为$\lambda\boldsymbol{\eta}(\lambda)\mathbf{1}$关于$\lambda$单调不减,故上面极限存在,由于$\boldsymbol{\eta}(\lambda)$是行协调族,我们有

$$\boldsymbol{\eta}_i(\mu)=\boldsymbol{\eta}_i(\lambda)+(\lambda-\mu)\sum_{k\in E}\boldsymbol{\eta}_k(\lambda)\varphi_{ik}(\mu),$$
$$i\in E,\lambda,\mu>0$$

两边求和再乘μ得

$$\mu\boldsymbol{\eta}(\mu)\mathbf{1}=\mu\boldsymbol{\eta}(\lambda)\mathbf{1}+(\lambda-\mu)\boldsymbol{\eta}(\lambda)(\mu\boldsymbol{\Phi}(\mu)\mathbf{1}) \qquad (11.2.11)$$

设 $\lambda > \mu$，由(11.2.9)我们有

$$\mu\boldsymbol{\eta}(\mu)\mathbf{1} \geqslant \mu\boldsymbol{\eta}(\lambda)\mathbf{1} + (\lambda - \mu)\boldsymbol{\eta}(\lambda)(c(\mu)\mathbf{1}) \tag{11.2.12}$$

因此

$$(\lambda\boldsymbol{\eta}(\lambda)\mathbf{1})c(\mu) \leqslant \mu\boldsymbol{\eta}(\mu)\mathbf{1} + \mu(\boldsymbol{\eta}(\lambda)\mathbf{1})c(\mu) \tag{11.2.13}$$

注意到 $0 < c(\mu)$ 且 $\lim_{\lambda\to\infty}\boldsymbol{\eta}(\lambda) = \mathbf{0}$. 在(11.2.13)中令 $\lambda \to \infty$. 我们有(11.2.10)成立.

定理 11.2.3　设 $\boldsymbol{Q}$ 是全稳定 $\boldsymbol{Q}$ - 矩阵，$\boldsymbol{\Phi} = (\varphi_{ij}(\lambda))$ 是最小 $\boldsymbol{Q}$ 过程，若

(ⅰ) $\inf_{i\in E}\lambda\sum_{j\in E}\varphi_{ij}(\lambda) \triangleq c(\lambda) > 0$.

(ⅱ) $\boldsymbol{\Phi}$ 是 Feller 转移函数.

则 $\boldsymbol{Q}$ 零流入即对每个 $\lambda > 0$，方程

$$\boldsymbol{Y}(\lambda\boldsymbol{I} - \boldsymbol{Q}) = \mathbf{0}, \boldsymbol{Y} \in \boldsymbol{l}_1^+$$

只有零解.

证明　设 $\boldsymbol{y} \in \boldsymbol{l}_1^+$ 且满足 $\boldsymbol{y}(\lambda\boldsymbol{I} - \boldsymbol{Q}) = 0$. 定义

$$\boldsymbol{y}(\mu) = \boldsymbol{y}[\boldsymbol{I} + (\lambda - \mu)\boldsymbol{\Phi}(u)]$$

易证.

(ⅰ) $\boldsymbol{y}(\mu) \in \boldsymbol{l}_1^+, \forall\mu > 0$.

(ⅱ) $\boldsymbol{y} = \boldsymbol{y}(\lambda) = \boldsymbol{y}(\mu)[\boldsymbol{I} + (\mu - \lambda)\boldsymbol{\Phi}(\lambda)]$.

(ⅲ) $\mu\boldsymbol{y}(\mu)\mathbf{1} < \infty, \mu > 0$.

因此，$\boldsymbol{y}(\mu)$ 是行协调族. 由引理 11.2.1，我们有

$$\mu\boldsymbol{y}(\mu)\mathbf{1} \leqslant c \triangleq \lim_{\lambda\to\infty E}\lambda\boldsymbol{\eta}(\lambda)1 < \infty \tag{11.2.14}$$

再由定义，我们有

$$\mu y_j(\mu) = \lambda\sum_{i\in E}y_i\mu\varphi_{ij}(\mu) - \sum_{i\in E}y_i\mu[\mu\varphi_{ij}(\mu) - \delta_{ij}]$$

$$\to \lambda y_j - \sum_{i\in E} y_i q_{ij} = 0, \mu \to \infty$$

因此,

(iv) $\mu y_j(\mu) \to 0, \mu \to \infty, j \in E.$

由(i)和(ii),对固定 j 和任何有限集 $I \subset E$,

$$0 \leqslant y_j \leqslant y_j(\mu) + \sum_{i\in I} \mu y_i(\mu)\varphi_{ij}(\lambda) + \sum_{i\notin I} \mu y_i(\mu)\varphi_{ij}(\lambda)$$

任给 $\varepsilon > 0$, 由 $\varphi_{ij}(\lambda)$ 是 Feller 的, 可取有限集 I 使 $\varphi_{ij}(\lambda) \leqslant \dfrac{\varepsilon}{c}, \forall i \notin I$. 于是,我们有

$$0 \leqslant y_j \leqslant y_j(\mu) + \lambda^{-1} \sum_{i\in I} \mu y_i(\mu) + \varepsilon$$

令 $\mu \to \infty$,利用(iv),我们有

$$0 \leqslant y_j \leqslant \varepsilon$$

所以,$\boldsymbol{y} = \boldsymbol{0}$,证毕.

11.3 对偶过程

在这一节中,状态空间 $E = \{0,1,2,\cdots\}$,给定一个转移函数 $p_{ij}(t)$,定义 $P_i(A), i \in E$ 为空间 $(\Omega, \mathscr{F})$ 上的一族(可能是退化的)概率测度,设 $X(t), t \geqslant 0$, 为坐标过程. 如果 $P_i\{X(t) \geqslant k\}$ 对固定 k 和 t 是 i 的非减函数,则 $p_{ij}(t)$ 是随机单调的.

命题 11.3.1 (Siegmund, 1976) 设 $p_{ij}^{(1)}(t)$ 是一转移函数,那么存在另一个转移函数 $p_{ij}^{(2)}(t)$ 满足

$$P_i^{(2)}\{X(t) \leqslant j\} = P_j^{(1)}\{X(t) \geqslant i\}, i, j \in E, t \geqslant 0 \tag{11.3.1}$$

的充要条件是 $p_{ij}^{(1)}(t)$ 是随机单调的.

证明　如果满足条件的 $p_{ij}^{(2)}(t)$ 存在，由(11.3.1)得 $p_{ij}^{(1)}(t)$ 是随机单调的. 反过来,设 $p_{ij}^{(1)}(t)$ 是随机单调的,定义 $p_{ij}^{(2)}(t)$ 为

$$p_{ij}^{(2)}(t) = \sum_{k=i}^{\infty}[p_{jk}^{(1)}(t) - p_{j-1,k}^{(1)}(t)], i,j \in E, t \geqslant 0 \tag{11.3.2}$$

其中 $p_{-1,k}^{(1)}(t) \equiv 0$,下面我们将证明 $p_{ij}^{(2)}(t)$ 是一个转移函数. 首先,$p_{ij}^{(1)}(t)$ 的随机单调性说明 $p_{ij}^{(2)}(t) \geqslant 0$. 其次,我们有

$$\begin{aligned}\sum_{k=0}^{j} p_{ik}^{(2)}(t) &= \sum_{k=0}^{j}\sum_{l=i}^{\infty}[p_{kl}^{(1)}(t) - p_{k-1,l}^{(1)}(t)] \\ &= \sum_{l=i}^{\infty}\sum_{k=0}^{j}[p_{kl}^{(1)}(t) - p_{k-1,l}^{(1)}(t)] \\ &= \sum_{l=i}^{\infty} p_{jl}^{(1)}(t), i,j \in E \end{aligned} \tag{11.3.3}$$

即(11.3.1)成立,因此 $\sum_{k=0}^{\infty} p_{ik}^{(2)}(t) \leqslant 1$.

$$\begin{aligned} p_{ij}^{(2)}(t+s) &= \sum_{m=i}^{\infty}[p_{jm}^{(1)}(t+s) - p_{j-1,m}^{(1)}(t+s)] \\ &= \sum_{m=i}^{\infty}\left(\sum_{k=0}^{\infty} p_{jk}^{(1)}(t)p_{km}^{(1)}(s) - \sum_{k=0}^{\infty} p_{j-1,k}^{(1)}(t)p_{km(}^{(1)}s)\right) \\ &= \sum_{k=0}^{\infty}[p_{jk}^{(1)}(t) - p_{j-1,k}^{(1)}(t)]\sum_{m=i}^{\infty} p_{km}^{(1)}(s) \\ &= \sum_{k=0}^{\infty}[p_{jk}^{(1)}(t) - p_{j-1,k}^{(1)}(t)]\sum_{l=0}^{k} p_{il}^{(2)}(s) \\ &= \sum_{l=0}^{\infty} p_{il}^{(2)}(s)\sum_{k=l}^{\infty}[p_{jk}^{(1)}(t) - p_{j-1,k}^{(1)}(t)] \end{aligned}$$

$$= \sum_{l=0}^{\infty} p_{il}^{(2)}(s) p_{lj}^{(2)}(t)$$

所以 $p_{ij}^{(2)}(t)$ 满足 Chapman - Kolmogorov 方程.

剩下只要证明 $p_{ij}^{(2)}(t)$ 的标准性,只须证对每一个 $i, 1 - p_{ii}^{(2)}(t) \to 0, t \to 0$. 由(11.3.2)有

$$1 - p_{ii}^{(2)}(t) = 1 - p_{ii}^{(1)}(t) - \sum_{k=i+1}^{\infty} p_{ik}^{(1)}(t) + \sum_{k=i}^{\infty} p_{i-1,k}^{(1)}(t)$$

故 $|1 - p_{ii}^{(2)}(t)| \leqslant 2|1 - p_{ii}^{(1)}(t)| + |1 - p_{i-1,i-1}^{(1)}(t)| \to 0, t \to 0$.

Siegmund's 定理可根据它的对偶过程用以下等价方式来描述:

命题11.3.2 假设 $\boldsymbol{P}^{(2)}(t)$ 是一个(标准)转移函数满足下列两个条件:

(1) $\sum_{k=0}^{j} p_{ik}^{(2)}(t)$ 对每一个 $j \in E$ 和 $t \geqslant 0$ 是 i 的非增函数.

(2) $\lim_{i \to \infty} p_{ij}^{(2)}(t) = 0, j \in E, t \geqslant 0$.

则存在一个随机单调转移函数 $P^{(1)}(t)$ 满足

$$\sum_{k=0}^{j} p_{ik}^{(2)}(t) = \sum_{k=i}^{\infty} p_{jk}^{(1)}(t), \quad i, j \in E, t \geqslant 0$$

注1 由(11.3.2)知 $p_{ij}^{(2)}(t) \to 0, i \to \infty$,这说明 $p_{ij}^{(2)}(t)$ 是 Feller 转移函数. 由(11.3.3)有

(ⅰ) $p_{ij}^{(1)}(t)$ 是诚实的充要条件是 $p_{00}^{(2)}(t) \equiv 1$.

(ⅱ) 如果 $p_{ij}^{(1)}(t)$ 是诚实的,且是 Feller 的,则 $p_{ij}^{(2)}(t)$ 也是.

最后,由(11.3.3)我们得到如下关系

$$p_{ji}^{(1)}(t) = \sum_{k=0}^{j} [p_{ik}^{(2)}(t) - p_{i+1,k}^{(2)}(t)] \quad (11.3.4)$$

如果我们定义

$\mathscr{D}^{(1)} = \{$所有随机单调转移函数$\}$.

$\mathscr{D}^{(2)} = \{$所有满足对每一个 j 和 t, $\sum_{k=0}^{j} p_{ik}(t)$ 是 i 的非增函数的 Feller 转移函数 $p_{ij}(t)\}$.

那么(11.3.2) 定义了一个 $\mathscr{D}^{(1)}$ 到 $\mathscr{D}^{(2)}$ 的一一映射,(11.3.4) 给出它的逆映射,$\mathscr{D}^{(1)}$ 和 $\mathscr{D}^{(2)}$ 中元素称为互为对偶.

下面我们利用 Siegmund 定理得到随机单调转移函数几个有趣的结果.

设 $\boldsymbol{P}^{(1)}(t)$ 是一个随机单调的转移函数, 由 Siegmund 定理存在另一转移函数 $\boldsymbol{P}^{(2)}(t)$ 使得(11.3.3) 成立. 设 $\boldsymbol{Q}^{(1)}$, $\boldsymbol{Q}^{(2)}$ 分别是 $\boldsymbol{P}^{(1)}(t)$ 和 $\boldsymbol{P}^{(2)}(t)$ 的 $\boldsymbol{Q}$ - 矩阵,则我们有下面简单的关系:

$$q_{ji}^{(1)} - q_{j-1,i}^{(1)} = q_{ij}^{(2)} - q_{i+1,j}^{(2)}, \forall i,j \in E \quad (11.3.5)$$

$$(q_{-1,j} \equiv 0, \forall j \in E)$$

$$q_{ij}^{(1)} = \sum_{k=0}^{i} (q_{jk}^{(2)} - q_{j+1,k}^{(2)}), \forall i,j \in E \quad (11.3.6)$$

(11.3.5) 和(11.3.6) 由(11.3.4) 得到.

注 2　虽然 $\boldsymbol{Q}^{(1)}$ 可以由 $\boldsymbol{Q}^{(2)}$ 通过(11.3.6) 来确定;但在一般情形下,$\boldsymbol{Q}^{(2)}$ 不能由 $\boldsymbol{Q}^{(1)}$ 来确定. 事实上,我们从(11.3.2) 只能得到下面的不等式

$$q_{ij}^{(2)} \geqslant \sum_{k=i}^{\infty} (q_{jk}^{(1)} - q_{j-1,k}^{(1)}), \forall i,j \in E \quad (11.3.7)$$

现在,我们有下面有趣重要结果:

定理 11.3.1 （Anderson[2]）设 $\boldsymbol{P}^{(1)}(t)$ 是随机单调，则它的对偶 $\boldsymbol{P}^{(2)}(t)$ 是 Feller $\boldsymbol{Q}$ 过程，因此，$\boldsymbol{Q}^{(2)}$ 是全稳定的，且 $\boldsymbol{P}^{(2)}(t)$ 是最小 $\boldsymbol{Q}^{(2)}$ 过程.

证明 由注1和命题11.2.2及定理11.2.1得证.

由定理 11.3.1 和(11.3.6)得

推论 11.3.1 设 $\boldsymbol{P}(t)$ 是随机单调 $\boldsymbol{Q}$ 过程，则它的 $\boldsymbol{Q}$ - 矩阵是全稳定的.

因此，在讨论随机单调性时，我们仅需要讨论全稳定情形. 这样，我们可以说 Kolmogorov 向后方程组，Kolmgorov 向前方程组以及最小 $\boldsymbol{Q}$ 过程等术语.

下面是另一个有趣的结果：

定理 11.3.2 （陈安岳和张汉君[2]）设 $\boldsymbol{P}(t)$ 是随机单调 $\boldsymbol{Q}$ 过程，则 $\boldsymbol{P}(t)$ 必定满足 Kolmgorov 向前方程组.

证明 设 $\boldsymbol{P}(t)$ 的 $\boldsymbol{Q}$ - 矩阵为 $\boldsymbol{Q}$. $\widetilde{P}(t)$ 是 $P(t)$ 的对偶，$\widetilde{\boldsymbol{Q}}=(\tilde{q}_{ij};i,j\in E)$ 为其 $\boldsymbol{Q}$ - 矩阵，$\widetilde{\boldsymbol{P}}(t)$ 是最小 $\widetilde{\boldsymbol{Q}}$ 过程，因此，它满足 Kolmogorov 向后方程组，即

$$\frac{\mathrm{d}}{\mathrm{d}t}\tilde{p}_{ij}(t)=\sum_{k=0}^{\infty}\tilde{q}_{ik}\tilde{p}_{kj}(t),\ \forall\, i,j\in E,t\geqslant 0 \quad (11.3.8)$$

由(11.3.4)，我们有

$$\begin{aligned}\frac{\mathrm{d}}{\mathrm{d}t}p_{ij}(t) &= \frac{\mathrm{d}}{\mathrm{d}t}\sum_{k=0}^{i}(\tilde{p}_{jk}(t)-\tilde{p}_{j+1,k}(t)) \\ &= \sum_{k=0}^{i}\left[\frac{\mathrm{d}}{\mathrm{d}t}\tilde{p}_{jk}(t)-\frac{\mathrm{d}}{\mathrm{d}t}\tilde{p}_{j+1,k}(t)\right] \\ &= \sum_{k=0}^{i}\left[\sum_{l=0}^{\infty}\tilde{q}_{jl}\tilde{p}_{lk}(t)-\sum_{l=0}^{\infty}\tilde{q}_{j+1,l}\tilde{p}_{lk}(t)\right]\end{aligned}$$

$$
\begin{aligned}
&= \sum_{k=0}^{i}\left[\sum_{l=0}^{\infty}(\tilde{q}_{jl}-\tilde{q}_{j+1,l})\tilde{p}_{lk}(t)\right] \\
&= \sum_{l=0}^{\infty}(\tilde{q}_{jl}-\tilde{q}_{j+1,l})\sum_{k=0}^{i}\tilde{p}_{lk}(t) \\
&= \sum_{l=0}^{\infty}(\tilde{q}_{jl}-\tilde{q}_{j+1,l})\sum_{k=1}^{\infty}p_{ik}(t) \\
&= \sum_{k=0}^{\infty}\sum_{l=0}^{k}p_{ik}(t)(\tilde{q}_{jl}-\tilde{q}_{j+1,l}) \\
&= \sum_{k=0}^{\infty}p_{ik}(t)\sum_{l=0}^{k}(\tilde{q}_{jl}-\tilde{q}_{j+1,l}) \\
&= \sum_{k=0}^{\infty}p_{ik}(t)\sum_{l=0}^{k}(q_{lj}-q_{l-1,j}) \\
&= \sum_{k=0}^{\infty}p_{ik}(t)q_{kj},\quad i,j\in E,t\geqslant 0
\end{aligned}
$$

定理得证.

注 3　在上面证明中,以及本章的其他部分,我们多次地使用结合律和分配律,虽然一般情况下不一定成立,但在我们的情形下,合理性是容易验证的.

11.4　随机单调性

设 $E=\{0,1,2,3,\cdots\}$,$\{\lambda_n,n\geqslant 0\}$,$\{\mu_n,n\geqslant 0\}$ 是两正数序列,连续时间马氏链 $\{X(t),t\geqslant 0\}$ 有状态空间 E,$\boldsymbol{Q}$ - 矩阵为

$$q_{ij}=\begin{cases}\lambda_i, & j=i+1,i\geqslant 0\\ \mu_i, & j=i-1,i\geqslant 1\\ -(\lambda_i+\mu_i), & j=i,i\geqslant 0\\ 0, & \text{其他}\end{cases}\tag{11.4.1}$$

即

$$Q=\begin{pmatrix}(-\lambda_0+\mu_0) & \lambda_0 & 0 & 0 & 0 & \cdots\\ \mu_1 & -(\lambda_1+\mu_1) & \lambda_1 & 0 & 0 & \cdots\\ 0 & \mu_2 & -(\lambda_2+\mu_2) & \lambda_2 & 0 & \cdots\\ 0 & 0 & \mu_3 & -(\lambda_3+\mu_3) & \lambda_3 & \cdots\\ \vdots & \vdots & \vdots & \vdots & \vdots & \vdots\end{pmatrix}$$

称 $X(t)$ 为 E 上生灭过程,$\lambda_n,n\geqslant 0$. 称为生系数,$\mu_n,n\geqslant 0$ 称为灭系数,如果 $\mu_0=0$,则 $\boldsymbol{Q}$ 保守. 设

$$R=\sum_{n=0}^{\infty}\left(\frac{1}{\lambda_n}+\frac{\mu_n}{\lambda_n\lambda_{n-1}}+\cdots+\frac{\mu_n\cdots\mu_2\mu_1}{\lambda_n\cdots\lambda_1\lambda_0}\right)$$

$$S=\sum_{n=0}^{\infty}\frac{1}{\mu_{n+1}}\left(1+\frac{\lambda_n}{\mu_n}+\frac{\lambda_n\lambda_{n-1}}{\mu_n\mu_{n-1}}+\cdots+\frac{\lambda_n\cdots\lambda_2\lambda_1}{\mu_n\cdots\mu_2\mu_1}\right)$$

根据 R,S 取值的不同,可把生灭过程分为四种情况:

正则:$R<\infty,S<\infty$.

流出:$R<\infty,S=\infty$.

流入:$R=\infty,S<\infty$.

自然:$R=\infty,S=\infty$.

周知,我们有

正则:方程(11.4.2) 和(11.4.3)

$$\begin{cases}(\lambda \boldsymbol{I}-\boldsymbol{Q})\boldsymbol{U}=\boldsymbol{0}\\ \boldsymbol{0}\leqslant \boldsymbol{U}\leqslant \boldsymbol{1}\end{cases}\tag{11.4.2}$$

$$\begin{cases} \boldsymbol{V}(\lambda \boldsymbol{I} - \boldsymbol{Q}) = \boldsymbol{0} \\ \boldsymbol{0} \leqslant \boldsymbol{V} \in \boldsymbol{l}_1 \end{cases} \tag{11.4.3}$$

都有非零解;

流出:方程(11.4.2)有非零解,方程(11.4.3)只有零解;

流入:方程(11.4.3)有非零解,方程(11.4.2)只有零解;

自然:方程(11.4.2)和(11.4.3)都只有零解.

定理 11.4.1　对给定的保守 $\boldsymbol{Q}$ - 矩阵 $\boldsymbol{Q}$,如果存在随机单调 $\boldsymbol{Q}$ 过程,则它必是唯一的.

证明　对给定保守 $\boldsymbol{Q}$ - 矩阵 $\boldsymbol{Q}$,任意 $\boldsymbol{Q}$ 过程满足 Kolmogorov 向后方程,假设存在两个随机单调 $\boldsymbol{Q}$ 过程 $\boldsymbol{P}_1(t)$ 和 $\boldsymbol{P}_2(t)$,并设它们的对偶为 $\overline{\boldsymbol{P}}_1(t)$ 和 $\overline{\boldsymbol{P}}_2(t)$. 对应的 $\boldsymbol{Q}$ - 矩阵分别为 $\overline{\boldsymbol{Q}}_1 = \{\overline{q}_{ij}^{(1)}\}$ 和 $\overline{\boldsymbol{Q}}_2 = \{\overline{q}_{ij}^{(2)}\}$,由于 $\boldsymbol{P}_1(t)$ 和 $\boldsymbol{P}_2(t)$ 满足 Kolmogorov 向后方程和(11.3.2)有

$$\overline{q}_{ij}^{(1)} = \sum_{k=i}^{\infty} (q_{jk} - q_{j-1,k}) = \overline{q}_{ij}^{(2)}, \forall i,j \in E$$

即 $\overline{\boldsymbol{Q}}_1 = \overline{\boldsymbol{Q}}_2$.

又因 $\overline{\boldsymbol{P}}_1(t)$ 和 $\overline{\boldsymbol{P}}_2(t)$ 都是最小 $\overline{\boldsymbol{Q}}_1(\overline{\boldsymbol{Q}}_2)$ 过程,所以 $\overline{\boldsymbol{P}}_1(t) \equiv \overline{\boldsymbol{P}}_2(t)$.

由 Siegmund 定理有 $P_1(t) \equiv P_2(t)$.

注　事实上,我们有下面一般结果:

定理 11.4.1*　对任给 $\boldsymbol{Q}$ - 矩阵 $\boldsymbol{Q}$,如果随机单调 $\boldsymbol{Q}$ 过程存在,则它必是唯一的.

证明　见陈安岳和张汉君[3].

定理 11.4.2 对给定的生灭 $\boldsymbol{Q}$ - 矩阵 $\boldsymbol{Q}$, 如果 $R=\infty$, 则最小 $\boldsymbol{Q}$ 过程是随机单调的, 并且是唯一的随机单调 $\boldsymbol{Q}$ 过程.

证明 由于 $\sum_{j\geqslant k} q_{ij}\leqslant\sum_{j\geqslant k} q_{mj},\forall i\leqslant m$ 且 $k\leqslant i$ 或 $k\geqslant m+1$ 等价于

$$\sum_{j\geqslant k} q_{ij}\leqslant\sum_{j\geqslant k} q_{i+1,j},\forall k\neq i+1$$

因为

$$\sum_{j\geqslant k} q_{0j}\leqslant 0,\sum_{j\geqslant k} q_{ij}=\lambda_1 \text{ 或 } 0,k>1$$

所以

$$\sum_{j\geqslant k} q_{0j}\leqslant\sum_{j\geqslant k} q_{ij},k>1$$

而上式当 $k=0$ 时, 左边小于或等于 0, 右边为 0, 因而也成立. 当 $i\geqslant 1$ 时

$$\sum_{j\geqslant k} q_{ij}=0,k>i+1$$

$$\sum_{j\geqslant k} q_{i+1,j}=\lambda_{i+1} \text{ 或 } 0,k>i+1$$

所以

$$\sum_{j\geqslant k} q_{ij}\leqslant\sum_{j\geqslant k} q_{i+1,j},k>i+1$$

当 $k\leqslant i$ 时, $\sum_{j\geqslant k} q_{ij}\leqslant 0$, $\sum_{j\geqslant k} q_{i+1,j}=0$, 所以 $\sum_{j\geqslant k} q_{ij}\leqslant\sum_{j\geqslant k} q_{i+1,j}$.

由上可知 $\boldsymbol{Q}$ 是单调的.

由 $R=\infty$, 所以对任意 $\lambda>0$, 方程 $(\lambda\boldsymbol{I}-\boldsymbol{Q})\boldsymbol{U}=\boldsymbol{0}(\boldsymbol{0}\leqslant\boldsymbol{U}\leqslant\boldsymbol{1})$ 只有零解.

由推论 11.1.1 得最小 $\boldsymbol{Q}$ 过程是随机单调的, 由定

理11.4.1* 可得唯一性.

引理 11.4.1　设 $\boldsymbol{Q}=\{q_{ij},i,j\in E\}$ 是保守单调 $\boldsymbol{Q}$ - 矩阵,定义另一个矩阵 $\overline{\boldsymbol{Q}}=\{\overline{q}_{ij},i,j\in E\}$ 为

$$\overline{q}_{ij}=\sum_{k=i}^{\infty}(q_{jk}-q_{j-1,k}),\forall i,j\in E \quad (11.4.4)$$

其中 $q_{-1,k}\triangleq 0$. 则:

(ⅰ) $\overline{\boldsymbol{Q}}$ 是全稳定 Feller $\boldsymbol{Q}$ - 矩阵即 $\overline{q}_{ij}\to 0,i\to\infty$, $j\in E$.

(ⅱ) $\overline{q}_{0j}=0,\forall j\in E$.

(ⅲ) $$\sum_{k=0}^{j}\overline{q}_{ik}=\sum_{m=i}^{\infty}q_{jm}. \quad (11.4.5)$$

(ⅳ) $$\sum_{k=0}^{j}\overline{q}_{ik}\geqslant\sum_{k=0}^{j}\overline{q}_{i+1,k},\forall j\neq i. \quad (11.4.6)$$

$$\sum_{k=0}^{j}\overline{q}_{ik}\geqslant\sum_{k=0}^{j}\overline{q}_{i+1,k},\forall j=i. \quad (11.4.7)$$

而且若有 $\boldsymbol{Q}$ 是 Feller $\boldsymbol{Q}$ - 矩阵,则 $\boldsymbol{Q}$ 是保守的.

证明　(ⅰ) 由于 $\boldsymbol{Q}$ 是保守单调 $\boldsymbol{Q}$ - 矩阵,所以由 (11.4.4) 得任意 $i\in E$,有 $\overline{q}_i=-\overline{q}_{ii}<\infty$ 且任给 $j\in E$, $\lim\limits_{i\to\infty}\overline{q}_{ij}=0$. 故 $\overline{\boldsymbol{Q}}$ 是全稳定 Feller $\boldsymbol{Q}$ - 矩阵.

(ⅱ) 因为 $\boldsymbol{Q}$ 是保守的,所以对任意 $j\in E$,有

$$\overline{q}_{0j}=\sum_{k=0}^{\infty}(q_{jk}-q_{j-1,k})=0-0=0$$

(ⅲ) 由(11.4.4) 得

$$\begin{aligned}\sum_{l=0}^{j}\overline{q}_{il}&=\sum_{l=0}^{j}\sum_{k=i}^{\infty}(q_{lk}-q_{l-1,k})\\&=\sum_{k=i}^{\infty}\Big(\sum_{l=0}^{j}(q_{lk}-q_{l-1,k})\Big)=\sum_{k=i}^{\infty}q_{jk}\end{aligned}$$

(11.4.5) 成立.

(iv) 由(11.4.5) 有

$$\sum_{k=0}^{j}(\bar{q}_{ik}-\bar{q}_{i+1,k}) = \sum_{m=i}^{\infty} q_{jm} - \sum_{m=i+1}^{\infty} q_{jm} = q_{ji}$$

如果 $j \neq i$,则 $q_{ji} \geqslant 0$,所以(11.4.6) 成立;如果 $j = i$,则 $q_{ji} \leqslant 0$,所以(11.4.7) 成立.

由于 $\boldsymbol{Q}$ 保守,(11.4.5) 可化为

$$\sum_{k=0}^{j}\bar{q}_{ik} = \sum_{m=0}^{i-1} q_{jm}, \forall i \geqslant 1 \qquad (11.4.8)$$

如果 $\boldsymbol{Q}$ 是 Feller 的,则当 $j \to \infty$,对任意的 m,$q_{jm} \to 0$,因而在(11.4.8) 中令 $j \to \infty$ 可得

$$\sum_{k=0}^{\infty}\bar{q}_{ik} = 0, \forall i \geqslant 1 \qquad (11.4.9)$$

由(ii) 及(11.4.9) 知 $\bar{\boldsymbol{Q}}$ 是保守的.

引理 11.4.2 设 $\tilde{\boldsymbol{Q}} = (\tilde{q}_{ij}; i,j \in E)$ 是满足 $\sum_{k=0}^{j}\tilde{q}_{ik} \geqslant \sum_{k=0}^{j}\tilde{q}_{i+1,k}, \forall j \neq i$ 的 $\boldsymbol{Q}$ - 矩阵,记 $q_{ji} \triangleq \sum_{k=0}^{j}(\tilde{q}_{ik} - \tilde{q}_{i+1,k})$,$i,j \in E$. 如果对某个 $\lambda > 0$,方程

$$\begin{cases}\lambda y_i = \sum_{k=0}^{\infty} y_k q_{ki} \\ 0 \leqslant (y_i) \in l_1, i \in E\end{cases} \qquad (11.4.10)$$

有非零解,则对任意 $\lambda > 0$,方程

$$\begin{cases}\lambda x_i = \tilde{d}_i + \sum_{k=0}^{\infty}\tilde{q}_{ik}x_k \\ 0 \leqslant x_i \leqslant 1\end{cases} \qquad (11.4.11)$$

有解 $X(\lambda) = \{x_i(\lambda), i \in E\}$ 满足 $\sup_{i \in E} x_i(\lambda) = 1$. 其中

$\tilde{d}_i = -\sum_{j=0}^{\infty} \tilde{q}_{ij}$.

证明　记 $h_i = -\sum_{l=0}^{i} \tilde{q}_{0l}$,则 $h_i \geqslant 0$ 且 $h_{i+1} \leqslant h_i$,固定 $\lambda > 0$,则对(11.4.10)的任意非零解$(y_i, i \in E)$,我们有

$$\sum_{i=0}^{\infty} h_i y_i < \infty$$

记

$$x_0 = \frac{1}{c\lambda}\sum_{i=0}^{\infty} y_i h_i, x_k = \frac{1}{c}\sum_{i=0}^{k-1} y_i + x_0, k \geqslant 1 \quad (11.4.12)$$

其中

$$0 < c = \sum_{i=0}^{\infty} y_i + \frac{1}{\lambda}\sum_{i=0}^{\infty} y_i h_i < +\infty \quad (11.4.13)$$

由(11.4.10)得

$$\lambda \sum_{i=0}^{n-1} y_i = \sum_{k=0}^{\infty} y_k \left(\sum_{i=0}^{n-1} q_{ki}\right)$$

由定义有

$$\sum_{i=0}^{m-1} q_{ki} = \sum_{l=0}^{k} \tilde{q}_{0l} - \sum_{l=0}^{k} \tilde{q}_{ml} = -h_k - \sum_{l=0}^{k} \tilde{q}_{ml}$$

因而

$$\begin{aligned}\lambda c(x_n - x_0) &= \sum_{k=0}^{\infty} y_k \left(\sum_{i=0}^{n-1} q_{ki}\right) = \sum_{k=0}^{\infty} y_k \left(-h_k - \sum_{i=0}^{k} \tilde{q}_{ni}\right) \\ &= -\sum_{k=0}^{\infty} y_k h_k + \sum_{i=0}^{\infty} \tilde{q}_{ni}\left(-\sum_{k=i}^{\infty} y_k\right) \\ &= -\sum_{k=0}^{\infty} y_k h_k + \sum_{i=0}^{\infty} \tilde{q}_{ni}\left(-c + cx_0 + \sum_{k=0}^{i-1} y_k\right)\end{aligned}$$

于是

$$\lambda c x_n = \sum_{i=0}^{\infty} \tilde{q}_{ni}(-c + c x_i)$$

即

$$\lambda x_n = \tilde{d}_n + \sum_{v=0}^{\infty} \tilde{q}_{nv} x_v$$

由(11.4.12)和(11.4.13)有

$$\sup_{i \in E} x_i = 1, 0 \leqslant x_i \leqslant 1, \quad i \in E$$

定理 11.4.3 对一给定 $\boldsymbol{Q}$ - 矩阵 $\widetilde{\boldsymbol{Q}}$,最小 $\widetilde{\boldsymbol{Q}}$ 过程是某个随机单调 $\boldsymbol{Q}$ 过程的对偶转移函数的充要条件是下列两个条件满足：

(ⅰ) $\sum_{k=0}^{j} \tilde{q}_{ik} \geqslant \sum_{k=0}^{j} \tilde{q}_{i+1,k}, \quad j \neq i.$ (11.4.14)

(ⅱ) 下面两条件之一成立：

(a) $\widetilde{\boldsymbol{Q}}$ 是 Feller $\boldsymbol{Q}$ - 矩阵,并且方程

$$\begin{cases} \boldsymbol{V}(\lambda I - \widetilde{\boldsymbol{Q}}) = \boldsymbol{0} \\ \boldsymbol{0} \leqslant \boldsymbol{V} \in l_1 \end{cases} \tag{11.4.15}$$

对某个(因而对所有)$\lambda > 0$ 只有零解.

(b) 方程

$$\begin{cases} \lambda x_i = \tilde{d}_i + \sum_{k=0}^{\infty} \tilde{q}_{ik} x_k \\ 0 \leqslant x_i \leqslant 1, i \in E \end{cases} \tag{11.4.16}$$

对某个(因而对所有)$\lambda > 0$ 有解 $\boldsymbol{X}(\lambda) = (x_i(\lambda), i \in E)$ 满足 $\sup_{i \in E} x_i(\lambda) = 1$,其中 $\widetilde{\boldsymbol{D}} = (\tilde{d}_i, i \in E)$ 为 $\widetilde{\boldsymbol{Q}}$ 的非保守量,即 $\tilde{d}_i = -\sum_{j=0}^{\infty} \tilde{q}_{ij}, i \in E.$

证明 先证明必要性. 设最小 $\widetilde{\boldsymbol{Q}}$ 过程 $\widetilde{\boldsymbol{P}} =$

$(\tilde{p}_{ij}(t))$ 是随机单调 $\boldsymbol{Q}$ 过程 $\boldsymbol{P}=(p_{ij}(t))$ 的对偶转移函数,则由(11.3.4)有

$$p_{ji}(t)=\sum_{k=0}^{j}(\tilde{p}_{ik}(t)-\tilde{p}_{i+1,k}(t)),i,j\in E,t\geqslant 0 \tag{11.4.17}$$

故有

$$q_{ji}=\sum_{k=0}^{j}(\tilde{q}_{ik}-\tilde{q}_{i+1,k}) \tag{11.4.18}$$

其中 $\boldsymbol{Q}=(q_{ij};i,j\in E)$ 是 $\boldsymbol{P}$ 的 $\boldsymbol{Q}$ - 矩阵. 因而条件(ⅰ)成立.

为得到条件(ⅱ)只需证明如果(b)不成立,则(a)必成立. 假设(b)不成立,则由侯振挺和郭青峰[1]有 $(1-\lambda\sum_{j\in E}\tilde{\varphi}_{ij}(\lambda),i\in E)$ 是方程(11.4.16)的最大解,其中 $\tilde{\boldsymbol{\Phi}}=(\tilde{\varphi}_{ij}(\lambda);i,j\in E)$ 是最小 $\tilde{\boldsymbol{Q}}$ 预解式. 由于(b)不成立,所以有

$$\inf_{i\in E}\lambda\sum_{j\in E}\tilde{\varphi}_{ij}(\lambda)\triangleq c(\lambda)>0 \tag{11.4.19}$$

由于 $\tilde{\boldsymbol{\Phi}}$ 是对偶函数,因而它是 Feller 的,由定理 11.2.3,$\tilde{\boldsymbol{Q}}$ 零流入,再由引理 11.4.2、(11.4.18)及(b)不成立知,$\boldsymbol{Q}=(q_{ij})$ 是零流入,再由定理 11.3.2 知,$\boldsymbol{P}$ 是最小 $\boldsymbol{Q}$ 过程. 因而 $\boldsymbol{P}$ 满足 Kolmogorov 向后方程,再由 $\sum_{j=k}^{\infty}p_{ij}(t)=\sum_{j=0}^{i}\tilde{p}_{kj}(t)$,我们有

$$\sum_{j=k}^{\infty}q_{ij}=\sum_{j=0}^{i}\tilde{q}_{kj},\quad i,k\in E \tag{11.4.20}$$

因此,$\tilde{\boldsymbol{Q}}$ 是 Feller $\boldsymbol{Q}$ - 矩阵.

下证充分性,由命题 11.1.3 有

$$\sum_{j=0}^{k}\tilde{f}_{ij}(t) \geqslant \sum_{j=0}^{k}\tilde{f}_{i+1,j}(t), \quad i,k \in E,t \geqslant 0 \tag{11.4.21}$$

其中$(\tilde{f}_{ij}(t),i,j \in E,t \geqslant 0)$是最小$\widetilde{\boldsymbol{Q}}$过程. 如果(ⅱ)中条件(a)成立,由定理11.2.2知$\tilde{f}_{ij}(t)$是Feller $\widetilde{\boldsymbol{Q}}$过程. 如果(ⅱ)中(b)成立,则由侯振挺和郭青峰[1]知,$(1 - \lambda\sum_{j\in E}\widetilde{\varphi}_{ij}(\lambda);i,j \in E,\lambda > 0)$是方程(11.4.16)最大解,所以有

$$\inf_{i\in E}\lambda\sum_{j\in E}\widetilde{\varphi}_{ij}(\lambda) = 0, \quad \lambda > 0 \tag{11.4.22}$$

由(11.4.21)有

$$\lim_{i\to\infty}\lambda\sum_{j\in E}\widetilde{\varphi}_{ij}(\lambda) = 0, \quad \lambda > 0 \tag{11.4.23}$$

因而有

$$\lim_{i\to\infty}\widetilde{\varphi}_{ij}(\lambda) = 0, \quad \lambda > 0,j \in E \tag{11.4.24}$$

所以$\tilde{f}_{ij}(t)$是Feller转移函数,由(11.4.21)和命题11.3.2知$\tilde{f}_{ij}(t)$是某一随机单调转移函数的对偶转移函数.

下一定理用$\boldsymbol{Q}$-矩阵刻画了一类最小$\boldsymbol{Q}$过程的转移函数是Feller转移函数的条件:

定理11.4.4 设$\boldsymbol{Q} = (q_{ij},i,j \in E)$是全稳定$\boldsymbol{Q}$-矩阵满足

$$\sum_{k=0}^{j}q_{ik} \geqslant \sum_{k=0}^{j}q_{j+1,k}, \quad j \neq i \tag{11.4.25}$$

则最小$\boldsymbol{Q}$过程是Feller转移函数,当且仅当下面两条

件之一成立:

(ⅰ)$\boldsymbol{Q}$ 是 Feller $\boldsymbol{Q}$ - 矩阵,即对每个 $j \in E$ 有

$$q_{ij} \to 0, \quad i \to \infty \tag{11.4.26}$$

并且 $\boldsymbol{Q}$ 是零流入,即对每个 $\lambda > 0$,方程组

$$\begin{cases} \boldsymbol{V}(\lambda \boldsymbol{I} - \boldsymbol{Q}) = \boldsymbol{0} \\ \boldsymbol{0} \leqslant \boldsymbol{V}, \boldsymbol{V}_1 < \infty \end{cases} \tag{11.4.27}$$

只有零解.

(ⅱ)对每个 $\lambda > 0$,方程

$$\begin{cases} \lambda x_i = d_i + \sum_{k=0}^{\infty} q_{ik} x_k \\ 0 \leqslant x_i \leqslant 1, \quad i \in E \end{cases} \tag{11.4.28}$$

有解 $\boldsymbol{X}(\lambda) = (x_i(\lambda), i \in E)$ 满足 $\sup_{i \in E} x_i(\lambda) = 1$ 对某个(等价于对所有)$\lambda > 0$,其中 $\boldsymbol{d} = (d_i, i \in E)$ 为 $\boldsymbol{Q}$ 的非保守量,即 $d_i = -\sum_{j=0}^{\infty} q_{ij}, i \in E$.

证明　由于(11.4.25)成立. 由命题 11.1.3(取 $\boldsymbol{Q}^{(1)} = \boldsymbol{Q}^{(2)} = \boldsymbol{Q}$)有

$$\sum_{k=0}^{j} f_{ik}(t) \geqslant \sum_{k=0}^{j} f_{i+1,k}(t) \tag{11.4.29}$$

其中 $\boldsymbol{F} = (f_{ij}(t); i, j \in E, t \geqslant 0)$ 是最小 $\boldsymbol{Q}$ 过程,由命题 11.3.2 及(11.4.29),$\boldsymbol{F}$ 是 Feller 转移函数的充要条件是 $\boldsymbol{F}$ 是某一随机单调 $\boldsymbol{Q}$ 过程的对偶转移函数,由定理 11.4.3 得证本定理.

由定理 11.4.4 有

推论 11.4.1　设 $\boldsymbol{Q} = (q_{ij}; i, j \in E)$ 是生灭 $\boldsymbol{Q}$ - 矩阵,则最小转移函数是 Feller 转移函数,当且仅当下面两条之一成立:

(ⅰ)$R<\infty$.

(ⅱ)$R=\infty$ 且 $S=\infty$.

下面我们讨论非最小随机单调$\boldsymbol{Q}$过程的存在唯一性.

引理 11.4.3 设$\boldsymbol{Q}$是保守单调$\boldsymbol{Q}$-矩阵,设$\overline{\boldsymbol{Q}}$是它的对偶$\boldsymbol{Q}$-矩阵,定义为(11.4.4). 假设方程

$$\begin{cases}\overline{\boldsymbol{V}}(\lambda\boldsymbol{I}-\overline{\boldsymbol{Q}})=\boldsymbol{0}\\ \boldsymbol{0}\leqslant\overline{\boldsymbol{V}}\in\boldsymbol{l}_1\end{cases}\tag{11.4.30}$$

对某个(因而对所有)$\lambda>0$有非零解,则方程

$$\begin{cases}(\lambda\boldsymbol{I}-\boldsymbol{Q})\boldsymbol{U}=\boldsymbol{0}\\ \boldsymbol{0}\leqslant\boldsymbol{U}\leqslant\boldsymbol{1}\end{cases}\tag{11.4.31}$$

对某个(因而对所有)$\lambda>0$有非零解,此外,还有

$$\lim_{i\to\infty}\lambda\sum_{j=0}^{\infty}\varphi_{ij}(\lambda)=0\tag{11.4.32}$$

因而最小$\boldsymbol{Q}$过程$\boldsymbol{F}$是 Feller 转移函数, 其中$\boldsymbol{\Phi}=\{\varphi_{ij}(\lambda)\}$是最小$\boldsymbol{Q}$预解式.

证明 假设对一个固定的$\lambda>0$,方程(11.4.30)有非零解$\overline{\boldsymbol{V}}(\lambda)=\{\bar{v}_j(\lambda),j\geqslant 0\}$,则

$$0\leqslant\bar{v}_j(\lambda)<+\infty,\bar{v}_j(\lambda)\neq 0$$

$$\sum_{j=0}^{\infty}\bar{v}_j(\lambda)\triangleq C(\lambda)<+\infty$$

定义$\boldsymbol{U}(\lambda)=\{u_j(\lambda),j\geqslant 0\}$为

$$u_j(\lambda)=\frac{1}{C(\lambda)}\sum_{k=0}^{j}\bar{v}_k(\lambda),\forall j\geqslant 0\tag{11.4.33}$$

则有

$$u_j(\lambda)\geqslant 0,\forall j\geqslant 0,u_j(\lambda)\not\equiv 0,u_j(\lambda)\uparrow 1,j\to\infty$$

即

$$0 \leqslant \boldsymbol{U}(\lambda) \leqslant 1, \quad \boldsymbol{U}(\lambda) \neq 0 \tag{11.4.34}$$

下面证明上述定义的 $\boldsymbol{U}(\lambda)$ 满足方程

$$(\lambda \boldsymbol{I} - \boldsymbol{Q})\boldsymbol{U} = \boldsymbol{0} \tag{11.4.35}$$

由于 $\overline{\boldsymbol{V}}(\lambda)$ 满足(11.4.30)，即

$$\lambda \bar{v}_k(\lambda) = \sum_{i=0}^{\infty} \bar{v}_i(\lambda) \bar{q}_{ik}, \quad \forall k \geqslant 0$$

由引理 11.4.1 得

$$\begin{aligned} \lambda \sum_{k=0}^{j} \bar{v}_k(\lambda) &= \sum_{k=0}^{j} \sum_{i=0}^{\infty} \bar{v}_i(\lambda) \bar{q}_{ik} = \sum_{i=0}^{\infty} \bar{v}_i(\lambda) \sum_{k=0}^{j} \bar{q}_{ik} \\ &= \sum_{i=0}^{\infty} \bar{v}_i(\lambda) \sum_{m=i}^{\infty} q_{jm} = \sum_{m=0}^{\infty} q_{jm} \sum_{i=0}^{m} \bar{v}_i(\lambda) \end{aligned}$$

由(11.4.33)有

$$\lambda C(\lambda) u_j(\lambda) = \sum_{m=0}^{\infty} q_{jm} C(\lambda) u_m(\lambda)$$

由于 $C(\lambda) > 0$，所以

$$\lambda u_j(\lambda) = \sum_{m=0}^{\infty} q_{jm} u_m(\lambda)$$

因而(11.4.35)成立，由(11.4.34)及(11.4.35)知对这个固定(因而对所有)$\lambda > 0$，方程(11.4.31)有非零解，此外，周知(11.4.31)有最大解 $\boldsymbol{X}(\lambda) = \{\boldsymbol{x}_j(\lambda), j \geqslant 0\}$，由最大性有

$$u_i(\lambda) \leqslant x_i(\lambda) \leqslant 1, \quad \forall i \geqslant 0$$

由于

$$\lim_{i \to \infty} u_i(\lambda) = 1$$

所以有

$$\lim_{i \to \infty} x_i(\lambda) = 1$$

但 $\boldsymbol{Q}$ 是保守的,我们有

$$1-\lambda\sum_{j=0}^{\infty}\varphi_{ij}(\lambda)=x_i(\lambda)$$

所以

$$\lim_{i\to\infty}\lambda\sum_{j=0}^{\infty}\varphi_{ij}(\lambda)=0 \qquad (11.4.36)$$

由(11.4.36)可得

$$\lim_{i\to\infty}\varphi_{ij}(\lambda)=0 \quad (\forall j\in E)$$

因而由命题11.2.5,最小 $\boldsymbol{Q}$ 过程 F 是Feller转移函数.

类似的还有:

引理11.4.4 设 $\boldsymbol{Q}=\{q_{ij}\}$ 是保守单调 $\boldsymbol{Q}$ - 矩阵,$\overline{\boldsymbol{Q}}$ 是它的对偶 $\boldsymbol{Q}$ - 矩阵,定义为(11.4.4),假设方程

$$\begin{cases}\boldsymbol{V}(\lambda\boldsymbol{I}-\boldsymbol{Q})=\boldsymbol{0}\\ \boldsymbol{0}\leqslant\boldsymbol{V}\leqslant\boldsymbol{1}\end{cases} \qquad (11.4.37)$$

对某个(因而对所有)$\lambda>0$ 有非零解,则方程

$$\begin{cases}(\lambda\boldsymbol{I}-\overline{\boldsymbol{Q}})\overline{\boldsymbol{U}}=\overline{\boldsymbol{D}}\\ \boldsymbol{0}\leqslant\overline{\boldsymbol{U}}\leqslant\boldsymbol{1}\end{cases} \qquad (11.4.38)$$

对某个(因而对所有)$\lambda>0$ 有非零解. 其中 $\overline{\boldsymbol{D}}=\{\bar{d}_i,i\geqslant 0\}$ 和 $\bar{d}_i=-\sum_{j=0}^{\infty}\bar{q}_{ij}$,$\forall i\in E$ 是 $\boldsymbol{Q}$ - 矩阵 $\overline{\boldsymbol{Q}}$ 的非保守量. 此外,还有

$$\lim_{i\to\infty}\lambda\sum_{j=0}^{\infty}\bar{\varphi}_{ij}(\lambda)=0,\quad \forall\lambda>0 \qquad (11.4.39)$$

其中 $\overline{\boldsymbol{\Phi}}=\{\bar{\varphi}_{ij}(\lambda),i,j\in E\}$ 是最小 $\overline{\boldsymbol{Q}}$ 过程 $\overline{\boldsymbol{F}}=\{\bar{f}_{ij}(t),i,j\in E,t\geqslant 0\}$ 的预解式. 特别,最小 $\overline{\boldsymbol{Q}}$ 过程是Feller转移函数.

证明　对固定的 $\lambda>0$，设 $\{v_i,i\in E\}$ 是方程 (11.4.37) 的非零解，则

$$\begin{cases}\lambda v_i=\sum_{k=0}^{\infty}v_kq_{ki}, & \forall i\in E\\ v_i\geqslant 0, \quad 0<\sum_{i=0}^{\infty}v_i<\infty\end{cases}\tag{11.4.40}$$

定义

$$x_0=0,x_1=\frac{v_0}{c},x_k=\frac{1}{c}\sum_{l=0}^{k-1}v_l,k\geqslant 1\tag{11.4.41}$$

其中 $c=\sum_{i=0}^{\infty}v_i$，且 $0<c<+\infty$.

由(11.4.40) 有

$$\lambda\sum_{i=0}^{l-1}v_i=\sum_{i=0}^{l-1}\Big(\sum_{k=0}^{\infty}v_kq_{ki}\Big)=\sum_{k=0}^{\infty}v_k\Big(\sum_{i=0}^{l-1}q_{ki}\Big)\tag{11.4.42}$$

由(11.4.41)，(11.4.5) 以及 $\boldsymbol{Q}$ 是保守的，有

$$\begin{aligned}\lambda cx_l&=\sum_{k=0}^{\infty}v_k\Big(-\sum_{i=l}^{\infty}q_{ki}\Big)=\sum_{k=0}^{\infty}v_k\Big(-\sum_{j=0}^{k}\bar{q}_{lj}\Big)\\&=\sum_{k=0}^{\infty}\bar{q}_{ij}\Big(-\sum_{k=j}^{\infty}v_k\Big)=\sum_{j=0}^{\infty}\bar{q}_{lj}\Big(-c+\sum_{k=0}^{j-1}v_k\Big)\\&=c\bar{d}_l+c\cdot\sum_{j=0}^{\infty}\bar{q}_{lj}x_j, \quad \forall l\in E\end{aligned}\tag{11.4.43}$$

(11.4.43) 式说明由(11,4.41) 式定义的 $\{x_k,k\geqslant 0\}$ 是方程

$$\begin{cases}\lambda x_k=\bar{d}_k+\sum_{j=0}^{\infty}\bar{q}_{kj}x_j, & \forall j\in E\\ 0\leqslant x_k\leqslant 1, & k\in E\end{cases}\tag{11.4.44}$$

的解，即(11.4.38) 的解.

此外,众所周知,$(1-\lambda\sum_{j=0}^{\infty}\overline{\varphi}_{ij}(\lambda),i\in E)$ 是方程(11.4.38)的最大解,因而

$$0\leqslant x_i\leqslant 1-\lambda\sum_{j=0}^{\infty}\overline{\varphi}_{ij}(\lambda)\leqslant 1 \quad (11.4.45)$$

由(11.4.41)知 $x_i\uparrow 1,i\to\infty$,由(11.4.45)得

$$\lim_{i\to\infty}\lambda\sum_{j=0}^{\infty}\overline{\varphi}_{ij}(\lambda)=0 \quad (11.4.46)$$

对固定$\lambda>0$. 容易得到(11.4.46)对所有$\lambda>0$成立,由(11.4.46)得最小 $\overline{\boldsymbol{Q}}$ 过程是 Feller 转移函数.

定理 11.4.5 对给定保守 $\boldsymbol{Q}$-矩阵 $\boldsymbol{Q}$,存在唯一一个非最小随机单调$\boldsymbol{Q}$过程的充要条件是下面三条满足:

(ⅰ)$\boldsymbol{Q}$ 是单调的.

(ⅱ)方程$\begin{cases}(\lambda\boldsymbol{I}-\boldsymbol{Q})\boldsymbol{U}=\boldsymbol{0}\\ \boldsymbol{0}\leqslant\boldsymbol{U}\leqslant\boldsymbol{1}\end{cases}$.

对某个(因而对所有)$\lambda>0$ 有非零解.

(ⅲ)方程$\begin{cases}\boldsymbol{V}(\lambda\boldsymbol{I}-\boldsymbol{Q})=\boldsymbol{0}\\ \boldsymbol{0}\leqslant\boldsymbol{V}\in \boldsymbol{l}_1\end{cases}$.

对某个(因而对所有)$\lambda>0$ 有非零解.

证明 假设存在一个非最小随机单调$\boldsymbol{Q}$过程,并设为$\boldsymbol{P}(t)$,首先,由于$\boldsymbol{Q}$是保守的,所以$\boldsymbol{P}(t)$满足 Kolmogorov 向后方程,类似定理 11.1.1 的证明,可得$\boldsymbol{Q}$是单调的. 其次,由于$\boldsymbol{P}(t)$是非最小随机单调$\boldsymbol{Q}$过程,由定理 11.4.1 的唯一性可知,最小$\boldsymbol{Q}$过程不是随机单调的,然而$\boldsymbol{Q}$是单调的,由推论 11.1.1 知(ⅱ)成立.

再由定理 11.3.2,$\boldsymbol{P}(t)$ 满足 Kolmogorov 向前方程,而 $\boldsymbol{P}(t)$ 是非最小随机单调 $\boldsymbol{Q}$ 过程,所以条件(ⅲ)必须成立.

反过来,如果条件(ⅰ)~(ⅲ)成立,则定义对偶 $\boldsymbol{Q}$-矩阵 $\overline{\boldsymbol{Q}}$ 如(11.4.4)式,由引理 11.4.1 知 $\overline{\boldsymbol{Q}}$ 是 Feller $\boldsymbol{Q}$-矩阵且满足条件(11.4.6)即

$$\sum_{k=0}^{j}\bar{q}_{ik} \geqslant \sum_{k=0}^{j}\bar{q}_{i+1,k}, \forall j \neq i \qquad (11.4.47)$$

则由命题11.1.3得到最小 $\overline{\boldsymbol{Q}}$ 过程 $\overline{\boldsymbol{F}} = \{\bar{f}_{ij}(t), i,j \in E, t \geqslant 0\}$ 满足

$$\sum_{k=0}^{j}\bar{f}_{ik}(t) \geqslant \sum_{k=0}^{j}\bar{f}_{i+1,k}, \forall i,j \in E, t \geqslant 0 \qquad (11.4.48)$$

此外,由条件(ⅲ)及引理11.4.4可知最小 $\overline{\boldsymbol{Q}}$ 过程 $\boldsymbol{F}$ 是 Feller 转移函数;再由(11.4.48)有

$$\overline{\boldsymbol{F}} \in \mathscr{D}^{(2)} \qquad (11.4.49)$$

这说明存在一个随机单调转移函数 $\boldsymbol{P}^*$ 满足 $\overline{\boldsymbol{F}}$ 是 $\boldsymbol{P}^*$ 的对偶,设 $\boldsymbol{P}^*$ 的 $\boldsymbol{Q}$-矩阵为 $\boldsymbol{Q}^* = \{q_{ij}^*\}$,由于 $\overline{\boldsymbol{F}}$ 是 $\boldsymbol{P}^*$ 的对偶,我们有

$$p_{ji}^*(t) = \sum_{k=0}^{j}(\bar{f}_{ik}(t) - \bar{f}_{i+1,k}(t))$$

因而

$$\tilde{q}_{ji}^* = \sum_{k=0}^{j}(\bar{q}_{ik} - \bar{q}_{i+1,k}), \quad \forall i,j \in E \qquad (11.4.50)$$

然而由 $\overline{\boldsymbol{Q}}$ 的定义(见(11.4.4)式)

$$\bar{q}_{ij} = \sum_{k=i}^{\infty}(q_{jk} - q_{j-1,k})$$

因此

$$\bar{q}_{ik} - \bar{q}_{i+1,k} = q_{ki} - q_{k-1,i} \qquad (11.4.51)$$

把(11.4.51)代入(11.4.50)中得

$$q_{ji}^{*} = q_{ji}, \forall i,j \in E \qquad (11.4.52)$$

即 $\boldsymbol{Q}^{*} = \boldsymbol{Q}$. 然而由定理 11.1.1 及条件(ⅱ)知,$\boldsymbol{P}^{*}$ 不能是最小 $\boldsymbol{Q}$ 过程,因而证明了存在一个非最小随机单调 $\boldsymbol{Q}$ 过程.

注 (1) 由本定理的证明可知,可以通过对偶函数来构造随机单调 $\boldsymbol{Q}$ 过程.

(2) 对非保守 $\boldsymbol{Q}$ - 矩阵,已有类似的结果. 见陈安岳和张汉君[3].

定理 11.4.6 对给定的生灭 $\boldsymbol{Q}$ - 矩阵 $\boldsymbol{Q}$,存在非最小随机单调 $\boldsymbol{Q}$ 过程的充要条件是 $R < \infty$,$S < \infty$. 此时最小 $\boldsymbol{Q}$ 过程不是随机单调的,且随机单调 $\boldsymbol{Q}$ 过程唯一.

证明 如果 $R < \infty$,$S < \infty$,则生灭过程是正则的,即对任意 $\lambda > 0$,方程

$$\begin{cases}(\lambda \boldsymbol{I} - \boldsymbol{Q})\boldsymbol{U} = \boldsymbol{0} \\ \boldsymbol{0} \leqslant \boldsymbol{U} \leqslant \boldsymbol{1}\end{cases}$$

有非零解,由推论 11.1.1 知最小 $\boldsymbol{Q}$ 过程不是随机单调的.

由定理 11.4.2 的证明知 $\boldsymbol{Q}$ 是单调的,当 $R < \infty$,$S < \infty$ 时,生灭过程是正则的,即对任意 $\lambda > 0$,方程

$$\begin{cases}(\lambda \boldsymbol{I} - \boldsymbol{Q})\boldsymbol{U} = \boldsymbol{0} \\ \boldsymbol{0} \leqslant \boldsymbol{U} \leqslant \boldsymbol{1}\end{cases}$$

和

$$\begin{cases} \boldsymbol{V}(\lambda \boldsymbol{I} - \boldsymbol{Q}) = \boldsymbol{0} \\ \boldsymbol{0} \leqslant \boldsymbol{V} \leqslant \boldsymbol{1} \end{cases}$$

都有非零解,由定理 11.4.5 知存在唯一一个非最小随机单调 $\boldsymbol{Q}$ 过程.

必要性由定理 11.4.5 立得.

定理 11.4.7　对给定生灭 $\boldsymbol{Q}$ - 矩阵 $\boldsymbol{Q}$,如果 $\mu_0 = 0, R < \infty, S < \infty$,设随机单调 $\boldsymbol{Q}$ 过程 $\boldsymbol{P} = (p_{ij}(t); i,j \in E, t \geqslant 0)$,$\psi_{ij}(\lambda) = \int_0^{+\infty} \mathrm{e}^{-\lambda t} p_{ij}(t)\,\mathrm{d}t, i,j \in E, \lambda > 0$. 则

$$\psi_{ij}(\lambda) = \varphi_{ij}(\lambda) + \frac{Z_i(\lambda) Z_j(\lambda) \pi_j}{\lambda \sum\limits_{R \in E} \pi_k Z_k(\lambda)} \tag{11.4.53}$$

其中$(\varphi_{ij}(\lambda), i,j \in E, > 0)$ 为最小 $\boldsymbol{Q}$ 过程,$Z_i(\lambda) = 1 - \lambda \sum\limits_{j \in E} \varphi_{ij}(\lambda), i \in E, \lambda > 0, \pi = (\pi_i, i \in E)$ 由下一章的(12.2.8) 给出.

证明　由定理 11.4.6,此时随机单调 $\boldsymbol{Q}$ 过程存在. 先证明当 $\boldsymbol{Q}$ 保守时,随机单调 $\boldsymbol{Q}$ 过程诚实.

设 $\overline{\boldsymbol{P}}$ 是 $\boldsymbol{P}$ 的对偶 $\boldsymbol{Q}$ 过程,$\overline{\boldsymbol{Q}} = (\overline{q}_{ij})$ 和 $\boldsymbol{Q} = (q_{ij})$ 分别为其 $\boldsymbol{Q}$ - 矩阵,由命题 11.3.1

$$\overline{p}_{ij}(t) = \sum_{k=i}^{\infty} (p_{jk}(t) - p_{j-1,k}(t))$$

由 $\boldsymbol{Q}$ 保守知,P 满足 Kolmogorov 向后方程,从而

$$\overline{q}_{ij} = \sum_{k=i}^{\infty} (q_{jk} - q_{j-1,k}), \quad i,j \in E$$

再由 $\boldsymbol{Q}$ 保守知

$$\bar{q}_{0j} \equiv 0, \quad j \in E$$

而对偶 $\boldsymbol{Q}$ 过程是最小 $\boldsymbol{Q}$ 过程，所以 $\bar{p}_{00}(t) \equiv 1$，从而 $\boldsymbol{P}$ 是诚实的.

再由定理 11.3.2 知，随机单调 $\boldsymbol{Q}$ 过程满足 Kolmogorov 向前方程. 由杨向群[1] 满足 Kolmogorov 向前、向后方程的诚实生灭 $\boldsymbol{Q}$ 过程具有形式(11.4.53).

11.5 补充与注记

命题 11.1.1 和命题 11.1.2 取自 Anderson[1]. Kirstein[1] 首先证明了当 $\boldsymbol{Q}^{(1)}$ 和 $\boldsymbol{Q}^{(2)}$ 零流出时，最小 $\boldsymbol{Q}^{(1)}$ 过程 $f_{ij}^{(1)}(t)$ 和最小 $\boldsymbol{Q}^{(2)}$ 过程 $f_{ij}^{(2)}(t)$ 随机可比较，当且仅当 $\boldsymbol{Q}^{(1)}$ 和 $\boldsymbol{Q}^{(2)}$ 可比较. Anderson[1] 去掉了条件 $\boldsymbol{Q}^{(1)}$ 和 $\boldsymbol{Q}^{(2)}$ 零流出，但他的结论是错误的. 张汉君、刘庆平、侯振挺[1] 首先指出这个错误，并给出了反例. 陈木法[15] 也独立地指出其错误，并做出了改进. 最后，陈安岳，张汉君[2] 得出了命题 11.1.3 和定理 11.1.1.

Reuter 和 Riley[1] 系统研究了 Feller 转移函数. 引理 11.2.1 由张汉君[3] 得到，定理 11.2.3 取自张汉君、陈安岳[1]，11.2 的其他结果取自 Anderson[1].

Siegmund[1] 给出了命题 11.3.1，Anderson[2] 得到定理 11.3.1，陈安岳，张汉君[2] 证明了定理 11.3.2.

11.4 的主要结果取自陈安岳，张汉君[2]、[3] 以及张汉君，陈安岳[1].

转移函数的收敛性

第12章

本章的问题是:对任给的生灭过程的转移函数 $\boldsymbol{P} = (p_{ij}(t))$. 如果它是遍历的(即它是不可约、正常返),我们希望给出 $p_{ij}(t)$ 收敛到遍历极限 $\boldsymbol{\pi}_j$ 的速度?我们主要讨论四种收敛性:多项式一致收敛、L^2 - 指数收敛、强遍历性和指数遍历性. 当然,我们的兴趣总是在用生灭 $\boldsymbol{Q}$ - 矩阵的数值特征来刻画这些问题.

12.1 遍历系数

定义 12.1.1 给定矩阵 $\boldsymbol{A}$(有限或无限维),我们定义 $\boldsymbol{A}$ 的范数为

$$\|\boldsymbol{A}\| = \sup_i \sum_j |A_{ij}|$$

注意这确实是算子范数. 事实上,如果 l_1 表示所有满足 $\|\boldsymbol{y}\|_1 \equiv \sum_i |\boldsymbol{y}_i| < +\infty$ 的行向量 $\boldsymbol{y} = \{y_i, i \in E\}$ 的集合,则

$$\| \boldsymbol{A} \| = \sup_{\| y \|_1 \neq 0} \frac{\| \boldsymbol{y}\boldsymbol{A} \|_1}{\| \boldsymbol{y} \|_1}$$

这样，我们有 $\| \boldsymbol{AB} \| \leqslant \| \boldsymbol{A} \| \cdot \| \boldsymbol{B} \|$.

定义 12.1.2 设 $\boldsymbol{P} = (p_{ij})$ 是一个随机矩阵，

$$\alpha(\boldsymbol{P}) = 1 - \frac{1}{2} \sup_{i,j \in E} \sum_{k \in E} | p_{ik} - p_{jk} | \qquad (12.1.1)$$

我们称 $\alpha(\boldsymbol{P})$ 为 $\boldsymbol{P}$ 的遍历系数，$\delta(\boldsymbol{P}) = 1 - \alpha(\boldsymbol{P})$ 是 $\boldsymbol{P}$ 的 δ 系数.

命题 12.1.1 (1) $\alpha(\boldsymbol{P}) = \inf\limits_{i,j} \sum\limits_k p_{ik} \wedge p_{jk} = 1 - \sup\limits_{i,j} \sum\limits_k (p_{ik} - p_{jk})^+$.

(2) $0 \leqslant \alpha(\boldsymbol{P}) \leqslant 1$，并且 $\alpha(\boldsymbol{P}) = 1$，当且仅当 $\boldsymbol{P} = (p_{ij})$ 有相同的行（即 $p_{ij} = c_j, i, j \in E$）.

证明 (1) 按定义 $a \wedge b = (a + b - | a - b |)/2$，我们有

$$\inf_{i,j} \sum_k p_{ik} \wedge p_{jk} = 1 - \frac{1}{2} \sup_{i,j} \sum_k | p_{ik} - p_{jk} |$$

又由 $| a | = 2a^+ - a$，我们有

$$\sup_{i,j} \sum_k | p_{ik} - p_{jk} | = 2 \sup_{i,j} \sum_k (p_{ik} - p_{jk})^+$$

(2) 由 (1) 立即知 $0 \leqslant \alpha(\boldsymbol{P}) \leqslant 1$. 由 $\alpha(\boldsymbol{P})$ 的定义直接可知 $\alpha(\boldsymbol{P}) = 1$，当且仅当 $\boldsymbol{P} = (p_{ij})$ 有相同的行.

命题 12.1.2 (1) 如果 $\boldsymbol{P}$ 和 $\boldsymbol{Q}$ 都是随机矩阵，那么 $\delta(\boldsymbol{QP}) \leqslant \delta(\boldsymbol{Q})\delta(\boldsymbol{P})$.

(2) 如果 $\boldsymbol{P}$ 是随机矩阵，$\boldsymbol{R}$ 是行和为零的矩阵且 $\| \boldsymbol{R} \| < +\infty$，那么 $\| \boldsymbol{RP} \| \leqslant \| \boldsymbol{R} \| \delta(\boldsymbol{P})$.

证明　设$\{r_k, k \in E\}$是满足$\sum_k r_k = 0$的行向量，且$\sum_k |r_k| < +\infty$. 由$|a| = 2a^+ - a$，我们有

$$\begin{aligned}
\sum_l \left| \sum_k r_k p_{kl} \right| &= 2\sum_l \left(\sum_k r_k p_{kl} \right)^+ - \sum_l \left(\sum_k r_k p_{kl} \right) \\
&= 2\sum_l \left(\sum_k r_k p_{kl} \right)^+ - \sum_k r_k \left(\sum_l p_{kl} \right) \\
&= 2\sum_l \left(\sum_k r_k p_{kl} \right)^+ \qquad (12.1.2)
\end{aligned}$$

令$E^+ = \{l \in E | \sum_k r_k p_{kl} \geqslant 0\}$. 利用(12.1.2)和$\sum_k r_k^+ = \sum_k r_k^-$，我们有

$$\begin{aligned}
\sum_l \left| \sum_k r_k p_{kl} \right| &= 2\sum_l \left(\sum_k r_k p_{kl} \right)^+ = 2\sum_{l \in E^+} \left(\sum_k r_k p_{kl} \right) \\
&= 2\sum_k r_k \sum_{l \in E^+} p_{kl} \\
&= 2\sum_k r_k^+ \sum_{l \in E^+} p_{kl} - 2\sum_k r_k^- \sum_{l \in E^+} p_{kl} \\
&\leqslant 2\sum_k r_k^+ \sup_k \sum_{l \in E^+} p_{kl} - 2\sum_k r_k^- \inf_k \sum_{l \in E^+} p_{kl} \\
&= 2\sum_k r_k^+ \sup_{m,n} \sum_{l \in E^+} (p_{ml} - p_{nl}) \\
&\leqslant 2\sum_k r_k^+ \sup_{m,n} \sum_{l \in E^+} (p_{ml} - p_{nl})^+ \\
&= \left(\sum_k |r_k| \right) \delta(P)
\end{aligned}$$

取$r_k = Q_{ik} - Q_{jk}$，我们有

$$\sum_l |(\boldsymbol{QP})_{il} - (\boldsymbol{QP})_{jl}| \leqslant \left(\sum_k |Q_{ik} - Q_{jk}| \right) \delta(\boldsymbol{P})$$

两边对$i, j \in E$取上确界得

$$\delta(\boldsymbol{QP}) \leqslant \delta(\boldsymbol{Q}) \delta(\boldsymbol{P})$$

又取$r_k = R_{ik}$，我们有

$$\sum_l |(\boldsymbol{RP})_{il}| \leqslant (\sum_k |R_{ik}|)\delta(\boldsymbol{P})$$

两边取上确界得 $\|\boldsymbol{RP}\| \leqslant \|\boldsymbol{R}\|\delta(\boldsymbol{P})$.

命题 12.1.3 设 $\boldsymbol{P}$ 和 $\boldsymbol{Q}$ 是随机矩阵,那么

$$|\delta(\boldsymbol{P}) - \delta(\boldsymbol{Q})| \leqslant \|\boldsymbol{P} - \boldsymbol{Q}\|$$

证明 利用 $||a|-|b|| \leqslant |a-b|$,和 $|\sup_i |a_i| - \sup_i |b_i|| \leqslant \sup_i |a_i - b_i|$,我们有

$$\begin{aligned}
|\delta(\boldsymbol{P}) - \delta(\boldsymbol{Q})| &= \left|\frac{1}{2}\sup_{i,j}\sum_k |p_{ik} - p_{jk}| - \frac{1}{2}\sup_{i,j}\sum_k |q_{ik} - q_{jk}|\right| \\
&\leqslant \frac{1}{2}\sup_{i,j}\left|\sum_k |p_{ik} - p_{jk}| - \sum_k |q_{ik} - q_{jk}|\right| \\
&\leqslant \frac{1}{2}\sup_{i,j}\sum_k \big||p_{ik} - p_{jk}| - |q_{ik} - q_{jk}|\big| \\
&\leqslant \frac{1}{2}\sup_{i,j}\sum_k |(p_{ik} - p_{jk}) - (q_{ik} - q_{jk})| \\
&= \frac{1}{2}\sup_{i,j}\sum_k |(p_{ik} - q_{ik}) - (p_{jk} - q_{jk})| \\
&\leqslant \frac{1}{2}\sup_{i,j}\sum_k |p_{ik} - q_{ik}| + \frac{1}{2}\sup_{i,j}\sum_k |p_{jk} - q_{jk}| \\
&= \|\boldsymbol{P} - \boldsymbol{Q}\|
\end{aligned}$$

12.2 强遍历性

定义 12.2.1 称转移函数 $p_{ij}(t)$ 为遍历的(或正常返的),如果存在概率测度 $\pi_j, j \in E$,满足

$$p_{ij}(t) \to \pi_j, t \to \infty, i,j \in E \qquad (12.2.1)$$

或等价地

$$\sum_{j\in E}|p_{ij}(t)-\pi_j|\to 0,t\to\infty,i\in E \quad (12.2.2)$$

事实上,由(12.2.1)和$|a|=2a^+-a$得

$$\sum_{j\in E}|p_{ij}(t)-\pi_j| =2\sum_{j\in E}[\pi_j-p_{ij}(t)]^+-\sum_{j\in E}[\pi_j-p_{ij}(t)]$$
$$=2\sum_{j\in E}[\pi_j-p_{ij}(t)]^+$$

由$(\pi_j-p_{ij})^+\leqslant\pi_j$,利用控制收敛定理知

$$\sum_{j\in E}|p_{ij}(t)-\pi_j|\to 0,\quad t\to\infty$$

用$\boldsymbol{\Pi}$表示矩阵

$$\begin{pmatrix}\pi_0 & \pi_1 & \pi_2 & \cdots\\ \pi_0 & \pi_1 & \pi_2 & \cdots\\ \pi_0 & \pi_1 & \pi_2 & \cdots\\ \vdots & \vdots & \vdots & \vdots\end{pmatrix}$$

则(12.2.1)是$\boldsymbol{P}(t)\to\boldsymbol{\Pi},t\to\infty$的分量形式.

如果$p_{ij}(t)$是遍历的,我们有以下有用的结果

$$\boldsymbol{\Pi P}(t)=\boldsymbol{\Pi}=\boldsymbol{P}(t)\boldsymbol{\Pi},\boldsymbol{\Pi}^n=\boldsymbol{\Pi},\quad t\geqslant 0,n\geqslant 0$$

定义 12.2.2　如果遍历转移函数$p_{ij}(t)$满足

$$\|\boldsymbol{P}(t)-\boldsymbol{\Pi}\| =\sup_{i\in E}\sum_j|p_{ij}(t)-\pi_j|\to 0,t\to\infty \quad (12.2.3)$$

则称$p_{ij}(t)$为强遍历的.

由(12.2.2)知有限状态空间的遍历转移函数一定是强遍历的.

命题 12.2.1　设$p_{ij}(t)$是遍历转移函数,则$p_{ij}(t)$强遍历,当且仅当$\delta(\boldsymbol{P}(t))\to 0,t\to\infty$;为此,当且仅当对某个$t>0$,有$\delta(\boldsymbol{P}(t))<1$.

证明　设$p_{ij}(t)$是强遍历的,因$\delta(\boldsymbol{\Pi})=0$,由命

题 12.1.3 知

$$\begin{aligned}\delta(\boldsymbol{P}(t)) &= |\delta(\boldsymbol{P}(t)) - \delta(\boldsymbol{\Pi})| \\ &\leqslant \|\boldsymbol{P}(t) - \boldsymbol{\Pi}\| \to 0, \quad t \to \infty\end{aligned}$$

反之，设 $p_{ij}(t)$ 是遍历的且 $\delta(\boldsymbol{P}(t)) \to 0$，由命题 12.1.2 知

$$\begin{aligned}\|\boldsymbol{P}(t) - \boldsymbol{\Pi}\| &= \|\boldsymbol{P}(t) - \boldsymbol{\Pi}\boldsymbol{P}(t)\| = \|(\boldsymbol{I} - \boldsymbol{\Pi})\boldsymbol{P}(t)\| \\ &\leqslant \|\boldsymbol{I} - \boldsymbol{\Pi}\| \delta(\boldsymbol{P}(t)) \to 0, \quad t \to \infty\end{aligned}$$

即 $p_{ij}(t)$ 是强遍历的.

由命题 12.1.2 的(1) 知 $\delta(\boldsymbol{P}(t))$ 关于 t 是非增的，而且 $\delta(\boldsymbol{P}(nt)) \leqslant \delta(\boldsymbol{P}(t))^n$ 对所有正整数 n 和任意 $t > 0$ 成立，我们选取 t 使 $\delta(\boldsymbol{P}(t)) < 1$，任给 $\varepsilon > 0$，选取 n 使 $\delta(\boldsymbol{P}(t))^n \leqslant \varepsilon$，则对 $r \geqslant nt$，我们有

$$\delta(\boldsymbol{P}(r)) \leqslant \delta(\boldsymbol{P}(nt)) \leqslant \delta(\boldsymbol{P}(t))^n \leqslant \varepsilon$$

这表明如果对某个 $t > 0$，$\delta(\boldsymbol{P}(t)) < 1$，则 $\delta(\boldsymbol{P}(r)) \to 0, r \to \infty$，证毕.

命题 12.2.2 设 $\boldsymbol{P} = (p_{ij}(t), i, j \in E, t \geqslant 0)$ 是 Feller 转移函数，则 $\boldsymbol{P} = (p_{ij}(t))$ 不是强遍历的.

证明 若 $\boldsymbol{P} = (p_{ij}(t))$ 不是遍历的，则显然不是强遍历的.

若 $\boldsymbol{P} = (p_{ij}(t))$ 是遍历的，设 $\pi = (\pi_i, i \in E)$ 是它的平稳分布. 反设 $\boldsymbol{P} = (p_{ij}(t))$ 是强遍历的，则对每个固定 $j \in E$，有

$$\sup_{i \in E} |p_{ij}(t) - \pi_j| \to 0, \quad t \to \infty$$

因此，存在 $T > 0$ 使

$$\sup_{i \in E} |p_{ij}(t) - \pi_j| \leqslant \frac{\pi_j}{2}, \quad t \geqslant T$$

所以

$$\inf_{i \in E} p_{ij}(t) \geqslant \frac{\pi_j}{2}, \quad t \geqslant T$$

但这与假设 $\boldsymbol{P} = (p_{ij}(t))$ 是 Feller 转移函数矛盾,故 $\boldsymbol{P} = (p_{ij}(t))$ 不是强遍历的.

命题 12.2.3　设 $\boldsymbol{P} = (p_{ij}(t), i,j \in E, t \geqslant 0)$ 是诚实且随机单调的转移函数,若它是遍历的,则它是强遍历的,当且仅当 $\boldsymbol{P} = (p_{ij}(t))$ 不是 Feller 转移函数.

证明　由命题12.2.2知,若 $\boldsymbol{P} = (p_{ij}(t))$ 是强遍历的,则它不是Feller的;反过来,假设 $\boldsymbol{P} = (p_{ij}(t))$ 不是强遍历的,因为它是遍历的,由命题 12.2.1 知 $\delta(\boldsymbol{P}(t)) = 1, \forall t \geqslant 0$. 由此,我们有

$$\inf_{a,b} \sum_{k \in E} p_{ak}(t) \wedge p_{bk}(t) = 0, \forall t \geqslant 0$$

所以

$$\inf_{a,b} p_{a0}(t) \wedge p_{b0}(t) = 0, \forall t \geqslant 0$$

这等价于

$$\inf_{a \in E} p_{a0}(t) = 0, \forall t \geqslant 0$$

另一方面,因为 $\boldsymbol{P} = (p_{ij}(t))$ 是随机单调的,则

$$\sum_{j \geqslant k} p_{ij}(t) \leqslant \sum_{j \geqslant k} p_{i+1,j}(t), \forall i,k \in E, t \geqslant 0$$

再由 $\boldsymbol{P} = (p_{ij}(t))$ 是诚实的,则

$$\sum_{j=0}^{k} p_{ij}(t) \geqslant \sum_{j=0}^{k} p_{i+1,j}(t), \forall i,k \in E, t \geqslant 0 \tag{12.2.4}$$

因此

$$p_{i0}(t) \geqslant p_{i+1,0}(t), \forall i \in E, t \geqslant 0$$

又由已证得 $\inf_{a \in E} p_{a0}(t) = 0$,知

$$p_{i0}(t) \to 0, i \to \infty, t \geqslant 0 \qquad (12.2.5)$$

类似地 $\inf\limits_{a,b} p_{a1}(t) \wedge p_{b1}(t) = 0$;这等价于 $\inf\limits_{a \in E} p_{a1}(t) = 0$. 由(12.2.4)知

$$p_{i0}(t) + p_{i1}(t) \geqslant p_{i+1,0}(t) + p_{i+1,1}(t), i \in E, t \geqslant 0$$

再由(12.2.5)对每个 $t \geqslant 0$. 我们有 $p_{i,1}(t) \to 0$, 当 $i \to \infty$.

由归纳法,对每个固定 $j \in E, t \geqslant 0$,我们有

$$p_{ij}(t) \to 0, i \to \infty$$

即 $\boldsymbol{P}(t) = (p_{ij}(t))$ 是 Feller 转移函数.

定理 12.2.1 设 $\boldsymbol{Q} = \{q_{ij}, i, j \in E\}$ 是生灭 $\boldsymbol{Q}$ - 矩阵,则最小转移函数 $\boldsymbol{F} = (f_{ij}(t), i, j \in E, t \geqslant 0)$ 是强遍历的充要条件是 $\mu_0 = 0$ 且 $R = \infty$, $S < \infty$,这里如同常一样

$$R = \sum_{n=0}^{\infty}\left(\frac{1}{\lambda_n} + \frac{\mu_n}{\lambda_n\lambda_{n-1}} + \cdots + \frac{\mu_n\cdots\mu_2\mu_1}{\lambda_n\cdots\lambda_1\lambda_0}\right) \quad (12.2.6)$$

$$S = \sum_{n=0}^{\infty}\frac{1}{\mu_{n+1}}\left(1 + \frac{\lambda_n}{\mu_n} + \frac{\lambda_n\lambda_{n-1}}{\mu_n\mu_{n-1}} + \cdots + \frac{\lambda_n\cdots\lambda_2\lambda_1}{\mu_n\cdots\mu_2\mu_1}\right)$$

(12.2.7)

证明 若最小转移函数是强遍历的,首先由 F 是诚实的,我们有 $\mu_0 = 0$, $R = \infty$,再由命题 12.2.2 知,它不是 Feller 转移函数,因此,由推论 11.4.1 知, $S < \infty$.

反过来,若 $\mu_0 = 0$, $R = \infty$ 且 $S < \infty$.

由 $\mu_0 = 0$, $R = \infty$ 和定理 11.4.2 知,最小转移函数是诚实且为随机单调的,再由 $S < \infty$ 知 $c = \sum\limits_{i \in E} m_i < +\infty$,其中

$$m_i = \begin{cases} 1, & i = 0 \\ \dfrac{\lambda_0\lambda_1\cdots\lambda_{i-1}}{\mu_1\cdots\mu_i}, & i \geq 1 \end{cases} \qquad (12.2.8)$$

从而最小转移函数是遍历的,其遍历分布 $\pi_i = \frac{1}{c}m_i$ $(i \in E)$.

由推论 11.4.1 知,它不是 Feller 转移函数,再由命题 12.2.3 知,最小转移函数是强遍历的.

12.3　多项式一致收敛性

定义 12.3.1　设 $\boldsymbol{P} = (p_{ij}(t), i,j \in E, t \geq 0)$ 是一个遍历的转移函数,$\pi = (\pi_i, i \in E)$ 是其平稳分布,若存在常数 $v > 0$ 和 $C > 0$,使得

$$\sup_{i,j \in E} t^v | p_{ij}(t) - \pi_j | \leq C < \infty, \forall t \geq 0 \quad (12.3.1)$$

我们称 $\boldsymbol{P}$ 是多项式一致收敛的.

命题 12.3.1　设 $\boldsymbol{P} = (p_{ij}(t), i,j \in E, t \geq 0)$ 是 Feller 转移函数,则 $\boldsymbol{P} = (p_{ij}(t))$ 不是多项式一致收敛的.

证明　若 $\boldsymbol{P} = (p_{ij}(t), i,j \in E, t \geq 0)$ 不是遍历的,则显然不是多项式一致收敛的.

若 $\boldsymbol{P} = (p_{ij}(t), i,j \in E, t \geq 0)$ 是遍历的,设 $\pi = (\pi_i, i \in E)$ 是它的平稳分布. 反设 $\boldsymbol{P} = (p_{ij}(t))$ 是多项式一致收敛的,则对每个固定 $j \in E$ 有

$$\sup_{i \in E} | p_{ij}(t) - \pi_j | \leq Ct^{-v}, v > 0, 0 < C < \infty$$

因此,存在 $T > 0$ 使得

$$\sup_{i \in E} | p_{ij}(t) - \pi_j | \leqslant \frac{\pi_j}{2}, \quad t \geqslant T$$

所以有

$$\inf_{i \in E} p_{ij}(t) \geqslant \frac{\pi_j}{2}, \quad t \geqslant T$$

这与假设 $\boldsymbol{P} = (p_{ij}(t))$ 是 Feller 转移函数矛盾.

命题 12.3.2 若遍历转移函数是强遍历的,则它一定是多项式一致收敛的.

证明 由陈木法[1]定理4.43(3)知,$\boldsymbol{P}$ 强遍历,当且仅当对某个 $\rho > 0$ 有

$$\sup_{i \in E} \sum_{j \in E} | p_{ij}(t) - \pi_j | = 0(\mathrm{e}^{-\rho t}), t \to \infty$$

于是存在常数 $C > 0$ 使

$$\sup_{i \in E} | p_{ij}(t) - \pi_j | \leqslant C\mathrm{e}^{-\rho t}, t \to \infty$$

要证 $\boldsymbol{P}$ 为多项式一致收敛,只须证

$$\mathrm{e}^{-\rho t} \leqslant t^{-\rho}, t > 0$$

即只须

$$\ln t \leqslant t, t > 0$$

这显然成立.

命题 12.3.3 设 $\boldsymbol{P} = (p_{ij}(t), i, j \in E, t \geqslant 0)$ 是诚实且随机单调的转移函数,若它是遍历的,则它是多项式一致收敛的,当且仅当 $\boldsymbol{P}$ 不是 Feller 转移函数.

证明 若 $\boldsymbol{P} = (p_{ij}(t))$ 是多项式一致收敛的,由命题 12.3.1 知 $\boldsymbol{P}$ 不是 Feller 转移函数.

反过来,假设 $\boldsymbol{P} = (p_{ij}(t))$ 不是多项式一致收敛的,则由命题 12.3.2 知,$\boldsymbol{P}$ 不是强遍历的,又由命题 12.2.3 知,$\boldsymbol{P}$ 是 Feller 转移函数.

命题 12.3.4　若 $\boldsymbol{P}=(p_{ij}(t),i,j\in E,t\geqslant 0)$ 是诚实且随机单调的转移函数,若它是遍历的,则它是多项式一致收敛的等价于它是强遍历的.

证明　由命题 12.2.3 和 12.3.3 立知.

定理 12.3.1　设 $\boldsymbol{Q}=(q_{ij};i,j\in E)$ 是生灭 $\boldsymbol{Q}$－矩阵,则最小转移函数 $\boldsymbol{F}=(f_{ij}(t),i,j\in E,t\geqslant 0)$ 是多项式一致收敛的充要条件是 $\mu_0=0,R=\infty$ 且 $S<\infty$.

证明　由定理 12.2.1 的证明知 $\mu_0=0,R=\infty$ 和 $S<\infty$ 时,最小转移函数是诚实的、随机单调的、遍历的,再由命题 12.3.4 知,此时强遍历和多项式一致收敛等价,再由定理 12.2.1 知,$\mu_0=0,R=\infty$ 和 $S<\infty$ 等价于 $\boldsymbol{F}$ 强遍历,所以它们也等价于 $\boldsymbol{F}$ 多项式一致收敛.

12.4　L^2－指数收敛性和指数遍历性

定义 12.4.1　若存在 $\varepsilon>0$,使得 $\|\boldsymbol{F}(t)g-\pi(g)\|\leqslant e^{-\varepsilon t}\|g-\pi(g)\|,\forall g\in L^2(\pi),t\geqslant 0$. 则称 $\boldsymbol{F}(t)=(f_{i,}j(t),i,j\in E),t\geqslant 0$ 是 L^2－指数收敛的.

这里 g 是定义在 E 上的函数,$\pi(g)=\sum_{i\in E}\pi_i g_i$, $\|g\|^2=\sum_{i\in E}\pi_i g_i^2$, $(F(t)g)_i=\sum_{j\in E}f_{ij}(t)g_j$, $L^2(\pi)=\{g:\|g\|<\infty\}$, $\pi=(\pi_i,i\in E)$ 是 $\boldsymbol{F}(t)$ 的平稳分布.

定义 12.4.2　设 $\boldsymbol{P}=(p_{ij}(t))$ 为标准转移函数,称 $\boldsymbol{P}$ 是指数遍历的,如果存在概率测度 $\pi=(\pi_i)$ 和

$\beta>0$,对每个 i,j,有

$$|p_{ij}(t)-\pi_j|=O(\mathrm{e}^{-\beta t}),\quad t\to\infty$$

给定$(E,\mathscr{E})$上的有限测度 π,用 $L^2(\pi)$ 表$(E,\mathscr{E},\pi)$上的平方可积函数构成的空间. 其内积和范数分别定义为

$$(f,g)=\pi(fg),\quad \|f\|=(\pi(f^2))^{\frac{1}{2}}$$

定义 12.4.3 若 $g=\lim\limits_{t\to 0}\dfrac{\boldsymbol{P}(t)f-f}{t}$ 存在,记为 $Lf=g$,则称 L 为无穷小生成元,其定义域记为 $\mathscr{D}(L)$,即

$$\mathscr{D}(L)=\left\{f\in \boldsymbol{L}^2(\pi):\lim_{t\to 0}\frac{\boldsymbol{P}(t)f-f}{t}\text{存在}\right\}$$

如果

$$\lim_{t\downarrow 0}\frac{1}{t}(f-\boldsymbol{P}(t)f,f)$$

$$=\lim_{t\downarrow 0}\frac{1}{2t}\int\pi(\mathrm{d}x)(\boldsymbol{P}(t)[f-f(x)]^2(x)\geqslant 0$$

存在(此处 π 是 $\boldsymbol{P}$ 的平稳分布),记

$$D(f)=\lim_{t\downarrow 0}\frac{1}{t}(f-\boldsymbol{P}(t)f,f)$$

其定义域为 $\mathscr{D}(D)$ 即 $\mathscr{D}(D)=\{f\in L^2(\pi)\mid \lim\limits_{t\downarrow 0}\dfrac{1}{t}(f-P(t)f,f)$ 存在$\}$,周知 $\mathscr{D}(L)\subset\mathscr{D}(D)$.

定义 12.4.4 $\mathrm{gap}(L)=\inf\{-(Lf,f):f\in\mathscr{D}(L),\pi(f)=0$,且 $\|f\|=1\}$.

$\mathrm{gap}(D)=\inf\{D(f):f\in\mathscr{D}(D),\pi(f)=0$ 且 $\|f\|=1\}$.

则由于 $\mathscr{D}(L)\subset\mathscr{D}(D)$,且在 $\mathscr{D}(L)$ 上,$D(f)=$

$-(Lf,f)$,所以 $\mathrm{gap}(L) \geqslant \mathrm{gap}(D)$.

注 $\sigma(t) \triangleq -\sup\{\log \|P(t)f\| : \pi(f)=0$ 且 $\|f\|=1\}$.

由于 $\|P(t+s)f\| \leqslant e^{-\sigma(t)}\|P(s)f\| \leqslant e^{(-\sigma(t)-\sigma(s)),\|f\|}$,由半群性和压缩性知,$\sigma(\cdot)$ 为上可加且 $\sigma(0)=0$. 则

$$\sigma \triangleq \lim_{t\downarrow 0}\frac{\sigma(t)}{t} = \inf_{t>0}\frac{\sigma(t)}{t}$$

命题 12.4.1 $\sigma = \mathrm{gap}(D) = \mathrm{gap}(L)$.

证明 由于 $\mathrm{gap}(D) \leqslant \mathrm{gap}(L)$, 只需证 $\sigma \geqslant \mathrm{gap}(L)$, $\mathrm{gap}(D) \geqslant \sigma$. 注意到 $\frac{\mathrm{d}}{\mathrm{d}t}\|P(t)f\|^2 = 2(P(t)f, LP(t)f) \leqslant -2\mathrm{gap}(L)\|P(t)f\|^2$, $f \in \mathscr{D}(L)$, $\pi f=0$, $\|f\|=1$,并且 $D(L)$ 在 $L^2(\pi)$ 中稠密,即可证 $\sigma \geqslant \mathrm{gap}(L)$.

当 $f \in \mathscr{D}(D)$,且 $\pi f=0$, $\|f\|=1$ 时.

$$D(f) = \lim_{t\downarrow 0}\frac{1}{t}(f-P(t)f,f) \geqslant \lim_{t\downarrow 0}\frac{1}{t}(1-e^{-\sigma t}) =$$

σ. 所以 $\mathrm{gap}(D) \geqslant \sigma$.

令 $\hat{\alpha} = \sup\{\alpha \mid |p_{ij}(t)-\pi_j| = O(\exp[-\alpha t])$, $t\to\infty$ 时对所有 $i,j \in E\}$.

命题 12.4.2 (1) $\mathrm{gap}(D) \leqslant \hat{\alpha}$;

(2) 如果过程是强遍历的,则 $\mathrm{gap}(D) > 0$.

证明 (1) 固定 $j_0 \in E$,取 $f_j = \delta_{jj_0}$, $j \in E$,则

$$e^{-2\sigma t}\|f-\pi f\|^2 \geqslant \pi_{i_0}|p_{i_0j_0}(t)-\pi_{j_0}|^2$$

由 i_0 和 j_0 的任意性得 $\sigma \leqslant \hat{\alpha}$.

(2) 由 $(p_{ij}(t))$ 是强遍历的,即存在 $\rho > 0$.

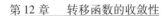

$$\max_i \sum_j |p_{ij}(t)-\pi_j| = O(e^{-\rho t})$$

所以我们有

$$\begin{aligned}\|P(t)f\|_2^2 &= \sum_i \pi_i\Big(\sum_j (p_{ij}(t)-\pi_j)f_j\Big)^2\\ &\leqslant \sum_i \pi_i\Big(\sum_j |p_{ij}(t)-\pi_j|\Big)\sum_k |p_{ik}(t)-\pi_k|f_k^2\\ &\leqslant Ce^{-\rho t}\sum_i \pi_i\Big(\sum_k p_{ik}(t)f_k^2+\sum_k \pi_k f_k^2\Big)\\ &= 2C\|f\|_2^2 e^{-\rho t}, f\in L^2(\pi), \pi(f)=0\end{aligned}$$

因此 $\sigma \geqslant \dfrac{\rho}{2} > 0.$

定理 12.4.1 对每个遍历生灭过程,L^2 – 指数收敛与指数遍历性等价,而且,$\mathrm{gap}(D) = \hat{\alpha}$.

证明 如果 $\hat{\alpha}=0$,由命题 12.4.2(1) 知 $\mathrm{gap}(D)=0$,因此,我们假设 $\hat{\alpha}>0$. 令

$$H_0(x)=1,\ -xH_0(x)=-b_0H_0(x)+b_0H_1(x)$$

$$-xH_n(x)=a_nH_{n-1}(x)-(a_n+b_n)H_n(x)+b_nH_{n+1}(x), n\geqslant 1, x\in R$$

则 $H_n(0)=1, n\geqslant 0.$

利用 Karlin-Mcgregor 表现定理(Van Doorn(1981)):

$$p_{ij}(t)=\mu_j\int_0^\infty e^{-xt}H_i(x)H_j(x)\,d\psi(x) \qquad (12.4.1)$$

其中 ψ 是非降左连续函数且

$$\psi(x)=0, x\leqslant 0,\quad \psi(x)\to 1,\quad x\to\infty$$

$$\mu_j\int_0^\infty H_i(x)H_j(x)\,d\psi(x)=\delta_{ij}$$

记

$$\hat{f}(x)=\sum_i \pi_i H_i(x)f_i, f\in \mathscr{k}$$

由(12.4.1)知

$$(f,P(t)f)=\mu\int_0^{\infty}\mathrm{e}^{-xt}\hat{f}(x)^2\mathrm{d}\psi(x),f\in \mathscr{k} \quad (12.4.2)$$

特别地,有

$$(f,f)=\mu\int_0^{\infty}\hat{f}(x)^2\mathrm{d}\psi(x),f\in \mathscr{k} \quad (12.4.3)$$

因此,(12.4.2)和(12.4.3)对所有$f\in L^2(\pi)$成立,特别地,对每个$f\in L^2(\pi)$,如果我们令

$$f_i^n=\begin{cases}f_i,i\leqslant n\\0,i>n\end{cases}$$

则

$$\|f-f_i^n\|\to 0$$

$$\hat{f}^n=\sum_i\pi_iH_if_i^n\to\hat{f}\quad 在 L^2([0,\infty),\mu\mathrm{d}\psi)中, \quad (12.4.4)$$

由(12.4.2)得

$$D(f,f)=\mu\int_0^{\infty}\mathrm{e}^{-xt}\hat{f}(x)^2\mathrm{d}\psi(x)$$

因为指数遍历,由[Van Doorn(1985),定理2.1,定理3.1和引理3.2],我们有

$$\Delta\psi(0)=\psi(0+)-\psi(0-)>0,\hat{\alpha}>0$$

$$\Delta\psi(\hat{\alpha})>0,\psi(\hat{\alpha})=\psi(0+)$$

由(12.4.4),我们可选序列$\{n_k\}$使$\hat{f}^{n_k}$关于$\mu\mathrm{d}\psi$几乎处处收敛于$\hat{f}$. 因此,我们有

$$\hat{f}(0)=\lim_{k\to\infty}\hat{f}^{n_k}(0)=\lim_{k\to\infty}\sum_i\pi_iH_i(0)f_i^{n_k}$$

$$=\lim_{k\to\infty}\sum_i\pi_if_i^{n_k}=\pi f$$

因此

$$\mathrm{gap}(D)=\inf\{D(f,f):\pi f=0,\|f\|=1\}$$

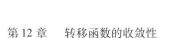

$$= \inf\{\mu\int_0^\infty x\hat{f}(x)^2\mathrm{d}\psi(x):\pi f = 0,\ \|f\| = 1\}$$

$$= \inf\{\mu\int_0^\infty x\hat{f}(x)^2\mathrm{d}\psi(x):\hat{f}(0) = 0,\ \|f\| = 1\}$$

$$\geqslant (\hat{\alpha} - \varepsilon)\inf\{\mu\int_0^\infty \hat{f}(x)^2\mathrm{d}\psi(x):\hat{f}(0) = 0,$$

$$\|f\| = 1\} = (\hat{\alpha} - \varepsilon)$$

(由(12.4.3),对所有很小 $\varepsilon > 0$).

因此 $\mathrm{gap}(D) \geqslant \hat{\alpha}$.

推论12.4.1 设 $\boldsymbol{Q} = (q_{ij}, i,j \in E)$ 是生灭 $\boldsymbol{Q}$ - 矩阵,且 $\mu_0 = 0, R = \infty, S < \infty$,则最小转移函数 $\boldsymbol{F} = (f_{ij}(t), i,j \in E, t \geqslant 0)$ 是指数遍历的,进一步,它是 L^2 - 指数收敛的.

证明 因为当 $\mu_0 = 0, R = \infty, S < \infty$ 时,它是强遍历的,则必是指数遍历的. 由定理 12.4.1 知,此时指数遍历与 L^2 - 指数收敛等价.

综合前面的讨论知,对生灭 $\boldsymbol{Q}$ - 矩阵的最小 $\boldsymbol{Q}$ 过程 $\boldsymbol{F} = (f_{ij}(t), i,j \in E, t \geqslant 0)$,我们有如下结果

定理 12.4.2 对任给一个形如(11.4.1)的生灭 $\boldsymbol{Q}$ - 矩阵 $\boldsymbol{Q}$, $\boldsymbol{F} = (f_{ij}(t); i,j \in E, t \geqslant 0)$ 是最小 $\boldsymbol{Q}$ 过程, $R, S, m_i (i \geqslant 0)$ 的定义分别见(12.2.6),(12.2.7)和(12.2.8),则

(ⅰ) $\boldsymbol{F}$ 诚实,当且仅当 $\mu_0 = 0$ 且 $R = \infty$.

(ⅱ) $\boldsymbol{F}$ 遍历,当且仅当 $\mu_0 = 0, R = \infty$ 且 $\sum_{i \in E} m_i < \infty$.

(ⅲ) $\boldsymbol{F}$ 强遍历,当且仅当 $\mu_0 = 0, R = \infty$ 且 $S < \infty$.

(ⅳ) $\boldsymbol{F}$ 是多项式一致收敛的,当且仅当 $\mu_0 = 0$, $R = \infty$ 且 $S < \infty$.

（ⅴ）当 $\mu_0=0, R=\infty, S<\infty$ 时，$\boldsymbol{F}$ 是指数遍历，也是 L^2 指数收敛的，且 $\mathrm{gap}(D)>0$.

对非最小生灭 $\boldsymbol{Q}$ 过程，我们还有如下结论.

定理12.4.3　设 $\boldsymbol{Q}=(q_{ij};i,j\in E)$ 是生灭 $\boldsymbol{Q}$－矩阵，$\mu_0=0, R<\infty, S<\infty$，则存在唯一的诚实 $\boldsymbol{Q}$ 过程 $\boldsymbol{P}=(p_{ij}(t);i,j\in E,t\geqslant 0)$ 具有如下性质：

（ⅰ）它是可逆的.

（ⅱ）它是随机单调的.

（ⅲ）它是强遍历的.

（ⅳ）它是指数遍历的.

（ⅴ）它是 L^2－指数收敛的.

（ⅵ）它的次最大特征值 $\mathrm{gap}(D)>0$.

证明　由定理 11.4.7 知，当 $\mu_0=0, R<\infty, S<\infty$ 时，存在诚实随机单调 $\boldsymbol{Q}$ 过程，它的转移函数 $\boldsymbol{P}=(p_{ij}(t);i,j\in E,t\geqslant 0)$，其拉氏变换 $\psi_{ij}(\lambda)=\int_0^{\infty}\mathrm{e}^{-\lambda t}p_{ij}(t)\,\mathrm{d}t, i,j\in E,\lambda>0$ 具有如下形式

$$\psi_{ij}(\lambda)=\varphi_{ij}(\lambda)+\frac{Z_i(\lambda)Z_j(\lambda)\pi_j}{\lambda\sum\limits_{k\in E}\pi_k Z_k(\lambda)}\qquad(12.4.5)$$

其中

$$Z_i(\lambda)=1-\lambda\sum_{j\in E}\varphi_{ij}(\lambda), i\in E,\lambda>0$$

且 $\boldsymbol{P}$ 是非最小转移函数，从而 $\boldsymbol{P}$ 不是 Feller 转移函数，由命题 12.2.3 知，$\boldsymbol{P}$ 是强遍历的，从而 $\boldsymbol{P}$ 是指数遍历的，由命题 12.4.2 知，它也是 L^2－指数遍历的，从而 $\mathrm{gap}(D)>0$. 由侯振挺和陈木法[1] 知，它是可逆 $\boldsymbol{Q}$ 过程.

12.5 补充与注记

12.1 中取自 Anderson[1].

强遍历性的概率意义及其研究可参见 Anderson[1]、陈木法[1], 命题 12.2.1 取自 Anderson[1], 命题 12.2.2、命题 12.2.3 以及定理 12.2.1 由张汉君、林祥、侯振挺[1] 得到.

陈木法[1] 首先提出研究多项式一致收敛问题; 张汉君等对这个问题进行了系统研究. 12.3 中的结果取自张汉君、林祥、侯振挺[2].

关于 L^2 – 指数收敛和指数遍历性, 陈木法有系列文章进行详细讨论. 12.4 中主要结果取自陈木法[1], 定理 12.4.2 和定理 12.4.3 由张汉君, 林祥, 侯振挺[1]、[2] 得到.

第 4 编

第一特征值问题

第一特征值问题

第13章

第一特征值的估计问题是现代几何的一个重要课题. 马尔可夫过程的特征值问题和谱隙估计问题,在相变理论中具有广泛的应用价值,陈木法和王凤雨利用耦合等方法做出了非常重要的贡献,在这一章里我们介绍 $\boldsymbol{Q}$ 过程,尤其是生灭过程的第一特征值、生灭过程的谱隙(Spectral Gap),转移概率函数的 L^2 - 指数收敛速度和指数遍历性等问题,以及它们之间的相互关系. 这些结果主要归功于他们.

13.1 基本概念

设 E 是一个可数集合,$\boldsymbol{Q}=(q_{ij};i,j\in E)$ 为定义在 E 上的全稳定 $\boldsymbol{Q}$ - 矩阵,$\{X(t);t\geqslant 0\}$ 是以 E 为状态空间且具有密度矩阵 $\boldsymbol{Q}=(q_{ij};i,j\in E)$ 的 $\boldsymbol{Q}$ 过程;$P(t)=(p_{ij}(t);i,j\in E)$ 为其转移概率.

定义 13.1.1 设 $\boldsymbol{Q}=(q_{ij};i,j\in E)$ 为 E 上全稳定 $\boldsymbol{Q}$ - 矩阵.

（i）称 $\boldsymbol{Q}$ 为不可约的，如果对任意 $i,j\in E$，存在互不相同的 $i_0=i,i_1,\cdots,i_n=j$ 使得

$$q_{i_0i_1}q_{i_1i_2}\cdots q_{i_{n-1}i_n}\neq 0$$

（ii）称 $\boldsymbol{Q}$ 为可配称的，如果存在正分布 $\boldsymbol{U}=\{u_i;i\in E\}$，使得

$$u_iq_{ij}=u_jq_{ji},i,j\in E$$

此时，$\boldsymbol{U}=\{u_i;i\in E\}$ 称为 $\boldsymbol{Q}$ 的配称分布.

（iii）称 $\boldsymbol{Q}$ 为正则的，如果 $\boldsymbol{Q}$ 是保守的，且相应的 $\boldsymbol{Q}$ 过程唯一.

定义 13.1.2 称 $\boldsymbol{Q}$ 过程 $\boldsymbol{P}(t)$ 是可逆的，若对任意 $n\geqslant 1,0\leqslant t_1<\cdots<t_n$ 满足

$$t_n-t_{n-1}=t_2-t_1,t_{n-1}-t_{n-2}=t_3-t_2,\cdots$$

及任意 $i_1,i_2,\cdots,i_n\in E$，有

$$P(X_{t_1}=i_1,\cdots,X_{t_n}=i_n)=P(X_{t_1}=i_n,\cdots,X_{t_n}=i_1) \tag{13.1.1}$$

显然，可逆 $\boldsymbol{Q}$ 过程必是平稳的，即 $\pi_i=P(X(t)=i)$ 与 t 无关，事实上

$$\begin{aligned} P(X_0=i) &= \sum_j P(X_0=i,X_t=j) \\ &= \sum_j P(X_0=j,X_t=i)=P(x_t=i) \end{aligned}$$

根据马尔可夫性，可以证明(13.1.1)等价于

$$\pi_ip_{ij}(t)=\pi_jp_{ji}(t) \tag{13.1.2}$$

其中 $\pi_i=P(X_t=i)$ 与 t 无关.

显然，如果 $\boldsymbol{Q}$ - 矩阵 $\boldsymbol{Q}=(q_{ij};i,j\in E)$ 是可配称

正则不可约矩阵，则其唯一的 $\boldsymbol{Q}$ 过程 $\boldsymbol{P}(t)$ 必是可逆的.

我们考虑可逆 $\boldsymbol{Q}$ 过程 $\boldsymbol{P}(t)=(p_{ij}(t);i,j\in E)$ 具有正则不可约 $\boldsymbol{Q}$ - 矩阵 $\boldsymbol{Q}=(q_{ij};i,j\in E)$，其可逆概率测度记为 $(\pi_i;i\in E)$，并令

$$L^2(\pi)=\{f=(f_i,i\in E);\sum_{i\in E}\pi_i f_i^2<+\infty\}$$

对任意 $f\in L^2(\pi)$，用 $\|f\|$ 表示 f 在 $L^2(\pi)$ 中的 L^2 - 范数，即 $\|f\|=(\sum_{i\in E}\pi_i f_i^2)^{1/2}$.

我们称 $\boldsymbol{Q}$ 过程 $\boldsymbol{P}(t)$ 是 L^2 - 指数收敛的，如果存在 $\varepsilon>0$，使得

$$\|\boldsymbol{P}(t)f-\pi(f)\|\leqslant\|f-\pi(f)\|\mathrm{e}^{-\varepsilon t}\qquad\forall t\in[0,\infty),f\in L^2(\pi)\tag{13.1.3}$$

其中，$\pi(f)=\sum_{i\in E}\pi_i f_i$.

定义 13.1.3　我们称满足式 (13.1.3) 的最大 ε 为 $\boldsymbol{P}(t)$ 的 L^2 - 指数收敛速度，并记为 $\varepsilon_{\max}$.

如果能估计出 $\varepsilon_{\max}$，则易知对任意 $j\in E$，有

$$\sum_{i\in E}\pi_i(P_{ij}(t)-\pi_j)^2\leqslant C\cdot\mathrm{e}^{-2\varepsilon_{\max}t}$$

其中，$C=\sum_{i\in E}\pi_i(\delta_{ij}-\pi_j)^2$.

然而，直接估计 $\varepsilon_{\max}$ 的值却是很不方便的，为此我们引入

$$D_t(f,f)=\left(\frac{f-P(t)f}{t},f\right)$$

其中 $(f,g)=\pi(f,g)=\sum_{j\in E}\pi_j f_j g_j$.

根据陈木法[1]6.7，可知对任意 $f\in L^2(\pi)$，当

$t\downarrow 0$ 时,$D_t(f,f)$ 是单调上升的,因此我们可以定义

$$D(f,f)=\lim_{t\downarrow 0}D_t(f,f)$$

其定义域 $\mathscr{D}(D)=\{f\in L^2(\pi);D(f,f)<\infty\}$. 对 f, $g\in\mathscr{D}(D)$,定义

$$D(f,g)=\frac{1}{4}(D(f+g,f+g)-D(f-g,f-g))$$

则容易验证:

引理 13.1.1 $(D,\mathscr{D}(D))$ 具有如下性质:

(ⅰ)$\mathscr{D}(D)$ 在 $L^2(\pi)$ 中稠密.

(ⅱ)$D(\cdot,\cdot)$ 在 $\mathscr{D}(D)\times\mathscr{D}(D)$ 上是对称、非负定的.

(ⅲ)$D(\cdot,\cdot)$ 是闭的,即 $\mathscr{D}(D)$ 关于范数

$$D_1(f,f)=D(f,f)+\|f\|^2$$

是完备的.

(ⅳ)设 $f\in\mathscr{D}(D)$,$g\in L^2(\pi)$ 满足

$$|g_i-g_j|\leqslant|f_i-f_j|,\ |g_i|\leqslant|f_i|;i,j\in E$$

则 $g\in\mathscr{D}(D)$ 且 $D(g,g)\leqslant D(f,f)$.

定义 13.1.4 我们称 $(D,\mathscr{D}(D))$ 为一个 Dirichlet 型,如果它满足引理 13.1.1 中的性质(ⅰ)~(ⅳ).

定义 13.1.5 称

$$\text{gap}(D)=\inf\{D(f,f):\pi(f)=0,\|f\|=1\} \tag{13.1.4}$$

为型 D 的谱隙.

另一方面,由于正则不可约 $\boldsymbol{Q}$ - 矩阵 $\boldsymbol{Q}=(q_{ij};i,j\in E)$ 是可逆 $\boldsymbol{Q}$ 过程 $\boldsymbol{P}(t)$ 的无穷小生成元,显然向量 $\mathbf{1}$ 是 $\boldsymbol{Q}$ 对应于特征值 0 的一个特征向量. 因此,我们可

以考虑 $-\boldsymbol{Q}$ 的最小正特征值. 为此,我们引入

定义 13.1.6　设 $\boldsymbol{Q}$ 为可配称正则不可约 $\boldsymbol{Q}$ - 矩阵,我们称

$$\mathrm{gap}(Q) = \inf\{-(Qf,f);f\in\mathscr{D}(Q),\pi(f)=0,\|f\|=1\} \tag{13.1.5}$$

为 $\boldsymbol{Q}$ 的第一特征值,其中 $\mathscr{D}(\boldsymbol{Q})$ 表示 $\boldsymbol{Q}$ 的定义域.

如果 E 是有限集合,即 $\boldsymbol{P}(t)$ 是有限状态的可逆 $\boldsymbol{Q}$ 过程,则不难证明 $\mathrm{gap}(\boldsymbol{Q})$ 就是 $-\boldsymbol{Q}$ 的最小正特征值.

13.2　可逆 Q 过程的谱隙

设 $\boldsymbol{P}(t)=(p_{ij}(t);i,j\in E)$ 是可逆 $\boldsymbol{Q}$ 过程,具有正则不可约 $\boldsymbol{Q}$ - 矩阵为 $\boldsymbol{Q}=(q_{ij};i,j\in E)$,可逆概率测度为 $\pi=(\pi_i;i\in E)$,由侯振挺等[1] 定理 10.1.1 和定理 11.1.1,可知 $\boldsymbol{P}(t)\mathbf{1}=\mathbf{1}$. 令

$$\sigma(t) = -\sup\{\log\|\boldsymbol{P}(t)f\|:\pi(f)=0,\|f\|=1\}$$

由 $\boldsymbol{P}(t)$ 的压缩性及半群性,可知

$$\|P(t+s)f\| \leqslant \mathrm{e}^{-\sigma(t)}\|P(s)f\| \leqslant \mathrm{e}^{-\sigma(t)-\sigma(s)}\|f\|$$

从而 $\sigma(\cdot)$ 具有半可加性质:$\sigma(t+s)\leqslant\sigma(t)+\sigma(s)$. 且 $\sigma(0)=0$,因此,极限

$$\sigma = \lim_{t\downarrow 0}\frac{\sigma(t)}{t} = \inf_{t>0}\frac{\sigma(t)}{t} \tag{13.2.1}$$

存在且有限.

本节的主要目的是证明(13.1.4)、(13.1.5) 和(13.2.1) 是密切相关的. 即

定理 13.2.1　$\sigma=\mathrm{gap}(D)=\mathrm{gap}(Q)$.

证明 设$f\in\mathscr{D}(Q)$,由于$\pi(\cdot)$是$\boldsymbol{P}(t)$的平稳分布,因此

$$\lim_{t\downarrow 0}\frac{1}{t}(f-\boldsymbol{P}(t)f,f)=\lim_{t\downarrow 0}\frac{1}{t}[(f,f)-(\boldsymbol{P}(t)f,f)]$$

$$=\lim_{t\downarrow 0}\frac{1}{t}[(f^2,\boldsymbol{P}(t)1)-(f,\boldsymbol{P}(t)f)]$$

$$=\lim_{t\downarrow 0}\frac{1}{2t}[(f^2,\boldsymbol{P}(t)1)+(\boldsymbol{P}(t)f^2,1)-2(f,\boldsymbol{P}(t)f)]$$

$$=\lim_{t\downarrow 0}\frac{1}{2t}\sum_{i\in E}\pi_i\sum_{j\in E}p_{ij}(t)(f_j-f_i)^2$$

存在,所以$D(f,f)=(-\boldsymbol{Q}f,f)$,由此可知$\text{gap}(D)\leqslant\text{gap}(\boldsymbol{Q})$. 其次,$\forall f\in\mathscr{D}(\boldsymbol{Q}),\pi(f)=0,\ \|f\|=1$,由于

$$\frac{\mathrm{d}}{\mathrm{d}t}\|\boldsymbol{P}(t)f\|^2=2(\boldsymbol{P}(t)f,\boldsymbol{QP}(t)f)$$

$$\leqslant -2\text{gap}(\boldsymbol{Q})\|\boldsymbol{P}(t)f\|^2$$

以及$\mathscr{D}(\boldsymbol{Q})$在$L^2(\pi)$中稠密,可知$\sigma\geqslant\text{gap}(\boldsymbol{Q})$.

最后,设$f\in\mathscr{D}(\boldsymbol{Q}),\pi(f)=0,\ \|f\|=1$,则

$$D(f,f)=\lim_{t\downarrow 0}\frac{1}{t}(f-\boldsymbol{P}(t)f,f)$$

$$=\lim_{t\downarrow 0}\frac{1}{t}[1-(\boldsymbol{P}(t)f,f)]$$

$$=\lim_{t\downarrow 0}\frac{1}{t}[1-\sum_{i\in E}\pi_if_i\boldsymbol{P}(t)f_i]$$

$$\geqslant\lim_{t\downarrow 0}\frac{1}{t}[1-(\sum_{i\in E}\pi_if_i^2)^{\frac{1}{2}}(\sum_{i\in E}\pi_i(\boldsymbol{P}(t)f_i)^2)^{1/2}]$$

$$\geqslant\lim_{t\downarrow 0}\frac{1}{t}[1-\mathrm{e}^{-\sigma(t)}]$$

$$\geqslant\lim_{t\downarrow 0}\frac{1}{t}(1-\mathrm{e}^{-\sigma t})=\sigma$$

因此 $\mathrm{gap}(D) \geqslant \sigma$. 定理证毕.

如果 $\boldsymbol{P}(t)$ 是非对称的,我们可以按如下方式化为对称情形来处理,设 $(D(f,g);f,g \in \mathscr{D}(D))$ 是广义 Dirichlet 型(详见 J. H. Kim(1987)),半群 $\{\boldsymbol{P}(t)\}_{t\geqslant 0}$ 对应于 D 且具有不变概率测度 $\pi = (\pi_i;i \in E)$,显然,根据定理 13. 2. 1,我们有

$$\sigma = \inf\{D(f,f):f \in \mathscr{D}(D),\pi(f) = 0,\ \|f\| = 1\}$$

现在,我们定义 D 的对偶如下

$$\hat{D}(f,g) = D(g,f),\quad f,g \in \mathscr{D}(\hat{D}) = \mathscr{D}(D)$$

并令

$$\overline{D}(f,g) = \frac{1}{2}(D(f,g) + \hat{D}(f,g)),\quad \mathscr{D}(\overline{D}) = \mathscr{D}(D)$$

则 $\overline{D}$ 是一个 Dirichlet 型,且相应地

$$\overline{\sigma} = \inf\{\overline{D}(f,f):\pi(f) = 0,\ \|f\| = 1\}$$

但是

$$\overline{D}(f,f) = \frac{1}{2}(D(f,f) + \hat{D}(f,f)) = D(f,f)$$

$$f \in \mathscr{D}(\overline{D}) = \mathscr{D}(D)$$

因此我们得到

推论 13. 2. 1　$\sigma = \overline{\sigma}$.

设 $\boldsymbol{P}(t) = (p_{ij}(t);i,j \in E)$ 为 $\boldsymbol{Q}$ 过程,且具有平稳分布 $\pi = (\pi_i;i \in E)$. 由陈木法[1] Lemma 6. 43 知

$$P(t)f = \sum_{j\in E} p_{ij}(t)f_j,\quad f \in {}_bE$$

可以唯一扩张为 $L^2(\pi)$ 上的非负定、强连续压缩半群. 其次,对 $\boldsymbol{Q}$ - 矩阵 $\boldsymbol{Q} = (q_{ij})$,我们定义

$$\pi_q(i,j) = \pi_i q_{ij}$$

$$D^*(f) = \frac{1}{2}\sum_{i,j}\pi_q(i,j)(f_j - f_i)^2$$

$$\mathscr{D}(D^*) = \{f \in L^2(\pi): D^*(f) < \infty\} \quad (13.2.2)$$

此处 π_q 可以不是对称的. 再令

$$\mathscr{K} = \{f \in L^\infty(\pi): \sup p(f) \text{ 紧}\}$$

$$\mathscr{K}_L = \{g: = cf + d: f \in \mathscr{K}, c, d \in R\}$$

引理 13.2.1 (ⅰ) $\mathscr{K}_L \subset \mathscr{D}(D)$.

(ⅱ) $\mathrm{gap}(D) \leqslant \frac{1}{2}\inf\{k(K): 0 < \pi(K) < 1, K$ 紧集$\}$,其中

$$k(K) = \frac{\pi_q(K \times K^c + K^c \times K)}{\pi(K)\pi(K^c)}$$

证明 (ⅰ) 是显然的.

(ⅱ) 设 K 为紧集, $0 < \pi(K) < 1$, 令 $f = cI_K + d$ 选择 c, d 使 $\pi(f) = 0$, $\|f\| = 1$, 计算 $D^*(f)$ 并注意 $D(f,f) = D^*(f)$ 即得结论.

定义 13.2.1 $\mathscr{D}(D^*)$ 的子集合 $\mathscr{E}$ 称为 D^* 的核, 若 $\mathscr{E}$ 关于范数 $D_1^*(f) = D^*(f) + \|f\|^2$ 在 $\mathscr{D}(D^*)$ 中稠密.

引理 13.2.2 若 $\sum_{i \in E}\pi_i q_i < \infty$, 则 $\mathscr{K}_L$ 是 D^* 的一个核.

证明 只需证明 $\mathscr{K}$ 是 D^* 的核即可. 设 $f \in \mathscr{D}(D^*)$, 选择序列 $E_n \uparrow E$, 令 $f_n = fI_{E_n}$, 则

$$D^*(f_n - f) = \frac{1}{2}\sum_{i,j}\pi_q(i,j)(f_n(j) - f(j) - f_n(i) + f(i))^2$$

$$\leqslant \sum_{i \in E}\sum_{j \in E\setminus\{i\}}\pi_i q_{ij}[f(j) - f_n(j))^2 + (f(i) - f_n(i))^2]$$

$$= \sum_{i\in E}\sum_{j\in E_n^c\setminus\{i\}} \pi_i q_{ij} f(j)^2 + \sum_{i\in E_n^c}\sum_{j\in E\setminus\{i\}} \pi_i q_{ij} f(i)^2 \to 0 (n\to\infty)$$

其次

$$\begin{aligned}\|f - f_n\|^2 &= \sum_{i\in E}\pi_i (f(i) - f_n(i))^2 \\ &= \sum_{i\in E_n^c}\pi_i f(i)^2 \to 0 \quad (n\to\infty)\end{aligned}$$

所以引理得证.

定理 13.2.2　若 $\mathscr{K}$ 是 D^* 的核,则

$$\begin{aligned}\mathrm{gap}(D) &= \inf\{D^*(f): \pi(f) = 0 \text{ 且 } \|f\| = 1\} \\ &= \inf\{D^*(f): f \in \mathscr{K}_L, \pi(f) = 0, \|f\| = 1\}\end{aligned}$$

证明　不失一般性,可令 $f \in \mathscr{D}(D^*)$. 注意由 $D^*(f_n - f) \to 0$ 可知 $D^* f_n$ 有界. 另一方面,根据 Schwarz 不等式,

$$|D^*(f_n) - D^*(f)| \leqslant \{2D^*(f_n - f)(D^*(f_n) + D^*(f))\}^{1/2} \to 0 \quad (n\to\infty)$$

因此 $D^*(f_n) \to D^*(f) (n\to\infty)$. 从而由定理 13.2.1 及引理 13.2.1 的证明便得结论.

设 $\boldsymbol{Q} = (q_{ij}; i,j \in E)$ 为正则不可约 $\boldsymbol{Q}$ - 矩阵,并假设 $\boldsymbol{Q}$ 过程 $(p_{ij}(t))$ 具有平稳分布 $\pi = (\pi_j)$. 定义

$$\hat{q}_{ij} = \pi_j q_{ji} / \pi_i, \bar{q}_{ij} = \frac{1}{2}(q_{ij} + \hat{q}_{ij}), i,j \in E$$

容易验证 $(\hat{q}_{ij})$ 和 $(\bar{q}_{ij})$ 均为保守 $\boldsymbol{Q}$ - 矩阵且具有平稳分布 (π_j). 其次,根据陈木法[1]Theorem 4.69, $\boldsymbol{Q}$ - 矩阵 $(\hat{q}_{ij})$ 正则,而且, $(\bar{q}_{ij})$ 关于 (π_j) 是可逆 $\boldsymbol{Q}$ - 矩阵,其对应的最小 $\boldsymbol{Q}$ 过程也关于 (π_j) 可逆.

定理 13.2.3 设 $\boldsymbol{Q}=(q_{ij};i,j\in E)$ 为正则不可约 $\boldsymbol{Q}$ - 矩阵，并假定 $\boldsymbol{Q}$ 过程 $(p_{ij}(t))$ 具有平稳分布 $\pi=(\pi_j)$，且如上定义的 $\boldsymbol{Q}$ - 矩阵 $(\overline{q}_{ij})$ 正则，则

$$
\begin{aligned}
\text{gap}(D) &= \frac{1}{2}\inf\{\sum_{i,j}\pi_i q_{ij}(f_j-f_i)^2;\pi(f)=0,\|f\|=1\} \\
&= \frac{1}{2}\inf\{\sum_{i,j}\pi_i q_{ij}(f_j-f_i)^2;f\in\mathscr{K}_L,\pi(f)=0, \\
&\qquad \|f\|=1\}
\end{aligned}
$$

证明 由定理 13.2.2，我们只需证明 $\mathscr{K}$ 是 D^* 的核即可，根据陈木法[1] Corollary 6.62，可知 $(\overline{q}_{ij})$ 正则的充分必要条件为 $\mathscr{K}$ 是 $\overline{D}$ 的核，而

$$
\begin{aligned}
\overline{D}(f,f) &= \frac{1}{2}\sum_{i,j}\pi_i\overline{q}_{ij}(f_j-f_i)^2 \\
&= \frac{1}{4}\sum_{i,j}\pi_i(q_{ij}+\hat{q}_{ij})(f_j-f_i)^2 \\
&= \frac{1}{2}\sum_{i,j}\pi_i q_{ij}(f_j-f_i)^2 = D^*(f)
\end{aligned}
$$

由此可见 $\overline{D}$ 与 D^* 具有相同的核.

根据上述定理可以看到，非对称情形通常可以转化为对称情形来处理. 因此，对称情形更为重要且便于处理. 下面我们将证明无界情形可以进一步转化为有界情形.

定理 13.2.4 设 $E=\mathbf{Z}_+$，$\boldsymbol{Q}=(q_{ij})$ 为正则不可约 $\boldsymbol{Q}$ - 矩阵，且关于 (π_i) 可逆，令

$$\hat{Q}_{n+1} = \begin{pmatrix} -q_0 & q_{01} & \cdots & q_{0n} & \sum_{j>n} q_{0j} \\ q_{10} & -q_1 & \cdots & q_{1n} & \sum_{j>n} q_{1j} \\ \vdots & \vdots & & \vdots & \vdots \\ q_{n0} & q_{n1} & \cdots & -q_n & \sum_{j>n} q_{nj} \\ \hat{q}_{n+1,0} & \hat{q}_{n+1,1} & \cdots & \hat{q}_{n+1,n} & -\hat{q}_{n+1} \end{pmatrix}$$

其中 $\hat{q}_{n+1,j} = \pi_j \sum_{k>n} q_{jk} / \sum_{k>n} \pi_k, j = 0,1,\cdots,n, \hat{q}_{n+1} = \sum_{j=0}^{n} \hat{q}_{n+1,j}$,则 $\text{gap}(\hat{D}_{n+1}) \downarrow \text{gap}(D)(n \to \infty)$.

证明　根据正则性条件和陈木法[1]Corollary 6.62,可知其唯一对应的 Dirichlet 型以 $\mathscr{K}$ 为其核. 取有限集列 $E_n = \{0,1,\cdots,n\} \uparrow E$,并设

$$\pi(E_n^c) > 0, n \geqslant 1 \tag{13.2.3}$$

视 $\Delta_n = E_n^c$ 为单点并令

$$\hat{E}_{n+1} = E_n \cup \{\Delta_n\}$$

$$\hat{q}_{ij}^{(n+1)} = q_{ij} I E_n(j) + \delta(j,\Delta_n) \sum_{k>n} q_{ik}, i \in E_n$$

$$\hat{q}_{\Delta_n,j}^{(n+1)} = \pi_j \sum_{k>n} q_{jk} / \sum_{k>n} \pi_k, \quad j = 0,1,\cdots,n$$

$$\hat{q}_{\Delta_n}^{(n+1)} = \sum_{j=0}^{n} \hat{q}_{\Delta_n,j}^{(n+1)}$$

则容易验证 $\hat{\boldsymbol{Q}}_{n+1} = (\hat{q}_{ij}^{(n+1)})$ 是定义在 $\hat{E}_{n+1}$ 上的有界保守正则 $\boldsymbol{Q}$ - 矩阵. 其次我们令

$$\hat{\pi}_{n+1}(f) = \pi(I_{E_n} f) + f(\Delta_n) \pi(E_n^c)$$

则对任意 $i,j \in \hat{E}_{n+1}$,若 $i,j \in E_n$,则由 $\boldsymbol{Q}$ 可逆知

$$\hat{\pi}_{n+1}(i)\hat{q}_{ij}^{(n+1)} = \pi_i q_{ij} = \pi_j q_{ji} = \hat{\pi}_{n+1}(j)\hat{q}_{ji}^{(n+1)}$$

若 $i \in E_n, j = \Delta_n$,则

$$\begin{aligned}\hat{\pi}_{n+1}(i)\hat{q}_{ij}^{(n+1)} &= \pi_i \sum_{k>n} q_{ik} \\ &= \hat{q}_{ji}^{(n+1)} \sum_{k>n} \pi_k = \hat{\pi}_{n+1}(j)\hat{q}_{ji}^{(n+1)}\end{aligned}$$

若 $i = \Delta_n, j \in E_n$ 或 $i = j = \Delta_n$,类似可得 $\hat{\pi}_{n+1}(i)\hat{q}_{ij}^{(n+1)} = \hat{\pi}_{n+1}(j)\hat{q}_{ji}^{(n+1)}$,因此 $\hat{Q}_{N+1}$ 关于 $\hat{\pi}_{n+1}$ 可逆.

其次,设 $f \in \mathscr{K}_L$,不失一般性,可设 f 在 E_n^c 上为常数(对某个 n),则

$$\begin{aligned}2D(f,f) &= \sum_{i,j} \pi_q(i,j)(f_j - f_i)^2 \\ &= \sum_{i\in E_n} \pi_i \sum_{j\in E_n} q_{ij}(f_j - f_i)^2 + 2\sum_{i\in E_n} \pi_i \sum_{j\in E_n^c} q_{ij}(c - f_i)^2 \\ &= \sum_{i\in E_n} \hat{\pi}_{n+1}(i) \sum_{j\in E_n} \hat{q}_{ij}^{(n+1)}(f_j - f_i)^2 + \\ &\quad 2\sum_{i\in E_n} \hat{\pi}_{n+1}(i)\hat{q}_{i,\Delta_n}^{(n+1)}(c - f_i)^2 \\ &= \sum_{i,j} \hat{\pi}_{n+1}(i)\hat{q}_{ij}^{(n+1)}(f_j - f_i)^2\end{aligned}$$

根据定理 13. 2. 2,可得

$$\begin{aligned}\text{gap}(D) &= \inf\{D^*(f):\pi(f) = 0, \\ &\quad \|f\| = 1, f\text{ 在某个 } E_n \text{ 外为常数}\} \\ &= \lim_{n\to\infty} \inf\{D^*(f):\pi(f) = 0, \\ &\quad \|f\| = 1, f\text{ 有 } E_n \text{ 外为常数}\} \\ &= \lim_{n\to\infty} \inf\{D^*(f):\hat{\pi}_{n+1}(f) = 0 \\ &\quad \hat{\pi}_{n+1}(f^2) = 1\} = \lim_{n\to\infty}\text{gap}(\hat{D}_{n+1})\end{aligned}$$

13.3　耦合方法

本节我们介绍耦合方法在 $\boldsymbol{Q}$ 过程谱隙估计中的应用. 设 $E=\{0,1,2,\cdots\}$, $\boldsymbol{Q}=(q_{ij})$ 是正则不可约 $\boldsymbol{Q}$－矩阵,且关于分布(π_i)可逆. 基于此,我们引入两个相关的 $\boldsymbol{Q}$－矩阵,首先,令 $\overline{\boldsymbol{Q}}=(\bar{q}_{ij})$ 为关于(π_i)可逆且满足 $q_{ij}\geqslant \bar{q}_{ij}(j<i)$（实际上,由于可逆性可知对任意 i,j 都有 $q_{ij}\geqslant \bar{q}_{ij}$）的 $\boldsymbol{Q}$－矩阵. 其次,设概率分布$(\tilde{\pi}_i)$满足

$$0<\inf_i \frac{\tilde{\pi}_i}{\pi_i}\leqslant \sup_i \frac{\tilde{\pi}_i}{\pi_i}<\infty \qquad (13.3.1)$$

我们接下来定义关于$(\tilde{\pi}_i)$可逆的 $\boldsymbol{Q}$－矩阵:$\tilde{q}_{ij}=\bar{q}_{ij}(i>j)$, $\tilde{q}_{ij}=\tilde{\pi}_j\bar{q}_{ji}/\tilde{\pi}_i(i<j)$. 最后对 $n\geqslant 1$,定义 $E_n=\{0,1,\cdots,n\}$ 上的 $\boldsymbol{Q}$－矩阵 $\hat{\boldsymbol{Q}}_n=(\hat{q}_{ij})$:

$$\tilde{q}_{ij}=\begin{cases}\tilde{q}_{ij}, i,j\leqslant n-1\\ \sum\limits_{k\geqslant n}\tilde{q}_{ik}, i\leqslant n-1, j=n, \hat{q}_{nn}=-\sum\limits_{k=0}^{n-1}\hat{q}_{nk}\\ \tilde{\pi}_j\sum\limits_{k\geqslant n}\hat{q}_{jk}/\sum\limits_{k\geqslant n}\tilde{\pi}_k, i=n, j\leqslant n-1\end{cases} \qquad (13.3.2)$$

显然,$\hat{\boldsymbol{Q}}_n$ 关于分布$(\tilde{\pi}_0,\tilde{\pi}_1,\cdots,\tilde{\pi}_{n-1},\sum\limits_{k\geqslant n}\tilde{\pi}_k)$可逆.

记 $\hat{\boldsymbol{Q}}_n$ 对应的算子为 Ω_n,取耦合算子为

$$\Omega_c^{\text{Coup}} f(i_1,i_2) = \begin{cases} (\Omega_n f(\cdot,i_2))(i_1) + (\Omega_n f(i_1,\cdot))(i_2), i_1 \neq i_2 \\ \Omega_n \bar{f}(i_1), \quad i_1 = i_2 \end{cases}$$

其中$\bar{f} = f(i,i)$,根据陈木法[1]Theorem 5.16,我们不必担心耦合算子的正则性.

定理13.3.1 设$\boldsymbol{Q}$-矩阵$\boldsymbol{Q}$,$\overline{\boldsymbol{Q}}$和$\widetilde{\boldsymbol{Q}}$如上给出,且都是正则的,对每个$n \geqslant 1$,设$\Omega_n^{\text{Coup}}$是$\hat{\boldsymbol{Q}}_n$的耦合算子.

(ⅰ)对每个n,令$\varphi: E_n \times E_n \to [0,\infty)$为不等式

$$\begin{cases} \Omega_n^{\text{Coup}} \varphi(i_1,i_2) + 1 \leqslant 0, i_1 \neq i_2, i_1, i_2 \in E_n \\ \varphi(i,i) = 0, i \in E_n \end{cases} \tag{13.3.3}$$

的解,则

$$\text{gap}(D) \geqslant \left(\inf_i \frac{\pi_i}{\tilde{\pi}_i} \Big/ \sup_i \frac{\pi_i}{\tilde{\pi}_i}\right) \overline{\lim_{n\to\infty}} \left[\max_{i_1 \neq i_2, i_1, i_2 \in E_n} \varphi(i_1,i_2)\right]^{-1}$$

(ⅱ)设ρ是E上的距离. 若对每个n,存在α_n使得

$$\Omega_n^{\text{Coup}} \rho(i_1,i_2) \leqslant -\alpha_n \rho(i_1,i_2), i_1 \neq i_2, i_1, i_2 \in E_n \tag{13.3.4}$$

则

$$\text{gap}(D) \geqslant \left(\inf_i \frac{\pi_i}{\tilde{\pi}_i} \Big/ \sup_i \frac{\pi_i}{\tilde{\pi}_i}\right) \overline{\lim_{n\to\infty}} \alpha_n$$

注意,条件

$$\sum_i \pi_i q_i < \infty \tag{13.3.5}$$

是$\boldsymbol{Q}$-矩阵$\boldsymbol{Q} = (q_{ij})$正则的一个非常便于验证的充分条件. 显然,若(13.3.5)成立,则上述$\boldsymbol{Q}$-矩阵$\overline{\boldsymbol{Q}}$也是正则的. 而且,在(13.3.1)和(13.3.5)的条件下,有

$$\begin{aligned}\sum_i \widetilde{\pi}_i \widetilde{q}_i &= \sum_i \sum_{j\neq i} \widetilde{\pi}_i \widetilde{q}_{ij} = 2\sum_i \sum_{j<i} \widetilde{\pi}_i \widetilde{q}_{ij} \\ &= 2\sum_i \widetilde{\pi}_i \sum_{j<i} \widetilde{q}_{ij} \leqslant 2\sum_i \widetilde{\pi}_i \sum_{j<i} \widetilde{q}_{ij} \\ &\leqslant 2\left(\sup_k \frac{\widetilde{\pi}_k}{\pi_k}\right)\sum_i \pi_i \sum_{j<i} q_{ij} \\ &= \left(\sup_k \frac{\widetilde{\pi}_k}{\pi_k}\right)\sum_i \pi_i q_i < \infty\end{aligned}$$

即 $\boldsymbol{Q}$ - 矩阵 $\widetilde{\boldsymbol{Q}}$ 也正则.

定理 13.3.1 的证明　(ⅰ) 由于 $\overline{D}(f,f) = \frac{1}{2}\sum_{i,j}\pi_i \widetilde{q}_{ij}(f_j - f_i)^2 \leqslant \frac{1}{2}\sum_{i,j}\pi_i q_{ij}(f_j - f_i)^2 = D(f,f)$，所以 $\text{gap}(\overline{D}) \leqslant \text{gap}(D)$.

(ⅱ) 注意 $\sum_i \pi_i (f_i - \pi(f))^2 = \inf_{t\in R}\sum_i \pi_i (f_i - t)^2$，我们有

$$\begin{aligned}\text{gap}(\overline{D}) &= \inf_{f\in L^2(\pi)} \frac{\sum_{i>j}\pi_i \overline{q}_{ij}(f_j - f_i)^2}{\inf_{t\in R}\sum_i \pi_i (f_i - t)^2} \\ &= \inf_{f\in L^2(\pi)} \frac{\sum_{i>j}\pi_i \widetilde{q}_{ij}(f_j - f_i)^2}{\inf_{t\in R}\sum_i \pi_i (f_i - t)^2} \\ &\geqslant \frac{\inf_k \pi_k/\widetilde{\pi}_k}{\sup_k \pi_k/\pi_k} \inf_{f\in L^2(\pi)} \frac{\sum_{i>j}\widetilde{\pi}_i \widetilde{q}_{ij}(f_j - f_i)^2}{\inf_{t\in R}\sum_i \widetilde{\pi}_i (f_i - t)^2} \\ &= \frac{\inf_k \pi_k/\widetilde{\pi}_k}{\sup_k \pi_k/\pi_k}\text{gap}\ \widetilde{D}\end{aligned}$$

以上最后一步利用了 $L^2(\widetilde{\pi}) = L^2(\pi)$(因为 $\widetilde{\pi}$ 与 π 等价).

(ⅲ) 其次, 由定理 13.2.4 知 $\mathrm{gap}(\hat{D}_n) \downarrow \mathrm{gap}(\widetilde{D})$ $(n \to \infty)$. 因此,只需证明

$$\mathrm{gap}(\hat{D}_n) \geqslant [\max_{i_1 \neq i_2, i_1, i_2 \in E_n} \varphi(i_1, i_2)]^{-1} \quad (13.3.6)$$

和

$$\mathrm{gap}(\hat{D}_n) \geqslant \alpha_n \quad (13.3.7)$$

记 $\hat{\boldsymbol{Q}}_n$ 的耦合过程为 (X_t^1, X_t^2), $T = \{t \geqslant 0; X_t^1 = X_t^2\}$ 为耦合时间,则由(13.3.3) 和(13.3.4) 可知

$$E^{i_1,i_2} T \leqslant \varphi(i_1, i_2), i_1 \neq i_2 \quad (13.3.8)$$

或

$$E^{i_1,i_2} \rho(X_t^1, X_t^2) \leqslant \rho(i_1, i_2) \mathrm{e}^{-\alpha_n t}, t \geqslant 0, i_1 \neq i_2 \quad (13.3.9)$$

记 $\lambda_1 = \mathrm{gap}(\hat{D}_{n+1})$,设 $\boldsymbol{u}$ 是 $-\hat{\boldsymbol{Q}}_{n+1}$ 相应于 λ_1 的特征向量.

若(13.3.8) 成立, 不失一般性, 可设 $u(i_0) - u(j_0) = \sup_{i,j \in E_n} |u(i) - u(j)| = 1$. 由鞅性质知

$$|u(i_1) - u(i_2)| \leqslant E^{i_1,i_2} |u(X_{t \wedge T}^1) - u(X_{t \wedge T}^2)| + \lambda_1 E^{i_1,i_2} \int_0^{t \wedge T} |u(X_s^1) - u(X_s^2)| \mathrm{d}s$$

令 $t \uparrow \infty$ 得

$$|u(i_1) - u(i_2)| \leqslant \lambda_1 E^{i_1,i_2} T \leqslant \lambda_1 \varphi(i_1, i_2) \leqslant \lambda_1 \max_{j_1 \neq j_2, j_1, j_2 \in E_n} \varphi(j_1, j_2)$$

取 $i_1 = i_0, i_2 = j_0$ 便得定理 13.3.1 的(ⅰ).

若(13.3.9)成立,不妨设 $\boldsymbol{u}$ 关于 ρ 的 Lipschitz 常数为 1,则同样有

$$\begin{aligned}|u(i_1)-u(i_2)| &\leqslant E^{i_1,i_2}|u(X_t^1)-u(X_t^2)|+\\ &\quad \lambda_1\int_0^t E^{i_1,i_2}[|u(X_s^1)-u(X_s^2)|]\mathrm{d}s\\ &\leqslant E^{i_1,i_2}\rho(X_t^1,X_t^2)+\lambda_1\int_0^t E^{i_1,i_2}\rho(X_s^1,X_s^2)\mathrm{d}s\\ &\leqslant \rho(i_1,i_2)\mathrm{e}^{-\alpha_n t}+\lambda_1\rho(i_1,i_2)\int_0^t \mathrm{e}^{-\alpha_n s}\mathrm{d}s\end{aligned}$$

由于 $\boldsymbol{u}$ 定义在有限集 E_n 上,我们可以选取 $i_1\neq i_2,i_1,i_2\in E_n$ 使得 $|u(i_1)-u(i_2)|=\rho(i_1,i_2)$,再在上式中令 $t\uparrow\infty$,使得 $\lambda_1\geqslant\alpha_n$. 从而定理得证.

值得指出的是,我们可以考虑 $\widetilde{\boldsymbol{Q}}$ 在 E_n 上的限制:

$$\begin{aligned}q_{ij}^{(n)}&=\tilde{q}_{ij},i\neq j,i,j\in E_n\\ q_{ii}^{(n)}&=-\sum_{j\neq i,j\in E_n}q_{ij}^{(n)},i\in E_n\\ \pi_i^{(n)}&=\pi_i/\sum_{k\leqslant n}\pi_k,i\in E_n\end{aligned}\qquad(13.3.10)$$

一般情况下,$\boldsymbol{Q}$-矩阵 $\boldsymbol{Q}^{(n)}=(q_{ij}^{(n)})$ 可能是可约的. 然而 $\boldsymbol{Q}^{(n)}$ 的优点是如果(13.3.4)对 $\widetilde{\boldsymbol{Q}}$ 过程的耦合关于 $\alpha_n\equiv\alpha$ 成立,则对 $\boldsymbol{Q}^{(n)}$ 过程的耦合,(13.3.4)自动成立.

推论 13.3.1　若将 $\hat{\boldsymbol{Q}}_n$ 换成 $\boldsymbol{Q}^{(n)}$,则定理 13.3.1 仍然成立.

证明　为简单起见,我们在证明过程中省略 $\widetilde{\boldsymbol{Q}}=(\tilde{q}_{ij})$ 中符号"~". 由于 $\boldsymbol{Q}=(q_{ij})$ 正则,根据定理 13.2.3,可以选取函数 f 使得在 E_m 外 $f=c$,且 $\pi(f)=$

$0,\pi(f^2)=1,D(f,f)\leqslant \text{gap}(D)+\varepsilon$,则当 $n>m$ 时,

$$\pi^{(n)}(f)=-c\sum_{i>n}\pi_i/\sum_{j\leqslant n}\pi_j$$

$$\pi^{(n)}(f^2)=(1-c^2\sum_{i>n}\pi_i)/\sum_{j\leqslant n}\pi_j$$

因此

$$\pi^{(n)}(f^2)-\pi^{(n)}(f)^2=[\sum_{j\leqslant n}\pi_j-c^2\sum_{i>n}\pi_i]/(\sum_{j\leqslant n}\pi_j)^2$$

所以

$$\frac{1}{2}\sum_{i,j\leqslant n}\pi_i^{(n)}q_{ij}^{(n)}(f_j-f_i)^2/[\pi^{(n)}(f^2)-\pi^{(n)}(f)^2]$$

$$=\frac{1}{2}\sum_{i,j\leqslant n}\pi_iq_{ij}(f_j-f_i)^2/[(\sum_{k\leqslant n}\pi_k)(\pi^{(n)}(f^2)-\pi^{(n)}(f)^2)]$$

$$\leqslant(\text{gap}(D)+\varepsilon)/[(1-c^2\sum_{i>n}\pi_i)/\sum_{j\leqslant n}\pi_j]$$

故 $\overline{\lim_{n\to\infty}}\text{gap}(D_n)\leqslant\text{gap}(D)+\varepsilon$;再由 ε 的任意性得 $\overline{\lim_{n\to\infty}}\text{gap}(D_n)\leqslant\text{gap}(D)$.

13.4 生灭过程的谱隙

在这一节里,我们主要讨论生灭过程的谱隙估计问题. 显然,我们只需考虑 Q 过程可逆的情形.

设 $E=\{0,1,2,\cdots\}$,$a_i>0(i>0)$,$b_i>0(i\geqslant 0)$,$\boldsymbol{Q}=(q_{ij})$ 为生灭 $\boldsymbol{Q}$ - 矩阵:$q_{ij}=0(|i-j|>1)$,$q_{i,i+1}=b_i(i\geqslant 0)$,$q_{i,i-1}=a_i(i>0)$,$q_{i,i}=-(a_i+b_i)(i\geqslant 0,a_0=0)$,即

$$Q = \begin{pmatrix} -b_0 & b_0 & & \\ a_1 & -(a_1+b_1) & b_1 & 0 \\ & a_2 & -(a_2+b_2) & b_2 \\ 0 & \ddots & \ddots & \ddots \end{pmatrix} \tag{13.4.1}$$

定义

$$Z_0 = 0, Z_1 = \frac{1}{b_0}, Z_n = Z_{n-1} + \frac{a_1 a_2 \cdots a_{n-1}}{b_0 b_1 \cdots b_{n-1}}$$

$$Z = \lim_{n\to\infty} Z_n \tag{13.4.2}$$

$$\mu_0 = 1, \mu_1 = \frac{b_0}{a_1}, \mu_n = \frac{b_0 b_1 \cdots b_{n-1}}{a_1 a_2 \cdots a_n}$$

$$\mu = \sum_n \mu_n \tag{13.4.3}$$

$$R = \sum_{j=0}^{\infty} (Z - Z_j)\mu_j \tag{13.4.4}$$

$$S = \sum_{j=1}^{\infty} Z_j \mu_j \tag{13.4.5}$$

假定 $R < \infty$，即生灭 $\boldsymbol{Q}$－矩阵正则. 周知，此时生灭过程正常返的充分必要条件为

$$\mu \triangleq 1 + \sum_{n=1}^{\infty} \mu_n < \infty \tag{13.4.6}$$

而且平稳分布由$(\pi_i = \mu_i/\mu)$给出.

记 $\mathscr{V}$ 为所有正序列$(v_i : i \geqslant 0)$的全体，并定义

$$\begin{aligned} R_i(v) &= a_{i+1} + b_i - a_i/v_{i-1} - b_{i+1}v_i \\ &= \Delta a(i) - \Delta b(i) + a_i(1 - v_{i-1}^{-1}) + \\ &\quad b_{i+1}(1 - v_i) \\ a_0 &= 0, v_{-1} = 1, i \geqslant 0 \end{aligned} \tag{13.4.7}$$

其中 $\Delta a(i) = a_{i+1} - a_i$. 其次,令 $\mathscr{W} \subset L^1(\pi)$ 为满足 $\sum_{i\geqslant 1}\mu_i\omega_i > 0$ 的严格增序列的全体,定义

$$I_i(\omega) = b_i\mu_i(\omega_{i+1} - \omega_i)/\sum_{j=i+1}^{\infty}\mu_j\omega_j, i \geqslant 1 \quad (13.4.8)$$

$$I_0(\omega) = b_0(1 + \omega_1/\sum_{j=1}^{\infty}\mu_j\omega_j) \quad (13.4.9)$$

我们有

定理 13.4.1 对生灭过程,有

$$\text{gap}(D) = \sup_{v\in\mathscr{V}}\inf_{i\geqslant 0} R_i(v) \quad (13.4.10)$$

$$\text{gap}(D) = \sup_{\omega\in\mathscr{W}}\inf_{i\geqslant 0} I_i(\omega) \quad (13.4.11)$$

且上确界均可达到.

为了证明定理 13.4.1,我们需要做些准备.

引理 13.4.1 (ⅰ) 给定 $\omega \in \mathscr{W}$, 令 $u_i = \frac{1}{b_i\mu_i}\sum_{j=i+1}^{\infty}\mu_j\omega_j, i \geqslant 0$. 则 $R_i(u) = I_i(\omega), \forall i \geqslant 0$;

(ⅱ) 给定正序列$(u_i : i \geqslant 0)$ 使得$\inf_{i\geqslant 0} R_i(u) > 0$, 令 $\omega_i = a_i u_{i-1} - b_i u_i + c/(\mu - \mu_0), \forall i \geqslant 1$,其中 $c = \lim_{n\to\infty} b_n\mu_n u_n < \infty$. 则 $\omega_{i+1} > \omega_i (i \geqslant 1), \omega \in L^1(\pi)$, $\sum_{i\geqslant 1}\mu_i\omega_i > 0$ 且 $I_i(\omega) \geqslant R_i(\omega), \forall i \geqslant 0$.

证明 (ⅰ) 由(u_i)的定义知$b_{i-1}\mu_{i-1}u_{i-1} - b_i\mu_i u_i = \mu_i\omega_i$. 由于 $b_{i-1}\mu_{i-1} = a_i\mu_i$,得

$$a_i u_{i-1} - b_i u_i = \omega_i, \quad i \geqslant 1 \quad (13.4.12)$$

且 $R_i(u) = (\omega_{i+1} - \omega_i)/u_i = I_i(\omega) (i \geqslant 1)$. 另一方面,由(13.4.12) 可得

$$R_0(u) = a_1 + b_0 - b_1 u_1/u_0$$

$$= b_0 + (a_1u_0 - b_1u_1)/u_0$$
$$= b_0 + \omega_1/u_0 = I_0(\omega)$$

因此(i)得证.

(ii)我们先证明极限$\lim\limits_{n\to\infty} b_n\mu_n u_n$的存在性. 为此，暂时令$\omega_i = a_iu_{i-1} - b_iu_i + b_1u_1 (i \geqslant 1)$,注意到

$$(\omega_{i+1} - \omega_i)/u_i = (a_{i+1}u_i - b_{i+1}u_{i+1} - a_iu_{i-1} + b_iu_i)/u_i$$
$$= R_i(u) > 0, \quad i \geqslant 1 \qquad (13.4.13)$$

可知 $\omega_i \uparrow$. 另一方面, 由 $\mu_1\omega_1 = a_1\mu_1u_0 - b_1\mu_1u_1 + b_1\mu_1u_1 = a_1\mu_1u_0 > 0$ 可知 $\omega_1 > 0$,从而 $\omega_i > 0 (i \geqslant 1)$. 因此

$$0 < \sum_{j=1}^{\infty}\mu_j\omega_j = \sum_{j=1}^{n}(b_{j-1}\mu_{j-1}u_{j-1} - b_j\mu_ju_j) + b_1u_1\sum_{j=1}^{n}\mu_j$$
$$= b_0\mu_0u_0 - b_n\mu_0u_0 + b_1u_1\sum_{j=1}^{n}\mu_j$$

由于左边关于 n 递增,所以 $b_n\mu_nu_n$ 存在有限极限 $c \geqslant 0$.

其次,重新定义 $\omega_i = a_iu_{i-1} - b_iu_i + c/(\mu - \mu_0)$, $i \geqslant 1$. 则(13.4.13)仍然成立. 而且

$$\sum_{j\geqslant i+1}\mu_j\omega_j = b_i\mu_iu_i - \frac{c}{\mu - \mu_0}\sum_{1\leqslant j\leqslant i}\mu_j \leqslant b_i\mu_iu_i, i \geqslant 0 \qquad (13.4.14)$$

即 $\omega \in L^1(\pi)$ 且 $\sum_{i\geqslant 1}\mu_i\omega_i > 0$. 再由(13.4.13)和(13.4.14)可知

$$I_i(\omega) \geqslant b_i\mu_iR_i(u)u_i/\sum_{j\geqslant i+1}\mu_j\omega_j \geqslant R_i(u), i \geqslant 1$$

及

$$I_0(\omega) = b_0\Big[1 + \omega_1/\sum_{j\geqslant 1}\mu_j\omega_j\Big] = (b_0u_0 + \omega_1)/u_0$$

$$= \frac{b_0 u_0 + a_1 u_0 - b_1 u_1 + c/(\mu - \mu_0)}{u_0}$$

$$\geqslant a_1 + b_0 - b_1 u_1 / u_0 = R_0(u)$$

故 $I_i(\omega) \geqslant R_i(u) \quad (i \geqslant 0)$.

引理13.4.2 设$(m_i : i \geqslant 1)$和$(n_i : i \geqslant 1)$为非负序列.

(ⅰ)若$\sum_{j \geqslant i} m_j n_j \leqslant c_1 m_i$且$\sum_{j \geqslant i} m_j \leqslant c_2 m_i (i \geqslant 1)$,则

$$\sum_{j \geqslant i} \gamma^{-j} m_j n_j \leqslant \frac{c_1}{1 - c_2(1 - \gamma)} \gamma^{-(i-1)} m_i, i \geqslant 1$$

其中,$\frac{c_2 - 1}{c_2} < \gamma \leqslant 1$.

(ⅱ)若$\sum_{j \geqslant i} m_j < c/i (i \geqslant 1)$,则

$$\sum_{j \geqslant i} j^{\gamma} m_j \leqslant c \left\{ i^{\gamma - 1} + \sum_{j \geqslant i} \frac{1}{j+1} [(j+1)^{\gamma} - j^{\gamma}] \right\}$$

$$i \geqslant 1, \gamma \in [0,1)$$

证明 (ⅰ)考虑用

$$m_j^{(N)} = \begin{cases} m_j, j \leqslant N \\ 0, j > N \end{cases}$$

来代替(m_j),不妨设(m_j)具有有限支撑,令$M_i = \sum_{j \geqslant i} m_j n_j$,则

$$\begin{aligned} \sum_{j \geqslant i} \gamma^{-j} m_j n_j &= \sum_{j \geqslant i} \gamma^{-j} (M_j - M_{j+1}) \\ &= \gamma^{-i} M_i + (1 - \gamma) \sum_{j \geqslant i} \gamma^{-(j+1)} M_{j+1} \\ &\leqslant c_1 [\gamma^{-i-1} m_i + (1 - \gamma) \sum_{j \geqslant i} \gamma^{-j} m_j] \end{aligned} \tag{13.4.15}$$

特别，当$n_j\equiv 1,c_1=c_2$得$\sum_{j\geqslant i}\gamma^{-j}m_j\leqslant\frac{c_2}{1-c_2(1-\gamma)}\gamma^{-(i-1)}m_i$.

由此代入(13.4.15)式得(ⅰ).

(ⅱ)令$M_i=\sum_{j\geqslant i}m_j$，则

$$\begin{aligned}\sum_{j\geqslant i}j^\gamma m_j&=i^\gamma M_i+\sum_{j\geqslant i}[(j+1)^\gamma-j^\gamma]M_{j+1}\\&\leqslant c\left\{i^{\gamma-1}+\sum_{j\geqslant i}\frac{1}{j+1}[(j+1)^\gamma-j^\gamma]\right\}\end{aligned}$$

引理 13.4.3　设$\boldsymbol{Q}=(q_{ij})$为正则$\boldsymbol{Q}$-矩阵，具有平稳分布(π_i)，如果存在非负函数h和常数$c>0$，使得$\Omega h\leqslant C-ch$，则$\pi(h)\leqslant C/c<\infty$.

证明　略.

引理 13.4.4　设(m_i)为非负序列，(n_i)为可和正序列. 如果存在$M\geqslant 0$使得$\inf_{i\geqslant M}(m_i-m_{i+1})/n_{i+1}\triangleq\delta>0$，则$\inf_{i\geqslant M}m_i/\sum_{j=i+1}^{\infty}n_j\geqslant\delta$.

证明　略.

引理 13.4.5　若$\Omega\omega(i)\leqslant-\delta\omega_i(i\geqslant M+1)$，则

$$\inf_{i\geqslant M}I_i(\omega)\geqslant\delta$$

此处若$M=0$，则规定$\omega_0=0$.

证明　若$M>0$，则令$m_i=b_i\mu_i(\omega_{i+1}-\omega_i)$和$n_i=\mu_i\omega_i$，利用引理 13.4.4 立得结论. 若$M=0,\omega_0=0$，则由于$I_0(\omega)\geqslant b_0\omega_1/\sum_{j\geqslant 1}\mu_j\omega_j=b_0(\omega_1-\omega_0)/\sum_{j\geqslant 1}\mu_j\omega_j$.
同理可得结论.

命题 13.4.1　考虑(b_i,a_i)在$\{n,n+1,\cdots,m\}$ $(0\leqslant n<m\leqslant\infty)$上的限制，且具有反射边界，记其

谱隙为 $\text{gap}_{n,m}$，则 $\text{gap}(D) \leqslant \text{gap}_{n,m}$，且当 $m\uparrow$ 或 $n\downarrow$ 时，$\text{gap}_{n,m}$ 递减.

证明 （ⅰ）定义 $\pi_i^{(n,m)} = \pi_i / \sum_{n\leqslant k\leqslant m} \pi_k$. 取 f 满足 $\pi^{(n,m)}(f) = 0, \pi^{n,m}(f^2) = 1$ 并使得

$$\frac{1}{2}\sum_{n\leqslant i,j\leqslant m} \pi_i^{(n,m)} q_{ij}(f_j - f_i)^2 \leqslant \text{gap}_{n,m} + \varepsilon$$

再令 $\tilde{f} = fI_{[n\leqslant i\leqslant m]} + f_n I_{[i<n]} + f_m I_{[i>m]}$，则

$$\pi(\tilde{f}) = f_n \sum_{i<n} \pi_i + f_m \sum_{i>m} \pi_i$$

$$\begin{aligned}
\pi(\tilde{f}^2) &= \sum_{n\leqslant i\leqslant m} \pi_i + f_n^2 \sum_{i<n} \pi_i + f_m^2 \sum_{i>m} \pi_i \pi(\tilde{f}^2) - \pi(\tilde{f}^2) \\
&= \sum_{n\leqslant i\leqslant m} \pi_i + f_n^2 \sum_{i<n} \pi_i (1 - \sum_{i<n} \pi_i) + \\
&\quad f_m^2 \sum_{i>m} \pi_i (1 - \sum_{i>m} \pi_i) - 2f_n f_m \sum_{i<n} \pi_i \sum_{i>m} \pi_i \\
&= \sum_{n\leqslant i\leqslant m} \pi_i (1 + f_n^2 \sum_{i<n} \pi_i + f_m^2 \sum_{i>m} \pi_i) + \\
&\quad (f_n - f_m)^2 \sum_{i<n} \pi_i \sum_{i>m} \pi_i \geqslant \sum_{n\leqslant i\leqslant m} \pi_i
\end{aligned}$$

对于生灭过程，我们有

$$\sum_{i<j<n} \pi_i q_{ij} (\tilde{f}_j - \tilde{f}_i)^2 = \pi_{n-1} q_{n-1,n} (\tilde{f}_{n-1} - \tilde{f}_n)^2 = 0$$

及

$$\sum_{i\leqslant m\leqslant j} \pi_i q_{ij} (\tilde{f}_j - \tilde{f}_i)^2 = \pi_m q_{m,m+1} (\tilde{f}_{m+1} - \tilde{f}_m)^2 = 0$$

所以

$$\begin{aligned}
&\sum_{i<j} \pi_i q_{ij} (\tilde{f}_j - \tilde{f}_i)^2 / [\pi(\tilde{f}^2) - \pi(\tilde{f}^2)^2] \\
&\leqslant \sum_{n\leqslant i<j\leqslant m} \pi_i^{(n,m)} q_{ij} (f_j - f_i)^2 \leqslant \text{gap}_{n,m} + \varepsilon
\end{aligned}$$

从而 $\text{gap}(D) \leqslant \text{gap}_{n,m} + \varepsilon$，令 $\varepsilon\downarrow 0$ 即得 $\text{gap}(D) \leqslant$

$\text{gap}_{n,m}$.

(ⅱ) 为证 $\text{gap}_{n,m}$ 的单调性,只需证明 $\text{gap}_{n,m} \geqslant \text{gap}_{n,m+1}$,在(ⅰ)中取 $\tilde{f} = fI_{[n\leqslant i\leqslant m]} + f_m I_{[i>m]}$ 便得.

引理13.4.6　设 $\lambda > 0, g \neq 0$. 方程 $\Omega g = -\lambda g$ 的解,则 $g_0 \neq 0$ 且

$$\pi_n b_n(g_{n+1} - g_n) = -\lambda \sum_{i=0}^{n} \pi_i g_i, n \geqslant 0 \quad (13.4.16)$$

证明　(ⅰ)

$$\begin{aligned}
-\lambda \sum_{i=0}^{n} \pi_i g_i &= \sum_{i=0}^{n} \pi_i \Omega g(i) \\
&= \sum_{i=0}^{n} [\pi_i a_i(g_{i-1} - g_i) + \pi_i b_i(g_{i+1} - g_i)] \\
&= \sum_{i=0}^{n} [-\pi_i a_i(g_i - g_{i-1}) + \pi_{i+1} a_{i+1}(g_{i+1} - g_i)] \\
&= -\pi_0 a_0(g_0 - g_{-1}) + \pi_{n+1} a_{n+1}(g_{n+1} - g_n) \\
&= \pi_n b_n(g_{n+1} - g_n)
\end{aligned}$$

以上由于 $a_0 = 0$,我们可以任意规定 g_{-1}.

(ⅱ) 若 $g_0 = 0$,可由(13.4.16)归纳证明 $g_i \equiv 0$.

引理13.4.7　设 $\lambda_1 > 0, g$ 为方程 $\Omega g = -\lambda_1 g$, $g_0 < 0$ 的解,则 g_i 严格递增且 $g \in L^1(\pi), \pi(g) = -\lim_{n\to\infty} \pi_n b_n(g_{n+1} - g_n)/\lambda_1 = 0$.

证明　(ⅰ) 由于 $g_0 < 0$,根据(13.4.16),我们有 $g_1 > g_0$. 若 g_i 不是严格增的,则存在 $n \geqslant 1$ 使得

$$g_0 < g_1 < \cdots < g_{n-1} < g_n \geqslant g_{n+1} \quad (13.4.17)$$

我们来证明这是不可能的.

(ⅱ) 由(13.4.16)知

$$g_k < (\text{或} =) g_{k+1} \Leftrightarrow \sum_{i=0}^{k} \pi_i g_i < (\text{或} =) 0 \quad (13.4.18)$$

（ⅲ）定义 $\tilde{g}_n = -\sum_{i=0}^{n-1} \pi_i g_i / \pi_n$，则根据(13.4.16)～(13.4.18)，有

$$g_n \geqslant \tilde{g}_n = [\pi_{n-1} b_{n-1}(g_n - g_{n-1})]/(\lambda_1 \pi_n) = a_n(g_n - g_{n-1})]/\lambda_1 > 0 \quad (13.4.19)$$

且

$$\sum_{i \leqslant n-1} \pi_i g_i + \pi_n \tilde{g}_n = 0 \qquad (13.4.20)$$

取 $\bar{g}_i = g_i I_{[i<n]} + g_n I_{[i \geqslant n]}$，则

$$\sum_i \pi_i \bar{g}_i^2 - \left(\sum_i \pi_i \bar{g}_i\right)^2 = \sum_{i \leqslant n-1} \pi_i g_i^2 + g_n^2 \sum_{i \geqslant n} \pi_i - \left(g_n \sum_{i \geqslant n} \pi_i - \pi_n \tilde{g}_n\right)^2 \quad (13.4.21)$$

其次

$$-\sum_i \pi_i (\bar{g}\Omega \bar{g})(i) = \lambda_1 \sum_{i \leqslant n-1} \pi_i g_i^2 + \pi_n a_n g_n (g_n - g_{n-1}) = \lambda_1 \sum_{i \leqslant n-1} \pi_i g_i^2 + \lambda_1 \pi_n g_n \tilde{g}_n \quad (13.4.22)$$

现在证明

$$\pi_n g_n \tilde{g}_n < g_n^2 \sum_{i \geqslant n} \pi_i - \left(g_n \sum_{i \geqslant n} \pi_i - \pi_i \tilde{g}_n\right)^2 \quad (13.4.23)$$

由于 $g_n > 0$，因而(13.4.23) 等价于

$$\pi_n \frac{\tilde{g}_n}{g_n} < \sum_{i \geqslant n} \pi_i - \left(\sum_{i \geqslant n} \pi_i - \pi_n \frac{\tilde{g}_n}{g_n}\right)^2$$

即

$$\left(\sum_{i\geqslant n}\pi_i-\pi_n\frac{\tilde{g}_n}{g_n}\right)^2<\sum_{i\geqslant n}\pi_i-\pi_n\frac{\tilde{g}_n}{g_n}$$

后一不等式成立是因为 $0<\tilde{g}_n\leqslant g_n, 0<\sum\limits_{i\geqslant n}\pi_i-\pi_n\tilde{g}_n/g_n\leqslant\sum\limits_{i\geqslant n}\pi_i<1$. 所以(13.4.23)得证. 综合(13.4.21) ~ (13.4.23)得

$$\lambda_1\leqslant\frac{-\sum\limits_i\pi_i(\tilde{g}\Omega\tilde{g})(i)}{\sum\limits_i\pi_i\bar{g}_i^2-\left(\sum\limits_i\pi_i\bar{g}_i\right)^2}$$

$$=\frac{\lambda_1\sum\limits_{i\leqslant n-1}\pi_ig_i^2+\lambda_1\pi_ng_n\tilde{g}_n}{\sum\limits_{i\leqslant n-1}\pi_ig_i^2+g_n^2\sum\limits_{i\geqslant n}\pi_i-\left(g_n\sum\limits_{i\geqslant n}\pi_i-\pi_n\tilde{g}_n\right)^2}<\lambda_1$$

矛盾.

(ⅳ) 最后,利用引理13.4.3易得余下部分结论.

现在,我们来证明本节的主要结论.

定理13.4.1的证明　(ⅰ) 首先我们证明 $\mathrm{gap}(D)\geqslant\inf\limits_{i\geqslant 0}R_i(v)\ (\forall v\in\mathscr{V})$. 为此,我们采用古典耦合,根据推论13.3.1和命题13.4.1,如果

$$\Omega_c^{\mathrm{coup}}\rho(i,j)\leqslant-\alpha\rho(i,j),\ i<j \tag{13.4.24}$$

则(13.3.4)对 $\alpha_n\equiv\alpha(n\geqslant 1)$ 成立.

现在,我们证明(13.4.24)成立,当且仅当

$$\begin{aligned}R_i&=a_{i+1}+b_i-[a_iu_{i-1}+b_{i+1}u_{i+1}]/u_i\\&\geqslant\alpha,a_0\triangleq 0,i\geqslant 0\end{aligned} \tag{13.4.25}$$

为此,令 $g_i=\sum\limits_{k<i}u_k\ (g_0\triangleq 0)$ 及 $\rho(i,j)=|g_i-g_j|$,则

$$\Omega_c^{\mathrm{coup}}\rho(i,j)=\Omega\rho(\cdot,j)(i)+\Omega\rho(i,\cdot)(j)$$

$$= \Omega(g_j - g_\cdot)(i) + \Omega(g_\cdot - g_i)(j)$$
$$= \Omega g(j) - \Omega g(i), i < j$$

因此

$$\Omega_c^{\text{coup}}\rho(i,j) = \Omega_c^{\text{coup}}\rho(i,j+1) + \cdots + \Omega_c^{\text{coup}}\rho(j-1,j), i < j$$

从而 $\Omega_c^{\text{coup}}\rho(i,j) \leqslant -\alpha\rho(i,j)(i<j)$ 等价于 $\Omega_c^{\text{coup}}\rho(i,i+1) \leqslant -\alpha\rho(i,i+1)$.

并注意到

$$\Omega_c^{\text{coup}}\rho(i,j) = b_j u_j - a_i u_{j-1} - b_i u_i + a_i u_{i-1}, a_0 \triangleq 0, i < j \quad (13.4.26)$$

可知(13.4.24)与(13.4.25)等价.

(ⅱ)其次,由引理 13.4.7 知 λ_1 的特征函数为严格递增的. 因此我们可以由 $v_i = (g_{i+2} - g_{i+1})/(g_{i+1} - g_i)(i \geqslant 0)$ 定义正序列(v_i),从而使得(13.4.10)的上确界能够达到.

(ⅲ)根据引理 13.4.1 可知(13.4.11)成立且其上确界也能达到.

至此定理证毕.

上述证明利用了耦合方法,下面我们还给出定理 13.4.1 的一个分析证明. 为此,我们考虑可数集 E 上满足如下条件的矩阵 $\boldsymbol{Q} = (q_{ij}): q_{ij} \geqslant 0(i \neq j), 0 < q_i = -q_{ii} = \sum_{j\neq i} q_{ij} < \infty$. 假定对于某概率测度$(\pi_i > 0: i \in E)$和一切 i,j 有 $\pi_i q_{ij} = \pi_j q_{ji}$. 那么, 相应的算子 $\Omega f(i) \triangleq \sum_j q_{ij}(f_j - f_i)(i \in E)$ 在 $L^2(\pi)$ 上对称. 此时

有 $D(f,f)=\frac{1}{2}\sum_{i,j}\pi_i q_{ij}(f_j-f_i)^2$ 及定义域 $\mathscr{D}(D)=\{f\in L^2(\pi):D(f,f)<\infty\}$. 其次由 13.1 和 13.2 知 $\lambda_1=\inf\{D(f,f):\pi(f)=0$ 且 $\pi(f^2)=1\}$.

现在,定义伴随矩阵 $\boldsymbol{Q}=(q_{ij})$ 的图结构. 称 $\langle ij\rangle$ 为一条边, 如 $q_{ij}>0(i\neq j)$. 诸相连的边 $\langle ii_1\rangle$, $\langle i_1i_2\rangle,\cdots,\langle i_nj\rangle$ (i,j 和 i_k 互不相同) 构成从 i 到 j 的一条路. 假定对于每一对 $i\neq j$,都存在一条从 i 到 j 的路. 选择并固定这样一条路 γ_{ij}. 其次,定义诸边 $e=\langle ij\rangle$ 上的正的权函数 $\{\omega(e)\}$ 并命 $|\gamma_{ij}|_\omega=\sum_{e\in\gamma_{ij}}\omega(e)$. 如 $e=\langle ij\rangle$, 置 $a(e)=\pi_i q_{ij}$ 并令 $I(\omega)(e)=\frac{1}{a(e)\omega(e)}\cdot\sum_{\{i,j\}:e\in\gamma_{ij}}|\gamma_{ij}|_\omega\pi_i\pi_j$,此处 $\{i,j\}$ 表示 i 和 j 的无序对.

定理 13.4.2　$\lambda_1\geqslant\sup_{\omega\in\mathscr{W}}\inf_e I(\omega)(e)^{-1}$.

证明　为简单起见,若 $e=\langle ij\rangle$,则记 $f(e)=f_j-f_i$. 由 Cauchy - Schwarz 不等式得出

$$(f_i-f_j)^2=\Big(\sum_{e\in\gamma_{ij}}f(e)\Big)^2\leqslant\left(\sum_{e\in\gamma_{ij}}\frac{f(e)^2}{\omega(e)}\right)|\gamma_{ij}|_\omega$$

这样,对于每个 f, $\pi(f)=0$ 且 $\pi(f^2)=1$,有

$$\begin{aligned}
1&=\frac{1}{2}\sum_{i,j}\pi_i\pi_j(f_i-f_j)^2=\sum_{\{i,j\}}\pi_i\pi_j\Big(\sum_{e\in\gamma_{ij}}f(e)\Big)^2\\
&\leqslant\sum_{\{i,j\}}\pi_i\pi_j\left(\sum_{e\in\gamma_{ij}}\frac{f(e)^2}{\omega(e)}\right)|\gamma_{ij}|_\omega\\
&=\sum_e a(e)f(e)^2\frac{1}{a(e)\omega(e)}\sum_{\{i,j\}:e\in\gamma_{ij}}|\gamma_{ij}|_\omega\pi_i\pi_j\\
&\leqslant D(f,f)\sup_e I(\omega)(e)
\end{aligned}$$

设 $\mathscr{W}$ 表示一切严格递增序列 (ω_i), $\sum_{i\geqslant 0}\mu_i\omega_i \geqslant 0$ 的全体. 并定义 $\bar{I}_i(\omega) = \frac{1}{b_i\mu_i(\omega_{i+1} - \omega_i)}\sum_{j=i+1}^{\infty}\mu_j\omega_j (i \geqslant 0)$.

定理 13.4.1 的另一证明 (i) 回顾分布 $(\pi_i = \mu_i/\sum_{j\geqslant 0}\mu_j)(0 \leqslant i \leqslant N)$ 所决定. 以 e_i 表边 $\langle i,i+1\rangle$. 显然,对每一对 $i < j$,存在唯一的路(无圈),它由 $e_i, e_{i+1}, \cdots, e_{j-1}$ 构成. 取 $\omega(e_i) = \omega_{i+1} - \omega_i$,则 $|\gamma_{kl}|_\omega = (\omega_{k+1} - \omega_k) + \cdots + (\omega_l - \omega_{l-1}) = \omega_l - \omega_k$. 这样

$$\sum_{\{k,l\}:\gamma_{kl}\in e_i}|\gamma_{kl}|_\omega \pi_k\pi_l$$

$$= \sum_{k=0}^{i}\sum_{l=i+1}^{\infty}\pi_k\pi_l(\omega_l - \omega_k)$$

$$= \sum_{k=0}^{i}\pi_k\sum_{k=i+1}^{\infty}\pi_l\omega_l - \sum_{k=0}^{i}\pi_k\omega_k\sum_{l=i+1}^{\infty}\pi_l$$

$$= \sum_{l=i+1}^{\infty}\pi_l\omega_l - \left(\sum_{k=i+1}^{\infty}\pi_k\right)\sum_{l=i+1}^{\infty}\pi_l\omega_l - \sum_{k=0}^{i}\pi_k\omega_k\sum_{l=i+1}^{\infty}\pi_l$$

$$= \sum_{l=i+1}^{\infty}\pi_l\omega_l - \left(\sum_{k=i+1}^{\infty}\pi_k\right)\left(\sum_{l=0}^{\infty}\pi_l\omega_l\right)$$

$$= \sum_{l=i+1}^{\infty}\pi_l\omega_l, i \geqslant 0$$

这便证明了

$$\lambda_1 \geqslant \sup_{\omega\in\mathscr{W}}\inf_{i\geqslant 0}\tilde{I}_i(\omega)^{-1} \qquad (13.4.27)$$

(ii) 为证明(13.4.27)等式成立,先证现在的公式重合于(13.4.11). 在后一结果中,ω_0 为自由变量,而这里的条件"$\sum_{i=0}^{\infty}\mu_i\omega_i \geqslant 0$"被换成"$\sum_{i=1}^{\infty}\mu_i\omega_i \geqslant 0$". 由

于严格增性质，后者可由前者推出. 事实上，当 $\omega_0 < 0$ 时结论显然：$\sum_{i=1}^{\infty} \mu_i \omega_i \geqslant -\mu_0\omega_0 = -\omega_0$. 另一方面，若 $\omega_0 \geqslant 0$，则必有 $\omega_1 > 0$，因而 $\sum_{i=1}^{\infty}\mu_i\omega_i \geqslant \omega_1 \sum_{i=1}^{\infty}\mu_i > 0$. 其次，由于 $b_0(1+\omega_1)/\sum_{j=1}^{\infty}\mu_i\omega_i \geqslant \mu_0 b_0(-\omega_0+\omega_1)/\sum_{j=1}^{\infty}\mu_j\omega_j$ 倘若 $\omega_0 \geqslant 0$. 否则，把 (ω_i) 换成 $(\tilde{\omega}_i = \omega_i/|\omega_0|)$，可见(13.4.9)的初始条件 $I_0(\omega)$ 也包括在现在的某个 $I_0(\tilde{\omega})$ 之中，这里的 $(\tilde{\omega}_i)$ 可能与原先的 (ω_i) 不同. 这便证得所述断言.

今证明上述等式部分：由于 λ_1 的特征函数 g 必定严格增，从而可取 $\omega = g$. 此外，$\pi(g) = 0$，这给所需的 $\pi(\omega) \geqslant 0$. 然后，简单的计算说明对于这个特定的 $\omega = g$，有 $I_i(\omega) \equiv \lambda_1^{-1}$.

利用定理 13.4.1，我们可以方便地估计生灭过程的第一特征值.

推论 13.4.1　(i) 取 $v_i = r[1+1/(i+c)]$，$r \geqslant 1, c \in (-1, \infty]$，则

$$\mathrm{gap}(D) \geqslant \inf_{i\geqslant 0}\left\{a_{i+1} + b_i - \frac{a_i}{r}\left[1 - \frac{1}{i+c}\right] - b_{i+1}r\left[1+\frac{1}{i+c}\right]\right\}$$

$$= \begin{cases} \inf_{i\geqslant 0}\left\{a_{i+1} + b_i - \dfrac{a_i}{r} - b_{i+1}r\right\}, & \text{若 } c = \infty \\ \inf_{i\geqslant 0}\left\{a_{i+1} + b_i - \dfrac{1}{i+1}\left[\dfrac{ia_i}{r} + (i+2)b_{i+1}r\right]\right\}, & \text{若 } c = 1 \\ \inf_{i\geqslant 0}\left\{\Delta a(i) - \Delta b(i) + \dfrac{1}{i+c}[a_i - b_{i+1}]\right\}, & \text{若 } r = 1 \end{cases}$$

（ⅱ）取 $v_i = 1 - C_1/(i + C_2)$，$C_2 > 0$，$C_1 \in (0, C_2)$，则

$$\mathrm{gap}(D) \geqslant \inf_{i \geqslant 0}\left\{\Delta a(i) - \Delta b(i) - c_1\left[\frac{a_i}{i - 1 + c_2 - c_1} - \frac{b_{i+1}}{i + c_2}\right]\right\}$$

推论 13.4.2 （ⅰ）取 $b_i = b, i \geqslant 0, a_i = ai, i = 0,1,\cdots,k-1; a_i = ak, i = k, k+1, \cdots b/ka \triangleq \rho < 1$，则存在 $\bar{\rho} < 1$ 使

$$0 < \mathrm{gap}(D) < b(1 - 1/\sqrt{\rho})^2, \quad 若 \rho < \bar{\rho}$$

$$\mathrm{gap}(D) = b(1 - 1/\sqrt{\rho})^2, \quad 若 \rho \geqslant \bar{\rho}$$

特别，若 $k = 1$，且 $b < a$，则 $\mathrm{gap}(D) = (\sqrt{a} - \sqrt{b})^2$.

（ⅱ）取 $b_i = b/(i+1), i \geqslant 0; a_i = a, i \geqslant 1$，则

$$\mathrm{gap}(D) = a - \frac{1}{2b}(\sqrt{b^2 + 4ab} - b)$$

（ⅲ）取 $b_i = \alpha + \lambda_1 i, i \geqslant 0, \alpha > 0; a_i = \lambda_2 i, i \geqslant 1, 0 \leqslant \lambda_1 < \lambda_2$，则

$$\mathrm{gap}(D) = \lambda_2 - \lambda_1$$

证明 取 $v_i = \sqrt{\dfrac{ka}{b}} (i \geqslant 0)$ 可得（ⅰ）；取 $v_i = \dfrac{(\sqrt{b^2 + 4ab} + b)(i+2)}{2b(i+1)} (i \geqslant 0)$ 可得（ⅱ）. 在推论 13.4.1（ⅰ）中令 $r = 1$ 即得（ⅲ）.

推论 13.4.3 设生灭过程的生、死速度分别为 b_i, a_i，则

$$\mathrm{gap}(D) \geqslant \inf_{i \geqslant 1}\{a_i + b_{i-1} - \sqrt{a_{i-1} b_{i-1}} - \sqrt{a_i b_i}\}$$

$$\mathrm{gap}(D) \geqslant \frac{1}{2}\inf_{i \geqslant 1}\{a_i + a_{i+1} + b_i + b_{i-1} - \sqrt{(a_{i+1} + b_i - a_i - b_{i-1})^2 + 16 a_i b_i}\}$$

定理 13.4.3　设$(p_{ij}(t);i,j\in\mathbf{Z}_+)$为$\boldsymbol{Q}$过程，具有可逆概率测度$\pi$及正则$\boldsymbol{Q}$-矩阵$\boldsymbol{Q}=(q_{ij})$. 并假定

$$q_{i,i+1}>0,i\in\mathbf{Z}_+\tag{13.4.28}$$

则我们有

（ⅰ）$\operatorname{gap}(D)\leqslant\inf\limits_{n\geqslant 0}\dfrac{\sum\limits_{i\leqslant n<j}\pi_i q_{ij}}{\sum\limits_{i\leqslant n}\pi_i\sum\limits_{j>n}\pi_j}$;

（ⅱ）若进一步还满足$\sum\limits_{j>i}\pi_j\leqslant c\pi_i q_{i,i+1}$及$\sum\limits_{j>i}\pi_j q_{j,j+1}\leqslant b\pi_i q_{i,i+1}$，则

$$\operatorname{gap}(D)\geqslant\frac{(\sqrt{b+1}-\sqrt{b})^2}{c}>\frac{1}{2c(1+2b)}$$

证明　结论（ⅰ）由引理13.2.1立得. 往证（ⅱ），在引理13.4.2（ⅰ）中取

$$n_i=1,\quad m_i=\pi_j q_{i,i+1}$$

且令$d\triangleq b(\gamma-b(1-\gamma))^{-1},\gamma\in(b/(b+1),1)$. 可得

$$\sum_{j>i}\gamma^{-j}\pi_j q_{j,j+1}\leqslant d\gamma^{-i}\pi_i q_{i,i+1}$$

由 Schwarz 不等式

$$\begin{aligned}(f_j-f_i)^2&=\Big(\sum_{k=i}^{j-1}(f_{k+1}-f_k)\Big)^2\\&\leqslant\sum_{k=i}^{j-1}(f_{k+1}-f_k)^2\gamma^k\sum_{l=i}^{j-1}\gamma^{-l}\end{aligned}$$

若f满足$\pi(f)=0$及$\|\boldsymbol{f}\|=1$，则有

$$\begin{aligned}1&=\frac{1}{2}\sum_{i,j}\pi_i\pi_j(f_j-f_i)^2\\&=\sum_{i<j}\pi_i\pi_j(f_j-f_i)^2\end{aligned}$$

$$
\begin{aligned}
&\leqslant \sum_{i<j}\pi_i\pi_j\sum_{k=i}^{j-1}(f_{k+1}-f_k)^2\gamma^k\sum_{l=i}^{j-1}\gamma^{-l}\\
&=\sum_k(f_{k+1}-f_k)^2\gamma^k\sum_{i\leqslant k<j}\pi_i\pi_j\sum_{l=i}^{j-1}\gamma^{-l}\\
&=\sum_k(f_{k+1}-f_k)^2\gamma^k[\sum_{i\leqslant l\leqslant k<j}\pi_i\pi_j\gamma^{-l}+\sum_{i\leqslant k\leqslant l<j}\pi_i\pi_j\gamma^{-l}]\\
&=\sum_k(f_{k+1}-f_k)^2\gamma^k[\sum_{l>k}\gamma^{-l}\sum_{j>k}\pi_i\sum_{i\leqslant k}\pi_i+\\
&\quad\sum_{l\leqslant k}\gamma^{-l}\sum_{j>k}\pi_j\sum_{i\leqslant l}\pi_i]
\end{aligned}
\tag{13.4.29}
$$

由假设条件,得

$$
\begin{aligned}
1&\leqslant\sum_k(f_{k+1}-f_k)^2\gamma^k[\sum_{l>k}\gamma^{-l}c\pi_l q_{l,l+1}+\sum_{l\leqslant k}\gamma^{-l}c\pi_k q_{k,k+1}]\\
&\leqslant c\sum_k(f_{k+1}-f_k)^2\gamma^k[d\pi_k q_{k,k+1}\gamma^{-k}+\sum_{l\leqslant k}\gamma^{-l}\pi_k q_{k,k+1}]\\
&=c\sum_k\gamma^k[d\gamma^{-k}+\sum_{l\leqslant k}\gamma^{-l}]\pi_k q_{k,k+1}(f_{k+1}-f_k)^2\\
&\leqslant c(d+(1-\gamma)^{-1})\sum_k\pi_k q_{k,k+1}(f_{k+1}-f_k)^2\\
&\leqslant c(d+(1-\gamma)^{-1})\sum_{i<j}\pi_i q_{ij}(f_j-f_i)^2
\end{aligned}
$$

再由定理 13.2.3,得

$$
\operatorname{gap}(D)\geqslant\frac{1}{c(d+(1-\gamma)^{-1})}
$$

但 $d+(1-\gamma)^{-1}$ 当 $\gamma^2=b/(1+b)$ 时达到最小值 $1/(\sqrt{b+1}-\sqrt{b})^2$,所以定理得证.

定理 13.4.4 如果定理 13.4.3(ii) 中的条件改为

$$
\sum_{j\geqslant i}\pi_j\leqslant b\pi_i,\quad \pi_{i+1}\leqslant c\pi_i q_{i,i+1}
$$

则

$$
\operatorname{gap}(D)\geqslant\frac{(\sqrt{b}-\sqrt{b-1})^2}{bc}>\frac{1}{4b^2c}
$$

证明　根据引理 13.4.2,对任意 $\gamma \in \left(\frac{b-1}{b},1\right)$,我们有

$$\sum_{j>i} \gamma^{-j}\pi_j \leqslant \frac{b-1}{1-b(1-\gamma)}\gamma^{-i}\pi_i$$

另一方面,若 $\pi(f)=0$, $\|f\|=1$,由假设条件及(13.4.29)可知

$$\begin{aligned}1 &\leqslant \sum_k (f_{k+1}-f_k)^2\gamma^k\Big[\sum_{l>k}\gamma^{-l}b\pi_{l+1}+\sum_{l\leqslant k}\gamma^{-l}b\pi_{k+1}\Big]\\ &= b\sum_k (f_{k+1}-f_k)^2\gamma^k\Big[\gamma\sum_{l>k+1}\gamma^{-l}\pi_l+\Big(\sum_{l\leqslant k}\gamma^{-l}\Big)\pi_{k+1}\Big]\\ &\leqslant b\sum_k (f_{k+1}-f_k)^2\Big[\gamma^{k+1}\frac{b-1}{1-b(1-\gamma)}\gamma^{-(k+1)}+\sum_{l\leqslant k}\gamma^{k-l}\Big]\pi_{k+1}\\ &\leqslant bc\Big[\frac{b-1}{1-b(1-\gamma)}+\frac{1}{1-\gamma}\Big]\sum_k \pi_k q_{k,k+1}(f_{k-1}-f_k)^2\end{aligned}$$

令 $\gamma=\sqrt{(b-1)/b}$ 便得定理结论.

定理 13.4.5　对于生灭过程,若 $R=\infty$ 且 $\mu<\infty$,则:

(ⅰ) $\text{gap}(D)\leqslant(\mu b_0)/(\mu-1)<\infty$.

(ⅱ) 若 $\inf\limits_{i\geqslant 1} a_i>0$, $\sup\limits_{i\geqslant 0}\sum\limits_{j>i}\dfrac{b_{i+1}\cdots b_{j-1}}{a_{i+1}\cdots a_j}<\infty$, $\sup\limits_{i\geqslant 0}\sum\limits_{j>i}\dfrac{b_{i+1}\cdots b_j}{a_{i+1}\cdots a_j}<\infty$,则定理 13.4.3(2) 的结论成立.

(ⅲ) 若 $\inf\limits_{i\geqslant 1} a_i>0$, $\sup\limits_{i\geqslant 0}\sum\limits_{j>i}\dfrac{b_i\cdots b_{j-1}}{a_{i+1}\cdots a_j}<\infty$,则定理 13.4.3 的结论成立.

(ⅳ) 若 $0<\inf\limits_i b_i\leqslant\sup\limits_i b_i\triangleq C<\infty$,则(ⅱ)与(ⅲ)中的条件是等价的,且还是 $\text{gap}(D)>0$ 的必要条件. 确切地说,此时, $\text{gap}(D)>0$,当且仅当

$$K \triangleq \sup_{i \geqslant 0} \sum_{j > i} \frac{b_i \cdots b_{j-1}}{a_{i+1} \cdots a_j} < \infty$$

证明 首先,由定理 13.4.3(ⅰ)可知

$$\operatorname{gap}(D) \leqslant \frac{\pi_0 b_0}{\pi_0 \sum_{j>0} \pi_j} = \frac{\mu b_0}{\mu - 1}$$

其次,注意到

$$\sum_{j>i} \pi_j \leqslant C \pi_i q_{i,i+1}$$

对某个常数 $C < \infty$,成立等价于

$$\sup_{i \geqslant 0} \sum_{j>i} \frac{\mu_j}{\mu_i b_i} < \infty$$

即

$$\sup_{i \geqslant 0} \left(\frac{1}{a_{i+1}} + \sum_{j > i+1} \frac{b_{i+1} \cdots b_{j-1}}{a_{i+1} \cdots a_j} \right) < \infty$$

其余条件的计算类似可得,以下证明最后一个结论,显然 $K < \infty$ 是充分的. 反之

$$\begin{aligned} 0 < \operatorname{gap}(D) &\leqslant \inf_{n \geqslant 0} \frac{\sum_{i \leqslant n < j} \pi_i q_{ij}}{\sum_{i \leqslant n} \pi_i \sum_{i > n} \pi_i} \\ &= \inf_{n \geqslant 0} \frac{\pi_n q_{n,n+1}}{\sum_{i \leqslant n} \pi_i \sum_{i > n} \pi_i} \\ &\leqslant C \inf_{n \geqslant 0} \frac{\pi_n}{\sum_{i \leqslant n} \pi_i \sum_{i > n} \pi_i} \\ &\leqslant \frac{C}{\pi_0} \inf_{n \geqslant 0} \frac{\pi_n}{\sum_{i > n} \pi_i} \end{aligned}$$

这意味着 $K < \infty$.

现在,我们来研究 L^2 - 指数收敛性与指数遍历性以及它们之间的联系. 设 $(p_{ij}(t))$ 是给定的可逆且不可约 $\boldsymbol{Q}$ 过程. 周知,存在常数 $\alpha \geqslant 0$ 使得

$$|p_{ij}(t)-\pi_j| = O(\exp[-\alpha t]),\quad t\to\infty$$

令

$$\begin{aligned}\hat{\alpha} = \sup\{\alpha: |p_{ij}(t)-\pi_j| \\ = O(\exp[-\alpha t]),\quad t\to\infty, \forall i,j\in E\}\end{aligned}\tag{13.4.30}$$

若 $\hat{\alpha}>0$,则称过程 $(p_{ij}(t))$ 是指数遍历的. 若这种收敛关于 i,j 一致成立,则称过程是一致遍历或强遍历的.

在第 12 章命题 12.4.2 中,我们得到了

命题 13.4.2　一般地,我们有

(ⅰ) $\text{gap}(D)\leqslant\hat{\alpha}$.

(ⅱ) 若过程是一致遍历的,则 $\text{gap}(D)>0$.

为了进一步研究可逆不可约 $\boldsymbol{Q}$ 过程的 L^2 - 指数收敛速度与指数遍历性之间的关系,我们需要做如下准备.

命题 13.4.3　设 X 为复 Banach 空间,A 是 X 上有界线性算子且具有谱 $\sigma(A)$,则

$$\begin{aligned}r(A) &\triangleq \sup\{|\lambda|:\lambda\in\sigma(A)\} = \lim_{n\to\infty}\|A^n\|^{1/n}\\ &= \inf_n\|A^n\|^{1/n} = \sup_{x\in X}\overline{\lim_{n\to\infty}}\|A^n x\|^{1/n}\\ &= \sup_{x\in X,l\in X^*}\overline{\lim_{n\to\infty}}|\langle l,A^n x\rangle|^{1/n}\end{aligned}$$

其中 X^* 为 X 的对偶空间,若 X 为 Hilbert 空间,则

$$r(A) = \sup_{x\in X}\overline{\lim_{n\to\infty}}(x,A^n x)^{1/n}.$$

证明　(ⅰ) 第三个等式是有名的 Gelfand 定理

(可参见夏道行等[1] 定理 5.1.10),第二个等式可参见夏道行等[1] 定理 5.5.3.

(ii) 其次,因为

$$\varlimsup_{n\to\infty}\|A^n x\|^{1/n}\leqslant\varlimsup_{n\to\infty}\|A^n\|^{1/n}\cdot\lim_{n\to\infty}\|x\|^{1/n}=\lim_{n\to\infty}\|A^n\|^{1/n}$$

所以

$$\sup\nolimits_{x\in X}\varlimsup_{n\to\infty}\|A^n x\|^{1/n}\leqslant r(A)$$

反之,固定 $\lambda > c(A)\triangleq\sup_{x\in X}\varlimsup_{n\to\infty}\|A^n x\|^{1/n}$. 令 $B=A/\lambda$,则对任意 $x\in X$, $\{B^n x;n\geqslant 1\}$ 有界. 由共鸣定理(夏道行等[1] 定理 5.4.6)知,存在 $M<\infty$,使得 $\mathrm{Sup}_n\|B^n\|\leqslant M$. 从而 $\varlimsup_{n\to\infty}\|A^n\|^{1/n}\leqslant\lambda$, 由 $\lambda(>c(A))$ 的任意性,得 $r(A)=\varlimsup_{n\to\infty}\|A^n\|^{1/n}\leqslant c(A)$.

(iii) 注意到

$$\begin{aligned}\varlimsup_{n\to\infty}\leqslant|\langle l,A^n x\rangle|^{1/n}&\leqslant\varlimsup_{n\to\infty}[\|l\|^{1/n}\|A^n x\|^{1/n}]\\&\leqslant\varlimsup_{n\to\infty}[\|l\|^{1/n}\cdot\|x\|^{1/n}\|A^n\|^{1/n}]\\&=\varlimsup_{n\to\infty}\|A^n\|^{1/n}=r(A)\end{aligned}$$

另一方面,令

$$\begin{aligned}\lambda>c(A)&\triangleq\sup_{x\in X,l\in X^*}\varlimsup_{n\to\infty}|\langle l,A^n x\rangle|^{1/n}\\&=\sup_{x\in X,l\in X^*,\|x\|=1,\|l\|=1}\varlimsup_{n\to\infty}|\langle l,A^n x\rangle|^{1/n}\end{aligned}$$

取 $B=A/\lambda$,则对任意固定的 $x\in X$ 和 $l\in X^*$, $\{\langle l,B^n x\rangle;n\geqslant 1\}$ 有界. 也就是说,对任意固定的 $x\in X$, $\{B^n x;n\geqslant 1\}$ 弱有界,从而强有界,再由共鸣定理知 $\sup_{n\geqslant 1}\|B^n\|<\infty$, 由 $\lambda>c(A)$ 的任意性,便知

$\overline{\lim_{n\to\infty}} \| A^n \|^{1/n} \leqslant c(A)$.

（ⅳ）若 X 为 Hilbert 空间，由

$$(x,A^n y) = \frac{1}{4}[(x+y,A^n(x+y)) - (x-y,A^n(x-y))] - \frac{i}{4}[(x+iy,A^n(x+iy)) - (x-iy,A^n(x-iy))]$$

及上式右边各项模的和不超过最大者的 4 倍，可得

$$r(A) = \sup_{x,y\in X} \overline{\lim_{n\to\infty}} |(x,A^n y)|^{1/n} \leqslant \sup_{x\in A} \overline{\lim_{n\to\infty}} |(x,A^n x)|^{1/n}$$

反过来的不等式是显然的.

定理 13.4.6　设 X 是复 Hilbert 空间，A 为有界自伴线性算子，则对任意稠密集 $D \subset X$，有

$$\| A \| = r(A) = \sup_{x\in D} \overline{\lim_{n\to\infty}} (x,A^n x)^{1/n}$$

其次，若 π 为 C 上概率测度，取 $X = L_C^2(\pi)$，并假定 $A(L_R^2(\pi)) \subset L_R^2(\pi)$. 则对任意 $L_R^2(\pi)$ 的稠密集 D，上述公式成立.

证明　（ⅰ）周知，$\| A \| = r(A)$. 记 E_A 为 A 的谱映射. 给定 $\varepsilon > 0$，令

$$S_\varepsilon = [-r(A), -r(A)+\varepsilon) \cup (r(A)-\varepsilon, r(A)]$$

由于 S_ε^c 是闭的，所以 $E_A(S_\varepsilon) \neq 0$，选取 $x \in D$ 使得 $E_A(S_\varepsilon)(x) \neq 0$，则对偶数 n，可得

$$(x,A^n x) = \int \lambda^n (x,E_A(\mathrm{d}\lambda)x) \geqslant (r(A)-\varepsilon)^n (x,E_A(S_\varepsilon)x) = (r(A)-\varepsilon)^n \| E_A(S_\varepsilon)x \|^2 > 0$$

从而

$$\overline{\lim_{n\to\infty}}|(x,A^nx)|^{1/n} \geqslant (r(A)-\varepsilon)\overline{\lim_{n\to\infty}}\|E_A(S_\varepsilon)x\|^{2/n} = r(A)-\varepsilon$$

由 ε 的任意性使得 $\overline{\lim\limits_{n\to\infty}}|(x,A^nx)|^{1/n} \geqslant r(A)$.

(ii) 为证后半部分,注意任意 $x\in L_C^2(\pi)$ 可表示为 $x=y+\mathrm{i}z$. $y,z\in L_R^2(\pi)$ 以及 $D+\mathrm{i}D$ 在 $L_C^2(\pi)$ 中稠密,并且 $(x,A^nx)=(y,A^nx)+(z,A^nz)$,因此

$$|(x,A^nx)|^{1/n} \leqslant 2^{1/n}[|(y,A^ny)|^{1/n} \vee |(z,A^nz)|^{1/n}]$$

由(i),可知

$$r(A) = \sup_{x\in D+iD}\overline{\lim_{n\to\infty}}|(x,A^nx)|^{1/n} \leqslant \sup_{y\in D}\overline{\lim_{n\to\infty}}|(y,A^ny)|^{1/n}$$

引理 13.4.8 设 $\boldsymbol{P}$ 为一可知数集 E 上的转移概率矩阵,且具有可逆测度 π. 令 $\boldsymbol{P}_D$ 为 $\boldsymbol{P}$ 去掉首行(记为 0) 首列所得矩阵. 则对任意 $\varphi\in L^2(\pi)$, $\varphi\neq$ 常数,有

$$(\varphi,\boldsymbol{P}\varphi)_{L^2(\pi)} \leqslant \|\boldsymbol{P}_D\|_{L^2(\pi;E\setminus\{0\})}\|\varphi\|_{L^2(\pi)}^2$$

证明 设 $\varphi\in L^2(\pi)$, $\pi(\varphi)=0$, 令 $c=\varphi(0)$, 则

$$\begin{aligned}(\varphi,\boldsymbol{P}\varphi)_{L^2(\pi)} &= (\varphi-c,\boldsymbol{P}(\varphi-c))_{L^2(\pi)}-c^2\\ &= (\varphi-c,\boldsymbol{P}_D(\varphi-c))_{L^2(\pi;E\setminus\{0\})}-c^2\\ &\leqslant \|\boldsymbol{P}_D\|_{L^2(\pi;E\setminus\{0\})}\|\varphi-c\|_{L^2(\pi)}^2-c^2\\ &= \|\boldsymbol{P}_D\|_{L^2(\pi;E\setminus\{0\})}(\|\varphi\|_{L^2(\pi)}^2+c^2)-c^2\\ &\leqslant \|\boldsymbol{P}_D\|_{L^2(\pi;E\setminus\{0\})}\|\varphi\|_{L^2(\pi)}^2\end{aligned}$$

引理 13.4.9 在引理 13.4.8 的条件下,记 σ_0 为状态 0 的首中时,若存在 $r>1$ 使得对任意 i, $E^ir^{\sigma_0}<\infty$,则 $\|P_D\|_{L^2(\pi;E\setminus\{0\})}\leqslant r^{-1}$.

证明　注意 $(\boldsymbol{P}_D^n 1)(i) = \boldsymbol{P}^i(\sigma_0 > n) \leqslant r^{-n-1}E^i r^{\sigma_0}$. 则对若 ψ 具有紧支撑,可知

$$
\begin{aligned}
|(\psi,\boldsymbol{P}_D^n\psi)_{L^2(\pi;E\setminus\{0\})}| &\leqslant (|\psi|,\boldsymbol{P}_D^n|\psi|)_{L^2(\pi;E\setminus\{0\})}\\
&\leqslant |\psi|_\infty^2 \sum_{i\in \mathrm{sup}\,p\psi} \pi(i)(\boldsymbol{P}_D^n)\mathbf{1}(i)\\
&\leqslant r^{-n-1}|\psi|_\infty^2 \sum_{i\in \mathrm{sup}\,p\psi} \pi(i)E^i r^{\sigma_0}
\end{aligned}
$$

根据命题13.4.3,可得

$$
\|\boldsymbol{P}_D\|_{L^2(\pi;E\setminus\{0\})} = \sup_{\psi\in K}\overline{\lim_{n\to\infty}}|(\psi,\boldsymbol{P}_D^n\psi)_{L^2(\pi;E\setminus\{0\})}|^{1/n} \leqslant r^{-1}
$$

其中 K 表示全体具有紧支撑的序列.

定理13.4.7　设 E 可数. $\boldsymbol{Q}=(q_{ij})$ 为 E 上的正则不可约 $\boldsymbol{Q}$－矩阵,其过程 $\boldsymbol{P}(t)=(P_{ij}(t))$ 可逆且具有平稳分布 (π_i),则 L^2－指数收敛性与指数遍历性等价,即 $\mathrm{gap}(D)>0$ 等价于 $\hat{\boldsymbol{\alpha}}>0$.

证明　由命题14.4.2,只需要证明若 $\hat{\boldsymbol{\alpha}}>0$,则必有 $\mathrm{gap}(D)>0$.

设 $0\in E$,定义

$$
\tau_0=\inf\{t\geqslant 0; X_t=0\},\quad \tau_0^+=\inf\{t\geqslant \tau_1; X_t=0\}
$$

其中,(X_t) 对应于 $\boldsymbol{Q}$ 的 $\boldsymbol{Q}$ 过程,τ_1 为 (X_t) 的首次跳跃时刻,显然 $\tau_0\leqslant\tau_0^+$.

根据陈木法[1:Theorem 4.44]或 W. J. Anderson[1:Theorem 6.6.5],$\boldsymbol{P}(t)$ 指数遍历(即 $\hat{\boldsymbol{\alpha}}>0$)的充分必要条件是,$E^i e^{\beta\tau_0^+}<\infty$ 对 $i=0$(等价地,对所有 $i\in E$)成立,其中 $0<\beta<\inf\limits_{i\in E} q_i$. 从而存在 $\beta>0$,使对所有 $i\in E$,$E^i\exp[\beta\tau_0]<\infty$.

任意固定 $t>0$,考虑具有转移概率 $P=P(t)$ 的离散时间马尔可夫链 $(X_{nt})_{n\geqslant 0}$. 定义 $P_D^n f(i)=E^i[f(x_{nt});$

$\tau_0 > nt],n \geqslant 0,i \neq 0$. 则

$$P_D^n 1(i) = P^i(\tau_0 > nt) \leqslant e^{-\beta nt} E^i e^{\beta\tau_0}, i \neq 0$$

因此,与引理 13. 4. 9 类似,可得

$$\| P_D \|_{L^2(\pi;E\setminus\{0\})} \leqslant e^{-\beta t}$$

其次,设满足 $\pi(f) = 0$, $\|f\| = 1$,由引理 13. 4. 8 知 $(f,P(t)f) \leqslant \| P_D \|_{L^2(\pi;E\setminus\{0\})} \leqslant e^{-\beta t}$,因此

$$D(f) = \lim_{t\downarrow\infty} \frac{1}{t}(f - P(t)f,f) \geqslant \lim_{t\downarrow 0} \frac{1}{t}(1 - e^{-\beta t}) = \beta$$

故 $\operatorname{gap}(D) \geqslant \beta$.

定理 13. 4. 7 是对一般可逆 $\boldsymbol{Q}$ 过程而言的,若对生灭过程,由第12章定理12. 4. 1 知,我们有更强的结论.

定理 13. 4. 8 对正常返生灭过程,$L^2(\pi)$ 指数收敛性与指数遍历性是一致的,即

$$\operatorname{gap}(D) = \hat{\alpha}$$

其中,$\hat{\alpha}$ 由(13. 4. 30)式定义.

根据定理 13. 4. 8,我们可以估计 $\operatorname{gap}(D)$,但在大多数情况下,无法知道谱函数 ψ. 下面的方法是避开 ψ 来估计 $\operatorname{gap}(D)$,这种思想基于定理 13. 2. 4. 此时,逼近 $\boldsymbol{Q}$ - 矩阵变为

$$\hat{Q}_{n+1} = \begin{pmatrix} -b_0 & b_0 & 0 & \cdots & 0 & 0 \\ a_1 & -(a_1+b_1) & b_1 & 0\cdots & 0 & 0 \\ 0 & a_2 & -(a_2+b_2) & b_2 & 0\cdots 0 & 0 \\ \vdots & & & & \vdots & \\ 0 & & \cdots & a_n & -(a_n+b_n) & b_n \\ 0 & & \cdots & 0 & \hat{a}_{n+1} & -\hat{a}_{n+1} \end{pmatrix}$$

其中

$$\hat{a}_{n+1} = \frac{\hat{\pi}_n b_n}{\hat{\pi}_{n+1}}, \quad \hat{\pi}_{n+1} = \sum_{j>n} \pi_j, \quad n \geqslant 0$$

对每个 n,定义

$$S_0(x) = b_0 + x, x \in \mathbf{R}$$

$$S_1(x) = \begin{cases} a_1 + b_1 + x - a_1 b_0 / S_0(x), & S_0(x) \neq 0 \\ 1, & S_0(x) = 0 \end{cases}$$

$$S_i(x) = \begin{cases} a_i + b_i + x - a_i b_{i-1} / S_{i-1}(x), S_{i-1}(x) \neq 0, S_{i-2}(x) \neq 0 \\ a_i + b_i + x, & S_{i-2}(x) = 0 \\ 1, & S_{i-1}(x) = 0 \end{cases}$$

$$2 \leqslant i \leqslant n, x \in \mathbf{R}$$

$$\hat{S}_{n+1}(x) = \begin{cases} x + \dfrac{\pi_n b_n}{\hat{\pi}_{n+1}}\left(1 - \dfrac{b_n}{S_n(x)}\right), S_n(x) \neq 0, S_{n-1}(x) \neq 0 \\ x + \dfrac{\pi_n b_n}{\hat{\pi}_{n+1}}, & S_{n-1}(x) = 0 \\ 1, & S_n(x) = 0, x \in \mathbf{R} \end{cases}$$

定理 13.4.9　对上述 $\hat{\boldsymbol{Q}}_{n+1}$,

$$\operatorname{gap}(\hat{D}_{n+1}) > \alpha > 0$$

的充分必要条件是 $\{S_0(-\alpha), \cdots, S_n(-\alpha), \hat{S}_{n+1}(-\alpha)\}$ 中恰好有一项小于或等于 0,而且当条件对所有 n 都满足时,有

$$\operatorname{gap}(D) \geqslant \alpha > 0$$

证明　记 $\widetilde{\boldsymbol{Q}}_{n+1}$ 为 $\hat{\boldsymbol{Q}}_{n+1}$ 的对称化矩阵,即

$$
\tilde{Q}_{n+1}=\begin{pmatrix}
-b_0 & \dfrac{\sqrt{\pi_0}b_0}{\sqrt{\pi_1}} & 0 & & \cdots & & 0 \\
\dfrac{\sqrt{\pi_1}a_1}{\sqrt{\pi_0}} & -(a_1+b_1) & \dfrac{\sqrt{\pi_1}b_1}{\sqrt{\pi_0}} & 0 & \cdots & \cdots & 0 \\
0 & \dfrac{\sqrt{\pi_2}a_2}{\sqrt{\pi_1}} & -(a_2+b_2) & \dfrac{\sqrt{\pi_2}b_2}{\sqrt{\pi_1}} & 0 & \cdots & 0 \\
\cdots & & & & & & \\
0 & \cdots & \cdots & & \dfrac{\sqrt{\pi_n}a_n}{\sqrt{\pi_{n-1}}} & -(a_n+b_n) & \dfrac{\sqrt{\pi_n}b_n}{\sqrt{\pi_{n-1}}} \\
0 & \cdots & \cdots & 0 & 0 & \dfrac{\sqrt{\hat{\pi}_{n+1}}\hat{a}_{n+1}}{\sqrt{\pi_n}} & -\hat{a}_{n+1}
\end{pmatrix}
$$

$$
=\begin{pmatrix}
-b_0 & \sqrt{a_1b_0} & 0 & & & \cdots & 0 \\
\sqrt{a_1b_0} & -(a_1+b_1) & \sqrt{a_2b_1} & 0 & & \cdots & 0 \\
0 & \sqrt{a_2b_1} & -(a_2+b_2) & \sqrt{a_3b_2} & 0 & \cdots & 0 \\
\cdots & & & & & & \\
0 & \cdots & \cdots & & \sqrt{a_nb_{n-1}} & -(a_n+b_n) & \dfrac{\sqrt{\pi_n}b_n}{\sqrt{\hat{\pi}_{n+1}}} \\
0 & \cdots & \cdots & 0 & 0 & \dfrac{\sqrt{\pi_n}b_n}{\sqrt{\hat{\pi}_{n+1}}} & -\dfrac{\pi_nb_n}{\hat{\pi}_{n+1}}
\end{pmatrix}
$$

则 $\widetilde{\boldsymbol{Q}}_{n+1}$ 与 $\hat{\boldsymbol{Q}}_{n+1}$ 具有相同的特征值

$$
0=\lambda_{n+1,0}>\lambda_{n+1,1}>\cdots>\lambda_{n+1,n+1}
$$

这些特征值必互不相同，由矩阵论知 $-\operatorname{gap}(\hat{D}_{n+1})=\lambda_{n+1,1}<-\alpha$ 的充要条件为 $\{S_0(-\alpha),\cdots,S_n(-\alpha),$

$\hat{S}_{n+1}(-\alpha)\}$，从而定理前半部分得证，后半部分由前半部分和定理 13.2.4 立得.

例 13.4.1　令 $b_i=b>0, i\geqslant 0; a_i=ia>0, i\geqslant 1$. 由推论 13.4.2(3) 知 $\text{gap}(D)=a$. 现在，我们利用定理 13.4.9 证明 $\text{gap}(D)\geqslant a$，为简单起见，假定

$$\frac{b}{a}\neq 1,2,\cdots$$

(例外情形可类似讨论). 于是

$$\pi_i=\left(\frac{b}{a}\right)^i\cdot\frac{1}{i!}/\rho, \rho=\exp\left(\frac{b}{a}\right)$$

由归纳法可证

$$S_0(-a)=b-a$$

$$S_i(-a)=b[b-(i+1)a]/(b-ia), 1\leqslant i\leqslant n$$

从而

$$\hat{S}_{n+1}(-a)=-a+\frac{ab\pi_n}{[(n+1)a-b]\hat{\pi}_{n+1}}$$

由于对充分大的 n，

$$\begin{aligned}\frac{\hat{\pi}_{n+1}}{\pi_n}((n+1)a-b)&=\sum_{j\geqslant n}\left(\frac{b}{a}\right)^{j-n}\frac{n!}{j!}[(n+1)a-b]\\&=\left(n+1-\frac{b}{a}\right)b\sum_{j=0}^{\infty}\left(\frac{b}{a}\right)^j\frac{n!}{(n+1-j)!}\\&<\left(n+1-\frac{b}{a}\right)b\sum_{j=0}^{\infty}\left(\frac{b}{a}\right)^j\frac{1}{(n+1)^{j+1}}\\&=b\end{aligned}$$

所以

$$\hat{S}_{n+1}(-a)>0, n \text{ 足够大}$$

显然，$\{S_0(-a), S_1(-a), \cdots, S_n(-a), \hat{S}_{n+1}(-a)\}$ 恰有一项为负.

新近，陈木法[16] 给出了生灭过程第一特征值正性的简洁判准，我们不加证明地叙述如下.

定理 13.4.10 设 $\mu < \infty$，令 $Q_i = \sum_{j\leqslant i-1}(\mu_j b_j)^{-1}\sum_{j\geqslant i}\mu_j$，$Q_i' = [\sum_{j\leqslant i-1}(\mu_j b_j)^{-1} + (2\mu_i b_i)^{-1}] \cdot \sum_{j\leqslant i+1}\mu_j$，$v^{(k)}$ 为 $\{0,1,2,\cdots,k-1\}$ 上的概率测度，具有密度 $v_j^{(k)} = (\mu_j b_j)^{-1}/Z^{(k)}$（$Z^{(k)}$ 为规一化常数），$\delta = \sup\limits_{n>0} Q_n$，$\delta' = 2\sup\limits_{n>0}\sum_{j=0}^{n-1}Q_j' v_j^{(n)}$，则 $\delta'^{-1} \geqslant \lambda_0 \geqslant (4\delta)^{-1}$. 若过程非爆炸，则 $\lambda_0/\pi_0 \geqslant \lambda_1 \geqslant \lambda_0$. 特别地，$\lambda_0$（相应地 λ_1）> 0，当且仅当 $\delta < \infty$. 其中 $\lambda_0 = \sup\limits_{w\in\mathscr{W}_0}\inf\limits_{i\geqslant 0} I_i(w)$，$\lambda_1 = \mathrm{gap}(D)$，$\mathscr{W}_0 = \{w: w_0 = 0, w_i \text{ 严格上升}\}$.

13.5 补充与注记

有关 $\boldsymbol{Q}$ 过程，特别是生灭过程的第一特征值、谱隙（Spectralgap）及转移概率密度的 L^2 - 指数收敛速度等问题的研究已有丰富的结果.

13.2 中的内容取自陈木法[1].

13.3 中的内容取自陈木法[1,2].

13.4 中大部分内容取自陈木法[2]，定理 13.4.2 及定理 13.4.1 的第二个证明取自陈木法[7].

Cheeger 不等式及其应用

第 14 章

Cheeger 不等式在几何分析中具有十分广泛的应用，尤其为 Laplace 算子第一特征值的估计提供了一种很有用的方法. 1988 年 C. F Lawler 和 A. D Sokal[1] 对有界跳过程建立了 Cheeger 不等式. 本章的目的主要是介绍关于一般对称型(可能无界)的 Cheeger 不等式和谱隙的存在性判别准则及其在可逆马尔可夫过程(特别是生灭过程)中的应用.

14.1 引言

设$(E,\mathscr{E})$为可测空间并赋有概率测度 π. 考虑定义在 $\mathscr{D}(D)$ 上的对称型 D

$$D(f,g)=\frac{1}{2}\int(J(\mathrm{d}x,\mathrm{d}y)(f(x)-f(y)(g(x)-g(y))+$$

$$\int K(\mathrm{d}x)f(x)g(x),f,g\in\mathscr{D}(D)$$

$$\mathscr{D}(D)=\{f\in L^2(\pi),D(f,f)<\infty\}$$

此处 J 为对称测度,即满足 $J(\mathrm{d}x,\mathrm{d}y)=J(\mathrm{d}y,\mathrm{d}x)$. 不失一般性,假定 J 满足 $J(\{(x,x):x\in E\})=0$. 我们关心如下两个量:

$$\lambda_0=\inf\{D(f,f):\pi(f^2)=1\} \tag{14.1.1}$$

$$\lambda_1=\inf\{D(f,f):\pi(f)=0,\pi(f^2)=1\} \tag{14.1.2}$$

注意,在上述定义中,由于当 $f\in L^2(\pi)\setminus\mathscr{D}(D)$ 时,有 $D(f,f)=\infty$,因此可以去掉条件 $f\in\mathscr{D}(D)$. 甚至在有些情形还不必要求 $\mathscr{D}(D)$ 在 $L^2(\pi)$ 中稠. 为了讨论问题方便,今后在考虑 λ_1 时,总假定 $K\equiv 0$,此时,$\lambda_0=0$,而 λ_1 即为对称型 $(D,\mathscr{D}(D))$ 的谱隙.

定义 Cheeger 常数如下

$$h=\inf_{\pi(A)>0}\frac{J(A\times A^C)+K(A)}{\pi(A)} \tag{14.1.3}$$

$$k=\inf_{\pi(A)\in(0,1)}\frac{J(A\times A^C)}{\pi(A)\pi(A^C)} \tag{14.1.4}$$

$$k'=\inf_{\pi(A)\in\left(0,\frac{1}{2}\right]}\frac{J(A\times A^C)}{\pi(A)}=\inf_{\pi(A)\in(0,1)}\frac{J(A\times A^C)}{\pi(A)\wedge\pi(A^C)} \tag{14.1.5}$$

此处 $a\wedge b=\min\{a,b\}$. 显然,$k/2\leqslant k'\leqslant k$ 而且易见 k' 能取遍区间$(k/2,k)$. 例如,令 $E=\{0,1\}$,$k=0$, $J(\{i\}\times\{j\})=1(i\neq j)$,$\pi(0)=p\leqslant\frac{1}{2}$,$\pi(1)=1-p$,则 $k'/k=1-p$.

回顾对于可逆跳过程,有 q 对$(q(x),q(x,\mathrm{d}y))$,它满足对一切 $x\in E$,$q(x,E)\leqslant q(x)\leqslant\infty$. 以下我们假定对一切 $x\in E$,$q(x)<\infty$. 可逆性是指测度 $\pi(\mathrm{d}x)q(x,\mathrm{d}y)$ 对称,它自动给出了一个测度 J,而

$K(\mathrm{d}x) = \pi(\mathrm{d}x)(q(x) - q(x,E))$. 若$\sup_{x\in E} q(x) < \infty$，则称跳过程有界. 一般地，若 $\| J(\cdot,E) + K/2 \|_{0p} < \infty$(此处 $\| \cdot \|_{0p}$ 表 $L_+^1(\pi) = \{f \in L^1(\pi): f \geqslant 0\}$ 到 R_+ 上的算子范数)，则有 $\mathscr{D}(D) = L^2(\pi)$.

定理 14.1.1(Lawler, Sokal)　设 $J(\mathrm{d}x,\mathrm{d}y) = \pi(\mathrm{d}x)q(x,\mathrm{d}y)$ 且 $\| J(\cdot,E) + K/2 \|_{0p} \leqslant M < \infty$，则

$$h \geqslant \lambda_0 \geqslant \frac{h^2}{2M} \tag{14.1.6}$$

若进一步还有 $K = 0$，则

$$k \geqslant \lambda_1 \geqslant \max\left\{\frac{\kappa k^2}{8M}, \frac{k'^2}{2M}\right\} \tag{14.1.7}$$

其中

$$\kappa = \inf_{X,Y} \sup_{c\in\mathbf{R}} \frac{(E|(X+c)^2 - (Y+c)^2|)^2}{1+c^2} \geqslant 1$$

此处下确界是关于独立同分布且均值为0，方差为1的随机变量 X,Y 取的.

以下我们直接考虑一般对称测度 J，也就是说不必要求 $J(\mathrm{d}x,\cdot)/\pi(\mathrm{d}x)$ 的某个修正存在核，但对空间 $(E,\mathscr{E})$ 的条件需适当加强.

注意到(14.1.6) 和(14.1.7) 中下界当 $M\uparrow\infty$ 时下降到 0，因此在无界情形，以上估计失去意义. 要克服这一困难，需要新的方法. 这里我们提出一种比较方法，即比较原型与以下引入的型.

选取并固定一个非负对称函数 $\gamma \in \mathscr{E}\times\mathscr{E}$ 和非负函数 $s \in \mathscr{E}$，使得

$$\| J^{(1)}(\cdot,E) + K^{(1)} \|_{0p} \leqslant 1, \quad L_+^1(\pi) \to \mathbf{R}_+ \tag{14.1.8}$$

其中

$$J^{(\alpha)}(\mathrm{d}x,\mathrm{d}y) = I_{\{\gamma(x,y)>0\}}\frac{J(\mathrm{d}x,\mathrm{d}y)}{\gamma(x,y)^{\alpha}}$$

$$K^{(\alpha)}(\mathrm{d}x) = I_{\{s(x)>0\}}\frac{K(\mathrm{d}x)}{s(x)^{\alpha}},\quad \alpha\geqslant 0$$

对跳过程来说,我们可以简单地取

$$\gamma(x,y) = q(x)\vee q(y) = \max\{q(x),q(y)\}$$

$$s(x) = d(x)$$

注意当 $\alpha<1$ 时,算子 $J^{(\alpha)}(\cdot,E)+K^{(\alpha)}:L_{+}^{1}(\pi)\to\mathbf{R}_{+}$ 可能不再有界. 根据 $(J^{(\alpha)},K^{(\alpha)})$,我们可以得到对称型 $D^{(\alpha)}$. 并与(14.1.1) ~ (14.1.5)类似,我们可以定义 $\lambda_0^{(\alpha)}$, $\lambda_1^{(\alpha)}$ 及 Cheeger 常数 $h^{(\alpha)}$, $k^{(\alpha)}$ 和 $k^{(\alpha)\prime}(\alpha\geqslant 0)$. 以后我们只考虑 $\alpha=0,\frac{1}{2},1$ 的情况. 且由于 $\alpha=0$ 时,即为原型,因此略去上标"α".

14.2 Cheeger 不等式

本节我们介绍关于一般对称型 Cheeger 不等式.

引理 14.2.1 对任意 $\alpha\geqslant 0$,我们有

$$h^{(\alpha)} = \inf\left\{\frac{1}{2}\int J^{(\alpha)}(\mathrm{d}x,\mathrm{d}y)\,|f(x)-f(y)| + K^{(\alpha)}(f): f\geqslant 0,\pi(f)=1\right\} \tag{14.2.1}$$

$$k^{(\alpha)} = \inf\left\{\int J^{(\alpha)}(\mathrm{d}x,\mathrm{d}y)\,|f(x)-f(y)|: f\in L_{+}^{1}(\pi),\ \int\pi(\mathrm{d}x)\pi(\mathrm{d}y)\,|f(x)-f(y)|=1\right\}$$

$$= \inf\left\{\int J^{(\alpha)}(\mathrm{d}x,\mathrm{d}y)\,|f(x)-f(y)|:\right.$$

$$\left. f\in L_+^1(\pi),\pi(|f-\pi(f)|)=1\right\} \tag{14.2.2}$$

$$k^{(\alpha)'} = \inf\left\{\frac{1}{2}\int J^{(\alpha)}(\mathrm{d}x,\mathrm{d}y)\,|f(x)-f(y)|:\right.$$

$$\left. f\in L_+^1(\pi),\min_{c\in\mathbf{R}}\pi(|f-c|)=1\right\} \tag{14.2.3}$$

证明　记式(14.2.1)、(14.2.2)和(14.2.3)右边分别为 $h_1^{(\alpha)}$, $k_1^{(\alpha)}$ 和 $k_1^{(\alpha)'}$,因为 $\alpha\geqslant 0$ 是固定的,所以我们略去上标(α). 对任意 $A\in\mathscr{E}$,若 $\pi(A)>0$,则取 $f=\dfrac{1}{\pi(A)}I_A$; 若 $\pi(A)\in(0,1)$, 则取 $f=\dfrac{1}{\pi(A)\pi(A^C)}I_A$;若 $\pi(A)\in\left(0,\dfrac{1}{2}\right]$,则取 $f=\dfrac{1}{\pi(A)}I_A$,便知有

$$h_1\leqslant h,\quad k_1\leqslant k,\quad k_1'\leqslant k'$$

往证相反的不等式:

(ⅰ) 设 $f\geqslant 0$, $\pi(f)=1$. 令 $A_\gamma=\{f>\gamma\}$, $\gamma\geqslant 0$. 由 J 的对称性,可知

$$\frac{1}{2}\int J(\mathrm{d}x,\mathrm{d}y)\,|f(x)-f(y)|+K(f)$$

$$=\int_{\{f(x)>f(y)\}} J(\mathrm{d}x,\mathrm{d}y)[f(x)-f(y)]+K(f)$$

$$=\int_0^\infty \{J(\{f(x)>\gamma\geqslant f(y)\})+K(\{f>\gamma\})\}\,\mathrm{d}\gamma$$

$$=\int_0^\infty [J(A_\gamma\times A_\gamma^C)+K(A_\gamma)]\,\mathrm{d}\gamma$$

$$\geqslant h\int_0^\infty \pi(A_\gamma)\,\mathrm{d}\gamma = h\pi(f) = h$$

因此 $h_1 \geqslant h$.

（ii）首先，设 $f \in L_+^1(\pi)$，$\int \pi(\mathrm{d}x)\pi(\mathrm{d}y) \mid f(x) - f(y) \mid = 1$. 由（i）可知

$$\begin{aligned}
&\int J(\mathrm{d}x,\mathrm{d}y) \mid f(x) - f(y) \mid \\
&= 2\int J(A_\gamma \times A_\gamma^C)\,\mathrm{d}\gamma \\
&\geqslant 2k\int_0^\infty (\pi \times \pi)(A_\gamma \times A_\gamma^C)\,\mathrm{d}\gamma \\
&= k\int \pi(\mathrm{d}x)\pi(\mathrm{d}y) \mid f(x) - f(y) \mid = k
\end{aligned}$$

这就证明了关于 $k^{(\alpha)}$ 的第一个等式.

其次，我们证明

$$\int \mid f - \pi(f) \mid \mathrm{d}\pi = \sup_{g:\pi(g)=0,\inf_{c\in\mathbf{R}}\|g-c\|_\infty \leqslant 1} \int fg\,\mathrm{d}\mu \tag{14.2.4}$$

其中 $\|\cdot\|_p$ 为 L^p – 范数. 首先，设 $\pi(g) = 0$，$\inf\limits_{c\in\mathbf{R}} \| g - c \|_\infty \leqslant 1$. 则由，$\pi(f - \pi(f)) = 0$ 可知 $\forall c \in \mathbf{R}$，

$$\int fg\,\mathrm{d}\pi = \int (f - \pi(f))g\,\mathrm{d}\pi = \int (f - \pi(f))(g - c)\,\mathrm{d}\pi$$

由 Hölder 不等式得

$$\left|\int fg\,\mathrm{d}\pi\right| \leqslant \| f - \pi(f) \|_1 \cdot \| g - c \|_\infty, \forall c \in \mathbf{R}$$

因此

$$\left|\int fg\,\mathrm{d}\pi\right| \leqslant \|f - \pi(f)\|_1 \cdot \inf_c \|g - c\|_\infty \leqslant \|f - \pi(f)\|_1$$

另一方面，对任意 $f\in L^1(\pi)$，令 $A_f^+=\{f\geqslant\pi(f)\}$，$A_f^-=\{f<\pi(f)\}$ 并取 $g_0=I_{A_f^+}-I_{A_f^-}-\pi(A_f^+)+\pi(A_f^-)$，则 $g_0\in L^\infty(\pi)$ 且 $\pi(g_0)=0$. 再取 $c_0=1-2\pi(A_f^+)$，则容易验证 $\inf\limits_c\|g_0-c\|_\infty=\|g_0-c_0\|_\infty=1$. 因此有 $\int fg_0\mathrm{d}\pi=\int|f-\pi(f)|\mathrm{d}\pi$.

现在我们来证明 $k^{(\alpha)}$ 的第二个等式. 设 $f\geqslant 0$，记 $A_\gamma=\{f\geqslant\gamma\}$. 由（ⅰ）及(14.2.4)可得

$$
\begin{aligned}
&\int J(\mathrm{d}x,\mathrm{d}y)|f(y)-f(x)|\\
\geqslant\ & 2k\int_0^\infty\pi(A_\gamma)\pi(A_\gamma^c)\mathrm{d}\gamma\\
=\ & k\int_0^\infty\mathrm{d}\gamma\int|I_{A_\gamma}-\pi(A_\gamma)|\mathrm{d}\pi\\
=\ & k\int_0^\infty\mathrm{d}\gamma\sup_{g:\pi(g)=0,\inf_{c\in\mathbf{R}}\|g-c\|_\infty\leqslant 1}\int I_{A_\gamma}g\mathrm{d}\pi\\
\geqslant\ & k\sup_{g:\pi(g)=0,\inf_{c\in\mathbf{R}}\|g-c\|_\infty\leqslant 1}\int_0^\infty\mathrm{d}\gamma\int I_{A_\gamma}g\mathrm{d}\pi\\
=\ & k\sup_{g:\pi(g)=0,\inf_{c\in\mathbf{R}}\|g-c\|_\infty\leqslant 1}\int fg\mathrm{d}\pi\\
=\ & k\int|f-\pi(f)|\mathrm{d}\pi
\end{aligned}
$$

故 $k_1\geqslant k$.

（ⅲ）选取 $c_0\in R$ 使得 $\pi(f<c_0),\pi(f>c_0)\leqslant\frac{1}{2}$. 令 $f_\pm=(f-c_0)^\pm$. 则 $f_++f_-=|f-c_0|$ 且 $\pi(|f-c_0|)=\min\limits_c\pi(|f-c|)$. 对任意 $\gamma\geqslant 0$，定义 $A_\gamma^\pm=\{f_\pm>\gamma\}$，则

$$\frac{1}{2}\int J(\mathrm{d}x,\mathrm{d}y)|f(y)-f(x)|$$

$$= \frac{1}{2}\int J(\mathrm{d}x,\mathrm{d}y)[\,|f_+(y)-f_+(x)|+$$

$$|f_-(y)-f_-(x)|\,]$$

$$= \int_0^\infty [J(A_\gamma^+ \times A_\gamma^{+c}) + J(A_\gamma^- \times A_\gamma^{-c})]\mathrm{d}\gamma$$

$$\geqslant k'\int_0^\infty [\pi(A_\gamma^+ + \pi(A_\gamma^-)]\mathrm{d}\gamma$$

$$= k'\pi(f_+ + f_-) = k'\pi(|f-c_0|)$$

$$= k'\min_c \pi(|f-c|)$$

故 $k_1' \geqslant k'$. 引理至此证毕.

命题 14.2.1 设 $J(\mathrm{d}x,\mathrm{d}y) = j(x,y)\pi(\mathrm{d}x)\pi(\mathrm{d}y)$, 其中 $j(x,y)$ 具有性质:$j(x,x) = 0, j(x) \triangleq \int j(x,y)\pi(\mathrm{d}y) < \infty\ (\forall x \in E)$. 取 $r(x,y) = j(x) \vee j(y)$, 则

$$k^{(\alpha)'} \geqslant \frac{1}{2}\inf_{x\neq y}\frac{j(x,y)}{[j(x) \vee j(y)]^\alpha} \quad (14.2.5)$$

证明 记式(14.2.5)右边为 $C^{(\alpha)}$,注意

$$\frac{J^{(\alpha)}(A\times A^C)}{\pi(A)} = \frac{1}{\pi(A)}\int_{A\times A^C}\pi(\mathrm{d}x)\pi(\mathrm{d}y)\,\frac{j(x,y)}{[j(x) \vee j(y)]^\alpha}$$

$$\geqslant \inf_{x\neq y}\frac{j(x,y)}{[j(x) \vee j(y)]^\alpha}\pi(A^C)$$

$$= 2C^{(\alpha)}\pi(A^C)$$

由此立得结论.

定理 14.2.1 设(14.1.8)成立,则

$$\lambda_0 \geqslant \frac{h^{(1/2)^2}}{2-\lambda_0^{(1)}} \geqslant \frac{h^{(1/2)^2}}{1+\sqrt{1-h^{(1)2}}} \quad (14.2.6)$$

证明 令 $E^* = E \cup \{\infty\}$,任给 $f \in \mathscr{E}$,定义 E^*

上的函数 $f^* = fI_E$ 及 $E^* \times E^*$ 上的 $J^{*(\alpha)}$ 如下：

$$J^{*(\alpha)}(C) = \begin{cases} J^{(\alpha)}C, & C \in \mathscr{E} \times \mathscr{E} \\ K^{(\alpha)}(A), & C = A \times \{\infty\} \text{或} \{\infty\} \times A, A \in \mathscr{E} \\ 0, & C = \{\infty\} \times \{\infty\} \end{cases}$$

显然 $J^{*(\alpha)}(\mathrm{d}x,\mathrm{d}y) = J^{*(\alpha)}(\mathrm{d}y,\mathrm{d}x)$，且

$$\int J^{(\alpha)}(\mathrm{d}x,E)f(x)^2 + K^{(\alpha)}(f^2) = \int J^{*(\alpha)}(\mathrm{d}x,E^*)f^*(x)^2 \tag{14.2.7}$$

$$D^{(\alpha)}(f,f) = \frac{1}{2}\int J^{(\alpha)}(\mathrm{d}x,\mathrm{d}y)(f^*(x) - f^*(y))^2 \tag{14.2.8}$$

$$\frac{1}{2}\int J^{(\alpha)}(\mathrm{d}x,\mathrm{d}y)(|f(x) - f(y)|) + \int K^{(\alpha)}(\mathrm{d}x)|f(x)| = \frac{1}{2}\int J^{*(\alpha)}(\mathrm{d}x,\mathrm{d}y)|f^*(x) - f^*(y)| \tag{14.2.9}$$

因此，若 $\pi(f^2) = 1$，则由 (14.2.7) ~ (14.2.9)，(14.1.8)，引理 14.2.1 第一部分和 Cauchy - Schwarz 不等式得

$$\begin{aligned} h^{(1)2} &\leqslant \left\{\frac{1}{2}\int J^{*(1)}(\mathrm{d}x,\mathrm{d}y)|f^*(y)^2 - f^*(x)^2|\right\}^2 \\ &\leqslant \frac{1}{2}D^{(1)}(f,f)\int J^{*(1)}(\mathrm{d}x,\mathrm{d}y)[f^*(x) + f^*(y)]^2 \\ &= \frac{1}{2}D^{(1)}(f,f)\Big\{2\int J^{*(1)}(\mathrm{d}x,\mathrm{d}y)[f^*(x)^2 + f^*(y)^2] - \\ &\quad \int J^{*(1)}(\mathrm{d}x,\mathrm{d}y)[f^*(x) - f^*(y)]^2\Big\} \\ &= D^{(1)}(f,f)[2 - D^{(1)}(f,f)] \end{aligned}$$

这意味着 $D^{(1)}(f,f) \geqslant \sqrt{1 - h^{(1)2}}$，因此

$$\lambda_0^{(1)} \geqslant 1 - \sqrt{1 - h^{(1)2}} \qquad (14.2.10)$$

其次,由(14.1.8)、引理14.2.1第一部分和Cauchy - Schwarz不等式,可得

$$h^{(1/2)2} \leqslant \left\{\frac{1}{2}\int J^{*(1/2)}(\mathrm{d}x,\mathrm{d}y) \mid f^*(x)^2 - f^*(y)^2 \mid\right\}^2$$
$$\leqslant \frac{1}{2}D(f,f)\int J^{*(1)}(\mathrm{d}x,\mathrm{d}y)[f^*(x) + f^*(y)]^2$$
$$\leqslant D(f,f)[2 - D^{(1)}(f,f)] \leqslant D(f,f)[2 - \lambda_0^{(1)}] \qquad (14.2.11)$$

由此及(14.2.10)便可得定理结论.

引理 14.2.2 设 f 和 g 在[0,1]上连续,且 $f(0) < g(0)$, $f(1) > g(1)$, f 为增函数, g 为减函数,则

$$\inf_{\gamma \in [0,1]} \max\{f(\gamma), g(\gamma)\} = f(\gamma_0)$$

其中 γ_0 为 $f(\gamma) = g(\gamma)$ 在[0,1]上的唯一解.

定理 14.2.2 设 $K = 0$ 和(14.1.8)成立,则

$$\lambda_1 \geqslant \left(\frac{k^{(1/2)}}{\sqrt{2} + \sqrt{2 - \lambda_1^{(1)}}}\right)^2 \qquad (14.2.12)$$

$$\lambda_1 \geqslant \frac{k^{(1/2)'2}}{1 + \sqrt{1 - k^{(1)'2}}} \qquad (14.2.13)$$

证明 (i)我们先证明(14.2.12).设 $f \in \mathscr{D}(D)$, $\pi(f) = 0$, $\pi(f^2) = 1$.记 $g = f + c$, $c \in \mathbf{R}$;与(14.2.11)类似,可知对任意满足 $0 \leqslant \beta < \lambda_1^{(1)} \leqslant 2$ 的 β,有

$$\left\{\int J^{(1/2)}(\mathrm{d}x,\mathrm{d}y) \mid g(x)^2 - g(y)^2 \mid\right\}^2$$
$$\leqslant 4D(f,f)[2(1 + c^2) - D^{(1)}(f,f)]$$
$$\leqslant 4D(f,f)[2(1 + c^2) - \beta]$$

进而由引理 14.2.1 知

$$D(f,f) \geqslant \frac{1}{4[2(1+c^2)-\beta]}\left\{\int J^{(1/2)}(\mathrm{d}x,\mathrm{d}y)\,|\,g(x)^2-g(y)^2\,|\right\}^2$$

$$\geqslant \frac{\kappa_\beta}{4}k^{(1/2)/2} \tag{14.2.14}$$

其中 κ_β 由(14.1.8) 后面 κ 的定义中将 $1+c^2$ 换成 $2(1+c^2)-\beta$ 给出. 为估计 κ_β,令 $\gamma = E|X| \in (0,1]$,则

$$\lim_{c\to\infty}\frac{(E\,|\,(X+c)^2-(Y+c)^2\,|\,)^2}{2(1+c^2)-\beta}$$
$$= E(|X-Y|)^2 \geqslant 2(E|X|)^2 = 2\gamma^2$$

且当 $c=0$ 时,$E|X^2-Y^2| \geqslant 2(1-E|X|) = 2(1-\gamma)$(参见陈木法[1] §9.2 或 J. Cheeger[1]). 从而

$$\kappa_\beta \geqslant \inf_{\gamma\in(0,1]}\max\left\{2\gamma^2,\frac{4(1-\gamma)^2}{2-\beta}\right\} \tag{14.2.15}$$

利用引理 14.2.2,可得

$$\kappa_\beta \geqslant \frac{4}{(\sqrt{2}+\sqrt{2-\beta})^2}$$

综合(14.2.14) 并令 $\beta\uparrow\lambda_1^{(1)}$,便得(14.2.12).

值得指出的是,以上证明的估计可以是精确的,例如设 $E=\{0,1\}$,$J(\{i\},\{j\}) = 1(i\neq j)$,$\pi_0=\pi_1=\frac{1}{2}$,则 $k^{(1/2)}=\lambda_1^{(1)}=\lambda_1=2$. 而且,这个例子还表明类似于(14.2.6) 的“$\lambda_1 \geqslant k^{(1/2)2}/[4(2-\lambda_1^{(1)})]$”或“$\lambda_1 \geqslant k^{(1/2)'2/[2-\lambda\{^{1}\}]}$”不成立.

(ⅱ) 定义

$$\widetilde{D}_B^{(\alpha)}(f,f) = \frac{1}{2}\int_{B\times B}J^{(\alpha)}(\mathrm{d}x,\mathrm{d}y)[f(x)-f(y)]^2 +$$

$$\int_B J^{(\alpha)}(\mathrm{d}x, B^c) f(x)^2$$

易知

$$\lambda_0(B) = \inf\{\widetilde{D}_B(fI_B, fI_B) : \pi(f^2, I_B) = 1\}$$

令

$$\begin{aligned} h_B^{(\alpha)} &= \inf_{A \subset B, \pi(A) > 0} \frac{J^{(\alpha)}(A \times (B \backslash A)) + J^{(\alpha)}(A \times B^c)}{\pi(A)} \\ &= \inf_{A \subset B, \pi(A) > 0} \frac{J^{(\alpha)}(A \times A^c)}{\pi(A)} \end{aligned} \tag{14.2.16}$$

由定理 14.2.1 知 $\lambda_0(B) \geqslant h_B^{(1/2)2} / [1 + \sqrt{1 - h_B^{(1)2}}]$.

以下我们来证明

$$\lambda_1 \geqslant \inf_{\pi(B) \leqslant 1/2} \lambda_0(B)$$

对任意 $\varepsilon > 0$,选取 f_ε, $\pi(f_\varepsilon) = 0$, $\pi(f_\varepsilon^2) = 1$ 使得 $\lambda_1 + \varepsilon \geqslant D(f_\varepsilon, f_\varepsilon)$. 其次选取 c_ε 使得 $\pi(f_\varepsilon < c_\varepsilon)$, $\pi(f_\varepsilon > c_\varepsilon) \leqslant \frac{1}{2}$. 令 $f_\varepsilon^{\pm} = (f_\varepsilon - c_\varepsilon)^{\pm}$, $B_\varepsilon^{\pm} = \{f_\varepsilon^{\pm} > 0\}$,则

$$\begin{aligned} \lambda_1 + \varepsilon &\geqslant D(f_\varepsilon - c_\varepsilon, f_\varepsilon - c_\varepsilon) \\ &= \frac{1}{2}\int J(\mathrm{d}x, \mathrm{d}y)[\,|f_\varepsilon^+(x) - f_\varepsilon^+(y)| + \\ &\quad |f_\varepsilon^-(x) - f_\varepsilon^-(y)|\,]^2 \\ &\geqslant \frac{1}{2}\int J(\mathrm{d}x, \mathrm{d}y)(|f_\varepsilon^+(x) - f_\varepsilon^+(y))^2 + \\ &\quad \frac{1}{2}\int J(\mathrm{d}x, \mathrm{d}y)(f_\varepsilon^-(x) - f_\varepsilon^-(y))^2 \\ &\geqslant \lambda_0(B_\varepsilon^+)\pi((f_\varepsilon^+)^2) + \lambda_0(B_\varepsilon^-)\pi((f_\varepsilon^-)^2) \\ &\geqslant \inf_{\pi(B) \leqslant \frac{1}{2}} \lambda_0(B)\pi((f_\varepsilon^+)^2 + (f_\varepsilon^-)^2) \\ &= (1 + c_\varepsilon^2) \inf_{\pi(B) \leqslant \frac{1}{2}} \lambda_0(B) \geqslant \inf_{\pi(B) \leqslant \frac{1}{2}} \lambda_0(B) \end{aligned}$$

由 ε 的任意性,便得 $\lambda_1 \geqslant \inf_{\pi(B)\leqslant\frac{1}{2}} \lambda_0(B)$.

最后综合上述结论,可知

$$\lambda_1 \geqslant \inf_{\pi(B)\leqslant 1/2} \frac{h_{13}^{(1/2)^2}}{1+\sqrt{1-h_B^{(1)2}}} \geqslant \inf_{\pi(B)\leqslant 1/2} \frac{\inf_{\pi(B)\leqslant 1/2} h_B^{(1/2)^2}}{1+\sqrt{1-h_B^{(1)2}}}$$

$$\geqslant \frac{\inf_{\pi(B)\leqslant 1/2} h_B^{(1/2)^2}}{1+\sqrt{1-\inf_{\pi(B)\leqslant 1/2} h_B^{(1)2}}} = \frac{k^{(1/2)'2}}{1+\sqrt{1-k^{(1)'2}}}$$

注　当 $\| J(\cdot,E)+K \|_{0p} \leqslant M < \infty$ 时,我们可以取 $\gamma(x,y) \equiv M, s(x) \equiv M$, 则(14.1.8) 成立, 且 $h^{(1/2)} = h/\sqrt{M}, k^{(1/2)'} = k/\sqrt{M}, k^{(1)} = h/M, k^{(1)'} = k'/M$,进而根据(14.2.6) 和(14.2.13),可知

$$\lambda_0 \geqslant M(1-\sqrt{1-h^2/M^2})$$
$$= \frac{h^2}{M(1+\sqrt{1-h^2/M^2})} \in \left[\frac{h^2}{2M}, \frac{h^2}{M}\right] \quad (14.2.17)$$

$$\lambda_1 \geqslant M(1-\sqrt{1-k'^2/M^2})$$
$$= \frac{k'^2}{M(1+\sqrt{1-k'^2/M^2})} \in \left[\frac{k'^2}{2M}, \frac{k'^2}{M}\right] \quad (14.2.18)$$

由此可见,对于下界,(14.2.6) 和(14.2.13) 分别改进了(14.1.7) 和(14.1.8). 对 $J^{(1)}$ 应用(14.2.18) 得 $\lambda_1^{(1)} \geqslant 1-\sqrt{1-k^{(1)'2}}$,由此和(14.2.12) 知

$$\lambda_1 \geqslant \left(\frac{k^{(1/2)}}{\sqrt{2}+\sqrt{1+\sqrt{1-k^{(1)'2}}}}\right)^2$$

这个估计实际上被(14.2.13) 所控制(因为 $k^{(\alpha)} \leqslant 2k^{(\alpha)'}$),这说明(14.2.13) 通常比(14.2.12) 更实用,

除非事先知道 $\lambda_1^{(1)}$ 有一个很好的下界估计. 但即使 $E = \{0,1\}$,这两个估计也不能进行比较.

根据定理 14. 2. 2,若 $k^{(1/2)} > 0$,则 $\lambda_1 > 0$. 现在我们来讨论定理 14. 2. 2 中 Cheeger 常数的条件. 为此,我们需要利用相应于型的算子. 对跳过程而言,相应于 $(D^{(\alpha)},\mathscr{D}(D^{(\alpha)}))$ 的算子可以简单地表示成

$$\Omega^{(\alpha)}f(x) = \int I_{\{\gamma(x,y)>0\}} \frac{q(x,\mathrm{d}y)}{\gamma(x,y)^{\alpha}}[f(y) - f(x)] + I_{\{s(x)>0\}} \frac{\mathrm{d}x}{s(x)^{\alpha}}f(x)$$

其次,我们需要 λ_0 和 λ_1 的局部量. 首先,对 $B \in \mathscr{E}$, $\pi(B) \in (0,1)$, 令 $\lambda_1^{(\alpha)}(B)$ 和 $k^{(\alpha)}(B)$ 分别由 (14. 1. 2) 和(14. 1. 4) 定义,但将 E,π,D 分别换成 B, $\pi^B = \pi(\cdot \cap B)/\pi(B)$ 及

$$D_B^{(\alpha)}(f,f) = \frac{1}{2}\int_{B\times B} J^{(\alpha)}(\mathrm{d}x,\mathrm{d}y)(f(y) - f(x))^2 \tag{14. 2. 19}$$

然后定义

$$\lambda_0^{(\alpha)}(B) = \inf\{D^{(\alpha)}(f,f):\pi(f^2) = 1, f|_{B^c} = 0\}$$

我们称 $\lambda_0^{(\alpha)}(B)$ 和 $\lambda_1^{(\alpha)}(B)$ 分别为 B 上的(广义) 第一 Dirichlet 特征值和 Neumann 特征值. 与(14. 1. 7) 类似,容易验证 $k^{(\alpha)}(B) \geqslant \lambda_1^{(\alpha)}(B)$.

对 $A \in \mathscr{E}$,令 $M_A^{(\alpha)} = \operatorname{ess\,sup}_{A}{}_{\pi} J^{(\alpha)}(\mathrm{d}x,A^c)/\pi(\mathrm{d}x)$, 这里 $\operatorname{ess\,sup}_{\pi}$ 表示关于 π 的本质上界.

定理 14. 2. 3 设 $K = 0$,给定 $\alpha \geqslant 0, B \in \mathscr{E}, \pi(B) > \frac{1}{2}$. 假设存在一个函数 $\varphi^{(\alpha)}$ 使得 $\delta_1^{(\alpha)}(\varphi^{(\alpha)}) \triangleq$

$\text{ess sup}_{J^{(\alpha)}} | \varphi^{(\alpha)}(x) - \varphi^{(\alpha)}(y) | < \infty$ 以及一个对应于 $(D^{(\alpha)}, \mathscr{D}(D^{(\alpha)}))$ 的对称算子 $(\Omega^{(\alpha)}, \mathscr{D}(\Omega^{(\alpha)}))$ 使得 $\mathscr{D}(\Omega^{(\alpha)}) \supset \{I_A : A \in \mathscr{E}, A \subset B\}$, $\gamma_{B^c}^{(\alpha)} \triangleq -\sup_{B^c} \Omega^{(\alpha)} \varphi^{(\alpha)} > 0$, 则

$$k^{(\alpha)} \geqslant k^{(\alpha)'} \geqslant \frac{k^{(\alpha)}(B)\gamma_{B^c}^{(\alpha)}[2\pi(B)-1]}{k^{(\alpha)}(B)\delta_1^{(\alpha)}(\varphi^{(\alpha)})[2\pi(B)-1]+\pi(B)^2[\delta_1^{(\alpha)}(\varphi^{(\alpha)})M_B^{(\alpha)}+\gamma_{B^c}^{(\alpha)}]}$$

证明　分为以下两个引理来证明，注意到 α 是固定的，我们将上标 (α) 都略去.

引理 14.2.3　设 $B \in \mathscr{E}$, $2\pi(B) > 1$, 则

$$k' \geqslant \frac{h_{B^c} k(B)(2\pi(B)-1)}{k(B)(2\pi(B)-1)+2\pi(B)^2(M_B+h_{B^c})}$$

其中 h_B 由 (14.2.16) 定义.

证明　仅需考虑 $h_{B^c}k(B) > 0$ 的情况. 任给 $A \in \mathscr{E}$, $\pi(A) \in \left(0, \frac{1}{2}\right]$, 令 $\gamma = \pi(AB)/\pi(A)$, 则

$$\begin{aligned}
\frac{J(A \times A^c)}{\pi(A)} &= \frac{1}{2\pi(A)}\int J(\mathrm{d}x,\mathrm{d}y)[I_A(y)-I_A(x)]^2 \\
&\geqslant \frac{1}{2\pi(A)}\int_{B\times B} J(\mathrm{d}x,\mathrm{d}y)[I_A(y)-I_A(x)]^2 \\
&\geqslant \frac{k(B)\pi^B(A)\pi^B(A^c)}{\pi(A)} \\
&\geqslant \frac{\pi(B)-1/2}{\pi(B)^2}k(B)\gamma
\end{aligned} \tag{14.2.20}$$

以上最后一步利用了 $\pi(AB) \leqslant \pi(A) \leqslant \frac{1}{2}$. 另一方面，

$$h_{B^c}\pi(AB^c) \leqslant \frac{1}{2}\int J(\mathrm{d}x,\mathrm{d}y)[I_{AB^c}(x)-I_{AB^c}(y)]^2$$

$$= \frac{1}{2}\int J(\mathrm{d}x,\mathrm{d}y)\,|\,I_{A^c\cup B}(x) - I_{A^c\cup B}(y)\,|$$

注意到 J 的对称性及

$$|\,I_{A^c\cup B}(x) - I_{A^c\cup B}(y)\,| \leqslant |\,I_{A^c}(x) - I_{A^c}(y)\,| + I_{B\times B^c+B^c\times B}\,|\,I_{AB}(x) - I_{AB}(y)\,|$$

可知

$$h_{B^c}(1-\gamma) = \frac{h_{B^c}\pi(AB^c)}{\pi(A)} \leqslant \frac{J(A\times A^c)}{\pi(A)} + M_B\gamma$$

结合(14.2.20)并利用引理 14.2.2，可得

$$\begin{aligned}&\frac{J(A\times A^c)}{\pi(A)}\\ &\geqslant \inf_{\gamma\in[0,1]}\max\{(\pi(B)-1/2)\pi(B)^{-2}k(B)\gamma,\\ &\quad h_{B^c}-(M_B+h_{B^c})\gamma\}\\ &= \frac{h_{B^c}k(B)(2\pi(B)-1)}{k(B)(2\pi(B)-1)+2\pi(B)^2(M_B+h_{B^c})}\end{aligned}$$

引理 14.2.4 设 φ 满足 $\delta_1(\varphi) < \infty$. 若 $\gamma_B = -\sup_B\Omega\varphi > 0$，则 $h_B \geqslant \gamma_B/\delta_1(\varphi) > 0$.

证明 任给 $A \subset B$，有

$$\begin{aligned}\gamma_B\pi(A) &\leqslant \int_A[-\Omega\varphi]\,\mathrm{d}\pi\\ &= \frac{1}{2}\int J(\mathrm{d}x,\mathrm{d}y)(I_A(x)-I_A(y))\cdot\\ &\quad(\varphi(x)-\varphi(y))\\ &\leqslant \frac{\delta_1(\varphi)}{2}\int J(\mathrm{d}x,\mathrm{d}y)\,|\,I_A(x)-I_A(y)\,|\\ &= \delta_1(\varphi)J(A\times A^c)\end{aligned}$$

故 $h_B \geqslant \gamma_B/\delta_1(\varphi)$.

作为本节的结束，我们来讨论处理一般对称型的

另一种不同方法. 与前述方法不同. 我们保持(J,K)不变而改变L^2空间. 为此,设p为一可测函数,满足$\alpha_p \triangleq \mathrm{ess\ inf}_\pi p > 0, \beta_p \triangleq \pi(p) < \infty$,以及$\| J(\cdot,E)+K\|_{0p} \leqslant \beta_p(L_+^1(\pi_p) \to \mathbf{R}_+)$,此处$\pi_p = p\pi/\beta_p$. 对于跳过程,可取$p(x) = q(x) \wedge r$($r$为某个非负实数). 从这一点可以看到这种方法的主要限制条件是$\int \pi(\mathrm{d}x)q(x) < \infty$. 另外,由例 14. 4. 1 还将看出,两种方法不能比较.

其次,根据(14. 1. 3) ~ (14. 1. 5) 由π_p代替π,再除以β_p定义h_p, k_p, k'_p. 例如

$$k'_p = \inf_{\pi_p(A)\leqslant 1/2} J(A\times A^c)/\pi(pI_A)$$

定理 14. 2. 4　设p, α_p,和π_p如上,在(14. 1. 1) 和(14. 1. 2) 中由π_p代替π定义$\lambda_{p,i}(i = 0,1)$,则

$$\lambda_i \geqslant \frac{\alpha_p}{\beta_p}\lambda_{p,i}, i = 0,1 \qquad (14.2.21)$$

特别

$$\lambda_0 \geqslant \alpha_p\left(1 - \sqrt{1 - h_p^2}\right) \qquad (14.2.22)$$

当$K = 0$时,有

$$\lambda_1 \geqslant \max\left\{\frac{\kappa}{8}\alpha_p k_p'^2, \alpha_p\left(1 - \sqrt{1 - k_p'^2}\right)\right\} \qquad (14.2.23)$$

证明　(ⅰ)$L^\infty(\pi)$关于D-范数$\|f\|_D^2 = D(f,f) + \pi(f^2)$在$\mathscr{D}(D)$中稠.

证明与引理 13. 2. 2 类似. 首先,我们证明$L^\infty(\pi) \subset \mathscr{D}(D)$. 因为$1 \in L^1(\pi_p)$,$\| J(\cdot,E) + K\|_{0p} \leqslant \beta_p$,所以$J(E,E) + K(E) \leqslant \beta_p < \infty$. 故

$$D(f,f) \leqslant \int J(\mathrm{d}x,\mathrm{d}y)[f(y)^2 + f(x)^2] + \int K(\mathrm{d}x)f(x)^2$$

$$\leqslant 2\|f\|_{\infty}^{2}(J(E,E)+K(E))<\infty$$

而且$f\in\mathscr{D}(D)$. 其次,设$f\in\mathscr{D}(D)$,令$f_n=(-n)\vee(f\wedge n)$,则$f_n\in L^{\infty}(\pi)$. 且对 $\forall x,y,n$ 有

$$|f_n(y)-f_n(x)|\leqslant|f(y)-f(x)|$$

$$|f_n(x)|\leqslant|f(x)| \qquad (14.2.24)$$

显然 $\pi((f_n-f)^2)\to 0$. 由于 $D(f_n-f,f_n-f)\leqslant 4D(f,f)<\infty$,根据(14.2.24)和控制收敛定理得

$$D(f_n-f,f_n-f)\to 0$$

从而 $\|f_n-f\|_D\to 0$.

(ⅱ)往证(14.2.21),由于证明相似,我们只证 $i=1$ 的情况而(14.2.22)和(14.2.23)可由(14.1.7)及定理 14.2.2 后的注($M=\beta_p$)立得.

由于$L^{\infty}(\pi)\subset L^2(\pi_p)$,而$L^2(\pi_p)$即为$D(f,f)$定义域的一部分,根据 λ_1 和 $\lambda_{p,1}$ 的定义,只需证明 $\pi_p(f^2)-\pi_p(f)^2\geqslant[\pi(f^2)-\pi(f)^2]\alpha_p/\beta_p$, $\forall f\in L^{\infty}(\pi)$.

$$\begin{aligned}\pi_p(f^2)-\pi_p(f)^2&=\inf_{c\in\mathbf{R}}\int(f(x)-c)^2\pi_p(\mathrm{d}x)\\&=\beta_p^{-1}\inf_{c\in\mathbf{R}}\int(f(x)-c)^2p(x)\pi(\mathrm{d}x)\\&\geqslant\frac{\alpha_p}{\beta_p}\inf_{c\in\mathbf{R}}\int(f(x)-c)^2\pi(\mathrm{d}x)\\&=\frac{\alpha_p}{\beta_p}[\pi(f^2)-\pi(f)^2]\end{aligned}$$

14.3　谱隙的存在性准则

本节我们来讨论谱隙的存在性问题.

设 E 为局部紧可分距离空间,具有 Borel σ - 域 $\mathscr{E}$, $\sup p(\pi) = E$,记 $C_b(E)$(或 $C_0(E)$)为 E 上全体有界连续数(或具有紧支撑的连续函数).

其次,设$(D,\mathscr{D}(D))$为定义在 $L^2(\pi)$ 上的正则保守 Dirichlet 型,根据 Beurling - Deny's 公式,D 可表示为

$$D(f,f) = D^{(c)}(f,f) + \frac{1}{2}\int J(\mathrm{d}x,\mathrm{d}y)(f(x)-f(y))^2$$

$$f \in \mathscr{D}(D) \cap C_0(E) \quad (14.3.1)$$

其中 $\mathscr{D}(D^{(c)}) = \mathscr{D}(D) \cap C_0(E)$ 且满足一个强局部性质;J 为 $E \times E$ 上的对称 Radon 测度(对角线测度为0). 而且还存在有限非负 Radon 测度 $\mu^c_{\langle f\rangle}$ 使得

$$D^{(c)}(f,f) = \frac{1}{2}\int_E d\mu^c_{\langle f\rangle}, f \in \mathscr{D}(D) \cap C_b(E)$$

定理 14.3.1　设 $\mathscr{C} \subset \mathscr{D}(D) \cap \mathscr{C}_0(E)$ 关于 D - 范数 $\|f\|_D^2 = D(f,f) + \pi(f^2)$ 在 $\mathscr{D}(D)$ 中稠,$\mathscr{L}_L = \{f + c : f \in \mathscr{C}, c \in \mathbf{R}\}$. 给定 $A, B \in \mathscr{C}, A \subset B, 0 < \pi(A), \pi(B) < 1$. 若下列条件满足:

(i)存在一个定义在全体 B 上关于 π^B 平方可积函数上的保守 Dirichlet 型$(D_B,\mathscr{D}(D_B))$使得 $\mathscr{C}|_B \subset \mathscr{D}(D_B)$ 且

$$D(f,f) \geqslant D_B(fI_B, fI_B), \quad f \in \mathscr{L}_L$$

（ⅱ）存在函数 $h \in \mathscr{L}_L: 0 \leqslant h \leqslant 1, h|_A = 0$, $h|_{B^c} = 1$ 使得

$$c(h) \triangleq \sup_{f \in \mathscr{L}_L} \frac{1}{\pi(f^2 I_B)} \Big[\frac{1}{2} \int f^2 d\mu^c_{\langle h \rangle} + \int_{B \times A^c} J(\mathrm{d}x, \mathrm{d}y) \\ [f(1-h)(y) - f(1-h)(x)]^2 \Big] < \infty$$

则

$$\frac{\lambda_0(A^c)}{\pi(A)} \geqslant \lambda_1 \geqslant \frac{\lambda_1(B)[\lambda_0(A^c)\pi(B) - 2c(h)\pi(B^c)]}{2\lambda_1(B) + \pi(B)^2[\lambda_0(A^c) + 2c(h)]}$$

证明　取 $f \in \mathscr{L}_L, f|_A = 0, \pi(f^2) = 1$，则

$$\pi(f^2) - \pi(f)^2 = 1 - \pi(f I_{A^c})^2 \geqslant 1 - \pi(f^2)\pi(A^c) \\ = 1 - \pi(A^c) = \pi(A)$$

再由 $\lambda_1 \leqslant D(f,f)/\pi(A)$ 便得上界. 往证下界.

设 $f \in \mathscr{L}_L, \pi(f) = 0, \pi(f^2) = 1$，令 $\gamma = \pi(f^2 I_B)$.

a) 由条件（ⅰ）可知

$$\begin{aligned} D(f,f) &\geqslant D_B(f I_B, f I_B) \\ &\geqslant \lambda_1(B)\pi(B)^{-1}[\pi(f^2 I_B) - \pi(B)^{-1}\pi(f I_B)^2] \\ &= \lambda_1(B)\pi(B)^{-1}[\pi(f^2 I_B) - \pi(B)^{-1}\pi(f I_{B^c})^2] \\ &= \lambda_1(B)\pi(B)^{-1}[\gamma - \pi(B)^{-1}\pi(f^2 I_{B^c})\pi(B^c)] \\ &= \lambda_1(B)\pi(B)^{-1}[\gamma - \pi(B^c)] \end{aligned} \tag{14.3.2}$$

（ⅱ）设 ρ 为 E 上的距离. 根据 $\mu^c_{\langle f \rangle}$ 的构造（M. Fukushima, Y. Oshima and M. Takeda[1] §3.2），存在一列上升到 E 的开集 G_l，一列对称非负 Radon 测度 σ_{β_n} 和一列 δ_l 使得

$$\int_E g \mathrm{d}\mu^c_{\langle f \rangle} = \lim_{l \to \infty} \lim_{\beta_n \to \infty} \beta_n \int_{G_l \times G_l, \rho(x,y) < \delta_l} [f(x) - f(y)]^2 \cdot$$

$$g(x)\sigma_{\beta_n}(\mathrm{d}x,\mathrm{d}y),f,g\in\mathscr{D}(D)\cap C_0(E)$$

再由

$$[(fh)(x)-(fh)(y)]^2\leqslant 2h(y)^2[f(x)-f(y)]^2+2f(x)^2[h(x)-h(y)]^2$$

可知

$$\int g\mathrm{d}\mu^c_{\langle fh\rangle}\leqslant 2\int h^2\mathrm{d}\mu^c_{\langle f\rangle}+2\int f^2\mathrm{d}\mu^c_{\langle h\rangle}$$

对 $f,g\in\mathscr{D}(D)\cap C_0(E)$ 进而对 $f,g\in\mathscr{D}(D)\cap C_b(E)$ 成立（M. Fukushima, Y. Oshima and M. Takeda [1] §3.2). 所以

$$D^{(c)}(fh,fh)=\frac{1}{2}\int\mathrm{d}\mu^c_{\langle fh\rangle}\leqslant 2D^{(c)}(f,f)+\int f^2\mathrm{d}\mu^c_{\langle h\rangle}\tag{14.3.3}$$

另一方面，由于

$$|(fh)(x)-(fh)(y)|\leqslant|f(x)-f(y)|+I_{A^c\times B\cup B\times A^c}(x,y)|f(1-h)(x)-f(1-h)(y)|$$

我们有

$$\begin{aligned}&\int J(\mathrm{d}x,\mathrm{d}y)[(fh)(x)-(fh)(y)]^2\\ \leqslant&\int J(\mathrm{d}x,\mathrm{d}y)[f(x)-f(y)]^2+\\ &4\int_{B\times A^c}J(\mathrm{d}x,\mathrm{d}y)[f(1-h)(x)-\\ &f(1-h)(y)]^2\end{aligned}\tag{14.3.4}$$

因此，结合(14.3.1)、(14.3.3)、(14.3.4) 及条件(ii)，得

$$D(fh,fh)\leqslant 2D(f,f)+\int f^2\mathrm{d}\mu^c_{\langle h\rangle}+2\int_{B\times A^c}J(\mathrm{d}x,\mathrm{d}y)\cdot[f(1-h)(x)-f(1-h)(y)]^2$$

$$\leqslant 2D(f,f)+2c(h)\pi(f^2I_B)$$
$$\leqslant 2D(f,f)+2\gamma c(h)$$

即

$$\begin{aligned}D(f,f)&\geqslant\frac{1}{2}D(fh,fh)-\gamma c(h)\\&\geqslant\frac{1}{2}\lambda_0(A^c)\pi(f^2h^2)-\gamma c(h)\\&\geqslant\frac{1}{2}\lambda_0(A^c)\pi(f^2I_{B^c})-\gamma c(h)\\&\geqslant\frac{1}{2}\lambda_0(A^c)(1-\gamma)-\gamma c(h)\end{aligned}\tag{14.3.5}$$

再由(14.3.2)得

$$\begin{aligned}D(f,f)&\geqslant\inf_{\gamma\in(0,1]}\max\left\{\begin{array}{l}\dfrac{\lambda_1(B)}{\pi(B)^2}(\gamma-\pi(B^c)),\\\dfrac{1}{2}\lambda_0(A^c)(1-\gamma)-\gamma c(h)\end{array}\right\}\\&=\lambda_1(B)\pi(B)^{-2}(\gamma_0-\pi(B^c))\end{aligned}\tag{14.3.6}$$

最后由(14.3.6)及引理14.2.2便得定理结论.

现在我们把定理应用于跳过程.

定理 14.3.2 设 $K=0$,则对任意 $A\subset B$,$0<\pi(A),\pi(B)<1$,我们有

$$\frac{\lambda_0(A^c)}{\pi(A)}\geqslant\lambda_1\geqslant\frac{\lambda_1(B)[\lambda_0(A^c)\pi(B)-2M_A\pi(B^c)]}{2\lambda_1(B)+\pi(B)^2[\lambda_0(A^c)+2M_A]}\tag{14.3.7}$$

证明 首先定理14.3.1中关于拓扑假设在这里已不必要. 若取 D_B 如(14.2.19)式定义即知定理14.3.1(ⅰ)成立. 若取 $h=I_{A^c}$,则

$$\int_{B\times A^c} J(\mathrm{d}x,\mathrm{d}y)[(fI_A)(x)-(fI_A)(y)]^2$$

$$=\int_{A\times A^c} J(\mathrm{d}x,\mathrm{d}y)f(x)^2 \leqslant M_A\pi(f^2I_A)\leqslant M_A\pi(f^2I_B)$$

这意味着定理14.3.1(ⅱ)对 $c(h)=M_A$ 成立. 定理得证.

定理 14.3.2 要求估计 $\lambda_0(A^c)$ 和 $\lambda_1(B)$,这可由定理 14.2.1 或定理 14.2.2 得到. 这些结果对于估计 $\lambda_1(B)$ 已经足够. 但估计 $\lambda_0(A^c)$,特别是无界情况,可能不够理想,为此,我们给出

定理 14.3.3　设 E 为距离空间, 具有 Borel 域 $\mathscr{E}$,(X_t) 是取值于 E 的可逆右连续马氏过程,并具有弱生成元 Ω,假定相应的 Dirichlet 型正则. 其次,对给定的闭集 B,假定下列条件成立:

(ⅰ)存在一个函数 φ,满足 $\varphi|_B=0,\varphi|_{B^c}>0$ 和

$$\Omega\varphi\leqslant c-\delta\varphi$$

其中 c,δ 为常数,且 $\delta>0$.

(ⅱ)存在开集列 $\{E_n\}$:$E_0\supset B,E_n\uparrow E$ 使得 φ 在每个 $E_n\backslash B$ 上大于某正数.

(ⅲ)Ω 的第一 Dirichlet 特征函数在每个 $E_n\backslash B$ 上上有界,则我们有 $\lambda_0(B^c)\geqslant\delta$,特别,对跳过程而言,条件(ⅰ)中的 $\varphi|_B=0$ 可以去掉.

显然, 对于扩散过程或马尔可夫链而言, 条件(ⅱ)和(ⅲ)自动满足,因此(ⅰ)是关键条件.

证明　定理14.3.3后半部分结论可由 $\varphi|_B$ 代替 φ 得到. 事实上,若 $x\in B^c$,则

$$\Omega(\varphi I_{B^c}(x))=\int q(x,\mathrm{d}y)[(\varphi I_{B^c}(y))-(\varphi I_{B^c}(x))]$$

$$\leqslant \int q(x,\mathrm{d}y)[\varphi(y)-(\varphi I_{B^c})(x)]$$

$$=\Omega\varphi(x)\leqslant -\delta(\varphi I_{B^c})(x)$$

现在我们来证明定理的主要结论,令 $\tau_B = \inf\{t \geqslant 0: X_t \in B\}$,则由条件(ⅰ)可得

$$E^*\varphi(X_{t\wedge\tau_B})\leqslant \varphi(x)\mathrm{e}^{-\delta t}, t\geqslant 0, x\notin B$$

其次,设 $u_n(\geqslant 0)$ 是 Ω 在 $E_n\backslash B$ 上的第一 Dirichlet 特征函数. 令 $\tau = \inf\{t\geqslant 0: X_t \notin E_n\backslash B\}$,则根据条件(ⅱ)、(ⅲ),存在 $c_1 > 0$ 使得 $u_n(X_{t\wedge\tau})\leqslant c_1\varphi X_{t\wedge\tau_B}$,因此

$$u_n(x)\mathrm{e}^{-\lambda_0(E_n\backslash B)t} = E^x u_n(X_{t\wedge\tau})\leqslant c_1 E^x\varphi(X_{t\wedge\tau_B})$$

$$\leqslant c_1\varphi(x)\mathrm{e}^{-\delta t}, x\in E_n\backslash B$$

这说明 $\lambda_0(E_n\backslash B)\geqslant\delta$. 最后由于 Dirichlet 型是正则的,故易知 $\lambda_0(B^c) = \lim\limits_{n\to\infty}\lambda_0(E_n\backslash B)$,定理证毕.

接下来,我们来讨论 λ_1 的上界.

设 $(D,\mathscr{D}(D))$ 为保守 Dirichlet 型,$P(t,x,\mathrm{d}y)$ 为相应的转移概率, 给定 $\varphi\geqslant 0$, 设 $\varphi\wedge n\in\mathscr{D}(D)$, $\forall n\geqslant 1$. 令 $f_n = \exp[\varepsilon(\varphi\wedge n)/2]$. 由于 $\mathrm{e}^{\alpha x}$ 满足局部 Lipschitz 条件和 $\varphi\wedge n$ 有界. 根据谱表示理论,有

$$D(f_n,f_n) = \lim_{t\to 0}\frac{1}{2t}\int\pi(\mathrm{d}x)P(t,x,\mathrm{d}y)[f_n(x)-f_n(y)]^2$$

$$\leqslant\frac{\varepsilon^2}{4}C(\varphi,n)\lim_{t\to 0}\frac{1}{2t}\int\pi(\mathrm{d}x)P(t,x,\mathrm{d}y)\cdot$$

$$[(\varphi\wedge n)(x)-(\varphi\wedge n)(y)]^2$$

$$\leqslant\frac{\varepsilon^2}{4}C(\varphi,n)(\varphi\wedge n,\varphi\wedge n)<\infty$$

其中 $C(\varphi,n)$ 是 $\mathrm{e}^{\varepsilon x/2}$ 在 $\varphi\wedge n$ 的值域上的 Lipschitz 范数,这启发我们引入常数

$$\delta(\varepsilon,\varphi) = \varepsilon^{-2}\sup_{n\geqslant 1}D(f_n,f_n)/\pi(f_n^2)$$

定理 14.3.4　设 $(D,\mathscr{D}(D))$, φ, f_n 和 $\delta(\varepsilon,\varphi)$ 如上,则

$$\lambda_1 \leqslant \sup\{\varepsilon^2\delta(\varepsilon,\varphi) \mid \pi(e^{\varepsilon\varphi}) < \infty\}$$

证明　若 $\pi(e^{\varepsilon\varphi}) < \infty$,则对 $n \geqslant 1$,我们有

$$\lambda_1 \leqslant \frac{D(f_n,f_n)}{\pi(f_n^2) - \pi(f_n)^2} \qquad (14.3.8)$$

对每个 $m \geqslant 1$,选取 $\gamma_m > 0$ 使得 $\pi(\varphi \geqslant \gamma_m) \leqslant \frac{1}{m}$,则

$$\begin{aligned}\pi(I_{[\varphi\geqslant\gamma_m]}f_n^2)^{1/2} &\geqslant \sqrt{m}\,\pi(I_{[\varphi\geqslant\gamma_m]}f_n)\\ &\geqslant \sqrt{m}\,\pi(f_n) - \sqrt{m}\,e^{\varepsilon\gamma_m/2}\end{aligned}$$

从而

$$\pi(f_n)^2 \leqslant \left[\sqrt{\pi(f_n^2)}/\sqrt{m} + e^{\varepsilon\gamma_m/2}\right]^2 \qquad (14.3.9)$$

另一方面,由假设

$$D(f_n,f_n) \leqslant \varepsilon^2\delta(\varepsilon,\varphi)\pi(f_n^2) \qquad (14.3.10)$$

注意 $\pi(f_n^2)\uparrow\infty$,综合(14.3.8) ~ (14.3.10)并令 $n\uparrow\infty$ 得

$$\lambda_1 \leqslant \varepsilon^2\delta(\varepsilon,\varphi)/[1 - m^{-1}]$$

再令 $m\uparrow\infty$ 即得定理.

定理 14.3.5　设 $K = 0, \gamma > 0, J - a.e$,且(14.1.8)成立,若存在 $\varphi \geqslant 0$ 使得

$$0 < \delta_2(\varphi) \triangleq \operatorname{ess\,sup}_J |\varphi(x) - \varphi(y)|^2\gamma(x,y) < \infty$$

则

$$\lambda_1 \leqslant \frac{\delta_2(\varphi)}{4}\sup\{\varepsilon^2 : \varepsilon \geqslant 0, \pi(e^{\varepsilon\varphi}) < \infty\}$$

从而,如果存在 $\varphi \geqslant 0$, $0 < \delta_2(\varphi) < \infty$ 使得对所有 $\varepsilon > 0$, $\pi(e^{\varepsilon\varphi}) = \infty$,则 $\lambda_1 = 0$. 特别,若 $J(dx,dy) = \pi(dx)q(x,dy)$,则 $\delta_2(\varphi)$ 可由 $\delta_2'(\varphi) \triangleq \operatorname{ess\,sup}_\pi\int|\varphi(x) -$

$\varphi(y)|^2 q(x,\mathrm{d}y) < \infty$ 代替,而无需用到 γ 和式(14.1.8).

证明 只需证明第一个结论,其他结论的证明是类似的. 设 f_n 由定理 14.3.4 给出,注意到由均值定理,$|\mathrm{e}^A - \mathrm{e}^B| \leqslant |A-B|\,\mathrm{e}^{A\vee B} = |A-B|\,(\mathrm{e}^A \vee \mathrm{e}^B)$, $\forall A, B \geqslant 0$,从而

$$\begin{aligned} D(f_n,f_n) &= \frac{1}{2}\int J(\mathrm{d}x,\mathrm{d}y)[f_n(x)-f_n(y)]^2 \\ &\leqslant \frac{\varepsilon^2}{8}\int J^{(1)}(\mathrm{d}x,\mathrm{d}y)[\varphi(x)-\varphi(y)]^2 \cdot \\ &\quad \gamma(x,y)[f_n(x)\vee f_n(y)]^2 \\ &\leqslant \frac{\varepsilon^2}{4}\delta_2(\varphi)\pi(f_n^2) \end{aligned}$$

由定理 14.3.4($\delta(\varepsilon,\varphi) = \frac{1}{4}\delta_2(\varphi)$)便知结论成立.

14.4 马尔可夫链的谱隙存在性

设 E 可数,(q_{ij}) 为 E 上的正则不可约 $\boldsymbol{Q}$-矩阵,且关于 $\boldsymbol{\pi} = (\pi_i):(\pi(i))$ 可逆,假定 $q_i = \sum_{j\neq i} q_{ij} > 0\,(i \in E)$. 此时 $K=0$, $\Omega f(i) = \sum_{j\neq i} q_{ij}(f_j - f_i)$. 对称测度关于计数测度的密度变为 $J(i,j) = \pi_i q_{ij}\,(i\neq j)$. 为了简单起见,我们只考虑两种情形:$E = \mathbf{Z}_+$ 和 $E = \mathbf{Z}^d$. 取 $\gamma(i,j) = 1/(q_i \vee q_j)$. 记 $|\boldsymbol{i}|$ 为 L^1-范数. 即 $|i| = \sum_{k=1}^{d} |i_k|$, $\boldsymbol{i} = (i_1,\cdots,i_d) \in \mathbf{Z}^d$.

定理 14.4.1 考虑 $\mathbf{Z}_+$ 上的生灭过程,生灭速度

分别为(b_i)和(a_i).

(i) 取$\gamma_{ij}=(a_i+b_i)\vee(a_j+b_j)(i\neq j)$,则$k^{(\alpha)'}>0$(或等价地,$k^{(\alpha)}>0$)的充要条件是存在常数$c>0$使得

$$\frac{\pi_i a_i}{[(a_i+b_i)\vee(a_{i-1}+b_{i-1})]^\alpha}\geqslant c\sum_{j\geqslant i}\pi_j, i\geqslant 1 \tag{14.4.1}$$

此时,实际上有$k^{(\alpha)'}\geqslant c$,进而

$$k^{(\alpha)}\geqslant\inf_{i\geqslant 1}\frac{\pi_i a_i}{[(a_i+b_i)\vee(a_{i-1}+b_{i-1})]^\alpha(1-\pi_i)\sum_{j\geqslant i}\pi_j}$$

(ii) 设$\sum_i\pi_i(a_i+b_i)<\infty$,令$p_i=a_i+b_i$,则

$k_p'>0$(等价地,$k_p>0$)的充要条件为$\inf_{i\geqslant 1}\dfrac{\pi_i a_i}{\sum_{j\geqslant i}\pi_j p_j}>0$.

而且

$$k_p'\geqslant\inf_{i\geqslant 1}\frac{\pi_i a_i}{\sum_{j\geqslant i}\pi_j p_j},\quad k_p\geqslant\inf_{i\geqslant 1}\frac{\pi_i a_i}{(1-\pi_i p_i/\beta_p)\sum_{j\geqslant i}\pi_j p_j}$$

证明 我们只证明(i),(ii)的证明是类似的.

(i) 设$k^{(\alpha)}>0$,固定$i>0$,取

$$A=I_i=\{i,i+1,\cdots\}$$

$$J^\alpha(i,j)=\frac{\pi_i q_{ij}}{[q_i\vee q_j]^\alpha}$$

$$=\begin{cases}\dfrac{\pi_i a_i}{[(a_i+b_i)\vee(a_{i-1}+b_{i-1})]^\alpha}\triangleq\pi_i\tilde{a}_i, & 若\ j=i-1\\[2ex] \dfrac{\pi_i b_i}{[(a_i+b_i)\vee(a_{i+1}+b_{i+1})]^\alpha}\triangleq\pi_i\tilde{b}_i, & 若\ j=i+1\end{cases}$$

则

$$k^{(\alpha)'} \leqslant k^{(\alpha)} \leqslant \frac{J^{(\alpha)}(A \times A^c)}{\pi(A)\pi(A^c)}$$

$$= \frac{\pi_i \tilde{a}_i}{\left(\sum_{j \geqslant i} \pi_j\right)\left(\sum_{j < i} \pi_j\right)} \leqslant \frac{\pi_i \tilde{a}_i}{\pi_0 \sum_{j \geqslant i} \pi_j}$$

这就证明了必要性.

（ⅱ）其次,设条件满足,则对每个 A,$\pi(A) \in (0,1)$,由 $J^{(\alpha)}$ 的对称性,可以假定 $0 \notin A$,令 $i_0 = \min A \geqslant 1$,则 $A \subset I_{i_0}$,$A^c \subset E \backslash \{i_0\}$,因而

$$\frac{J^{(\alpha)}(A \times A^c)}{\pi(A) \wedge \pi(A^c)} \geqslant \frac{\pi_{i_0} \tilde{a}_{i_0}}{\sum_{j \geqslant i_0} \pi_j} \geqslant c$$

$$\frac{J^{(\alpha)}(A \times A^c)}{\pi(A)\pi(A^c)} \geqslant \frac{\pi_{i_0} \tilde{a}_{i_0}}{(1 - \pi_{i_0}) \sum_{j \geqslant i_0} \pi_j}$$

由 A 的任意性便得结论.

粗略地说,如果 π_i 是指数衰退的,则(14.4.1)一定成立;若 π_j 是多项式衰退的,(14.4.1)对 $\alpha = \frac{1}{2}$ 也可能成立(见例 14.4.1).

定理 14.4.2 设 $E = \mathbf{Z}_+$,(q_{ij}) 具有有限程 R,即 $q_{ij} = 0(|i - j| > R)$. 若

$$\varlimsup_{i \to \infty} \sum_j \frac{q_{ij}}{\sqrt{q_i \vee q_j}}(j - i) < 0$$

则 $\lambda_1 > 0$.

证明 只要在定理 14.2.3 中取 $\varphi_i = i + 1$ 和 $B = \{0, 1, \cdots, n\}$(n 充分大). 利用定理 14.2.2 立得.

类似地,我们有如下结论:

定理 14.4.3　设 $E = \mathbf{Z}^d$，(q_{ij}) 具有有限程 R，若

$$\overline{\lim_{|\boldsymbol{i}|\to\infty}} \sum_j \frac{q_{ij}}{\sqrt{q_i \vee q_j}} \sum_{k=1}^{d} [\,|j_k| \vee R - |i_k| \vee R\,] < 0$$

则 $\lambda_1 > 0$.

证明　在定理 14.2.3 中取 $\varphi_i = \sum_{k=1}^{d} |i_k| \vee R + 1$，利用定理 14.2.2 即得.

定理 14.4.4　设 $E = \mathbf{Z}^d$，若存在正函数 φ 使得

$$\overline{\lim_{|i|\to\infty}} \frac{1}{\varphi}\Omega\varphi < 0$$

则 $\lambda_1 > 0$.

证明　对有限集 $\{\boldsymbol{i} \mid |\boldsymbol{i}| \leqslant n\}$ 应用定理 14.2.2，定理 14.3.3 和定理 14.3.2 即可.

例 14.4.1　设 $E = \mathbf{Z}_+$，考虑生灭过程，$a_i = b_i = i^\gamma (i \geqslant 1)$，$\gamma > 0$，$a_0 = 0$，$b_0 = 1$，则 $\lambda_1 > 0$，当且仅当 $\gamma \geqslant 2$.

证明　（ⅰ）根据定理 14.4.1 可知 $k^{(1/2)} > 0$，当且仅当 $\gamma \geqslant 2$，因此由定理 14.2.2 知，当 $\gamma \geqslant 2$ 时，$\lambda_1 > 0$.

（ⅱ）取 $\varphi_i = 1 + i^{1-\gamma/2}$，应用定理 14.3.5 可知对 $\gamma \in (1,2)$ 有 $\lambda_1 = 0$.

（ⅲ）当 $\gamma \geqslant 2$ 时，定理 14.4.2 的条件满足，从而 $\lambda_1 > 0$.

（ⅳ）取 $\varphi_i = \sqrt{i} (i \geqslant 1)$，易知 $\Omega\varphi(i)/\varphi_i = -\frac{1}{4} i^{-\gamma-2} + o(i^{\gamma-3})$，因此

$$\overline{\lim_{i\to\infty}}\frac{1}{\varphi}\Omega\varphi(i)=\begin{cases}-\infty,\gamma>2\\ -\dfrac{1}{4},\gamma=2\end{cases}$$

根据定理 14.4.4,同样可得 $\gamma\geqslant 2$ 时 $\lambda_1>0$.

另一方面,取 $f_n(i)=i^{\frac{\gamma-1}{2}}\wedge n^{\frac{\gamma-1}{2}}$,$A=\{0\}$,则

$$\begin{aligned}\lambda_0(A^c)&\leqslant\lim_{n\to\infty}\frac{\sum\limits_{i,j\geqslant 0}\pi_i q_{ij}[f_n(j)-f_n(i)]^2}{2\sum\limits_{i\geqslant 0}\pi_i f_n(i)^2}\\&=\lim_{n\to\infty}\frac{\sum\limits_{i\geqslant 0}q_{i,i+1}[f_n(i+1)-f_n(i)]^2}{2\sum\limits_{i\geqslant 0}\pi_i f_n(i)^2}\\&\leqslant\lim_{n\to\infty}\frac{1+(\gamma-1)^2\sum\limits_{i=1}^{n}i^{\gamma-3}}{\sum\limits_{i=1}^{n}i^{-1}}\\&=0,\quad 1<\gamma<2\end{aligned}$$

由定理14.3.2知 $\lambda_1\leqslant\lambda_0(A^c)/\pi(A)=0$. 由于马氏链是正常返的,故 $\gamma\leqslant 1$ 时,显然有 $\lambda_1=0$.

例 14.4.2 设 $E=\mathbf{Z}_+,a_i\equiv a>0,b_i\equiv b>0$,则定理 14.2.2 和定理 14.2.4 都是精确的.

证明 这是一个典型例子,周知 $\lambda_1=(\sqrt{a}-\sqrt{b})^2$(见推论 13.4.2).

(ⅰ)根据定理 14.4.1(ⅰ)有

$$k^{(\alpha)'}\geqslant\inf_{i\geqslant 1}\frac{\pi_i a_i}{(a+b)^{\alpha}\sum\limits_{j\geqslant i}\pi_j}=\frac{a-b}{(a+b)^{\alpha}}$$

再由定理 14.2.2 得 $\lambda_1\geqslant(\sqrt{a}-\sqrt{b})^2$.

(ⅱ)取 $p_i=a+b$,则由定理 14.4.1(ⅱ)

$$k_p' \geqslant \inf_{i \geqslant 1} \frac{\pi_i a_i}{\sum_{j \geqslant i} \pi_j p_j} = \frac{a-b}{a+b}$$

根据定理 14.2.4，与(i)类似可得 $\lambda_1 \geqslant (\sqrt{a}-\sqrt{b})^2$.

例 14.4.3　考虑生灭过程，$a_{2i-1}=(2i-1)^2, a_{2i}=(2i)^4, b_i=a_i (i \geqslant 1)$，则 $k^{(1/2)'}=0$.

证明　首先，对 $\varphi_i=\sqrt{i}$ 应用定理 14.4.4 或与速度为 $a_i=b_i=(2i)^2$ 的生灭过程比较，可得 $\lambda_1>0$. 其次，因为 $\mu_i=1/a_i$（从而 $\pi_i=\mu_i/Z$，Z 为标准化常数），所以 $\sum_{j \geqslant i} \mu_j=o(i^{-1})$. 然而 $\sqrt{a_i \vee a_{i-1}}=o(i^2)$. 故 $\sup_{i \geqslant 1} \sqrt{a_i \vee a_{i-1}} \sum_{j \geqslant i} \mu_j=\infty$. 再由定理 14.4.1(1) 可知 $k^{(1/2)'}=0$.

注意，若式(14.1.8)是严格不等式，则 $\gamma_{ij}=q_i \vee q_j (i \neq j)$ 通常并不是最优的.

14.5　补充与注记

本章就一般对称型建立了 Cheeger 不等式和谱隙的存在性判别准则，过去几十年的研究，大多数是针对有界情形展开的，这里解决了无界情形的上述问题，其内容全部取自陈木法，王凤雨[2,3].

第 15 章 Nash 不等式及其应用

本章我们讨论一般对称型(可能无界)的 Nash 不等式及其在可逆马尔可夫过程(特别是生灭过程)中的应用.

15.1 引言

设$(E,\mathscr{E}\pi)$为σ-有限测度空间,记$L^p(\pi)$为具有范数$\|\cdot\|_p(p\in[1,\infty])$的实可测函数组成的$L^p$空间. 给定$\mathscr{D}(D)\subset L^2(\pi)$上的对称型$D(f,g)$,我们关心不等式

$$\|f\|_2^{2+4/v}\leqslant\eta_1^{-1}[D(f,f)+\delta\|f\|_2^2]\|f\|_p^{4/v},\quad f\in L^2(\pi)\quad(15.1.1)$$

其中,$\delta\in[0,\infty)$,$p\in[1,2]$,v,$\eta_1=\eta_1(\delta,p,v)\in(0,\infty)$为常数. 若$\pi$是概率测度,且$D(1,1)=0$,则(15.1.1)关于$\delta=0$对常数函数没有意义. 只是在这种情况下,我们考虑不等式

$$\mathrm{Var}_{\pi}(f)^{1+2/v} \leqslant \eta_2^{-1} D(f,f) \|f\|_p^{4/v}, f \in L^2(\pi) \tag{15.1.2}$$

其中 $p \in [1,2], v, \eta_2 = \eta_2(p,v) \in (0,\infty)$ 为常数.

(15.1.1) 和(15.1.2) 已包括了 $v = \infty$ 的情形,此时化为 $p = 2$ 的情形. 当 $\pi(E) = 1$ 时,由于 $L^1(\pi) \supset L^p(\pi)$,因此一般地,$p$ 越小,上述不等式越强,特别最强情形:$p = 1$ 时,此不等式称为 Nash 不等式. 最弱情形:$p = 2$ 时,(15.1.2) 等价于 Poincaré 不等式

$$\mathrm{Var}_{\pi}(f) \leqslant \lambda_1^{-1} D(f,f), f \in L^2(\pi) \tag{15.1.3}$$

其中 $\lambda_1 > 0$. 事实上,在(15.1.2) 中用 $f - \pi(f)$ 代替 f,即得(15.1.3). 反之,注意到

$$\mathrm{Var}_{\pi}(f) = \inf_c \|f - c\|_2^2 \leqslant \|f\|_2^2$$

可由(15.1.3) 得(15.1.2). 最后,若 $p \in [1,2)$,我们将看到,由(15.1.2) 可得到对数 Sobolev 不等式

$$\int f^2 \log[f^2 / \|f\|_2^2] \mathrm{d}\pi \leqslant \alpha^{-1} D(f,f), f \in L^2(\pi) \tag{15.1.4}$$

其中,$\alpha > 0$ 为常数,这里及以后,我们规定常数 η_1, η_2, λ_1 及 α 表示使对应的不等式成立的最大者.

现在我们来给出(15.1.1) 和(15.1.2) 的概率意义. 设 $(D,\mathscr{D}(D))$ 由 $L^2(\pi)$ 上对称马尔可夫半群 $(P_t)_{t\geqslant 0}$ 导出,则在一定条件下,根据 Carlen, Kusuoka 和 Stroock [1] Theorem 2.1 的证明,可知(15.1.1) 和(15.1.2) 分别等价于

$$\|P_t\|_{p\to q} \leqslant \left(\frac{v}{2\eta_1 t}\right)^{v/2} \mathrm{e}^{\delta t}, t > 0 \tag{15.1.5}$$

和

$$\| P_t - \pi \|_{p\to q} \leqslant \left(\frac{v}{2\eta_2 t}\right)^{v/2} e^{\delta t}, t > 0 \quad (15.1.6)$$

其中,$\| \cdot \|_{p-q}$ 表示从 $L^P(\pi)$ 到 $L^q(\pi)$ 的算子范数, $p^{-1} + q^{-1} = 1$. 注意, 由 (15.1.5) 到 (15.1.1) 或 (15.1.6) 到(15.1.2),可能得到不同的常数 η_1 或 η_2. 因此, 不等式(15.1.1) 和(15.1.2) 刻画了半群 $(P_t)_{t\geqslant 0}$ 的一致代数衰退性.

另一方面, 若 $\pi(E) = 1$, 周知(见陈木法[1]Chapter 9),(15.1.3) 等价于

$$\| P_t f - \pi(f) \|_2 \leqslant \| f - \pi(f) \|_2 e^{-\lambda_1 t}, t \geqslant 0, f \in L^2(\pi) \quad (15.1.7)$$

此外,根据 Gross 定理,(15.1.4) 等价于

$$\| P_t \|_{p-q} \leqslant 1, 1 < p < q < \infty, e^{4\alpha t} \geqslant (q-1)/(p-1) \quad (15.1.8)$$

注意到(15.1.6) 的证明是由于 $\| P_t - \pi \|_{1\to\infty} \leqslant \| P_{t/2} - \pi \|_{1\to 2}^2 \leqslant (v/(2\eta_2 t))^{v/2} < \infty$. 而且 $\| P_t \|_{1\to 2} \leqslant \| P_t - \pi \|_{1\to 2} < \infty, t > 0$. 因此若(15.1.2) 对 $p \in [1,2]$ 成立, 则 $\| P_t \|_{p\to 2} < \infty$ 且 $\lambda_1 > 0$. 并由 Bakry[1,2] Theorem 3.6 及 Proposition 3.9 知,(15.1.4) 成立. 类似地,当 π 为概率测度,$D(1,1) = 0$ 时,由(15.1.1)($\delta \neq 0$) 和谱隙存在性也可得出(15.1.4). 然后,我们将证明一般情况下,反过来不一定成立,即(15.1.4) 或(15.1.8) 不能保证(15.1.2) 对 $p \in [1,2)$ 成立.

以上的讨论揭示了一个非常有趣的现象,当 p 从 1 增加到 2 时,不等式(15.1.2) 应该越来越弱,但当 $p <$

2 时，(15.1.2) 都比(15.1.4) 强，而 $p = 2$ 时，(15.1.2) 却比(15.1.4) 弱.

然而，更有趣的是，当 p 在$[1,2)$ 内变化时，(15.1,1) 给出的不等式是等价的，同时(15.1.5) 中的不等式也如此，这里我们允许正常数 v 和 η_1 不同. 事实上，由 Hölder 不等式

$$\|f\|_p \leqslant \left[\int f^{(2-p)\frac{1}{2-p}}\mathrm{d}\pi\right]^{2/p-1}\left[\int f^{(2p-2)\frac{1}{p-1}}\mathrm{d}\pi\right]^{1-1/p} = \|f\|_1^{2/p-1}\|f\|_2^{2-2/p}$$

因此，若(15.1.1) 对某个 $p \in (1,2)$ 成立，则

$$\begin{aligned}\|f\|_2^{2+4/v} &\leqslant \eta_1^{-1}[D(f,f) + \delta\|f\|_2^2]\|f\|_p^{4/v}\\ &\leqslant \eta_1^{-1}[D(f,f) + \delta\|f\|_2^2]\|f\|_1^{4(2/p-1)/v}\|f\|_2^{4(2-2/p)/v}\end{aligned}$$

两边同时除以 $\|f\|_2^{4(2-2/p)/v}(<\infty)$，得 $\|f\|_2^{2+4(2/p-1)/v} \leqslant \eta_1^{-1}[D(f,f) + \delta\|f\|_2^2]\|f\|_1^{4(2/p-1)/v}$，这正是由(15.1.1) 中 $p = 1$，且 $v/[2/p-1]$ 代替 v 时的情形. 类似的结论对(15.1.2) 和(15.1.6) 也成立. 因此，以后我们讨论(15.1.1) 或(15.1.2) 时，总是固定 $p = 1$.

与第 13 章一样，本章我们考虑如下对称型 $(D,\mathscr{D}(D))$：

$$D(f,g) = \frac{1}{2}\int J(\mathrm{d}x,\mathrm{d}y)[f(x)-f(y)][g(x)-g(y)] + \int K(\mathrm{d}x)f(x)g(x)$$

$$f,g \in \mathscr{D}(D) \triangleq \{f \in L^2(\pi): D(f,f) < \infty\}$$

其中 J 是对称、非负测度且 $J(\{x,x\} \mid x \in E\}) = 0$，$K$ 为非负测度.

对于对称跳过程，具有 q 对$(q(x),q(x,\mathrm{d}y))$：

$q(x,E) \leqslant q(x) \leqslant \infty$, $\forall x \in E$, 我们仍假定 $q(x) < \infty$, $\forall x \in E$.

显然,不等式(15.1.1)和(15.1.2)都很难直接验证,本章的目的是寻找更有效的条件. 我们首先采用前面讨论 Cheeger 不等式的有界化方法:取定一非负对称函数 $r \in \mathscr{E} \times \mathscr{E}$ 和非负函数 $s \in \mathscr{E}$,使得

$$\| J^{(1)}(\cdot,K) + K^{(1)} \|_{op} \leqslant 1, L_+^1(\pi) \to \mathbf{R}_+ \quad (15.1.9)$$

其中 $J^{(\alpha)}(\mathrm{d}x,\mathrm{d}y) = I_{\{r(x,y)>0\}} \dfrac{J(\mathrm{d}x,\mathrm{d}y)}{r(x,y)^{\alpha}}$, $K^{(\alpha)}(\mathrm{d}x) = I_{\{s(x)>0\}} \dfrac{K(\mathrm{d}x)}{s(x)^{\alpha}}$, $\alpha \geqslant 0$. 对跳过程及 π 为概率测度而言,可简单地取 $r(x,y) = q(x) \vee q(y)$, $s(x) = q(x) - q(x,E)$. 我们记由 $(J^{(\alpha)}, K^{(\alpha)})$ 定义的对称型为 $(D^{(\alpha)}, \mathscr{D}(D^{\alpha}))$. 以下只涉及 $\alpha = 0, \dfrac{1}{2}, 1$ 这 3 种情形,且当 $\alpha = 0$ 时化为原对称型,因此将记号中的上标"α"略去.

现在我们给出本章的主要结果,并在 15.2 中给出证明.

定理 15.1.1 若存在常数 $\delta \in [0,\infty)$, $v \in [1,\infty)$ 及 $S_{v,\delta} \in (0,\infty)$ 使得

$$\pi(A)^{v-1/v} \leqslant S_{v,\delta}^{-1}[J^{(1/2)}(A \times A^c) + K^{(1/2)}(A) + \delta\pi(A)], \quad 0 < \pi(A) < \infty \quad (15.1.10)$$

则

$$\|f\|_2^{2+4/v} \leqslant (2 - \lambda_0^{(1)}) S_{v,\delta}^{-2} D(f,f) \|f\|_1^{4/v}, \text{若 } \delta = 0 \quad (15.1.11)$$

$$\|f\|_2^{2+4/v} \leqslant 2[(2 - \lambda_0^{(1)}) S_{v,\delta}^{-2} D(f,f) + \delta^2 \|f\|_2^2] \|f\|_1^{4/v},$$

$$\text{若 } \delta \neq 0, f \in L^2(\pi) \quad (15.1.12)$$

其中 $\lambda_0^{(\alpha)} = \lambda_0^{(\alpha)}(E)$.

定理 15.1.2 设 π 是概率测度,$K(\mathrm{d}x) = 0$,定义等常数 I_v 如下

$$I_v = \inf_{0<\pi(A)\leqslant 1/2} \frac{J^{(1/2)}(A \times A^c)}{\pi(A)^{(v-1)/v}}$$

$$= \inf_{0<\pi(A)\leqslant 1} \frac{J^{(1/2)}(A \times A^c)}{[\pi(A) \wedge \pi(A^2)]^{(v-1)v}}$$

则有

$$\mathrm{Var}_\pi(f)^{1+2/v} \leqslant \min\{2, 2^{2/v}(2 - \inf_{\pi(B)\leqslant 1/2} \lambda_0^{(1)}(B))\}$$

$$I_v^{-2} D(f,f) \|f\|_1^{4/v}, f \in L^2(\pi) \quad (15.1.13)$$

当 $v = \infty$, $S_{v,\delta} = (1-\delta)h^{(1/2)}(\delta < 1)$ 及 $I_v = k^{(1/2)}$ 时,这正是前面讨论的情形. 以上定理甚至对有限马尔可夫链,也改进了 Saloff - Coste [1] 的结果.

下面我们来叙述(15.1.1) 和(15.1.2) 的必要条件,为此,需要一个试验函数 φ(通常取为初等函数)满足

$$\varphi \geqslant 0, \pi(\mathrm{e}^\varphi) = \infty, \lim_{n\to\infty} \pi(\varphi > n) = 0,$$

$$\pi(\varphi < c) < \infty, \forall c > 0 \quad (15.1.14)$$

以下定理是定理 13.3.5 的修正.

定理 15.1.3 设 $\|K\|_{2\to 2} < \infty$,如果下列条件(i)~(iii)之一成立,则不等式(15.1.1) 和(15.1.2) 不成立(即 $\eta_1 = \eta_2 = 0$).

(i)(15.1.9) 成立,$r > 0$, 且存在 φ 满足(15.1.14) 及 $\mathrm{ess\,sup}_J |\varphi(x) - \varphi(y)|^2 r(x,y) < \infty$;

(ii)$J(\mathrm{d}x,\mathrm{d}y) = \pi(\mathrm{d}x)q(x,\mathrm{d}y)$, 存在 φ 满足

(15. 1. 14) 及 $\text{ess sup}_J |\varphi(x)-\varphi(y)|^2 q(x,\mathrm{d}y)<\infty$.

(iii) π 是概率测度,其支撑包含无限不交集合且 $\|J(\cdot,E)\|_{op}<\infty$.

根据定理 15. 1. 3(iii) 可知,为讨论 E 无限的情形,必须考虑无界算子,粗略地说,定理要求 $D(f_n,f_n)\sim\|f_n\|_2^2$ 且允许 $\|f_n\|_1\to\infty$. 以下结论允许 $D(f_n,f_n)\sim\|f_n\|_2^{2+4/v}$ 但要求 $\|f_n\|_1$ 有界.

定理 15. 1. 4 给定 φ 和 ψ 满足

$$\varphi,\psi>0,\ \|\varphi\|_1<\infty,\ \|\varphi\|_2=\infty$$

及

$$c_1 \triangleq \text{ess sup}_J I_{\{\varphi(y)>\varphi(x)\}}[\varphi(y)-\varphi(x)]/\psi(y)<\infty \tag{15.1.15}$$

令 $f_n=\varphi\wedge N_n$,其中 $N_n\to\infty\,(n\to\infty)$,若

$$c_1\int_{\{f_n(y)<f_n(x)\}} J(\mathrm{d}x,\mathrm{d}y)\psi(x)^2+\int K(\mathrm{d}x)f_n(x)^2 \leqslant c_2(n)\|f_n\|_2^{2+4/v} \tag{15.1.16}$$

则 $\eta_1,\eta_2\leqslant\|\varphi\|_1^{4/v}\varliminf\limits_{n\to\infty}c_2(n)$.

式(15. 1. 15) 中 ψ 最简单的选择是 $\psi=\varphi$,此时 $c_1\leqslant 1$,但通常取 $\psi=\varphi'$.

15.2 结论的证明

本节我们来证明 15. 1 中定理,在证明中,我们利用如下记号,$A(i)\sim B(i)$ 表示 $\lim\limits_{i\to\infty}A(i)/B(i)=c\in(0,\infty)$;$A(i)\gtrsim B(i)$ 表示对足够大的 i 及常数 $c\in(0,\infty)$ 有 $A(i)\geqslant cB(i)$. 首先给出

命题 15.2.1　式(15.1.2)与式(15.1.6)等价.

证明　为了应用对称半群的谱分析理论,在证明中需要一些标准条件(可参考 Carlen,E. A,Kusuoka,S 和 Stroock,D. W [1]).

设$(D,\mathscr{D}(D))$定义了一个对称半群$(P_t)_{t\geqslant 0}$,其生成元$(\Omega,\mathscr{D}(\Omega))$定义在$L^2(\pi)$中

a) 式(15.1.2)⇒式(15.1.6).

设$f\in\mathscr{D}(\Omega)\subset L^2(\pi)$, $\|f\|_p=1$. 令$f_t=P_tf$, $u_t=\|f_t-\pi(f)\|_2^2=\mathrm{Var}_\pi(f_t)$(因$\pi(f_t)=\pi(f)$),则注意到$\|f_t\|_p\leqslant\|f\|_p=1$和$D(1,1)=\Omega 1=0$,由(15.1.2)可知

$$-u_t'=2D(f_t,f_t)\geqslant 2\eta_2\mathrm{Var}_\pi(f_t)^{1+2/v}=2\eta_2u_t^{1+2/v}$$

其次,令$v_t=\dfrac{v}{4\eta_2}u_t^{-2/v}$. 则$v_0\geqslant 0$, $v_t'=-\dfrac{1}{2\eta_2}u_t^{-2/v-1}u_t'\geqslant 1$. 从而$v_t\geqslant t$,即$u_t\leqslant\left(\dfrac{v}{4\eta_2t}\right)^{v/2}$,亦即$\|P_t\|_{p\to 2}\leqslant\left(\dfrac{v}{4\eta_2t}\right)^{v/2}$,亦即$\|P_t\|_{p\to 2}\leqslant\left(\dfrac{v}{4\eta_2t}\right)^{v/4}$,因此

$$\begin{aligned}\|P_t\|_{p\to q}&\leqslant\|P_{t/2}\|_{p\to 2}\|P_{t/2}\|_{2\to q}^2\\&=\|P_{t/2}\|_{p\to 2}^2\leqslant\left(\frac{v}{2\eta_2t}\right)^{v/2},\frac{1}{p}+\frac{1}{q}=1\end{aligned}$$

b) 式(15.1.6)⇒式(15.1.2)

设$f\in\mathscr{D}(\Omega)$, $\|f\|_p=1$. 令$f_t=P_tf-\pi(f)$,由(15.1.6)

$$\|f_t\|_q\leqslant\left(\frac{v}{2\eta_2t}\right)^{v/2}\|f\|_p=\left(\frac{v}{2\eta_2t}\right)^{v/2}$$

因为

$$|(f,f_t)| = \left|\int \pi(\mathrm{d}x)f(x)f_t(x)\right| \leqslant \|f_t\|_q \|f\|_p$$

$$f_t = f - \pi(f) - \int_0^t \Omega p_s f \mathrm{d}s$$

所以

$$\left(\frac{v}{2\eta_2 t}\right)^{v/2} \geqslant (f,f_t) = \|f\|_2^2 - (f,\pi(f)) - \int_0^t (f,\Omega p_s f)\mathrm{d}s$$

$$\geqslant \mathrm{Var}_\pi(f) - tD(f,f) \qquad (15.2.1)$$

记 $B = \left(\frac{v}{2\eta_2}\right)^{v/2}, h_t = Bt^{-v/2} - \mathrm{Var}_\pi(f) + tD(f,f)$,则

$$h_t' = -\frac{vB}{2t^{v/2+1}} + D(f,f)$$

于是 h_1 的最小点为

$$t_0^{v/2-1} = \frac{vB}{2D(f,f)} \qquad (15.2.2)$$

由(15.2.1)、(15.2,2)得

$$\frac{B}{t_0^{v/2+1}} \geqslant \frac{1}{t_0}\mathrm{Var}_\pi(f) - D(f,f)$$

也就是说

$$\mathrm{Var}_\pi(f) \leqslant t_0\left[D(f,f) + \frac{B}{t_0^{v/2+1}}\right]$$

$$= \left(1 + \frac{2}{v}\right)\left[\frac{vB}{2}\right]^{\frac{1}{v/2+1}} D(f,f)^{\frac{v}{v+2}}$$

即

$$\mathrm{Var}_\pi(f)^{1+2/v} \leqslant \left[1 + \frac{2}{v}\right]^{1+2/v}\left[\frac{vB}{2}\right]^{2/v} D(f,f)$$

$$= \frac{1}{\eta_2}\left[1 + \frac{v}{2}\right]^{1+2/v} D(f,f)\,\|f\|_p^{4/v}$$

为了证明定理 15.1.1，需要做些准备，设

$f \in L_+^1(\pi)$，令 $F_t = \{f \geqslant t\}, f_t = I_{F_t}$，则

$$f(x) = \int_0^{\|f\|_u} f_t(x)\,\mathrm{d}t, \pi(f) = \int_0^{\|f\|_u} \pi(F_t)\,\mathrm{d}t$$

其中 $\|f\|_u = \sup|f| \leqslant \infty$.

引理 15.2.1　(Co - Area Formula)

$$\int J^\alpha(\mathrm{d}x,\mathrm{d}y)\,|f(x) - f(y)| = 2\int_0^{\|f\|_u} J^{(\alpha)}(F_t \times F_t^c)\,\mathrm{d}t$$

证明

$$\begin{aligned}
&\int J^\alpha(\mathrm{d}x,\mathrm{d}y)\,|f(y) - f(x)| \\
&= 2\int_{[f(y)>f(x)]} J^\alpha(\mathrm{d}x,\mathrm{d}y)[f(y) - f(x)] \\
&= 2\int_{[f(y)>f(x)]} J^\alpha(\mathrm{d}x,\mathrm{d}y)\int_{f(x)}^{f(y)} \mathrm{d}t \\
&= 2\int_0^{\|f\|_u} \mathrm{d}t\int_{[f(y)\geqslant t\geqslant f(x)]} J^\alpha(\mathrm{d}x,\mathrm{d}y) \\
&= 2\int_0^{\|f\|_u} J^\alpha(F_t, F_t^c)\,\mathrm{d}t
\end{aligned}$$

若 $K(\mathrm{d}x) \neq 0$，则需要扩大空间 E 为 $E^* = E \cup \{\infty\}$. 对任意 $f \in \mathscr{E}$，定义 $f^* = f \cdot I_E$，并定义 $E^* \times E^*$ 上的非负测度 $J^{*(\alpha)}$.

$$J^{*(\alpha)}(C) = \begin{cases} J^{(\alpha)}(C), C \in \mathscr{E} \times \mathscr{E} \\ K^{(\alpha)}(A), C = A \times \{\infty\} \text{ 或 } \{\infty\} \times A, A \in \mathscr{E} \\ 0, \qquad C = \{\infty\} \times \{\infty\} \end{cases}$$

则 $J^{*(\alpha)}(\mathrm{d}x,\mathrm{d}y) = J^{*(\alpha)}(\mathrm{d}y,\mathrm{d}x)$，且

$$\begin{aligned}
&\int_E J^{(\alpha)}(\mathrm{d}x, E) f(x)^2 + K^{(\alpha)}(f^2) \\
&= \int_{E^*} J^{*(\alpha)}(\mathrm{d}x, E^*) f^*(x)^2
\end{aligned}$$

$$
\begin{aligned}
&D^{(\alpha)}(f,f)\\
&=\frac{1}{2}\int_{E^*\times E^*}J^{*(\alpha)}(\mathrm{d}x,\mathrm{d}y)(f^*(y)-f^*(x))^2\\
&\quad\frac{1}{2}\int_{E^*\times E^*}J^{(\alpha)}(\mathrm{d}x,\mathrm{d}y)\mid(f(y)-f(x)\mid+\\
&\quad\int_E K^{(\alpha)}(\mathrm{d}x)\mid f(x)\mid\\
&=\frac{1}{2}\int_{E^*\times E^*}J^{*(\alpha)}(\mathrm{d}x,\mathrm{d}y)\mid f^*(y)-f^*(x)\mid
\end{aligned}
$$

注意在证明定理15.1.1和定理15.1.2时，只需考虑$f\in\mathscr{D}(D)\cap L^1(\pi)$有界情况，事实上，对$f\in\mathscr{D}(D)\cap L^1(\pi)$，定义$f_n=(-n)\vee f\wedge n$. 因为$|f_n(y)-f_n(x)|\leqslant|f(y)-f(x)|$，$|f_n|\leqslant|f|$，所以$D(f_n-f,f_n-f)\leqslant 4D(f,f)$，$D(f_n-f,f_n-f)\to 0$且$\forall p\in[1,2]$，$\|f_n-f\|_p\to 0(n\to\infty)$，$f_n\in\mathscr{D}(D)\cap L^1(\pi)$有界.

定理 15.1.1 的证明 因为$D(|g|,|g|)\leqslant D(g,g)$，只需考虑$g\in\mathscr{D}(D)\cap L^1_+(\pi)$有界情形. 记$C=S_{v,\delta}^{-1}$，$q=v/(v-1)\in(1,\infty]$. $G_t=\{x\in E|g(x)\geqslant t\}$，$G_t^*=\{x\in E^*:g^*(x)\geqslant t\}$，及$g_t=I_{G_t}$，则$G_t^*=G_t$且$\pi(G_t)\leqslant t^{-1}\pi(g)<\infty$，$\forall t>0$. 注意到$\|g\|_\infty=\operatorname{ess\,sup}_\pi|g|=\|g\|_u$. 暂时固定$q<\infty$，则

$$\|g\|_q\leqslant\int_0^{\|g\|_u}\|g_t\|_q\mathrm{d}t=\int_0^{\|g\|_u}\pi(G_t)^{1/q}\mathrm{d}t\leqslant$$

(由 Hölder - Minkowski 不等式)

$$
\begin{aligned}
&C\int_0^{\|g\|_u}[J^{(1/2)}(G_t\times E\backslash G_t)+K^{(1/2)}(G_t)+\delta\pi(G_t)]\mathrm{d}t\\
&=C\int_0^{\|g\|_u}[J^{*(1/2)}(G_t^*\times E^*\backslash G_t^*)+\delta\pi(G_t)]\mathrm{d}t
\end{aligned}
$$

$$= C\left[\frac{1}{2}\int_{E^*\times E^*} J^{*(1/2)}(\mathrm{d}x,\mathrm{d}y)\,|\,g^*(y) -\right.$$

$$\left. g^*(x)\,| + \delta\,\|g\|_1\right] \qquad (15.2.3)$$

以上最后一步,我们利用了 Co - Area 公式,容易验证上述推导对 $q=\infty$ 也正确. 其次,若取 $g=I_A,\pi(A)<\infty$,则(15.2.3)化为(15.1.10),因此(15.1.10)和(15.2.3)等价.

根据 Cauchy - Schwarz 不等式

$$\int_{E^*\times E^*} J^{*(1/2)}(\mathrm{d}x,\mathrm{d}y)\,|\,g^*(y)^2 - g^*(x)^2\,|$$

$$= \int_{E^*\times E^*} J^{*(1/2)}(\mathrm{d}x,\mathrm{d}y)\,|\,g^*(y)g^*(x)\,|\,|\,g^*(y)+g^*(x)\,|$$

$$\leqslant \sqrt{2D(g,g)}\left[\int_{E^*\times E^*} J^{*(1)}(\mathrm{d}x,\mathrm{d}y)[g^*(y)+g^*(x)]^2\right]^{1/2}$$

$$= \sqrt{2D(g,g)}\left[\int_{E^*\times E^*} J^{*(1)}(\mathrm{d}x,\mathrm{d}y)[2g^*(y)^2+2g^*(x)^2] -\right.$$

$$\left.\int_{E^*\times E^*} J^{*(1)}(\mathrm{d}x,\mathrm{d}y)[(g^*(y)+g^*(x)^2)]\right]^{1/2}$$

$$\leqslant 2\sqrt{D(g,g)}\,[2\,\|g\|_2^2 - D^{(1)}(g,g)]^{1/2}$$

$$(\text{由}(15.1.9))\leqslant 2\sqrt{(2-\lambda_0^{(1)}D(g,g)}\,\|g\|_2 \qquad (15.2.4)$$

对 g^2 应用(15.2.3),再由(15.2.4)得

$$\|g\|_{2q}^2 \leqslant$$

$$C\left[\frac{1}{2}\int_{E^*\times E^*} J^{*(1/2)}(\mathrm{d}x,\mathrm{d}y)\,|\,g^*(y)^2 - g^*(x)^2\,| + \delta\,\|g\|_2^2\right]$$

$$\leqslant C[\sqrt{(2-\lambda_0^{(1)})D(g,g)}\,\|g\|_2 + \delta\,\|g\|_2^2] \qquad (15.2.5)$$

另一方面,对 $g^2 = g^{2/(v+1)} g^{2v/(v+1)}$ 应用 Hölder 不等式 $(p' = (v+1)/2, q' = (v+1)/(v-1))$,得

$$\|g\|_2 \leqslant \|g\|_1^{1/(v+1)} \|g\|_{2q}^{v/(v+1)} \quad (15.2.6)$$

结合(15.2.5)、(15.2.6)可得

$$\|g\|_2 \leqslant \{C[\sqrt{(2-\lambda_0^{(1)})D(g,g)}\,\|g\|_2 + \delta\|g\|_2^2]\}^{v/2(v+1)} \|g\|_1^{1/(v+1)} \quad (15.2.7)$$

由此立知(15.1.11)和(15.1.12)成立.

现在我们来证明定理 15.1.2,首先证明一个引理.

引理 15.2.2 下列变分公式成立:

$$I_v = \inf\left\{\frac{\frac{1}{2}\int J^{(1/2)}(\mathrm{d}x,\mathrm{d}y)\,|f(y)-f(x)|}{\inf\limits_c \|f-c\|_{v(v-1)}} : f \in L^1(\pi), f \neq \text{常数}\right\}$$

其中,$\inf\limits_c$ 指对 f 的中值 c 取下确界.

证明 记公式右边为 J_v. 令 $q = v/(v-1)$ 并略去上标"(1/2)". 取 $f = I_A$, $0 < \pi(A) \leqslant 1/2$,则 f 有一个中值 0,而且

$$\int J(\mathrm{d}x,\mathrm{d}y)\,|f(y)-f(x)| = 2J(A \times A^c)$$

$$\|f\|_q = \pi(A)^{1/q}$$

因此 $I_v \geqslant J_v$.

反过来,固定 f,具有中值 c,令 $f_\pm = (f-c)^\pm$,则, $f_+ + f_- = |f-c|$, $|f(y)-f(x)| = |f_+(y) - f_+(x)| + |f_-(y) - f_-(x)|$. 记 $F_t^\pm = \{f_\pm \geqslant t\}$,则

$$\frac{1}{2}\int J(\mathrm{d}x,\mathrm{d}y)\,|f(y)-f(x)|$$

$$= \frac{1}{2}\int J(\mathrm{d}x,\mathrm{d}y)[|f_+(y)-f_+(x)|+ |f_-(y)-f_-(x)|]$$

$$= \int_0^{\|f\|_u}[J(F_t^+\times(F_t^+)^c)+ J(F_t^-\times(F_t^-)^c)]\mathrm{d}t$$

$\geqslant$（由 Co－area 公式）

$$I_v\int_0^{\|f\|_u}[\pi(F_t^+)^{1/q}+\pi(F_t^-)^{1/q}]\mathrm{d}t$$

由于 $\|f\|_p\leqslant F$ 等价于对任意 g 满足 $\|g\|_q\leqslant G$，$\left(\frac{1}{p}+\frac{1}{q}=1\right)$有 $\|fg\|_1\leqslant FG$. 可知

$$\pi(F_t^{\pm})^{1/q} = \|IF_t^{\pm}\|_q = \sup_{\|g\|_r\leqslant 1}\langle I_{F_t^{\pm}},g\rangle, \frac{1}{r}+\frac{1}{q}=1$$

其中，$\langle\cdot,\cdot\rangle$ 表示内积，因此对任意 g，$\|g\|_r\leqslant 1$，有

$$\begin{aligned}\frac{1}{2}\int J(\mathrm{d}x,\mathrm{d}y)|f(y)-f(x)| &\geqslant I_v[\langle I_{F_t^+},g\rangle+\langle I_{F_t^-},g\rangle]\mathrm{d}t\\ &= I_v[\langle f_+,g\rangle+\langle f_-,g\rangle]\\ &= I_v\langle|f-c|,g\rangle\end{aligned}$$

关于 g 取上确界得

$$\frac{1}{2}\int J(\mathrm{d}x,\mathrm{d}y)|f(y)-f(x)|\geqslant I_v\|f-c\|_q$$

定理 15.1.2 的证明　a) 由假设，$K(\mathrm{d}x)=0$，因此对任意 f，$f|_{B^c}=0$，有

$$D^{(\alpha)}(f,f) = \frac{1}{2}\int_{B\times B}J^{(\alpha)}(\mathrm{d}x,\mathrm{d}y)[f(y)-f(x)]^2 + \int_B J^{(\alpha)}(\mathrm{d}x,B^c)f(x)^2 \triangleq D_B^{(\alpha)}(f,f)$$

所以，$\lambda_0^{(\alpha)}(B)=\inf\{D_B^{(\alpha)}(fI_B,fI_B):\pi(f^2I_B)=1\}$. 定

义

$$S_v(B) = \inf_{A\subset B,\pi(A)>0} \frac{J^{(1/2)}(A\times(B\backslash A)) + J^{(1/2)}(A\times B^c)}{\pi(A)^{(v-1)/v}}$$

$$= \inf_{A\subset B,\pi(A)>0} \frac{J^{(1/2)}(A\times(A^c)}{\pi(A)^{(v-1)/v}}$$

则对 $D_B(\delta=0)$ 应用定理 15. 1. 1，由(15. 1. 11)($S_{v,\delta}=S_v(B)$)得

$$\|fI_B\|_2^{2+4/v} \leqslant (2-\lambda_0^{(1)}(B))S_v(B)^{-2} D_B(fI_B,fI_B)\|fI_B\|_1^{4/v} \quad (15.2.8)$$

b) 固定 $g\in\mathscr{D}(D)\subset L^2(\pi)$ 有界且具有中值 c，定义 $g_\pm=(g-c)^\pm$ 和 $B_\pm=\{g_\pm>0\}$，则 $\pi(B_\pm)\leqslant\frac{1}{2}$. 由(15. 2. 8) 可知

$$\|g_\pm\|_2^{2+4/v} \leqslant (2-\lambda_0^{(1)}(B_\pm))S_v(B_\pm)^{-2}\cdot D_{B_\pm}(g_\pm,g_\pm)\|g_\pm\|_1^{4/v}$$
$$\leqslant (2-\lambda_0^{(1)}(B_\pm))S_v(B_\pm)^{-2}\cdot D_{B_\pm}(g_\pm,g_\pm)\|g-c\|_1^{4/v} \quad (15.2.9)$$

另一方面

$$D(g,g) = D(g-c,g-c)$$
$$= \frac{1}{2}\int J(\mathrm{d}x,\mathrm{d}y)[\,|\,g_+(y)-g_+(x)\,|+ |\,g_-(y)-g_-(x)\,|\,]^2$$
$$\geqslant \frac{1}{2}\int J(\mathrm{d}x,\mathrm{d}y)[\,|\,g_+(y)-g_+(x)]^2 + \frac{1}{2}\int J(\mathrm{d}x,\mathrm{d}y)[g_-(y)-g_-(x)]^2$$
$$= D(g_+,g_+) + D(g_-,g_-) \quad (15.2.10)$$

$$S_v(B_+) \wedge S_v(B_-) \geqslant \inf_{\pi(B)\leqslant 1/2} S_v(B)$$
$$= \inf_{\pi(B)\leqslant 1/2} \inf_{A\subset B,\pi(A)>0} \frac{J^{1/2}(A\times A^c)}{\pi(A)^{(v-1)/v}}$$
$$= \inf_{0<\pi(A)\leqslant 1/2} \frac{J^{1/2}(A\times A^c)}{\pi(A)^{(v-1)/v}} = I_v \qquad (15.2.11)$$

$$\| g-c \|_2^{2+4/v} = (\| g_+ \|_2^2 + \| g_- \|_2^2)^{1+2/v}$$
$$\leqslant 2^{2/v}(\| g_+ \|_2^{2+4/v} + \| g_- \|_2^{2+4/v}) \qquad (15.2.12)$$

综合(15.2.9) ~ (15.2.12) 得

$$2^{-2/v} \| g-c \|_2^{2+4/v} \leqslant [(2-\lambda_0^{(1)}(B_+))S_v(B_+)^{-2} \cdot D_{B^+}(g_+,g_+) + (2-\lambda_0^{(1)}(B_-))S_v(B_-)^{-2} \cdot D_{B_-}(g_-,g_-)] \| g-c \|_1^{4/v}$$
$$\leqslant (2-\inf_{\pi(B)\leqslant 1/2} \lambda_0^{(1)}(B))I_v^{-2}[D_{B_+}(g_+,g_+) + D_{B_-}(g_-,g_-) \| g-c \|_1^{4/v}$$
$$\leqslant (2-\inf_{\pi(B)\leqslant 1/2} \lambda_0^{(1)}(B))I_v^{-2} D(g,g) \| g-c \|_1^{4/v}$$

从而

$$\| g-c \|_2^{2+4/v} \leqslant 2^{2/v}(2-\inf_{\pi(B)\leqslant 1/2} \lambda_0^{(1)}(B))I_v^{-2} \cdot D(g,g) \| g-c \|_1^{4/v}$$

c) 由于 $\mathrm{Var}_\pi(g) = \inf_\alpha \| g-\alpha \|_2^2$ 及 c 是 g 的中值,得到

$$\mathrm{Var}_\pi(g)^{1+2/v} \leqslant 2^{2/v}(2-\inf_{\pi(B)\leqslant 1/2} \lambda_0^{(1)}(B))I_v^{-2} \cdot D(g,g) \| g \|_1^{4/v} \qquad (15.2.13)$$

d) 现在来证明定理另一结论,固定有界函数 $g \in \mathscr{D}(D)$. 设 c 是 g 的中值,令 $f = \mathrm{sgn}(g-c) | g-c |^2$,则 f 有中值 0. 由 f 的定义及引理 15.2.2,我们得

$$\|g-c\|_{2q}^{2}=\|f\|_{q}\leqslant\frac{1}{2}I_{v}^{-1}\int J^{(1/2)}(\mathrm{d}x,\mathrm{d}y)\,|f(y)-f(x)|\tag{15.2.14}$$

另一方面,由于

$$|a-b|(|a|+|b|)=\begin{cases}|a^{2}-b^{2}|, & 若\ ab>0\\(|a|+|b|)^{2}, & 若\ ab<0\end{cases}$$

所以 $|f(y)-f(x)|\leqslant|g(y)-g(x)|(|g(y)-c|+|g(x)-c|)$. 由此及(15.2.4)的证明,得到

$$\int J^{(1/2)}(\mathrm{d}x,\mathrm{d}y)\,|f(y)-f(x)|\leqslant\sqrt{2D(g,g)}\cdot\left[\int J^{(1)}(\mathrm{d}x,\mathrm{d}y)[|g(y)-c|+|g(x)-c|]^{2}\right]^{1/2}$$

$$\leqslant2\sqrt{2D(g,g)}\,\|g-c\|_{2}\tag{15.2.15}$$

结合(15.2.14)与(15.2.15),可得 $\|g-c\|_{2q}^{2}\leqslant 2I_{v}^{-1}\sqrt{2D(g,g)}\,\|g-c\|_{2}$ 利用 Hölder 不等式(15.2.6)便知

$$\|g-c\|_{2}\leqslant[I_{v}^{-1}\sqrt{2D(g,g)}\,\|g-c\|_{2}]^{v/2(v+1)}\cdot\|g-c\|_{1}^{1/(v+1)}$$

因此, $\|g-c\|_{2}^{2(1+2/v)}\leqslant 2I_{v}^{-2}D(g,g)\,\|g-c\|_{1}^{4/v}$,进而得到 $\mathrm{Var}(g)^{1+2/v}\leqslant 2I_{v}^{-2}D(g,g)\,\|g\|_{1}^{4/v}$.

定理15.1.3的证明 a) 先证明在(ⅲ)的第一个条件下,存在 φ 满足(15.1.14). 设 $\{A_n\}_{n\geqslant1}$ 满足 $A_n\cap A_m=\varnothing(n\neq m)$, $\pi(A_n)>0$, $\forall n\geqslant1$. 令

$$\psi(x)=\begin{cases}1+\pi(A_n)^{-1}, & x\in A_n\\1, & x\notin U_nA_n\end{cases}$$

则 $\pi(\psi)=\infty$. 由于 π 为概率测度,因此 $\varphi=\log\psi$ 即满足(15.1.14).

其次令 $f_n = \exp[\varphi \wedge n]$，$\delta_1(\varphi) = \text{ess sup}_J | \varphi(x) - \varphi(y) |^2 r(x,y)$.

b) 证明若(ⅰ)、(ⅱ)、(ⅲ) 任意一条成立，则存在 $C_1 = C_1(\varphi)$ 使 $D(f_n, f_n) \leqslant C_1 \| f_n \|_2^2$.

设(ⅰ) 成立，利用中值定理可知 $| e^A - e^B | \leqslant | A - B | e^{A \vee B} = | A - B | (e^A \vee e^B)$，$\forall A, B \geqslant 0$，因此由(15.1.9) 及假设知

$$
\begin{aligned}
&\frac{1}{2}\int J(\mathrm{d}x, \mathrm{d}y)[f_n(x) - f_n(y)]^2 \\
\leqslant &\frac{1}{2}\int J^{(1)}(\mathrm{d}x, \mathrm{d}y)[\varphi(x) - \varphi(y)]^2 \cdot \\
&r(x,y)[f_n(x) \vee f_n(y)]^2 \\
\leqslant &\int J^{(1)}(\mathrm{d}x, \mathrm{d}y)[\varphi(x) - \varphi(y)]^2 \cdot \\
&r(x,y) f_n(x)^2 \\
\leqslant &\delta_1(\varphi) \| f_n \|_2^2
\end{aligned}
$$

根据 $K(\mathrm{d}x)$ 在 $L^2(\pi)$ 中的有界性立得结论. 其余两种情况的证明类似.

c) 对任意 $m \geqslant 1$，由(15.1.14)，可选取 $r_m > 0$ 使得 $\pi(\varphi \geqslant r_m) \leqslant \frac{1}{m}$. 根据 Chebyshev 和 Cauchy - Schwarz 不等式，可得

$$\| f_n \|_1 \leqslant \| f_n \|_2 m^{-1/2} + e^{r_m} \pi[\varphi < r_m]$$

d) 根据假设，$\| f_n \|_2 \uparrow \infty \ (n \to \infty)$. 因此

$$
\begin{aligned}
\eta_2 &\leqslant \frac{D(f_n, f_n) \| f_n \|_1^{4/v}}{\operatorname{Var}_\pi(f_n)^{1+2/v}} \\
&\leqslant \frac{C_1 \| f_n \|_2^2 \{ \| f_n \|_1 m^{-1/2} + e^{r_m} \pi[\varphi > r_m] \}^{4/v}}{[\| f_n \|_2^2 - \{ \| f_n \|_1 m^{-1/2} + e^{r_m} \pi[\varphi > r_m] \}^2]^{1+2/v}}
\end{aligned}
$$

$$= \frac{C_1\{m^{-1/2} + \|f_n\|_2^{-1}\mathrm{e}^{r_m}\pi[\varphi < r_m]\}^{4/v}}{[1 - \{m^{-1/2} + \|f_n\|_2^{-1}\mathrm{e}^{r_m}\pi[\varphi < r_m]\}^2]^{1+2/v}}$$

$$\to \frac{C_1 m^{-1/2}}{[1 - m^{-1}]^{1+2/v}} \to 0 \quad (m \to \infty, n \to \infty)$$

这就证明了 $\eta_2 = 0$,而且(15.1.2)不成立. $\eta_1 = 0$ 的证明只需在最后一步稍做修改即可.

定理 15.1.4 的证明 注意到在集合 $\{f_n(y) > f_n(x)\}$ 上,有

$$0 < f_n(y) - f_n(x) = \begin{cases} \varphi(y) - \varphi(x), \text{若 } \varphi(y), \varphi(x) < N_n \\ N_n - \varphi(x) \leqslant \varphi(y) - \varphi(x), \text{若 } \varphi(y) \geqslant N_n, \varphi(x) < N_n \end{cases}$$

因此

$$\frac{1}{2}\int J(\mathrm{d}x, \mathrm{d}y)[f_n(y) - f_n(x)]^2$$

$$= \int_{\{f_n(y) > f_n(x)\}} J(\mathrm{d}x, \mathrm{d}y)[f_n(y) - f_n(x)]^2$$

$$\leqslant \int_{\{f_n(y) > f_n(x)\}} J(\mathrm{d}x, \mathrm{d}y) I_{\{\varphi_n(y) > \varphi_n(x)\}}[\varphi(y) - \varphi(x)]^2$$

$$\leqslant \int_{\{f_n(y) > f_n(x)\}} J(\mathrm{d}x, \mathrm{d}y)\psi(y)^2$$

$$= \int_{\{f_n(y) < f_n(x)\}} J(\mathrm{d}x, \mathrm{d}y)\psi(x)^2$$

以下不妨设 $\|\varphi\|_1 = 1$,则 $\|f_n\|_1 \leqslant \|\varphi\|_1 = 1$. 由(15.1.16)得

$$\eta_2 \leqslant \frac{D(f_n, f_n)\|f_n\|_1^{4/v}}{\mathrm{Var}_\pi(f_n)^{1+2/v}}$$

$$\leqslant \frac{C^2(n)\|f_n\|_2^{2+4/v}\|\varphi\|_1^{4/v}}{(\|f_n\|_2^2 - \|\varphi\|_1^2)^{1+2/v}}$$

$$\leqslant \frac{C_2(n)}{(1-\|f_n\|_2^{-2})^{1+2/v}}$$

$$\eta_1 \leqslant \frac{[D(f_n,f_n)+\delta\|f_n\|_2^2]\|f_n\|_1^{4/v}}{\|f_n\|_2^{2+4/v}}$$

$$\leqslant C_2(n)+\delta\|f_n\|_2^{-4/v}$$

由于 $\|f_n\|_2^2 \to \|\varphi\|_2 = \infty$，令 $n\to\infty$ 便得结论.

15.3　Nash 不等式应用举例

本节我们来讨论 Nash 不等式在 $\boldsymbol{Q}$ 过程中的应用，特别是对生灭过程第一特征值的刻画.

考虑 $E=\mathbf{Z}_+$ 上生、灭速度分别为 (b_i) 和 (a_i) 的生灭过程，则 $K(\mathrm{d}x)=0, J_{ij}=\pi_i b_i(j=i+1), J_{ij}=\pi_i a_i(j=i-1), J_{ij}=0(j\neq i+1, i-1)$.

若无特殊申明，本节考虑的 (π_i) 都是概率测度.

定理 15.3.1　对生灭过程，设 $\pi(E)=1$，取 $r_{ij}=(a_i+b_i)\vee(a_j+b_j)(i\neq j)$，则

（ⅰ）对某个 $v\geqslant 1$，$I_v>0$ 的充要条件是存在常数 $C>0$ 使得

$$\frac{\pi_i a_i}{\sqrt{r_{i,i-1}}}\geqslant C\Big[\sum_{j\geqslant i}\pi_j\Big]^{(v-1)/v}, i\geqslant 1 \quad (15.3.1)$$

此时有 $I_v\geqslant C$.

（ⅱ）设 $\dfrac{(v-1)\pi_i a_i}{\delta\sqrt{r_{i,i-1}}}\geqslant \sum_{j\geqslant i}\pi_j (i\gg 1)$，则 $S_{v,\delta}>0$ $(\delta>0)$ 对某 $v>1$ 成立的充要条件是(15.3.1)满足.

证明 （ⅰ）设$I_v > 0$，固定$i > 0$，令$A = I_i = \{i, i+1, \cdots\}$ 及

$$J^{(\alpha)}(i,j) = \frac{\pi_i q_{ij}}{[q_i \vee q_j]^\alpha}$$

$$= \begin{cases} \dfrac{\pi_i a_i}{[(a_i + b_i) \vee (a_{i-1} + b_{i-1})]^\alpha} \triangleq \pi_i \tilde{a}_i, j = i - 1 \\ \dfrac{\pi_i b_i}{[(a_i + b_i) \vee (a_{i+1} + b_{i+1})]^\alpha} \triangleq \pi_i \tilde{b}_i, j = i + 1 \end{cases}$$

则

$$I_v \leqslant \frac{J^{(\alpha)}(A \times A^c)}{[\pi(A) \wedge \pi(A^c)]^{1/q}}$$

$$= \frac{\pi_i \tilde{a}_i}{[(\sum_{j \geqslant i} \pi_j) \vee (\sum_{j < i} \pi_j]^{1/q}}$$

$$\leqslant \frac{\pi_i \tilde{a}_i}{[\pi_0 \sum_{j \geqslant i} \pi_j]^{1/q}}$$

其中，$q = v/(v-1)$，必要性得证.

其次，设条件满足，则对每个$A, \pi(A) \in (0,1)$，由$J^{(\alpha)}$的对称性，我们可以假定$0 \notin A$，令$i_0 = \min A \geqslant 1$. 则$A \subset I_{i_0}, A^c \subset E \setminus \{i_0\}$. 因此

$$\frac{J^{(\alpha)}(A \times A^c)}{[\pi(A) \wedge \pi(A^c)]^{1/q}} = \frac{\pi_{i_0} \tilde{a}_{i_0}}{[(\sum_{j \geqslant i_0})\pi_j]^{1/q}} \geqslant C$$

由A的任意性便得结论.

（ⅱ）由于$\delta > 0$，所以当$\pi(A) \geqslant \varepsilon$时，$\delta \pi(A)^{1/v} \geqslant \delta \varepsilon^{1/v} > 0$. 因此只需考虑对充分小的$\varepsilon$，$\pi(A) < \varepsilon$的情况，特别，我们可以取$\varepsilon = \pi_0$，从而$0 \notin A$. 其次，令

$i = \inf A \geqslant 1$,则

$$\frac{J^{(1/2)}(A\times A^c)}{\pi(A)^{1-1/v}}+\delta\pi(A)^{1/v}$$

$$\geqslant \frac{\pi_i a_i}{\sqrt{r_{i,i-1}}}\cdot\frac{1}{\pi(A)^{1-1/v}}+\delta\pi(A)^{1/v}$$

注意到函数 $h(x) = Cx^{-1+1/v} + \delta x^{1/v}(C > 0, x > 0)$ 是有唯一的最小点 $x_0 = C(c-1)/\delta$. 由假设,$x_0 \geqslant \sum_{j\geqslant i}\pi_j(i \gg 1)$. 我们有

$$S_{v,\delta} \geqslant \inf_{i\geqslant 1}\left[\frac{\pi_i a_i}{\sqrt{r_{i,i-1}}\,(\sum_{j\geqslant i}\pi_j)^{1-1/v}}+\delta(\sum_{j\geqslant i}\pi_j)^{1/v}\right]$$

而 $\sum_{j\geqslant i}\pi_j \to 0(i\to\infty)$,故上式右边 >0,当且仅当 (15.3.1) 成立.

其次,取 $A = \{i, i+1, \cdots\}(i\geqslant 1)$,则

$$S_{v,\delta} \geqslant \frac{\pi_i a_i}{\sqrt{r_{i,i-1}}\,(\sum_{j\geqslant i}\pi_j)^{1-1/v}}+\delta(\sum_{j\geqslant i}\pi_j)^{1/v}$$

由此得必要性.

定理 15.3.2　对生灭过程,设 $\pi(E) = 1$,若下列条件之一成立,则 $\eta_1(\delta > 0), \eta_2 = 0$.

(ⅰ) 存在 $\boldsymbol{\psi}$ 使得 $\psi_i \geqslant \pi_i(i\geqslant 1)$,

$$\sum_i \psi_i = \infty, \sup_{i\geqslant 1}\left[a_i\left(\log\frac{\psi_i a_i}{\psi_{i-1}b_{i-1}}\right)^2 + b_i\left(\log\frac{\psi_{i+1}b_i}{\psi_i a_{i+1}}\right)^2\right] < \infty \tag{15.3.2}$$

(ⅱ) $\varlimsup_{i\to\infty} b_i/a_{i+1} \triangleq \rho^{-1} < 1, a_i \uparrow (i\uparrow)$,且存在 $\boldsymbol{\psi}$ 使得 $\psi_i \geqslant \pi_i(i\gg 1)$, $\sum_i\psi_i = \infty$, $\lim_{i\to\infty}\psi_{i+1}/\psi_i \triangleq \gamma \in [1,$

ρ) 且 $\overline{\lim_{n\to\infty}} a_n/(\sum_{i\leqslant n}\psi_i)^{2/v}=0$.

证明 a) 取 $\varphi_i=\log[\psi_i/\pi_i]$. 注意 $\pi_i\sim\dfrac{b_0b_1\cdots b_{i-1}}{a_1a_2\cdots a_i}$,由定理 15. 1. 3(ⅱ)立知(ⅰ)的充分性.

b) 为证(ⅱ). 令 $\varphi_i=(\psi_i/\pi_i)^{1/2}$,则 $\|\varphi\|_2^2=\sum_i\psi_i=\infty$,而且

$$\left(\frac{\pi_{i+1}}{\pi_i}\right)\left(\frac{\psi_{i+1}}{\psi_i}\right)=\left(\frac{b_i}{a_{i+1}}\right)\left(\frac{\psi_{i+1}}{\psi_i}\right)\lesssim\gamma/\rho<1$$

$$\frac{\varphi_{i+1}}{\varphi_i}=\left(\frac{\psi_{i+1}\pi_i}{\psi_i\pi_{i+1}}\right)^{1/2}=\left(\frac{a_{i+1}\psi_{i+1}}{b_i\psi_i}\right)^{1/2}\gtrsim(\rho\gamma)^{1/2}>1 \tag{15.3.3}$$

则 $\|\boldsymbol{\varphi}\|_1=\sum_i\pi_i\psi_i<\infty$. 因此(15. 1. 15)对 $\boldsymbol{\psi}=\boldsymbol{\varphi}$ 成立.

其次,由(15. 3. 3)知,存在 N 使得当 $i\geqslant N$ 时, $\varphi_{i+1}>\varphi_i$. 所以 $N_n\triangleq\varphi_n\to\infty\ (n\to\infty)$,且对足够大的 n 有 $f_n(i)=\varphi_i\wedge\varphi_n=\varphi_{i\wedge n}$. 另一方面,由假设

$$\frac{1}{\pi_i}\sum_{j\geqslant i}\pi_j=\sum_{j\geqslant i}\frac{b_ib_{i+1}\cdots b_{j-1}}{a_{i+1}a_{i+2}\cdots a_j}\lesssim\sum_{j\geqslant i}\rho^{j-i}=\frac{1}{\rho-1},i\gg1$$

进而

$$\pi_i\leqslant\sum_{j\geqslant i}\pi_j\lesssim\frac{\pi_i}{\rho-1} \tag{15.3.4}$$

所以

$$\|f_n\|_2^2=\sum_{i\leqslant n}\psi_i+\frac{\psi_n}{\pi_n}\sum_{j>n}\pi_j\lesssim\sum_{i\leqslant n}\psi_i$$

故对足够大的 n,我们有

$$\int_{\{f_n(y)<f_n(x)\}} J(\mathrm{d}x,\mathrm{d}y)\varphi(x)^2 = \sum_{i\leqslant N}[\pi_i b_i + \pi_i a_i]\varphi_i^2 + \sum_{N<i\leqslant n}\pi_i a_i \varphi_i^2 \lesssim \sum_{1\leqslant i\leqslant n} a_i\psi_i$$

以及

$$C_2(n) = \frac{\sum_{1\leqslant i\leqslant n} a_i\psi_i}{\left(\sum_{i\leqslant n}\psi_i\right)^{1+2/v}} \leqslant \frac{a_n}{\left(\sum_{i\leqslant n}\psi_i\right)^{2/v}} \to 0(n\to\infty)$$

最后根据定理 15.1.4(取 $\psi=\varphi$) 立得结论.

定理 15.3.3　设 $a(x)\in C^1([1,\infty))$ 为严格单调增加函数,满足 $\int_1^\infty \frac{\mathrm{d}x}{a(x)}<\infty$ 取 $b_i=a_i=a(i)(i\geqslant 1)$.

(ⅰ) 若对某个 $\gamma>2$ 有 $a(x)\gtrsim x^\gamma$, 则对 $v\geqslant 2(\gamma-1)/(\gamma-2)$ 有 $I_v, S_{v,\delta}(\delta>0)>0$, 且(15.1.1) 对 $\delta>0$ 和(15.1.2) 成立.

(ⅱ) 假定 $\sup_{x\geqslant 1,\varepsilon\in(0,1)} a(x)/a(x-\varepsilon)<\infty$, $\varlimsup_{x\to\infty} x[\log a(x)]'<\infty$, 如果 $a(x)\lesssim x^2$, 则对任意 $\delta\geqslant 0, v>0$, (15.1.1) 和(15.1.2) 不成立.

(ⅲ) 假定 $\xi \triangleq \lim_{x\to\infty} x(\log a(x))'$ 存在, 固定 $\delta, v>0$, 则若 $\xi\leqslant 1$ 或 $\xi\in(1,\infty]$, 但 $\sup_{x\geqslant 1,\varepsilon\in(0,1)}[\log a(x-\varepsilon)]'[\log a(x)]'<\infty$, $\sum_{i\geqslant 1} a_i^{-1/2} i^{s/2}<\infty$ 且 $\lim_{x\to\infty}[\sqrt{a(x)}]'/x^{(s+1)/v}=0$, 其中 $s=s(v)>-1$, (15.1.1) 和(15.1.2) 不成立.

证明　a) 为简单起见,记 $A(x)=\int_x^\infty \frac{\mathrm{d}y}{a(y)}$. 往证

$$\inf_{x\geq 1}\frac{1}{a(x)^{q/2}}/A(x)>0, q\triangleq v/(v-1)$$

由于 $1/a(x)\to 0, A(x)\to 0(x\to\infty)$. 根据中值定理, 只需证明

$$\inf_{x\geq 1}\frac{a'(x)}{a(x)^{q/2+1}}/\frac{1}{a(x)}=\inf_{x\geq 1}a'(x)/a(x)^{q/2}>0$$

上式由条件立得, 则利用定理 15. 3. 1 可知关于 I_v 的结论成立.

其次因为 $a(x)\to\infty, q>1$. 由上述结论可得 $\inf_{x\geq 1}\frac{1}{\sqrt{a(x)}}/A(x)>0$, 从而定理 15. 3. 1(ⅱ) 的条件满足. 因此 $S_{v,\delta}>0$ 等价于 $I_v>0$. 这便完成了(ⅰ) 的证明.

b) 取 $\varphi(x)=a(x)/x$, 由假设, 有

$$\begin{aligned}&\sup_{x\geq 1}a(x)[\log\varphi(x\pm 1)-\log\varphi(x)]^2\\ =&\sup_{x\geq 1}a(x)[(\log\varphi)'(x+\varepsilon)]^2\lesssim(|\varepsilon|<1)\\ &\sup_{x\geq 1}a(x)[(\log\varphi)'(x)]^2\\ =&\sup_{x\geq 1}a(x)[-a(x)/x+a'(x)]^2/a(x)^2\\ \lesssim&\sup_{x\geq 1}a(x)/x^2\end{aligned}$$

因此由定理 15. 3. 2 得第二个结论.

c) 由陈木法[4] 知, 若 $\lim_{x\to\infty}a(x)/x^{1+\varepsilon}=0(0<\varepsilon<1)$, 则 $\lambda_1=0, \alpha=0$. 所以下面我们可以假定

$$\xi=\lim_{x\to\infty}x(\log a(x))'>1 \qquad (15.3.5)$$

否则, $\lim_{x\to\infty}x[\log a(x)]'\leq 1$, 则对任意 $\varepsilon>0, a(x)\lesssim x^{1+\varepsilon}$. 由(15. 3. 5) 可得

$$A(x) = \int_0^\infty \frac{\mathrm{d}x}{d(y)} \lesssim \frac{x}{a(x)} \qquad (15.3.6)$$

及对某个 $\varepsilon > 0$

$$a(x) \gtrsim x^{1+\varepsilon} \qquad (15.3.7)$$

结合(15.3.5)和(15.3.7),得

$$\lim_{x\to\infty} a'(x) \geqslant \lim_{x\to\infty} a(x)/x = \infty \qquad (15.3.8)$$

其次,取 $\varphi(x) = \sqrt{x^s a(x)}$,则

$$\|\varphi\|_2^2 = \sum_i \pi_i \varphi_i^2 \sim \sum_i i^s = \infty\,(s > -1)$$

另一方面,我们有

$$\|\varphi\|_1 = \sum_i \pi_i \varphi_i \sim \sum_{i\geqslant 1} a_i^{-1/2} i^{s/2} < \infty$$

最后,由(15.3.5)知 $\varphi' > 0$,我们可以取 $N_n = \varphi(n), f_n(x) = \varphi(x \wedge n)$. 因此,$\sum_i \pi_i f_n(i)^2 \geqslant \sum_{i\leqslant n} \pi_i \varphi_i^2 \sim n^{s+1}$. 然后,由于对 $\varepsilon \in (0,1)$,

$$\frac{\varphi'(x-\varepsilon)}{\varphi'(x)} = \left(\frac{x-\varepsilon}{x}\right)^{s/2-1} \sqrt{\frac{a(x-\varepsilon)}{a(x)}} \cdot$$

$$\frac{s + (x-\varepsilon)(\log a(x-\varepsilon))'}{s + x(\log a(x))'} \leqslant \frac{(\log a(x-\varepsilon))'}{(\log a(x))'}$$

根据假设,有 $\sup_{x\geqslant 1, \varepsilon\in(0,1)} \varphi'(x-\varepsilon)/\varphi'(x) < \infty$,从而

$$\begin{aligned} D(f_n, f_n) &= \sum_{i\leqslant n} \pi_i a_i [f_n(i-1) - f_n(i)]^2 \sim \\ &\sum_{i\leqslant n} \varphi'(i-\varepsilon_i)^2 \lesssim \int_1^n \varphi'(x)^2 \mathrm{d}x \\ &= \int_1^n x^{s-2} a(x)[s + x(\log a(x))']^2 \mathrm{d}x \sim \\ &\int_1^n x^{s-2} a(x)[x(\log a(x))']^2 \mathrm{d}x \\ &= (\text{由}(15.3.5)) \int_1^n x^s a'(x)^2/a(x)\,\mathrm{d}x \end{aligned}$$

因此

$$\frac{D(f_n,f_n)}{\|f_n\|_2^{2+4/v}} \sim \int_1^x \frac{y^s a'(y)^2}{a(y)}\mathrm{d}y/x^{s+1+2(s+1)/v}$$

$$= [(\sqrt{a(x)})'/x^{s+1/v}]^2 \to 0 \quad (x = n \to \infty)$$

根据定理 15. 1. 4 便可得第二结论.

定理 15. 3. 4 设 $a(x), a_i, b_i$ 与定理 15. 3. 3 相同，而且极限 $\xi \triangleq \lim_{x\to\infty} x(\log a(x))'$ 存在.

(ⅰ) 设 $a(x) \in C^2([1,\infty))$，若 $\xi \leqslant 1$ 或 $\xi > 1$ 但 $\sup_{x\geqslant i,\varepsilon\in(0,1)} [\log a(x-\varepsilon)]'/[\log a(x)]' < \infty$，$\lim_{x\to\infty} a''(x)/\log a(x) = 0$，则 (15. 1. 4) 不成立.

(ⅱ) 设 $a(x) \in C^3([1,\infty))$. 若 $\xi > 1$，$\lim_{x\to\infty}(\sqrt{a(x)})' = \infty$，$\lim_{x\to\infty} a(x)[(\sqrt{a(x)})'^2]' = \infty$ 且 $\overline{\lim_{x\to\infty}}\, a(x)\{1/[(\sqrt{a(x)})'^2]'\}' < \infty$，则 (15. 1. 4) 成立.

证明 设 $\xi > 1$，否则与定理 15. 3. 3 的证明 c) 一样处理.

a) 取 $\varphi(x) = \sqrt{xa(x)}$，则 $\|\varphi\|_2^2 = \infty$. 再令 $f_n(x) = \varphi(x \wedge n)$，则

$$\|f_n\|_2^2 = \sum_{i\leqslant n}\pi_i\varphi_i^2 + \varphi_n^2\sum_{i>n}\pi_i \sim$$

$$\int_1^n x\mathrm{d}x + a_n nA(n) \sim n^2 \quad (\text{由}(15.3.6))$$

$$\sum_i \pi_i f_n(i)^2 \log f_n(i)^2$$

$$= \sum_{i\leqslant n}\pi_i\varphi_i^2\log\varphi_i^2 + \varphi_n^2\log\varphi_n^2\sum_{i>n}\pi_i \sim$$

$$\int_1^n x\log[xa(x)]\mathrm{d}x + a_n n\log[na_n]A(n) \sim$$

$$\int_1^n x\log a(x)\,\mathrm{d}x$$

以上最后一步,我们利用了 $a(x) \geqslant x(x \gg 1)$ 及不等式

$$xa(x)\log a(x)A(x) \leqslant C_1 + C_2\int_1^\infty x\log a(x)\,\mathrm{d}x$$

为了证明上式,只需证明

$$[a(x)\log a(x) + xa'(x)\log a(x) + xa'(x)]A(x) - x\log a(x) \leqslant C_2 x\log a(x)$$

两边同时除以 $xa'(x)\log a(x)$,并注意 $a(x), a'(x) \to \infty$.

我们只需证明

$$\left[1 + \frac{a(x)}{xa'(x)}\right]A(x) \leqslant C_2$$

这由(15.3.5)立得. 其次,

$$\begin{aligned}
\sum_i \pi_i f_n(i)^2\log \|f_n\|_2^2 &\sim \left\{\int_1^n x\mathrm{d}x + na_nA(n)\right\}\log \|f_n\|_2^2 \\
&\sim n^2\log^n \sum_i \pi_i a_i[f_n(i-1) - f_n(i)]^2 \\
&\sim \sum_{i\leqslant n}\varphi'(i-\varepsilon_i)^2 \lesssim \int_1^n \varphi'(x)^2\mathrm{d}x \\
&= \int_1^n \frac{[a(x) + xa'(x)]^2}{xa(x)}\mathrm{d}x \\
&= \int_1^n \frac{a(x)}{x}[1 + xa'(x)/a(x)]^2\mathrm{d}x \sim \\
&\quad \int_1^n \frac{a(x)}{x}[xa'(x)/a(x)]^2\mathrm{d}x \\
&= (\text{由}(15.3.5))\int_1^n \frac{xa'(x)^2}{a(x)}\mathrm{d}x
\end{aligned}$$

因此

$$D(f_n,f_n)/\int f_n^2\log[f_n^2/\|f_n\|_2^2]\mathrm{d}\pi$$

$$\sim\int_1^x\frac{ya'(y)^2}{a(y)}\mathrm{d}y/\int_1^x y\log a(y)\mathrm{d}y$$

$$\lesssim\frac{a'(x)^2}{a(x)\log a(x)}\lesssim\frac{a''(x)}{\log a(x)+1}$$

$$\sim(\text{由}(15.3.8))\frac{a''(x)}{\log a(x)}$$

以上第二步我们利用了

$$\int_1^x ya'(y)^2/a(y)\mathrm{d}y\gtrsim\int_1^x a'(y)\mathrm{d}y\sim a(x)\to\infty\ (x\to\infty)$$

至此,(ⅰ)得证.

b)根据王凤雨[1]定理1.2,只需证明

$$\inf_{i\geqslant1}\frac{\pi_i a_i}{\sqrt{r_{i,i-1}}}/\Big[\sum_{j\geqslant i}\pi_j\Big]\Big\{\log\Big[\Big(\sum_{j\geqslant i}\pi_j\Big)^{-1}+\mathrm{e}\Big]\Big\}^{1/2}>0 \tag{15.3.9}$$

其中,$r_{ij}=(a_i+b_i)\vee(a_j+b_j)(i\neq j)$.

由于 $a(x)\uparrow\infty$, $A(x)\log A(x)\sim A(x)\sim0$,根据假设,有

$$\frac{1}{\sqrt{a(x)}}\Big/[A(x)(-\log A(x))^{1/2}]\sim$$

$$-\frac{-a'(x)}{a(x)^{3/2}}\Big/\Big[A'(x)\Big(\sqrt{-\log A(x)}-\frac{1}{2\sqrt{-\log A(x)}}\Big)\Big]\sim$$

$$-\frac{a'(x)}{a(x)^{3/2}}/\Big[A'(x)\sqrt{-\log A(x)}\Big]$$

$$=(\sqrt{a(x)})'\Big/\sqrt{-\log A(x)}$$

$$= [-\log A(x)/(\sqrt{a(x)})'^2]^{-1/2}$$
$$= [A'(x)A(x)^{-1}/[(\sqrt{a(x)})'^2]']^{-1/2}$$
$$= \left[\frac{1}{a(x)[(\sqrt{a(x)})'^2]'}/A(x)\right]^{-1/2} \sim$$
$$\left[\left(\frac{1}{a(x)[(\sqrt{a(x)})'^2]'}\right)'/A'(x)\right]^{-1/2}$$
$$= \left[-a(x)\left(\frac{1}{a(x)[(\sqrt{a(x)})'^2]'}\right)'\right]^{-1/2}$$

根据假设,由此便得(15.3.9).

定理 15.3.5　设$\overline{\lim_{i\to\infty}} b_i/a_{i+1} \triangleq \rho^{-1} < 1$.

(ⅰ)若 $b_i \leqslant a_i (i \gg 1), a_i \gtrsim \pi_i^{-2/v} (v \geqslant 2)$,则 I_v, $S_{v,\delta}(\delta > 0) > 0$.

(ⅱ)若存在 $\gamma \in [1, \rho)$,使得$\underline{\lim}_{n\to\infty} a_n/\gamma^{2n/v} = 0$,则(15.1.1)和(15.1.2)不成立.

证明　a)根据定理 15.3.1,我们只需证明

$$\pi_i \sqrt{a_i} \gtrsim \Big(\sum_{j\geqslant i} \pi_j\Big)^{1/q}, q \triangleq v(v-1) \qquad (15.3.10)$$

因为 $b_i = \pi_{i+1}a_{i+1}/\pi_i, b_i \leqslant a_i$,于是 $\pi_i a_i \leqslant \pi_{i-1}a_{i-1} \leqslant \cdots \leqslant \pi_1 a_1$,从而

$$a_i \lesssim \pi_i^{-1} \qquad (15.3.11)$$

其次,为证(15.3.10).由(15.3.4)知只需证明$\sqrt{a_i} \gtrsim \pi_i^{1/q-1}$,这由假设即得.结合(15.3.11)知 $I_v > 0, S_{v,\delta} > 0$,故(ⅰ)得证.

b)(ⅱ)是定理 15.3.2(2)中取 $\psi_i = \gamma^i$ 的一个简单应用.

定理 15.3.6　设$\overline{\lim_{i\to\infty}} b_i/a_{i+1} \triangleq \rho^{-1} < 1$,

(ⅰ)若 $a_i \lesssim i^{\beta}$,其中 $\beta < 1$,则(15.1.4)不成立.

(ⅱ)若 $b_i \leqslant a_i (i \gg 1)$,$a_i \uparrow$ 且 $\varliminf_{i\to\infty}[\sqrt{a_i} - b_i/\sqrt{a_{i+1}}/\sqrt{i} > 0$. 则(15.1.4)成立. 若($\varlimsup_{i\to\infty} a_{i+1}/a_i$)·($\varlimsup_{i\to\infty} b_i/a_{i+1}$)$< 1$,则最后一个条件等价于 $a_i \gtrsim i$.

证明 a)取 $\psi_i = i^{\gamma}(\gamma > -1)$,令 $\varphi_i = \sqrt{\psi_i/\pi_i}$. 则 $\|\varphi\|_2 = \infty$,再令 $f_n(i) = \varphi_{i\wedge n}$,则 $\|f_n\|_2^2 \sim n^{1+\gamma}$,而且

$$\begin{aligned}
&\sum_i \pi_i a_i [f_n(i-1) - f_n(i)]^2 \\
&\sim \sum_{i\leqslant n} a_i \psi_i \left[\sqrt{\left(\frac{i-1}{i}\right)^{\gamma}\frac{b_{i-1}}{a_i}} - 1\right]^2 \\
&\sim \sum_{i\leqslant n} a_i \psi_i \lesssim n^{\beta+\gamma+1}
\end{aligned}$$

另一方面,由于 $\sum_{j\geqslant i}\pi_j \lesssim \pi_i$,根据条件,我们有

$$\begin{aligned}
\sum_i \pi_i f_n(i)^2 \log f_n(i)^2 &= \sum_{i\leqslant n}\psi_i \log\frac{\psi_i}{\pi_i} + \frac{\psi_n}{\pi_n}\log\frac{\psi_n}{\pi_n}\sum_{k>n}\pi_k \\
&\sim \sum_{i\leqslant n}\psi_i \log\frac{\psi_i}{\pi_i} \sim \sum_{i\leqslant n}\psi_i \log \pi_i^{-1} \\
&\sim \sum_{i\leqslant n}\psi_i \left[\log\frac{a_1}{b_0} + \cdots + \log\frac{a_i}{b_{i-1}}\right] \\
&\sim \sum_{i\leqslant n}\psi_i [M + (i-N)\log\rho] \\
&\sim \sum_{i\leqslant n} i^{\gamma+1\ \gamma+2}
\end{aligned}$$

其中 M, N 为常数, 此外 $\sum_i \pi_i f_n(i)^2 \log\ \|f_n\|_2^2 \sim n^{1+\gamma}\log n \lesssim n^{2+\gamma}$,因此

$$D(f_n,f_n)/\int f_n^2\log\,[f_n^2/\|f_n\|_2^2]\,\mathrm{d}\pi \lesssim n^{\beta-1}\to 0(\beta<1)$$

b) 由于 $b_i \leqslant a_i(i \gg 1)$，根据(15.3.11)，有 $a_i \lesssim \pi_i^{-1}$，从而由条件可知 $\pi_i\sqrt{a_i} \lesssim \pi_i^{1/2}\downarrow 0$. 暂时记 $H_i = [\sum_{j\geqslant i}\pi_j]^{-1} + \mathrm{e}$. 则 $H_{i+1} \geqslant H_i$. 由(15.3.9)，只需考虑

$$\begin{aligned}\theta_i &\triangleq [\pi_i\sqrt{a_i}-\pi_{i+1}\sqrt{a_{i+1}}]/\{\pi_i(\log H_i)^{1/2}+\\&\qquad[(\log H_i)^{1/2}-(\log H_{i+1})^{1/2}]\sum_{j\geqslant i}\pi_j\}\\&\geqslant [\pi_i\sqrt{a_i}-\pi_{i+1}\sqrt{a_{i+1}}]/[\pi_i(\log H_i)^{1/2}]\\&\sim [\sqrt{a_i}-b_i/\sqrt{a_{i+1}}]/[-\log\sum_{j\geqslant i}\pi_i]^{1/2}\end{aligned}$$

因此，由(15.3.4)得，$\theta_i \gtrsim [\sqrt{a_i}-b_i/\sqrt{a_{i+1}}]/(-\log\pi_i)^{1/2}$.

又因为 $\log\pi_i^{-1} = \log(a_1/b_0)+\cdots+\log(a_i/b_{i-1}) \leqslant M+(i-N)\log\rho$，所以

$$\theta_i \gtrsim [\sqrt{a_i}-b_i/\sqrt{a_{i+1}}]/\sqrt{i} = \sqrt{\frac{a_i}{i}}\left[1-\frac{b_i}{a_{i+1}}\sqrt{\frac{a_{i+1}}{a_i}}\right]$$

例 15.3.1　对 $\mathbf{Z}^d$ 上的简单随机游动 $P=(p_{ij})$，此时 $\pi(E)=\infty$，$J_{ij}=\pi_i p_{ij}(i\neq j)$，则 $S_{v,\delta}\geqslant S_{v,0}>0(v\geqslant 1)$.

证明　只需注意 $i\neq j$，$|i-j|=1$ 时，J_{ij} 为常数并利用定理 15.1.1 立得.

例 15.3.2　取 $a_i=b_i=i^\gamma(i\geqslant 1,\gamma>1)$，则(15.1.3) 成立. 当且仅当 $\gamma\geqslant 2$；

(ⅰ) 存在 $v>0$ 使(15.1.1)($\delta>0$) 及(15.1.2) 成立的充分必要条件为 $\gamma>2$. 此时，必有 $v\geqslant 2(\gamma-1)/(\gamma-2)$；

(ⅱ)(15.1.4) 成立的充分必要条件为 $\gamma > 2$.

证明 (15.1.4) 的证明见上一章或陈木法[2]. 由定理 15.3.3 前两部分可得(ⅰ)的第一个结论及第二个结论的充分性. 再由定理 15.3.3(ⅲ) 知 $v < 2(\gamma-1)(\gamma-2)$ 不可能成立,进而可得(ⅰ)中第二个结论的必要性. 最后由定理 15.3.4 可得(ⅱ).

例 15.3.3 取 $a_i = b_i = i^2\log^\gamma(i+1)\,(i \geqslant 1, \gamma \in \mathbf{R})$,则

(ⅰ)(15.1.1) 和(15.1.2) 对任何 γ 都不成立.

(ⅱ)(15.1.4) 成立,当且仅当 $\gamma \geqslant 1$.

证明 由定理 15.3.3 立得(ⅰ). 根据王凤雨[1],由定理 15.3.4 便得(ⅱ).

例 15.3.4 取 $\pi_i \sim \rho^{-i}, \rho > 1, a_i = \rho^{\beta i}\,(\beta \in (0,1))$,则

(ⅰ)对 $v > 2$,若 $\beta \geqslant 2/v$,则(15.1.1)($\delta > 0$) 和(15.1.2) 成立; 反之, 若 $\beta < 2/v$, 则(15.1.1) 和(15.1.2) 不成立.

(ⅱ)对任何 $\beta \in (0,1)$,(15.1.4) 成立.

证明 分别由定理 15.3.5 和定理 15.3.6 可得(ⅰ)和(ⅱ).

下面一个例子令人很吃惊,它说明从(15.1.2) 到(15.1.3) 有一个大的跳跃, 并证明 Nash 不等式比 Poincaré 不等式和对数 Sobolev 不等式都要强得多.

例 15.3.5 取 $b_i = bi^\beta\,(i \geqslant 1), b_0 = 1, a_i = i^\gamma, \gamma \geqslant \beta \geqslant 0$. 当 $\beta = \gamma$ 时还假定 $b < 1$,则

(ⅰ)(15.1.1)($\delta > 0$)(相应地(15.1.2)) 不成立.

(ⅱ)(15.1.4) 成立的充分必要条件为 $\gamma \geqslant 1$.

证明　由上一章知 $\lambda_1 > 0$;其次,(ⅰ)由定理 15.3.5 可得,(ⅱ)由定理 15.3.6 可得.

从以上例子和结论可以看到,粗略地讲,为使 I_v(或 $S_{v,\delta}(\delta > 0)$) > 0,当(π_i)是多项式(或指数)衰退时,(a_i)也应是多项式(或相应的指数)增长的.

15.4　补充与注记

Nash 不等式是对 Cheeger 不等式的进一步深入. 本章对一般对称型(可能无界)建立了 Nash 不等式,在可逆马尔可夫过程(特别是生灭过程)中取得很好的应用,其内容全部取自陈木法[13].

第 5 编

相关论题

第16章 Kendall 猜想

16.1 Kendall 猜想的提出

设 $\boldsymbol{P}(t)=(p_{ij}(t);i,j\in E)$ 为一个 Markov 过程. 根据 $K-C$ 方程, $\boldsymbol{P}(t)$ 可由所有 $p_{ij}(t)$ 在 $[0,\varepsilon]$ 上的值唯一决定, 其中 $\varepsilon>0$ 可以任意小, 但与 i,j 无关. 由此可知: 对于转移矩阵 $\boldsymbol{P}(t)$, $\boldsymbol{P}(t)$ 在 $t=0$ 的右方任意局部的值可以决定其整体. 但当 t 变化时, $\boldsymbol{P}(t)$ 的值在 $t=0$ 的右方附近变化的情况可以用其 $\boldsymbol{Q}$ - 矩阵来刻画, 因此人们自然希望进一步将上面的条件减弱而提出如下的问题: 一个 Markov 过程的转移函数 $\boldsymbol{P}(t)$ 可否由其在 $t=0$ 处的值 $\boldsymbol{P}(0)=\boldsymbol{I}$ 及其 $\boldsymbol{Q}$ - 矩阵唯一决定? $\boldsymbol{Q}$ - 矩阵问题的研究表明这个问题的答案是否定的: 原来的条件减得过弱了. 于是想到要找出一个比上述的前一个条件弱而比后一个条件强的中间条件,使之能唯一地决定过程 $\boldsymbol{P}(t)$. 对此,英国学者 D. C. Kendall 提出了如下的猜想:

假定我们只知道一个 Markov 过程 $\boldsymbol{P}(t) = (p_{ij}(t))$ 满足下述条件:对于每个 i 和 j

$$p_{ij}(t) = f_{ij}(t), 0 \leqslant t \leqslant T_{ij}, T_{ij} > 0 \tag{16.1.1}$$

其中,$\boldsymbol{T} = (T_{ij})$ 和 $f = (f_{ij}(t); 0 \leqslant t \leqslant T_{ij})$ 为已知.

猜想:$(p_{ij}(t))$ 对一切 $t \geqslant 0$ 被唯一决定.

为了叙述上的方便,我们引入

定义 16.1.1 对于一个由正元素所构成的矩阵 $\boldsymbol{T} = (T_{ij})$ 和在每个区间 $[0, T_{ij}]$ 上定义的函数 $f_{ij}(t)$ 所构成的函数矩阵 $\boldsymbol{f} = (f_{ij}(t))$,如果有一个 Markov 过程 $(p_{ij}(t))$ 存在,使得

$$p_{ij}(t) = f_{ij}(t), t \in [0, T_{ij}], i, j \in E \tag{16.1.2}$$

则称 $(\boldsymbol{T}, \boldsymbol{f})$ 为一个 0^+ - 系统,并进而称 $(p_{ij}(t))$ 为 $(\boldsymbol{T}, \boldsymbol{f})$ 过程,$(\boldsymbol{T}, \boldsymbol{f})$ 为 $(p_{ij}(t))$ 的一个 0^+ - 系统.

利用上述定义,我们可以把 Kendall 猜想改述为:对于任给的一个 0^+ - 系统 $(\boldsymbol{T}, \boldsymbol{f})$,$(\boldsymbol{T}, \boldsymbol{f})$ 过程唯一. 这就是说,如果 $\boldsymbol{P}(t)$ 和 $\widetilde{\boldsymbol{P}}(t)$ 均为 $(\boldsymbol{T}, \boldsymbol{f})$ 过程,即满足

$$p_{ij}(t) = \widetilde{p}_{ij}(t) = f_{ij}(t), t \in [0, T_{ij}], i, j \in E \tag{16.1.3}$$

则必有

$$p_{ij}(t) = \widetilde{p}_{ij}(t), t \in [0, +\infty), i, j \in E \tag{16.1.4}$$

若 $(\boldsymbol{T}, \boldsymbol{f})$ 是 $\boldsymbol{Q}$ 过程 $\boldsymbol{P}(t)$ 的任一个 0^+ - 系统,则显然

$$f'_{ij}(0+) = p'_{ij}(0+) = q_{ij} \tag{16.1.5}$$

今后我们亦称 $\boldsymbol{Q}$ 为 0^+ - 系统$(\boldsymbol{T},\boldsymbol{f})$ 的密度矩阵.

以下几节我们将介绍关于 Kendall 猜想的研究中的几项有代表性的工作. 在论证中常常需要用到 Markov 过程构造论中的一些结果,由于本书不讨论过程的构造,故关于这方面的结果将直接引用文献.

16.2　全稳定生灭过程由 0^+ - 系统的唯一决定性

设已给全稳定的单边生灭矩阵

$$\begin{pmatrix} -(a_0+b_0) & b_0 & 0 & \cdots & \cdots \\ a_1 & -(a_1+b_1) & b_1 & 0 & \cdots \\ 0 & a_2 & -(a_2+b_2) & b_2 & \cdots \\ \cdots & \cdots & \cdots & \cdots & \cdots \\ \cdots & \cdots & \cdots & \cdots & \cdots \end{pmatrix} \tag{16.2.1}$$

(其中 $a_0 \geqslant 0, a_i > 0(i \geqslant 1); b_i > 0(i \geqslant 0)$)
及全稳定的双边生灭矩阵

$$\begin{pmatrix} \ddots & \ddots & \ddots & & \\ a_{-1} & -(a_{-1}+b_{-1}) & b_{-1} & & \\ & a_0 & -(a_0+b_0)b_0 & & \\ & & a_1 & -(a_1+b_1) & b_1 \\ & & & \ddots & \ddots \quad \ddots \end{pmatrix} \tag{16.2.2}$$

(其中 $a_i > 0, b_i > 0, i$ 为整数). 我们将其统称为生灭

矩阵且均记为 $\boldsymbol{Q}=(q_{ij};i,j\in E)$，在单边情形，$E=\{0,1,2,\cdots\}$，而

$$\begin{cases}q_0=-q_{00}=(a_0+b_0),q_{01}=b_0\\ q_i=-q_{ii}=(a_i+b_i),q_{ii-1}=a_i,q_{ii+1}=b_i\quad(i\geqslant 1)\\ q_{ij}=0,i\geqslant 1,|i-i|>1\end{cases}$$

(16.2.3)

在双边情形，$E=\{\cdots,-2,-1,0,1,2,\cdots\}$，而

$$\begin{cases}q_i=-q_{ii}=(a_i+b_i)\\ q_{ii-1}=a_i,q_{ii+1}=b_i\quad(i,j\in E)\\ q_{ij}=0,\quad |i-j|>1\end{cases}\quad(16.2.4)$$

生灭 $\boldsymbol{Q}$ – 矩阵所对应的 0^+ – 系统及 $\boldsymbol{Q}$ 过程分别称为生灭 0^+ – 系统及生灭 $\boldsymbol{Q}$ 过程.

设已给以生灭矩阵 $\boldsymbol{Q}$ 为密度矩阵的生灭 0^+ – 系统 $(\boldsymbol{T},\boldsymbol{f})$，而 $\boldsymbol{P}(t)$ 及 $\widetilde{\boldsymbol{P}}(t)$ 均为 $(\boldsymbol{T},\boldsymbol{f})$ 过程，它们都是生灭 $\boldsymbol{Q}$ 过程. 令

$$\boldsymbol{g}(t)=\boldsymbol{P}(t)-\widetilde{\boldsymbol{P}}(t)\qquad(16.2.5)$$

$$l_{ij}=\inf(t:\boldsymbol{g}(t)\neq\boldsymbol{0})=\inf(t:p_{ij}(t)\neq\tilde{p}_{ij}(t))$$

(16.2.6)

则

$$l_{ij}\geqslant T_{ij}\qquad(16.2.7)$$

又令

$$\begin{cases}M_{ij}(t)=p'_{ij}(t)-p_{ij-1}(t)q_{j-1j}-p_{ij}(t)q_{jj}-p_{ij+1}(t)q_{j+1j}\\ \widetilde{M}_{ij}(t)=\tilde{p}'_{ij}(t)-\tilde{p}_{ij-1}(t)q_{j-1j}-\tilde{p}_{ij}(t)q_{jj}-\tilde{p}_{ij+1}(t)q_{j+1j}\end{cases}$$

(16.2.8)

易知 $M_{ij}(t)$ 及 $\widetilde{M}_{ij}(t)$ 均为有界连续函数. 记

$$m_{ij} = \inf\{t:M_{ij}(t) \neq \widetilde{M}_{ij}(t)\} \qquad (16.2.9)$$

则显然

$$m_{ij} \geqslant l_{ij-1} \wedge l_{ij} \wedge l_{ij+1} > 0 \qquad (16.2.10)$$

其中 $a \wedge b = \min(a,b)$. 由 K. L. Chung[1] 第 17 章定理 1, $M_{ij}(t)$ 或者恒等于 0, 或者恒为正数, 故由 (16.2.10), $M_{ij}(t)$ 及 $\widetilde{M}_{ij}(t)$ 或者同时恒等于0, 或者同时恒大于0. 又若记

$$\begin{cases} S = \{i: \forall j, M_{ij}(t) \equiv 0, t \in [0,\infty)\} \\ \widetilde{S} = \{i: \forall j, \widetilde{M}_{ij}(t) \equiv 0, t \in [0,\infty)\} \end{cases} \qquad (16.2.11)$$

则

$$S = \widetilde{S} \qquad (16.2.12)$$

本节我们将要证明 Kendall 猜想对于单边及双边生灭过程的正确性. 我们将对单边生灭过程叙述我们的证明, 而对于双边情形, 只需将证明的若干细节稍微改变, 对此, 我们将在证明的过程中随时指出.

首先我们证明下面的基本引理, 它在主要定理的证明中起着十分重要的作用.

基本引理　设 $m_i = \inf(m_{ij}:j \in E)$, 则对所有的 $i \in E, m_i > 0$.

证明　当 $i \in S$ 时, 引理显然成立, 故只需考察 $i \notin S$ 的情形, 这时, 存在 $j_0 \in E$, 使 $M_{ij_0}(t) > 0 (t \geqslant 0)$.

由杨向群[1] 知, 每个生灭 $\boldsymbol{Q}$ 过程(单边或双边)都有如下的表现:

$$\psi_{ij}(\lambda) = \varphi_{ij}(\lambda) + G_i^{(1)}(\lambda)\Big(\sum_k \alpha_k^{(1)} \varphi_{kj}(\lambda)\Big) +$$

$$G_i^{(2)}(\lambda)\Big(\sum_k \alpha_k^{(2)}\varphi_{kj}(\lambda)\Big)+$$
$$H_i^{(1)}(\lambda)x_j^{(1)}(\lambda)\mu_j+H_i^{(2)}(\lambda)x_j^{(2)}(\lambda)\mu_j$$
$$(i,j\in E,\lambda>0)\quad(16.2.13)$$

其中 $\boldsymbol{\Phi}(\lambda)$ 为最小 $\boldsymbol{Q}$ 过程. 记

$$\boldsymbol{X}^{(a)}(\lambda)\boldsymbol{\mu}=(x_j^{(a)}\mu_j)_{j\in E}\quad(a=1,2)\ (16.2.14)$$

$\boldsymbol{X}^{(a)}(\lambda)\boldsymbol{\mu}$ 为行向量;记

$$\begin{cases}\boldsymbol{G}^{(a)}(\lambda)=(G_i^{(a)}(\lambda))_{i\in E}\\ \boldsymbol{H}^{(a)}(\lambda)=(H_i^{(a)}(\lambda))_{i\in E}\end{cases}\quad(a=1,2)\quad(16.2.15)$$

$\boldsymbol{G}^{(a)}(\lambda)$ 及 $\boldsymbol{H}^{(a)}(\lambda)$ 均为列向量,将(16.2.13)改写为

$$\boldsymbol{\Psi}(\lambda)=\boldsymbol{\Phi}(\lambda)+\boldsymbol{G}^{(1)}(\lambda)(\boldsymbol{\alpha}^{(1)}\boldsymbol{\Phi}(\lambda))+$$
$$\boldsymbol{G}^{(2)}(\lambda)(\boldsymbol{\alpha}^{(2)}\boldsymbol{\Phi}(\lambda))+\boldsymbol{H}^{(1)}(\lambda)(\boldsymbol{X}^{(1)}(\lambda)\mu)+$$
$$\boldsymbol{H}^{(2)}(\lambda)(\boldsymbol{X}^{(2)}(\lambda)\mu)\quad(16.2.16)$$

由杨向群[1]可知 $\boldsymbol{\Phi}(\lambda)(\lambda\boldsymbol{I}-\boldsymbol{Q})=\boldsymbol{I}$ 及 $\boldsymbol{X}^{(a)}(\lambda)\mu(\lambda\boldsymbol{I}-\boldsymbol{Q})=0(a=1,2)$,故于(16.2.16)两边右乘以$(\lambda\boldsymbol{I}-\boldsymbol{Q})$,可得

$$\boldsymbol{\Psi}(\lambda)(\lambda\boldsymbol{I}-\boldsymbol{Q})=\boldsymbol{I}+\boldsymbol{G}^{(1)}(\lambda)\boldsymbol{\alpha}^{(1)}+\boldsymbol{G}^{(2)}(\lambda)\boldsymbol{\alpha}^{(2)}$$
$$(16.2.17)$$

但

$$\lambda\boldsymbol{\Psi}(\lambda)-\boldsymbol{I}=\int_0^\infty \mathrm{e}^{-\lambda t}\boldsymbol{P}'(t)\,\mathrm{d}t$$

故整理(16.2.17)得

$$\int_0^\infty \mathrm{e}^{-\lambda t}M_{ij}(t)\,\mathrm{d}t=\alpha_j^{(1)}G_i^{(1)}(\lambda)+\alpha_j^{(2)}G_i^{(2)}(\lambda)$$
$$(16.2.18)$$

同样地,对于 $\widetilde{\boldsymbol{P}}(t)$ 及其预解式 $\widetilde{\boldsymbol{\Psi}}(\lambda)$,有

$$\int_0^\infty \mathrm{e}^{-\lambda t}\widetilde{M}_{ij}(t)\,\mathrm{d}t=\widetilde{\alpha}_j^{(1)}\widetilde{G}_i^{(1)}(\lambda)+\widetilde{\alpha}_j^{(2)}\widetilde{G}_i^{(2)}(\lambda)\quad(16.2.19)$$

记

$$\Delta_{ij} = \begin{vmatrix} \alpha_i^{(1)} & \alpha_i^{(2)} \\ \alpha_j^{(1)} & \alpha_j^{(2)} \end{vmatrix} \quad (16.2.20)$$

$$\tilde{\Delta}_{ij} = \begin{vmatrix} \tilde{\alpha}_i^{(1)} & \tilde{\alpha}_i^{(2)} \\ \tilde{\alpha}_j^{(1)} & \tilde{\alpha}_j^{(2)} \end{vmatrix} \quad (16.2.21)$$

若对于 $j \in E$,有

$$\Delta_{j_0 j} = \begin{vmatrix} \alpha_{j_0}^{(1)} & \alpha_{j_0}^{(2)} \\ \alpha_j^{(1)} & \alpha_j^{(2)} \end{vmatrix} = 0 \quad (16.2.22)$$

由(16.2.18)及 $M_{ij_0}(t) > 0(t \geqslant 0)$,可知 $\alpha_{j_0}^{(1)}, \alpha_{j_0}^{(2)}$ 不全为 0,故有常数 k_j,使

$$\alpha_j^{(1)} = k_j \alpha_{j_0}^{(1)}, \alpha_j^{(2)} = k_j \alpha_{j_0}^{(2)} \quad (16.2.23)$$

则由(16.2.18)可得

$$\begin{aligned} \int_0^{\infty} \mathrm{e}^{-\lambda t} M_{ij}(t)\,\mathrm{d}t &= \alpha_j^{(1)} G_i^{(1)}(\lambda) + \alpha_j^{(2)} G_i^{(2)}(\lambda) \\ &= k_j(\alpha_{j_0}^{(1)} G_i^{(1)}(\lambda) + \alpha_{j_0}^{(2)} G_i^{(2)}(\lambda)) \\ &= k_j \int_0^{\infty} \mathrm{e}^{-\lambda t} M_{ij_0}(t)\,\mathrm{d}t \end{aligned}$$

由 Laplace 变换的唯一性定理,可知

$$M_{ij}(t) = k_j M_{ij_0}(t)(t \geqslant 0), j \in E \quad (16.2.24)$$

若对于 $j_1 \in E$,有

$$\Delta_{j_0 j_1} = \begin{vmatrix} \alpha_{j_0}^{(1)} & \alpha_{j_0}^{(2)} \\ \alpha_{j_1}^{(1)} & \alpha_{j_1}^{(2)} \end{vmatrix} \neq 0 \quad (16.2.25)$$

则由(16.2.18)

$$\begin{cases}\int_0^{\infty} \mathrm{e}^{-\lambda t} M_{ij_0}(t)\,\mathrm{d}t = \alpha_{j_0}^{(1)} G_i^{(1)}(\lambda) + \alpha_{j_0}^{(2)} G_i^{(2)}(\lambda) \\ \int_0^{\infty} \mathrm{e}^{-\lambda t} M_{ij_1}(t)\,\mathrm{d}t = \alpha_{j_1}^{(1)} G_i^{(1)}(\lambda) + \alpha_{j_1}^{(2)} G_i^{(2)}(\lambda)\end{cases} \tag{16.2.26}$$

由(16.2.26)作为含 $G_i^{(1)}(\lambda)$,$G_i^{(2)}(\lambda)$ 的线性方程组可解出 $G_i^{(1)}(\lambda)$,$G_i^{(2)}(\lambda)$,以之代入(16.2.18)并利用 Laplace 变换的唯一性定理,可知对任意的 j 有

$$M_{ij}(t) = \frac{\Delta_{jj_1}}{\Delta_{j_0j_1}} M_{ij_0}(t) - \frac{\Delta_{jj_0}}{\Delta_{j_0j_1}} M_{ij_1}(t) \tag{16.2.27}$$

综合(16.2.24),(16.2.27),可知存在 $M_{ij_0}(t) > 0$ 及 $M_{ij_1}(t)$,使对于任意的 $j \in E$,均有

$$M_{ij}(t) = k_j M_{ij_0}(t) + h_j M_{ij_1}(t) \tag{16.2.28}$$

其中 k_j,h_j 为与 t 无关的常数.

令

$$N = \max\left\{ s \,\middle|\, \frac{M_{ij_1}(t)}{M_{ij_0}(t)} = c, c \text{ 为常数}, 0 < t \leqslant s \right\} \tag{16.2.29}$$

若 $N > 0$,则当 $t < N$ 时,(16.2.27)可写为

$$M_{ij}(t) = k_j M_{ij_0}(t), j \in E \tag{16.2.30}$$

若 $N = 0$,则存在任意小的 $t_1, t_2 > 0$,使

$$\frac{M_{ij_1}(t_1)}{M_{ij_0}(t_1)} \neq \frac{M_{ij_1}(t_2)}{M_{ij_0}(t_2)} \tag{16.2.31}$$

由于 $0 < t < m_{ij_0}$ 时,$M_{ij_0}(t) = \widetilde{M}_{ij_0}(t)$,故 $\widetilde{M}_{ij_0}(t) > 0$,因而对于 $\widetilde{M}_{ij}(t)$,亦有如(16.2.30)及(16.2.31)所示的两种情形发生,即或者存在 $\widetilde{N} > 0$,使 $0 < t < \widetilde{N}$ 时

$$\widetilde{M}_{ij}(t) = \tilde{k}_j \widetilde{M}_{ij_0}(t), j \in E \qquad (16.2.32)$$

或者存在 $\tilde{j}_1$,使可以找到任意小的 $\tilde{t}_1 > 0$ 及 $\tilde{t}_2 > 0$ 使

$$\frac{\widetilde{M}_{ij_1}(\tilde{t}_1)}{\widetilde{M}_{ij_0}(t_1)} \neq \frac{\widetilde{M}_{ij_1}(\tilde{t}_2)}{\widetilde{M}_{ij_0}(t_2)} \qquad (16.2.33)$$

当(16.2.30)成立时,必有

$$M_{i\tilde{j}_1}(t) = k_{\tilde{j}_1} M_{ij_0}(t), 0 < t < N \quad (16.2.34)$$

故有

$$\widetilde{M}_{i\tilde{j}_1}(t) = k_{\tilde{j}_1} \widetilde{M}_{ij_0}(t), \quad 0 < t < (N \wedge m_{ij_0} \wedge m_{i\tilde{j}_1}) \qquad (16.2.35)$$

这与(16.2.33)矛盾,故此时应有(16.2.32)成立,即我们同时有

$$\begin{cases} M_{ij}(t) = k_j M_{ij_0}(t) \\ \widetilde{M}_{ij}(t) = \tilde{k}_j \widetilde{M}_{ij_0}(t) \end{cases}, \quad j \in E, 0 < t < (N \wedge \widetilde{N}) \qquad (16.2.36)$$

取 $0 < t < (m_{ij} \wedge m_{ij_0} \wedge N \wedge \widetilde{N})$,则由 $M_{ij_0}(t) > 0$ 可得

$$k_j = \tilde{k}_j, j \in E \qquad (16.2.37)$$

故当 $0 < t < (m_{ij_0} \wedge N \wedge \widetilde{N})$ 时,有

$$M_{ij}(t) = \widetilde{M}_{ij}(t), j \in E \qquad (16.2.38)$$

因而

$$m_{ij} \geqslant m_{ij_0} \wedge N \wedge \widetilde{N}, j \in E \qquad (16.2.39)$$

对 $j \in E$ 取下确界,得

$$m_i \geqslant m_{ij_0} \wedge N \wedge \widetilde{N} > 0 \qquad (16.2.40)$$

当(16.2.31)成立时,必有

$$\widetilde{\Delta}_{j_0j_1} \neq 0 \qquad (16.2.41)$$

事实上,若 $\widetilde{\Delta}_{j_0j_1} = 0$,则仿(16.2.24)可知

$$\widetilde{M}_{ij_1}(t) = \tilde{k}_j \widetilde{M}_{ij_0}(t) \qquad (16.2.42)$$

因而当 $0 < t < (m_{ij_0} \wedge m_{ij_1})$ 时,应有

$$M_{ij_1}(t) = \tilde{k}_j M_{ij_0}(t) \qquad (16.2.43)$$

此与(16.2.31)矛盾. 由(16.2.41),可知对于 $\widetilde{M}_{ij}(t)$,(16.2.28)亦成立,即对任意的 $j \in E$,有

$$\widetilde{M}_{ij}(t) = \tilde{k}_j \widetilde{M}_{ij_0}(t) + \tilde{h}_j \widetilde{M}_{ij_1}(t) \qquad (16.2.44)$$

对任意的 $j \in E$,取 t_1, t_2 使

$$0 < t_i < (m_{ij_0} \wedge m_{ij_1} \wedge m_{ij}), i = 1,2 \qquad (16.2.45)$$

则由(16.2.28)及(16.2.44),有

$$\begin{cases} M_{ij}(t_1) = k_j M_{ij_0}(t_1) + h_j M_{ij_1}(t_1) \\ \widetilde{M}_{ij}(t_1) = \tilde{k}_j \widetilde{M}_{ij_0}(t_1) + \tilde{h}_j \widetilde{M}_{ij_1}(t_1) \end{cases} \qquad (16.2.46)$$

相减得

$$(k_j - \tilde{k}_j) M_{ij_0}(t_1) + (h_j - \tilde{h}_j) \widetilde{M}_{ij_1}(t_1) = 0 \qquad (16.2.47)$$

同样有

$$(k_j - \tilde{k}_j) M_{ij_0}(t_2) + (h_j - \tilde{h}_j) \widetilde{M}_{ij_1}(t_2) = 0 \qquad (16.2.48)$$

视(16.2.47)、(16.2.48)为关于 $(k_j - \tilde{k}_j)$、$(h_j - \tilde{h}_j)$ 的

线性齐次方程组,则由(16.2.31)成立,可知

$$k_j - \tilde{k}_j = 0, \quad h_j - \tilde{h}_j = 0$$

即

$$k_j = \tilde{k}_j, \quad h_j = \tilde{h}_j \tag{16.2.49}$$

从而对任意j,有

$$\begin{cases} M_{ij}(t) = k_j M_{ij_0}(t) + h_j M_{ij_1}(t) \\ \widetilde{M}_{ij}(t) = k_j \widetilde{M}_{ij_0} + h_j \widetilde{M}_{ij_1}(t) \end{cases} \tag{16.2.50}$$

故当$0 \leqslant t < (m_{ij_0} \wedge m_{ij_1})$时

$$M_{ij}(t) = \widetilde{M}_{ij}(t) \tag{16.2.51}$$

从而

$$m_{ij} \geqslant (m_{ij_0} \wedge m_{ij_1}) \tag{16.2.52}$$

对j取下确界,即得

$$m_i \geqslant (m_{ij_0} \wedge m_{ij_1}) > 0 \tag{16.2.53}$$

综上所述,引理得证.

下面我们证明主要定理,即

定理16.2.1　单边(双边)生灭过程可由其0^+-系统唯一决定.

证明　如前面所设,

$$l_{ij} = \inf\{t \mid p_{ij}(t) \neq \tilde{p}_{ij}(t)\} \geqslant T_{ij} > 0 \tag{16.2.54}$$

若我们能证明

$$\delta = \inf_{i,j}(l_{ij}) > 0 \tag{16.2.55}$$

则由$K-C$方程可知

$$p_{ij}(t) = \tilde{p}_{ij}(t), \quad t \geqslant 0$$

从而(T,f)过程唯一.

下面我们即将证明(16.2.55)确实成立.

首先,设$i \neq 0$,则由(16.2.1)知i为保守状态,故向后方程成立,即

$$\begin{cases} p'_{ij}(t) = q_{ii-1}p_{i-1j}(t) + q_{ii}p_{ij}(t) + q_{ii+1}p_{i+1j}(t) \\ \tilde{p}'_{ij}(t) = q_{ii-1}\tilde{p}_{i-1j}(t) + q_{ii}\tilde{p}_{ij}(t) + q_{ii+1}\tilde{p}_{i+1j}(t) \end{cases} \tag{16.2.56}$$

相减得

$$g'_{ij}(t) = q_{ii-1}g_{i-1j}(t) + q_{ii}g_{ij}(t) + q_{ii+1}g_{i+1j}(t) \tag{16.2.57}$$

当$0 \leqslant t \leqslant l_{ij}$时,$g'_{ij}(t) = g_{ij}(t) = 0$,故

$$q_{ii-1}g_{i-1j}(t) + q_{ii+1}g_{i+1j}(t) = 0 \tag{16.2.58}$$

由于q_{ii-1}, q_{ii+1}均大于0,故$g_{i-1j}(t)$及$g_{i+1j}(t)$同时为0或同不为0,因而

$$l_{ij} \wedge l_{i-1j} = l_{ij} \wedge l_{i+1j} \tag{16.2.59}$$

若$i > 0$,则反复利用(16.2.59),可得

$$l_{ij} \geqslant l_{ij} \wedge l_{i-1j} = l_{i-1j} \wedge l_{i-2j} = \cdots = l_{1j} \wedge l_{0j} \tag{16.2.60}$$

对于双边情形,若$i < 0$,则反复利用(16.2.59)得

$$l_{ij} \geqslant l_{ij} \wedge l_{i+1j} = l_{i+1j} \wedge l_{i+2j} = \cdots = l_{-1j} \wedge l_{0j} \tag{16.2.61}$$

综合(16.2.60)、(16.2.61),得

$$l_{ij} \geqslant l_{-1j} \wedge l_{0j} \wedge l_{1j} \tag{16.2.62}$$

现取

$$m = m_1 \wedge m_0 \tag{16.2.63}$$

对于双边情形,取

$$m = m_{-1} \wedge m_0 \wedge m_1 \tag{16.2.64}$$

则当 $t < m$ 时,对任意 $j \in E$,

$$M_{ij}(t) = \widetilde{M}_{ij}(t), i = 0,1 \tag{16.2.65}$$

对于双边情形,有

$$M_{ij}(t) = \widetilde{M}_{ij}(t), i = -1,0,1 \tag{16.2.66}$$

由(16.2.8)可知,这时将有

$$g'_{ij}(t) = g_{ij-1}(t)q_{j-1j} + g_{ij}(t)q_{jj} + g_{ij+1}(t)q_{j+1j} \tag{16.2.67}$$

当 $t \leqslant l_{ij} \wedge m$ 时,$g_{ij}(t) = g'_{ij}(t)$,故得

$$g_{ij-1}(t)q_{j-1j} + g_{ij+1}(t)q_{j+1j} = 0 \tag{16.2.68}$$

但 q_{j-1j} 及 q_{j+1j} 均大于0,故知

$$m \wedge l_{ij} \wedge l_{ij-1} = m \wedge l_{ij} \wedge l_{ij+1} \tag{16.2.69}$$

当 $j > 0$ 时,反复利用(16.2.69),可得

$$\begin{aligned} l_{ij} &\geqslant m \wedge l_{ij} \wedge l_{ij-1} = m \wedge l_{ij-1} \wedge l_{ij-2} \\ &= \cdots = m \wedge l_{i0} \wedge l_{i1} \end{aligned} \tag{16.2.70}$$

对双边情形,当 $j < 0$ 时,同样可得

$$\begin{aligned} l_{ij} &\geqslant m \wedge l_{ij} \wedge l_{ij+1} = m \wedge l_{ij+1} \wedge l_{ij+2} \\ &= \cdots = m \wedge l_{i0} \wedge l_{i1} \end{aligned} \tag{16.2.71}$$

故恒有

$$l_{ij} = l_{i0} \wedge l_{i1} > 0 \tag{16.2.72}$$

由(16.2.60)及(16.2.72),令

$$\delta = \min(l_{ij}: i,j = 0,1) > 0 \tag{16.2.73}$$

对双边情形,由(16.2.62)及(16.2.72),令

$$\delta = \min(l_{ij}: i = -1,0,1; j = 0,1) > 0 \tag{16.2.74}$$

则对任意的 $i,j \in E$,恒有

$$l_{ij} \geqslant \delta > 0 \tag{16.2.75}$$

定理因而得证.

16.3 单瞬时生灭过程由 0^+ - 系统的唯一决定性

设 $E = \{0,1,2,\cdots\}$, $b \notin E$, $E_b = E \cup \{b\}$,考虑定义在 E_b 上的矩阵 $\boldsymbol{Q} = (q_{ij};i,j \in E_b)$.

$$\boldsymbol{Q} = \begin{pmatrix} -\infty & \mathrm{e}_0 & \mathrm{e}_1 & \mathrm{e}_2 & \cdots \\ a_0 & -(a_0+b_0) & b_0 & 0 & \cdots \\ 0 & a_1 & -(a_1+b_1) & b_1 & \cdots \\ 0 & 0 & a_2 & -(a_2+b_2) & b_2 \\ \cdots & \cdots & \ddots & \ddots & \ddots \end{pmatrix} \tag{16.3.1}$$

其中 $0 \leqslant \mathrm{e}_i < \infty$, $i \in E$, $0 < a_i < \infty$, $0 < b_i < \infty$, $i \in E$. 显然,$\boldsymbol{Q}$ 在 E 上的限制 $\boldsymbol{Q}_E = (q_{ij};i,j \in E)$ 是一个生灭 $\boldsymbol{Q}$ - 矩阵. 记 z 为 $\boldsymbol{Q}_E$ 的边界点(杨向群[1]). 由唐令琪[1] 知,形如(16.3.1) 的矩阵 $\boldsymbol{Q}$ 为某个标准马氏过程的密度矩阵的充要条件是下列两条件之一成立:

(a) $\sum\limits_{i \in E} \mathrm{e}_i < \infty$,且 z 正则.

(b) $\sum\limits_{i \in E} \mathrm{e}_i = \infty$ 且 $\sum\limits_{i \in E} \mathrm{e}_i(z - z_i) < \infty$,$z$ 正则或流出. 这里(z_i) 为 $\boldsymbol{Q}_E$ 的自然尺度(杨向群[1]).

以后,我们称满足条件(a) 或(b) 的矩阵(16.3.1) 为单瞬时生灭矩阵. 称马氏过程$(p_{ij}(t))$ 为单瞬时生灭过程,如果它的 $\boldsymbol{Q}$ - 矩阵为单瞬时生灭矩阵,我们恒以 b 作为瞬时态,即 $q_b = \infty$.

本节将证明,对于任意的单瞬时生灭 0^+ - 系统,Kendall 猜想成立.

设 $(p_{ij}(t);t \geqslant 0,i,j \in E_b)(\tilde{p}_{ij}(t);t \geqslant 0,i,j \in E_b)$ 为两个 $(\boldsymbol{T},\boldsymbol{f})$ 过程,$(\boldsymbol{T},\boldsymbol{f})$ 是给定的单瞬时生灭 0^+ - 系统. 记

$$l_{ij} = \inf\{t:p_{ij}(t) - \tilde{p}_{ij}(t) \neq 0\},i,j \in E_b \tag{16.3.2}$$

则

$$l_{ij} \geqslant T_{ij} > 0,i,j \in E_b \tag{16.3.3}$$

记 $(p_{ij}(t))$ 与 $(\tilde{p}_{ij}(t))$ 的拉氏变换分别为 $(\psi_{ij}(\lambda))$ 和 $(\tilde{\psi}_{ij}(\lambda))$,则由唐令琪[1] 知

$$\begin{cases} \psi_{ij}(\lambda) = \varphi_{ij}(\lambda) + \xi_i(\lambda)\psi_{bb}(\lambda)\eta_j(\lambda),i,j \in E \\ \tilde{\psi}_{ij}(\lambda) = \varphi_{ij}(\lambda) + \xi_i(\lambda)\tilde{\psi}_{bb}(\lambda)\tilde{\eta}_j(\lambda),i,j \in E \\ \psi_{ib}(\lambda) = \psi_{bb}(\lambda)\xi_i(\lambda),i,j \in E \\ \tilde{\psi}_{ib}(\lambda) = \tilde{\psi}_{bb}(\lambda)\xi_i(\lambda),i,j \in E \\ \psi_{bj}(\lambda) = \psi_{bb}(\lambda)\eta_j(\lambda),i,j \in E \\ \tilde{\psi}_{bj}(\lambda) = \tilde{\psi}_{bb}(\lambda)\tilde{\eta}_j(\lambda),i,j \in E \end{cases} \tag{16.3.4}$$

其中 $(\varphi_{ij}(\lambda))$ 为最小 $\boldsymbol{Q}_E$ 过程 $(p_{ij}^{\min}(t);i,j \in E)$ 的拉氏变换,而

$$\xi_i(\lambda) = 1 - \lambda \sum_{j \in E} \varphi_{ij}(\lambda), \quad i \in E \tag{16.3.5}$$

$$\eta_j(\lambda) = \sum_{i \in E} e_i \varphi_{ij}(\lambda) + dX_j(\lambda)\mu_j, j \in E \tag{16.3.6}$$

$$\tilde{\eta}_j(\lambda) = \sum_{i \in E} e_i \varphi_{ij}(\lambda) + \tilde{d}X_j(\lambda)\mu_j, j \in E \tag{16.3.7}$$

此处 $d \geqslant 0, \tilde{d} \geqslant 0$ 为常数, $\boldsymbol{\mu} = (\mu_j)$ 为 $\boldsymbol{Q}_E$ 的标准测度, $\boldsymbol{X}(\lambda) = (X_j(\lambda))$ 为方程

$$\begin{cases} (\lambda \boldsymbol{I} - \boldsymbol{Q}_E)\boldsymbol{U} = \boldsymbol{0}, \lambda > 0 \\ \boldsymbol{0} \leqslant \boldsymbol{U} \leqslant \boldsymbol{1} \end{cases} \tag{16.3.8}$$

的最大解. 由于 $\boldsymbol{Q}_E$ 为正则或流出生灭矩阵,故 $\boldsymbol{X}(\lambda) \neq \boldsymbol{0}$, 从而最小 $\boldsymbol{Q}_E$ 过程 $(p_{ij}^{\min}(t))$ 中断.

引理 16.3.1 对每个 $i \in E$,令

$$h_i(t) = 1 - \sum_{j \in E} p_{ij}^{\min}(t) - a_0 \int_0^t p_{i0}^{\min}(s)\,\mathrm{d}s \tag{16.3.9}$$

则 $h_i(t)$ 在 $(0, +\infty)$ 上或恒大于 0 或恒等于 0.

证明 令

$$\begin{cases} \hat{p}_{ij}(t) = p_{ij}^{\min}(t), & i,j \in E \\ \hat{p}_{iE}(t) = 1 - \sum_{j \in E} p_{ij}^{\min}(t), & i \in E \\ \hat{p}_{bb}(t) \equiv 1 & \\ \hat{p}_{bj}(t) \equiv 0, & j \in E \end{cases} \tag{16.3.10}$$

则 $(\hat{p}_{ij}(t); i,j \in E_b, t \geqslant 0)$ 为 E_b 上的一个标准马氏过程,其密度矩阵 $\hat{Q} = (\hat{q}_{ij}; i,j \in E_b)$ 满足

$$\hat{q}_{bj} = 0, \quad j \in E_b$$

$$\hat{q}_{ii-1} = a_i, \hat{q}_{ii} = -(a_i + b_i), \hat{q}_{ii+1} = b_i, i \in E$$

由杨向群[1]

$$\begin{aligned}\hat{q}_{ib} &= \lim_{t\downarrow 0}\frac{\hat{p}_{ib}(t)}{t} = \lim_{t\downarrow 0}\frac{1-\sum_{j\in E}p_{ij}^{\min}(t)}{t}\\ &= \lim_{\lambda\to\infty}\lambda\Big(1-\lambda\sum_{j\in E}\varphi_{ij}(\lambda)\Big)\\ &= \begin{cases}a_0, i=0\\ 0, i<0\end{cases}\end{aligned} \tag{16.3.11}$$

由此知，对 $i\in E$

$$\begin{aligned}h_i(t) &= 1-\sum_{j\in E}p_{ij}^{\min}(t)-a_0\int_0^t p_{i0}^{\min}(s)\mathrm{d}s\\ &= \hat{p}_{ib}(t)-\int_0^t\hat{p}_{i0}(s)\hat{q}_{0b}\mathrm{d}s\\ &= \hat{p}_{ib}(t)-\int_0^t\sum_{k\neq b}\hat{p}_{bk}(s)q_{kb}\mathrm{e}^{\hat{q}_b(t-s)}\mathrm{d}s\end{aligned}$$

由 K. L. Chung[1] Ⅱ. 定理 17.1 知 $h_i(t)$ 或恒大于 0 或恒等于 0.

引理 16.3.2　$l_{ib}\geqslant l_{bb}(i\in E)$.　　(16.3.12)

证明　由(16.3.4)得

$$\frac{1}{\lambda}\psi_{ib}(\lambda)=\psi_{bb}(\lambda)\frac{\xi_i(\lambda)}{\lambda}=\psi_{bb}(\lambda)\Big(\frac{1}{\lambda}-\sum_{j\in E}\varphi_{ij}(\lambda)\Big)$$

即

$$\begin{aligned}\int_0^\infty\mathrm{e}^{-\lambda t}\int_0^t p_{ib}(s)\mathrm{d}s\mathrm{d}t = \int_0^\infty\mathrm{e}^{-\lambda t}\int_0^t p_{bb}(t-s)\cdot\\ \Big(1-\sum_{j\in E}p_{ij}^{\min}(s)\Big)\mathrm{d}s\mathrm{d}t\end{aligned}$$

$$\int_0^t p_{ib}(s)\mathrm{d}s=\int_0^t p_{bb}(t-s)\Big(1-\sum_{j\in E}p_{ij}^{\min}(s)\Big)\mathrm{d}s \tag{16.3.13}$$

同理

$$\int_0^t \tilde{p}_{ib}(s)\mathrm{d}s = \int_0^t \tilde{p}_{bb}(t-s)(1-\sum_{j\in E} p_{ij}^{\min}(s))\mathrm{d}s \tag{16.3.14}$$

如 $t \leqslant l_{bb}$，则由(16.3.13)、(16.3.14)知

$$\int_0^t p_{ib}(s)\mathrm{d}s = \int_0^t \tilde{p}_{ib}(s)\mathrm{d}s$$

上式对任意 $t \in [0, l_{bb}]$ 成立，故

$$p_{ib}(t) = \tilde{p}_{ib}(t), \quad t \in [0, l_{bb}]$$

由 l_{ib} 定义得

$$l_{ib} \geqslant l_{bb}$$

引理证毕.

引理 16.3.3 $l_{bj} \geqslant l_{bb}, \quad j \in E.$ (16.3.15)

证明 由(16.3.4)、(16.3.6)得

$$\frac{1}{\lambda}\psi_{bj}(\lambda) = \psi_{bb}(\lambda)\sum_{i\in E}\mathrm{e}_i\frac{\varphi_{ij}(\lambda)}{\lambda} + d\psi_{bb}(\lambda)\frac{X_j(\lambda)}{\lambda}\mu_j \tag{16.3.16}$$

由杨向群[1]定理 1.10.5 知

$$\frac{1}{\lambda}X(\lambda) = \frac{1}{\lambda} - \sum_{k\in E}\varphi_{jk}(\lambda) - \frac{1}{\lambda}\varphi_{j0}(\lambda)a_0$$

由于 $X(\lambda) \neq 0$，可选 $j_0 \in E$，使 $X_{j_0}(\lambda) \neq 0$，于是

$$\frac{1}{\lambda} - \sum_{k\in E}\varphi_{j_0k}(\lambda) - \frac{1}{\lambda}\varphi_{j_00}(\lambda)a_0 > 0$$

但上式左边是 $1 - \sum_{k\in E} p_{j_0k}^{\min}(t) - a_0\int_0^t p_{j_00}^{\min}(s)\mathrm{d}s$ 的拉氏变换，故存在 t_0，使

$$h_{j_0}(t_0) = 1 - \sum_{k\in E} p_{j_0k}^{\min}(t_0) - a_0\int_0^{t_0} p_{j_00}^{\min}(s)\mathrm{d}s > 0$$

由引理 16.3.1

$$h_{j_0}(t) > 0, \quad \forall t > 0$$

又由(16.3.16)知

$$\int_0^{\infty} \mathrm{e}^{-\lambda t}\int_0^t p_{bj}(s)\,\mathrm{d}s\mathrm{d}t = \int_0^{\infty} \mathrm{e}^{-\lambda t}\int_0^t p_{bb}(t-s)g_j(s)\,\mathrm{d}s + d\mu_j\int_0^{\infty} \mathrm{e}^{-\lambda t}\int_0^t p_{bb}(t-s)h_j(s)\,\mathrm{d}s$$

其中

$$g_j(t) = \int_0^t \sum_{i\in E} \mathrm{e}_i p_{ji}^{\min}(s)\,\mathrm{d}s$$

$$h_j(t) = 1 - \sum_{j\in E} p_{ji}^{\min}(t) - a_0\int_0^t p_{j0}^{\min}(s)\,\mathrm{d}s$$

故

$$\int_0^t p_{bj}(s)\mathrm{d}s = \int_0^t p_{bb}(t-s)g_j(s)\mathrm{d}s + d\mu_j\int_0^t p_{bb}(t-s)h_j(s)\mathrm{d}s \tag{16.3.17}$$

同理

$$\int_0^t \tilde{p}_{b_j}(s)\mathrm{d}s = \int_0^t \tilde{p}_{bb}(t-s)g_j(s)\mathrm{d}s + \tilde{d}\mu_j\int_0^t \tilde{p}_{bb}(t-s)h_j(s)\mathrm{d}s \tag{16.3.18}$$

任取 $t \leqslant \min\{l_{bb}, l_{bj}\}$，则由(16.3.17)、(16.3.18)得

$$d\mu_j\int_0^t p_{bb}(t-s)h_j(s)\,\mathrm{d}s = \tilde{d}\mu_j\int_0^t p_{bb}(t-s)h_j(s)\,\mathrm{d}s$$

特别

$$d\mu_{j_0}\int_0^t p_{bb}(t-s)h_{j_0}(s)\,\mathrm{d}s = \tilde{d}\mu_{j_0}\int_0^t p_{bb}(t-s)h_{j_0}(s)\,\mathrm{d}s$$

由于 $\mu_{j_0} > 0, p_{bb}(s) > 0, h_{j_0}(s) > 0, \forall s > 0$，故有

$$d = \tilde{d}$$

从而(16.3.18)变为

$$\int_0^t \tilde{p}_{bj}(s)\mathrm{d}s = \int_0^t \tilde{p}_{bb}(t-s)g_j(s)\mathrm{d}s + \mathrm{d}\mu_j\int_0^t \tilde{p}_{bb}(t-s)h_j(s)\mathrm{d}s \tag{16.3.19}$$

设 $t \leqslant l_{bb}$,则 $p_{bb}(s) = \tilde{p}_{bb}(s)$,$\forall s \leqslant t$,比较(16.3.17)和(16.3.19)得

$$\int_0^t p_{bj}(s)\mathrm{d}s = \int_0^t \tilde{p}_{b_j}(s)\mathrm{d}s$$

上式对于一切 $t \leqslant l_{bb}$ 成立,故

$$p_{bj}(t) = \tilde{p}_{bj}(t), \quad \forall t \leqslant l_{bb}$$

由 l_{bj} 定义得

$$l_{bj} \geqslant l_{bb}, \quad j \in E$$

引理得证.

引理 16.3.4 $l_{ij} \geqslant l_{bb}, \quad i,j \in E.$ (16.3.20)

证明 由(16.3.4)得

$$\begin{aligned}\psi_{ij}(\lambda) &= \varphi_{ij}(\lambda) + \xi_i(\lambda)\psi_{bj}(\lambda)\\ &= \varphi_{ij}(\lambda) + \left(1 - \lambda\sum_{j\in E}\varphi_{ij}(\lambda)\right)\psi_{bj}(\lambda)\end{aligned}$$

故

$$\frac{1}{\lambda}\psi_{ij}(\lambda) = \frac{1}{\lambda}\varphi_{ij}(\lambda) + \left(\frac{1}{\lambda} - \sum_{j\in E}\varphi_{ij}(\lambda)\right)\psi_{bj}(\lambda)$$

由逆拉氏变换得

$$\int_0^t p_{ij}(s)\mathrm{d}s = \int_0^t p_{ij}^{\min}(s)\mathrm{d}s + \int_0^t \left(1 - \sum_{j\in E}p_{ij}^{\min}(t-s)\right)p_{bj}(s)\mathrm{d}s \tag{16.3.21}$$

同理

$$\int_0^t \tilde{p}_{ij}(s)\mathrm{d}s = \int_0^t p_{ij}^{\min}(s)\mathrm{d}s + \int_0^t \left(1 - \sum_{j\in E}p_{ij}^{\min}(t-s)\right)\tilde{p}_{bj}(s)\mathrm{d}s \tag{16.3.22}$$

如 $t \leqslant l_{bj}$，则 $\tilde{p}_{bj}(s) = \tilde{p}_{bj}(s), \forall s \leqslant t$. 从而由(16.3.21)、(16.3.22)得

$$\int_0^t p_{ij}(s)\,\mathrm{d}s = \int_0^t \tilde{p}_{ij}(s)\,\mathrm{d}s$$

上式对 $\forall t \leqslant l_{bj}$ 成立，故

$$p_{ij}(t) = \tilde{p}_{ij}(t), \quad t \leqslant l_{ij}$$

由定义及引理16.3.3得

$$l_{ij} \geqslant l_{bj} \geqslant l_{bb}, \quad i,j \in E$$

引理证毕.

由引理16.3.2、引理16.3.3、引理16.3.4，我们得到

$$p_{ij}(t) = \tilde{p}_{ij}(t), \quad i,j \in E_b, t \in [0, l_{bb}]$$

故由 $K-C$ 方程知

$$p_{ij}(t) = \tilde{p}_{ij}(t), t \geqslant 0, i,j \in E_b$$

由此得到

定理 16.3.1　任给一个单瞬生灭 0^+-系统 $(\boldsymbol{T},\boldsymbol{f})$，$(\boldsymbol{T},\boldsymbol{f})$ 过程唯一.

16.4　补充与注记

侯振挺[2]1984年首先证明了Kendall猜想对于全稳定的单边生灭过程成立；接着，张汉君[1]用不同方法证明了这一猜想对单边、双边生灭过程均成立，推广了侯振挺[2]的结果. 肖果能对张汉君[1]的方法做了一些简化，即16.2. 肖果能[2]还对一类特殊的单

瞬时生灭过程证明了 Kendall 猜想成立；沿用这一方法，邹捷中[1] 证明了对一般的单瞬时生灭过程猜想成立；邹捷中[1] 包含肖果能[1] 的结果作为其特例，即本章 16.3. 此外，耿显民曾经给出了 Kendall 猜想对 Doob 过程成立的结论；刘再明[2] 讨论了 Kendall 猜想成立的一些情况. 英国学者 G. E. H. Reuter[1] 在知悉侯振挺等人的上述工作以后，对 Doob 过程和一类所谓单流出过程证明了 Kendall 猜想成立.

半马尔可夫生灭过程

第17章

17.1 半马尔可夫过程的定义及向前向后方程

马尔可夫过程已广泛地应用于许多领域中(如物理、生物、管理、经济以及工程技术等),并且在这些领域中日益显示其重要性,因此不少学者致力于马尔可夫过程的研究,取得了丰富的成果,使得马尔可夫过程成为一门较为成熟的数学分支.

设$\boldsymbol{Q}=(q_{ij},i,j\in E)$为全稳定$\boldsymbol{Q}$-矩阵,$(\Omega,\mathscr{F},P)$为一概率空间,随机过程$X=\{X(t,\omega),0\leqslant t<\tau\}$为最小$\boldsymbol{Q}$过程,其状态空间$E=\{0,1,2,\cdots\}$,则存在一列停时$\{\tau_0\}_{n\geqslant 0}$,有下列性质:

(ⅰ)$0=\tau_0\leqslant\tau_1\leqslant\tau_2\leqslant\cdots,\tau=\lim\limits_{n\to\infty}\tau_n,P-a.\mathrm{e}$,且$X(t)$在$\tau_n$上具有(时齐)马氏性,即

$$E[X_{\tau_{n+1}} \mid N_{\tau_n}] = E[X_{\tau_{n+1}} \mid X_{\tau_n}] = E_{X_{\tau_n}} X(\cdot)$$

在 $\Omega_{\tau_n} = (\omega : \tau_n(\omega) < \infty)$ 上 $P - a.e.$ 而

$N_{\tau_n} \triangleq \{A: \forall t \geqslant 0,\ A \cap (\omega:\tau_n(\omega) \leqslant t) \in \sigma\{X_s, s \leqslant t\}\}$

（ⅱ）$X(t,\cdot) = X(\tau_n,\cdot), \tau_n \leqslant t < \tau_{n+1}, P - a.e.$，$n = 0,1,2,\cdots$.

（ⅲ）$\tau_{n+1} - \tau_n, n = 0,1,2\cdots$，独立服从负指数分布，即

$$P(\tau_{n+1} - \tau_n \leqslant t \mid X(\tau_n) = i) = \begin{cases} 1 - e^{-q_i t}, & t \geqslant 0 \\ 0, & t < 0 \end{cases}$$

$$q_i \geqslant 0, i \in E$$

然而，许多实际问题并非如此，其逗留时间不服从负指数分布，如排队论中的一般输入过程. 因此人们在理论和实践的研究中，提出了半马尔可夫理论.

定义 17.1.1 设 $(\Omega, \mathscr{F}, P)$ 为一概率空间，称随机过程 $X = \{X(t,\omega), 0 \leqslant t < \tau\}$ 为半马尔可夫过程，如果存在一列停时 $\{\tau_n\}_{n \geqslant 0}$，满足上述（ⅰ）、（ⅱ）（放弃（ⅲ））.

设 $X(t) = \{X(t,\omega), 0 \leqslant t < \tau(\omega)\}$ 为一半马尔可夫过程，令

$$Q_{ij}(t) = P(X_{\tau_{n+1}} = j, \tau_{n+1} - \tau_n \leqslant t \mid X_{\tau_n} = i) \tag{17.1.1}$$

则 $Q_{ij}(t)$ 具有下列性质：

(1) $Q_{ij}(t) = 0, t < 0$.

(2) $Q_{ij}(t)$ 为非减的右连续函数 $(-\infty < t < +\infty)$.

(3) $\sum\limits_{i \in E} Q_{ij}(t) \leqslant 1, -\infty < t < +\infty$.

定义 17.1.2 称矩阵 $\boldsymbol{Q}(t) = (Q_{ij}(t), i,j \in E)$

为半马氏矩阵，若对任意的 $i,j\in E$，满足上述性质(1),(2),(3).

令

$$P_{ij}=Q_{ij}(\infty)=\lim_{t\to\infty}Q_{ij}(t),i,j\in E \quad (17.1.2)$$

$$v_i=\tau_{i+1}-\tau_i,i=0,1,2,\cdots \quad (17.1.3)$$

显然，$\boldsymbol{Q}(\infty)$ 是 $\widetilde{X}=\{X(\tau_n,\cdot),n=0,1,\cdots\}$ 的转移概率矩阵，称 v_i 为半马尔可夫过程 $X(t)$ 在 i 的逗留时间.

定义 17.1.3　设 $(\Omega,\mathscr{F},P)$ 是一概率空间，$X=\{X(t,\omega),0\leqslant t<\tau\}$ 是定义在 $(\Omega,\mathscr{F},P)$ 上的半马氏过程，其半马氏矩阵为 $\boldsymbol{Q}(t)=(Q_{ij}(t))$；$i,j\in E=\{0,1,2,\cdots\}$，设 τ_n 是 X 的 n 次跳跃点，记 X 的跳跃链为 $\widetilde{X}=\{X(\tau_n(\omega),\omega),n\geqslant 0\}$，称 X 为半马氏生灭过程，若 X 满足

(ⅰ) $\widetilde{X}$ 的转移概率矩阵 $\boldsymbol{P}=(P_{ij})$，$i,j\in E$ 满足

$$P_{ij}=\begin{cases}0, & \text{若 } |j-i|>1 \text{ 或 } j=i\\ a_i, & j=i-1 \quad (i>0)\\ b_i, & j=i+1 \quad (i\geqslant 0)\end{cases}$$

其中 $a_0=0,b_0=1$，当 $i>0$ 时，$a_i>0,b_i>0$，且 $a_i+b_i=1$.

(ⅱ) X 在状态 i 的逗留时间服从随机变量 v_i 的分布，即 $A_i(t)=P(v_i\leqslant t)$，并设存在 $t>0$，使得 $A_i(t)>0$，即状态 i 不为吸收态，v_i 的数学期望记为 $E(v_i)$ ($E(v_i)$ 可为 ∞).

定义 17.1.4　半马氏过程 $\boldsymbol{Q}(t)$ 称为正则的，若

$$\sum_{j\in E}P_{ij}=1,\quad i\in E \quad (17.1.4)$$

不失一般性,我们假设:

(i) $P_i(0) \triangleq \sum_{j\in E} Q_{ij}(0) < 1, i \in E.$

(ii) 过程样本轨道 $X(\cdot,\omega)(\omega \in \Omega)$ 右连续.

(iii) 转移函数 $P_{ij}(t) = P(X(t) = j, t < \tau \mid X(0) = i), i \in E.$

关于 t 是 Lebesgue 可测函数($t \in (0,\infty)$)

考察 $Q(t)$ 半马氏过程的转移概率,设 A 为 E 的非空子集,令

$$P_{iA}(t) = P(X(t) \in A, t < \tau \mid X(0) = i), i \in E \tag{17.1.5}$$

$$\varphi_{iA}(\lambda) = \int_0^\infty e^{-\lambda t} P_{iA}(t)\mathrm{d}t, \lambda \geqslant 0, i \in E \tag{17.1.6}$$

$$\hat{Q}_{ij}(\lambda) = \int_{0^-}^\infty e^{-\lambda t}\mathrm{d}Q_{ij}(t), \lambda \geqslant 0, i,j \in E \tag{17.1.7}$$

$$h_i(\lambda) = \int_{0^-}^\infty e^{-\lambda t}(1 - P_i(t))\mathrm{d}t, \lambda \geqslant 0, i \in E \tag{17.1.8}$$

$$\hat{R}_i(\lambda) = \int_{0^-}^\infty e^{-\lambda t}\mathrm{d}P_i(t), \lambda \geqslant 0, i \in E \tag{17.1.9}$$

其中

$$P_i(t) = \sum_{j\in E} Q_{ij}(t), i \in E \tag{17.1.10}$$

定理 17.1.1 $\{\varphi_{iA}(\lambda), i \in E\}$ 是第一型囿壹方程.

$$X_i = \sum_{j\in E} \hat{Q}_{ij}(\lambda) X_j + \delta_{iA} h_i(\lambda), i \in E \tag{17.1.11}$$

的最小非负解.

证明 设 $\tau^{(1)}$ 是首次跳跃时刻,又设 $X(0) = i$,

于时刻 t 转移到 A 的方式有两种：一是在 $[0,t]$ 中没有发生跳跃（即 $\tau^{(1)} > t$）而达到 A，二是在 $[0,t]$ 中发生了跳跃（即 $\tau^{(1)} \leqslant t$）而达到 A，没有第三种可能.

令 $_nP_{iA}(t)$ 表示在 $X(0) = i$ 的条件下，于时刻 t 位于 A，而且由 n 次跳跃完成的概率，即

$$_nP_{iA}(t) = P(X(t) \in A,\ X(\cdot,\omega)\text{ 在}[0,t]\text{ 中只有 } n \text{ 次跳跃} \mid X_0 = i) \tag{17.1.12}$$

$$\begin{cases} {}_0P_{iA}(t) = \delta_{iA}(1 - P_i(t)) \\ {}_{n+1}P_{iA}(t) = \sum_{j \in E} \int_{0-}^{t} {}_nP_{jA}(t - X)\, dQ_{ij}(X)\ (n \geqslant 0) \end{cases} \tag{17.1.13}$$

则

$$\begin{aligned} P_{iA}(t) &= P(X(t) \in A, t < \tau \mid X_0 = i) = P(X(t) \in A,\ X(\cdot,\omega)\text{ 在}[0,t]\text{ 中至多有可列次跳跃} \mid X_0 = i) \\ &= \sum_{n=0}^{\infty} {}_nP_{iA}(t) \end{aligned} \tag{17.1.14}$$

对（17.1.14）两端同时取 Laplace 变换，并注意到式（17.1.13）即得

$$\varphi_{iA}(\lambda) = \sum_{n=0}^{\infty} {}_n\varphi_{iA}(\lambda)$$

其中

$$\begin{cases} {}_0\varphi_{iA}(\lambda) = \delta_{iA} h_i(\lambda) \\ {}_{n+1}\varphi_{iA}(\lambda) = \sum_{j \in E} \hat{Q}_{ij}(\lambda)\, {}_n\varphi_{jA}(\lambda)\ (n \geqslant 0) \end{cases} \tag{17.1.15}$$

于是由侯振挺、郭青峰[1] 的系 3.2.3 可知，$\{\varphi_{iA}(\lambda), i \in E\}$ 为（17.1.11）的最小非负解，这就证明了我们

的定理.

特别地,当 $A = \{j\}$ 时,(17.1.11) 式化为

$$X_{ij} = \sum_{k \in E} \hat{Q}_{ik}(\lambda) X_{kj} + \delta_{ij} h_i(\lambda), i,j \in E \quad (17.1.16)$$

由定理 17.1.1 立得如下推论.

系 17.1.1 $\{\varphi_{ij}(\lambda), i,j \in E\}$ 是第一型囿壹方程 (17.1.16) 的最小非负解.

由此,矩阵 $\boldsymbol{\varphi}(\lambda) \triangleq (\varphi_{ij}(\lambda), i,j \in E)$ 满足矩阵方程

$$\boldsymbol{\varphi}(\lambda) = \hat{\boldsymbol{Q}}(\lambda)\boldsymbol{\varphi}(\lambda) + \boldsymbol{H}(\lambda) \quad (17.1.17)$$

其中

$$\boldsymbol{H}(\lambda) = (\delta_{ij} h_i(\lambda), i,j \in E) \quad (17.1.18)$$

我们称(17.1.17) 式为 $\boldsymbol{Q}(t)$ 半马氏过程的向后方程(组).

由(17.1.8) 并注意到 $P_i(t)$ 的右连续性, 知 $\boldsymbol{H}(\lambda)$ 为对角线上元素均为正的对角矩阵, 因此, $\boldsymbol{H}(\lambda)$ 可逆令

$$\widetilde{\boldsymbol{Q}}(\lambda) = \boldsymbol{H}^{-1}(\lambda)\hat{\boldsymbol{Q}}(\lambda)\boldsymbol{H}(\lambda) \quad (17.1.19)$$

则由对偶定理(见侯振挺,郭青峰[1])有如下定理.

定理 17.1.2 $\{\varphi_{ij}(\lambda), i,j \in E\}$ 是非负线性方程组

$$X_{ij} = \sum_{k \in E} X_{ik} \widetilde{\boldsymbol{Q}}_{kj}(\lambda) + \delta_{ij} h_i(\lambda), i,j \in E \quad (17.1.20)$$

的最小非负解,其中

$$\widetilde{\boldsymbol{Q}}_{ij}(\lambda) = (h_i(\lambda))^{-1} \widetilde{\boldsymbol{Q}}_{ij}(\lambda) h_i(\lambda), i,j \in E \quad (17.1.21)$$

因此,矩阵 $\boldsymbol{\varphi}(\lambda)$ 满足矩阵方程

$$\boldsymbol{\varphi}(\lambda) = \boldsymbol{\varphi}(\lambda)\widetilde{\boldsymbol{Q}}(\lambda) + \boldsymbol{H}(\lambda) \quad (17.1.22)$$

我们称(17.1.22)式为 $\boldsymbol{Q}(t)$ 半马氏过程的向前方程(组).

周知,马氏过程向前方程导出的概率方法需要任意时刻 t 前任意状态逗留时间的分布,因此,本质上需要过程在任意时刻 t 的马氏性质,但半马氏过程只在跳跃时刻具有马氏性,因此,用概率方法导出半马氏过程的向前方程遇到了本质的困难,用对偶定理,向前方程可直接由向后方程写出,具有一般性.

例 17.1.1　对密度矩阵为 $\boldsymbol{Q}$ 的保守马氏过程,有

$$\hat{\boldsymbol{Q}}_{ij}(\lambda) = \frac{q_{ij}}{\lambda + q_i} \quad (i \neq j), \lambda \geqslant 0$$

$$h_i(\lambda) = \frac{1}{\lambda + q_i}, \quad \lambda \geqslant 0$$

由(17.1.21)得

$$\hat{Q}_{ij}(\lambda) = \frac{q_{ij}}{\lambda + q_i}(i \neq j), \quad \lambda \geqslant 0$$

再由定理 17.1.2,立得向前方程.

$$\varphi_{ij}(\lambda) = \sum_{k \neq j} \varphi_{ik}(\lambda) \frac{q_{kj}}{\lambda + q_i} + \frac{\delta_{ij}}{\lambda + q_i}, \quad i,j \in E, \lambda \geqslant 0$$

等价地

$$P_{ij}(t) = \sum_{k \neq j} \int_0^t P_{ik}(s) q_{kj} e^{-q_j(t-s)} ds + \delta_{ij} e^{-q_j t}, \quad i,j \in E, t \geqslant 0$$

例17.1.1说明,对 $\boldsymbol{Q}$ 过程而言,方程(17.1.22)即为 $\boldsymbol{Q}$ 过程的向前方程,这也是我们把(17.1.22)称为

半马氏过程的向前方程的理由之一.

例 17.1.2 一般地,当半马氏矩阵 $\boldsymbol{Q}(t)$ 为上三角矩阵时,用向前方程求解转移概率 $P_{ij}(t)(i,j\in E)$ 较之用向后方程求解要容易.

设半马氏矩阵

$$\boldsymbol{Q}(t)=\begin{bmatrix} Q_{11}(t) & Q_{12}(t) & Q_{13}(t)\cdots \\ 0 & Q_{22}(t) & Q_{23}(t)\cdots \\ 0 & 0 & Q_{23}(t)\cdots \\ & & \ddots \end{bmatrix}$$

为上三角形,由(17.1.21)式易得 $\widetilde{\boldsymbol{Q}}(\lambda)$ 亦为上三角矩阵

$$\widetilde{\boldsymbol{Q}}(\lambda)=\begin{bmatrix} \widetilde{Q}_{11}(\lambda) & \widetilde{Q}_{12}(\lambda) & \widetilde{Q}_{13}(\lambda)\cdots \\ 0 & \widetilde{Q}_{22}(\lambda) & \widetilde{Q}_{23}(\lambda)\cdots \\ 0 & 0 & \widetilde{Q}_{33}(\lambda)\cdots \\ & & \ddots \end{bmatrix}$$

由(17.1.22)得向前方程组

$$\varphi_{ij}(\lambda)=\sum_{k=1}^{i}\varphi_{ik}(\lambda)\widetilde{Q}_{kj}(\lambda)+\delta_{ij}h_i(\lambda),i,j\in E$$

等价地,

$$\frac{\varphi_{ij}(\lambda)}{1-\widetilde{Q}_{ij}(\lambda)}=\frac{1}{1-\widetilde{Q}_{ij}(\lambda)}\sum_{k=1}^{j}\varphi_{ik}(\lambda)\widetilde{Q}_{kj}(\lambda)+$$

$$\frac{\delta_{ij}}{1-\widetilde{Q}_{ij}(\lambda)}h_i(\lambda),\quad i,j\in E$$

上式实际上给出了 $\{\varphi_{ij}(\lambda),i,j\in E\}$ 满足的递推关

系式.

半马尔可夫过程和马尔可夫过程一样,是跳跃型随机过程. 放弃在每个状态的逗留时间的负指数分布的要求是半马尔可夫过程和马尔可夫过程的主要区别. 此时失去了轨道的马氏性及马氏理论的简洁优美,但却展现了不可能用马氏过程描述的更广泛的一类系统的可能性.

17.2　半马氏生灭过程、数字特征及其概率意义

我们引进如下记号

$$m_i = \frac{E(v_i)}{b_i} + \sum_{k=0}^{i-1} \frac{a_i a_{i-1} \cdots a_{i-k} E(v_{i-k-1})}{b_i b_{i-1} \cdots b_{i-k-1}} \quad (17.2.1)$$

$$R = \sum_{i=0}^{\infty} m_i \quad (17.2.2)$$

$$\mathrm{e}_i = \frac{E(v_i)}{a_i} + \sum_{k=0}^{\infty} \frac{b_i b_{i+1} \cdots b_{i+k} E(v_{i+k+1})}{a_i a_{i+1} \cdots a_{i+k+1}} \quad (17.2.3)$$

$$S = \sum_{i=1}^{\infty} e_i \quad (17.2.4)$$

$$\mathbf{Z}_0 = 0; \mathbf{Z}_n = 1 + \sum_{k=1}^{n-1} \frac{a_1 a_2 \cdots a_k}{b_1 b_2 \cdots b_k}; \mathbf{Z} = \lim_{n\to\infty} \mathbf{Z}_n \quad (17.2.5)$$

$$\eta_n(\omega) = \begin{cases} \inf\{t : t > 0; X_t(\omega) = n\}, & \text{如右方集合非空} \\ \infty. & \text{否则} \end{cases} \quad (17.2.6)$$

$$\eta(\omega) = \lim_{n\to\infty} \eta_n(\omega) \qquad (17.2.7)$$

即 $\eta_n(\omega)$ 表示半马氏生灭过程 X 首达状态 n 的时刻，$\eta(\omega)$ 即为第一个飞跃点. 以下我们约定：θ_t 表示推移算子，P_i 表示在 $X(0) = i$ 时的条件概率. E_i 为对应的数学期望，当 $k > n$ 时，$\sum_{i=k}^{n} = 0$.

设 $d_i = E_i\eta_{i+1}$，因而 d_i 是 X 自 i 出发首达 $i+1$ 所需的平均时间.

定理 17.2.1

$$m_i = E_i\eta_{i+1}, \quad R = E_0\eta \qquad (17.2.8)$$

证明　设 τ_1 表示第一个跳跃点，由于

$$P_0(\tau_1 \leqslant t) = P(v_0 \leqslant t)$$

从而

$$E_0\eta_1 = E_0\tau_1 = E(v_0)$$

因此

$$d_0 = E_0\eta_1 = E(v_0) = E(v_0)/b_0 \quad (17.2.9)$$

用 $N_{\eta_{j+i}}$ 引表示 η_{j+i} 前 σ— 代数，由跳跃链的强马氏性有

$$\begin{aligned} d_i &= E_i\eta_{i+i} = E_i[E_i(\eta_{i+i} \mid F_{\tau_1})] \\ &= E_i[E_i(\eta_{i+1} - \tau_1 + \tau_1) \mid F_{\tau_1}] \\ &= E_i[E_{X(\tau_1)}\eta_{i+1}] + Ev_i \qquad (17.2.10) \end{aligned}$$

由于 $P_i(X(\tau_1) = i-1) = a_i$ 及 $E_{i+1}\eta_{i+1} = 0$，得

$$d_i = Ev_i + a_iE_{i-1}\eta_{i+1} \qquad (17.2.11)$$

$$\begin{aligned} E_j\eta_{j+n} &= E_j[\sum_{i=0}^{n-1}(\eta_{j+i+1} - \eta_{j+i})] \\ &= \sum_{i=0}^{n-1} E_j[E_j(\eta_{j+i+1} - \eta_{j+i}) \mid N_{\eta_{j+i}}] \end{aligned}$$

$$= \sum_{i=0}^{n-1} E_j[E_j(\theta_{\eta_{j+i}}\eta_{j+i+1}) \mid N_{\eta_{j+i}}]$$

$$= \sum_{i=0}^{n-1} E_j[E_{j+i}\eta_{j+i+1}] = \sum_{i=0}^{n-1} d_{j+i} \qquad (17.2.12)$$

由(17.2.11)、(17.2.12)得

$$d_i = Ev_i + a_i(d_{i-1} + d_i) \qquad (17.2.13)$$

解(17.2.9)、(17.2.13)得

$$d_i = \frac{E(v_i)}{b_i} + \frac{a_i}{b_i}d_{i-1} = \frac{E(v_i)}{b_i} + \frac{a_iEv_{i-1}}{b_ib_{i-1}} + \cdots +$$

$$\frac{a_ia_{i-1}\cdots a_2E(v_1)}{b_ib_{i-1}\cdots b_1} + \frac{a_ia_{i-1}\cdots a_1E(v_0)}{b_ib_{i-1}\cdots b_0}$$

$$= \frac{E(v_i)}{b_i} + \sum_{k=0}^{i-1} \frac{a_ia_{i-1}\cdots a_{i-k}E(v_{i-k-1})}{b_ib_{i-1}\cdots b_{i-k-1}}$$

$$= m_i$$

因此 m_i 为 X 自 i 出发，首达 $i+1$ 的平均时间. 由(17.2.12)有

$$E_0\eta_n = \sum_{i=0}^{n-1} d_i = \sum_{i=0}^{n-1} m_i$$

从而

$$E_0\eta = \lim_{n\to\infty} E_0\eta_n = \sum_{i=0}^{\infty} m_i = R$$

为了讨论 e_i,S 的概率意义，我们考虑半马氏过程 $X^{(N)}$,$X^{(N)} = \{X^{(N)}(t,\omega), t \geq 0\}$，其状态空间 $E^{(N)} = \{0,1,2,\cdots,N\}$，转移概率矩阵为

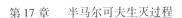

$$P=\begin{pmatrix}0 & 1 & 0 & \cdots & 0 & 0 & 0\\ a_1 & 0 & b_1 & \cdots & 0 & 0 & 0\\ \vdots & \vdots & \vdots & & \vdots & \vdots & \vdots\\ 0 & 0 & 0 & \cdots & a_{N-1} & 0 & b_{N-1}\\ 0 & 0 & 0 & \cdots & 0 & 1 & 0\end{pmatrix} \quad (17.2.14)$$

其中

$$a_i+b_i=1,a_i>0,b_i>0(i=1,2,\cdots,N-1)$$

定义 $\eta_i^{(N)}(\omega)$ 为

$$\eta_i^{(N)}(\omega)=\inf(t:t>0,X^{(N)}(t,\omega)=i)(0\leqslant i\leqslant N) \quad (17.2.15)$$

即 $\eta_i^{(N)}(\omega)$ 是 $X^{(N)}$ 首达 i 的时刻.

记 $P_i^{(N)}$ 为 $X^{(N)}(0)=i$ 的条件概率, $E_i^{(N)}$ 为对应的数学期望.

定理 17.2.2 $\lim\limits_{N\to\infty}E_n^{(N)}\eta_0^{(N)}=S.$

证明 设 $e_i^{(N)}=E_i^{(N)}\eta_{i-1}^{(N)}$, 即 $e_i^{(N)}$ 是 $X^{(N)}$ 自 i 出发, 沿 $X^{(N)}$ 的轨道, 首达 $i-1$ 的平均时间

$$e_N^{(N)}=E_N^{(N)}\eta_{N-1}^{(N)}=E(v_N) \quad (17.2.16)$$

$i<N$ 时

$$\begin{aligned}e_i^{(N)}&=E_i^{(N)}[E_i^{(N)}(\eta_{i-1}^{(N)}\mid F_{\eta_{i-1}}^{(N)})]\\&=E^{(N)}(v_i)+E_i^{(N)}(E_{X(\tau_1)}^{(N)}\eta_{i-1}^{(N)})\\&=E(v_i)+b_iE_{i+1}^{(N)}\eta_{i-1}^{(N)}\end{aligned} \quad (17.2.17)$$

又

$$\begin{aligned}E_i^{(N)}\eta_{i-n}^{(N)}&=E_i^{(N)}[\sum_{k=0}^{n-1}(\eta_{i-n+k}^{(N)}-\eta_{i-n+k+1}^{(N)})]\\&=\sum_{k=0}^{n-1}E_i^{(N)}[E_{i-n+k+1}^{(N)}\eta_{i-n+k}^{(N)}]\end{aligned}$$

$$= \sum_{k=0}^{n-1} e_{i-n+k}^{(N)}$$

从而

$$E_{i+1}^{(N)} \eta_{i-1}^{(N)} = e_i^{(N)} + e_{i+1}^{(N)} \qquad (17.2.18)$$

由(17.2.17)、(17.2.18)得

$$e_i^{(N)} = \frac{E(v_i)}{a_i} + \sum_{k=0}^{N-1-i} \frac{b_i b_{i+1} \cdots b_{i+k} E(v_{i+k+1})}{a_i a_{i+1} \cdots a_{i+k} a_{i+k+1}}$$

所以

$$\lim_{N\to\infty} e_i^{(N)} = e_i \qquad (17.2.19)$$

$$\lim_{N\to\infty} E_N^{(N)} \eta_0^{(N)} = \lim_{N\to\infty} \sum_{i=1}^{N} e_i^{(n)} = S \quad (17.2.20)$$

直观上讲,$e_i^{(N)}$ 是当 N 为反射壁时,自 i 出发首达 $i-1$ 的平均时间,$\sum_{i=1}^{N} e_i^{(N)}$ 是自 N 出发首达0的平均时间,e_i 是当"∞"为反射壁时,自 i 出发首达 $i-1$ 的时间,S 是当"∞"为反射壁时,自"∞"出发首达0的平均时间.

现在讨论 Z_n,Z 的概率意义,定义

$$P_k(m,n) = P_k(\eta_m < \eta_n)(m \leqslant k \leqslant n \text{ 或 } m \geqslant k \geqslant n) \qquad (17.2.21)$$

$$q_k(m) = P_k(\eta_m < \eta)$$

因而 $P_k(m,n)$ 是自 k 出发,沿 X 的轨道,在首达 n 以前先到达 m 的概率,$q_k(m)$ 是自 k 出发沿 X 的轨道,经有穷多次跳跃而到达 m 的概率,$q_k(k)$ 是自 k 出发,离开 k 后,经有穷多次跳跃而回到 k 的概率. 显然 $P_k(m,n)$ 及 $q_k(m)$ 也是跳跃链 X_n 同样事件的概率,因此王梓坤[2]§5.1定理3对半马氏生灭过程也成立,从而我们

有以下定理.

定理 17.2.3 （i）设 $m < k < n$,则

$$P_k(m,n) = \frac{Z_n - Z_k}{Z_n - Z_m}, P_k(m,n) = \frac{Z_k - Z_m}{Z_n - Z_m} \tag{17.2.22}$$

（ii）

$$q_k(m) = \begin{cases} \dfrac{Z - Z_k}{Z - Z_m}, & \text{如 } k > m \\ 1, & \text{如 } k < m \\ a_k + b_k \dfrac{Z - Z_{k+1}}{Z - Z_k}, & \text{如 } k = m \end{cases} \tag{17.2.23}$$

$\left(\text{“}\frac{\infty}{\infty}\text{” 记为 } 1\right)$

（iii）当且仅当 $Z = \infty$ 时,嵌入马氏链的一切状态都是常返的.

17.3 向上的积分型随机泛函

（1）设 $X = \{X_t(\omega), t \geqslant 0\}$ 是半马氏生灭过程,$V(i) \geqslant 0, V(i) \not\equiv 0, i \in E$ 是 E 上的函数,令

$$\xi^{(n)}(\omega) = \int_0^{\eta_n(\omega)} V(X(t,\omega))\mathrm{d}t \tag{17.3.1}$$

$$\xi(\omega) = \int_0^{\eta(\omega)} V(X(t,\omega))\mathrm{d}t \tag{17.3.2}$$

$$F_{kn}(X) = P_k(\xi^{(n)} \leqslant X), k \leqslant n \tag{17.3.3}$$

$$\varphi_{kn}(\lambda) = E_k\exp(-\lambda\xi^{(n)}) = \int_0^\infty e^{-\lambda t}dF_{kn}(X), k \leqslant n \tag{17.3.4}$$

基本引理　设A为E的任一非空子集，$\tau(\omega)$为首达A的时刻，即

$$\tau(\omega) = \begin{cases} \inf\{t: X(t,\omega) \in A\}, & \text{如右方 } t \text{ 集非空} \\ \infty, & \text{其他} \end{cases}$$

令

$$f_{k,A}(\lambda) = E_k\exp\left(-\lambda\int_0^{\tau(\omega)} V[X(t,\omega)]dt\right)$$

则$f_k(\lambda) \equiv f_{kA}(\lambda)$满足差分方程组

$$\begin{cases} a_kE(e^{-\lambda V(k)v_k})f_{k-1}(\lambda) - f_k(\lambda) + b_kE(e^{-\lambda V(k)v_k})f_{k+1}(\lambda) = 0, & k \notin A \\ f_k(\lambda) = 1, & k \in A \end{cases} \tag{17.3.5}$$

证明　以β表示过程的第一个跳跃点，它是停时，β－前σ－代数记为$\mathscr{F}_\beta$，令

$$F(X) = P_k(\beta \leqslant X) = F_{v_k}(X)$$

$$E_k[e^{-\lambda V(k)\beta}] = \int_0^\infty e^{-\lambda V(k)X}dF(X) = E[e^{-\lambda V(k)v_k}]$$

当$k \notin A$时有

$$\begin{aligned} f_k(\lambda) &= E_k\exp\left(-\lambda\int_0^\tau V(X_t)dt\right) \\ &= E_k\left[E_k\left(\exp\left(-\lambda\int_0^\tau V(X_t)dt\right) \mid \mathscr{F}_\beta\right)\right] \\ &= E_k\left(\exp\left(-\lambda\int_0^\beta V(X_t)dt\right)E_k\left(\exp\left(-\lambda\int_\beta^\tau V(X_t)dt \mid \mathscr{F}_\beta\right)\right]\right. \\ &= E_k\left[\exp(-\lambda\beta V(k))E_{X(\beta)}\exp\left(-\lambda\int_0^\tau V(X_t)dt\right)\right] \end{aligned}$$

由于$P_k(X(\beta)=k+1)=b_k, P_k(X(\beta)=k-1)=a_k$，从而

$$f_k(\lambda)=E(\mathrm{e}^{-\lambda V(k)v_k})[b_k f_{k+1}(\lambda)+a_k f_{k-1}(\lambda)]$$

即

$$a_k E(\mathrm{e}^{-\lambda V(k)v_k})f_{k-1}(\lambda)-f_k(\lambda)+ \\ b_k E(\mathrm{e}^{-\lambda V(k)v_k})f_{k+1}(\lambda)=0$$

$k\in A$时，由于$P_k(\tau=0)=1$，得$f_k(\lambda)=1$.

定理 17.3.1 当$\lambda\geqslant 0$时，一切$\varphi_{k\,n}(\lambda)(k\leqslant n)$都有穷，而且是下列差分方程组的唯一解

$$\begin{cases} a_k E(\mathrm{e}^{-\lambda V(k)v_k})\varphi_{k-1\,n}(\lambda)-\varphi_{k\,n}(\lambda)+ \\ b_k E(\mathrm{e}^{-\lambda V(k)v_k})\varphi_{k+1\,n}(\lambda)=0, 0\leqslant k\leqslant n & (17.3.6) \\ \varphi_{nn}(\lambda)=1 & (17.3.7) \end{cases}$$

因而

$$\varphi_{kn}(\lambda)=\frac{\delta_n^{(k+1)}}{\delta_n(\lambda)}(0\leqslant k<n, \delta_n^{(n+1)}(\lambda)=\delta_n(\lambda)) \tag{17.3.8}$$

其中

$$\delta_n(\lambda)=\begin{vmatrix} -1 & b_0E_0 & 0 & 0 & \cdots & 0 & 0 \\ a_1E_1 & -1 & b_1E_1 & 0 & \cdots & 0 & \\ 0 & a_2E_2 & -1 & b_2E_2 & \cdots & 0 & 0 \\ \vdots & \vdots & \vdots & \vdots & & \vdots & \vdots \\ 0 & 0 & 0 & 0 & \cdots & -1 & b_{n-2}E_{n-2} \\ 0 & 0 & 0 & 0 & \cdots & a_{n-1}E_{n-1} & -1 \end{vmatrix} \tag{17.3.9}$$

$$E_i=E(\mathrm{e}^{-\lambda V(t)v_i}), i=0,1,2,\cdots,n-1$$

$\delta_n^{(k)}(\lambda)$是以列向量$(0,0,\cdots,0,b_{n-1})^{\mathrm{T}}$代替$\delta_n(\lambda)$中

第 $k(k=1,2,\cdots,n)$ 列所得行列式. 为证明定理,我们先给出下列引理.

引理 17.3.1　若行列式

$$D_n(\lambda)=\begin{vmatrix} -a_{11}(\lambda) & a_{12}(\lambda) & \cdots & a_{1n}(\lambda) \\ a_{21}(\lambda) & -a_{22}(\lambda) & \cdots & a_{2n}(\lambda) \\ \vdots & \vdots & & \vdots \\ a_{n1}(\lambda) & a_{n2}(\lambda) & \cdots & -a_{nn}(\lambda) \end{vmatrix} \tag{17.3.10}$$

满足以下条件:

(ⅰ) $a_{ii}(\lambda)>0, a_{ij}(\lambda)\geqslant 0, \lambda\geqslant k$.

(ⅱ) 存在常数 k, 当 $\lambda\geqslant k$ 时有

$$a_{ii}(\lambda)\geqslant\sum_{j\neq i}a_{ij}(\lambda), 1\leqslant i<n, a_{nn}(\lambda)>\sum_{j\neq n}a_{nj}(\lambda)$$

且 $a_{ij}(\lambda)$ 对 λ 不增,则存在 $C>0$, 当 $\lambda>k-C$ 时,有 $D_n(\lambda)$ 不等于 0 且与 $(-1)^n$ 同号.

证明　不难用归纳法得此结论.

定理 17.3.1 的证明　我们先验证 $\delta_n(\lambda)$ 满足引理 17.3.1 的条件, $0\leqslant k<n-1$ 时

$$a_kE(\mathrm{e}^{-\lambda V(k)v_k})+b_kE(\mathrm{e}^{-\lambda V(k)v_k})=E(\mathrm{e}^{-\lambda V(k)v_k})\leqslant 1, \lambda\geqslant 0$$

$k=n-1$ 时

$$a_kE(\mathrm{e}^{-\lambda V(k)v_k})<E(\mathrm{e}^{-\lambda V(k)v_k})\leqslant 1$$

因此当 $\lambda\geqslant 0$ 时, $\delta_n(\lambda)$ 不等于 0 而与 $(-1)^n$ 同号.

在基本引理中取 $A=\{n\}$ 即得 (17.3.6)、(17.3.7), 因此 φ_{kn} 满足 (17.3.6)、(17.3.7), 再由 $\varphi_n(\lambda)$ 不等于 0 知 (17.3.6)、(17.3.7) 有唯一解 $\varphi_{kn}(\lambda)$, 显然 $\varphi_{kn}(\lambda)(\lambda\geqslant 0)$ 是有穷的.

(2) 现在来求 $\xi^{(n)}=\int_0^{\eta_n}V(X_t)\,\mathrm{d}t$ 的各级矩. 令

$$m_{kn}^{(l)}=E_k\{[\xi^{(n)}]^l\},l=1,2,\cdots$$

定理 17. 3. 2

$$\begin{cases}m_{kn}^{(l)}=\sum\limits_{i=k}^{n-1}G_{in}^{(l)},0\leqslant k\leqslant n-1 & (17.3.11)\\ m_{nn}^{(l)}=0 & (17.3.12)\end{cases}$$

其中

$$G_{in}^{(l)}=\frac{1}{b_i}\sum_{j=1}^{l}C_l^jE_{(i)}^{(j)}[a_im_{i-1\,n}^{(l-j)}+b_im_{i+1\,n}^{(l-j)}]+$$
$$\sum_{m=0}^{i-1}\frac{a_ia_{i-1}\cdots a_{i-m}}{b_ib_{i-1}\cdots b_{i-m}b_{i-m-1}}\cdot$$
$$\sum_{j=1}^{l}C_l^jE_{(i-m-1)}^{(j)}[a_{i-m-1}m_{i-m-2n}^{(l-j)}+b_{i-m-1}m_{i-m\,n}^{(l-j)}]$$
$$E_{(i)}^{(j)}=(-1)^j[E(\mathrm{e}^{-\lambda V(i)v_i})]^{(j)}|_{\lambda=0}$$

证明 对(17. 3. 6)、(17. 3. 7) 中两边对 λ 求导 l 次得

$$\begin{cases}\sum\limits_{i=0}^{l}C_l^iE(\mathrm{e}^{-\lambda V(k)v_k})^{(i)}(a_k\varphi_{k-1\,n}^{(l-i)}(\lambda)+\\ b_k\varphi_{k+1\,n}^{(l-i)}(\lambda))-\varphi_{kn}^{(l)}(\lambda)=0 & (17.3.13)\\ \varphi_{nn}^{(l)}(\lambda)=0 & (17.3.14)\end{cases}$$

在上述方程组中令 $\lambda=0$, 并注意到 $m_{k\,n}^{(l)}=(-1)^l\varphi_{k\,n}^{(l)}(0)$,有

$$\begin{cases}\sum\limits_{i=0}^{l}C_l^iE_{(k)}^{(i)}[a_km_{k-1\,n}^{(l-i)}+b_km_{k+1\,n}^{(l-i)}]-m_{k\,n}^{(l)}=0 & (17.3.15)\\ m_{nn}^{(l)}=0 & (17.3.16)\end{cases}$$

由于 $E_{(k)}^{(0)}=E(\mathrm{e}^{-\lambda V(\beta)v_k})|_{\lambda=0}=1$,从而

$$\begin{cases} a_k m_{k-1\,n}^{(l)} - m_{kn}^{(l)} + b_k m_{k+1\,n}^{(l)} + \\ \sum_{i=1}^{l} C_l^i E_{(k)}^{(i)} [a_k m_{k-1\,n}^{(l-i)} + b_k m_{k+1\,n}^{(l-i)}] = 0 & (17.3.17) \\ m_{nn}^{(l)} = 0 & (17.3.18) \end{cases}$$

令

$$m_{in}^{(l)} - m_{i+1\,n}^{(l)} = G_{in}^{(l)}, 0 \leqslant i < n$$

从而

$$m_{kn}^{(l)} = \sum_{i=k}^{n-1} [m_{in}^{(l)} - m_{i+1\,n}^{(l)}] = \sum_{i=k}^{n-1} G_{in}^{(l)} \quad (17.3.19)$$

由(17.3.17),当$0 \leqslant k < n$时,有

$$\begin{aligned} G_{kn}^{(l)} &= \frac{a_k}{b_k} G_{k-1\,n}^{(l)} + \frac{1}{b_k} \sum_{i=1}^{l} C_l^i E_{(k)}^{(i)} [a_k m_{k-1\,n}^{(l-i)} + b_k m_{k+1\,n}^{(l-i)}] \\ &= \frac{a_k a_{k-1} \cdots a_1}{b_k b_{k-1} \cdots b_1} G_{0n}^{(1)} + \sum_{m=0}^{k-2} \frac{a_k a_{k-1} \cdots a_{k-m}}{b_k b_{k-1} \cdots b_{k-m-1}} \cdot \\ &\quad \sum_{i=1}^{l} C_l^i E_{(k-m-1)}^{(i)} [a_{k-m-1} m_{k-m-2n}^{(l-i)} + b_{k-m-1} m_{k-m\,n}^{(l-i)}] + \\ &\quad \frac{1}{b_k} \sum_{i=1}^{l} C_l^i E_{(k)}^{(i)} [a_k m_{k-1\,n}^{(l-i)} + b_k m_{k+1\,n}^{(l-i)}] \quad (17.3.20) \end{aligned}$$

$k = 0$时(记$m_{-1\,n}^{(l)} = 0$),$a_0 = 0, b_0 = 1$. 由(17.3.17)

$$-m_{0n}^{(l)} + m_{1\,n}^{(l)} + \sum_{i=1}^{l} C_l^i E_{(0)}^{(i)} m_{1\,n}^{(l-i)} = 0 \quad (17.3.21)$$

由(17.3.20)、(17.3.21)有

$$\begin{aligned} G_{kn}^{(l)} &= \frac{1}{b_k} \sum_{i=1}^{l} C_l^i E_{(k)}^{(i)} [a_k m_{k-1\,n}^{(l-i)} + b_k m_{k+1\,n}^{(l-i)}] + \\ &\quad \sum_{m=0}^{k-1} \frac{a_k a_{k-1} \cdots a_{k-m}}{b_k b_{k-1} \cdots b_{k-m-1}} \cdot \sum_{i=1}^{l} C_l^i E_{(k-m-1)}^{(i)} [a_{k-m-1} m_{k-m-2\,n}^{(l-i)} + \\ &\quad b_{k-m-1} m_{k-m\,n}^{(l-i)}] \end{aligned}$$

上述定理表明:高阶矩$m_{kn}^{(l)}$可以通过低阶矩$m_{in}^{(l-j)}$($j =$

$1,2,\cdots,l$) 表示,特别 $l=1$,则

$$G_{kn}^{(1)}=\frac{1}{b_k}E_{(k)}^{(1)}+\sum_{m=0}^{k=1}\frac{a_k a_{k-1}\cdots a_{k-m}}{b_k b_{k-1}\cdots b_{k-m-1}}E_{(k-m-1)}^{(1)}$$

(17.3.22)

从而 $G_{kn}^{(1)}$ 与 n 无关,简记为 G_k

$$E_{(k)}^{(1)}=E(V(k)v_k\mathrm{e}^{-\lambda V(k)v_k})\big|_{\lambda=0}$$

如果 $E(v_k)$ 存在,则

$$E_{(k)}^{(1)}=V(k)E(v_k)\qquad(17.3.23)$$

如 $V\equiv1$,则 $\xi^{(n)}(\omega)=\eta_n(\omega)$,由(17.3.11)、(17.3.22)、(17.2.1)有

$$m_{kn}^{(1)}=E_k\eta_n=\sum_{i=k}^{n-1}\left(\frac{E(v_i)}{b_i}+\sum_{m=0}^{i-1}\frac{a_i a_{i-1}\cdots a_{i-m}E(v_{i-m-1})}{b_i b_{i-1}\cdots b_{i-m-1}}\right)$$

$$=\sum_{i=k}^{n-1}m_i$$

(3) 现在来研究 $\xi(\omega)$. 由积分单调收敛定理

$$m_k^{(l)}=E_k[(\xi(\omega))^l]=\lim_{n\to\infty}m_{kn}^{(l)}\qquad(17.3.24)$$

令

$$G_k^{(l)}\triangleq\lim_{n\to\infty}G_{kn}^{(l)}=\frac{1}{b_k}\sum_{i=1}^{l}C_l^iE_{(k)}^{(i)}[a_km_{k-1}^{(l-i)}+b_km_{k+1}^{(l-i)}]+$$
$$\sum_{m=0}^{k-1}\frac{a_k a_{k-1}\cdots a_{k-m}}{b_k b_{k-1}\cdots b_{k-m-1}}\sum_{i=1}^{l}C_l^iE_{(k-m-1)}^{(i)}\cdot$$
$$[a_{k-m-1}m_{k-m-2}^{(l-i)}+b_{k-m-1}m_{k-m}^{(l-i)}]\qquad(17.3.25)$$

以下我们假设 $E_{(k)}^{(i)}$($k=0,1,2,\cdots,i=1,2,\cdots$) 恒有界且大于零.

定理 17.3.3 (i) $m_k^{(l)}=\sum_{i=k}^{\infty}G_i^{(l)}$. (17.3.26)

(ii) 若 $E_{(k)}^{(i)}>0$($k=0,1,2,\cdots,i=1,2,\cdots$) 恒

有界,则各级矩 $m_k^{(l)}(k,l=0,1,2,\cdots)$ 同为无穷大或同为有限.

证明　(i) 可由(17.3.11) 及(17.3.25) 得到.

(ii) 的证明,由条件我们有,$\exists M>0$,使得 $E_{(k)}^{(i)}\leqslant ME_{(k)}^{(i-1)}$,由(i),我们有 $m_0^{(1)}\geqslant m_1^{(1)}\geqslant m_2^{(1)}\geqslant\cdots$,

$$
\begin{aligned}
m_k^{(2)} &= \sum_{i=k}^{\infty} G_i^{(2)} = \sum_{i=k}^{\infty}\Big\{\frac{1}{b}\sum_{j=1}^{2} C_2^j E_{(i)}^{(j)}\left[a_i m_{i-1}^{(2-j)} + b_i m_{i+1}^{(2-j)}\right] + \\
&\quad \sum_{m=0}^{i-1}\frac{a_i a_{i-1}\cdots a_{i-m}}{b_i b_{i-1}\cdots b_{i-m-1}}\cdot \\
&\quad \sum_{j=1}^{2} C_2^j E_{(i-m-1)}^{(j)}\left[a_{i-m-1} m_{i-m-2}^{(2-j)} + b_{i-m-1} m_{i-m}^{(2-j)}\right]\Big\} \\
&= 2\sum_{i=k}^{\infty}\Big\{\frac{1}{b_i}E_{(i)}^{(1)}\left[a_i m_{i-1}^{(1)} + b_i m_{i+1}^{(1)}\right] + \\
&\quad \sum_{m=0}^{i-1}\frac{a_i a_{i-1}\cdots a_{i-m}}{b_i b_{i-1}\cdots b_{i-m-1}}E_{(i-m-1)}^{(1)}\left[a_{i-m-1} m_{i-m-2}^{(1)} + b_{i-m-1} m_{i-m}^{(1)}\right]\Big\} + \\
&\quad \sum_{i=k}^{\infty}\Big\{\frac{1}{b_i}E_{(i)}^{(2)} + \sum_{m=0}^{i-1}\frac{a_i a_{i-1}\cdots a_{i-m}}{b_i b_{i-1}\cdots b_{i-m-1}}E_{(i-m-1)}^{(2)}\Big\} \\
&\leqslant (2m_0^{(1)} + M)\sum_{i=k}^{\infty} G_i^{(1)} = (2m_0^{(1)} + M)m_k^{(1)}
\end{aligned}
$$

因此,如果 $m_0^{(1)}<\infty$,则 $m_k^{(2)}<\infty\ (0\leqslant k<\infty)$.

假设 $m_k^{(n)}(k=0,1,2,\cdots)$ 有界, 即 $\exists M_1$ 使得 $m_k^{(n)}\leqslant M_1$,当 $l>n$ 时

$$
\begin{aligned}
m_k^{(l)} &= \sum_{i=k}^{\infty} G_i^{(l)} = \sum_{i=k}^{\infty}\Big\{\frac{1}{b_i}\sum_{j=1}^{l} C_l^j E_{(i)}^{(j)}\left[a_i m_{i-1}^{(l-j)} + b_i m_{i+1}^{(l-j)}\right] + \\
&\quad \sum_{m=0}^{i-1}\frac{a_i a_{i-1}\cdots a_{i-m}}{b_i b_{i-1}\cdots b_{i-m-1}}\cdot \\
&\quad \sum_{j=1}^{l} C_l^j E_{(i-m-1)}^{(j)}\left[a_{i-m-1} m_{i-m-2}^{(l-j)} + b_{i-m-1} m_{i-m}^{(l-j)}\right]\Big\}
\end{aligned}
$$

$$\leqslant M\sum_{i=k}^{\infty}\left\{\frac{1}{b_i}\sum_{j=1}^{l}C_l^jE_{(i)}^{(j-1)}\left[a_im_{i-1}^{(l-j)}+b_im_{i+1}^{(l-j)}\right]+\right.$$

$$\sum_{m=0}^{i-1}\frac{a_ia_{i-1}\cdots a_{i-m}}{b_ib_{i-1}\cdots b_{i-m-1}}\cdot$$

$$\left.\sum_{j=1}^{l}C_l^jE_{(i-m-1)}^{(j-1)}\left[a_{i-m-1}m_{i-m-2}^{(l-j)}+b_{i-m-1}m_{i-m}^{(l-j)}\right]\right\}$$

$$=M\sum_{i=k}^{\infty}\left\{\frac{1}{b_i}\sum_{j=0}^{l-1}\frac{l}{j+1}C_{l-1}^jE_{(i)}^{(j)}\left[a_im_{i-1}^{(l-1-j)}+b_im_{i+1}^{(l-1-j)}\right]+\right.$$

$$\sum_{m=0}^{i-1}\frac{a_ia_{i-1}\cdots a_{i-m}}{b_ib_{i-1}\cdots b_{i-m-1}}\sum_{j=0}^{l-1}\frac{l}{j+1}C_{l-1}^jE_{(i-m-1)}^{(j)}\cdot$$

$$\left.\left[a_{i-m-1}m_{i-m-2}^{(l-1-j)}+b_{i-m-1}m_{i-m}^{l-1-j}\right]\right\}$$

$$\leqslant lM\sum_{i=k}^{\infty}G_i^{(l-1)}+lM\sum_{i=k}^{\infty}\left\{\frac{1}{b_i}E_{(j)}^{(0)}\left[a_im_{i-1}^{(l-1)}+b_im_{i+1}^{(l-1)}\right]+\right.$$

$$\left.\sum_{m=0}^{\infty}\frac{a_ia_{i-1}\cdots a_{i-m}}{b_ib_{i-1}\cdots b_{i-m-1}}E_{(i-m-1)}^{(0)}\left[a_{i-m-1}m_{i-m-2}^{(l-1)}+b_{i-m-1}m_{i-m}^{(l-1)}\right]\right.$$

$$\leqslant lMm_k^{(l-1)}+lMm_0^{(l-1)}m_k^{(1)}<\infty$$

如 $m_0^{(1)}=\infty$，由(ⅰ)及(17.3.25)得 $m_k^{(n)}=\infty$.

定理17.3.4 若 $E(v_k)(k=0,1,2,\cdots)$ 存在且有界则对一切整数 $k\geqslant 0$，有

(ⅰ) 或者 $P_k(\xi(\omega)=\infty)=1\Leftrightarrow E_0(\xi)=\sum_{i=0}^{\infty}G_i^{(1)}=\infty$.

(ⅱ) 或者 $P_k(\xi(\omega)<\infty)=1\Leftrightarrow E_0(\xi)=\sum_{i=0}^{\infty}G_i^{(1)}<\infty$.

当(ⅱ)成立时，$\forall\lambda>0$ 有

$$\varphi_k(\lambda)=E_k\mathrm{e}^{-\lambda\xi}=\lim_{n\to\infty}\frac{\delta^{(k+1)}(\lambda)}{\delta_n(\lambda)}\qquad(17.3.27)$$

除若一个常数因子外，它是下列方程组的唯一非平凡有界解

$$a_kE_k\varphi_{k-1}(\lambda) - \varphi_k(\lambda) + b_kE_k\varphi_{k+1}(\lambda) = 0 \tag{17.3.28}$$

其中

$$E_k = E(e^{-\lambda V(k)v_k})$$

证明　参考张健康[1] §5.2 的系 1 可得.

推论 17.3.1　若 $E(v_k)$ 存在且有限($n = 0,1,2,\cdots$)，则 $\forall k \geqslant 0$，飞跃点 $\eta(\omega)$ 或者以 P_k - 概率1 有限，或者以 P_k - 概率 1 无限，这两种可能分别取决于 $R < \infty$ 或 $R = \infty$.

17.4　向下的积分型随机泛函

本节讨论半马氏生灭过程的积分型随机泛函，给出它的分布的拉氏变换所满足的差分方程，同时求出它们的解.

设 $\eta_n(\omega)$ 表示首达状态 n 的时刻，$V(i) \geqslant 0(V(i) \neq 0)$. 为定义在 E 上的函数，令

$$\xi_n = \int_0^{\eta_n(\omega)} V(X(t,\omega))\mathrm{d}t \tag{17.4.1}$$

$$F_{kn}(X) = P_k(\xi_n(\omega) \leqslant X), k \geqslant n \tag{17.4.2}$$

$$\varphi_{kn}(\lambda) = E_k e^{-\lambda\xi_n} = \int_0^{\infty} e^{-\lambda X}\mathrm{d}F_{kn}(X), k \geqslant n \tag{17.4.3}$$

当 $n = 0$ 时，称 $\eta_0(\omega)$ 为灭绝时刻.

定理 17.4.1 $\varphi_{kn}(\lambda)$ 满足差分方程组

$$\begin{cases} a_k E(\mathrm{e}^{-\lambda V(k)v_k})\varphi_{k-1\,n}(\lambda)-\varphi_{kn}(\lambda)+ \\ b_k E(\mathrm{e}^{-\lambda V(k)v_k})\varphi_{k+1\,n}(\lambda)=0,k>n \quad (17.4.4) \\ \varphi_{nn}(\lambda)=1 \quad (17.4.5) \end{cases}$$

证明 在基本引理取 $A=\{n\}$ 即得.

现在我们来求(17.4.4)、(17.4.5)的解.

(ⅰ)当 $V(k)v_k\equiv 0(k=0,1,2,\cdots)$ $a.$ e. $P.$

显然有 $\xi_n(\omega)=0$,从而

$$\varphi_{kn}=1,k=n+1,n+2,\cdots$$

此时$\{\varphi_{kn}(\lambda)\}$是(17.4.4)、(17.4.5)的解.

(ⅱ)当 $V(k)v_k\not\equiv 0(k=0,1,2,\cdots)$ $a.$ e. $P.$

为了求(17.4.4)、(17.4.5)的解,我们引进一个新的半马氏生灭过程 $\overline{X}=\{\overline{X}(t,\omega),t\geqslant 0\}$,满足 $\overline{X}$ 的跳跃链的转移概率与 X 相同,仍记为$(P_{ij}),i,j\in E.$ $\overline{X}$ 在状态 i 的逗留时间分布服从随机变量 $\overline{v}_i=V(i)v_i$ 的分布.

从定义可知,X 的 i - 区间乘以 $V(i)$ 后,此乘积的分布恰好为 $\overline{X}$ 的 i - 区间长的分布,因此,对 X 的飞跃点以前的轨道,如将每一 i - 区间伸长(或压缩)$V(i)$ 倍后,可以看成 $\overline{X}$ 在飞跃点以前的轨道,令

$$S_k^{(n)}(\omega)=\{t:X(t,\omega)=k,t<\eta_n(\omega)\}$$

$$\overline{\eta}_n(\omega)=\inf\{t>0,\overline{X}(t,\omega)=n\}$$

我们有

$$\overline{\eta}_n(\omega)=\int_0^{\eta_n}V(X(t,\omega))\mathrm{d}t=\sum_{k=n+1}^{\infty}V(k)L(S_k^{(n)}(\omega))$$

$$= \xi_n(\omega) \tag{17.4.6}$$

其中 $L(\cdot)$ 表示 Lebesgue 测度.

由(17.4.6)知，$\overline{\eta}_n(\omega) = \xi_n(\omega)$ 与 $V(n)$ 无关，为方便，我们不妨设 $V(n) = 1$，令

$$\overline{F}_{kn}(t) = P_k(\overline{\eta}_n \leqslant t) \tag{17.4.7}$$

$$\overline{\varphi}_{kn}(t) = E_k \mathrm{e}^{-\lambda \overline{\eta}_n} = \int_0^{\infty} \mathrm{e}^{-\lambda t} \mathrm{d}\, \overline{F}_{kn}(t) \tag{17.4.8}$$

从而

$$\overline{F}_{kn}(t) = F_{kn}(t), \overline{\varphi}_{kn}(t) = \varphi_{kn}(t) \tag{17.4.9}$$

由此我们知道，对 X 的 ξ_n 的研究转化为对 $\overline{X}, \overline{\eta}_n$ 的研究.

引理 17.4.1　设 $\overline{\tau}_k$ 为 $\overline{X}$ 的第 k 个 n－区间的长，$\overline{r}_k$ 表示 $\overline{X}$ 第 k 次离开 n 后首次访问 n 所需时间，则有

(ⅰ) $\overline{\tau}_k, \overline{r}_k, \overline{\tau}_k + \overline{r}_k (k = 1,2,\cdots)$ 分别是独立同分布的随机变量序列.

(ⅱ) $\overline{\tau}_k$ 与 $\overline{r}_l (k, l = 1,2,\cdots)$ 相互独立.

证明　(ⅰ) 由 $\overline{\tau}_k = \tau_k$ 及 $\tau_k (k = 1,2,\cdots)$ 独立同分布知，$\overline{\tau}_k$ 独立同分布，设 $\lambda_k(\omega)$ 表示 X 从 n－区间跳出时的 k 次跳跃点，令

$$S_{k,i}^{(n)} = \{t : X(t,\omega) = i, \lambda_k(\omega) < t < \eta_n(\omega)\}$$

从而

$$\overline{r}_k = \sum_{\substack{i=0 \\ i \neq n}}^{\infty} V(i) L(S_{(k,i)}^{(n)})$$

由 $L(S_{(k,i)}^{(n)})$ 是相互独立同分布的随机变量知，$\overline{r}_k (k =$

1,2,…）是独立同分布的随机变量.

同理可证 $\bar{\tau}_k+\bar{r}_k$ 独立同分布.

（ⅱ）$\forall k>0,l>0$,由 $\bar{\tau}_k=\tau_k,\bar{r}_l=\sum_{\substack{i=0\\i\neq n}}^{\infty}V(i)L(S_{(l,i)}^{(n)})$

以及 τ_k 与 $S_{(l,i)}^{(n)}(i=0,1,2,\cdots)$ 相互独立知,$\bar{\tau}_k$ 与 $\bar{r}_l(k,l=1,2,\cdots)$ 相互独立. 令

$$E_0=(\bar{\tau}_1\geqslant t)$$

$$E_m=\left(\sum_{k=1}^{\infty}(\bar{r}_k+\bar{\tau}_k)\leqslant t<\sum_{k=1}^{m}(\bar{\tau}_k+\bar{r}_k)+\bar{\tau}_{m+1}\right)$$
$$(m=1,2,\cdots)$$

从而

$$\bar{p}_{nn}(t)=\sum_{m=0}^{\infty}P_n(E_m) \qquad (17.4.10)$$

其中 $\bar{p}_{ij}(t)$ 表示 $\bar{X}$ 的转移函数. 又设

$$F_{\bar{r}_k}(t)=P(\bar{r}_k\leqslant t)$$

因此

$$\begin{aligned}F_{\bar{r}_k}(t)&=a_nP_{n-1}(\bar{\eta}_n\leqslant t)+b_nP_{n+1})(\bar{\eta}_n\leqslant t)\\&=a_nF_{n-1\,n}(t)+b_nF_{n+1\,n}(t) \qquad (17.4.11)\end{aligned}$$

又

$$\begin{aligned}F_{\bar{\tau}_k}(t)&=P(\bar{\tau}_k(t)\leqslant t)\\&=P(v_n\leqslant t)=F_{v_n}(t) \quad (17.4.12)\end{aligned}$$

由引理17.4.1有 $\bar{\tau}_k+\bar{r}_k$ 的分布函数为 $F_{\bar{\tau}_k}(t)$ 与 $F_{\bar{r}_k}(t)$ 的卷积,记作 $F_{\bar{\tau}_k+\bar{r}_k}(t)$,$F^{(m)}(X)$ 记 $F_{\bar{\tau}_k+\bar{r}_k}(X)$ 的 m 次卷积,即 $\sum_{k=1}^{m}(\bar{\tau}_k+\bar{r}_k)$ 的分布函数. 因此

$$P_n(E_m)=\iint\limits_{\substack{X_1+X_2>t\\X_1\leqslant t}} dF^{(m)}(X_1)dF_{\bar{\tau}_{m+1}}(X_2)$$

(17.4.13)

由(17.4.10)、(17.4.13)及 $P_n(E_0)=1-F_{v_n}(t)$ 得

$$\begin{aligned}\bar{p}_{nn}(t)&=1-F_{v_n}(t)+\sum_{m=1}^{\infty}\iint\limits_{\substack{X_1+X_2>t\\X_1\leqslant t}} dF^{(m)}(X_1)dF_{\bar{\tau}_{m+1}}(X_2)\\&=1-F_{v_n}(t)+\sum_{m=1}^{\infty}\int_0^t(1-F_{v_n}(t-X))dF^{(m)}(X)\end{aligned}$$

(17.4.14)

令

$$\bar{p}_n(\lambda)=\int_0^{\infty}e^{-\lambda t}\bar{p}_{nn}(t)dt$$

$$F(\lambda)=\int_0^{\infty}e^{-\lambda t}(1-F_{v_n}(t))dt$$

$$\varphi_{v_n}(\lambda)=\int_0^{\infty}e^{-\lambda t}dF_{v_n}(t)$$

$$\varphi_{\bar{r}_n}(\lambda)=\int_0^{\infty}e^{-\lambda t}dF_{\bar{r}_n}(t)$$

因此有

$$\bar{p}_n(\lambda)=F(\lambda)+\sum_{m=1}^{\infty}F(\lambda)\varphi_{v_n}^m(\lambda)\varphi_{\bar{r}_k}^m(\lambda)\qquad(17.4.15)$$

下面我们分情况讨论(17.4.15)：

(Ⅰ) $v_n\neq0$　a. e. P. 由(17.4.15)得

$$\varphi_{\bar{r}_k}(\lambda)=\frac{\bar{p}_n(\lambda)-F(\lambda)}{\varphi_{v_n}(\lambda)\bar{p}_n(\lambda)}\qquad(17.4.16)$$

又由(17.4.11)得

$$\varphi_{\bar{r}_k}(\lambda)=\int_0^{\infty}e^{-\lambda t}dF_{\bar{r}_k}(t)$$

$$= a_n\varphi_{n-1\,n}(\lambda) + b_n\varphi_{n+1\,n}(\lambda) \quad (17.4.17)$$

由(17.4.16)、(17.4.17)得

$$a_n\varphi_{n-1\,n}(\lambda) = b_n\varphi_{n+1\,n}(\lambda)$$

$$= \frac{\bar{p}_n(\lambda) - F(\lambda)}{\varphi_{v_n}(X)\bar{p}_n(X)} \quad (17.4.18)$$

由于 $\varphi_{n-1\,n}(\lambda)$ 可由 §17.3 中得到,因此(17.4.4)、(17.4.5)、(17.4.18)可唯一求出 ξ_n 的分布的 Laplace 变换 $\varphi_{kn}(\lambda)$.

特别若 $E(v_n)$ 存在,这时 $F(\lambda)$ 可化为:

(i)当 $\lambda = 0$ 时

$$F(\lambda) = \int_0^\infty (1 - F_{v_n}(t))\mathrm{d}t = E(v_n)$$

(ii)当 $\lambda > 0$ 时

$$F(\lambda) = \int_0^\infty \mathrm{e}^{-\lambda t}(1 - F_{v_n}(t))\mathrm{d}t$$

$$= \int_0^\infty \int_0^s \mathrm{e}^{-\lambda t}\mathrm{d}t\mathrm{d}F_{v_n}(s) = \frac{1}{\lambda}(1 - \varphi_{v_n}(\lambda))$$

由于

$$\lim_{\lambda\to\infty} \frac{1}{\lambda}(1 - \varphi_{v_n}(\lambda)) = E(v_n)$$

所以

$$F(\lambda) = \frac{1}{\lambda}(1 - \varphi_{v_n}(\lambda)) \quad (\lambda \geqslant 0)$$

$\left(约定 \lambda = 0 时, \frac{1}{\lambda}(1 - \varphi_{v_n}(\lambda)) = E(v_n)\right)$

这时(17.4.18)化为

$$a_n\varphi_{n-1\,n}(\lambda) = b_n\varphi_{n+1\,n}(\lambda) = \frac{\bar{p}_n(\lambda) - \frac{1}{\lambda}(1 - \varphi_{v_n}(\lambda))}{\varphi_{v_n}(\lambda)\bar{p}_n(\lambda)}$$

（Ⅱ）当 $v_n = 0, a.e. P$. 令 $v_n^l = \frac{1}{l}, a.e. P$.

我们利用 v_n^l 代替 v_n 而考虑 $\overline{X}$，以 $\overline{\tau}_k^{(l)}$ 表示第 k 个 n 区间长，记 $\overline{\tau}_k^{(l)} + \overline{r}_k$ 的分布函数的 m 次卷积为 $F_l^{(l)}(X)$，从而有

$$a_n\varphi_{n-1\,n}(\lambda) + b_n\varphi_{n+1\,n}(\lambda) = \frac{\overline{p}_n^{(l)}(\lambda) - F_l(\lambda)}{\varphi_{v_n}^l(\lambda)\overline{p}_n^{(l)}(\lambda)} \tag{17.4.19}$$

其中

$$F_l(\lambda) = \int_0^\infty \mathrm{e}^{-\lambda t}(1 - F_{v_n^l}^t(t))\,\mathrm{d}t$$

$$v_n^l = \frac{1}{l} \quad a.s.\ p\ r, P^{(l)}(\lambda) = \int_0^\infty \overline{p}_{nn}^{(l)}(t)\mathrm{e}^{-\lambda t}\mathrm{d}t$$

$\overline{p}_{nn}^{(l)}(t)$ 是以 $v_n^{(l)}$ 代替 v_n 所得的过程 $\overline{X}$ 的转移函数，在(17.4.19) 中令 $l \to \infty$，得

$$a_n\varphi_{n-1\,n}(\lambda) + b_n\varphi_{n+1\,n}(\lambda) = \lim_{l\to\infty}\frac{\overline{p}_n^{(l)}(\lambda) - F_l(\lambda)}{\varphi_{v_n}^l(\lambda)\overline{p}_n^{(l)}(\lambda)} \tag{17.4.20}$$

综上所述，我们得到如下定理：

定理 17.4.2　（ⅰ）若 $v_n \neq 0, a.e. P$. 则由(17.4.4)、(17.4.5)、(17.4.18) 可唯一求得 ξ_n 的分布函数的拉氏变换 $\varphi_{kn}(\lambda)(k \geqslant n)$.

（ⅱ）$v_n = 0, a.e. P$. 则由(17.4.4)、(17.4.5)、(17.4.20) 可唯一求得 ξ_n 的分布函数的拉氏变换 $\varphi_{kn}(\lambda)(k \geqslant n)$.

17.5 遍历性及平稳分布

$\delta_k(\omega)$ 表示自来到 k 时刻算起,离开 k 后,首次回到 k 的时间,并称 δ_k 为 k 的回转时间,令

$$\psi_k(\lambda) = E_k \exp\left(-\lambda \int_0^{\delta_k} V(X_t)\,\mathrm{d}t\right)$$

称 $\int_0^{\delta_k} V(X_t)\,\mathrm{d}t$ 为 V - 回转时间,用 17.3 基本引理证明方法同样可得

$$\psi_k(\lambda) = E(\mathrm{e}^{-\lambda V(k) v_k})[a_k \varphi_{k-1\,k}(\lambda) + b_k \varphi_{k+1\,k}(\lambda)] \tag{17.5.1}$$

其中 $\varphi_{k-1\,k}(\lambda)$,$\varphi_{k+1\,k}(\lambda)$ 见(17.3.4)和(17.4.3),令

$$\tilde{\eta}_k^{(l)} = E_k\left(\int_0^{\delta_k} V(X_t)\,\mathrm{d}t\right)^l \tag{17.5.2}$$

当 $Z = \infty$ 时,对(17.5.1)微分 l 次,同乘 $(-1)^l$,并令 $\lambda = 0$ 得

$$\tilde{\eta}_k^{(l)} = \sum_{i=0}^{l} C_l^i E_{(k)}^{(i)} [a_k m_{k-1\,k}^{(l-i)} + b_k m_{k+1\,k}^{(l-i)}] \tag{17.5.3}$$

特别 $l = 1$ 时,记 $\tilde{\eta}_k = \tilde{\eta}_k^{(1)}$ 此时

$$\tilde{\eta}_k = a_k m_{k-1\,k} + b_k m_{k+1\,k} + E_{(k)}^{(1)} \tag{17.5.4}$$

下面我们介绍在 $Z = \infty$ 的情况下求平均 V - 回转时间的方法,因此也能求出状态 i 的平均返回时间,以及在遍历的情况下的平稳分布.

将过程 X 稍加改造,使状态 N 成为反射状态($N > k$),即设系统到达 N 后,以概率 1 回到 $N-1$,而且逗留于 N 的平均时间不变,仍为 $E(v_N)$,此过程记为 $X' = \{X'(t,\omega), t \geqslant 0\}$ 代替原来的过程 X,X' 的转移概率矩

阵由(17.2.14)所定义,当质点在到达 N 以前,两过程的运动规律完全一样,因此(17.4.4)、(17.4.5)在 $n \leqslant k < N$ 对 X' 也成立.令

$$_N\xi_n(\omega) = \int_0^{\eta_n'(\omega)} V(X'(t,\omega))\mathrm{d}t$$

$$_NF_{kn}(x) = P_k({}_N\xi_n(\omega) \leqslant x)$$

$$_N\varphi_{kn}(x) = E_k\mathrm{e}^{-\lambda_N\xi_n}$$

其中 $\eta_n'(\omega)$ 是 X' 首达状态 n 的时间.易求得

$$\begin{aligned} {}_N\varphi_{N_n}(\lambda) &= E_N\mathrm{e}^{-\lambda_N\xi_n(\omega)} \\ &= E(\mathrm{e}^{-\lambda V(N)v_N})\,{}_N\varphi_{N-1\,n}(\lambda) \end{aligned} \tag{17.5.5}$$

同理可求

$$\begin{cases} a_kE(\mathrm{e}^{-\lambda V(k)v_k})\,{}_N\varphi_{k-1\,n}(\lambda) - {}_N\varphi_{kn}(\lambda) + \\ b_kE(\mathrm{e}^{-\lambda V(k)v_k})\,{}_N\varphi_{k+1\,n}(\lambda) = 0, n < k < N & (17.5.6) \\ {}_N\varphi_{nn}(\lambda) = 1 & (17.5.7) \end{cases}$$

解(17.5.5)、(17.5.6)、(17.5.7)得

$$_N\varphi_{kn}(\lambda) = \frac{\Delta_N^{(k)}(\lambda)}{\Delta_N(\lambda)}, k = n+1, n+2, \cdots, N$$

其中

$$\Delta_N(\lambda) = \begin{vmatrix} -1 & b_{n+1}E_{n+1} & 0 & \cdots & 0 & 0 \\ a_{n+2}E_{n+2} & -1 & b_{n+2}E_{n+2} & \cdots & 0 & 0 \\ \vdots & \vdots & \vdots & & \vdots & \vdots \\ 0 & 0 & 0 & \cdots & -1 & b_{N-1}E_{N-1} \\ 0 & 0 & 0 & \cdots & a_NE_N & -1 \end{vmatrix}$$

$\Delta_N^{(k)}(\lambda)$ 是以列向量 $\begin{pmatrix} -a_{n+1}E_{n+1} \\ 0 \\ \vdots \\ 0 \end{pmatrix}$ 代替 $\Delta_N(\lambda)$ 中第

$(k-n)$ 列所得行列式，$E_k \equiv E(\mathrm{e}^{-\lambda V(k)v_k})$，令

$$_N m_{kn}^{(l)} = E_k\left[\int_0^{\eta_n'} V(X_t')\,\mathrm{d}t\right]^l, l = 1,2,\cdots$$

将(17.5.5)、(17.5.6)、(17.5.7)对 λ 微分 l 次，令 $\lambda = 0$，注意到 $_N m_{kn}^{(l)} = (-1)^l \varphi_{kn}^{(l)}(0)$，我们有

$$\begin{cases} a_{kN} m_{k-1\,n}^{(l)} - {}_N m_{kn}^{(l)} + b_{kN} m_{k+1\,n}^{(l)} + \\ \sum_{i=1}^{l} C_l^i E_{(k)}^{(i)}\left[a_{kN} m_{k-1\,n}^{(l-i)} + b_{kN} m_{k+1}^{(l-i)}\right] = 0 & (17.5.8) \\ _N m_{nn}^{(l)} = 0 & (17.5.9) \\ _N m_{Nn}^{(l)} - {}_N m_{N-1\,n}^{(l)} = \sum_{i=1}^{l} C_l^i E_{(N)}^{(i)}\, {}_N m_{N-1\,n}^{(l-i)} & (17.5.10) \end{cases}$$

$$n < k < N$$

解此方程组得

$$_N m_{kn}^{(l)} = \frac{\widetilde{\Delta}_N^{(k)}(0)}{\Delta_N(0)}, n < k \leqslant N \qquad (17.5.11)$$

其中 $\widetilde{\Delta}_N^{(k)}(0)$ 是以列向量

$$\begin{bmatrix} -\sum_{i=1}^{l} \mathrm{C}_l^i E_{(n+1)}^{(i)}\left[a_{n+1} m_{nn}^{(l-i)} + b_{n+1} m_{n+2n}^{(l-i)}\right] \\ -\sum_{i=1}^{l} \mathrm{C}_l^i E_{(n+2)}^{(i)}\left[a_{n+2} m_{n+1\,n}^{(l-i)} + b_{n+2} m_{n+3\,n}^{(l-i)}\right] \\ \cdots \quad \cdots \\ -\sum_{i=1}^{l} \mathrm{C}_l^i E_{(N-1)}^{(i)}\left[a_{N-1} m_{N-2\,n}^{(l-i)} + b_{N-1} m_{Nn}^{(l-i)}\right] \\ -\sum_{i=1}^{l} \mathrm{C}_l^i E_{(N)}^{(i)} m_{N-1\,n}^{(l-i)} \end{bmatrix}$$

代替 $\Delta_N(0)$ 中的第 $(k-n)$ 列向量所得行列式. 参考张健康[1]5.4 定理 3 的证明有

定理17.5.1 若 $Z=\infty$,则

$$\varphi_{kn}(\lambda)=\lim_{N\to\infty}{}_N\varphi_{kn}(\lambda);\quad m_{kn}^{(l)}=\lim_{N\to\infty}{}_Nm_{kn}^{(l)}$$

在(17.5.11)中令 $l=1,k=n+1$ 得

$$_Nm_{m+1\ n}=\frac{\widetilde{\Delta}_N^{(n+1)}(0)}{\Delta_N(0)}$$

其中 $\widetilde{\Delta}_N^{(n+1)}(0)$ 是以列向量 $\begin{bmatrix}-E_{(n+1)}^{(1)}\\-E_{(n+2)}^{(1)}\\\vdots\\-E_{(N)}^{(1)}\end{bmatrix}$ 代替 $\Delta_N(0)$ 中第1列 所得行列式,展开 $\widetilde{\Delta}_N^{(n+1)}(0)$ 以及 $\Delta_N(0)$ 得

$$_Nm_{n+1\ n}=\frac{E_{(n+1)}^{(1)}}{a_{n+1}}+\sum_{k=0}^{N-n-3}\frac{b_{n+1}b_{n+2}\cdots b_{n+k+1}E_{(n+k+2)}^{(1)}}{a_{n+1}a_{n+2}\cdots a_{n+k+2}}+$$
$$\frac{b_{n+1}b_{n+2}\cdots b_{N-1}E_{(N)}^{(1)}}{a_{n+1}a_{n+2}\cdots a_{N-1}}$$

因此

$$\begin{aligned}m_{n+1\ n}&=\lim_{n\to\infty}{}_Nm_{(n+1)n}\\&=\frac{E_{(n+1)}^{(1)}}{a_{n+1}}+\sum_{k=0}^{\infty}\frac{b_{n+1}b_{n+2}\cdots b_{n+k+1}E_{(n+k+2)}^{(1)}}{a_{n+1}a_{n+2}\cdots a_{n+k+2}}\end{aligned}$$

注意到 $E_{(k)}^{(1)}=V(k)E(v_k)$,所以

$$m_{n+1\ n}=\frac{V(n+1)E(v_{n+1})}{a_{n+1}}+$$
$$\sum_{k=0}^{\infty}\frac{b_{n+1}b_{n+2}\cdots b_{n+k+1}V(n+k+2)E(V_{(n+k+2)})}{a_{n+1}a_{n+2}\cdots a_{n+k+2}}$$

由定理17.3.2有

$$m_{k-1\ k}=G_{k-1\ k}$$

$$u_0 = b_0 e_1 + E(v_0)$$

由文献 Fred. Solomon[1] 我们得到状态 k 的平稳分布为

$$p_k = \frac{E(v_k)}{u_k}(k \geqslant 0), p_0 = \frac{E(v_0)}{u_0} = \frac{E(v_0)}{E(v_0) + e_1}$$

从而

$$p_0 = \frac{1}{1 + \sum_{i=1}^{\infty} \pi_i}\left(\text{其中 } \pi_i = \frac{b_0 b_1 \cdots b_{i-1} E(v_i)}{a_1 a_2 \cdots a_i E(v_0)}\right)$$

$$p_k = \frac{\pi_k}{1 + \sum_{i=1}^{\infty} \pi_i}$$

因此,我们得到如下定理:

定理 17.5.2 (ⅰ)半马氏生灭过程常返但非正常返的充要条件是

$$Z = \sum_{k=1}^{\infty} \frac{a_1 a_2 \cdots a_k}{b_1 b_2 \cdots b_k} = \infty, \quad \sum_{i=1}^{\infty} \pi_i = \infty$$

(ⅱ)半马氏生灭过程正常返的充要条件是

$$Z = \infty, \quad \sum_{i=1}^{\infty} \pi_i < \infty$$

且其平稳分布为

$$p_k = \begin{cases} \dfrac{1}{1 + \sum_{i=1}^{\infty} \pi_i}, & k = 0 \\ \dfrac{\pi_k}{1 + \sum_{i=1}^{\infty} \pi_i}, & k > 0 \end{cases}$$

17.6 更新过程(GI/G/I 排队系统的输入过程)

定义 17.6.1 在定义 17.1.4 中,令

$$P_{ij}=\begin{cases}1, & j=i+1(i\geqslant 0)\\ 0, & \text{其他}\end{cases}$$

则称 X 为更新过程.

更新过程为半马尔可夫过程的典型例子,而更新过程即为排队论中的一般独立输入过程,即各个顾客的到达时间间隔相互独立,相同分布的情形. 本节中,我们用输入过程的方法处理更新过程,设各顾客的到达时间间隔的分布函数为 $G(t)$,在$[0,t)$ 内到达的顾客数同为$N(t)$. 当$G(t)$ 为负指数分布时,$N(t)$ 为特殊的齐次可列马尔可夫过程 —— 普哇松过程,也只有 $G(t)$ 是负指数分布时,$N(t)$ 才是马氏过程. 在一般情形下 $N(t)$ 是一个半马氏纯生过程. 一般情形下,据作者所知 $N(t)$ 的分布的明显表达式从没给出过. 下面,我们利用半马氏过程的向前向后方程,把$N(t)$ 的分布的拉氏变换算出来. 令

$$P_{ij}(t)=P(N(t)=j|N(0)=i) \quad (17.6.1)$$

$$\hat{P}_{ij}(\lambda)=\int_0^{\infty}e^{-\lambda t}P_{ij}(t)dt,\quad \hat{G}(\lambda)=\int_0^{\infty}e^{-\lambda t}G(t)dt \quad (17.6.2)$$

定理 17.6.1

$$\hat{P}_{ij}(\lambda)=\begin{cases}0, & j<i\\ \dfrac{1}{\lambda}-\dfrac{1}{\lambda}\hat{G}(\lambda), & j=i\\ \dfrac{1}{\lambda}\hat{G}^{j-i}(\lambda)-\dfrac{1}{\lambda}\hat{G}^{j-i+1}(\lambda), & j>i\end{cases} \tag{17.6.3}$$

从而

$$P_{ij}(t)=\begin{cases}0, & j<i\\ 1-G(t), & j=i\\ \hat{G}^{(j-i)}(t)-\hat{G}^{(j-i+1)}(t), & j>i\end{cases} \tag{17.6.4}$$

其中,$\hat{G}^{(n)}(t)$ 表示 $G(t)$ 的 n 重卷积.

证明　侯振挺、刘再明、邹捷中在[1] 中指出半马氏过程是 (H,Q) 一过程的一个特例, 因此, $\{\hat{P}_{ij}(\lambda), j\in E\}$ 是关于半马氏过程的向前方程(侯振挺、刘再明、邹捷中[2],[3])

$$X_j=\sum_{k\in E}X_k\frac{\hat{q}_{kj}(\lambda)h_j(\lambda)}{h_k(\lambda)}+h_{ij}(\lambda), j\in E \tag{17.6.5}$$

的最小非负解,此时

$$\hat{q}_{ij}(\lambda)=\delta_{i+1\,j}\hat{G}(\lambda) \tag{17.6.6}$$

$$h_{ij}(\lambda)=\delta_{ij}\frac{1-\hat{G}(\lambda)}{\lambda} \tag{17.6.7}$$

$$h_i(\lambda)=\frac{1-\hat{G}(\lambda)}{\lambda} \tag{17.6.8}$$

于是向前方程(17.6.5) 变成

$$X_j = \begin{cases} 0, & j < i \\ \dfrac{1 - \hat{G}(\lambda)}{\lambda}, & j = i \\ X_{j-1}\hat{G}(\lambda), & j > i \end{cases} \qquad (17.6.9)$$

解方程(17.6.9) 立得定理 17.6.1.

例 17.6.1 $G(t)$ 服从 $\Gamma(q,r)$ 一分布($q>0,r>0$).

这时 $G(t)$ 的密度函数

$$f_{q,r}(t) = \begin{cases} 0, & t < 0 \\ \dfrac{q^r}{\Gamma(r)} t^{r-1} \mathrm{e}^{-qt}, & t \geqslant 0 \end{cases} \qquad (17.6.10)$$

其中 $\Gamma(r) = \int_0^\infty t^{r-1}\mathrm{e}^{-t}\mathrm{d}t$. 于是

$$\hat{G}(\lambda) = \frac{q^r}{(\lambda + q)^r} \qquad (17.6.11)$$

由定理 17.6.1 立得.

定理 17.6.2 若 $G(t)$ 服从 $\Gamma(q,r)$ 一分布,则

$$\hat{p}_{ij}(\lambda) = \begin{cases} 0, & j < i \\ \dfrac{1}{\lambda} - \dfrac{1}{\lambda}\left(\dfrac{q}{\lambda + q}\right)^r, & j = i \\ \dfrac{1}{\lambda}\left(\dfrac{q}{\lambda + q}\right)^{r(j-i)} - \dfrac{1}{\lambda}\left(\dfrac{q}{\lambda + q}\right)^{r(j-i+1)}, & j > i \end{cases}$$

(17.6.12)

$$p_{ij}(t) = \begin{cases} 0, & j < i \\ 1 - \int_0^t f_{q,r}(s)\mathrm{d}s, & j = i \\ \int_0^t f_{q,r(j-i)}(s)\mathrm{d}s - \int_0^t f_{q,r(j-i+1)}(s)\mathrm{d}s, & j < i \end{cases}$$

(17.6.13)

例 17.6.2　$G(t)$ 服从参数为 q 的 k - 阶爱尔朗分布.

周知,当 r 为正整数 k 时,$\Gamma(q,k)$ 一分布就变成 k - 阶爱尔朗分布. 于是由(17.6.12)和(17.6.13)得

定理 17.6.3　若 $G(t)$ 服从参数为 q 的 k - 阶爱尔朗分布,则

$$\hat{p}_{ij}(\lambda) = \begin{cases} 0, & j < i \\ \dfrac{1}{\lambda}\left(\dfrac{q}{\lambda+q}\right)^{k(j-i)} - \dfrac{1}{\lambda}\left(\dfrac{q}{\lambda+q}\right)^{k(j-i+1)}, & j > i \end{cases} \tag{17.6.14}$$

$$p_{ij}(t) = \begin{cases} 0, & j < i \\ \mathrm{e}^{-qt}\sum_{s=0}^{k}\dfrac{(qt)^s}{s!}, & j = i \\ \mathrm{e}^{-qt}\sum_{s=k(j-i)}^{k(j-i+1)}\dfrac{(qt)^s}{s!}, & j > i \end{cases} \tag{17.6.15}$$

例 17.6.3　$G(t)$ 服从参数为 q 的负指数分布.

周知,1 - 阶爱尔朗分布就是负指数分布,故由(17.6.14)和(17.6.15)立得

定理 17.6.4　若 $G(t)$ 服从参数为 q 的负指数分布,则

$$\hat{p}_{ij}(\lambda) = \begin{cases} 0, & j < i \\ \dfrac{1}{\lambda+q}, & j = i \\ \dfrac{1}{\lambda+q}\left(\dfrac{q}{\lambda+q}\right)^{j-i}, & j > i \end{cases} \tag{17.6.16}$$

$$p(t) = \begin{cases} O^{-qt}, & j < i \\ \mathrm{e}^{-qt}, & j = i \\ \mathrm{e}^{-qt}\dfrac{(qt)^{j-i}}{(j-i)!}, & j > i \end{cases} \tag{17.6.17}$$

例 17.6.4 $G(t)$ 服从 $\chi^2(n)$ 分布. 这时 $G(t)$ 密度函数

$$f_n(t) = \begin{cases} 0, & t < 0 \\ \dfrac{1}{2^{n/2}\Gamma(n/2)} t^{n/2-1} \mathrm{e}^{-t/2}, & t \geqslant 0 \end{cases} \qquad (17.6.18)$$

其中 n 为正整数,由于

$$\frac{1}{2^{n/2}\Gamma(n/2)} t^{n/2-1} \mathrm{e}^{-t/2} = \frac{(1/2)^{n/2}}{\Gamma(n/2)} t^{n/2-1} \mathrm{e}^{-t/2}$$

故这时 $G(t)$ 服从参数为 $\Gamma(1/2,n/2)$ 一分布. 于是有

定理 17.6.5 若 $G(t)$ 服从 $\chi^2(n)$ 分布,则

$$\hat{p}_{ij}(\lambda) = \begin{cases} 0, & j < i \\ \dfrac{1}{\lambda} - \dfrac{1}{\lambda}\left(\dfrac{1/2}{\lambda(\lambda+1/2)}\right)^{n/2}, & j = i \\ \dfrac{1}{\lambda}\left(\dfrac{1/2}{\lambda+1/2}\right)^{n(j-i)/2} - \dfrac{1}{\lambda}\left(\dfrac{1/2}{\lambda+1/2}\right)^{n(j-i+1)/2}, & j > i \end{cases}$$

(17.6.19)

$$p_{ij}(t) = \begin{cases} 0, & j < i \\ 1 - \displaystyle\int_0^t f_{1/2,n/2}(s)\mathrm{d}s, & j = i \\ \displaystyle\int_0^t f_{1/2,n(j-i)/2}(s)\mathrm{d}s - \int_0^t f_{1/2,n(j-i+1)}(s)\mathrm{d}s, & j > i \end{cases}$$

(17.6.20)

例 17.6.5 $G(t)$ 服从 $[0,h]$ 上的均匀分布

这时 $G(t)$ 的密度函数

$$f_h(t) = \begin{cases} 0, t < 0 \text{ 或 } t > h \\ 1/h, t \in [0,h] \end{cases} \qquad (17.6.21)$$

$$\hat{G}(\lambda) = \frac{1}{\lambda h}(1 - \mathrm{e}^{-\lambda k}) \qquad (17.6.22)$$

故得

定理17.6.6　若$G(t)$服从$[0,h]$上的均匀分布，则

$$\hat{p}_{ij}(\lambda)=\begin{cases}0, & j<i\\ \frac{1}{\lambda}-\frac{1}{\lambda}\left(\frac{1-e^{-\lambda h}}{\lambda h}\right), & j=i\\ \frac{1}{\lambda}\left(\frac{1-e^{\lambda h}}{\lambda h}\right)^{j-i}-\frac{1}{\lambda}\left(\frac{1-e^{\lambda h}}{\lambda h}\right)^{j-i+1}, & j>i\end{cases}$$

(17.6.23)

$$p_{ij}(t)=\begin{cases}0, & j<i\\ 1-\frac{1}{\lambda}(tI_{[0,\infty)}(t)-(t-h)I_{[h,\infty)}(t)), & j=i\\ \frac{1}{(j-i)!h^{j-i}}\sum_{k=0}^{j-i}(-1)^k(t-kh)^{j-i}C_{j-i}^kI_{[kh,\infty)}(t)- & \\ \frac{1}{(j-i+1)!h^{j-i+1}}\sum_{k=0}^{j-i+1}(-1)^k(t-kh)^{j-i+1}C_{j-i+1}^kI_{[kh,\infty)}(t), & j>i\end{cases}$$

(17.6.24)

以上我们讨论的都是连续情形，以下我们讨论离散情形.

以θ表示两个相邻顾客到达时间间隔. 假定θ只取正整值.

例17.6.6　$G(t)$服从一个离散分布. 设

$$P(\theta=k)=a_k,k\geqslant 1,a_k\geqslant 0,\sum_{k=1}^{\infty}a_k=1$$

(17.6.25)

从而

$$\hat{G}(X)=\sum_{k=1}a_k e^{-\lambda k} \qquad (17.6.26)$$

$$\hat{G}^s(X) = \sum_{k=s}^{\infty} \mathrm{e}^{-\lambda k}\Big(\sum_{k_1+k_2+\cdots+k_s=k} a_{k_1}a_{k_2}\cdots a_{k_s}\Big)$$

故有

定理 17.6.7 若 $G(t)$ 服从离散分布(17.6.25)，则

$$\hat{p}_{ij}(\lambda) = \begin{cases} 0, & j < i \\ \dfrac{1}{\lambda} - \dfrac{1}{\lambda}\sum_{k=1}^{\infty} a_k \mathrm{e}^{-\lambda k}, & j = i \\ \dfrac{1}{\lambda}\sum_{k=j-i}^{\infty} \mathrm{e}^{-\lambda k}\Big(\sum_{k_1+k_2+\cdots+k_{j-i}=k} a_{k_1}a_{k_2}\cdots a_{k_{j-i}}\Big) - & \\ \dfrac{1}{\lambda}\sum_{k=j-i+1}^{\infty} \mathrm{e}^{-\lambda k}\Big(\sum_{k_1+k_2+\cdots+k_{j-i+1}=k} a_{k_1}a_{k_2}\cdots a_{k_{j-i+1}}\Big), & j > i \end{cases} \tag{17.6.27}$$

$$p_{ij}(t) = \begin{cases} 0, & j < i \\ 1 - \sum_{k=1}^{[t]} a_k, & j = i \\ \sum_{k=j-i}^{[t]} \sum_{k_1+k_2+\cdots+k_{j-i}=k} a_{k_1}a_{k_2}\cdots a_{k_j} - & \\ \sum_{k=j-i+1}^{[t]} \sum_{k_1+k_2+\cdots+k_{j-i+1}=k} a_{k_1}a_{k_2}\cdots a_{k_{j-i+1}}, & j > i \end{cases} \tag{17.6.28}$$

例 17.6.7 $G(t)$ 服从几何分布. 设

$$a_k = pq^{k-1}, k \geqslant 1, p > 0, q > 0, p + q = 1 \tag{17.6.29}$$

于是由(17.6.27)和(17.6.28)得

定理 17.6.8 若 $G(t)$ 服从几何分布(17.6.29)，则

$$\hat{p}_{ij}(\lambda) = \begin{cases} 0, & j < i \\ \dfrac{1}{\lambda} - \dfrac{1}{\lambda}\sum_{k=1}^{\infty} e^{-\lambda k} p q^{k-1}, & j = i \\ \dfrac{1}{\lambda}\sum_{k=j-1}^{\infty} e^{-\lambda k} C_{k-1}^{j-i-1} p^{j-i} q^{k-(j-i)} - \\ \dfrac{1}{\lambda}\sum_{k=j-i+1}^{\infty} e^{-\lambda k} C_{k-1}^{j-i} p^{j-i+1} q^{k-(j-i+1)}, & j > i \end{cases} \tag{17.6.30}$$

$$p_{ij}(t) = \begin{cases} 0, & j < i \\ 1 - \sum_{k=1}^{[t]} p q^{k-1}, & j = i \\ \sum_{k=j-i}^{[t]} C_{k-1}^{j-i-1} p^{j-i} q^{k-(j-i)} - \\ \sum_{k=j-i+1}^{[t]} C_{k-1}^{j-i} p^{j-i+1} q^{k-(j-i+1)}, & j > i \end{cases} \tag{17.6.31}$$

例 17.6.8　$G(t)$ 服从普瓦松分布. 设

$$a_k = e^{-q} \frac{q^{k-1}}{(k-1)!}, k \geq 1, q > 0 \tag{17.6.32}$$

于是得

定理 17.6.9　若 $G(t)$ 服从普瓦松分布(17.6.32),则

$$\hat{P}_{ij}(\lambda) = \begin{cases} 0, & j > i \\ \dfrac{1}{\lambda} - \dfrac{e^{-q}}{\lambda}\sum_{k=1}^{\infty} e^{-\lambda k} \dfrac{q^{k-1}}{(k-1)!}, & j = i \\ \dfrac{e^{-q(j-i)}}{\lambda}\sum_{k=j-i}^{\infty} e^{-\lambda k} \dfrac{q^{k-(j-i)}}{(k-(j-i))!}(j-i)^{k-(j-i)} - \\ -\dfrac{e^{q(j-i+1)}}{\lambda}\sum_{k=j-i+1}^{\infty} e^{-\lambda k} \dfrac{q^{k-(j-i+1)}}{(k-(j-i+1))!} \cdot \\ (j-i+1)^{k-(j-i+1)}, & j > i \end{cases} \tag{17.6.33}$$

$$p_{ij}(t)=\begin{cases}0, & j<i\\ 1-\mathrm{e}^{-q}\sum\limits_{k=1}^{[t]}\dfrac{q^{k-1}}{(k-1)!}, & j=i\\ \mathrm{e}^{-q(j-i)}\sum\limits_{k=j-i}^{[t]}\dfrac{q^{k-(j-i)}}{(k-(j-i))!}(j-i)^{k-(j-i)}- \\ \mathrm{e}^{-q(j-i+1)}\sum\limits_{k=j-i+1}^{[t]}\dfrac{q^{k-(j-i+1)}}{(k-(j-i+1))!}\cdot \\ (j-i+1)^{k-(j-i+1)}, & j>i\end{cases} \tag{17.6.34}$$

例 17.6.9 $G(t)$ 服从二项分布. 设

$$a_k=\mathrm{C}_{m-1}^{k-1}p^{k-1}q^{m-k},k=1,2,\cdots,m \tag{17.6.35}$$

定理 17.6.10 若 $G(t)$ 服从分布(17.6.35),则

$$\hat{p}_{ij}(\lambda)=\begin{cases}0, & j<i\\ \dfrac{1}{\lambda}-\dfrac{1}{\lambda}\sum\limits_{k=1}^{\infty}\mathrm{e}^{-\lambda k}\mathrm{C}_{m-1}^{k-1}p^{k-1}q^{m-k}, & j=i\\ \dfrac{1}{\lambda}\sum\limits_{k=j-i}^{m(j-i)}\mathrm{e}^{-\lambda k}\mathrm{C}_{(m-1)(j-i)}^{k-(j-i)}p^{k-(j-i)}q^{m(j-i)-k}- \\ \dfrac{1}{\lambda}\sum\limits_{k=j-i+1}^{m(j-i+1)}\mathrm{e}^{-\lambda k}\mathrm{C}_{(m-1)(j-i+1)}^{k-(j-i+1)}p^{k-(j-i+1)}q^{m(j-i+1)-k}, \\ & j>i\end{cases} \tag{17.6.36}$$

$$p_{ij}(t)=\begin{cases}0, & j<i\\ 1-\sum\limits_{k=1}^{[t]\wedge m}\mathrm{C}_{m-1}^{k-1}p^{k-1}q^{m-k}, & j=i\\ \sum\limits_{k=j-i}^{[t]\wedge m(j-i)}\mathrm{C}_{(m-1)(j-i)}^{k-(j-i)}p^{k-(j-i)}q^{m(j-i)-k}- \\ \sum\limits_{k=j-i+1}^{[t]\wedge m(j-i+1)}\mathrm{C}_{(m-1)(j-i+1)}^{k-(j-i+1)}p^{k-(j-i+1)}q^{m(j-i+1)-k}, \\ & j>i\end{cases} \tag{17.6.37}$$

证明　由(17.6.35)得

$$\hat{G}(\lambda) = \sum_{k=1}^{\infty} e^{-\lambda k} C_{m-1}^{k-1} p^{k-1} q^{m-k} = e^{-\lambda}(pe^{-\lambda} + q)^{m-1} \tag{17.6.38}$$

$$\begin{aligned} G^{s}(\lambda) &= e^{-\lambda s}(pe^{-\lambda} + q)^{(m-1)s} \\ &= e^{-\lambda s}\sum_{k=0}^{(m-1)s} e^{-\lambda k} C_{(m-1)s}^{k} p^{k} q^{(m-1)s-k} \\ &= \sum_{k=0}^{(m-1)s} e^{-\lambda(s+k)} C_{(m-1)s}^{k} p^{k} q^{(m-1)s-k} \\ &= \sum_{r=s}^{ms} e^{-\lambda r} C_{(m-1)s}^{r-s} p^{r-s} q^{ms-r} \\ &= \sum_{k=s}^{ms} e^{-\lambda k} C_{(m-1)s}^{k-s} p^{k-s} q^{ms-k} \end{aligned} \tag{17.6.39}$$

由(17.6.39)立得我们的定理.

例 17.6.10　$G(t)$ 服从在 m 个整点 $\{1,2,\cdots,m\}$ 上的均匀分布. 设

$$a_k = \frac{1}{m}, k = 1,2,\cdots,m \tag{17.6.40}$$

易证

定理 17.6.11　若 $G(t)$ 服从均匀分布(17.6.40),则

$$\hat{p}_{ij}(\lambda) = \begin{cases} 0, & j < i \\ \dfrac{1}{\lambda} - \dfrac{1}{\lambda m}\sum_{k=1}^{m} e^{-\lambda k}, & j = i \\ \dfrac{1}{\lambda m^{j-i}}\sum_{k=j-i}^{m(j-i)} e^{-\lambda k} v(m, j-i, k) - \\ \dfrac{1}{\lambda m^{j-i+1}}\sum_{k=j-i+1}^{m(j-i+1)} e^{-\lambda k} v(m, j-i+1, k), & j > i \end{cases}$$

(17.6.41)

$$p_{ij}(t)=\begin{cases}0, & j<i\\ 1-\dfrac{[t]\wedge m}{m}, & j=i\\ \dfrac{1}{m^{j-i}}\displaystyle\sum_{k=j-i}^{[t]\wedge m(j-i)}v(m,j-i,k)- & \\ \dfrac{1}{m^{j-i+1}}\displaystyle\sum_{k=j-i+1}^{[t]\wedge m(j-i+1)}v(m,j-i+1,k), & j>i\end{cases}$$

(17.6.42)

其中

$$v(m,s,k)=\sum_{\substack{k_1+k_2+\cdots+k_s=k\\ 1\leqslant k_r\leqslant m(1\leqslant r<s)}}1 \quad (17.6.43)$$

可由下列递推公式唯一决定

$$v(m,1,k)=\begin{cases}1, & 1\leqslant k\leqslant rm\\ 0, & \text{其他}\end{cases} \quad (17.6.44)$$

$$v(m,s,k)=\sum_{l=1}^{m}v(m,s-1,k-l)$$

令

$$M(t)=E(N(t)\mid N(0)=0)$$

$$M_i(t)=E(N(t)\mid N(0)=i)\quad i=0,1,\cdots$$

$$M^{(p)}(t)=E(N(t)^p\mid N(0)=0)\quad p=1,2,\cdots$$

$$M_i^{(p)}(t)=E((N(t)^p\mid N(0)=i)$$

$$i=0,1,\cdots\quad p=1,2,\cdots$$

于是

$$M_0^{(1)}(t)=M^{(1)}(t)=M_0(t)=M(t)$$

定理 17.6.12 $M(t)$ 是方程

$$M(t)=G(t)+\int_0^t M(t-s)\,\mathrm{d}G(s) \quad (17.6.45)$$

的唯一解. 于是有

$$M(t) = \sum_{k=1}^{\infty} \hat{G}^{(n)}(t) \qquad (17.4.46)$$

证明　对(17.6.45)两端取拉氏变换得

$$\hat{M}(\lambda) = \hat{M}(\lambda)\hat{G}(\lambda) \qquad (17.6.47)$$

所以

$$\hat{M}(\lambda) = \frac{1}{1-\hat{G}(\lambda)} \qquad (17.6.48)$$

于是,由逆拉氏变换的唯一性立得方程(17.6.45)的解的唯一性. 由过程在 τ_1 的马氏性并注意到 $M_1(t) = 1 + M(t)$ 立得

$$\begin{aligned} M(t) &= \int_0^t M_1(t-s)\mathrm{d}G(s) \\ &= \int_0^t (1+M(t-s))\mathrm{d}G(s) \\ &= \int_0^t \mathrm{d}G(s) + \int_0^t M(t-s)\mathrm{d}G(s) \\ &= G(t) + \int_0^t M(t-s)\mathrm{d}G(s) \end{aligned} \qquad (17.6.49)$$

故 $M(t)$ 满足方程(17.6.45). 于是由零初始叠代法立得此证.

定理 17.6.13　$M^{(p)}(t)$ 是方程

$$M^{(p)}(t) = \sum_{l=0}^{p-1} \mathrm{C}_p^l M^{(l)}(t-s)\mathrm{d}G(s) + \int_0^p M^{(p)}(t-s)\mathrm{d}G(s) \qquad (17.6.50)$$

的唯一解.

证明 唯一性. 由逆拉氏变换的唯一性立得(17.6.50)解的唯一性.

由

$$\begin{aligned} M_1^{(p)}(t) &= E((X(t))^p \mid N_0 = 1) \\ &= E((1 + X(t))^p \mid N_0 = 0) \\ &= \sum_{l=0}^{p} \mathrm{C}_p^l M^{(l)}(t) \end{aligned} \tag{17.6.51}$$

及过程在 τ_1 的马氏性得

$$\begin{aligned} M^{(p)}(t) &= \int_0^t M_1^{(p)}(t-s)\mathrm{d}G(s) \\ &= \int_0^t \sum_{l=0}^{p} \mathrm{C}_p^l M^{(l)}(t-s)\mathrm{d}G(s) \\ &= \sum_{l=0}^{p-1} \mathrm{C}_p^l \int_0^t M^{(l)}(t-s)\mathrm{d}G(s) + \\ &\quad \int_0^t M^{(p)}(t-s)\mathrm{d}G(s) \end{aligned} \tag{17.6.52}$$

故 $M^{(p)}(t)$ 满足方程(17.6.50). 至此,定理得证.

定理 17.6.14 若 $k \geqslant 1$,则

$$M_i^{(p)}(t) = \sum_{l=0}^{p} \mathrm{C}_p^l i^{p-l} M^{(l)}(t) \tag{17.6.53}$$

证明

$$\begin{aligned} M_i^{(p)}(t) &= E(((N(t))^p \mid N(0) = i) \\ &= E((i + N(t))^p \mid N(0) = 0) \\ &= E(\sum_{l=0}^{p} \mathrm{C}_p^l i^{p-l}(N(t))^l \mid N(0) = 0) \\ &= \sum_{l=0}^{p} \mathrm{C}_p^l i^{p-l} E(N(t))^{(l)} \mid N(0) = 0) \\ &= \sum_{l=0}^{p} \mathrm{C}_p^l i^{p-l} M^{(l)}(t) \end{aligned} \tag{17.6.54}$$

利用上述三个定理,可以把上面所研究的各个随机过程的分布的各阶矩计算出来. 此处不赘.

17.7　补充与注记

本章的17.1节内容取自侯振挺,刘再明,邹捷中[1][2][3][4];

17.2～17.5内容取自唐有荣硕士论文的一部分;

17.6中的定理17.6.13和定理17.6.14是由侯振挺、袁成桂最近得到的新成果,其余内容原则上已被前人研究过,这里用别于前人的方法做了系统的处理.

参考书目

Adke S R

[1] A birth, death and migration process. J Appl. Prob. ,1969(6):687-691.

[2] A multi-dimensional birth and death process. Biometrics,1964(20):213-216.

Aksland M

[1] A birth,death, and migration process with immigration. Adv. Appl. Prob. ,1975(7):44-60.

[2] On interconnected birth and death processes with immigration. In Transactions of the Seventh Prague Conference on Information Theory, etc. , Reidel Dordrecht,1977,23-28.

Anderson W J

[1] Continuous-Time Markov Chains. Springer-Verlag, 1991.

[2] Some remarks on the duality of Continuous time Markov chains. Comm. Statist: Theory and Methods,1989,A18(12):4533-4538.

Archinard E

[1] Taboo Probabilities in the entrance boundary theory of Markov chains. Z. Wahrs. Verw. Geb. , 1974 (29):165-179.

Baba Y

[1] Maximum likelihood estimation of parameters in birth and death processes by Poisson sampling. J. Oper. Res. Soc. Japan. 1982,25(2):99-112.

Bailey N T J

[1] Stochastic birth, death and migration process for spatially distributed populations. Biometrika, 1968 (55):189-198.

Bakry D

[1] L'hypercontractivité et son utilisation en théorie des semigroups, Lectures on Probability Theory, 1992 (1581):1-114.

Barbour A D

[1] The asymptotic behaviour of birth and death processers. Adv. Appl. Prob. ,1975(7):28-43.

Billard I

[1] Generalized two-dimensional bounded birth and death processers and some applications. J. Appl. Prob. ,1981,18(2):335-347.

Bramson M and Griffeath D

[1] A note on the extinction rates of some birth-death processes. J Appl. Prob. ,1979,16(4):897-902.

Brandord A J

[1] A self-excited migration process. J Appl. Prob. , 1985(22):58-67.

[2] On property of finite-state birth and death processes. J Appl. Prob. ,1986(23):859-866.

Brockwell P J

[1] The extinction time of a birth, death and Cat astrophe process and of a related diffusion model. Adv. Appl. Prob. ,1985(17):42-52.

[2] The extinction time of a general birth and death process with catastrophes. J Appl. Prob. , 1986 (23):851-858.

Brockwell P J, Gani J and Resnick S I

[1] Birth, immigration and catastrophe processes. Adv. Appl. Prob. ,1982(14):709-731.

Buhler W J

[1] Integrals of birth and death processes. J Math. Biol. 1980,10(2):205-207.

Callaert H

[1] On the rate of convergence in birth and death processes. Bull Soc. Math. Belg. ,1974,26(2): 173-184.

Callaert H and Keilson J

[1] On exponential ergodicity and spectral stucture for birth-death processes Ⅰ. Stochastic Proc. Appl. , 1973, a(1):187-216.

[2] On exponential ergodicity and spectral strucure for birth-death processes Ⅱ. Stochastic Proc. Appl. , 1973, a(1):217-235.

Carlen E A, Kusuoka S and Stroock D W

[1] Upper bounds for symmetric Markov transition functions, Ann. Inst. Henri Poincarè, 1987(2):

245-287.

Cavender J A

[1] Quasi-stationary distrbutions for birth and death processes. Adv. Appl. Prob. ,1978(10):570-586.

Cheeger J

[1] A lower bound for the smallest eigenvalue of Laplacian. Problem in analysis, a symposiunm in honor of S. Bochner, Princeton. U. Press, Princeton, 1970,195-199.

陈安岳

[1] 带瞬时态 Q 过程的构造问题. 数学年刊,1987, 8A(1):52-60.

[2] 带瞬时态 Q 过程构造论的若干问题:[博士学位论文]. 长沙:长沙铁道学院,1988.

陈安岳,张汉君

[1] Criterion for the existence of Reversible Q-processes, Acta Mathematics Sinica, New Series, 1987, 3(2):133-142.

[2] Existence and Uniqueness of stochastically Monotone Q-processes. SEAM,1999,23(4):559-583.

[3] Stochastic Monotonicity and Duality for Continuous Time Markov chains with General Q-Matrix, SEAM, 1999,23(3):383-408.

[4] 单瞬时态可逆 Q 过程存在性问题. 应用概率统计,1992,8(3):234-241.

陈木法

[1] From Markov Chains to Non-Equilibrium Particle

systems, Singapore: World Scientific, 1992.

[2] Estimation of Spectral Gap for Markov Chains, Acta Mathematics sinica, New Series, 1996, 12(4): 337-360.

[3] Exponential L^2-convergence and L^2-spectral gap for Markov process, Acta Math. Sin New ser, 1991, 7(1): 19-37.

[4] Estimate of Exponential Convergence Rate in Total Variation by Spectral Gap. Acta. Math. Sin New Ser, 1998, 14(1): 9-16.

[5] Optimal couplings and application to Riemannian geometry. Prob. The and Math Stat. Vol. 1, Edited by B. Grigelionis et. al. 1993, VPS/TEV, 1994: 121-142.

[6] Optimal Markovian Couplings and applications, Acta, Math. Sin New Ser, 1994, 10(3): 260-275.

[7] 第一特征值对偶变分公式的分析证明(一维情形). 中国科学(A), 1999, 29(4): 327-336.

[8] 耦合、谱隙及相关课题(Ⅰ). 科学通报, 1997, 42(14): 1472-1477.

[9] 反应扩散过程. 科学通报, 1997, 42(23): 2465-2474.

[10] Coupling, Spectral gap and related topics (Ⅱ), Chinese science Bulletin, 1997, 42(17): 1409-1416.

[11] 耦合、谱隙及相关课题(Ⅲ). 科学通报, 1997, 42(16): 1696-1703.

[12] Equivalence of exponential ergodicity and L^2-exponential convergence for Markov chains, Stochastic Processes and their applications, 2000.

[13] Nash Inequalities for general symmetric forms, Acta. Math. Sin. New Ser., 15(3):353-370, 1999.

[14] Trilogy of couplings and general formulas for lower Bound of spectral gap, Lecture Notes. in statistics, Edited by L. Accardi and C. Heyde, Springer-Verlag, 1998(128):123-136.

[15] A comment on the Book "continuous-Time Markov Chains" by W J Anderson. 应用概率统计, 1996, 12(1).

[16] 第一特征值的显式估计. 中国科学(A辑), 2000(09):769-776.

陈木法, 王凤雨

[1] Application of Coupling method to the first eigenvalue on manifold, SciSin(A), (Chinese Edition) 1993, 23(11):1130 ~ 1140, (English Edition) 1994, 37(1):1-14.

[2] Cheeger's Inequalities for general symmetric forms and existence criteria for spectral gap, Chinese science bulletin, 1998, 43(18):1516-1518.

[3] 一般对称型的 Cheeger 不等式和谱隙存在性判准. 科学通报, 1998, 43(14):1475-1477.

[4] Riemann 流形第一特征值下界估计的一般公式. 中国科学(A辑), 1997, 27(1):34-42.

Chepurin Y V

[1] Testing hypotheses of the ratio of intensities of a birth and death process. Engrg. Cybernetics, 1971, 9(6): 1028-1038.

Chung K L

[1] Markov Chains with Stationary Transition Probabilities. 2nd et., Springer, Berlin, 1967.

Doob J L

[1] Markov chains-denumerable case, Trans. Amer. Math., 1945(58): 455-473.

[2] Compactification of the discrete state space of a Markov process. Z Wahrs Verw. Geb. 1968 (10): 236-251.

[3] State spaces for Markov chains. Transaction of Amer. Math. Soc., 1970(149): 279-305.

费志凌

[1] 含有限个瞬时态生灭矩阵的特征. 长沙铁道学院学报, 1986, 4(3).

[2] 含有限个瞬时态诚实 Q 过程的唯一性准则. 应用概率统计, 1993, 9(1): 51-57.

Feller W

[1] On the integral-differential equations of purely discontinuous Markov processes. Trans. Amer. Math. Soc. 1940(48): 488-515. ibid., 1945, (58): 474.

[2] The birth and death processes as diffusion process, Journ. Math. Pures. Appl., 1959(9): 301-345.

[3] An introduction to probabicity theory and its applications. New York, Wiley, Vol. 1996(Ⅱ).

Franz J

[1] Sequential estimation and asymptotic properties in birth and death processes. Math. Operationsforsch. Statist., Ser., Statist., 1982, 13 (2): 231-244.

Freedaman D

[1] Approximating countable Markov chains. Springer-Verlag, 1983.

Fukushima M

[1] Dirichlet Forms and Markov processes. North Holland Math. Lib. Series 23, 1980.

Fukushima M, Oshima. Y and Takeda M

[1] Dirichlet Forms and Symmetric Markov Processes, Walter de Gruyter & Co. 1994.

Getz W M

[1] Optimal control of a birth and death population model. Math. Biosci., 1975(23):87-111.

[2] Stochastic equivalents of the linear and Lotka-Volterra systems of equations-a general birth and death process formulation. Math. Biosci., 1976, 29(3): 235-257.

Glaz J

[1] Probabilities and moments for absorption in finite homogeneous birth-death processes. Biometrics, 1979, 35(4):813-816.

Groh J

[1] On the optimal control of finite state birth and

death processes. Ed. Acad. R. S. Romania, Bucharest. Proceedings of the Sixth Conference on Probability Theory(Brasov,1979),1981,pp. 427-438.

Guo M Z and Wu C X

[1] The circulation decomposition of the probability currents of the bilateral birth and death processes. Sci. Sinica,1981(a),24(10):1340-1351.

[2] Single circulation birth and death processes and their circulation values. Beijing Daxue Xuebao, 1981,b(1):1-15.

Hadidi N

[1] A note on the generalized birth-death process. Bull. Inst. Internat. Statist., 1973, 45 (1): 487-491.

Haigh J

[1] The asymptotic behaviour of a divergent linear and death process. J Appl. Prob., 1978, 15 (1): 187-191.

Hellande I S

[1] The condition for extinction with probability one in a birth, death, and migration process. Adv. Appl. Prob.,1975(7):61-65.

侯振挺

[1] *Q* 过程唯一性准则. 中国科学,1974(2):115-130.

[2] 生灭过程由 0^+ - 系统的唯一决定性. 经常数学,1985,1(2).

[3] Q 过程的唯一性准则. 长沙:湖南科学技术出版社,1982.

侯振挺,郭青峰

[1] 齐次可列马尔可夫过程. 北京:科学出版社,1978.

侯振挺,陈木法

[1] 马尔可夫过程与场论. 科学通报,1980(20):913-916.

侯振挺,费志凌

[1] 关于 Q - 矩阵问题的一个 Williams 定理的注记. 数理统计与应用概率,1990(2):230-242. 1990(3):318-335.

侯振挺,刘再明,邹捷中

[1] QNQL 过程:(H,Q)过程及其应用举例. 科学通报,1997,42(9):1003-1008.

[2] Markov 骨架过程. 科学通报,1998,43(5):457-466.

[3] 具有马尔可夫骨架的随机过程. 经济数学,1997,14(1):1-13.

[4] 马尔可夫骨架过程的有穷维分布. 经济数学,1997,14(2):1-8.

[5] 马尔可夫骨架过程——一维分布和正则性准则. 长沙铁道学院学报,1999,17(2):1-10;1999,17(3):1-6.

侯振挺,邹捷中,袁成桂

［1］ QNQL 过程在排队论中的应用(Ⅰ):输入过程(独立同分布情形). 经济数学,1996,13(2).

侯振挺等

［1］ 马尔可夫过程的 ***Q*** – 矩阵问题. 长沙:湖南科学技术出版社,1994.

Hutton J

［1］ The recurrence and transience of two-dimensional linear birth and death processes. Adv. Appl. Prob. 1980,12(3):615-639.

Ismail M E H, Letessier J and Valent G

［1］ Linear birth and death models and associated Laguerre and Meixner polynomials. J Approx. Theory, 1988 (55):337-348.

Ivan C

［1］ A multidimensional nonlinear growth birth and death emigration and immigration. Proc. Fourth. Conf. on Prob. Th. (Brasov 1971). Editura Acad. R. S. R. Bucharest,1973,421-427.

［2］ Weak convergence of the simple birth and death process. J Appl Prob. ,1981,18(1):245-252.

John P W M

［1］ Divergent time homogeneous birth and death processes. Ann. Math. Statist. ,1957(28):514-517.

Kapur J N

［1］ Application of generalised hypergeometric functions to generalised birth and death processes. Indian J.

Pure Appl. Math. 1978(b),9(10):1059-1069.

[2] On birth and death processes with both immigration and emigration. Proc. Nat. Acad. Sci. India Sec. 1979(b),A49(2):85-95.

Kapur J N and Kapur S

[1] Steady-state birth-death-immigration-emigration processes. Proc. Nat. Acad. Sci. India. Sec., 1978,A48(3):127-135.

Kapur J N and Kapur U

[1] Generalised birth and death processes with multiple births. Acta cienc. Indica 1979,5(1):7-9.

Karlin S and McGregor J L

[1] The classification of birth and death processes, Trans. Amer. Math. Soc.,1957,a(86):366-400.

[2] The differential equations of birth and death processes and the Stieltjes moment problem. Trans. Am. Math. Soc.,1975,b(8):489-546.

[3] Linear growth, birth and death processes. J Math. Mech.,1958(1):643-662.

[4] Coincidence properties of birth and death processes. Pacific J Math.,1959(9):1109-1140.

Karlin S and Tavare S

[1] Linear birth and death processes with killing. J Appl. Prob.,1982(19):477-487.

Keiding N

[1] Estimation in the birth process. Biometrika,1974 (61):71-80.

[2] Maximum likelihood estimation in the birth and death process. Ann. Statist. ,1975(3):363-372.

[3] Correction to:"Maximum likelihood estimation in the birth and death process" (ann. Statist. 3 (1975)). Ann. Statist. ,1978,6(2):472.

Keilson J

[1] A review of transient behaviour in regular diffusion and birth-death processes. J Appl. Prob. , 1964 (1):247-266.

[2] A review of transient behaviour in regular diffusion and birth-death processes. Part Ⅱ. J Appl. Prob. ,1965(2):405-428.

[3] On the unimodality of passage time densities in birth-death processes. Statist. Neerlandica,1981(25):49-55.

[4] Log-concavity and log-convexity in passage time densities of birth and death processes. J Appl. prob. ,1971(8):391-398.

Keilson J and Ramaswamy R

[1] The bivariate maximum process and quasistationary structure of birth-death processes. Stochastic Proc. Appl. ,1986(22):27-36.

Kemperman J H B

[1] An analytical approach to the differential equations of the birth and death process. Michingan Math. J. ,1962,9(4):321-361.

Kendall D G

[1] On generalised "birth and death" processes. Ann. Math. Statist., 1948(19):1-15.

[2] Birth and death processes and the theory of carcinogenesis. Biometrika, 1960(47):13-21.

[3] Some analytical properties of continuous stationary Markov transition functions. Trans. Amer Math. Soc, 1955(78):529-540.

[4] Some recent advances in the theory of denumerable Markov processes. Trans. 4th pragut Conf., On Information Theory etc, 1967.

[5] An introduction to stochastic analysis, "Stochastic Analysis", Ed. D. G. Kendall & E. F. Harding John Wiley & Sons, London, 1973.

Kesten H

[1] Recurrence criteria for multi-dimensional Markov chains and multi-dimensional linear birth and death processes. Adv. Appl. Prob., 1976, 8(1): 58-87.

Ketessier J and Valent G

[1] The generating function method for quadratic asymptotically symmetric birth and death processes. SIAM J Appl. Math., 1984(44):733-783.

Kim J H

[1] Stochastic calculus related to non-symmetric Dirichlet forms. Osaka. J Math., 1987(24):331-371.

Kirstein B M

[1] Monotonicity and Comparability of Time Homoge-

neous Markov Processes with Discrete State Space. Math. Perationsforsch. Statist. ,1976(7): 151-168.

Kolmogorov A N

[1] Über die analytischen Methoden in der wahrs.. Math. Ann. ,1931(104):415-458.

[2] Zur theorie der Markffschen ketten. Mathematische Annalen,1936(112):155-160.

[3] On the differentiability of the transition probabilities in homogeneous Markov processes with a denumerable number of states. Ucenye Zapiski MGY 148, Mat. (Russian),1951(4):53-59.

Kuchler U

[1] Exponential families of Markov processes-part Ⅱ:birth and death processes. Math. Operationsforch.. Statist., Ser. Statist. 1982,b(13):219-230.

Lada A

[1] A method for the asymptotic soution of pseudodifferential equations in the analysis of a stochastic process of birth and death type. Differentsial'nye Uravneniya,1983,19(6):1018-1024.

Lanler G F and Sokal A D

[1] Bounds on the L^2 spectrum for Markov chain and Markov processes: a generalization of cheeger's ineguality. Trans. Amer. Math. Soc. ,1988(309): 557-580.

Ledermann W and Reuter G E H

[1] Spectral theory for the differential equations of simple birth and death processes. Philos. Trans. Roy. Soc. London, Ser., 1954, A(246): 321-369.

李俊平

[1] 关于《Multi-Dimensional Q-processes》一文的注记. 数学年刊,1990,11(4):505-506.

[2] 柯氏矩阵的 $\boldsymbol{Q}$ 过程由其 0^{+} −系统的唯一决定性. 长沙铁道学院学报,1995,13(2):71-76.

[3] 分支 $\boldsymbol{Q}$ 过程的一个特征. 长沙铁道学院学报,1996,14(1):39-43.

Liggett T M

[1] Interacting Particle Systems. Springer, New York, 1985.

刘再明

[1] 瞬时态 $\boldsymbol{Q}$ 过程定性理论的若干问题:[博士学位论文]. 长沙:长沙铁道学院,1988.

[2] “双无限”不中断 $\boldsymbol{Q}$ 过程唯一性的注记. 数学年刊,1991,12A(5):619-626.

[3] 一类单瞬时态 $\boldsymbol{Q}$ − 矩阵. 长沙铁道学院学报,1991,9(2):80-85.

[4] 不满足(S)条件 $\boldsymbol{Q}$ − 矩阵问题. 长沙铁道学院学报,1992,10(2):86-91.

[5] 含瞬时态的 B 型 $\boldsymbol{Q}$ 过程(Ⅰ),(Ⅱ),(Ⅲ). 长沙铁道学院学报,1993,11(4):79-85;1994,12(1):91-93;1994,12(3).

[6] 一类含保守瞬时态的 $\boldsymbol{Q}$ − 矩阵. 数学杂志,

1994,14(2).

[7] 含有限个瞬时态生灭过程的构造. 数学年刊,1994,15A(6):657-664.

[8] 一类随机环境下的广生灭过程. 长沙铁道学院学报,1990,8(2):10-19.

[9] The construction of the birth-and-death processes with finite instantaneous states. Proceedings of the Symposium on Applied Math., the Chinese Academy of Sciences,1992,46-47.

刘再明,陈安岳

[1] 瞬时对角型 Q – 矩阵的特征. 数学杂志,1990,2(10):191-198.

刘再明,侯振挺

[1] 含瞬时态生灭 Q – 矩阵问题. 科学通报,1993,38(6):577-579.

[2] 生灭 $\boldsymbol{Q}$ – 矩阵. 数学学报,1994,37(5):709-717.

Maki D P

[1] On birth-death processes with rational growth rates. SIAM J Math. Anal.,1976(7):29-36.

McNeil D R

[1] Integral functions of birth and death processes and related limiting distributions. Ann. Math. Statist., 1976(41):480-485.

Milch P R

[1] A multi-dimensional linear growth birth and death process. Ann. Math. Statist.,1968(39):727-754.

Mode C J

[1] Some multi-dimensional birth and death processes and their applications in population genetics. Biometrics,1962(18):543-567.

Morgan B J T

[1] On the distribution of inanimate marks over a linear birth and death process. J Appl. Prob.,1974(11):423-436.

[2] Four approaches to solving the linear birth and death (and similar) processes. Internat. J Math. Ed. Sci. Tech.,1979,10(1):51-64.

Neveu J

[1] Lattice methods and submarkovian processes. Proc. 4th Berkeley Sympos. Math. Statist. Probability,1961(2):347-391.

Pruitt W E

[1] Bilateral birth and death processes. Trans. Am. Math. Soc.,1963(107):508-525.

Puri P S

[1] On the homogeneous birth and death process and its integral. Biometrika, 1960(53):61-71.

[2] Some further results on the homogeneous birth and death process and its integral. Proc. Cambridge Phil. Soc.,1968,a(64):141-154.

[3] Interconnected birth and death processes. J Appl. Prob.,1968,b(5):334-349.

[4] A linear birth and death process under the influ-

ence of another process. J. Appl. Prob. , 1975 (12):1-17.

钱敏平

[1] 平稳马氏链的可逆性. 北京大学学报,1978(4).

钱敏,侯振挺等

[1] 可逆马尔可夫过程. 长沙:湖南科学技术出版社,1979.

Renshaw E

[1] Birth, death and migration processes. Biometrika, 1972(59):49 ~60.

Reuter G E H

[1] Remarks on a Markov Chain Example of Kolmogorov. Z W verw. Geb. , 1969(13):315-320.

[2] On Kendall's Conjecture Concerning 0^+ – equivalence of Markov Transition Functions. J London Math. Soc. ,1987,35(2):377-384.

[3] Denumerable Markov processes and the Associated contraction Semi – group on l. Acta. Math. ,1957 (97):1-46.

[4] Denumerable Markov processes Ⅱ. J London Math. Soc. ,1959(34):81-91.

[5] Denumerable Markov processes Ⅲ. J London Math. Soc. ,1962(37):64-73.

Reuter G E H and Riley P W

[1] The Feller Property for Markov Semigroups on Countable State Space. Jondon Math. Society, 1972(2): 265-275.

Reynolds J F

[1] On estimating the parameters of a birth-death process. Austral. J Statist. ,1973(15):35-43.

Roehner B and Valent G

[1] Solving the birth and death processes with quadratic asymptotically symmeric transition rates. SIAM J Appl. Math. ,1982(42):1020-1046.

Rogers L C G and Williams D

[1] Construction and Approximation of Transition Matrix Functions. Applied Probability Trust, 1986, 133-160.

Rosenlund S I

[1] Upwards passage times in the non-negative birth-death process. Scand. J Statist. ,1977,4(2):90-92.

[2] Transition probabilities for a truncated birth-death process. Scand. J Statist. ,1978,5(2):119-122.

Rossi G A

[1] More on the birth and death stochastic process. Riv. Mat. Sci. Econom. Social. ,1979,2(1):53-60.

Saloff – Coste L

[1] Lectures on finite Markov chains, LNM, springer-Verlay, 1997(1665):301-413.

Sanchcz D J

[1] Zeros of orthogonal polyomials related to birth-death processes. Z Angew. Math. Mech. ,1978,

58(7):397-399.

Saunders I W

[1] A convergence theorem for parities in a birth and death process. J Appl. Prob. ,1976,13(2):231-238.

Serfozo R F

[1] Extreme values of birth and death processes and queues. Stochastic Proc. Appl. ,1988(27):291-306.

Shanbhag D N

[1] On a vector-valued birth and death process. Biometrics,1972(28):417-425.

Siegel M L

[1] The asymptotic behaviour of a divergent linear birth and death process. Adv. Appl. Prob. ,1976,8(2):315-338.

Siegmund D

[1] The Equivalence of Absorbing and Reflecting Barrier Problem for Stochastically Monotone Markov process. The Annals of Probability, 1976,4(6):914-924.

Silverstein M L

[1] Symmetric Markov Processes. Lecture Notes in Mathematics, Springer-Verlag, 1976,426.

Sokal A D and Thomas L E

[1] Exponential convergence to equilibrium for a class of random-walk models, J Statis. Phys. , 1988

(54):907-947.

Solomon Fred

[1] Random Walks in a Random environment. Swarthmore College, Annals of Prob. ,1975(3):1-31.

Srinivasan S K and Ranganathan C R

[1] On the parity of individuals in birth and death processes. Adv. Appl. Prob. ,1982,14(3):484-501.

Srinivasan S K and Udayabaskaran S

[1] On a stochastic integral associated with a birth and death process. J Math. Phys. Sci. , 1980,14(2):95-106.

唐令琪

[1] 单瞬时态生灭过程的构造. 数学年刊,1987,8A(5):565-570.

Tan W Y

[1] On the absorption probabilities and absorption times of finite homogeneous birth and death processes. Biometrika, 1976(32):745-752.

Van Doorn E A

[1] Stochastic Monotonicity and Queueing Applications of Birth-Death processes. Lecture Notes in statistics, springer, 1981(4).

[2] Conditions for exponential ergodicity and bounds for the decay parameter of a birth-death process. Adv. Appl. Prob. ,1985(17):514-530.

[3] Stochastis monotonicity of birth-death processes. Adv. Appl. Prob. ,1980,a(12):59-80.

[4] Stochastis Monotonicity and Queueing Applications of Birth-Death Proceses Lecture Notes in Statistics. Springer-Verlag. New York,1980,a(4).

[5] Conditions for exponential ergodicity and bounds for the decay parameter of a birth-death process. Adv. Appl. Prob.,1985(17):514-530.

王凤雨

[1] Sobolev inequalities and essential spectrum for general symmtric forms. Proceedings of the American Mathematical society,2000,128(12):3675-3682..

王梓坤

[1] 随机过程论. 北京:科学出版社,1965.

[2] 生灭过程与马尔科夫链. 北京:科学出版社,1980.

[3] 生灭过程构造论. 数学进展,1962,5(2):137-187.

[4] The Martin boundary and limit theorems for excessive function, scientia(中国科学),1965, XIV(8):1118-1129.

[5] 生灭过程的遍历性与零壹律. 南开大学学报(自然科学),1964,5(5):89-94.

[6] On distributions of functions of birth and death processes and their applications in theory of queues, Scientia Sinia(中国科学),1961,X(2):160-170.

[7] Sojourn times and first passage times for birth and

death processes. Sci. Sinica, 1980, 23 (3): 269-279.

王梓坤,杨向群

[1] 中断生灭过程的构造. 数学学报,1978,21(2):66-71.

[2] 中断生灭过程构造中的概率分析方法. 南开大学学报(自然科学),1979(3):1-32.

Waugh W A O

[1] Taboo extinction, sojourn times, and asymptotic growth for the Markovian birth and death process. J Appl. Prob. ,1972(9):486-506.

Waymire E C

[1] The Reuter-Ledermann representation for birth and death processes. Proc. Am. Math. Soc. ,1976,57(2):318-320.

Williams D

[1] A new method of approximation in Markov chains theory and its application to some problems in the theory of random time substitution, Proc. London Math. Soc. ,1966,3(16):213-240.

[2] A Note on the Q – matrices of Markov chains. Z Wahrs. verw. Geb. ,1967(7):116-121.

[3] The Q – matrix Problem, Seminaire de Probabilites X. Lecture Notes in Mathematics, Springer, Berlin,1976(511):216-234.

[4] The Q – matrix Problem 2 Kolmogorov backward equations, Seminaire de Probabilites X, Lecture

Notes in Mathematics, Springer, Berlin, 1976 (511):505-520.
[5] Diffusions, Markov Processes and Martingales, Wiley, New York,1979.

Williams T
[1] The basic birth-death model for microbial infections. J Roy. Statist. Soc. , 1965 (a) , B (27) : 338-360.
[2] The distribution of response times in a birth and death process. Biometrika, 1965, b (52) : 581-585.

Wu R
[1] Functional distribution of birth and death processes. Acta Math. Sinica, 1981,24(3):337-358.

夏道行,吴卓人,严绍宗,舒五昌
[1] 实变函数论与泛函分析(下册,第二版). 高等教育出版社,1979.

肖果能
[1] 单瞬时生灭过程由 0^+ –系统的唯一决定性. 数理统计与应用概率,1986,1(2):45-50.

杨向群
[1] 可列马尔科夫过程构造论. 长沙:湖南科学技术出版社,第二版,1986.
[2] 一类生灭过程. 数学学报,1965,15(1):9-31.
[3] 关于生灭过程构造论的注记. 数学学报,1965,15(2):173-187.
[4] 可列马氏过程的积分型泛函和双边生灭过程的

边界性质. 数学进展,1964,7(4):397-424.

[5] 生灭过程的性质. 数学进展,1966,9(4):365-380.

[6] 双边生灭过程. 南开大学学报(自然科学),1964,5(5):9-40.

张汉君

[1] 生灭过程由 0^+ – 系统的唯一决定性. 经济数学,1985,2(2):62-72.

[2] ***Q*** 过程构造论中的 H – 条件. 长沙铁道学院学报,1992,10(1):68-72.

[3] 含有限个瞬时态的 Kolmogorov 矩阵. 长沙铁道学院学报,1993,11(4):68-73.

[4] 瞬时态可和的 ***Q*** – 矩阵. 数学年刊(A),1994,15(3):111-118.

[5] 广义 Kolmogorov 矩阵定性理论. 应用概率统计,1994,10(1):18-24.

[6] 端 ***Q*** 过程构造理论:[博士论文]. 长沙:长沙铁道学院,1988.

张汉君,陈安岳

[1] Stochastic Comparability and Dual Q – Functions, Journal of Mathematical Analysis and Applications. 1999(234):482-499.

张汉君,刘庆平,侯振挺

[1] 随机单调 ***Q*** 过程. 湖南数学年刊,1994,14(1).

张健康

[1] On the generalized birth and death processes. 数学物理学报,1984,4(2):241-259.

邹捷中

[1] 单瞬时生灭过程由 0^+ –系统的唯一决定性. 长沙铁道学院学报,1985,3(3):57-62.

邹捷中,刘再明

[1] 一类含瞬时态的 $\boldsymbol{Q}$ –矩阵. 应用概率统计,1991,7(2):125-132.